U0272879

国外新能源教材译丛

碳捕集与封存概论

Introduction to Carbon Capture and Sequestration

[荷] 贝伦德·施密特　[美] 杰弗里 R. 赖默尔
[美] 柯蒂斯 M. 奥尔登堡　[法] 伊恩 C. 布尔格　著

付晓飞　刘　斌　吴红军　等译

石 油 工 业 出 版 社

内 容 提 要

CO_2 对于保持地球温度具有重要的作用，但是大气中浓度过高的 CO_2 造成了全球气温升高，进而引发了冰川融化、海平面上升、极端天气等一系列问题。CO_2 地质封存是减少 CO_2 排放的关键技术之一，已经得到了世界诸多国家的关注和重视。本书由美国加州大学伯克利分校和劳伦斯伯克利国家实验室相关领域的著名学者共同编写完成，深入浅出地介绍了当前 CO_2 捕集、地质封存的理论知识。书中涵盖了能源与电力、大气与气候建模、碳循环、碳捕集、CO_2 封存及工程实践等相关内容，重点介绍了 CO_2 捕集原理及工业化流程，以及 CO_2 注入地层后的复杂物理、化学过程。

本书既可作为碳储科学与工程、地质工程、石油工程等相关专业本科生和研究生教材，也可作为水文环境科学、碳中和管理相关技术人员和决策人员的参考书。

图书在版编目（CIP）数据

碳捕集与封存概论 /（荷）贝伦德 . 斯密特（Berend Smit）等著；付晓飞等译 . —北京：石油工业出版社，2024.4

（国外新能源教材译丛）

书名原文：Introduction to Carbon Capture and Sequestration

ISBN 978-7-5183-6279-0

Ⅰ . ①碳 … Ⅱ . ①贝 …②付… Ⅲ . ①二氧化碳 – 收集 – 研究 ②二氧化碳 – 保藏 – 研究 Ⅳ . ① X701.7

中国国家版本馆 CIP 数据核字（2023）第 231519 号

Introduction to Carbon Capture and Sequestration
by Berend Smit, Jeffrey A. Reimer, Curtis M. Oldenburg, Ian C. Bourg
ISBN: 978-1-78326-328-8

北京市版权局著作权合同登记号：01-2023-4132

出版发行：石油工业出版社
（北京市朝阳区安华里二区 1 号楼　100011）
网　址：www.petropub.com
编辑部：（010）64523694
图书营销中心：（010）64523633

经　　销：全国新华书店
排　　版：三河市聚拓图文制作有限公司
印　　刷：北京中石油彩色印刷有限责任公司

2024 年 4 月第 1 版　2024 年 4 月第 1 次印刷
787 毫米 ×1092 毫米　开本：1/16　印张：23.25
字数：614 千字

定价：188.00 元
（如发现印装质量问题，我社图书营销中心负责调换）

《碳捕集与封存概论》翻译人员

付晓飞　刘　斌　吴红军　李贤丽

孟令东　刘雨辰　刘苗苗

前　言

可持续能源发电是我们这一代人面临的最大挑战之一。所有的长期解决方案都直接或间接依赖于太阳能的转换。但是，这些解决方案似乎还需要若干年才能实现。在未来的几十年里，尽管化石燃料的相对重要性将会下降，但化石燃料的绝对使用量不会下降。无论我们愿意与否，我们都不可能在一夜之间过渡到一个能源碳中和的世界。尽管封存碳的最佳方法是将化石燃料留在地下，但这是不现实的。理性解决这一问题的方案是研究如何在相对较短的过渡期内大幅降低化石燃料的碳排放。然而，在我们看来，快速过渡到可持续能源的期望与实际上最有可能出现的能源前景之间存在着巨大的差距。作为研究人员，我们根本无法限定世界可能燃烧多少煤炭。在全球范围内采用的碳捕集与封存技术（CCS）有助于缓解大气中令人担忧的二氧化碳含量高的问题，可使世界能源的使用适应一个过渡期。有些人可能会认为，这项技术将为延长使用化石燃料提供借口。包括我们在内的另外一些人则认为，我们迫切需要获取减少二氧化碳排放方面一切可能的帮助，而且在实施 CCS 方面，可以利用现有的化石燃料基础设施。后一种观点可能不是那么理想，但考虑到目前化石燃料基础设施的巨大规模，这是一种较为务实的方法。

加州大学伯克利分校和劳伦斯伯克利国家实验室都有针对世界能源未来的大型研究项目。伯克利能源讲座旨在向理工科的本科生和研究生介绍这些研究项目。本书的主要内容包括目前对地球内部和外部二氧化碳的认识、二氧化碳的地质封存以及二氧化碳捕集的科学和技术。其内容与典型的科学教材或工程教材非常不同。本书涵盖了地球科学、气候科学、化学工程、材料科学和化学的相关内容。同时也涉及多个学科的专业问题，例如：如何估计某个地质构造中可以封存数十亿吨 CO_2；如何利用具有孔隙结构的分子模型优化膜的性能；人们可以从行星科学问题“黯淡年轻恒星悖论”中获得什么见解；如何考虑热集成在胺洗涤中的重要性。

对学生而言，了解这些看似无关紧要的问题真的很重要吗？在我们看来，这种说法大错特错。真正的问题是：“为什么对科学和能源感兴趣的人不想知道这些？”当研究生谈论他们的研究课题时，人们意识到这是关于 CCS 的，可能有人会问他们：“二氧化碳封存真的安全吗？”“二氧化碳真的会导致全球变暖吗？”“CCS 将对电力成本产生多大影响？”如果学生回答：“我不知道。我正在研究量子化学计算如何确定二氧化碳在分子有机框架中的结合能。”这个回答是不能让人接受的。学生们必须意识到，能源研究有可能影响人们的日常生活，这一领域的所有研究人员都必须意识到这一点。因此，研究人员有责任了解整个 CCS 领域的最新技术，即使他们的研究是基础性的，正如他们开发一种新的实验核磁共振方法来弄清二氧化碳在捕集材料中从一个位置运移另一个位置的动力学机制一样！更重要的是，研究人员需要认识到这些问题都是很难回答的。我们甚至可能不知道解决方案是什么，但从这本书中可以清楚地看到，任何解决方案都需要许多不同学科的研究人员共同努力。要使这样的合作发挥作用，人们确实需要了解每个相关学科的基础知识，以及推动每个领域研究进展的影响因素。如果一位化学家发明了一种强大的新材料，她必须意识到她的材料将被用来分离数百万吨的二氧化碳。碳捕集章节的相关知识会使她认识到工程师们是多么重视分离材料。为了评估新材料的价值，她还需要了解二氧化碳分子最终如何以及为什么会封存在石灰岩中。

最后，需要提醒读者的是：书中内容并非泛泛之谈。诚然，有些主题很容易理解，但并非全部如此。如果我们对一个课题非常感兴趣，我们就会讨论该领域最新文献中的研究结果，甚至引入了一些尚未发表的新见解！我们强烈地感受到，下一代科学家不但能够理解化学家们在分子尺度上的研究工作，而且能够睿智地与工程学和地质科学充分结合起来，充分认识能源的发展。我们希望你能成为他们中的一员。

加州大学伯克利分校的钟楼

致 谢

首先，要感谢在课程讲授中开展客座讲座的同事，因为本书中很大一部分材料都是基于这些讲座，他们是 Gary Rochelle（得克萨斯大学奥斯汀分校）、Joan Brennecke（诺诗丹大学）、Hongcai Zhou(得克萨斯农工大学）、Bill Collins、Christer Jansson、Don DePaolo、Jonathan Ajo-Franklin、Sergi Molins、Jiamin Wan、Alejandro Fernandez-Martinez、Tim Kneafsey、Seiji Nakagawa(均来自劳伦斯伯克利国家实验室）、Ronny Pini(斯坦福大学）、Dave Luebke（国家能源技术实验室）、Abhoyjit Bhown（电力研究所）、Richard Baker（膜技术与研究中心）、Kurt Zenz House (C12 能源中心）、Jeffrey Long 和 Ron Cohen（加州大学伯克利分校）。

非常感谢 Aster Tang 编辑和 Teresa Chin 编辑的支持，以及 Richard Martin 为本书提供的图片。特别感谢 Marjorie Went 对整本书的内容和文字的严格要求，并提出了诸多有益的建议。

本书是基于作者的研究成果，为此，Berend Smit 和 Jeffrey Reimer 特别感谢清洁能源技术气体分离中心 (http://www.cchem.berkeley.edu/co2efrc/) 的支持。该中心属于能源前沿技术研究中心，由美国能源部、科学办公室、基础能源科学办公室资助，资助编号为 DE-SC0001015。Curtis M. Oldenburg 的主要研究工作得到了化石能源秘书处，碳封存、氢能和清洁煤燃料办公室的资助，相关工作由美国能源部国家能源技术实验室负责实施。Ian C. Bourg 特别感谢二氧化碳地质封存纳米控制中心的支持 (http://esd.lbl.gov/research/facilities/ncgc/)，该中心属于能源前沿研究中心，由美国能源部、科学办公室和基础能源科学办公室资助，资助编号为 DE-AC02-05CH11231。

作者简介

Berend Smit（Berend-Smit@berkeley.edu），曾在荷兰代尔夫特理工大学学习化学工程和物理，并在乌得勒支大学获得化学博士学位。在阿姆斯特丹的壳牌研究公司工作后任阿姆斯特丹大学计算化学教授，里昂欧洲原子计算与莫尔卡莱姆—欧共体数据交换中心（CECAM）主任。目前，在加州大学伯克利分校化学与生物分子工程系和化学系工作，美国能源部（DOE）能源前沿研究中心首席科学家。研究方向为碳捕集，并致力于分子模拟技术的开发和应用。

更多内容可以访问主页：http://www.cchem.berkeley.edu/molsim/personal_pages/berend/

Jeffrey Reimer（reimer@berkeley.edu），在加州大学圣巴巴拉分校和加州理工学院获得化学专业学位。IBM Yorktown Heights 博士后，加州大学伯克利分校化学工程系 C. Judson King 讲座教授。美国科学促进会和美国物理学会会员，获得了加州大学伯克利分校的所有教学奖项。研究方向为核磁共振波谱学，并致力于材料物理和化学相关的设计和应用。

更多内容可以访问主页：http://india.cchem.berkeley.edu/ ～ reimer/

Curtis M. Oldenburg（cmoldenburg@lbl.gov），在加州大学伯克利分校和加州大学圣巴巴拉分校获得地质学学位，主修火成岩岩石学和岩浆动力学建模。1990 年，开始在劳伦斯伯克利国家实验室 (LBNL) 进行博士后研究，从事地热能源和水汽带水文地质中强耦合流动问题的模型开发和应用。20 世纪 90 年代末开始地质碳层序研究，并致力于流动耦合模型，二氧化碳注入、捕集、泄漏和相关风险评估的建模和模拟。LBNL 地质碳封存项目的负责人，Wiley 期刊 *Greenhouse Gases：Science and Technology* 主编。

更多内容可以访问主页：http://esd.lbl.gov/about/staff/curtisoldenburg/

Ian C. Bourg (icbourg@lbl.gov)，法国图卢兹国家应用科学研究所工业过程工程学士学位，加州大学伯克利分校土木与环境工程博士学位。2009 年，加入劳伦斯伯克利国家实验室。自 2011 年以来，一直担任二氧化碳地质封存纳米控制中心执行委员会委员，该中心隶属于美国能源部能源前沿研究中心。Bourg 博士的研究目标是通过原子模拟和连续尺度模型研究界面水性质。目前，研究团队致力于碳地质封存的纳米科学、纳米多孔介质的水地球化学，以及动力学同位素效应的分子尺度成因。

更多内容可以访问主页：http://esd. lbl.gov/about/staff/ianbourg/

时年，作者们充满了喜悦，并没有意识到空气中二氧化碳的含量

译者的话

科学技术和工业生产的快速发展给人类生活带来了巨大变化，人们对化石能源的使用需求不断增加，使得大气中 CO_2 浓度急剧上升，预计 2050 年会超过 550ppm❶，这一数值是 250 年前的两倍。由此导致的全球变暖问题得到了世界各国的广泛重视。碳捕集与封存（Carbon Capture and Storage，CCS）是减少 CO_2 排放的关键技术之一，我国学者在此基础上提出“强化利用”，形成了二氧化碳捕集、利用与封存（Carbon Capture Utilization and Storage，CCUS）的新理念，并获得了国际上的普遍认同。在国家生态环境部、科学技术部、国家发改委等部门的共同推动下，相关政策逐步完善，试点示范项目规模不断壮大。但是，与美国、挪威、加拿大等国家相比，我国在该领域的研究尚处于起步阶段。因此亟需培养碳捕集、利用与封存领域的科技人才。

正如本书作者在前言中所说的那样，我们不仅需要在某个方向或领域具有较高造诣的专业技术人才，更需要在较高的层面上审视该领域的研究动态与发展趋势。本书是美国加州大学伯克利分校和劳伦斯伯克利国家实验室在碳捕集与封存领域的开篇之作，内容之丰富、见解之深刻，得到了广泛的认可。

本书由东北石油大学二氧化碳地质封存与地下储气库建设研究团队共同翻译。具体分工为：第 1 章由付晓飞翻译；第 2 章由刘斌翻译；第 3 章由刘雨辰翻译；第 4 章至第 7 章由吴红军翻译；第 8 章由李贤丽翻译；第 9 章由刘斌翻译，第 10 章和第 11 章由孟令东翻译；第 12 章及术语表由刘苗苗翻译。全书由付晓飞统稿。

衷心感谢东北石油大学油田高效开发及智能化创新“头雁”团队对本书翻译出版的支持和资助。由于译者水平有限，加之时间仓促，难免有不妥和错误之处，敬请读者批评指正。

译者

2023 年 2 月

❶ 1ppm=10^{-6}，此处指体积分数。

目　录

1 能源与电力

本章的主题是碳原子的计算。人类每年排放多少碳？又可以捕获多少碳？这两个问题很简单，但答案却是天文数字。数量究竟有多大？这就是本章的主题。

1.1 引言

有关碳捕集和封存的设想浅显易懂。目前的能源一直依赖于化石燃料，为减少 CO_2 排放，在化石燃料燃烧时捕集 CO_2 并将其封存在地质构造中（图 1.1.1）。人们把 CO_2 从电厂排放的烟气中分离出来（“捕集”），然后将其压缩并通过管道输送，在附近通过深井将 CO_2 注入地下（“封存”或“储存”）。

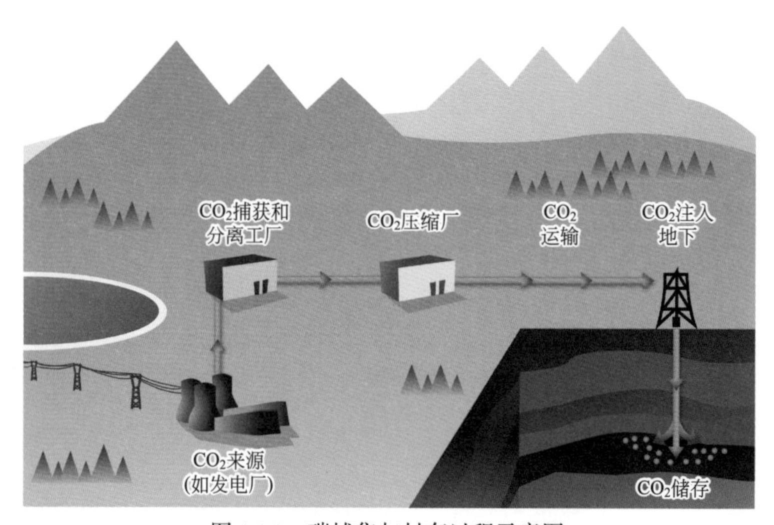

图 1.1.1　碳捕集与封存过程示意图

图片源于 IPCC 报告，并由 Hyun Jung Kim 绘制 [1.1]

本章重点介绍有关碳捕集与封存（CCS）的科学基础。

（1）在 CCS 过程中，碳捕集的成本最高。如果要从烟气中分离 CO_2 并将其压缩，需要在现有的电厂中增加设备，或者在建造新电厂时重新设计。无论是增加的新设备还是在建设中引入的新设备，都需要投入资金和增加运营成本，能源生产的成本将大幅提高。目前有关碳捕集和封存的研究目标之一是改进分离过程，同时研发碳捕集过程中使用的新材料，尽可能节约碳捕集成本。

（2）CO_2 地质封存是将大量 CO_2 注入地下。此过程必须确保 CO_2 被永久储存，而且将环境影响降到最低。深部地层具有未知性和非均质性，因此 CO_2 封存机理和相关的咸水运移过程通常存在不确定性。为解决这一问题，应将 CO_2 地质封存研究的重点集中在不同空间范围和时间尺度的相关物理过程和化学反应过程，以确保封存持久性和封存效率，同时确保对环境的影响是可接受的。

碳捕集和封存的相关研究和技术与全球变暖、能源经济和政策密切相关，并与很多传统科学或工程技术中未提及的因素也有密切的联系。这些因素是研究碳捕集和封存技术的主要内容，所以这些因素对 CCS 研究的技术方向和技术选择十分重要。CO_2 是本书的主要研究对象，因此在专栏 1.1.1 中总结了 CO_2 的一些性质。

专栏 1.1.1 二氧化碳

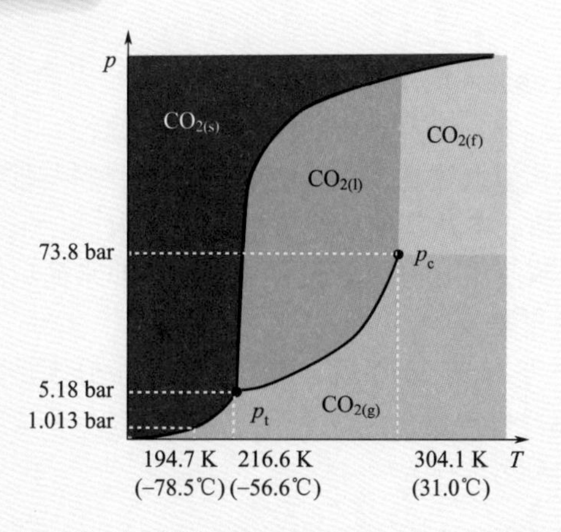

本书的主要研究对象是CO_2，下面首先了解一些关于CO_2的基本性质。CO_2无色，浓度较低时无味，分子量为 44g/mol。在标准状况下，CO_2 的密度为 1.8kg/m^3，约为空气的 1.5 倍。由于 CO_2 比空气重，所以在没有外部对流混合（如微风和风）的情况下有下沉趋势，因此 CO_2 是造成窒息的安全隐患之一。

上图为 CO_2 相态图。三相点条件为 p=5.18bar（518kPa）和 T=－56.6℃，此时固相（s）、液相（l）和气相（g）三相共存。连接三相点和临界点（p_c=73.8bar 和 T_c=31.0℃）的曲线是气液共存线。在该曲线上方，CO_2 为液态，在该曲线下方，CO_2 为气态。在 1 个标准大气压（1.013bar）下，温度低于 194.7K 时 CO_2 为固态。

碳捕集和封存主要研究的是临界温度以上、处于超临界状态的 CO_2，该相态的 CO_2 以流体相（f）存在。CO_2 在流体相时没有气液共存现象，所以最容易通过管道输送。如果在接近周围环境条件下就可以达到临界温度，那么意味着消耗较少的能量就可以将 CO_2 从气相变为流体相。

1.2 碳原子数量与计算

化学家对分子尺度的结构非常感兴趣，较为重视分子在不同环境下的反应。在后面的章节中可以看到一些例子，正是凭借着准确的直觉才制造出捕集 CO_2 的新材料。化学家可以利用整个元素周期表中的元素制造新材料。当然，我们希望世界上最杰出的化学家能够制造一种新材料，把每个原子都放在正确的位置，从而有效地捕集烟气中的 CO_2。乍一看，这个挑战和寻找最有效的药物非常相似——把每个原子放在正确的位置，用来拦截病毒或细菌。但碳捕集的研究却受到额外的制约，即庞大的能源生产规模。

这听起来有些抽象，举例来说，假设新兴公司找到了一种捕集 CO_2 的最佳材料。虽然材料结构属于保密技术，但是许多世界顶级电力公司将会不断地研发碳捕集装置。由于这种碳捕集材料是非常有效的，所以世界上 80% 的电厂都想采用该材料用于碳捕集和封存。这正是任何一个创业者所期望的梦想。但是，这种合成材料需求量巨大，根本无法满足全部客户。因此，面对能源领域巨大的需求规模，如果制造捕集材料所需的元素是稀有元素，那么无论这种碳捕集材料有多好，该新兴公司都将会失败，因为它不能提供可持续的解决方案。

21 世纪的化学理论启发了人们对新材料研发的灵感，人们尤其关注原材料的来源、数量、获取原材料对环境的影响，以及原材料来源在全球政治、社会和经济结构中所起的作用。这在碳捕集应用中尤其引人注意，因为提出的创新材料与能源生产密切相关。这些创新材料在数量、环境影响和成本及其他各个方面意义重大。

为了更直观地认识能源使用规模，下面看看这几个非常简单的问题：

（1）现在 CO_2 的排放量是多少？

（2）从现在起，1 年、5 年或 30 年后，CO_2 的排放量分别是多少？

（3）一家发电厂的 CO_2 排放量是多少？

（4）我们能捕集多少 CO_2？

1.2.1 当前 CO_2 的排放量

大气中 CO_2 最重要的来源是能源消耗过程中化石燃料的燃烧。在文献中可以找到许多关于能源消耗的统计数据。图 1.2.1 是根据不同能源来源划分的世界能耗[1.2]。该图说明了化石燃料的重要性：超过 80% 的能源在使用过程中都会排放 CO_2。此外，能源消耗总量在过去 30 年里翻了一番。

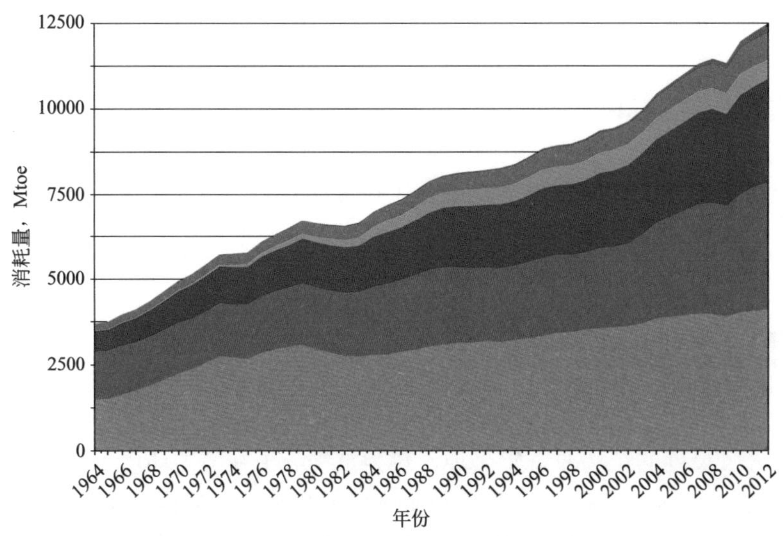

图 1.2.1 世界能源消耗

2011 年，世界一次能源消耗增长 2.5%，不及 2010 年增速的一半，但已接近历史平均水平。石油仍然是全球主要燃料，占全球能源消耗的 33.1%，这是历史记录中占比最低的一年。煤炭占比为 30.3%，是自 1969 年以来的最高比例。石油、煤炭和天然气是化石燃料，而其他都是非化石燃料。图中数据来源于 BP 世界能源统计年鉴[1.2]

总能源产量以 Mtoe 表示，1Mtoe 代表 10^6t 当量的石油，即产生的能量相当于 10^6t（10^9kg）石油燃烧所释放的能量（国际单位制 1toe=42GJ）。不同燃料的能量含量不同，将其单位统一成 Mtoe，可以方便比较。表 1.2.1 为三种化石燃料燃烧产生的 CO_2 排放量，由于它们的化学计量系数不同，因而产生不等的 CO_2。基于下面的燃烧方程，就可以理解这些差异：

$$C_xH_y + \left(x + \frac{y}{4}\right)O_2 \longrightarrow xCO_2 + \frac{y}{2}H_2O$$

天然气的氢含量比煤高得多，因此每吨天然气燃烧产生的 CO_2 较少。

表 1.2.1　CO_2 排放量（吨 / 吨燃料）

燃料	CO_2 排放量
石油	3.0
天然气	2.7
煤	4.4

从图 1.2.1 中可以看出，2011 年全球能源消耗超过 10000Mtoe。如果所有的能源都来自石油，每年都会排放大约 30000×10^6t CO_2。如果采用 10 亿吨碳（Gt C）作为单位，则该排放量可表示为 8.2Gt C。由于不同化石燃料生产单位能量所排放的 CO_2 量并不相同，所以实际的 CO_2 排放量更大。修正这些差异后得到的结果是，目前全球能源消耗每年排放 CO_2 超过 31000Mt（31×10^{12}kg）。

水泥生产过程也会产生大量的 CO_2，并排放到大气中。不同 CO_2 排放源的历史排放数据见图 1.2.2[1.3]。

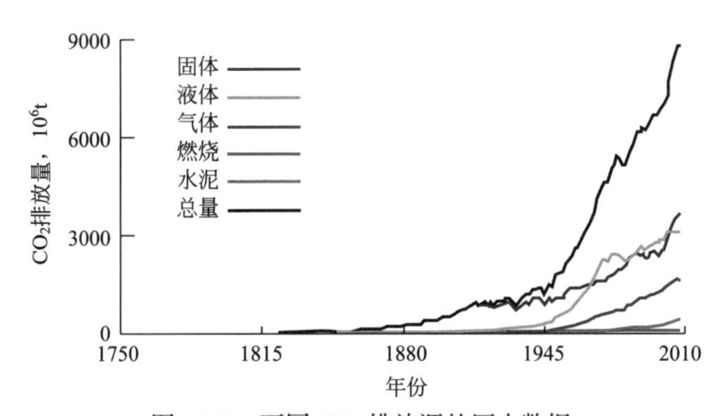

图 1.2.2　不同 CO_2 排放源的历史数据

2007 年全球液体燃料和固体燃料排放的 CO_2 占化石燃料燃烧和水泥生产排放量的 76.3%。2007 年，气体燃料（如天然气）占化石燃料总排放量的 18.5%（碳排放量为 1.551×10^9t），反映出全球对天然气的使用量逐渐增加。自 20 世纪 70 年代中期以来，水泥生产排放的 CO_2（2007 年为 3.77×10^8t C）翻了一倍多，现在占全球化石燃料燃烧和水泥生产排放 CO_2 总量的 4.5%。20 世纪 70 年代，天然气燃烧排放的 CO_2 约占全球排放量的 2%，现在占比不到全球 CO_2 排放量的 1%。注意：上述数量的单位是碳的质量，不是 CO_2 的质量。这些估计值乘以 3.667，就可以换算成 CO_2 的质量。图片改编自 CO_2 信息分析中心 [1.3]

需要解决的重要问题是：排放的 CO_2 都去哪儿了？与大气中已经存在的 CO_2 相比，人为排放的 CO_2 总量是大还是小？第 3 章讨论碳循环时将会回答这些问题。

问题 1.2.1 可再生能源

可再生能源在当前能源消耗中占比是多少？不同的可再生能源各占比多少？1800 年时的这个比例又是多少？

1.2.2 未来的 CO_2 排放量

本章主要关注的是 CO_2 排放量。接下来的两章将讨论大气中 CO_2 浓度与平均气温之间的关系。关于未来的 CO_2 排放量讨论中，将从这些章节中借鉴 CO_2 浓度增加导致气候变化的研究成果。

再来看一看 CCS 的过程。开采出的煤炭主要用于燃烧产生电力，CCS 则需要捕集产生的 CO_2，并将其注入地下封存，科学家们正在研究这种做法是否合理。如果不开采煤炭，CCS 面临的所有科学挑战都将“随风飘散”。事实上，煤炭是自然界自身捕集碳的有效方式之一，并能将碳储存数百万年。也许人们可以从空气中捕集 CO_2，然后利用阳光将其转化为燃料，或者可以完全停止使用化石燃料作为能源。然而要实现这些设想，需要开发替代能源或关键的新能源技术。

对于减少 CO_2 排放，Pacala 和 Socolow 提出了非常有价值的观点[1.4]。他们依据目前的情况推断：如果人类不采取任何行动，到 2056 年能源消耗产生的 CO_2 排放量将是 2006 年的一倍（图 1.2.3）。假设未来 50 年能源消耗增加，但 CO_2 排放量不超过 2006 年的水平。这意味着到 2056 年时，在现有的经济模式下，需要技术革新才能保证每年减少 $70×10^8$t 的

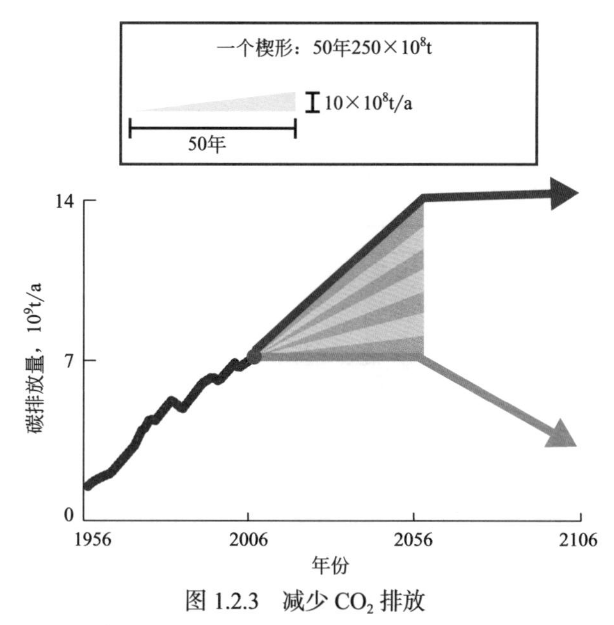

图 1.2.3 减少 CO_2 排放

深蓝色线和蓝色线分别表示过去和未来的全球碳排放量。棕色线表示目前使用的资源在满足未来能源需求情况下的排放量。“楔形”的概念就是基于该前提，即通过实施七种技术，可以实现每年 $70 × 10^8$t 碳的总减排。图中每个楔形代表技术进步在未来 50 年中的减排量，实现每年 CO_2 总排放量减少 $10 × 10^8$t。总之，在 2006—2056 年间，这七个楔形代表碳减排总量达 $175 × 10^9$t。图改编自 Pacala 和 Socolow[1.4]

碳排放。Pacala 和 Socolow 认为需要在现实中实现这一目标。例如，为实现这一目标，在理论上可以采取相应的政策，即超过 2006 年排放量以上的所有能源只能由核能提供。然而，该设想需要以不切实际的速度建造新的核电站，未来 50 年中每隔一个月建造一座核电站（另见 1.5 节）。Pacala 和 Socolow 分析了多种不同的情况，并认为仅用现有技术，有可能实现较低的排放目标，到 2056 年每年减少 10×10^8t 碳排放。然后，Pacala 和 Socolow 确定了 15 项技术，每一项技术都有可能在 2056 年实现每年减少 10 亿吨碳排放（图 1.2.4）。通过组合其中的 7 个“楔形图”，在保持能源增长和避免经济下滑的同时，可以实现总体减排目标。Pacala 和 Socolow 的文章已经发表 10 年，专栏 1.2.1 给出了新的观点 [1.5]。

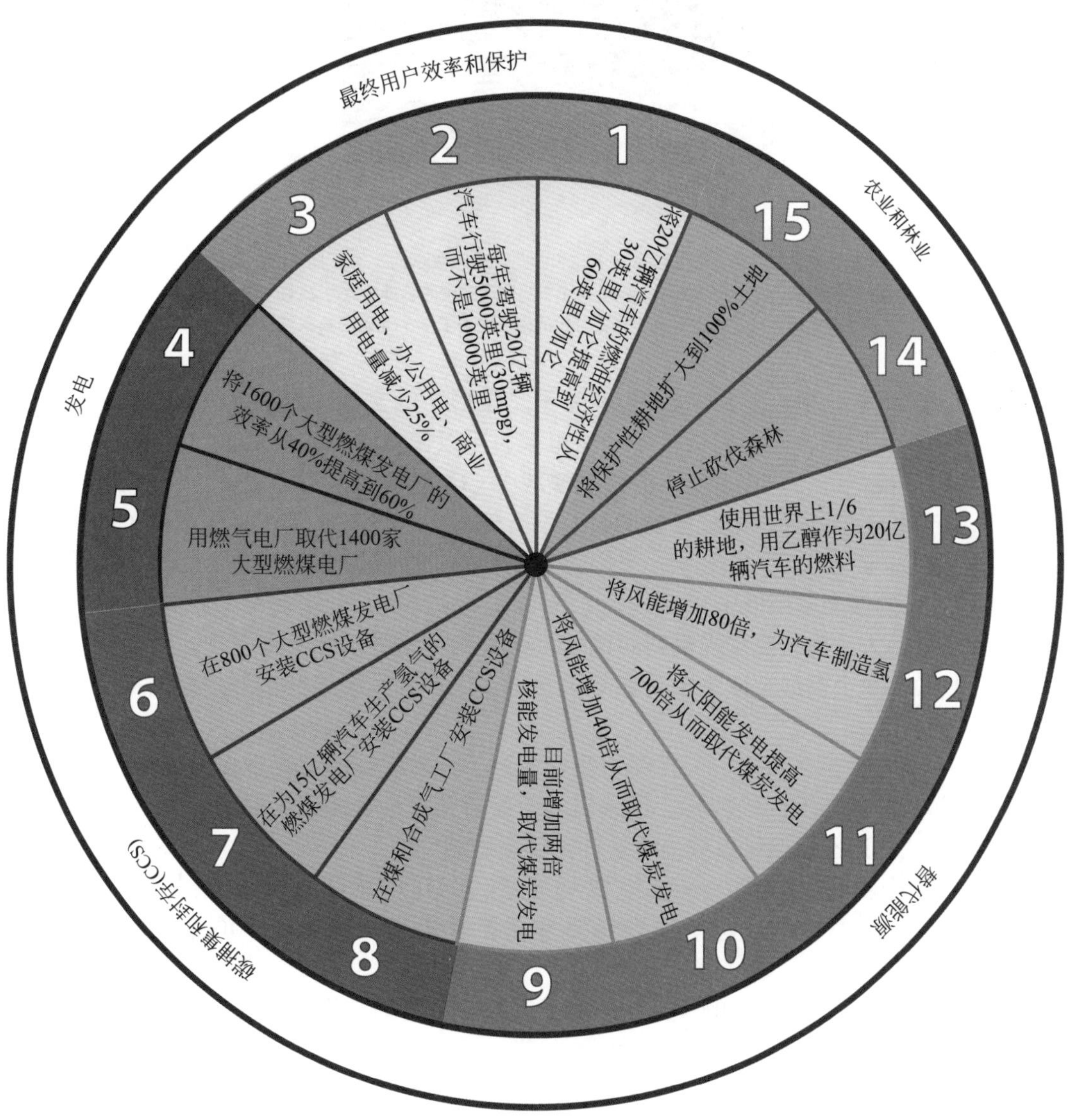

图 1.2.4 减少碳排放的途径

图中列出了基于现有技术的 15 个减少碳排放的途径，每项都能在 50 年内减少 250×10^8t 的碳排放。需要注意的是，每项技术都很难实现。事实上，在现有技术条件下，这些技术需要在全球范围内实施才会成功。

图改编自 Pacala 和 Socolow[1.4]

专栏 1.2.1 重新设计的楔形图

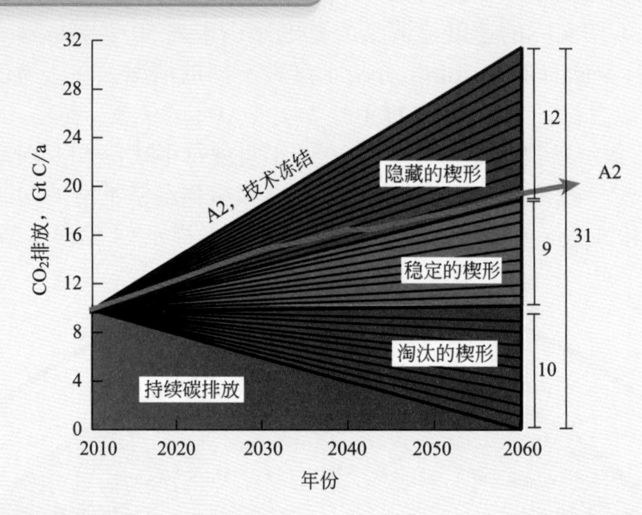

未来 CO_2 排放情况（SRES，见专栏 2.5.1）。2010—2060 年，楔形图呈线性变化，年排放量从 0 扩大到 1Gt 碳。每个楔形图所减少的总排放量为 25 Gt 碳，隐藏的楔形、稳定的楔形及逐步被替代的楔形代表了 775 Gt 碳的累积排放量 [1.5]。

Pacala 和 Socolow 在 *Science* 发表关于“楔形”的文章已经近 10 年了。这项工作产生了重大影响，因为它提供了一个框架，可以使用已知的技术来应对气候变化。根据“楔形模型”，到 2015 年，应该加快减少 CO_2 排放量，每年减少 1 亿吨碳排放。然而，自 2004 年以来，排放量的增长既没有停止，也没有放缓，而是增长了如此之多，导致 Davis 等人 [1.5] 提出了一个问题：最初的 7 个楔形的想法是否仍然会导致全球平均温度的最大增幅低于 2℃。

Davis 等人认为，要实现最初的目标，需要 21 个楔形，而不是 7 个。此外还需要增加额外的 10 个楔形，以完全清除 CO_2 排放。图中显示了这些楔形是如何被分成不同类别的：

（1）12 个隐藏的楔形——在图中我们看到了技术冻结的情况下以及相当于 12 个楔形照常运转的情况间的差异，反映出创新度持续性进行能源脱碳的结果。Davis 等人认为，明确这些楔形可以减少重复计算创新度的危险。

（2）9 个稳定的楔形——将排放稳定在 2010 年水平所需的楔形。其中包括两个额外的楔形，这两个楔形需要考虑要避免的且确保在 500ppm 水平以下的 CO_2。

（3）10 个逐步被替代的楔形——用不排放 CO_2 的方法取代整个能源基础设施和土地使用。

从目前来看，如果不依靠 CCS 来减少大气中的碳排放总量，就无法实现上述目标（图 1.2.5）。

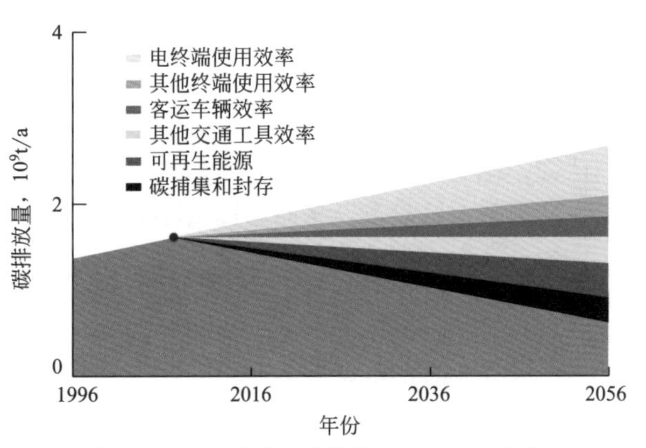

图 1.2.5 美国减少碳排放可能的途径 [1.4]

1.2.3 能源和人口

人口增长是导致能源消耗增长最重要的因素。众所周知，目前世界各地的人均年能耗差别较大。图 1.2.6 表明不同国家在能耗和人均碳排放方面存在着巨大差异 [1.6]。未来的排放量可以从视频 1.2.1 中推断出来，该视频还表明了碳排放量与人均收入之间的关系 [1.7]。

图 1.2.6 2010 年全球各地人均能源消耗

Btu 是英国的热量单位，是热能的度量单位，1Btu ≈ 1055J。燃料通常用 Btu 计量，用来表明其将水加热成蒸汽或以其他方式（如发动机）提供能量。图来自 BURN，数据来自国际能源署 [1.6]

在考虑限制碳排放的同时，地理、文化和全球政治问题日益突出。过去大部分碳排放源都局限在几个地区（如美国和欧洲），因此，从逻辑上讲，历史上排放量最高的国家应该承担减排责任，这是毋庸置疑的。然而，这一逻辑意味着其他国家只有在其人均排放量超过美国时才同意采取行动，那么全球解决方案仍将难以实现。

Chakravarty 等人认为 [1.8]，碳排放是全球性问题，每个人都有碳减排的责任。因此，他们提出的全球碳减排计划是基于个人的，而不是国家层面上的。图 1.2.7 阐明了作者的观点。图中纵坐标为年个人排放量（以 2030 年计算），横坐标为不同排放量对应的人口数量。例如，从蓝色阴影区域可以看出，约有 11 亿人每人每年排放的 CO_2 超过 10.8t。如果碳排放总量从 30×10^9t 减少到 13×10^9t，需要这 11 亿人每年的碳排放量上限为 10.8t。每年向世界上最贫穷的国家提供 1t CO_2 的排放指标，要求排放最多的国家将其排放量从每年 10.8t 减少到 9.6t。人们认为，基于个人碳排放的政策既公平又可行。如果从这个角度考虑碳减排，应该鼓励每个国家限制人口数量，从而实现全球碳减排目标。

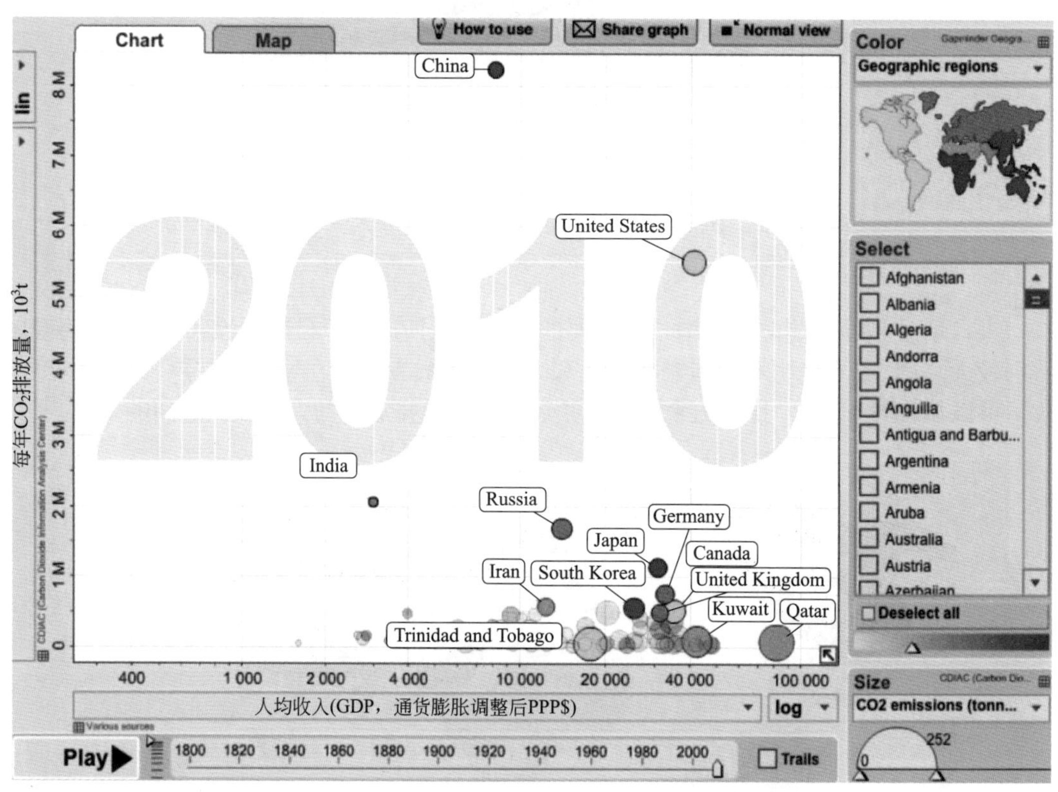

视频 1.2.1

视频 1.2.1　不同国家碳排放量的历史数据

1820 年，在工业革命初期，英国 CO_2 人均排放量和总排放量都是最多的。1900 年，美国碳排放量超过英国。2006 年，中国成为全球最大的 CO_2 排放国。视频显示 CO_2 总排放量与个人收入满足一定的函数关系。圆圈的颜色代表洲，其大小代表人均 CO_2 排放量。参见 www.gapminder.org，数据来自二氧化碳信息分析中心 [1.7]，视频网址 http://www.worldscientific.com/worldscibooks/10.1142/p911#t=suppl

1.2.4　能捕集多少 CO_2?

到目前为止，一直假设所有的 CO_2 排放是等效的。从环境的角度来看，无论是汽车还是发电厂，排放的 CO_2 在本质上没有区别。然而，从碳捕集的角度来看，相应的成本差异很大。正如将在第 4 章碳捕集所述，捕集 CO_2 需要大型设备，人们很难在汽车或飞机上安装碳捕集装置。例如，如果在飞机上安装，飞行后收集的 CO_2 的重量将是飞机煤油燃料的三倍！这说明对移动碳排放源进行碳捕集存在实际困难。对固定碳排放源而言，碳捕集更为可行，而且固定碳排放源大部分是发电厂。图 1.2.8 显示了不同来源的 CO_2 排放量分布。固定碳排放源的排放量几乎占全球排放量的一半。此外，在所有的固定碳排放源中，燃煤发电厂占了一半以上。根据这些统计数据，本书将对燃煤发电厂进行深入的研究。从

图 1.2.8 中也能看出水泥、铁和钢工业也排放了大量的 CO_2[1.9]。

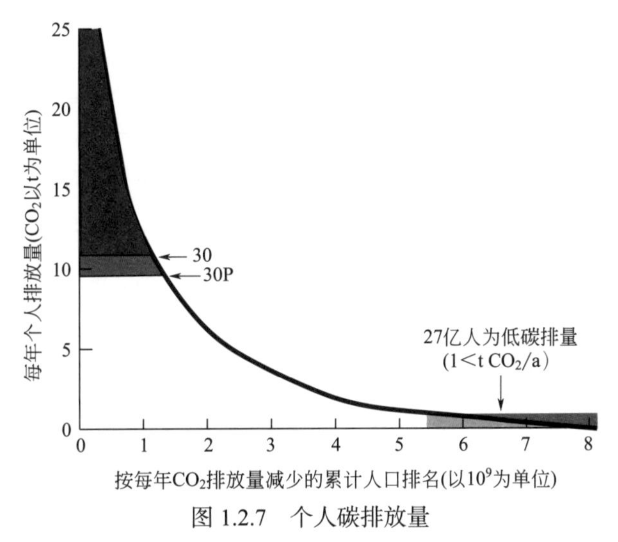

图 1.2.7　个人碳排放量

图中给出了 2030 年个人碳排放量的预测情况，描述的是年均人排放量与相应人口数量之间的关系。如果蓝色区域对应的个人排放量得到限制，则全球碳减排目标就可以实现。该区域表示全球碳排放量在 300×10^8t 的基础上减少 130×10^8t。如果进一步增大碳减排数量，即从图中“30”的位置移至“30P”的位置，这将允许世界上最贫穷的国家达到人均 1t 的 CO_2 排放量。这将对排放量低于 1t 的 27 亿人口来说，其增加的排放量为图中右侧曲线下方的绿色区域。图改编自 Chakravarty 等[1.8]

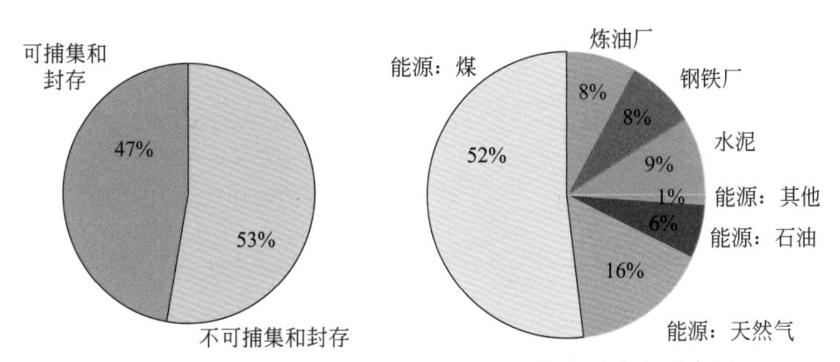

图 1.2.8　不同 CO_2 排放源（欧洲）的排放量分布示意图

据《2007 年 EEA 温室气体排放趋势和工程》以及《2007 年国际能源机构世界能源展望》重新绘制[1.9]

1.2.5　发电厂产生的 CO_2

本书将多次提到典型的中型燃煤发电厂。第一个问题是，这种规模的发电厂每年的 CO_2 排放量是多少？一个中型发电厂的发电量为 500MW，烟气排放约 400m³/s，含有约 12% 的 CO_2（体积分数），每年排放约 260×10^4t CO_2。假设发电厂工作寿命为 50 年，必须从 6.3×10^{11}m³ 的烟气中分离出 1.3×10^8t CO_2。表 1.2.2 列出了美国十大发电厂的 CO_2 排放数据[1.10]，数量之大令人震惊。

表 1.2.2　2011 年美国 CO_2 排放量前十发电厂

排名	工厂	公司	总公司	位置	CO_2 排放量，10^6t	功率，GW
1	Scherer	Georgia Power	Southern Company	Juliette，GA	21.90	3.56

续表

排名	工厂	公司	总公司	位置	CO_2 排放量，10^6t	功率，GW
2	James H Miller Jr	Alabama Power	Southern Company	Quinton，AL	21.89	2.64
3	Martin Lake	Luminant	Energy Future Holding	Tatum，TX	18.35	2.25
4	Labadie	Union Electric Company	Ameren	Labadie，MO	18.09	2.38
5	W A Parish	Texas Genco II	NRG Energy	Thompsons，TX	17.60	2.70
6	Gen J M Gavin	Ohio Power	American Electric Power	Cheshire，OH	17.52	2.60
7	Navajo Generating Station	Salt River Project	Multiple Parties	Page，AZ	16.80	2.25
8	Bruce Mansfield	First Energy	First Energy	Shippingport，PA	16.19	2.74
9	Monroe	Detroit Edison	DTE Energy	Monroe，MI	15.81	3.29
10	Gibson	Duke Energy Indiana	Duke Energy	Owensville，IN	15.70	3.15

数据来源：美国国家环境保护局。

研究现有基础设施的碳排放量非常重要。为方便研究，假设新型基础设施禁止排放 CO_2（电力和运输），但该禁令不涉及现有的基础设施。假设目前的基础设施只有在其正常使用寿命结束时才会被无 CO_2 排放的新型基础设施所取代。根据这一假设，Davis 等人计算出全球的预期温升将为 1.1 ~ 1.4℃，大气中的 CO_2 浓度将低于 430 ppm[1.11]。2010—2060 年间 CO_2 的排放量仍然增加，这是因为目前仍在使用的能源基础设施排放 CO_2 导致的，其化石燃料燃烧可累计产生 496Gt CO_2（图 1.2.9）。

2010 年的 CO_2 年排放量约为 35Gt。即使禁止建设新基础设施，CO_2 的排放速度仍然为 35Gt/a！假设允许目前使用的基础设施排放 CO_2，直到其自然使用寿命结束。例如，燃煤发电厂的平均寿命为 38.6 年，建于 2007 年的一座燃煤发电厂允许在未来 35.3 年里继续使用并排放 CO_2。类似的基础设施碳排放情况也适用于交通和其他行业。

图 1.2.10 显示了不同国家允许使用现有基础设施时的排放量。如果比较美国和中国就会发现，这两个国家 2010 年的排放量大致相同。然而，中国承诺的减排量（182 Gt）是美国（74 Gt）的两倍多。究其原因，中国的很多基础设施是新建的。

在这种情况下，就可以理解为什么目前正在建设的化石能源基础设施是影响 CO_2 排放的主要威胁。大多数新项目都是基于旧理念建设的，它们是未来最大的 CO_2 排放源。

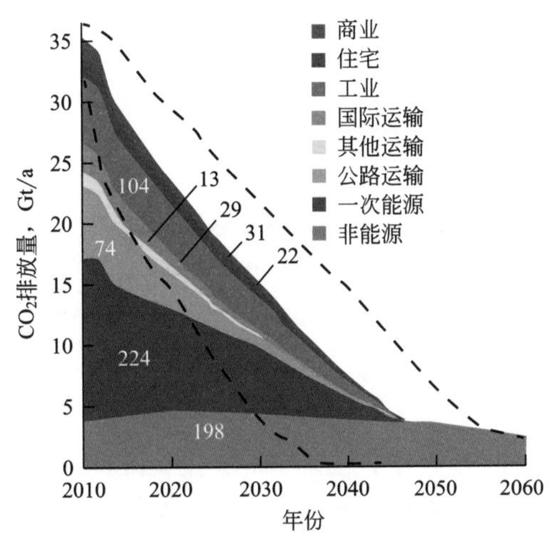

图 1.2.9 不同行业现有基础设施的未来排放量

图为不同行业现有能源和运输基础设施的预期 CO_2 排放情况。根据预测，现有基础设施继续使用至报废，然后被无 CO_2 排放的基础设施取代。虚线表示总排放量的上限和下限情况（分别为 282Gt 和 710Gt CO_2）。上述数据是累计排放量，图改编自 Davis 等人 [1.11]

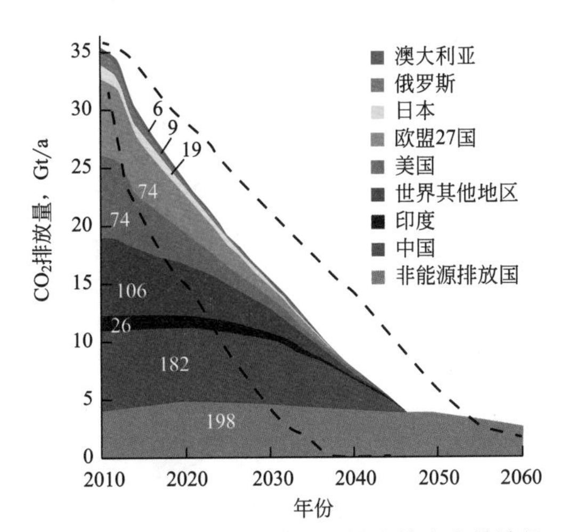

图 1.2.10 不同国家现有基础设施的未来排放量

图为按国家划分的现有能源和交通基础设施二氧化碳排放情况。虚线表示总排放量的上限和下限情况（分别为 282Gt 和 710Gt CO_2）。这些数据是累计排放量，图改编自 Davis 等 [1.11]

1.3 制造 dreamium ™

将 CO_2 封存在地质构造中似乎是浪费资源。为什么本书的主题不是将 CO_2 转化为有用的产品？

为了回答这个问题，首先观察下碳的热力学性质，如图 1.3.1 所示。研究发现，碳燃烧会降低其能量。然而，CO_2 并不是热力学中碳能量最低的状态，能量最低的状态为碳酸盐矿物（如石灰石）。事实上，正如图 1.3.1 所示，地球上大部分的碳是以石灰石的形式存在的。著名的丹佛白色悬崖岩石中含有比大气中更多的碳！

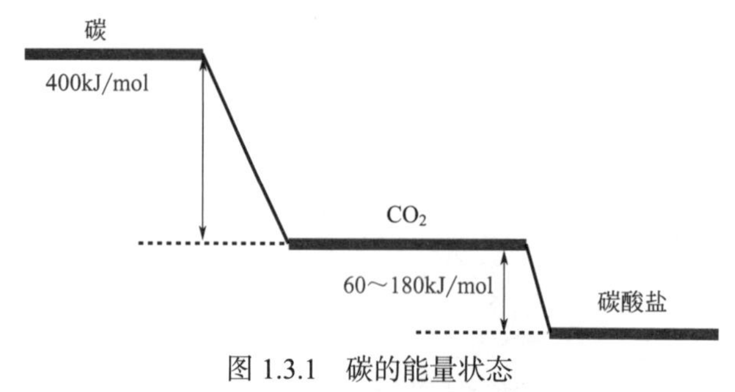

图 1.3.1　碳的能量状态

60 ～ 180kJ/mol 范围值表示不同类型的碳酸盐岩；图改编自 Klaus Lackner 的报告

然而，CO_2 转化为石灰石的动力学过程非常缓慢，因此在短时间内 CO_2 不可能转化为石灰石。第 8 章地质封存将说明生成石灰石的动力学过程非常缓慢，因为石灰石（$CaCO_3$）的形成过程需要一个 Ca 原子与一个 CO_2 分子相结合。大量的 Ca 来源于具有缓慢溶解速率的含钙硅酸盐矿物。

图 1.3.2 显示了目前 CO_2 的用途。大部分 CO_2 用于提高原油采收率，即将 CO_2 注入油田以降低原油黏度，从而有利于原油运移，并经抽油机输送至油田地表。为提高原油采收率，CO_2 的年消耗总量约为 100Mt，这一数字相当于四个大型发电厂的排放量。当然，对提高石油采收率而言，使用烟气中的 CO_2 比使用天然气储层中的 CO_2 更为有利。尽管如此，很明显的事实是发电厂产生的 CO_2 远远超过石油开采所需的 CO_2 用量。

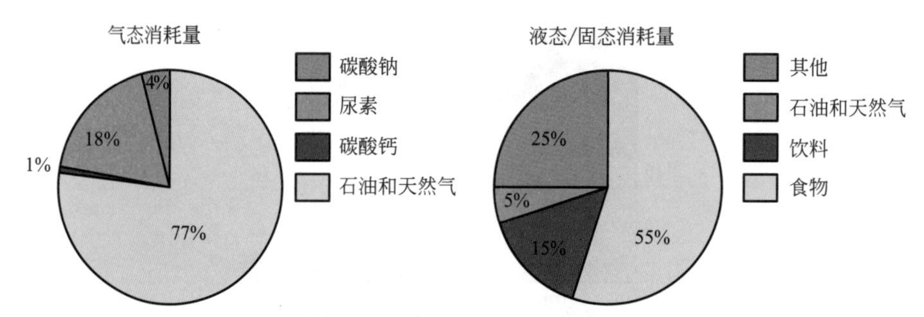

图 1.3.2　美国的 CO_2 年消耗量

二氧化碳的年消耗量为 100Mt，可由 3 ～ 4 座燃煤发电厂提供。图中数据来自麻省理工大学奥斯汀分校 SRI 咨询公司

假设另一种情况，把一个 ZZ 分子和一个 CO_2 分子结合起来，会发生神奇的化学反应。新产物 $ZZCO_2$ 被称为“dreamium”，具备很多期望的优良特性。目前，必须相信能够发现生成 dreamium 所需的化学物质。首先，假设这种化学物质是存在的，而且结构非常简单，并可以使用任何方法生成 ZZ，之后再合成 dreamium。此外，假设世界上生产的所有化学品都可以生成 ZZ。Bhown 和 Freeman 对此进行了研究 [1.12]。表 1.3.1 列出了 2009 年全球合成量最大的前 50 种化学品。由于合成 dreamium 的化学物质非常简单，可以使用上述的所有化学品。据此得到的重要结论是，通过使用全球合成量前 50 种化学品，所消耗的 CO_2 量也不到全球总排放量的 10%。下面考虑下这些数据的意义。虽然现在制造出了一种新产品 dreamium，但是 dreamium ™ 的合成几乎不会减少 CO_2 排放。同时，dreamimum 销售的规模要超过前 50 种化学物质总和！此外，因为生产 dreamium，几乎耗尽了世界上的其他所有化学物质的全部供应。

表 1.3.1 CO_2 排放与化学物质产量比较

序号	化学物质	美国产量估计			全球产量估计		
		单位：Mt	单位：Gmol	捕集 90%（GWe-yr）*	单位：Mt	单位：Gmol	捕集 90%（GWe-yr ）
1	硫酸	38.7	394	2.1	199.9	1879	10.0
2	氮	32.5	1159	6.2	139.6	4595	24.5
3	乙烯	25.0	781	4.2	112.6	3243	17.3
4	氧	23.3	829	4.4	100.0	3287	17.5
5	石灰	19.4	347	1.8	283.0	4653	24.8
6	聚乙烯	17.0	530	2.8	60.0	1729	9.2
7	丙烯	15.3	354	1.9	53.0	1134	6.0
8	氨	13.9	818	4.4	153.9	8332	44.3
9	氯	12.0	169	0.9	61.2	795	4.2
10	磷酸	11.4	116	0.6	22.0	207	1.1
……							
50	尼龙	1.9	8	0.0	2.3	8	0.0
总量		419	8681	46	2412	48385	257
2009 年燃煤发电（GWe-a）				200			>1000
CO_2 预计排放量		6000	136000		31000	750000	

*“捕集 90%，GWe-yr”这一列表示：每年通过捕集 90% 的 CO_2 并使用特定的化学物质将其全部转化为 dreamium，捕集过程需要的总能量。数据来自 Bhown 和 Freeman[1.12]。

这个例子说明 CO_2 排放量巨大。将 CO_2 大规模转化为与减缓气候变化有关的有用的物质，这将使任何市场饱和，并耗尽各种原材料，因此，不能简单地想象生产太多这样的物质！实际上，只有水资源量和能源总量与 CO_2 的排放量大体相同。

作为一种替代方案，可以设想将 CO_2 转化为燃料。然而，图 1.3.1 显示，CO_2 需要能量才能转化为碳。如果有这种能量，为什么不直接把它转换成电呢？而不是通过它将 CO_2 转化为燃料来燃烧发电。如果可以捕集大气中现有的 CO_2，将其转化为燃料具有重要的研究意义。后面的章节将详细介绍关于未来碳封存方面的内容。

1.4 发电

前一节讨论了发电过程中排放大量具有稳定性质的 CO_2。图 1.4.1 说明了发电过程中不同能量来源的相对重要性，而且这个复杂的图中包含了大量信息。例如，从中可以看出，用于发电的可再生能源相对匮乏，希望未来可再生能源的发电量占比能够显著增加。由于可再生能源发电发展较晚，因此要使其发电量与天然气等能源的发电量相当，则面临着巨大挑战。目前，电力生产仍以煤和天然气为主。

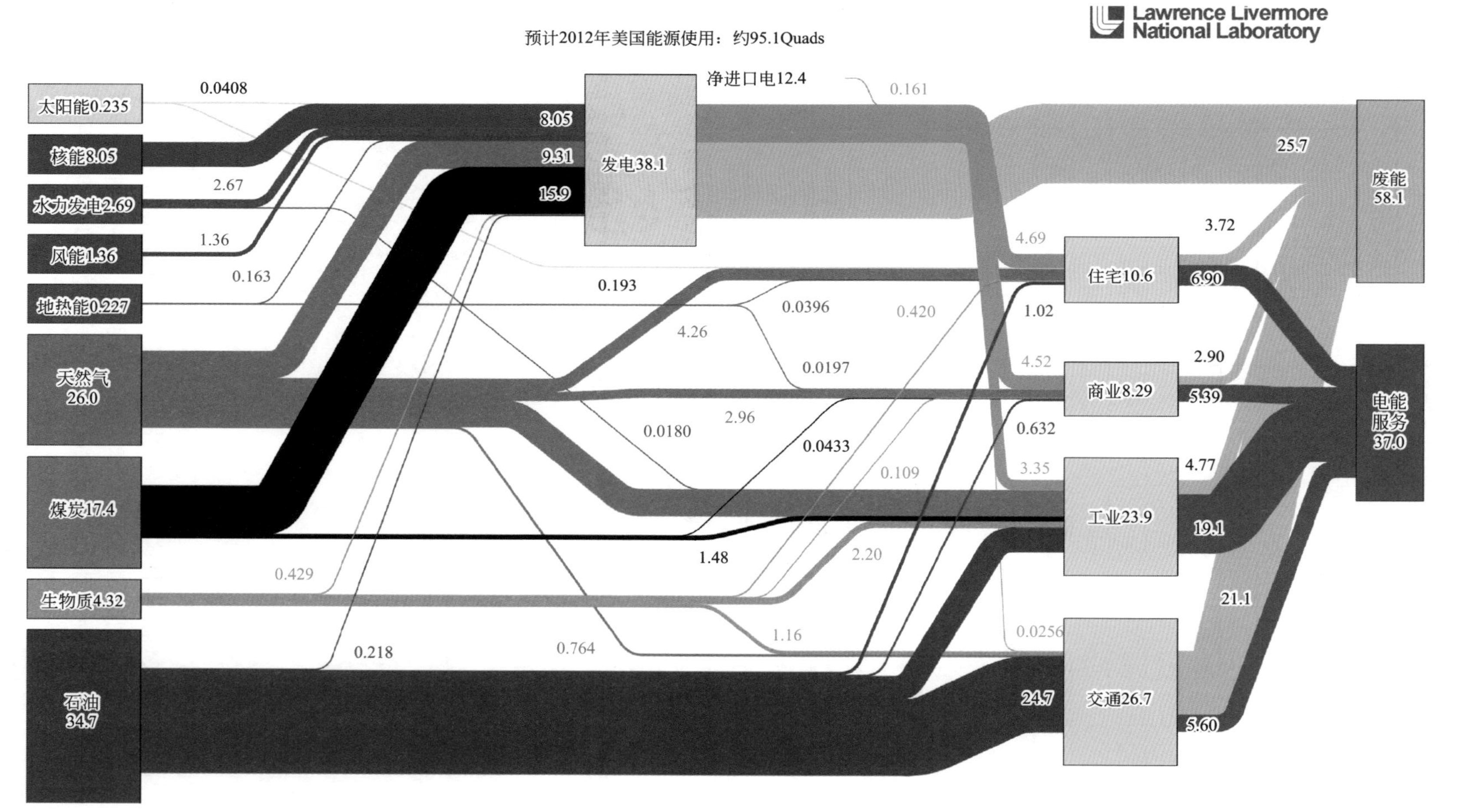

图 1.4.1　能量流、CO_2 排放量和储量

图中数据基于 2012 年 10 月 DOE/EIA-0384（2011）发布的信息。图中电力仅代表电力零售部分，不包括自发电。通过假设典型的化石燃料电厂“热耗率”，EIA（能源信息局）报告以 BTU 当量（英国热量单位）值来计算非热资源（即水力、风能和太阳能）的能量流量。电力生产效率为总电力零售输出除以用于发电的一次能源。住宅、商业和工业部门的最终使用效率估计为 80%，交通部门的最终使用效率为 25%。由于各部分分别进行了四舍五入，所以总数可能不等于各部分之和。LLNL-MI-410527。资料来源：2012 年的 LLNL

现在重点研究用于发电的煤和天然气。第 4 章将会提到，与从 CO_2 含量较高的烟气流中捕集碳相比，在极低浓度下捕集 CO_2 的成本要高得多，因此，从烟道气中捕集 CO_2 更节省成本。表 1.4.1 比较了燃煤发电厂和天然气发电厂烟气中的 CO_2 浓度与空气中的 CO_2 浓度。煤和天然气的对比分析很重要。显然，天然气中氢碳比较高（天然气主要是甲烷），因此相对而言，天然气燃烧产生的水比 CO_2 多。这表明，只要将燃煤发电厂改为天然气发电厂，就可以将 CO_2 排放量减少一半。事实上，Pacala 和 Socolow 楔形图的关键因素之一就是这一改变[1.4]。截至 2012 年，由于水力压裂和钻井技术提升，全美各地都出现了天然气过剩的情况。

因此，人们预计，逐步淘汰燃煤发电厂并用天然气发电厂取而代之，将是减少温室气体排放的重要举措。

但是，这些计划受经济现状的影响。一座燃煤发电厂的平均寿命可能长达 50 年，新建一座 600MW 燃煤电厂的支出约为 20 亿美元[1.13]。所以电力公司不得不考虑经济可行的方案，即用天然气发电厂取代老旧和低效的燃煤发电厂（见 1.2 节）。

表 1.4.1　烟气和空气中的 CO_2 浓度

气体	CO_2 浓度
空气	380 ～ 580ppm
天然气	5% ～ 8%
煤	10% ～ 15%

1.5　案例研究：概念与实践

本节给出加州大学伯克利分校学生进行的一些计算结果，这些计算证实了本章提出的一些观点。

1.5.1　碳纤维自行车

问题：Berkeley Solve Energy@ 建议向全世界每人发放一辆固定式自行车用作发电机。要求每人每天骑行 1h 循环发电，每个人都将获得当地最低工资的一半作为报酬。实施这项计划的资金来自石油税收。此项目能产生多少能量？需要把石油价格提高多少才能够支付该项目的费用？

方案研究人员：Forrest Abouelnasr、Josh Howe、Vicky Jun 和 Karthish Manthiram。

因为没有现成的数据，所以在这种情况下进行相关的数据计算会非常困难。然而，并不需要非常精确的数据来判断这一想法是否可行。我们只需要做出一些基本假设。

目前（2012 年）的世界人口约为 69 亿，以此作为潜在劳动力。由于国与国之间（以及美国各州之间）的最低工资存在巨大差异，由此估计最低工资有些难度。考虑到像美国这样的发达国家使用的电力比发展中国家多得多，将把该项目的补偿费定为 2012 年美联邦最低工资的一半，即每小时 7.25 美元。因此，在这种情况下，世界上每人每天每小时的能源生产可以获得 3.625 美元。这相当于每天大约 250 亿美元的总成本。

下一步是计算骑自行车所产生的能量。固定式自行车的发电概念很简单：一副脚蹬，转动自行车的后轮，而后轮又带动发电机（本质上是线圈中旋转的磁铁）旋转。当磁铁在线圈内旋转时，电流流过线圈。这种电能可以立即使用或储存在电池中。产生的电量取决于自行车的电阻、骑车人可以达到的速度以及发电机的效率。

在计算中，假设每人的输出功率为 125W，实际发电功率等于 60% 的输出功率。

据此可以估计每人每小时工作的能量输出为 270kJ，或全世界人口每天能量输出是 1.86×10^{15}J。与全球每天电力消耗 1.76×10^{17}J（每年 17.8×10^{12}kW・h）相比，该项目将产生约世界所需电力的 1%。或者根据这个实验，如果全世界人口只为美国发电（2009 年美国每天消耗 3.7Å $\times 10^{16}$J 的电力），那么它只能生产美国用电量的 5%。

这种能源转化还可以减少碳排放。实际上，该实验的数据计算更为复杂，因为还需要考虑制造自行车时排放的 CO_2。我们经常疏漏的是没有考虑制造业对碳排放的影响，这里先忽略该影响。众所周知，在美国每千瓦时的发电量约对应排放 0.67kJ CO_2。利用这些信息，可以量化因采用自行车项目而减少的碳排放量：

$$1.86 \times 10^{15}\,\mathrm{J/d} \times \frac{1\mathrm{kW \cdot h}}{3600000\mathrm{J}} \times \frac{0.67\,\mathrm{kg\,CO_2}}{1\mathrm{kW \cdot h}}$$
$$= 3.46 \times 10^{8}\,\mathrm{kg\,CO_2/d}$$

这意味着，假设美国的碳减排率适用于全球，自行车项目每天将减少 346 Gg（3.46×10^8kg）CO_2 的排放量。与每天排放的 CO_2 91.78 Tg（917.8×10^8kg）总量相比，该计划减少的碳排放量不到 0.5%。这再次提醒我们必须解决巨大的碳排放问题。

现在来看一下该项目的资金来源。怎么通过石油征税来支付呢？全球石油消费耗量每天约为 9600 万桶。可以通过把每天 250 亿美元的成本分摊到总成本中来计算支持该项目所需的税收。这相当于每桶 260 美元的税收，或油价上涨约 228%（2012 年 4 月每桶石油的成本约为 114 美元）。这表明该项资助计划并不可行。

结论：对于最初的提议，以当地人均最低工资的一半为报酬，每人每天为一台发电机供电 1h，似乎不会显著降低全球碳排放量（将其减少 20%），却只降低全球碳排放量 0.5%，而且不会产生大量电力（仅占世界总需求的 1%）。

自行车项目的优点是帮助人们了解能源消耗、碳排放和能源生产之间的直接联系。

1.5.2 《京都议定书》的进展

问题：世界范围内每月需要建造多少座核电站，才能达到《京都议定书》对核能的要求？

方案研究人员：Eun Hee Lim、Raven Julia McGuane、Joachim Seel 和 Annie Teng。

《京都议定书》是一项与《联合国气候变化框架公约》（UNFCCC）相关的国际协议。该协定没有具体规定绝对的全球气候目标，而是规定了相关的一些发达国家减少 CO_2 排放量的指标。相反，发展中国家不受任何具体减排目标的约束。表 1.5.1 列出了这些国家的 CO_2 排放目标 [1.14]。

表 1.5.1 《京都议定书》中规定的国家的 CO_2 排放量目标（数据来自 UNFCCC[1.14]）

国家 / 地区	截至 2012 年的目标
欧盟*15 国，保加利亚、捷克共和国、爱沙尼亚、拉脱维亚、列支敦士登、立陶宛、摩纳哥、罗马尼亚、斯洛伐克、斯洛文尼亚、瑞士	−8%
美国**	−7%
加拿大、匈牙利、日本、波兰	−6%
克罗地亚	−5%
新西兰、俄罗斯联邦、乌克兰	0
挪威	+1%
澳大利亚	+8%
冰岛	+10%

*1997 年《京都议定书》通过时，15 个欧盟成员国认定该议定书是“泡沫”计划，他们内部分配了 8% 的目标，根据该计划，各国有不同的单独目标，当组合在一起时，可实现欧盟的总体目标。欧盟已经就如何分配其目标达成一致。

** 美国已表示拒绝批准《京都议定书》。

总的来说，《京都议定书》规定，到 2012 年底，表 1.5.1 中国家的全球 CO_2 平均排放量必须比 1990 年的排放量减少 5.2%。然而，因为他们无法履行其最初的承诺，这些国家（尤其是美国）没有批准《京都议定书》。

撇开政治不谈，在计算时需要按照最初 5.2% 的减排目标，并计算实现该协议所需的发电厂数量。此外，还需一些其他的大胆假设：（1）核电站的创建及其使用能够达到碳中和；（2）《京都议定书》将于 2012 年底全面实施；（3）必须首先考虑表 1.5.1 中国家对《京都议定书》所定目标取得的进展（本书英文原版出版时的最新的数据）。

在 36 个批准国中，只有 7 个国家未能在 2009 年（向联合国政府间气候变化专门委员会 IPCC 提交数据报告的最后一年）之前满足其在固定碳排放源上分配的指标要求。这考虑到了每个国家的目标不同，从 −8%（所有欧盟国家）到 +10%（冰岛）。这 7 个国家包括澳大利亚（44%）、加拿大（19%）、日本（7%）、列支敦士登（10%）、新西兰（14%）、挪威（40%）和瑞士（2%）。为了实现《京都议定书》的目标，从 2009 年到 2012 年底，所规定的国家必须额外减少 205Tg CO_2 排放。

通过建造核电站实现碳减排取决于它们所取代何种发电厂。当考虑建造更多核电站时，必须记住，目前它们只能取代固定碳排放源，即燃煤或天然气发电厂，以减少碳排放负担。而交通电气化，特别是道路上的车辆，仍然受到限制。在分析过程中，比较了两种情况：一种是核电厂取代燃煤发电厂，寿命周期内平均排放量为 866g CO_2/kW・h；另一种是核电厂取代联合天然气循环发电厂，寿命周期内平均排放量为 439g CO_2/kW・h。这两种排放强度都代表了最高效的发电厂，因此对应所需发电厂数量的上限（从经济角度来看，应更换老旧且效率较低、高排放量的发电厂）。

假设新核反应堆的平均容量为 1GW，且每个反应堆将替代煤 / 燃气发电，需要在 2009 年至 2012 年间建成 9 座（针对煤）至 18 座（针对燃气）核电站。假设这些核电站是以相等的时间间隔连续建造的，则分别需要每 4 个月或 2 个月建造一座新的核电站。

1.5.3 搜索大脚怪（计算和比较碳足迹）

问题：使用在线计算器（http://www. carbonfootprint.com）计算你的碳足迹，并确定影响你生活方式的两个最大因素。然后将其与美国、印度和中国普通公民的碳足迹进行比较。

方案研究人员：Angus Ming Yiu Chan、Sirine Constance Fakra、Jeffrey Kaut Krajewski、Yuguang She、Zhou Lin、Sophia Louise Shevick、Mohammad Haider Agha Hasan、Kristopher Enslow 和 Anna Claire Harley-Trochimczy。

碳足迹是一个人、组织、国家或地区在特定时间内对温室气体排放的贡献。对碳足迹的贡献可以分为两类：一次排放和二次排放。一次排放是指直接由个人行为产生的碳排放，包括交通运输中使用的电力和矿物燃料。二次排放是那些由个人的活动间接导致的碳排放，包括与个人消耗食物和购买产品相关的碳排放。

在比较全球碳排放量时，卢森堡的人均 CO_2 排放量最高，为 33.8t。美国排名第二，人均 CO_2 排放量为 28.6t。相反，发展中国家中国和印度等国的人均 CO_2 排放量分别为 3.1t 和 1.8t。

加州气候计划的目标是到 2020 年将 CO_2 排放量减少到 1990 年的水平，这意味着每人 CO_2 排放量将减少到 10t。为分析这种减排方案的可行性，对三名加州大学伯克利分校学生的个人碳足迹进行计算。使用碳足迹有限公司提供的计算器。研究小组的人均 CO_2 排放量为每年 11.92t，按交通、住宅和生活方式分类，其贡献见表 1.5.2。生活方式因素包括食物消耗和消费者自身的选择，例如一个人回收利用废物的的频率或者消耗季节性食物的频率。

表 1.5.2 三名加州大学伯克利分校学生的个人碳足迹

分类	学生 A	学生 B	学生 C	平均（10^3kg CO_2）
住宅	0.63	0.33	0.6	0.52
飞机	2.28	3.55	1.64	2.49
汽车	5.7	3.42	2.19	3.77
公共汽车和火车	0.06	0.04	0.1	0.07
间接的生活方式	5.17	5.9	4.15	5.07
总计	13.84	13.24	8.68	11.92

资料来源：Carbon Footprint Ltd，http://www.carbonfootprint.com。

由于伯克利地处温带，许多人不使用空调，夏天用电有限。虽然冬天可能需要暖气，但温度几乎不会降到零度以下，所以住宅只占普通伯克利学生碳足迹的一小部分（约 5%）。到目前为止，伯克利普通学生碳足迹的最大贡献者似乎是间接的生活方式选择（37%），其次是汽车出行（27%）。由于地理位置和学生生活方式的特点，这一结果与美国其他地区可能不一样。学生们的主要交通方式是步行或骑自行车，并且可能与几个室友共用公寓，每人的总碳足迹就会减少。

值得注意的是，个别碳足迹存在一些异常情况。学生 A 最近刚从洛杉矶搬来，洛杉矶是一个以汽车为主要出行方式的城市，这也解释了汽车出行在她所有出行中所占比例较高的原因。学生 B 在过去的一年里已经坐了几次飞机参加会议和度假，增加了飞行总量。学生 C 没有汽车，会做出更环保的消费选择，因此她比其他两名学生的总体碳足迹更低。

表 1.5.3 列出了第四个学生，即学生 D 在购买汽车前后的碳足迹。购买汽车后，他的碳足迹增加了 50% 以上。将其与美国、中国和印度的人均碳足迹进行比较，见表 1.5.4。虽然其总体水平远低于美国的平均水平，但仍高于全球应对气候变化的目标 [1.15]。

表 1.5.3 学生 D 有车和没有车时的碳足迹计算 单位：10^3kg

分类	年 CO_2 排放量（没有汽车）	年 CO_2 排放量（有汽车）
住宅	0.11	0.11
飞机	1.44	1.44
汽车	0.15	3.51
公共汽车 / 火车	0.14	0.14
间接的生活方式	3.99	3.99
总计	5.82	9.18

表 1.5.4 学生 D 碳足迹与各国人均碳足迹比较

对比组	每人每年 CO_2 排放量（10^3kg）
学生 D 无汽车	5.82
学生 D 有汽车	9.18
美国人均	28.6
中国人均	3.1
印度人均	1.8
应对世界气候变化目标	2

资料来源：Hertwich 等 [1.15]。

1.5.4 碳捕获的具体解决方案

问题：如果将 CO_2 用于混凝土生产，可以捕获多少 CO_2？

方案研究人员：Samuel Taft Schloemer、Lingchen Fan 和 Joseph Jung-Wen Chen。

图 1.3.1 表明碳酸盐是碳最稳定的存在形式。由于碳酸盐是混凝土的主要成分，我们将探索使用烟气排放产生的 CO_2 作为混凝土的来源。

混凝土是由水泥、砂、混凝料和水制成的复合材料。水泥是黏合剂，它与水反应形成硅酸钙，将沙子和混凝料颗粒黏合在一起。混凝料通常由碎石组成，决定了材料的抗压强度（图 1.5.1）。水泥生产是全球 CO_2 排放的主要来源之一，2000 年 CO_2 排放量约有 8.29

亿 t，占总排放量的 3.4%。然而，如果混凝料由消耗 CO_2 的物质制成，则混凝土可能是净 CO_2 汇。例如，常见的混凝料是碳酸钙（$CaCO_3$），也称为石灰石。如果所有的混凝料都是由 CO_2 形成的 $CaCO_3$ 组成，就可以估计可以封存的 CO_2 量，从而得到生产混凝土所需的 CO_2 数量。

图 1.5.1　典型人工水泥混凝土的组成

CO_2 可以以 $CaCO_3$ 的形式被封存在混凝土中。这是因为在混凝土中存在水和各种相态的钙，如 $Ca(OH)_2$ 和 CSH（水合硅酸钙）。首先，CO_2 与水反应生成碳酸：

$$CO_2 + H_2O \longrightarrow H_2CO_3$$

碳酸随后将与氢氧化钙反应形成碳酸钙和水：

$$H_2CO_3 + Ca(OH)_2 \longrightarrow CaCO_3 + 2H_2O$$

类似地，混凝土中存在的 CSH 可以与 $Ca(OH)_2$ 中释放 CaO 的凝聚，一旦发生反应，则会再次形成碳酸盐：

$$H_2CO_3 + CaO \longrightarrow CaCO_3 + H_2O$$

煅烧过程的一种简化表示可写为 CaO 和 CO_2 的化合反应：

$$CaO + CO_2 \longrightarrow CaCO_3$$

假设有无限多的 CaO 可供使用。根据上述反应，1mol CaO 可以吸收 1mol 的 CO_2。目前，全球水泥年产量约为 33×10^{11}kg。在重量上，一般的混凝土由四份混凝料和一份水泥组成，全球混凝土生产每年大约消耗 132×10^{11}kg 混凝料。假设混凝料完全是由碳酸钙组成，这相当于每年封存 5.8Pg CO_2。因此，结论是：将排放的 CO_2 封存在混凝土的混凝料中，每年可以吸收 CO_2 排放量的 19% 左右。

事实证明，混凝土可以封存更多的 CO_2。水泥混凝土中用作黏合剂的主要成分是 CaO。把水泥放置在道路、建筑物、水坝等地，随着混凝土的老化，会发生化学反应，大气中的 CO_2 会扩散到混凝土中，与 CaO 发生反应，形成 $CaCO_3$。这是混凝土养护过程中的一个自然过程，起到提高材料强度的作用。CaO 占水泥重量的 63% 左右。假设这些物质最终会与大气中的 CO_2 发生反应，水泥养护和老化每年将额外吸收 1.6Pg 的 CO_2，占全球 CO_2 排放量的 24%。

总之，这些计算表明当前的全球混凝土生产只能吸收 19% ～ 25% 的 CO_2 净排放量。这些计算是建立在可以无限供应 CaO 的基础上的。由于水泥中的 CaO 必须利用大量的热量（通常由化石燃料燃烧提供）才能将 CO_2 从 $CaCO_3$ 中释放出来，因此，即使混凝土生产的规模大于 CO_2 排放量，这一过程也不可行。

1.5.5 为变化做好准备

问题：如果把一辆汽车使用期限内排放的 CO_2 全部转化成石灰石，然后用这些石灰石铺院子，能覆盖的面积是多少？这个数字与使用 Prius（普锐斯）混合电动汽车还是 Hummer（悍马）汽车有什么不同？

方案研究人员：Miguel Angel Garcia Jr.、Eunice JiYoung An、Joshua Deitch 和 Anton Mlinar。

一般来说，汽车是靠燃烧化石燃料将化学能转化为机械能的内燃机来运行的，产生的 CO_2 废气排放到大气中。但人们还有其他方式替代该过程。最受关注的两种方法是混合动力汽车和电动汽车。可以通过使用部分电能（混合动力汽车）或全部电能（电动汽车），减少化石燃料的燃烧，从而减少碳排放。由于低油耗和碳排放减少，许多人认为混合动力汽车（如 Prius）和新的中型电动汽车可以应对气候变化。

毫无疑问，与高油耗的 Hummer 汽车相比，混合动力和电动汽车都能实现碳减排，但能减到什么程度？即使为电动汽车提供的电力是无碳的（或碳中和），但是生产混合动力汽车和电动汽车的能源成本仍然很高，因此，更换内燃机后所减少的碳排放与相关的其他生产过程产生的碳排放抵消掉了。此外，人们也很担忧这些汽车使用的电池。电池制造不仅是能源密集型产业，而且涉及重要稀土金属的开采，也造成了相当大的污染。为了明确交通运输中发动机对环境造成的真正影响，我们对生产和使用 Hummer 和 Prius 导致的碳排放进行了比较。为了使得这一过程更具意义，假设可以用这种方式捕集所有排放的碳，我们用石灰石的表面积来表示这些值。

平均而言，一辆汽车的寿命里程约为 18.5 万英里，一辆汽车每加仑汽油的平均行驶里程为 14 ～ 29 英里。我们对 2011 年的 Prius 和 2010 年的 H3 4WD Hummer 进行比较。我们对悍马（14mile/gal）和普锐斯（50mile/gal）的每加仑城市 / 高速公路英里数的组合列表进行了综合统计。假设一辆 Prius 在其使用寿命期限内将消耗约 3700 加仑汽油，一辆 Hummer 将消耗 13214 加仑汽油。从辛烷燃烧的平衡方程（辛烷是纯汽油的合理替代品）计算每加仑汽油产生的 CO_2 摩尔数：

$$2C_8H_{18} + 25O_2 \longrightarrow 16CO_2 + 18H_2O$$

1gal 87- 辛烷气体含有约 2.8kg C_8H_{18}（密度约 0.75g/ cm^3），从而有：

$$\frac{2800\text{g } C_8H_{18}}{1\text{gallon}} \times \frac{1\text{mole } C_8H_{18}}{114.2\text{g } C_8H_{18}} \times \frac{16\text{moles } CO_2}{2\text{moles } C_8H_{18}} = 196\text{moles } CO_2 \text{ per gallon}$$

计算可知，每 gal 87- 辛烷气体产生 196mol CO_2，或者说大约 8628g CO_2。不过，环保署可能假设汽油的辛烷值更高，所以每加仑汽油大约产生 8800g（200mol）CO_2。因此，如果说有区别的话，那么计算值是这个燃烧系统的下限值。

现在来看看新的捕集方案。根据钙化方程可知：

$$CaO + CO_2 \longrightarrow CaCO_3$$

1gal 的气体会产生的 196mol 的 CO_2，钙化后会产生 196mol（约 19.6kg）的 $CaCO_3$。接下来，将这个指标应用到两种不同类型汽车在其使用寿命期间的汽油用量。

在所有类型中，Hummer 的能源消耗量是 Prius 的 3.5 倍多。为了量化石灰岩的表面积，需要假设一些建筑参数。铺路石材的一般密度为 3000 ～ 3300kg/m^3，但石灰石的密度为 1741 ～ 2800kg/m^3。为使铺路效果更好，假设使用 2800kg/m^3 的高密度石灰石，石材的厚度会因工程不同而有所差异，假设平均厚度为 4in（0.1016m）。

采用上述数据来计算 Hummer 排放的碳生产的石灰石能铺多大面积，可以得到：

$$259000\text{kg } CaCO_3 \times \frac{1\text{m}^3}{2800\text{kg}CaCO_3} \times \frac{1\text{m}^2}{0.1016\text{m}^3\ CaCO_3} = 910\text{m}^2$$

对于 Prius 而言：

$$72500\text{kg}CaCO_3 \times \frac{1\text{m}^3}{2800\text{kg } CaCO_3} \times \frac{1\text{m}^2}{0.1016\text{m}^3\ CaCO_3} = 255\text{m}^2$$

换言之，大约需要 6.5 辆 Hummer 或 24 辆 Prius 排放的碳生产的石灰石才能铺满一个足球场（6050m^2）。

1.5.6 教授、飞机和 Prius 汽车

问题：伯克利分校的教授可能驾驶 Prius 汽车，但他们也对自己的美联航常客身份感到非常自豪，这是他们在国际上具有重要地位的明显标志。驾驶 Prius 减少的碳排放能抵消他们飞行的碳排放吗?

方案研究人员：Angus Ming Yiu Chan、Sirine Constance Fakra、Jeffrey Kaut Krajewski、She Yuguang 和 Zhou Lin。

由于交通的相对便捷化和自动化，人们容易忽视它对环境带来严重的影响。无论是开车出行还是乘坐飞机，所有的现代交通工具都有碳足迹。虽然人们可以通过改变各种生活方式减少碳排放，但很难判断和权衡不同交通方式的碳减排规模和净效应。例如，一次度假飞行就可以完全抵消国内巨大的环境变化引起的碳排放。

让我们通过下面这位驾驶Prius、环游世界的教授来更好地说明这一问题。他的美联航飞行常客身份要求每年至少飞行10万公里，但Prius油耗是50mpg，而SUV的油耗约为16mpg。根据美联邦高速公路管理局的数据，2011年，美国男性大学教授（年龄35～54岁）平均每年驾驶里程15859英里，同一年龄段的女性平均每年仅驾驶里程为11464英里。取这两数的平均值进行计算，即假设教授每年驾驶里程约为13661英里。

根据美国环保署的数据，1gal汽油可以生产大约8.92kg CO_2。根据教授选择的车型，可简单地计算 CO_2 的减排量：

$$\text{SUV}: 13661\text{miles} \times \frac{1\text{gallon gas}}{16\text{miles}} \times \frac{8.92 \times 10^{-3}\text{ metric tons of } CO_2}{1\text{gallon gas}} = 7.61\text{metric tons of } CO_2$$

$$\text{Prius}: 13661\text{miles} \times \frac{1\text{gallon gas}}{50\text{miles}} \times \frac{8.92 \times 10^{-3}\text{ metric tons of } CO_2}{1\text{gallon gas}} = 2.43\text{metric tons of } CO_2$$

教授通过驾驶混合动力汽车，汽车的碳排放量减少了2/3（表1.5.5），每年减少约5.18t CO_2 的排放。然而，他驾车减少的 CO_2 排放量与他坐飞机的排放量相比如何呢？为了查明碳排放量，假设这位教授必须经常往返于旧金山和阿姆斯特丹（6230英里）之间，中途在纽约停留。为了保持他的飞行常客身份，他每年必须大约飞行16次（往返8次）。

表1.5.5 按车型划分的汽油效率和碳足迹

车型	每加仑英里数	使用期油耗，gal	使用期产生的 CO_2，g	煅烧所需石灰石，kg
Hummer	14	13214	114 million	259000
Prius	50	3700	31 million	72500

根据国际民用航空组织（ICAO）的碳排放计算方法，一位乘客乘坐经济舱从旧金山（SFO）到阿姆斯特丹（AMS）往返的 CO_2 排放量约为 1.472×10^3kg。这位教授每年乘飞机排放的 CO_2 是 11.78×10^3kg，这个数值是把SUV换成Prius每年所节省的 CO_2 排放量的两倍。此外，由于其他污染物和 CO_2 排放的高度，飞机对环境的影响比单纯的释放 CO_2 更大。根据联合国政府间气候变化专门委员会（IPCC）的说法，应该采用辐射强迫指数（RFI）为2.7的经验因子来计算飞行的实际净温室效应。通过计算得出，教授基于飞行的碳足迹每年达到 32×10^3kg，这与驾驶Prius汽车减少的5t CO_2 相比相形见绌。

对于碳减排而言，了解碳减排的范围至关重要。在教授出行的案例中，某个领域看似巨大的碳减排与另一个领域相比实际上可能微不足道。为了对抗全球变暖，针对最大的碳排放源如何减少排放量十分重要。汽车出行和航空出行哪个更有利于环境的争论从未停止。这些因素都是变量，而且取决于驾驶员的飞行习惯和驾驶习惯、出行者的飞机类型和车辆类型等。总而言之，两者都是碳足迹的重要贡献者，需要作为整体重新审视。

1.6 习题

1.6.1 阅读自测

1. 在 33℃和 80 bar 下 CO_2 的状态是（　　）。
   a. 液态
   b. 固态
   c. 气态
   d. 超临界状态
2. 下列碳元素存在形态中，能量最低的是（　　）。
   a. 碳单质
   b. 甲烷
   c. 煤炭
   d. 二氧化碳
   e. 碳酸盐
3. 1 Mtoe 等于（　　）。
   a. 3.968×10^{13} Btu
   b. 4.187×10^{16} J
   c. 1.163×10^{10} kW·h
   d. 以上均是
   e. 以上均不是
4. 下列减少碳排放建议中，未在楔形图中列出的是（　　）。
   a. 将 1400 座燃煤电厂替换为燃气发电厂
   b. 在 80 座大型燃煤发电厂安装 CCS 系统
   c. 增加太阳能发电至 700 倍，取代燃煤发电
   d. 减少 25% 的家庭、办公、商业用电
5. 每年 CO_2 排放量少于 1t 的人数为（　　）。
   a. 17 亿
   b. 27 亿
   c. 37 亿
   d. 47 亿
6. 美国 CO_2 总使用量为（　　）。
   a. 10 Mt
   b. 100 Mt
   c. 1000 Mt
   d. 10000 Mt
7. 在美国十大 CO_2 排放源中，每 GWe 最大排放量与最小排放量的比值为（　　）。
   a. 3
   b. 2

c. 1.5

d. 0.5

8. 2011 年发电总量中太阳能的占比为（　　）。

a. 0 ～ 0.01%

b. 0.01% ～ 0.05%

c. 0.05% ～ 0.1%

e. >0.1%

9. 一名美国学生与一名印度学生的平均碳足迹比值为（　　）。

a. 1

b. 1.5

c. 15

d. 50

1.6.2 关于 CO_2 排放的习题

1. 2011 年，CO_2 排放最多的国家是（　　）。

a. 美国

b. 中国

c. 印度

d. 卡塔尔

2. 2011 年，CO_2 排放量第二位的国家是（　　）。

a. 美国

b. 中国

c. 印度

d. 卡塔尔

3. 人均 CO_2 排放量最多的国家是（　　）。

a. 美国

b. 中国

c. 印度

d. 卡塔尔

1.6.3 关于全球能源消耗的习题

1. 当今世界发电的主要燃料为（　　）。

a. 煤

b. 石油

c. 天然气

d. 氢能源

2. 下图列出了以百万吨石油为单位所统计的世界一次能源消耗情况。写出字母 A—F 所对应的能源种类。

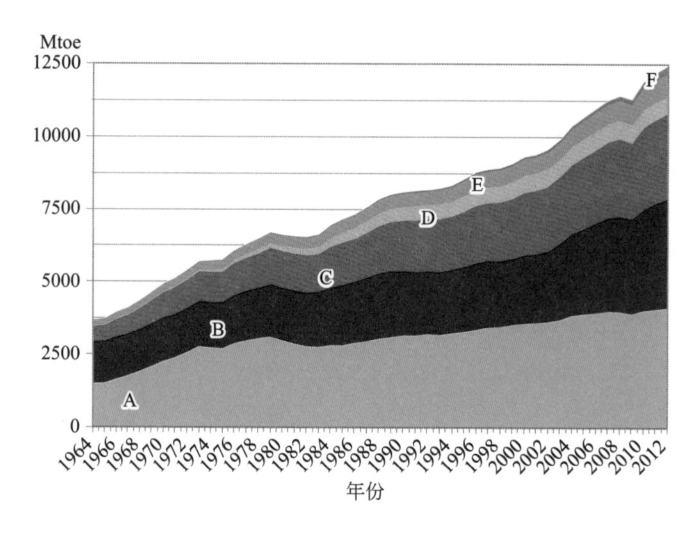

1.6.4 关于 CO_2 捕集的习题

1. 根据国际能源机构 2007 年《世界能源展望》，CCS 可以处理的 CO_2 占比为（　　）。

a. 37%

b. 47%

c. 57%

d. 67%

2. 下图列出了可以被 CCS 处理的 CO_2 的不同来源。写出字母 A—G 所对应的能源种类。

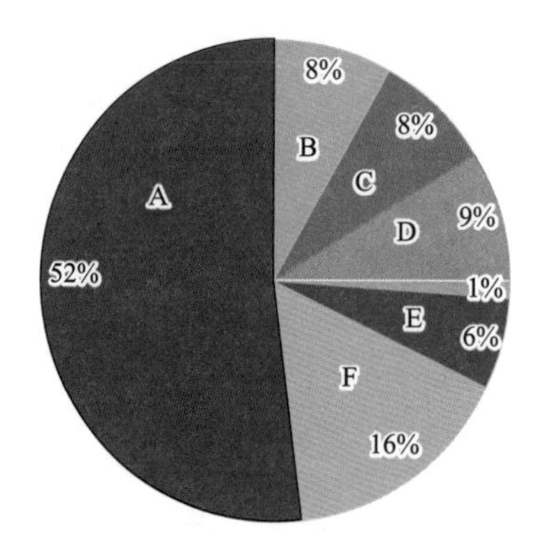

参考文献

[1.1] IPCC，2005. IPCC Special Report on Carbon Dioxide Capture and Storage. Prepared by Working Group Ⅲ of the Intergovernmental Panel on Climate Change [Metz，B.，O. Davidson，H.C. de Coninck，M. Loos，and L.A. Meyer（eds.）]. Cambridge University Press: Cambridge，United Kingdom and New York. http://www.ipcc.ch/pdf/special-reports/srccs/srccs_wholereport.pdf

[1.2] BP Statistical Review of World Energy, June 2012. http://www.bp.com/ assets/bp_internet/globalbp/globalbp_uk_english/reports_and_publications/statistical_energy_review_2011/STAGING/local_assets/pdf/statistical_review_of_world_energy_full_report_2012.pdf

[1.3] Boden, T.A., G. Marland, and R.J. Andres, 2010. Global, Regional, and National Fossil-Fuel CO_2 Emissions. Carbon Dioxide Information Analysis Center, Oak Ridge National Laboratory, US Department of Energy. http:// dx.doi.org/10.3334/CDIAC/00001_V2010

[1.4] Pacala, S. and R. Socolow, 2006. A Plan to Keep Carbon in Check. Scientific American, 50–57. http://cmi.princeton.edu/resources/pdfs/carbon_plan.pdf

[1.5] Davis, S.J., L. Cao, K. Caldeira, and M.I. Hoffert, 2013. Rethinking wedges. Environ. Research Letters, 8 (1), 011001. http://dx.doi.org/10.1088/1748- 9326/8/1/011001

[1.6] BURN (an energy journal) . Data from the International Energy Agency.

[1.7] Movie generated from gapminder.org, data from the Carbon Dioxide Information Analysis Center. http://www.gapminder.org/videos/gapminder videos/gapcast-10-energy/

[1.8] Chakravarty, S., A. Chikkatur, H. de Coninck, S. Pacala, R. Socolow, and M. Tavoni, 2009. Sharing global CO_2 emission reductions among one billion high emitters. P. Natl. Acad. Sci. USA, 106 (29), 11884. http://dx.doi. org/10.1073/Pnas.0905232106

[1.9] Oliver, J.G.J, G. Janssens-Maenhout and J.A.H.W. Peters, 2012. Trends in Global CO_2 Emissions; 2012 Report, The Hague: PBL Netherlands Environmental Assessment Agency; Ispra: Joint Research Centre. http://edgar.jrc. ec.europa.eu/CO2REPORT2012.pdf

[1.10] Environment Protection Agency. http://ghgdata.epa.gov/ghgp/main.do 11. Davis, S.J., K. Caldeira, and H.D. Matthews, 2010. Future CO_2 emissions and climate change from existing energy infrastructure. Science, 329 (5997), 1330. http://dx.doi.org/10.1126/Science.1188566

[1.11] Davis, S.J, K. Caldeira, and H.D. Matthews, 2010. Future CO_2 emissions and climate change from existing energy infrastructure. Science, 329 (5997),1330. http://dx.doi.org/10.1 126/Science.1188566

[1.12] Bhown, A.S. and B.C. Freeman, 2011. Analysis and status of post-combustion carbon dioxide capture technologies. Environ. Sci. Technol., 45 (20), 8624. http://dx.doi.org/10.1021/es104291d

[1.13] Schlissel, D., A. Smith, and R. Wilson, 2008. Coal-Fired Power Plant Construction Costs. Synapse Energy Economics Inc: Cambridge, MA. http:// www.synapse-energy.com/Downloads/SynapsePaper.2008-07.0.Coal Plant-Construction-Costs.A0021.pdf

[1.14] United Nations Framework Convention on Climate Change: Kyoto Protocol Emission Targets. http://unfccc.int/kyoto_protocol/items/3145.php

[1.15] Hertwich, E.G. and G.P. Peters, 2009. Carbon footprint of nations: A global, trade-linked analysis. Environ. Sci. Technol., 43 (16), 6414. http://dx.doi. org/10.1021/Es803496a

2 大气和气候建模

碳捕集、封存与大气和气候建模学科交叉较少。但是，碳捕集和封存的科学依据是大气中 CO_2 的作用以及 CO_2 含量增加对未来气候的影响。

2.1 引言

在后面的章节中重点讨论气候和碳循环。虽然这些内容与碳捕集、封存（CCS）技术没有直接关系，然而，本章正是从这两个角度科学地解释为什么要关注未来大气中的CO_2含量。针对这些话题，媒体上有广泛的讨论。根据经验，CCS 不可避免地要讨论关于气候变化的问题。因此，在本书中，Ron Cohen 教授和 William Collins 教授分别根据联合国政府间气候变化专门委员会（Intergovernmental Panel on Climate Change，IPCC）的报告撰写了本章内容，作为后续章节的基础。

2.2 地球大气层的重要性

通过非常简单的计算就可以说明大气对地球表面温度的控制作用。地球从太阳吸收能量，能量的大小可以根据 Stefan-Boltzmann 定律计算，该定律将辐射物体的能量 J 与其表面温度联系起来：

$$J = \sigma T_{\text{Sun}}^4$$

式中，σ 为 Stefan-Boltzmann 常数。假设地球处于平衡状态，则地球接收到的所有能量都是由辐射（即地球反照）得到的：

$$J^{\text{out}} = \sigma T_{\text{Earth}}^4$$

如图 2.2.1 所示，地球接收到太阳的能量将以黑体辐射的形式散发出去。通常认为，地球表面接收到的太阳辐射只是其辐射总量非常小的一部分。白天，正对太阳的地球大气层顶部 1m² 每秒的辐射量大约是 1370J。整个地球（白天和晚上）的平均值大约是该数值的 25%，即 341W/m²。根据 Stefan-Boltzmann 定律，对地球而言，这个能量对应的温度应为 279K（6℃）左右。但是，实际平均温度约为 14℃，这是因为忽略了大气的影响。下面将通过简单的计算说明这一问题。

图 2.2.2 表明了大气层上半部分辐射能量的变化[2.1]。不是所有的太阳能都可到达地球表面，一部分被云层和大气层中的气溶胶（小颗粒，例如火山喷发产生的灰尘）反射出去，另一部分被地球表面（特别是由雪、冰等形成的“白色”地表，或者沙漠）反射出去。“反射效应”和大气反射共使得大约 30% 的太阳辐射被反射出去。针对这一情况，根据 Stefan-Boltzmann 定律重新计算发现，地球的有效温度应为 −19℃。这个温度对于地球表面存在的水而言实在是太低了（图 2.2.3）。如果重新分析地球辐射的能量，这种差异不难解释。如果地球将所有的能量辐射至太空，则地球有效温度为 −19℃。然而，大气层阻止了一部分能量向外辐射。这种反射被称为自然温室效应。如果在计算地球反照时考虑到这一因素，就可以解释为什么地球表面的实际温度远高于 −19℃。如果地球的平均温度是 14℃，根据 Stefan-Boltzmann 定律可以计算出地球的辐射能约为 390W/m²。由图 2.2.2 可见，地球表面接收到的太阳能量为 161W/m²。对地球而言，能量净增加为零，其中能量差

是由温室效应引起的。温室效应对地球的影响是巨大的，因此有必要将其与由化石燃料燃烧引起的热效应进行对比分析（问题 2.2.1）。

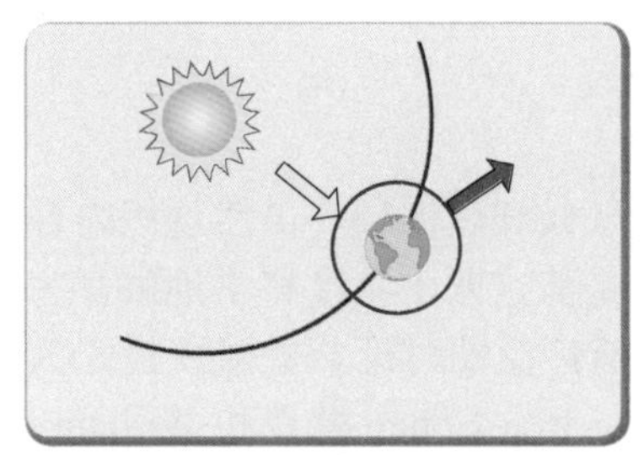

图 2.2.1 热平衡下的地球

地球接收到太阳的能量将以黑体辐射的形式散发出去

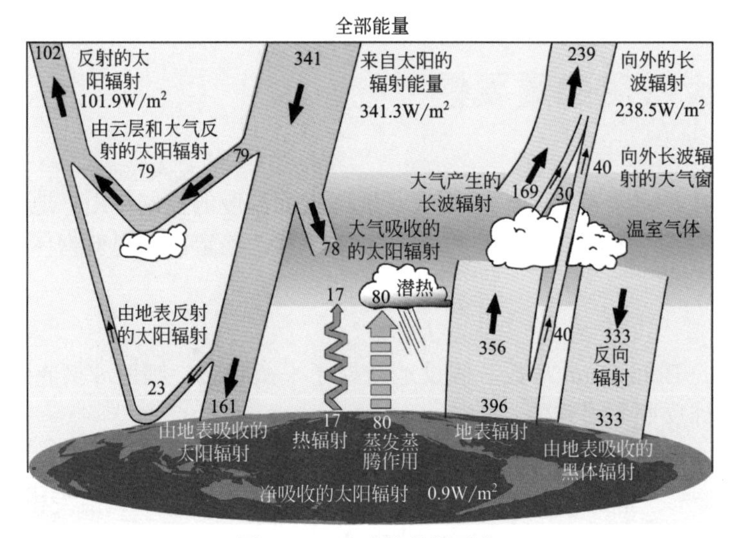

图 2.2.2 地球的能量平衡

图中给出了 2000 年 3 月至 2004 年 5 月期间全球平均每平方米的年能量流。可以看到，入射辐射为 $341W/m^2$，约有 30% 被反射而不被地球表面吸收。宽箭头粗略地表示不同类型的能量流，其大小与相应的能量流成比例。在云的形成过程中，能量以热的形式被释放出来，这就是所谓的凝结潜热。图片经 Trenberth 等 [2.1] 许可转载，美国气象学会版权所有 (2009)

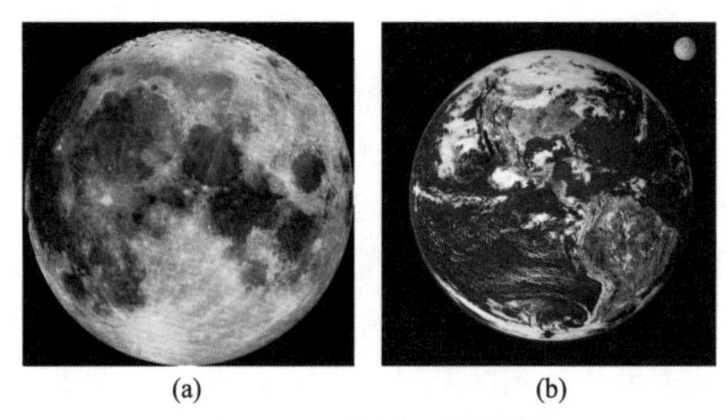

(a) (b)

图 2.2.3 大气层的作用

（a）为没有大气层的月球照片。由于没有大气层，月球表面白天温度为 107℃，夜间温度则为 -153℃，平均温度为 -23℃。月球照片来自 NASA，https://solarsystem.nasa.gov/planets/profile.cfm?Object=Moon。（b）为有大气层的地球照片。由于温室气体的存在，地球的平均温度为 14℃。地球照片来自 NASA，http://blogs.smithsonianmag.com/science/ files/2010/04/modis_wonderglobe_lrg.jpg

问题 2.2.1　化石燃料产生多少热能？

在计算地球温度时，我们忽略了化石燃料燃烧的问题。如果假设所有的化石燃料能源最终都转化为热能，那么这部分能量与地球接收到的太阳能量相比，占比如何？

如同地球表面温度的影响因素一样，图 2.2.2 也说明了大气中的能量平衡过程是相当复杂的。下面的事例则说明这些影响因素通常是违反常理的。如果清除大气层中所有的云，地球的温度增加还是降低？云有两个方面的影响：一方面，它们能反射太阳的辐射；另一方面则会产生温室效应。对后者而言，正是我们所感受到的。如果夜晚天空多云，那么晚上将会温暖一些。尽管会有这种局部影响，实际上云的冷却作用大于其保温作用。

2.3　大气层

现在详细地讨论大气层。图 2.3.1 描述了大气层的不同层区。从压力和密度曲线可以看到，地球周围有一层气体延伸到平流层。正是这个气层具有温室效应的作用。

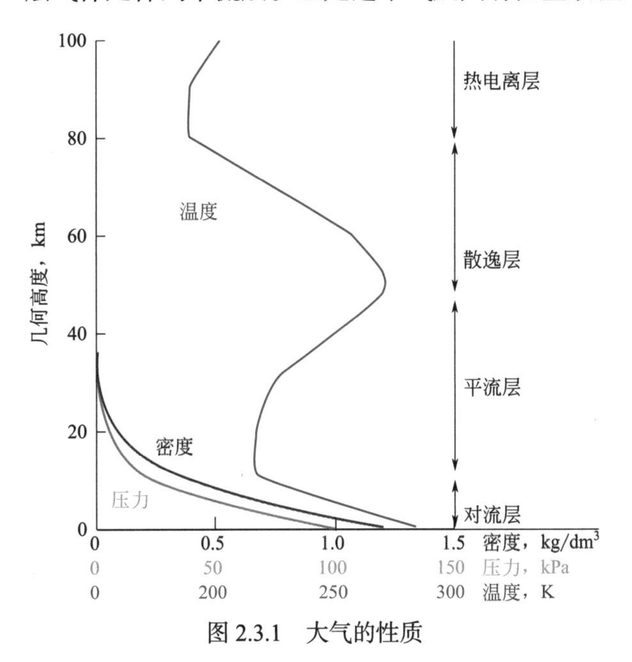

图 2.3.1　大气的性质

2.3.1　大气对辐射的吸收作用

上一节中回避了一个重要的问题：由于温室效应，地球产生的辐射被反射回地球，但来自太阳的辐射不会以相同的比例反射回去。这是为什么呢？大气层如何区分辐射是来自太阳还是来自地球？

要解决这个问题，需要知道太阳辐射和地球辐射两者之间的区别。与地球辐射相比，太阳温度越高，辐射波长越短（根据黑体辐射定律）。太阳辐射是紫外线（ultra-violet，UV）和光谱中的可见光部分，而地球辐射则在红外区。通过阳光，可以明显区别阴天和晴天，而且与晴天相比，阴天晒伤的概率也会低得多，这是因为云反射了来自太阳的大部分辐射。对紫外线和可见光而言，没有云的大气层是透明的。与红外辐射相比，这是两者大不相同的地方。大气层能够有效吸收红外波长的光。因此，温室效应是由大气层对太阳辐射和地球黑体辐射的差异性吸收造成的。图 2.3.2 对太阳和地球的发射光谱与大气的吸收光谱进行了比较。

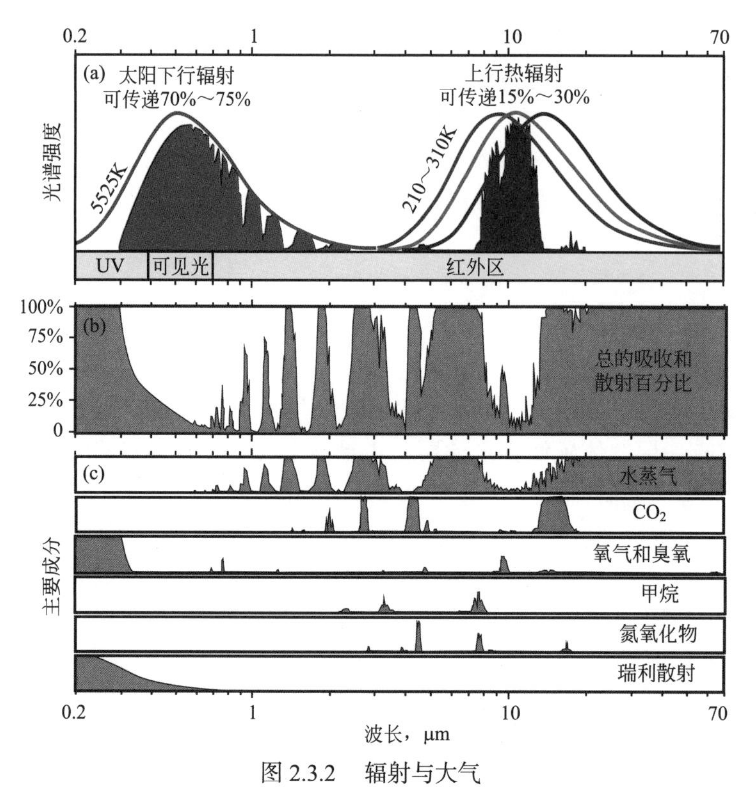

图 2.3.2 辐射与大气

（a）太阳温度为 5500K（红色）时的辐射，以及地球温度为 288K（蓝色）时的辐射。地球不同区域表面的温度有所差别，因此蓝色曲线呈锯齿状。从图中可以看出，太阳辐射是在紫外线到可见光波长的区域，而地球辐射是在红外区域。（b）地球大气的吸收波段。如果大气在某个波长上的吸收能力强，则该波长的光不能穿过大气层。（c）不同气体在整个吸收波段上的吸收光谱，该图基于 Robert A. Rohde 的研究工作

表 2.3.1 列出了不同气体对温室效应的贡献率及其生命周期。按照对温室效应的贡献率从大到小依次为水蒸气、CO_2、甲烷和臭氧。这些气体和大气中其他气体的浓度见表 2.3.2。可以看出，水蒸气是最重要的温室气体，其次是 CO_2 和甲烷，尽管它们的浓度很低，但其对温室效应的贡献率巨大。

表 2.3.1 不同气体对温室效应的贡献率以及它们在大气层中的生命周期

气体	贡献率	生命周期
水蒸气	36% ～ 72%	100 年
CO_2	9% ～ 26%	100 ～ 1000 年
甲烷	4% ～ 9%	10 年
臭氧	3% ～ 7%	数小时～数月

表 2.3.2 大气成分

气体	体积，ppm	体积分数，%
氮气	781000	78
氧气	209500	21
氩气	9340	0.934
CO_2	394	0.039
氖气	18	0.0018
氦气	5.24	0.0005
甲烷	1.79	0.00018
氪气	1.14	0.00011
氢气	0.55	0.000055
一氧化二氮	0.33	0.000033
一氧化碳	0.1	0.00001
氙气	0.09	0.000009
臭氧	0 ~ 0.07	0 ~ 0.000007

注：上述数值是针对干燥大气而言的；大气中水的平均含量为 0.4%（地球表面大气中水的含量为 1% ~4%）。

通过对比分析不同气体对整体温室效应的贡献率，还需要进行一项特别的说明。在此，首先引入 Beer 定律，该定律指出，通过某种物质的光的强度 I 与气体密度 ρ、物质的吸收系数 σ 以及光穿过该物质的距离 l 的乘积之间存在如下对数关系：

$$\frac{I}{I_0}=\mathrm{e}^{-\rho\sigma l}$$

对于某个特定的波长，如果大气能够完全吸收或大部分吸收，那么加入具有相似吸收系数的物质，则对于吸收过程影响较小。所以，具有与水蒸气相同吸收波长的化学物质可能是很强的温室气体，但是它们的温室效应影响较小，因为水蒸气在大气中已经大量存在了。然而，如果在大气透明的地方加入在某个波长上具有强吸收能力的气体，那么它就会有非常强大的温室效应效果。CO_2 和甲烷就是这种情况的典型，它们能够产生较强的温室效应。

另一个重要因素是大气中气体停留的时间长短。某种化学物质可能是一种很强的温室气体，但如果这种化学物质只能稳定几天，与那些可以存在很多年的化学物质相比，它的作用会小得多。表 2.3.1 列出了其中一些化学物质的生命周期，其中 CO_2 会在大气中存在很长时间。在下一章中，将会解释这个时间尺度较长的原因。

现在定量地总结一下这一节的内容。从图 2.3.3 中可以看出，如果从大气层的外围看向地球，就可以研究地球向外的辐射（地球反照）。在某个给定波长上，可以确定吸收能量的主要物质，以及地球发射能量的波长。如果增加大气中 CO_2 的含量，则波长小于 15μm 的辐射将通过大气层到达地球，这将增加地球表面的温度，相应的黑体辐射光谱也将有效地向高温区域移动。由此导致的结果是，较多的能量将以短波发射，较少的能量以长波辐射。这一过程将持续至发射的总能量等于从太阳接收到的能量。

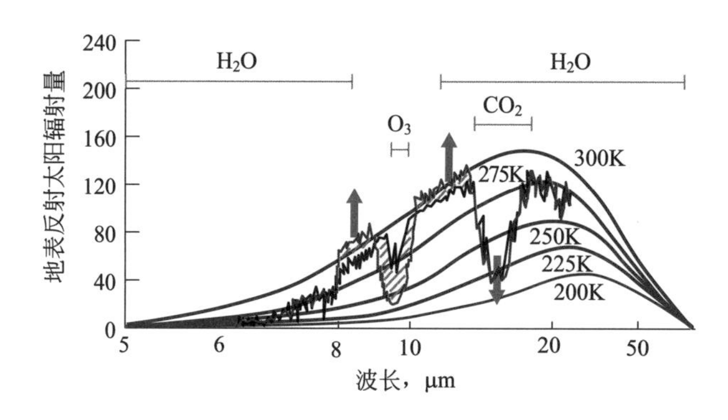

图 2.3.3　大气吸收光谱和不同组分的贡献率

蓝色曲线是不同温度下的发射光谱，黑色曲线和灰色曲线是大气的吸收光谱

2.3.2　水蒸气是温室气体

水蒸气是大气层中最丰富、最重要的温室气体。为什么不需要担心大气层中水蒸气的含量呢？由于地球表面大部分被海洋覆盖，人为因素对于改变大气中水蒸气的含量影响非常有限。不过，同样存在放大效应。例如，如果地球表面的温度下降，则水蒸气在大气中的蒸气压就会降低，它对地球的黑体辐射吸收作用减小，温室效应变弱，地球就会变冷。同样地，如果地球的表面温度增加，增加的水汽浓度将增强温室效应。在第 3 章中，我们将详细讨论地球是如何自行控制 CO_2 含量状态调节地表温度的，但是这个过程的时间跨度是上千年。

2.3.3　温室效应的其他因素

在上一节中，已经知道温室气体是造成地球表面温度升高的主要原因。CO_2 不是唯一起作用的温室气体，其他气体同样也会产生温室效应。

此外，还有其他因素与温室气体没有直接关系，但对地球的能量平衡也有影响。例如，地表积雪的减少将会缩减从地球反射出去的能量。能量不被反射出去就会被地球吸收，因此，减少地表积雪与增加温室气体的效果是相同的。在此，引入“辐射强迫”的概念来量化这些不同的影响。例如，如何比较不同的土地利用形式对 CO_2 含量的影响？辐射强迫是指影响气候的因素改变时表征地球—大气系统能量平衡变化大小的一种度量方式。它是用地球单位面积的能量变化率（W/m^2）来计算的，其数值为正时表示地球的温度在增加。图 2.3.4 对各种人类活动的辐射强迫进行了比较 [2.2]。可以看出，不是所有的人类活动都会导致全球气温升高。例如，土地利用方式的变化会导致更多的地球表面能量被反射出去。

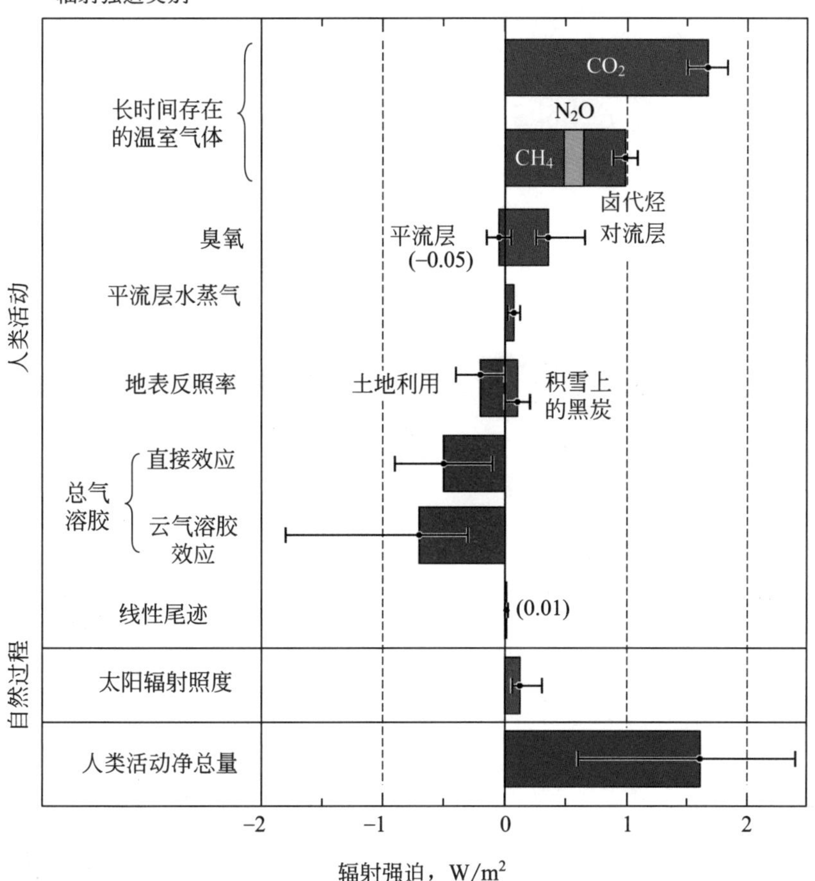

图 2.3.4 辐射强迫（来源：IPCC，经许可转载）

图为气候变化的辐射强迫的主要构成。所有上述辐射强迫与人类活动或自然进程密切相关。图中数值表示自工业革命（大约 1750 年）以来 2005 年的辐射强迫数值。人类活动导致生命周期长的气体、臭氧、水蒸气、表面反照率、气溶胶和凝结尾等发生了显著变化。1750—2005 年间自然辐射强迫增加的仅仅是太阳辐射照度。正强迫使得气候变暖，而负强迫则使得气候变冷。不同色柱上的细黑线表示不同数值的不确定性范围

2.4 气候

气候是在发生变化吗？气候变化是人类活动造成的吗？答案是肯定的，诸多科学家回答了这些问题，并将其形成了报告。用来说明这个问题的相关数据不是单一的观察结果，而是基于众多独立的测量结果，它们都说明了同一问题。

2.4.1 气候和温度

首先，需要给出气候的定义。气候是表征天气各因素（包括气温、云量、降雨量、干旱等）长期测量的平均值。例如，从天气的角度可以说，某个时段里加利福尼亚的伯克利

比阿拉斯加的安克雷奇还要凉爽；从气候的角度则是安克雷奇比伯克利冷。公众舆论倾向于讨论天气，而科学家和政府决策者则是从气候变化的角度讨论相关问题。因为天气的波动明显，不利于将单一的天气事件与气候变化联系起来。美国国家海洋和大气管理局（National Oceanic and Atmospheric Administration，NOAA）给出了一个很好的例子，如图 2.4.1 所示。2012 年是有记录以来第 8 最热的年份，但图 2.4.1 显示 2012 年地球上许多地方的平均气温实际上低于 30 年来的平均水平。图 2.4.2 中列出了 2012 年 10 月的部分重大气候异常事件[2.3]。

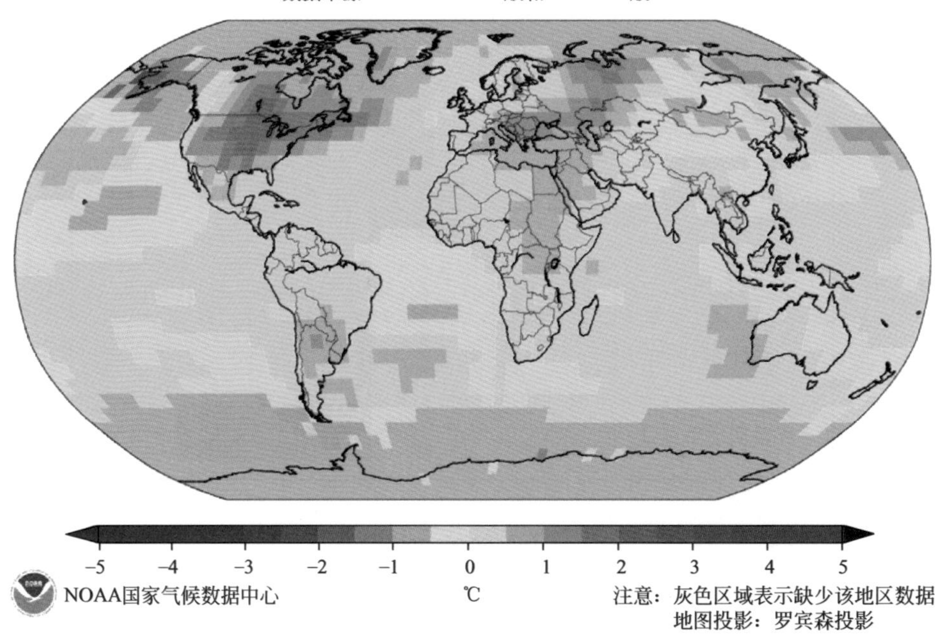

图 2.4.1 2012 年 1—11 月期间的气温异常

与 30 年（1981—2010 年）的平均气温相比，1—11 月全球陆地和海洋表面平均气温偏差。该时期是有记录以来第八高的最热记录，超出 20 世纪平均气温 0.59℃（1.06 ℉）。根据 NOAA 气候预测中心的数据，2012 年超过 2011 年成为自 1950 年以来最热的拉尼娜年份。图片来自美国国家气候数据中心[2.3]

表征气候变化的最著名曲线是“曲棍球棒曲线”，如图 2.4.3 所示，详见 IPCC 2001 年报告[2.4]。由图 2.4.3 可以看出 1961—1990 年北半球平均温度的偏差。曲棍球棒曲线的重要性在于它向我们表明目前的温度不在“正常”范围。这种巨大的气温波动表明测量数据有很大的不确定性，正如早年间的气温数据不如现在测量的气温数据那样可靠。数据的不确定性提出了这样一个问题：观测到的地球升温是否真实？如果是真的，原因是什么？当然，对测量数据不确定性的科学处理方法是能否找到支持或反驳这一假设的其他数据。这里有必要说明一下，历史上的确有过关于气候是否变化的科学争论。这场争论的结果导致进行了大量性质各异的实验，从而验证全球变暖的假设。实验结果促成了气候变化的科学共识，而且它是由人类活动引起的。下面介绍一些测试结果和实验数据，看看它们是如何证明这些假设的。

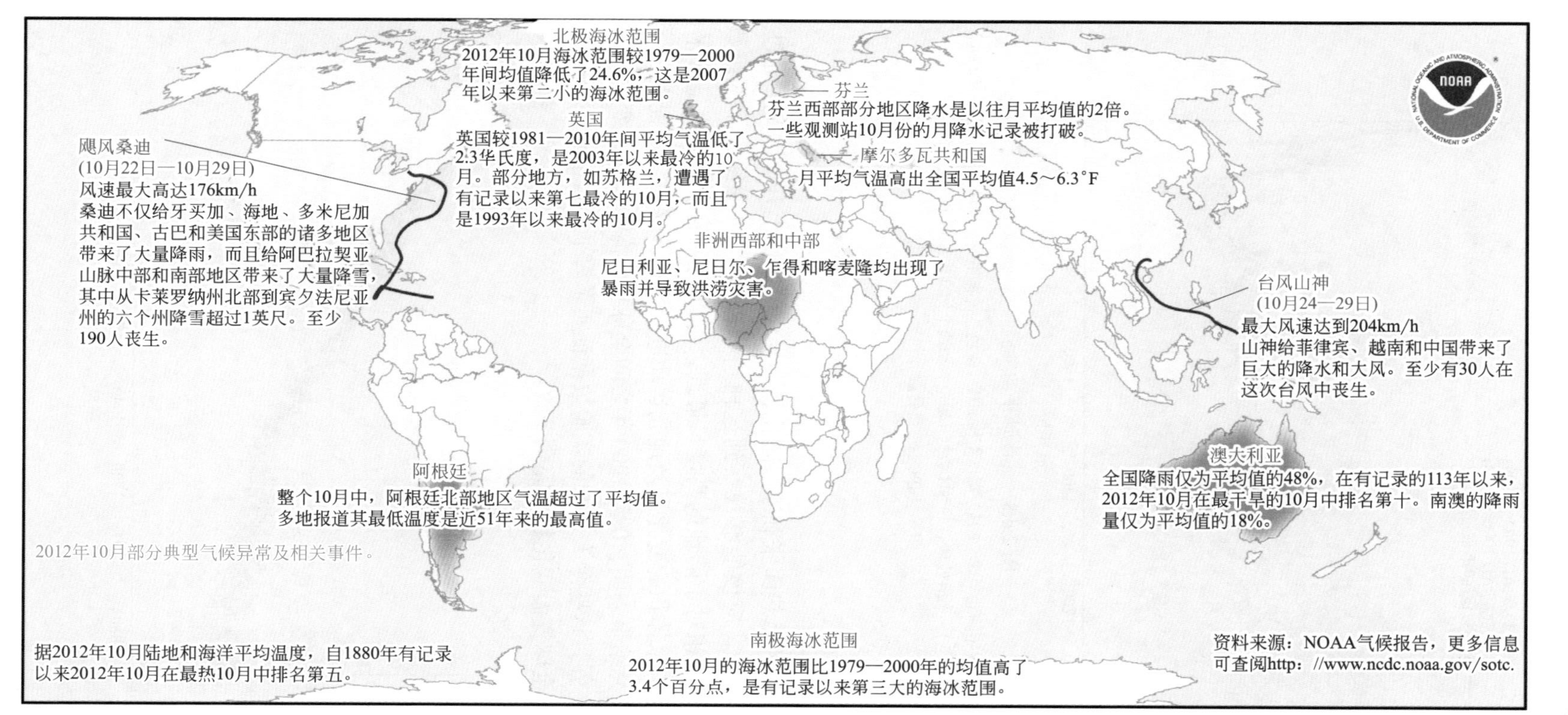

图 2.4.2　2012 年 10 月部分重大气候异常事件

芬兰西部降雪总量达到十月份平均降雪量的两倍。部分气象站 10 月份月降雪记录被打破。飓风桑迪给牙买加、海地、多米尼加共和国、古巴和美国东部地区带来了大量降水。桑迪还给阿巴拉契亚山脉中部和南部地区带来了暴风雪天气，打破了美国 10 月的月度记录和单一暴风雪降雪记录。10 月，澳大利亚全境干旱，非洲大陆的降雨量是当月平均降雨量的 48%。这是自 1900 年有记录以来降雨排名第十的最干燥 10 月。南澳大利亚经历了有记录以来排名第 5 的最干旱月份，报告的降雨量仅为平均降雨量的 18%。图片来自美国国家气候数据中心 [2.3]

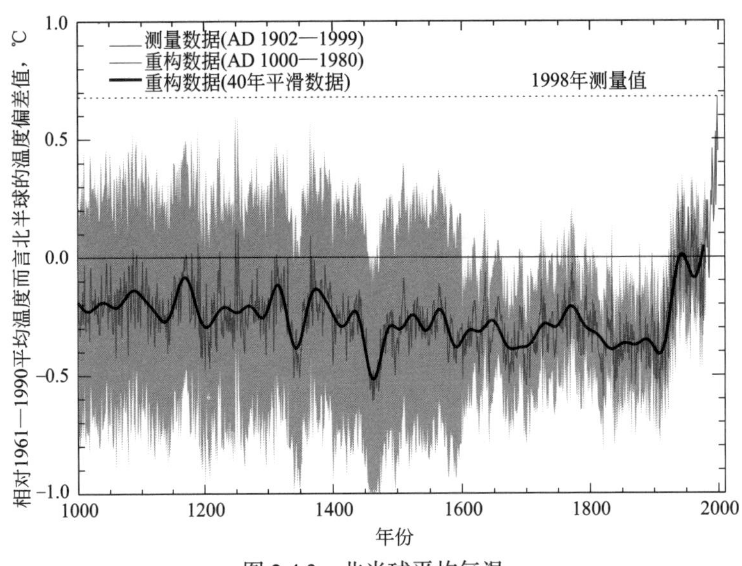

图 2.4.3 北半球平均气温

从公元 1000—1999 年 1000 年间北半球（NH）温度重构曲线（蓝色：树木年轮、珊瑚、冰芯和历史记录）和仪器记录数据（红色）。平滑处理后的 NH 数据（黑色）和两个标准误差带（灰色阴影区域）。图片经 IPCC 许可转载[2.4]

2.4.2 海洋

如果地球正在升温，那么热膨胀和冰层融化就会导致海平面上升。因此，通过测量不同时间点上的海平面高度，应该能够观察到这种趋势。图 2.4.4 中给出了两组数据[2.2]。较早的数据来自测量潮汐相对于陆地的高度。最近，可以利用卫星直接测量海平面的高度。潮汐数据需要根据海水体积的变化以及地壳运动进行校正，这在一定程度上导致了早期数据的不确定性。研究结果表明，0 至 1900 年之间全球平均海平面高度变化不大，但是 20 世纪以来逐渐上升，并且这些令人信服的实验数据证实了海平面目前正在以更快的速度上升。这些观察结果与全球气温变化趋势完全一致。

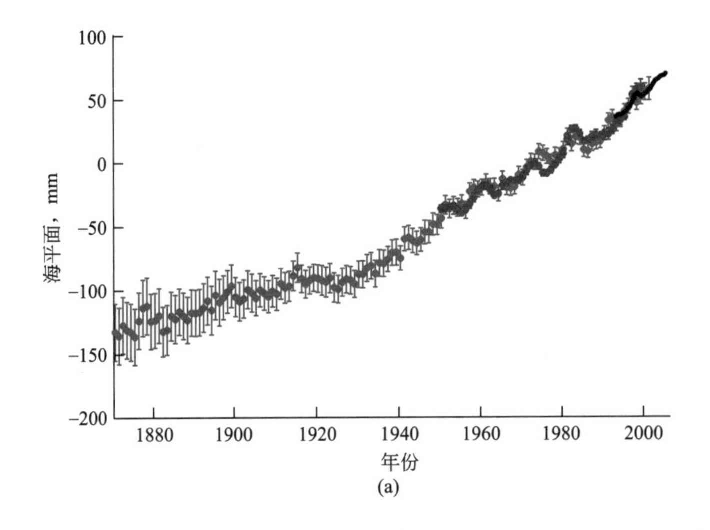

(a)

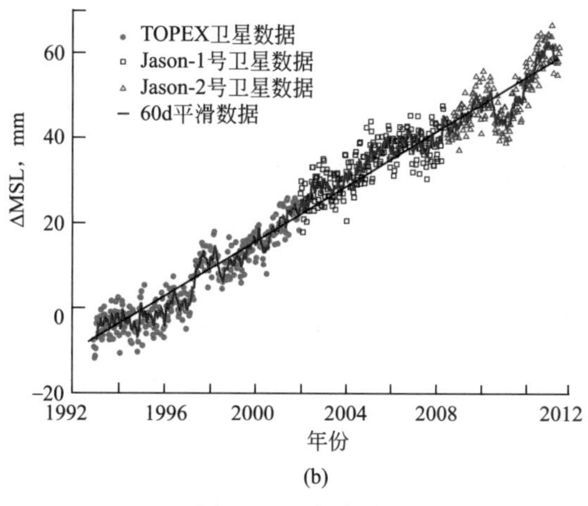

图 2.4.4 全球平均海平面

（a）全球海平面平均值的年偏差（mm）。红色曲线表示自 1870 年以来重构的海平面；蓝色曲线表示自 1950 年以来沿海潮汐的测量值，黑色曲线是基于卫星测量的海平面高度。图片经 IPCC 许可转载 [2.2]。（b）全球平均海平面的变化（1993—2001 年中期的平均值差异），其数值由 1992 年 8 月至 2012 年 8 月 65°S ~ 65°N 范围内卫星测高仪计算而得。不同符号（绿色、蓝色和橙色）表示的数值是由三颗不同卫星的数据计算出来的。Jason-1 号高度测量任务（2001 年 12 月）用于提高 TOPEX/Poseidon（T/P）的测量精度（1992 年 8 月），在此基础上，2008 年 6 月发射的 Jason-2 号高度测量任务再次提高了测量精度。图片来自科罗拉多大学海平面研究组 [2.5]

如果地球表面正在升温，逻辑上海洋会吸收其中一部分热量。的确，关于气候变化研究的早期结论是大部分过剩的热量一定会在海洋中累积 [2.7]。因而，初始的实验目标是测量全球海洋热含量。关键问题是如何确定海平面之下的历史温度数据 [2.8]。图 2.4.5 中列出了最近的实验数据 [2.6]。

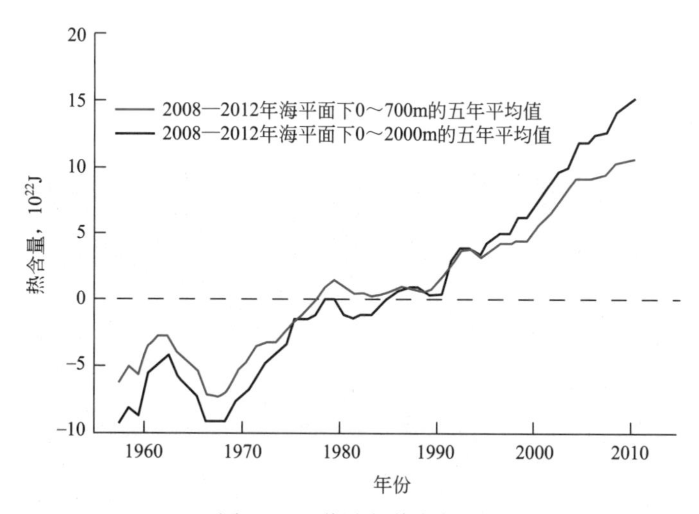

图 2.4.5 世界海洋热含量

基于连续 5 年的运行分析，海平面以下 0 ~ 700m（红色）和 0 ~ 2000m（黑色）海洋热含量的时间序列。参考周期为 1955—2006 年。图片来源于 NOAA/NESDIS/NODC 海洋气候实验室

图 2.4.5 表明海洋的热含量稳定增加。与全球大气变暖相一致，大部分的热含量储存在海平面下 700m，然后慢慢向更深处渗透。假设 1955—2010 年期间海洋的热含量以 0.43×10^{22}J/a 的速度线性增长，那么海洋的总热含量将会增加 24×10^{22}J，平均气温则

会升高 0.09℃。图 2.4.6 表明全球所有的海域都出现了升温。

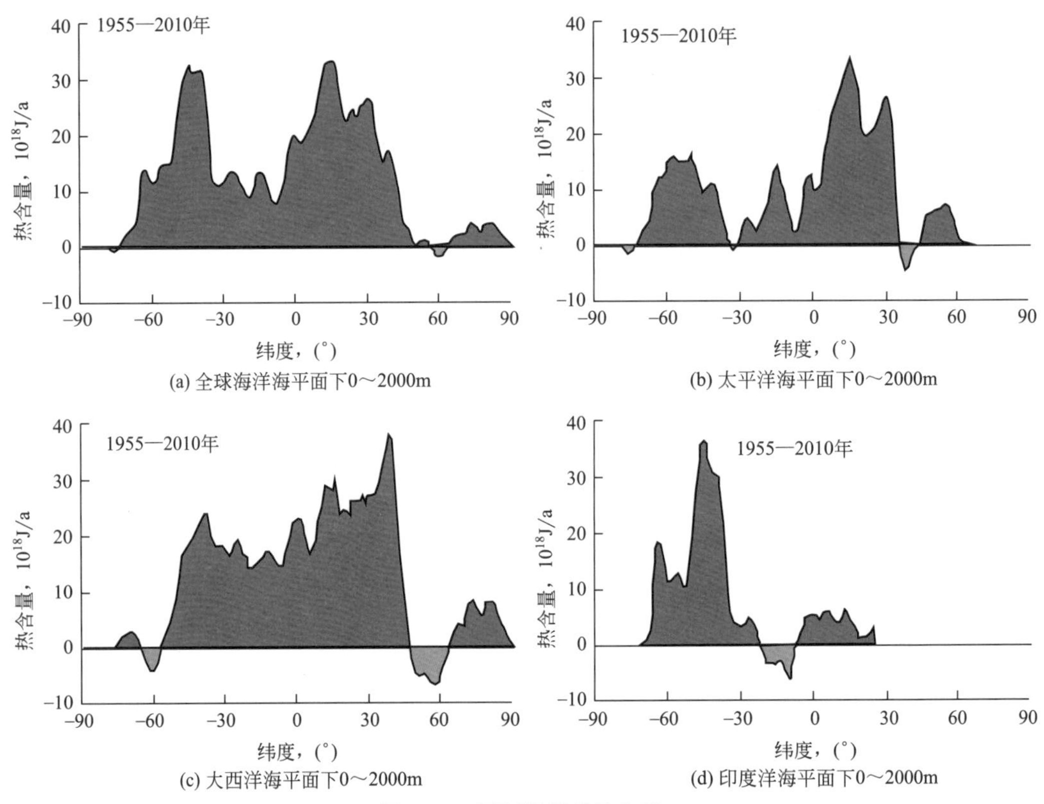

图 2.4.6 不同海洋的热含量

全球海洋和各大洋盆整体热含量的线性趋势（1955—1959 年，2006—2010 年），0 ～ 2000m 的海洋表层热含量是纬度的函数。红色表示增长趋势，蓝色表示下降趋势。图片经许可转载自 Levitus 等 [2.6]

温度升高的另一个影响是冰层的融化。视频 2.4.1 展示了冰盖每年的冻结和融化循环

视频 2.4.1 1978—2006 年北极海冰区季节变化

海冰的冻结和融化是多种因素共同作用的结果，包括冰的年龄、空气温度和太阳辐射量。冬天，北冰洋的海冰覆盖面积增加，通常在 3 月达到最大。然后，海冰覆盖面积减少，大多数年份在 9 月达到最小。冰盖的核心是终年冰，因其足够厚，所以能在夏天留存下来。但是，由于其厚度一直在逐年减小，所以现在的终年冰变得非常容易融化。在冬季，消失的多年冰被较薄的季节性冰取代，而季节性冰通常在夏天完全融化。视频来源于 UIUC 北极气候研究中心，经许可转载 [2.9]，可在 http://www.worldscientifi c.com/worldscibooks/10.1142/p911 # t=5 浏览

过程 [2.9]。然而，气候变暖意味着冰层会在每年夏天有更大的消退。通过冰盖的历史数据对比可以得到气候变化的独立的证据。图 2.4.7 显示了北冰洋的海冰范围和体积。事实上，海冰的这两项数据在 2012 年 9 月达到了夏季的最小值 [2.10]。图 2.4.8 所示为世界各地具有代表性的冰川长度的记录。由图可知，全球范围内的冰川普遍消融。图 2.4.9 总结了南北两极海冰量的实验数据。观察结果一致表明多年来全球范围的冰雪逐年减少。

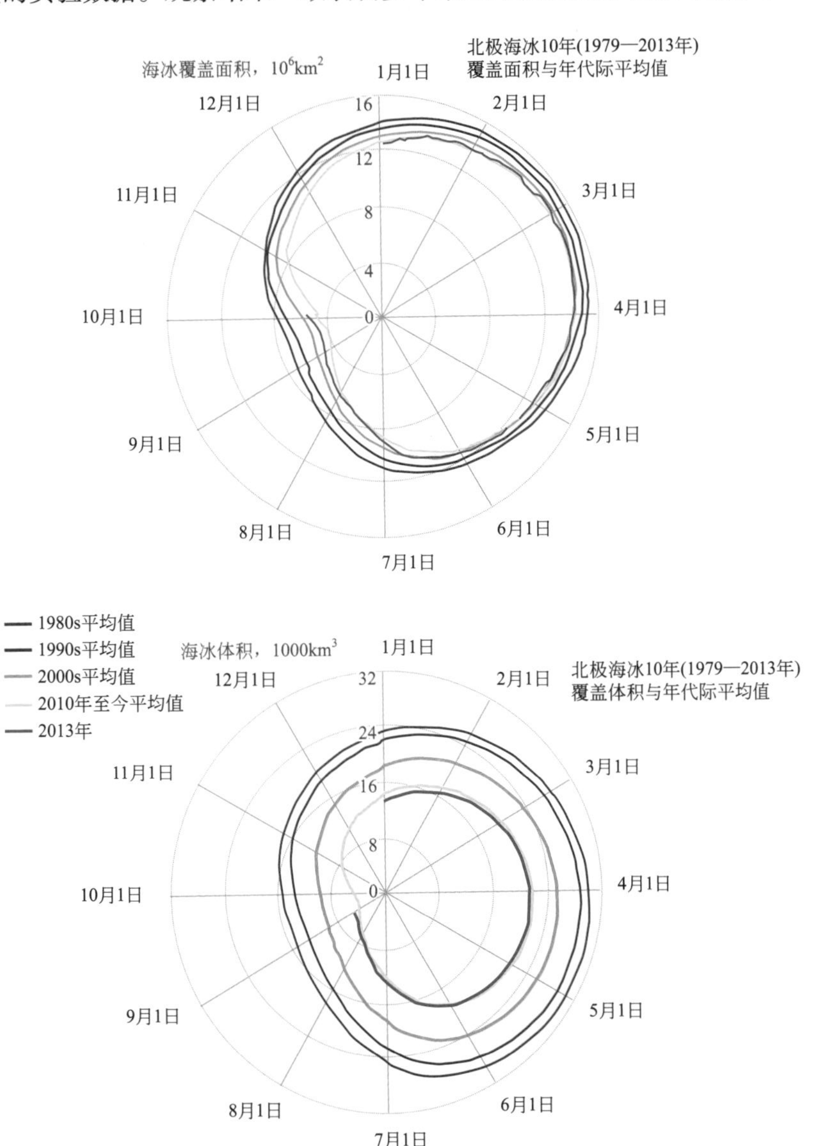

图 2.4.7 1979—2013 年北冰洋的海冰覆盖面积和体积

夏季的海冰覆盖面积通常在 9 月达到最小值，在过去的 30 多年里，随着北冰洋温度和空气温度的上升，这一数值一直下降。北冰洋的冰盖似乎已经达到了夏季的最低点，并于 2013 年 9 月 16 日创下历史新低。2013 年的最小值大约是 1979—2000 年平均覆盖面积的一半。2013 年的最小覆盖面积值也标志着北极海冰面积首次下降到 400×10^4km^2 以下。图片由 Jim Pettit 重绘 [2.10]

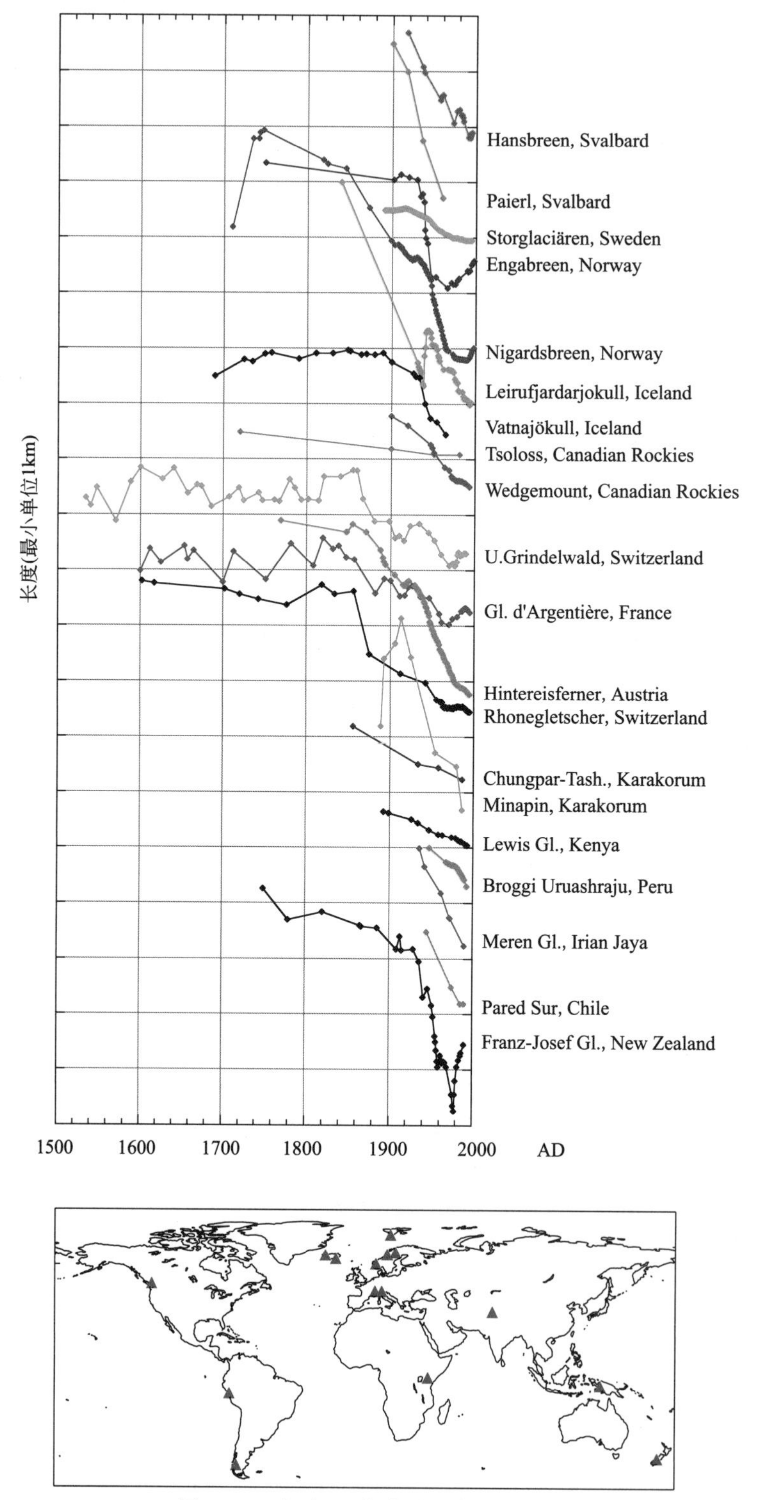

图 2.4.8　全球 20 个冰川长度的示意图

为了便于观察，曲线在竖直方向上做了拉伸。相应冰川的地理分布如下图所示。图片经 IPCC 许可转载 [2.4]

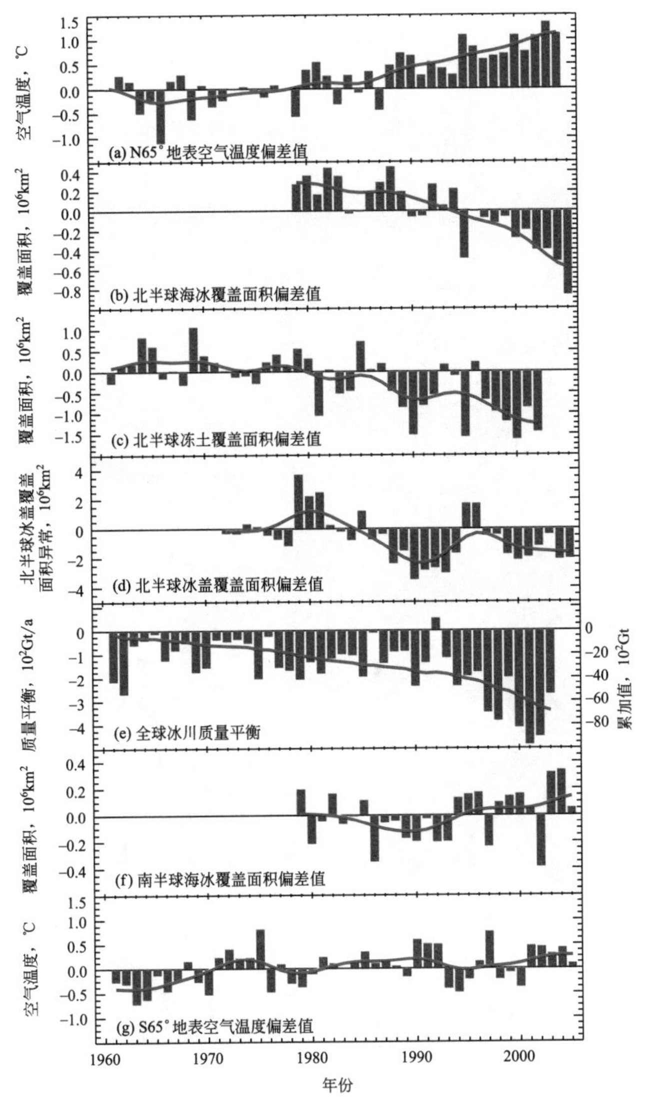

图 2.4.9 北极和南极的海冰覆盖范围

极地表面气温（a，g）、北极和南极海冰范围（b，f）、北半球（NH）冻土面积（c）、北半球积雪覆盖面积异常（d）和全球冰川质量平衡（e）等数值与长期平均值的偏差。E 中的红实线表示累积的全球冰川剩余总量，在其他的物理量中表示 10 年来的变化值。图片经 IPCC 许可转载 [2.2]

2.4.3 极端天气

多年来的观点认为，单纯的夏天炎热不能作为气候变化的证据。天气变化无常，偶尔冬天非常寒冷、夏天非常炎热的波动也是预料之中。然而，极端天气频繁出现则是气候变化的显著特征。2012 年美国重要的气候事件如图 2.4.10 所示。从事件本身来看，每一个都可以看作是大气候环境中的某次“不幸”，即随机天气事件。Hansen 等在最近的一项研究中，对天气事件概率进行了量化 [2.11]。他们以 1951—1980 年期间的天气作为参考样本。在这 30 年中，平均气温是相对稳定的。研究者以这一时期全球范围内的温度数据校准气候事件：假设温度的偏差服从高斯分布，而分布的宽度表示地球上某一特定地点的平均温

图 2.4.10 2012 年美国重要的天气和气候事件

美国本土自有记录以来，2012 年拥有最热的春季、第二热的夏季、第四热的冬季和比平均温度高的秋季。2012 年的平均气温为 55.3°F，比 20 世纪的平均气温高了 3.2°F，比之前最热的年份 1998 年的平均温度高出 1.0°F。图片来自 NOAA 气候数据中心[2.12]

度在一年中偏离平均温度的可能性。基于 1951—1980 年的统计数据可以估计任一时刻发生极端天气的地区所占地球表面的比例。例如，2006—2011 年间的平均气温较 30 年平均气温在数值上增加了 3 个标准差，受影响的地区约占地球表面的 0.1% ～ 0.4%。图 2.4.11 中 2006—2011 年的数据表明，地球表面上 4% ～ 13% 的地区产生了极端天气。这远远超过了气候事件发生的正常概率。因此，单个的热效应事件可视为正常发生而忽略，但极端天气事件总数异常是不容忽视的。

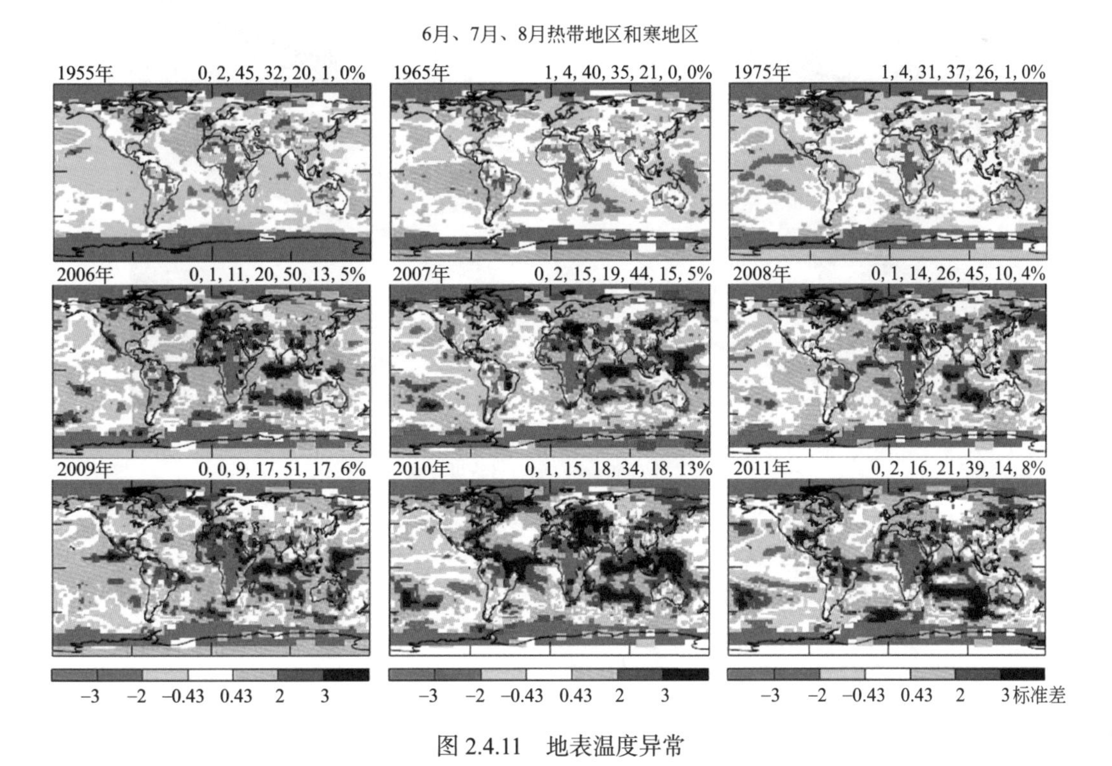

图 2.4.11 地表温度异常

相较 1951—1980 年基准期的标准差单位，图为 1955 年、1965 年、1975 年和 2006—2011 年 6 月、7 月、8 月北半球地面温度异常情况。每张地图上的数字表示色标中每种类别所覆盖面积的百分比，棕色和紫色表示极端温暖和极端寒冷的天气。图片经许可转自 Hansen 等 [2.11]

2.4.4 CO_2

关键问题是这些全球变暖事件是否与大气中 CO_2 的含量有关。大气中 CO_2 含量的数据可以通过测量冰芯中 CO_2 的含量获得。冰芯是上千年来的冰雪积累形成的（图 2.4.12）[2.2]。在每次降雪中，冰芯中含有大量的小气泡。通过分析不同深度冰芯气泡中气体的成分，可以确定不同年份气泡中气体组分浓度的详细信息。在实验过程中，也可以测量地壳中的 $\delta^{18}O$，这也是地壳形成时期平均温度的一种表征（专栏 2.4.1）。图 2.4.13 中的数据显示，在过去的 60 万年里，地球温度和大气中 CO_2 含量在非常小的范围内波动 [2.2]。而且，还可以发现间冰期的温暖期。在这些时期，CO_2 含量较高，相应的冰层体积也会变小。当前温室气体含量明显高于过去 60 万年间的含量，在图 2.4.13 中用星形表示。图 2.4.14 中显示了过去 2000 年大气中温室气体的浓度 [2.2]。图 2.4.14 中特别强调了当前大气中 CO_2 浓度的异常。根据极地冰芯确定大气组分的时间可以反推至 65 万年前，由此可以推断当前大气中

CO_2 和甲烷的浓度远远超过了工业化之前的浓度。

图 2.4.12　冰芯的例子

图片经 Guillaume Dargaud 许可转载

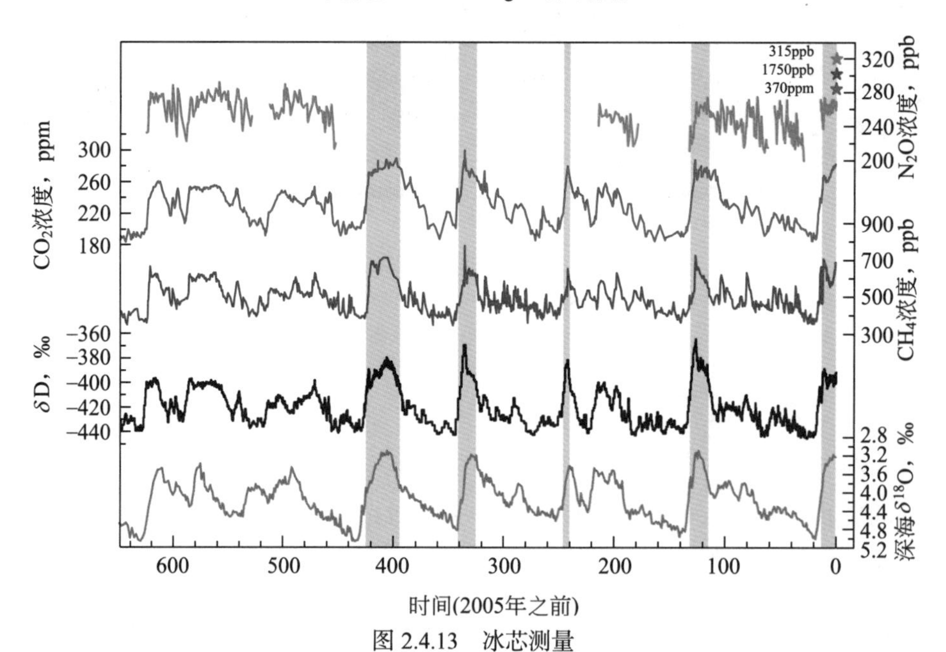

图 2.4.13　冰芯测量

黑色曲线表示氘（δD）的变化量（当地温度指标）；深灰色曲线表示 δ^{18}O 海洋记录（全球冰量波动的指标）；红色、蓝色和绿色曲线分别表示温室气体 CO_2、CH_4 和 N_2O 的浓度（绿色）。数据来源于南极洲冰芯中的空气数据和最近的大气测量。阴影表明最后一次间冰期的温暖期。海底生物 δ^{18}O 曲线的下降趋势反映了陆地上冰量的增加。星形标记指示了 2000 年大气中相应气体的浓度。

图片经 IPCC 许可转载 [2.2]

专栏 2.4.1 $\delta^{18}O$ 和 δD

$\delta^{18}O$ 分析是地球化学中一种古温度指标分析技术。该技术包括测量 ^{18}O 与 ^{16}O 的比值，例如在珊瑚中存在的有孔虫类和冰核。它取决于含有 ^{18}O 的水与含有 ^{16}O 的水的性质的细微差别。具有实际意义的结论是，海水的 $\delta^{18}O$ 数值与极地冰盖的范围有关。另一个结论是由 $CaCO_3$ 构成的有孔虫壳中 ^{18}O ∶ ^{16}O 不同，该比值取决于虫壳形成时期水的温度。类似的研究还有关于 H（氢）和 D（氘）的比值问题，即 D ∶ H。全球科学家正采用灵敏的仪器进行同位素分析，以探究不同地质年代的温度变化。

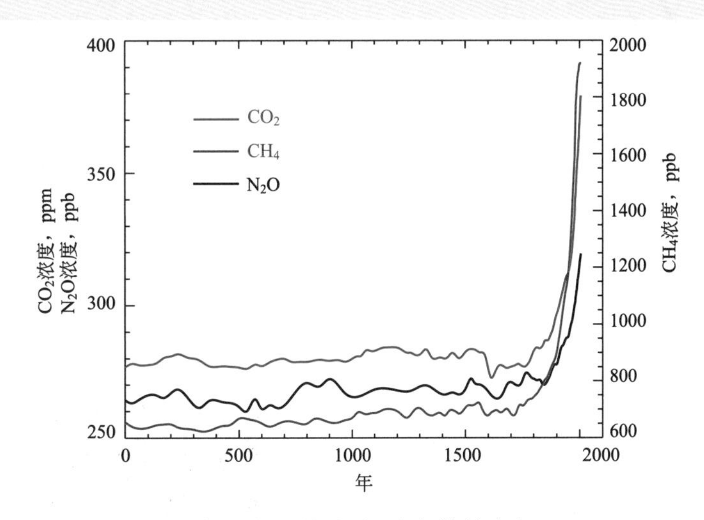

图 2.4.14 最重要温室气体的浓度

图为过去 2000 年中重要温室气体的浓度，单位为百万分之一（ppm）或十亿分之一（ppb），用以表示大气样本每百万个或十亿个空气分子中温室气体分子的含量。图片经 IPCC 许可转载 [2.2]

过量的 CO_2 是由人类活动引起的吗？这个问题已经得到了广泛研究，并且已有方法证明答案是肯定的。例如，大气中重碳同位素和轻碳同位素（即 ^{13}C 和 ^{12}C）的比例与化石燃料中两者的比例是不同的。这是为什么？化石燃料来自植物，植物中由于光合作用形成的化学物质中 ^{13}C 的含量较低。因此，化石燃料的消耗将会减少大气中 ^{13}C 的含量，也就是说，化石燃料的使用会降低大气中 ^{13}C 与 ^{12}C 的比值。相关实验也表明，大气中 ^{13}C 含量的下降与大气中 CO_2 含量的增加呈现出完美的正相关性（图 2.4.15）。

能够确定现在大气中 CO_2 来自于人类活动的另一个证据源于大气中氧含量的分析。根据化学计量学，化石燃料燃烧产生 CO_2 分子的化学方程式为：

$$CH_n + \left(1+\frac{n}{4}\right)O_2 \longrightarrow CO_2 + \frac{n}{2}H_2O$$

上式说明每生成一个 CO_2 分子，就要消耗一个 O_2 分子。

如果大气中 CO_2 含量增加，则 O_2 含量的下降比例与 CO_2 增加的比例完全相同。图 2.4.16 中的实验数据证实了这一点。

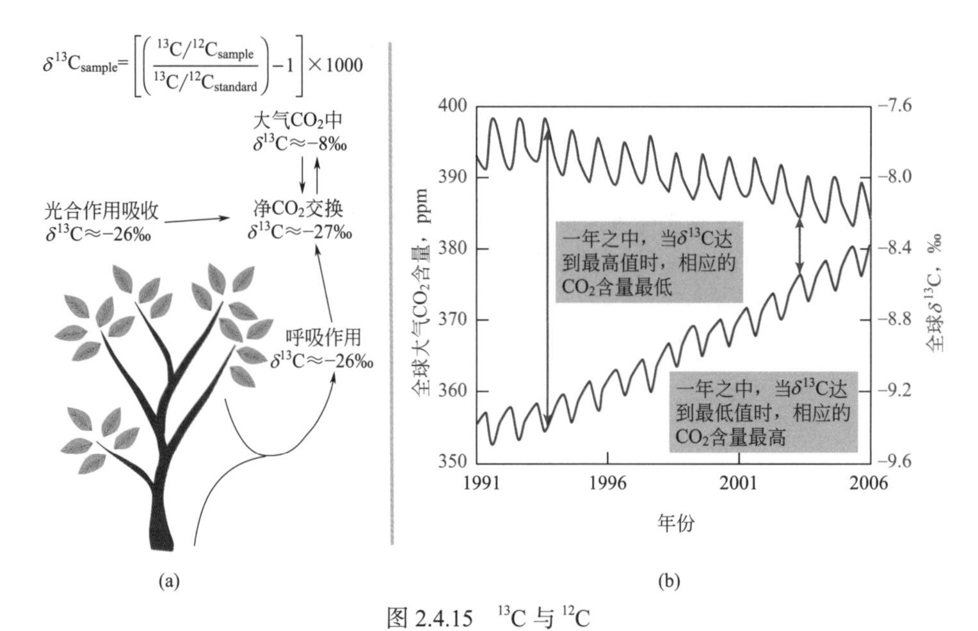

图 2.4.15 ^{13}C 与 ^{12}C

（a）与化石燃料燃烧形成的 CO_2 相比，植物光合作用形成的碳往往含有较少的 ^{13}C。（b）CO_2 浓度与 CO_2 中 ^{13}C 比例关系的实验数据。由于 ^{12}C 含量较高物质的燃烧，该比值正在下降。

图片根据 NOAA 地球系统研究实验室数据重绘

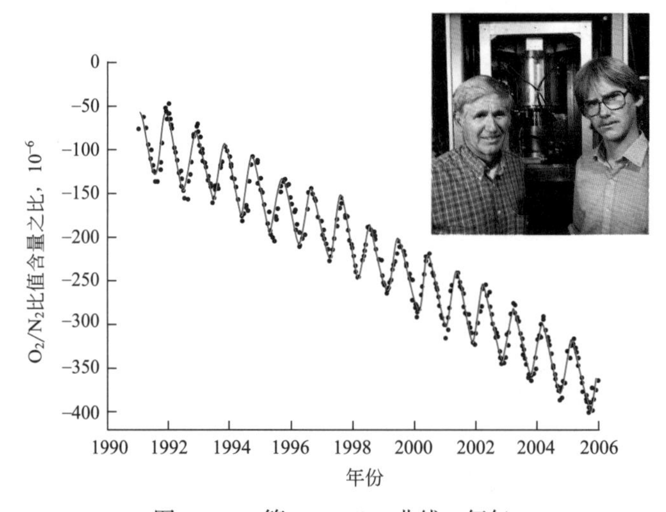

图 2.4.16 第二 Keeling 曲线：氧气

照片为 1983 年的 Charles Keeling（左）和他的儿子 Ralph（右）。厨房餐桌上的一段对话引起了年轻的 Keeling 对大气中氧气测量的兴趣。图片来自斯克里普斯海洋研究所

2.4.5 尘埃落定

到目前为止，相信你已经明白气候正在发生着变化。这个结论最初源于一些科学家提出的大胆设想。起初，科学界对这个想法持怀疑态度，而科学的魅力便在于可以通过实验证明这些大胆设想是否正确。新的实验表明，全球气温正在升高，海洋正在上升，冰川正在消退，全球天气更加极端。一点一点的怀疑已经被大量的证据所证实，而且所

有的证据都指向相同的结论。不管我们认同与否，气候变化是真实发生的，而且是由人类活动导致的。

2.5 气候模型

2.5.1 气候的物理学基础

众所周知，建立气候模型基于以下三个基本定律：质量守恒定律、能量守恒定律和动量守恒定律。在研究进出控制体积的物质流量时，可以写出相应的“质量平衡”方程，此时，如果流入控制体积的物质多于流出的物质，则控制体积内的质量就会累积。类似地，也可以总结出能量守恒方程和动量守恒方程，这些守恒方程统称为 Navier-Stokes 方程。一般情况下，只能求取一些简单问题中 Navier-Stokes 方程的解析解。对于实际问题，通常采用数值法求取 Navier-Stokes 方程的数值解。求取数值解是非常复杂的过程，从而形成了一个特殊的科学领域——计算流体力学。过去 20 年中，计算机的计算能力和软件算法有了巨大的提高，这大大推动了该领域的研究。

计算流体力学的应用场合非常多。例如，如果要通过数学模型分析管道中牙膏流动和水流动之间的区别，则需要对水和牙膏的性质进行参数化，进而求解相应的 Navier-Stokes 方程。该领域已经取得了一些显著的成绩。例如，几乎所有的现代飞机设计都需依靠计算机技术，通过求解 Navier-Stokes 方程可预测飞机机翼周围气流的具体变化，这些信息为新飞机的设计提供了更多的依据和安全保障。Navier-Stokes 方程同样可用来进行天气预报和气候预测。

需要强调的是，尽管飞机周围气流的性质和大气气流的物理性质相同，但是气流的大小和复杂性的差异使大气气流的研究更有挑战性。下面将对不同的气候模型进行简要介绍。

2.5.2 气候模型

图 2.5.1 给出了一个基本的气候模型；在计算机上构造球形网格模拟大气层。描述大气层系统的网格数取决于计算机的性能。图 2.5.2 中列出了不同 IPCC 模型研究大气层时的网格数量。通过 1990 年的第一次研究和 2007 年的最近一次研究对比发现，两者在模型网格数量上存在巨大的差异 [2.2]。例如，在 FAR（1990）模型中，很难识别出欧洲某个国家的具体位置。但是，即将发布的 IPCC 报告中的最新模型将分辨率提高了 5 倍，网格单元的间距为 50km。在该分辨率下，能够大大提高阿尔卑斯山脉上气流的预测精度，进而可以精确预测区域气候变化。

通过比较飞机周围气流模式的模型，能够发现许多相似之处。如前所述，描述模型的方程是相同的，但是其尺度各异。这对求解 Navier-Stokes 方程时的分辨率具有很大的影响。描述一架飞机机翼的网格数量可以与描述整个北欧的网格数量相同。网格单元间距不再是 50km，将其缩小至 mm。在这种精度的分辨率下，模型预测可以代替物理实验。

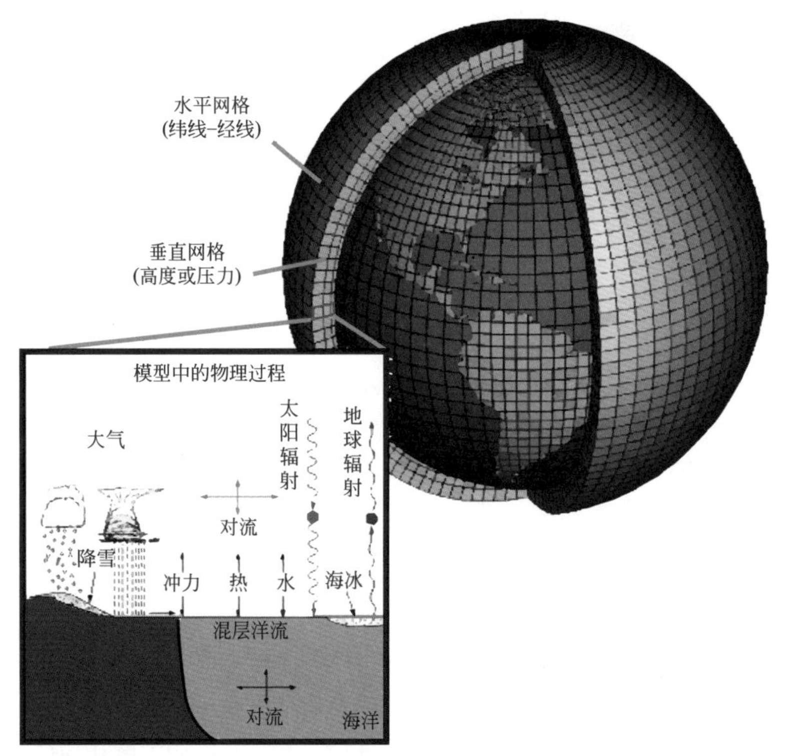

图 2.5.1 求解 Navier-Stokes 方程

气候模型涉及在单元网格上求解 Navier-Stokes 方程，其复杂性源于每个单元网格上大气与环境之间的相互影响各不相同。这些差异包括太阳辐射（如白天）以及相对于土地或水源的位置，每一种差异都会导致不同的能量转移（见插图）。图片来源：NOAA

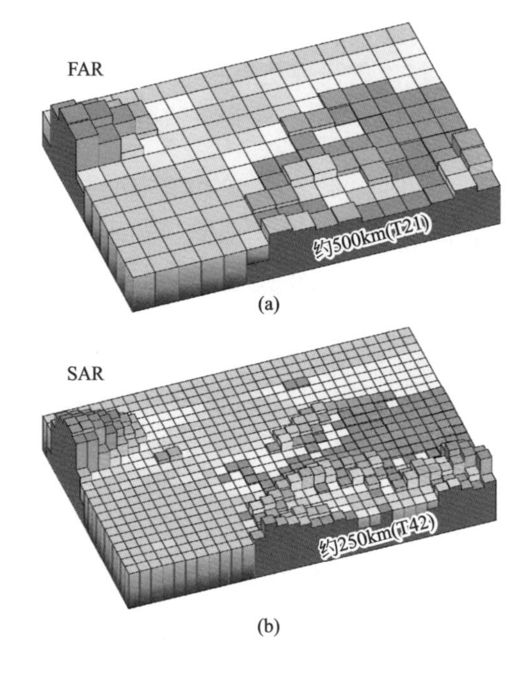

(a)

(b)

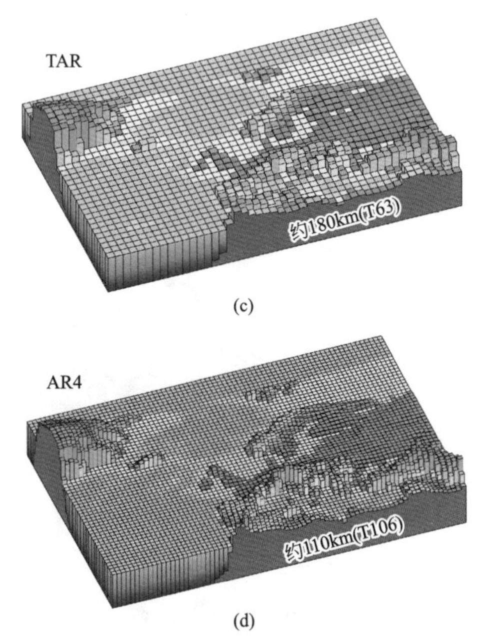

图 2.5.2 不同气候模型中使用的地理分辨率

不同 IPCC 报告的气候模型 FAR（IPCC，1990）、SAR（IPCC，1996）、TAR（IPCC，2001a）和 AR4（2007）中使用的地理分辨率。图中显示的是北欧的分辨率。大气模型和海洋模型的垂直分辨率比水平分辨率有所增加，从最初典型的单层网格海洋模型和 10 层网格大气模型，一直到现在使用的 30 层网格大气模型和 30 层网格海洋模型。图片经 IPCC 许可转载 [2.2]

分辨率问题并不是全球气候建模中面临的唯一挑战，还必须考虑影响气候因素之间的相互作用。图 2.5.3 总结了这些相互影响的因素 [2.2]。大多数影响因素已经在前面的小节中讨论过。由图 2.5.4 可知，随着气候模型的发展，越来越多的影响因素被考虑进来 [2.2]。早期的气候模型只考虑了阳光、CO_2 和雨水。在这些模型中，忽略了云的冷却效应等其他诸多影响因素。多年来，越来越多的影响因素被加入气候模型中，如图 2.5.4 所示。最近增加的影响因素是将地球的碳循环、植被耦合到大气模型中。

需要注意的是，改进气候模型不仅仅是通过使用大型计算机或通过增加交互来提高模型网格分辨率。如果不能充分理解物理现象的本质，那么在气候模型中就会缺少相应物理过程的约束条件，例如云的形成或大气对流等过程。

2.5.3 气候模型：一个没有碳排放的世界

气候模型能准确预测气候吗？在研究实际的气候预测之前，需要强调的是气候科学是建立在非常坚实的理论基础上的。描述气候模型的方程也都具有非常成熟的数学理论。我们应该意识到所乘飞机的多数性能测试所用的模型和预测气候模型是相同的，甚至增加了一些最极端的测试条件。

气候模型的一项重要检验标准是将模型预测与历史数据进行比对。例如，这些模型能准确预测世界各地气候的季节性变化吗？更严格的测试是：这些模型是否能准确预测气候对某些重大干扰的响应。例如，火山喷发。1991 年 Pinatubo 火山喷发导致大气层中火山灰的增加，相反，大气层中的火山灰使得夜间温度比白天温度升高速率加快，进而导致北极温度大幅升高，以及随之而来的短期全球变冷。

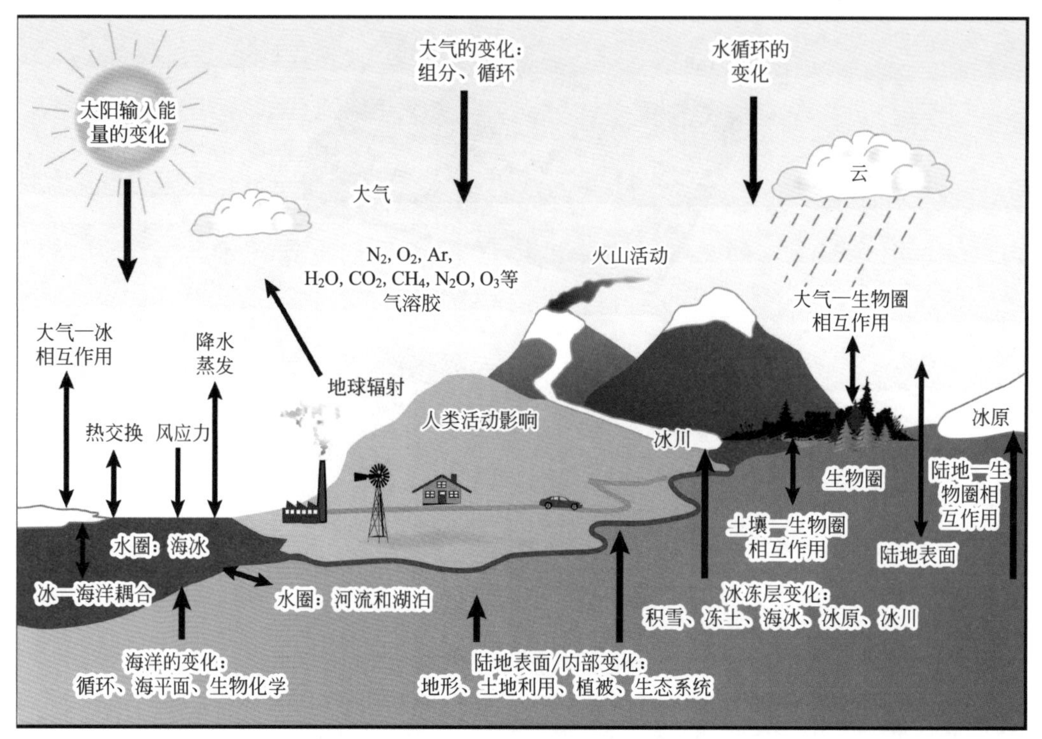

图 2.5.3 气候系统组成示意图

图片经 IPCC 许可转载 [2.2]

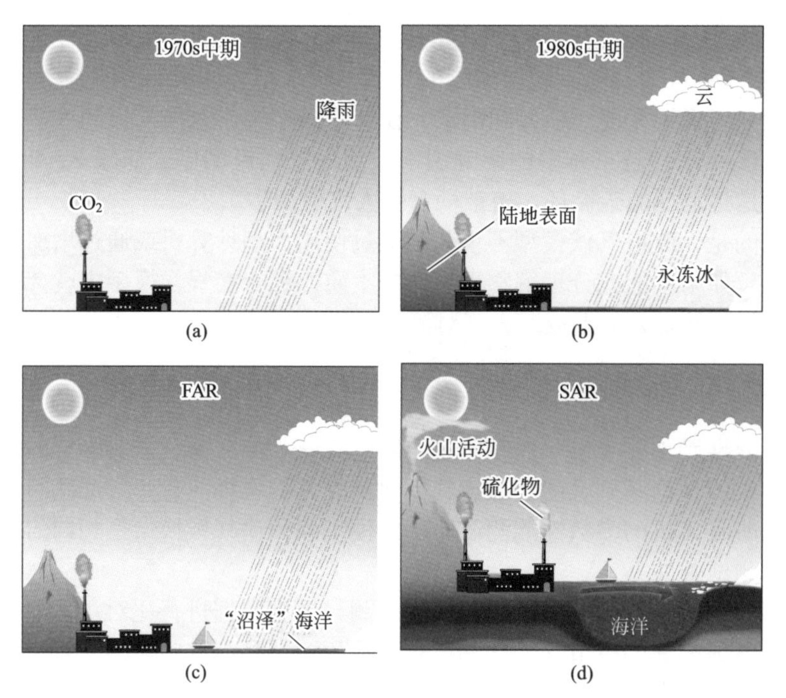

(a) (b) (c) (d)

图 2.5.4 气候模式的复杂性

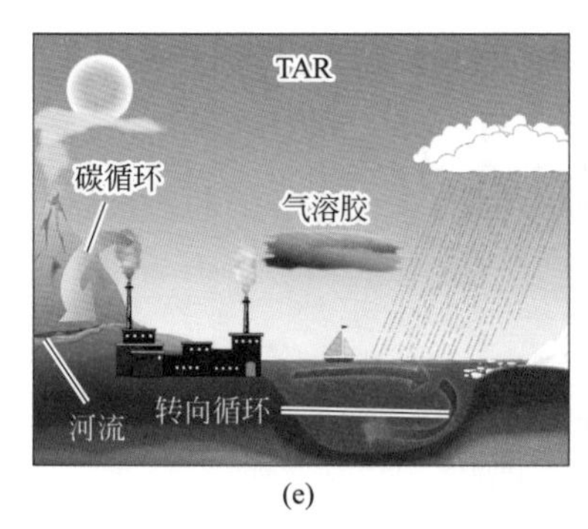

(e) (f)

图 2.5.4 气候模式的复杂性（续）

在过去几十年里，气候模型的复杂性有所增加。FAR（IPCC，1990）、SAR（IPCC，1996）、TAR（IPCC，2001a）和 AR4（2007）模型中考虑了其他的物理特性，并在模型中通过不同的特征形象地表现出来。图片经 IPCC 许可转载 [2.2]

气候数据和气候模型之间的对比如图 2.5.5 所示 [2.2]。该领域中开展研究的典型方案是不同研究组织间的多计算机模型采用相同的气候扰动方式。但是，这些模型计算机实现代码和模型约束条件需要纳入统一的框架下。因此，不同的模型预测结果也略有不同。这些差异在某种程度上也是计算机模型不确定性的度量方式，而且非常有用。从图 2.5.5 中可以看出，所有模型的平均值都准确预测了平均气温的长期增长以及由火山喷发引起的气温下降 [2.2]。这些模型精准预测了过去 100 年的气候，因此有理由相信基于这些模型也可以对未来气候做出准确的预测。

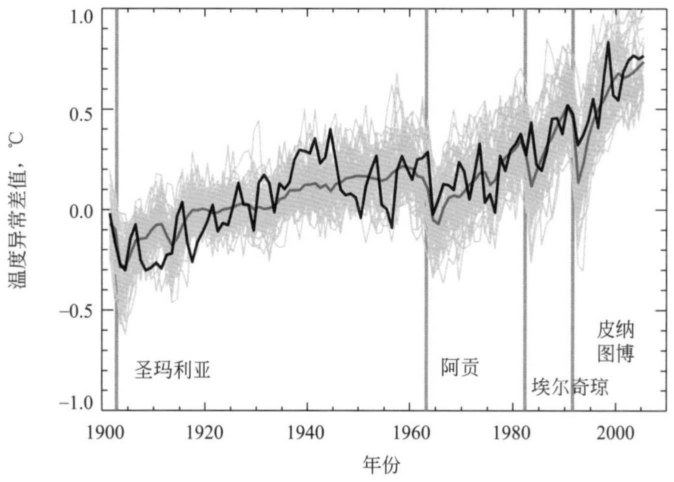

图 2.5.5 全球平均地表温度异常观测数据与气候模型模拟结果的对比

黑色曲线表示实验数据；黄色曲线是 14 个模型的 58 次模拟结果，其中考虑了人为因素和自然因素的影响；红色曲线是 58 次模拟结果的平均值；灰色垂线表示主要的火山事件。图片经 IPCC 许可转载 [2.2]

这些气候模型最重要的应用之一是建立了一个可用于对比的“平行地球”。例如，现在假设不使用化石燃料，通过重新运行所有的气候模型以得到图 2.5.5 中的预测数据。图 2.5.5 中描述的模型考虑了燃烧化石燃料导致的 CO_2 含量增加。图 2.5.6 中进行了同样的预测，该模型假设没有人为排放温室气体 [2.2]。两者的计算结果表明，近年来的气温上升只能归结为人为排放，这也是不争的事实。这些模型证明了大规模的 CO_2 排放的确会影响气候。

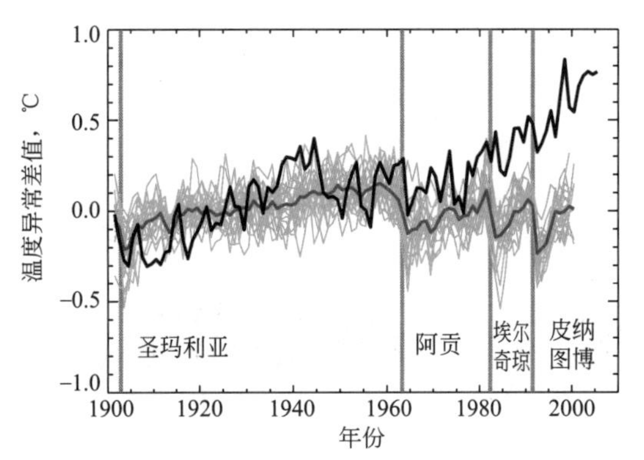

图 2.5.6　全球平均地表温度异常观测数据（℃）与无人为 CO_2 排放时气候模型模拟结果的对比

黑色曲线表示实验数据；蓝色细线是 5 个模型 19 次模拟的结果，其中只考虑了自然因素；蓝色粗线是 19 次模拟结果的平均值；灰色垂线表示火山事件。图片经 IPCC 许可转载[2.2]

2.5.4　未来的碳排放

未来的气候预测需要考虑人类的行为模式。专栏 2.5.1 讨论了人类活动的各种情况[2.13]。图 2.5.7 针对专栏 2.5.1 中不同的人类活动给出了关于平均地表温度的预测。所有的情况都会导致全球地表温度显著升高。橙色曲线表示 2000 年时的温室气体浓度，且气体浓度之后几乎保持不变。即使在这种情况下，接下来 20 年中仍将显示出变暖的趋势。即使立即停止 CO_2 排放，但是在温室气体排放发生变化和气候变化之间会存在“滞后时间”，产生滞后的原因则是由于海洋对 CO_2 含量变化的反应。关于海冰数量（图 2.5.8）或海平面（图 2.5.9）的变化也是类似的预测结果[2.2]。气候变化的另一个重要影响是出现越来越多的极端天气模式。图 2.5.10 给出了世界不同地区发生暴雨或干旱的预测概率。

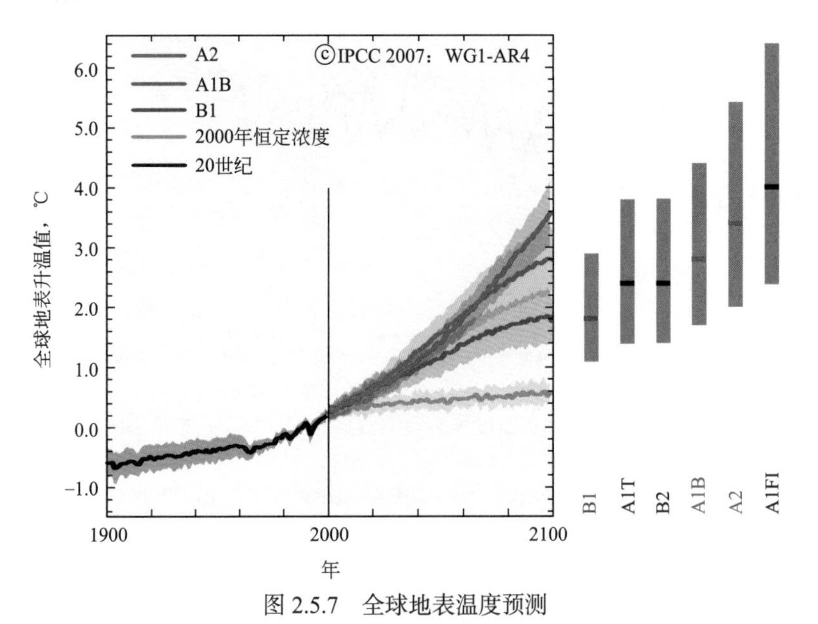

图 2.5.7　全球地表温度预测

实线是考虑 A2、A1B 和 B1 情形下多模型中的全球地表变暖平均值（见专栏 2.5.1）。阴影表示模型预测中的不确定性。橙线表示 2000 年时 CO_2 浓度保持不变时的全球地表变暖值。右边的灰色条表示最佳估计值（每个色条内的实线）以及六种情况下的可能范围。图片经 IPCC 许可转载[2.2]

专栏 2.5.1 几种 CO_2 排放方案

如果要预测 100 年后的气候状况，必须对未来的 CO_2 排放情况做出假设。这些排放情况与未来的能源使用和化石燃料使用的变化密切相关。未来的能源使用（来源）是很难预测的，所以气候科学家采用不同的方案进行气候预测。这些典型的方案通常包括“正常商业模式方案”，假设继续采用与过去相同的方式使用能源。类似地，假设另外一种方案，根据国际条约，排放被限制在一定的范围内。IPCC 已经设立了一套关于排放的不同方案，并且在他们的特别报告中进行了说明。这些方案称为“SRES”。IPCC 列出了四个不同方案下世界可能的演变过程：

（1）A1（一体化世界）。经济快速增长，2050 年全球人口总量达到 90 亿人，然后逐渐下降。全球具有高效的新技术，并且快速传播，不同地区之间的收入和生活方式实现融合。全球范围内社会文化广泛交流。在 A1 中有三个子情形，在使用化石燃料上各有所不同：A1Fl——强调化石燃料的使用；A1B——所有的能源来源达到平衡；A1T——强调非化石能源的使用。

（2）A2（多样化世界）。各国自力更生、独立运作；人口持续增长，经济发展具有区域性；技术变革缓慢而零散。

（3）B1（综合的生态友好型世界）。与 A1 一样，全球经济快速增长：人口将增加到 90 亿人，之后逐渐减少。技术进步减少了原材料的使用并产生了清洁能源和资源高效利用的技术。各国采取全球解决方案，确保经济、社会和环境稳定。这种方案下不包括缓解气候变化而采取相应的经济激励措施。

（4）B2（更分裂但生态友好型世界）。全球经济增长速度中等，并寻求经济、社会和环境问题的局部解决方案。人口不断增长，但增长速度比 A2 慢。

下图给出了这些不同方案下全球温室气体排放的预测情况。

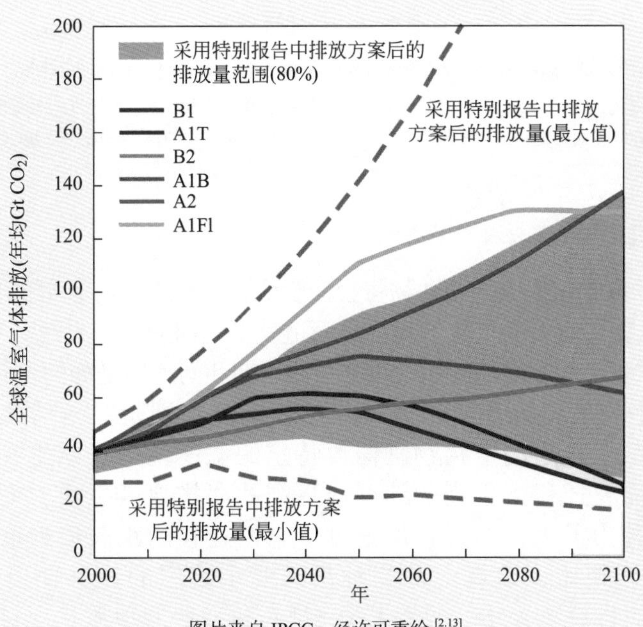

图片来自 IPCC，经许可重绘 [2.13]

从气候模型中可以看出，CO_2 含量增加引起的变化不容忽视。许多研究详细分析了这些变化对植被和动物栖息地的影响。海平面上升对生活在海洋附近人类的影响尤为严重。

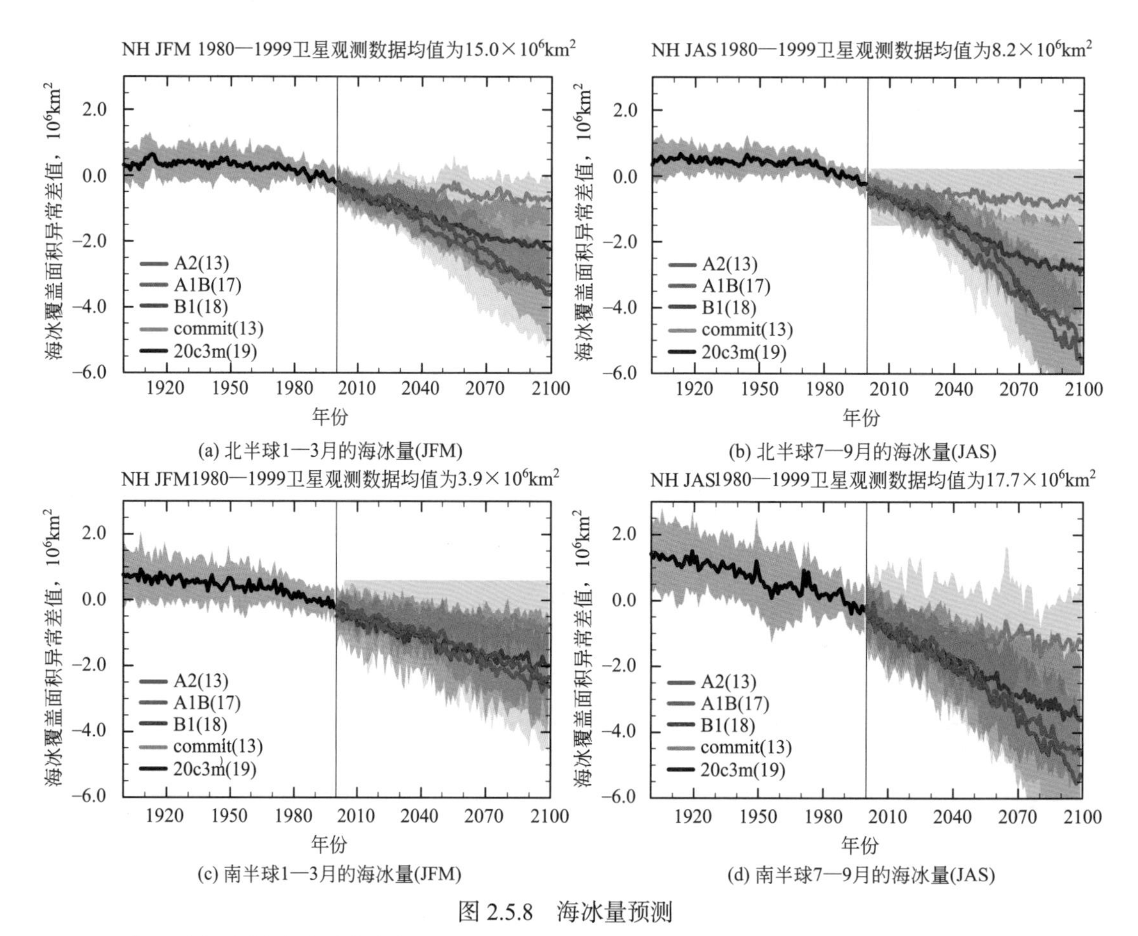

图 2.5.8　海冰量预测

commit—各国政府承诺的气候变化方案；20c3m—20th Century Climate in Coupled Models，20 世纪气候耦合模式

这些结果是使用不同气候模型对专栏 2.5.1 中情形的预测。海冰覆盖范围定义为海冰含量超过 15% 的所有区域。异常现象是相对于 1980—2000 年而言的。通过图例可以看出模型的个数以及不同的情形。图片经 IPCC 许可转载 [2.2]

2.5.5　生物能迁移得足够快吗？

气候变化的后果之一是植物和动物将会面临变化的环境。有人可能会说这不是什么新鲜事，正是由于生物适应不断变化的环境从而造就了当前的生态系统。我们的确可以通过分析历史数据来了解这个过程，例如，植被在冰川期和间冰期是如何变化的。

然而，研究平均气温升高对未来气候的影响，特别是对地球生态系统的影响是很重要的。假设某个特定的生物物种需要特定的温度范围才能生存。那么，当温度升高时，它们就需要迁移到更高的纬度或更高的海拔地区生活。而且，气候变化的速度决定这些物种为了生存而迁移的速度。它们迁移的距离远近取决于当地的地理环境。与平原地区相比，山坡上的物种只需要小范围的迁移便可到达温度低的地域。如果将适度的排放（A1B，见专栏 2.5.1）和当地的地质情况结合起来，就可以将每年气温升高的数值转化为物种迁移至某个恒温区时迁移速度 [2.14]。这个“气候

变化速度”如图 2.5.11 所示。

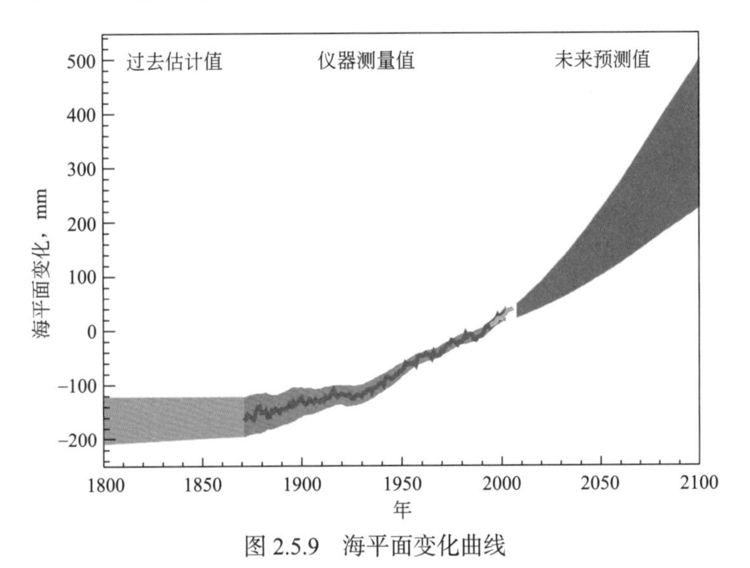

图 2.5.9 海平面变化曲线

海平面变化以 1980—1990 期间数值为基准。在 1870 年以前，无法获得全球海平面的测量数据。阴影表示测量或预测中的不确定性。蓝色底纹表示 21 世纪 A1B 情形下模型预测的范围。图片经 IPCC 许可转载[2.2]

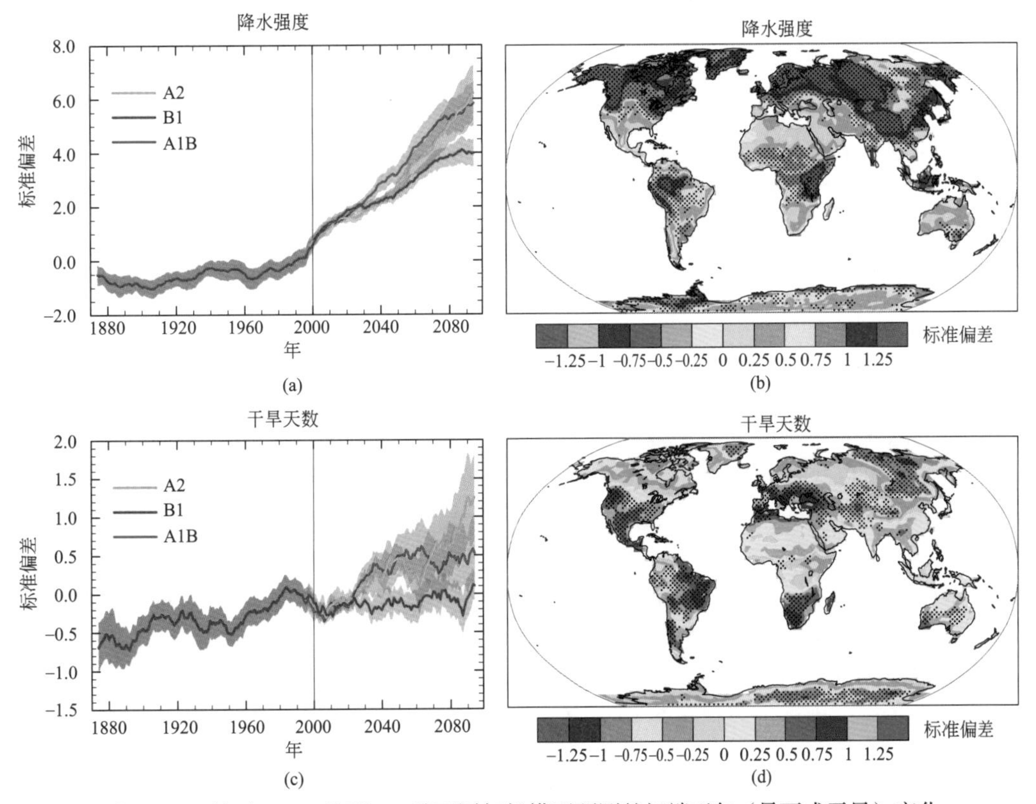

图 2.5.10 针对 SRES 情形，9 种不同气候模型预测的极端天气（暴雨或干旱）变化

（a）全球降水强度的平均变化（定义为年总降水量除以潮湿天数）；（b）A1B 情形下两个 20 年平均值之间模拟降水强度的空间模式变化；（c）全球范围内干燥天数的平均变化（定义为年度最大连续干旱天数）；（d）A1B 情形下两个 20 年平均值之间模拟干燥天数的空间模式变化。图片经 IPCC 许可转载[2.2]

图 2.5.11 气候变化的速度

该图表明，根据 A1B 情形下气候变化预测值，一个生态系统需要多大的平均速度迁移才能保证其生存区域具有恒定的温度，即每年需要迁移的千米数。图片经 Macmillan 许可转载自 Loarie 等[2.14]

从历史的角度看，这些数字是很重要的。要知道，迄今为止观测到的最快的迁移速度是 1km/a（全新世树木迁移），一般的速度应为 0.1km/a。图 2.5.11 显示了 28% 的地球表面都将经历气候变化，并需要当地物种以远超 1km/a 的最大速率进行迁移。因此，对地球上的很大一部分生物来说，气候变化给生态系统带来了前所未有的挑战。

2.5.6 真理问题

气候变化的预测依赖于大型数值模拟。正是基于这些预测，才能制定影响深远的政策并作出决策，在与气候有关的项目上投入大量资金，并驱动整个社会在能源生产方式上做出重大改变。只有模型预测是正确的，才可以避免无谓的争论。设计的预测模型可靠吗？或者夸张一点说，气候模型预测可信吗？完全可信还是完全不可信？

这个问题有两种答案：哲学家说“真理论”这个概念一开始就存在问题，科学家们则会指出数学模型中的各种不确定性[2.15]。这两个答案都可以被理解为“我们不确定”。对气候怀疑论者来说，这听起来就是一场闹剧，但事实并非如此。“我们不确定”并不意味着“我们的模型很可能是错误的，除非我们确定模型完全正确”，认识这一点很重要。

对哲学家来说，怀疑单一观点的主要原因是，“真理论”这样告诉我们：给定一组数据，总是会有许多不同的理论，虽然它们互不兼容，但这些结论都能够用来解释数据。如果数据能够支持目前所有的证据，则没有充分的理由相信一种理论优于另一种理论，即现有理论不足以完美解释数据。更复杂的是，如果发现理论与实验矛盾，则不可能通过简单的一次修正就可以完善整个理论。因为事件的所有部分都是相互联系的，所以不可能简单地通过某个实验证明一个特定的假设是错误的。而且，由于证据不足，没有哪种假设会让我们坚信一定是正确的。从这个角度来看，即使有严格的物理定律，建立气候模型也不可能像建房屋一样结实、可靠，反而像是在海上建造一艘轮船，新的科学见解不断替代过时的理论，并尽其所能使其能够一直在海上航行[2.16]。

哲学家们可能认为这种说法是荒谬的：模型只是简单地说明真相。他们也不否认我们不再将科学视为物理世界最可靠的信息来源。关于这一点最主要的理论称为“无奇迹论证”。它指向非凡的科学成就：最优秀的理论非常擅长预测结果和解释现象。如果那些理论是完全错误的，这种成功则是一个奇迹。事实上，气候模型的理论基础和制造飞机的理论基础相同。如果相信这些理论足以能够制造出飞机并飞越大西洋，那么也应该相信气候预测结果的准确性。在这种背景下，如果基于如前所述的新理论进行预测，并据此做出重要的决策，那么问题就不在于抽象的哲学意义上的模型是否绝对正确。我们需要弄清楚这些模型的优点是什么，从而保证其实用性和完整性，并被公众所接受[2.17]。

现在，“我们不确定”的科学意义变得尤为很重要。气候模型所依赖的基本物理定律和化学定律易于理解。基于可靠的算法，给定输入参数，就可以得到准确的输出。

然而，这些算法的确需要大气中的分子、山体上的气流以及云效应等相互作用的基本数据。实际上，我们不可能得到用于气候模拟中温度和约束条件所有的实验数据。所以，需要设计一些巧妙的方案来估计气候模型所需的输入参数。此外，模型的网格也不可能无限精确（图 2.5.2）。有限数量的网格会导致信息的丢失。为了强调上述“无奇迹”的论点：考虑到所有的假设与简化，实现了对 2012 年 10 月超级风暴 Sandy 路径的精确预测，其准确性令人印象深刻。超级风暴 Sandy 足以证明目前的气候模型是有效的吗？我们可以据此要求公众投资数十亿美元来减少 CO_2 排放吗？

图 2.5.12 给出了一个重要的结论：多年来气候变化预测的不确定性并没有减少！在计算机性能增强的同时，气候模型的分辨率和复杂性也在增加。这也不会降低模型预测的不确定性，因为模型中增加的网格单元需要更多的输入参数，从而产生了新的不确定性。例如，如果用大小为 500km 的网格单元对地球进行建模，地球表面的大气和海洋表面的大气相互作用就需要大量的参数来描述。实际上，可以开发出多种不同的方法将这些参数打包，然后用实验数据校准这些集合的实验方案。如果把网格大小缩小到 50km，在该分辨率下就可以区分山、湖、林等，并且逐个分析它们与大气的相互作用，而不再用一个集合参数来描述整个过程。通过单独分析这些因素的相互影响，往往会从先前模型隐藏的不确定性得到新结论。类似地，新一代模型可能包括反馈机制，以北极地区的永久冻土层为

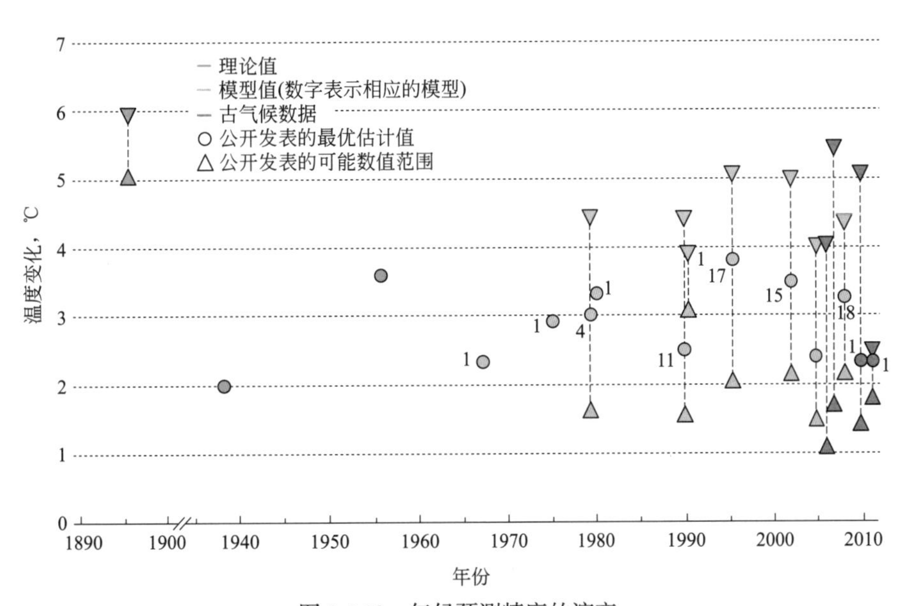

图 2.5.12 气候预测精度的演变

图中揭示了如果 CO_2 浓度加倍，地球平均温度变化估计值的演化过程（详见 Maslin 等[2.18]）。需要注意的是，1886 年的预测结果源自 Svante Arrhenius 1886 年的标志性成果[2.19]。该图的显著特征是 CO_2 加倍效应的预测结果不是恒定的。相反，尽管气候模型的复杂性和考虑因素明显增加，但是预测结果的不确定性并没有减小。

图片经 Macmillan 许可转载自 Maslin 等[2.18]

例。如果温度升高，永久冻土层会释放大量甲烷，但我们对其机理知之甚少。然而，这对气候的潜在影响可能是巨大的，因此，需要在模型中添加这样的作用机制，从而使模型更加真实，但是由此也会带来更多的不确定性。正如美国前国防部长 Donald Rumsfeld 所说，我们可以说气候研究的一个重要特征就是将“未知的未知”转化为“已知的未知”。

从公众的角度来看，这是一个不太容易被接受的观点。虽然气候模型有了极大的改进，而且更能确定模型预测结果的准确性，但是，模型预测的数值解仍然具有不确定性。处理这些不确定性时需要尤其小心[2.18]。总而言之，“我们不确定到 2040 年时温度是否将上升 2℃”这一结论对于公众而言没有意义。恰当的说法是，“我们不确定到 2030 年还是 2050 年气温将会上升 2℃”，这一说法既表达了我们对预测结果准确性的信心，也是对输出数值估计中不确定性的恰当表述。

2.6 习题

1. 如果没有大气层，地球的平均温度将是（　　）。
   a. 42.8℉
   b. 57.2℉
   c. −2.2℉
   d. 32℉
2. 太阳辐射中被云层反射部分所占的百分比是（　　）。
   a. 9%
   b. 23%
   c. 31%
   d. 41%
3. 大气中 CO_2 的寿命是多少？（　　）
   a. 10 小时
   b. 1 年
   c. 10 年
   d. 500 年
4. 关于辐射强迫的描述中，哪项是不正确的？（　　）。
   a. 雪上的烟灰使全球气温升高
   b. 燃煤电厂向大气中排放颗粒物加剧了全球变暖
   c. 太阳辐照度增加 0.1 W/m^2 从而使全球变暖
   d. 臭氧可以对辐射迫使产生积极或消极的影响
5. 1951—1980 年的气候统计表明：在某个给定时刻地球上发生极端天气的地区占地球总表面积的百分比是（　　）。
   a. < 0.01%
   b. 0.1% ～ 0.5%
   c. 0.5% ～ 1%

d. 1% ~ 5%

e. 5% ~ 13%

6. 2006—2011 年的气候统计数据表明：在某个给定时刻地球上发生极端天气的地区占地球总表面积的百分比是（ ）。

a. < 0.01%

b. 0.1% ~ 0.5%

c. 0.5% ~ 1%

d. 1% ~ 5%

e. 4% ~ 13%

7. 计算机性能的提高增强了气候模型中网格单元分辨率（ ）。

a. 从 1990 年的 500km 到 2001 年的 180km

b. 从 1990 年的 500km 到 2012 年的 50km

c. 从 1990 年的 5000km 到 2001 年的 100km

d. 从 1990 年的 250km 到 2012 年的 50km

8. 2001 年中典型气候模式的复杂性包括（ ）。

a. 太阳、雨水、CO_2

b. 太阳、云、陆地、冰、雨、CO_2

c. 太阳、云、陆地、冰、雨、海洋、气溶胶、碳循环、CO_2

d. 太阳、云、陆地、冰、雨、海洋、大气的化学组分、碳循环、CO_2

9. 下列哪个选项不是 A2 排放方案的一部分？（ ）

a. 各国都是自力更生、独立运作的

b. 人口持续增长，经济发展区域性明显

c. 技术变革日新月异

d. 到 2060 年，温室气体排放量将达到每年 1000Gt CO_2

10. 在 A2 排放方案下，2050 年全球地表温度预计将会增加（ ）。

a. 1℃

b. 1.5℃

c. 2℃

d. 2.5℃

参考文献

[2.1] Trenberth，K.E.，J.T. Fasullo，J.T. Kiehl，2009. Earth’s annual global mean energy budget. Bull. Amer. Meteor. Soc.，90（3），311–324. http://dx.doi.org/10.1175/2008BAMS2634.1

[2.2] Climate Change，2007. The Physical Science Basis. Working Group I Contribution to the Fourth Assessment Report of the Intergovernmental Panel on Climate Change，Cambridge，UK，and NY：Cambridge University Press.（In this book，we have used the following figures：Figure 1.2； Figure 1.4； FAQ 1.2 Figure 1； FAQ 2.1 Figure 1； FAQ 2.1 Figure 2； FAQ 4.1 Figure 1； Figure 5.13； FAQ 5.1 Figure 1；

Figure 6.3； Figure 9.5； Figure 10.13； Figure 10.18； Figure SPM.5.）

[2.3] NOAA National Climatic Data Center，State of the Climate，December 2012. Global Analysis for November 2012，published online，retrieved on January 11，2013 from http://www.ncdc.noaa.gov/sotc/global/

[2.4] Climate Change，2001. The Scientific Basis. Working Group I Contribution to the Third Assessment Report of the Intergovernmental Panel on Climate Change，Figure 2.18； Figure 2.20. Cambridge，UK，and NY：Cambridge University Press.

[2.5] Nerem，R.S.，D. Chambers，C. Choe，and G.T. Mitchum，2010. Estimating mean sea level change from the TOPEX and Jason Altimeter missions. Marine Geodesy，33（1），435.

[2.6] Levitus，S.，J.I. Antonov，T.P. Boyer，et al. 2012. World ocean heat content and thermosteric sea level change（0–2000m），1955–2010. Geophys. Res. Lett.，39（10），603. http://dx.doi.org/10.1029/2012gl051106

[2.7] Hansen，J.，M. Sato，R. Ruedy et al.，1997. Forcings and chaos in interannual to decadal climate change. J. Geophys. Res-Atmos.，102（D22），25679. http://dx.doi.org/10.1029/97jd01495

[2.8] Levitus，S.，J.I. Antonov，T.P. Boyer，and C. Stephens，2000. Warming of the world ocean. Science，287（5461），2225. http://dx.doi.org/10.1126/Science.287.5461.2225

[2.9] Walsh，J.E.，and W.L. Chapman，Arctic Climate Research Center at UIUC，Arctic Climate Research Center，UIUC，Sea ice animation. http://arctic.atmos.uiuc.edu/cryosphere/all.final.1978-2006.mov

[2.10] Figures by Jim Petit； the sea ice extent data are from the Japan Aerospace Exploration Agency，and the sea ice volume data are from the Polar Science Center at the University of Washington. https://sites.google.com/site/pettitclimategraphs/sea-ice-volume

[2.11] Hansen，J.，M. Sato，and R. Ruedy，2012. Perception of climate change. P.Natl. Acad. Sci. USA，109（37），E2415. http://dx.doi.org/10.1073/Pnas.1205276109

[2.12] NOAA National Climatic Data Center，December 2012. State of the Climate：National Overview for Annual 2012，published online，retrieved on June 11，2013 from http://www.ncdc.noaa.gov/sotc/national/2012/13

[2.13] Climate Change，2007. Synthesis Report. Contribution of Working Groups I，II and III to the Fourth Assessment Report of the Intergovernmental Panel on Climate Change，Figure 3.1. IPCC：Geneva，Switzerland.

[2.14] Loarie，S.R.，P.B. Duffy，H. Hamilton，G.P. Asner，C.B. Field，and D.D.Ackerly，2009. The velocity of climate change. Nature，462（7276），1052.http://dx.doi.org/10.1038/Nature08649

[2.15] Oreskes，N.，K. Shrader-Frechette，and K. Belitz，1994. Verification，validation，and confirmation of numerical-models in the earth sciences. Science，263（5147），641. http://dx.doi.org/10.1126/Science.263.5147.641

[2.16] Neurath，O.，1932. Protokollsätze. Erkenntnis，3，204.

[2.17] Cartwright，N.D.，2010. Foreword. In Fictions and Models：New Essays，edited by J. Woods. Philosophia：Munich.

[2.18] Maslin，M.，and P. Austin，2012. Climate models at their limit? Nature，486（7402），183.

[2.19] Arrhenius，S.，1896. On the influence of carbonic acid in the air upon the temperature of the ground. Phys. Mag. S.，41（5），237.

3 碳循环

在调节地球温度方面，大气中的 CO_2 起着重要的作用。大气中 CO_2 的含量受到诸多因素影响。这些影响因素就是碳循环的一部分。

3.1 引言

在第2章中，已经知道了大气中的CO_2在调节地球温度方面起着重要的作用。因此，了解影响大气中CO_2含量的生物、地质和化学作用非常重要，在本章中，我们将讨论这些影响因素。

图3.1.1说明了地球不同区域之间碳交换的各种机制[3.1]。光合作用从大气中吸收CO_2，并将碳转化为生物质。相反，土壤中存在的生物质分解，将生物质的碳转化为CO_2，随后释放到大气中。如果仔细研究这个图，会看到许多不同的作用机制，它们将碳从一种化学状态转化成另一种化学状态，或将碳从一个“储集体”转移到另一个“储集体”。如果想了解大气中的CO_2浓度是如何被调节的，就必须阐明不同碳储集体之间是如何相互作用的。例如，大气中CO_2浓度的增加将加快生物合成作用，从而增加生物质的数量。同样，大气中CO_2浓度的增加将加快海洋中对CO_2的吸收。碳循环的定量分析应该回答这样的问题：有多少人为排放到大气中的CO_2最终会变成生物质或封存在海洋中？

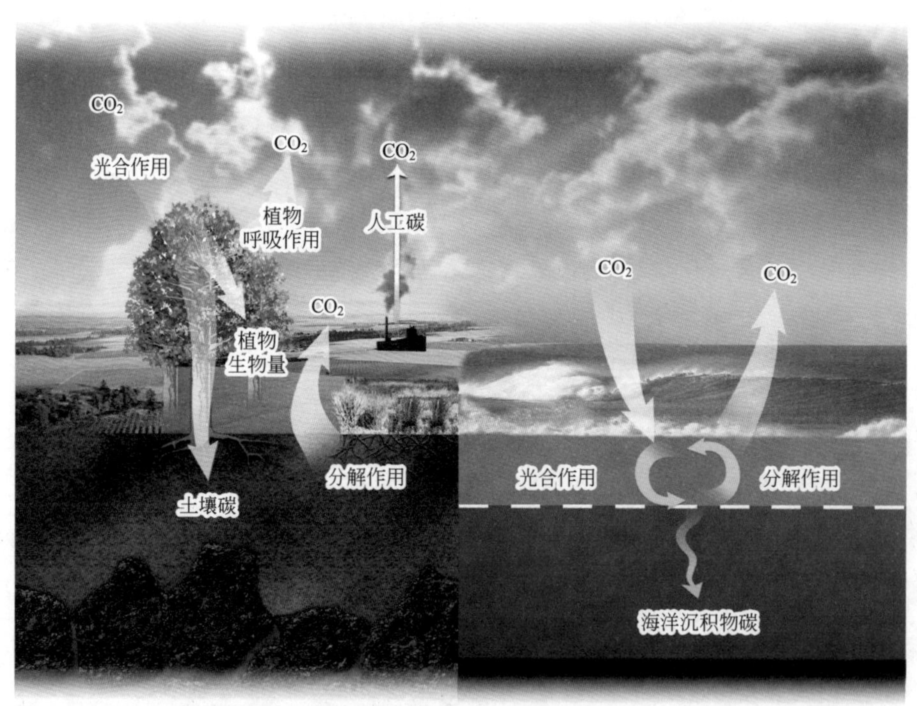

图3.1.1 部分碳循环示意图

全球当前碳循环的示意图。数据来自美国能源部科学办公室基因组科学项目[3.1]

为了回答这个问题，下面从系统的角度研究地球。系统分析的思路是将一个细胞、有机体或一个化工厂描述为一个相互作用的数学模型系统。这听起来很抽象，但我们将看到，这种方法使得我们能从更有意义的角度去分析问题。在碳循环中，第一步是量化碳的不同储集体。

表3.1.1和图3.1.2表示不同储集体中的碳含量[3.3]。表3.1.1和图3.1.1之间的区别在于，

后者没有考虑地球表面以下20km以上的碳储集体。通过表3.1.1可以得出一些重要的结论。很显然，地球上的大部分碳都是以碳酸盐矿物的形式存在。这些物质部分存在于海洋中，但绝大多数存在于沉积物和地壳中。

表 3.1.1 主要储集体中的碳含量

储集体		含量，Gt
大气		720
海洋：		38400
总无机碳		37400
表层		670
深层		36730
总有机碳		1000
岩石圈	沉积碳酸盐	>60000000
	干酪根	15000000
陆地生物圈：		2000
活生物质		600 ～ 1000
死生物质		1200
水生态圈		1 ～ 2
化石燃料：		4130
煤		3510
石油		230
天然气		140
其他		250

注：数据来自 Falkawski 等[3.2]。

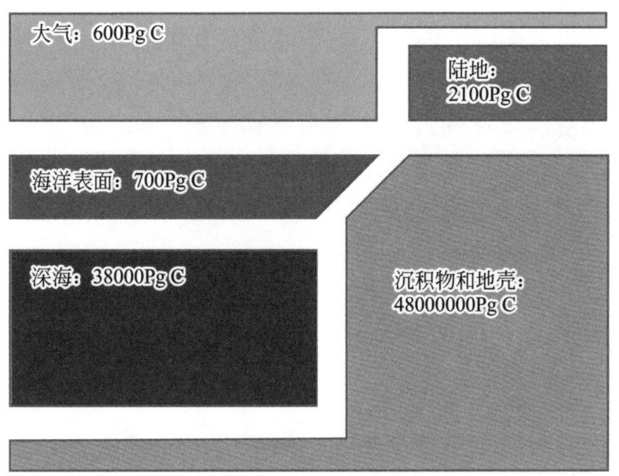

图 3.1.2 地球上碳储集体的系统示意图

Pg C 表示一千万亿克（10^{15}g）碳。图中数据来自 Sigman 和 Boyle[3.3]

下一步是分析允许这些不同的储集体之间碳交换的各种机制。首先从化学角度看，为了保持一种化学物质的浓度接近恒定，化学家们会使用一种缓冲剂，缓冲剂最重要的特性是它们的浓度比其要控制的化学物质的浓度要大得多。如果要缓冲大气中的 CO_2 浓度，就需要一个巨大的碳库。图 3.1.2 显示，陆地和海洋表面的碳含量与大气中的碳总量相似，所以这些储集体并不能作为缓冲区。相反，深海、沉积物和地壳中的碳含量巨大，足以作为缓冲区。

系统分析的下一步是描述不同储集体之间的相互作用，这将是下一节的主题。然而，在此之前，首先看看系统分析的主要结论，如图 3.1.3 所示，图中总结了我们对碳循环的认识。众所周知，在地球不同历史时期，CO_2 的浓度波动非常大。图 3.1.3 将这些波动描述为 CO_2 的“方差谱”。纵坐标为 CO_2 波动的幅度（ppm），横坐标为 CO_2 波动的时间段。地球形成初期（原点附近的宽峰），CO_2 浓度非常高，大约比现在大 6 个数量级。之后逐渐衰减，现在的 CO_2 浓度大约为数百个 ppm。接下来的章节将介绍影响 CO_2 浓度的地质因素。

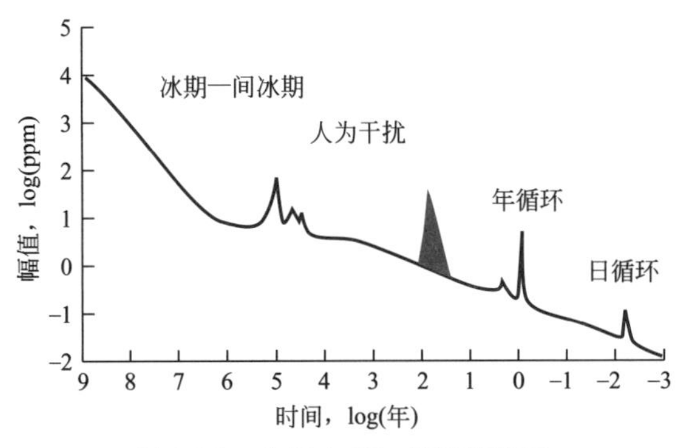

图 3.1.3　大气中 CO_2 浓度的波动

在地球不同历史时期上 CO_2 的方差谱示意图，该图显示了观察到大气中的 CO_2 浓度变化的大小和时间尺度的关系

从图 3.1.3 中可以清楚地看出，除了宽峰外，还有明确定义的时间周期（如每天、每年、10^5 年）。在这些时间周期内，CO_2 浓度呈现出明显的波动，这与不同储集体之间的相互作用直接相关。这些峰值表示时间常数与影响大气中 CO_2 的地质作用和化学作用密切相关。红色峰值代表人类目前正在通过燃烧化石燃料排放 CO_2。因此，提出了一种研究人为影响气候变化问题的系统方法：如果在 200 年的时间里通过燃烧大量化石燃料向大气中注入 1000Gt 的碳，CO_2 浓度会发生怎样的变化？

3.2　生物碳循环

基本的生物常识告诉我们，植物利用光合作用将 CO_2 转化为生物质，这是生物碳循环的一部分。植物活动的自然规律使得大气中 CO_2 浓度的变化存在两个循环周期，一个周期为一天，另一个周期为一年。

3.2.1 昼夜循环

因为光合作用需要阳光，所以昼夜循环使得植物周围空气中 CO_2 的浓度发生变化。白天，光合作用使大气中 CO_2 浓度降低；晚上，生物质（如细菌）分解，导致 CO_2 浓度升高。实际上，图 3.1.3 中最短时间尺度上的峰值正与该过程相对应。与其他波动相比，这个周期的变化幅度相对较小。通过在森林中测量大型塔台不同高度大气中的 CO_2 浓度，便可得到这一观点（图 3.2.1）。图 3.2.2 展示了地面上不同高度的 CO_2 浓度和太阳辐射强度随着一天中时间变化的情况。结果显示，在海拔 20m 以下（通常是树木和森林生长的高度），CO_2 浓度在白天下降，并在夜间升高。随着海拔增加，CO_2 浓度变化会减小，当海拔高于 21.5m 时，CO_2 浓度几乎稳定。这说明了日循环对大气中整体 CO_2 浓度的影响很小（图 3.1.3 中的日峰值）。

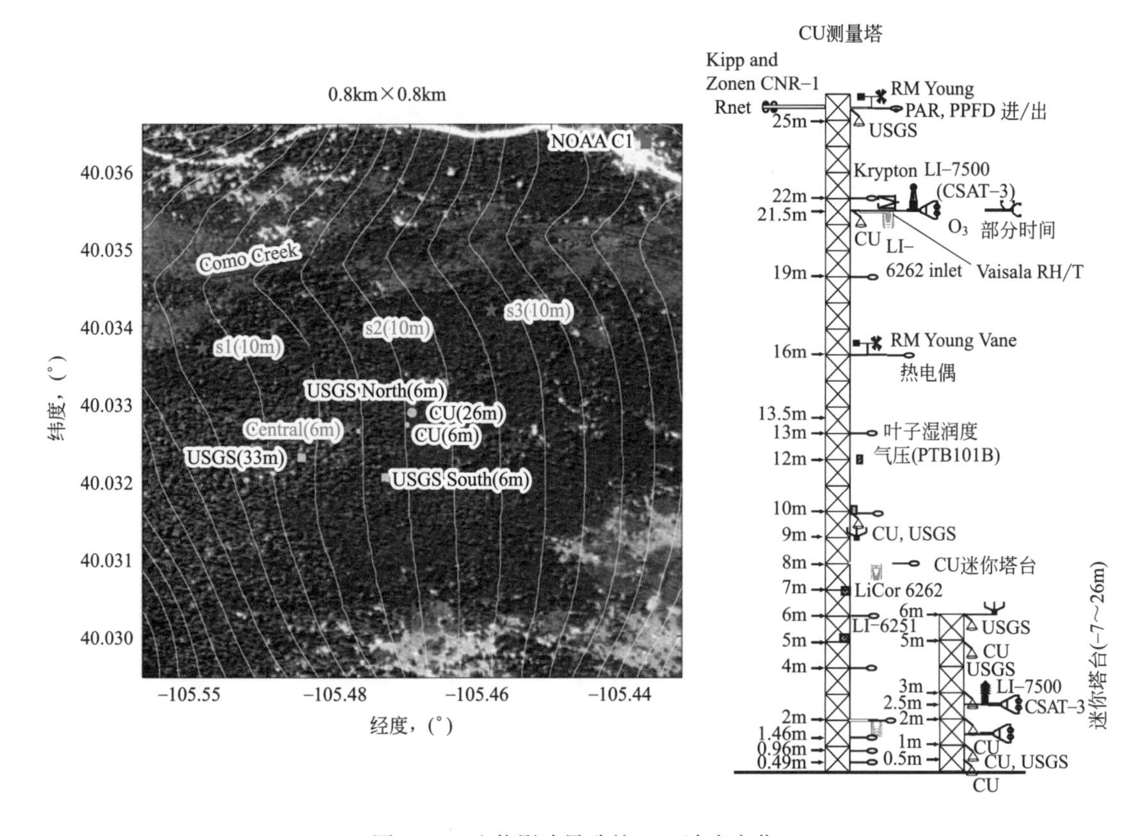

图 3.2.1 生物影响导致的 CO_2 浓度变化

位于美国科罗拉多州落基山脉东坡的 Niwot Ridge AmeriFlux 观测点（左），CU 表示右边所示塔台的位置，可测量距离地面不同高度的 CO_2 浓度。图片来自 Sun 等[3,4]，经 Elsevier 许可翻印

3.2.2 年循环

年循环的波动周期为一年。波动“峰值”是基于夏威夷莫纳罗亚山上 CO_2 的浓度测得的。幸运的是，自 1970 年以来就记录下了高度精确的 CO_2 浓度。这些历史数据如图 3.2.3

所示。从这些数据来看，大气中 CO_2 浓度总体具有稳步上升的趋势。图 3.2.3 中 2012 年的数据清楚表明，夏季的 CO_2 浓度低于冬季。这与夏季生物质增长大量消耗 CO_2 相一致。波动的大小约为 10ppm，或者说占大气中碳总量的 3%。

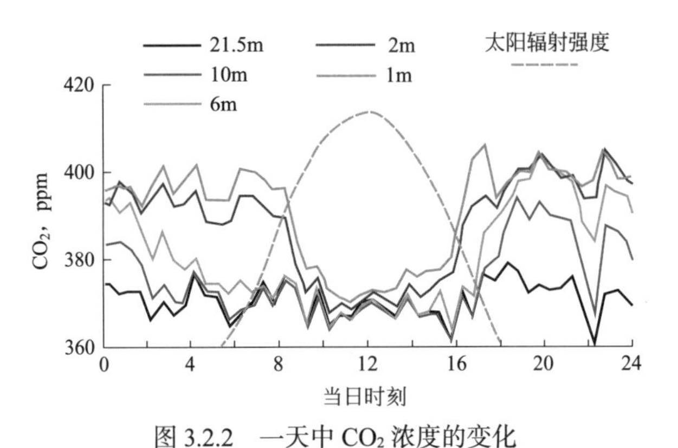

图 3.2.2 一天中 CO_2 浓度的变化

地面上不同高度的 CO_2 浓度和太阳辐射强度随着一天中时间变化的函数关系。

图片经 Elsevier 许可转自 Sun 等 [3.4]

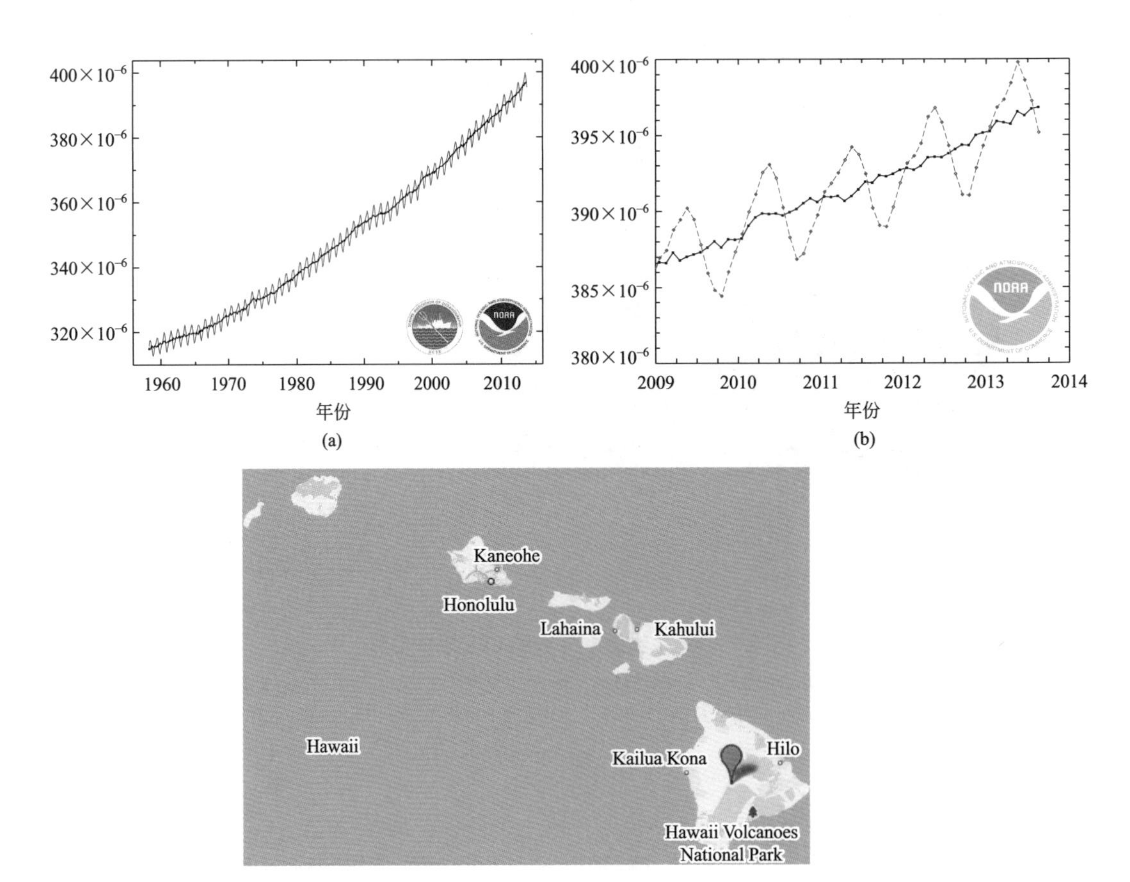

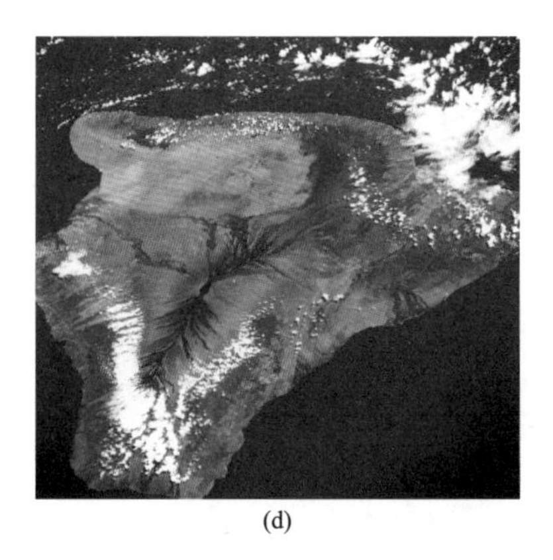

(d)

(e)

图 3.2.3 大气中 CO_2 浓度

（a）在 Mauna Loa 天文台测量的大气中 CO_2 浓度的历史数据。图片来自 NOAA/ESRL 的 Pieter Tans 博士和 Scripps Institution of Oceanography 的 Ralph Keeling 博士 [3.5]。（b）在 Mauna Loa 天文台测量的 CO_2 近期月平均值。夏季的 CO_2 浓度高于冬季。图片来自 NOAA/ESRL 的 Pieter Tans 博士和 Scripps Institution of Oceanography 的 Ralph Keeling 博士 [3.5]。（c）位于夏威夷 Mauna Loa 观测点的位置，数据来自 Google。（d）夏威夷岛的卫星图片。图片来自美国 NASA 下属约翰逊航天中心地球科学和图像分析小组。（e）Mauna Loa 观测点。图片来自 NOAA/ESRL/GMD

问题 3.2.1 夏威夷在地球的中间吗？

去过夏威夷的人都知道它离赤道非常近。由于北半球和南半球的冬季和夏季倒转，人们期望可以测量夏威夷夏季和冬季的平均 CO_2 浓度。为什么图 3.2.3 中的图显示相反的变化趋势呢？

3.3 海洋在碳循环中的作用

前一节描述了大气中的 CO_2 与生物圈的相互作用。空气中的 CO_2 也与海洋中的 CO_2 进行交换，这种交换只能发生在海洋表面。接下来，海洋表层水体与海洋深部水体混合，但这种混合比大气中 CO_2 与海洋表层水体的交换要慢得多。由于时间尺度上的差异，把海洋分成了表层储集体和深部储集体。

图 3.1.3 中给出了海洋深部储集体 10 万年的周期性波动，这些变化是从南极冰芯气泡测量出来的。图 3.3.1 中的冰芯数据显示了 10 万年的时间尺度上 CO_2 浓度的波动。CO_2 浓度波动变化约 100ppm，约是空气中总 CO_2 浓度的 30%。

大气中 CO_2 浓度如此大的变化会影响地球的平均温度，而这种周期性现象与地球的冰期和间冰期有关，其潜在变化机制仍然是一个悬而未决的重要科学问题。基于冰芯数据发现的变化周期在统计学上与太阳周期有关。多年来，人们提出了 Milankovitch 假说来解释冰川期和间冰期的循环特征以及 CO_2 浓度波动的 10 万年周期性 [3.7]。该理论认为，地球每年绕太阳运行的周期不是一个完美的圆，而是一个非常复杂的模式，其特征周期大约为 100000 年、41000 年和 23000 年。因为地球的温度高低取决于它离太阳的距离，地球轨道的波动性导致地球温度的升高或降低，从而导致冰川的增加或减少。这种冷暖交替也会影响大气中 CO_2 浓度，这将在后面讨论。这一理论的主要缺陷在于，与地球运行轨道变化相关的能量差异太小，无法解释巨大的气候变化[3.2]。最近，越来越多的证据表明，这种周期性与深海洋流的流动模式有关[3.8]。大气中的 CO_2 浓度和海洋中的 CO_2 浓度之间有什么关系呢？

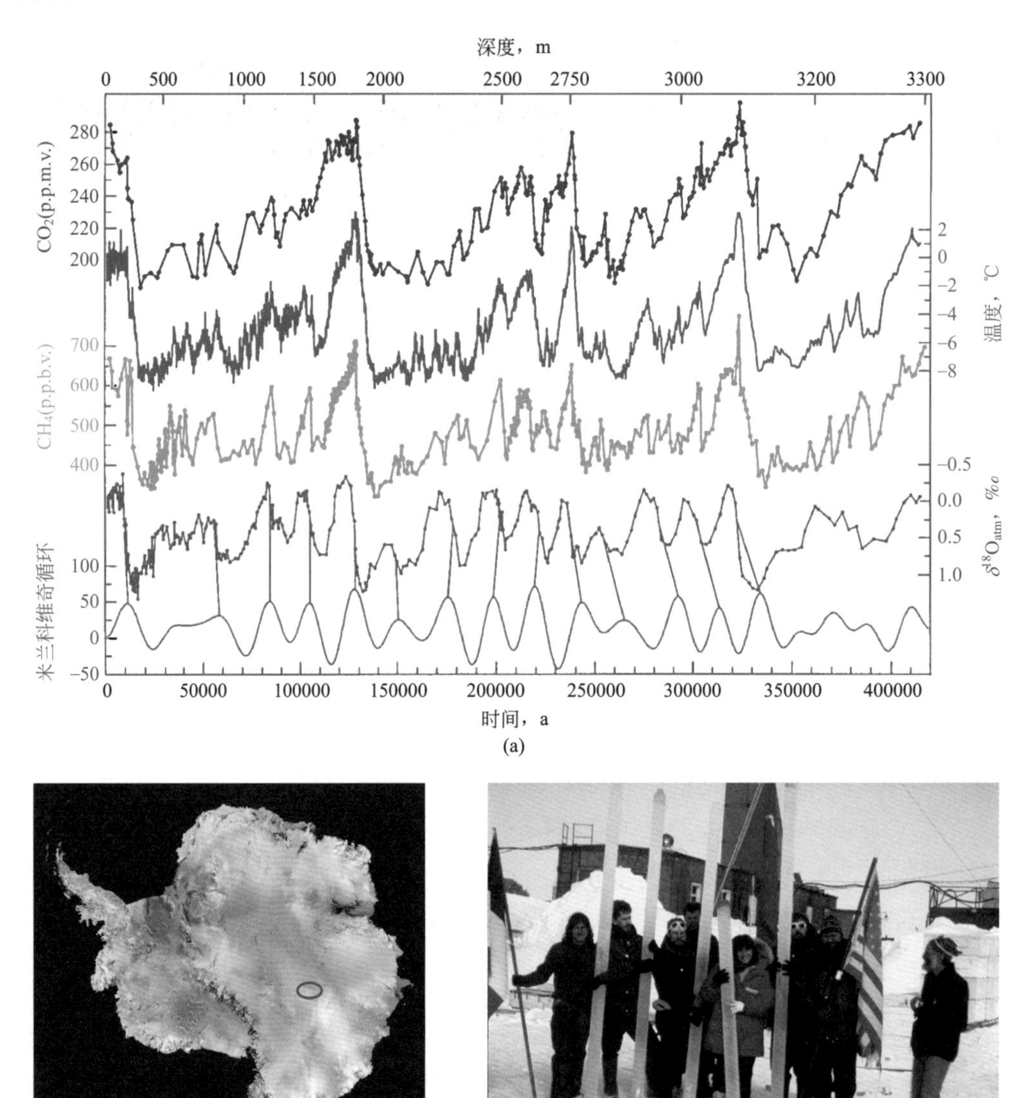

(b) (c)

图 3.3.1 Vostok 冰芯

（a）南极 Vostok 研究站的冰芯数据时间跨度为 42 万年。从下到上依次为米兰科维奇循环、$\delta^{18}O$ 同位素变化、甲烷浓度、相对温度和 CO_2 浓度。图片来自 Petit 等，经 Macmillan 许可重绘。（b）南极洲 Vostok 湖的位置，源于 NASA 合成的卫星照片。（c）法国、俄罗斯和美国科学家在 Vostok 团队拍摄的未经处理的冰芯照片。钻出的岩芯通常有 4 ～ 6m 长，并被分割为 1m 大小。图中显示的冰柱是未经处理的冰芯。图片来自 NASA 拍摄的 Vostok 照片

3.3.1 海洋中的碳化学

大气只与海洋表面直接接触，所以大气中的 CO_2 只与海洋表层水体交换。海洋表层水体中的 CO_2 将会慢慢地被输送到海洋深部。

CO_2 与海洋表层的相互作用可以用一组化学反应来描述，其中溶解的 CO_2 与水反应形成碳酸氢根（HCO_3^-）和碳酸根（CO_3^{2-}）：

$$CO_2(g) \rightleftharpoons CO_2(aq)$$

$$CO_2(aq)+H_2O \rightleftharpoons HCO_3^- + H^+$$

$$HCO_3^- + H^+ \rightleftharpoons CO_3^{2-} + 2H^+$$

溶解的 $CO_2(aq)$、HCO_3^- 和 CO_3^{2-} 统称为溶解的无机碳（Dissolved Inorganic Carbon，DIC）。从这些化学方程式可以看到，大气中 CO_2 的浓度与海洋的酸度有关，较高的碱度（较高的 pH 值，弱碱性）导致后两个化学方程式的化学平衡向右移动，从而在海洋中产生更多的 CO_3^{2-}。因为这些变化消耗 $CO_2(aq)$，第一个平衡方程式告诉我们，较高的碱度能够增加海洋表层吸收大气中 CO_2 的能力。酸性较强的海洋则会产生相反的效果，海洋表层水体吸收 CO_2 的能力下降。CO_2 在水中的溶解度也与温度密切相关，温度越低，溶解度就越高。当典型的海洋表层水体pH值为8.2时，各组分 CO_2、HCO_3^- 和 CO_3^{2-} 的浓度分别为0.5%、89% 和 10.5%[3.9]。

由于许多含碳的矿物质可溶于水，因而海洋中碳化学平衡的影响因素变得更加复杂。例如，方解石（$CaCO_3$）非常丰富时，则根据下式进行分解：

$$CaCO_3 \rightleftharpoons Ca^{2+}+CO_3^{2-}$$

该反应中碳酸盐的存在意味着它与前面给出的 CO_2 方程相耦合。因此，矿物的溶解依赖于 pH 值。观察上述平衡方程可知，如果水是酸性的，$CaCO_3$ 更容易溶解；在碱性水中，矿物更有利于形成。由于地壳中含有大量的此类矿物（表 3.1.1），方解石分解反应缓冲了海洋中 CO_3^{2-} 的浓度。

除上述的非生物反应外，生物过程在海水吸收 CO_2 方面也起着重要的作用。例如，在珊瑚礁环境中，大部分埋藏的 $CaCO_3$ 是由珊瑚和底栖藻类在原地沉淀形成的矿物——霰石。在开阔的海洋中，大多数 $CaCO_3$ 以矿物（方解石）的形式沉淀在两类海洋浮游生物的微化石中：颗石藻和浮游有孔虫。

有机碳，即存在于有机物质（如生物细胞）中的碳，也存在于海洋中。在海洋表层，生物利用阳光将 CO_2 转化为生物质。如果这些表层生物在分解前死亡并沉降到海洋深处，此时，有机碳从大气流向深海。这种变迁被称为“生物泵”。

这些有机循环和无机循环是耦合的。图 3.3.2 展示了这种耦合是如何运作的。假设在海洋中培育生物，它们消耗 CO_2 并形成生物质，然后死亡并沉降到海底。它将对大气的 CO_2 浓度产生两个影响。第一个影响是，生物泵将更快地将海洋表层的碳运送至深海，使表层吸收更多的 CO_2，从而减少大气中的 CO_2。第二种间接影响是，在深海中，有机碳会分解并再生 CO_2，这反过来会增加深海海水的酸度。这种酸度会被 $CaCO_3$ 的溶解所中和。最终结果将是全球海洋 $CaCO_3$ 的沉积速率下降！

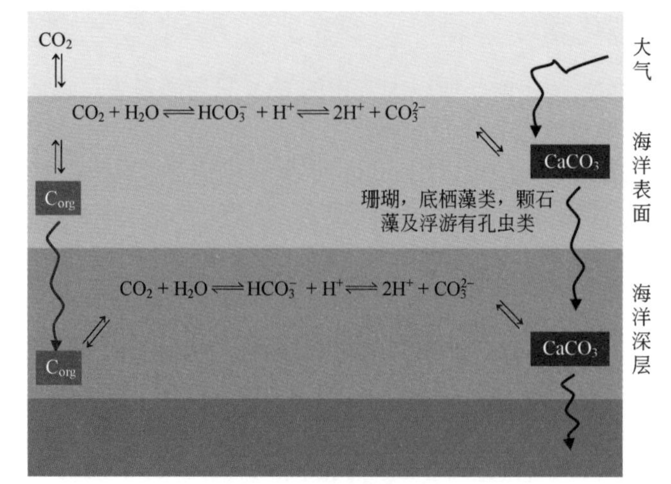

视频 3.3.2

图 3.3.2　海洋中的 CO_2

该视频可在 http://www.worldscientifi c.com/worldscibooks/10.1142/p911#t=suppl 浏览

多年来，这些化学平衡一直处于稳定的状态，即 CO_2 离开海洋表面的通量等于进入海洋表面的通量。此外，海洋中 $CaCO_3$ 的沉积速率等于通过河流进入海洋中的 $CaCO_3$ 的数量。

3.3.2　洋流

前面的章节中讨论了海洋中的的 CO_2。要充分了解其运行机制，必须理解海洋流动模式。这些模式如图 3.3.3 和动画 3.3.1 所示。可以看到，大西洋和南大洋中的水是循环流动的。海洋深层中再生的 CO_2 和再生的营养物质都遵循相同的模式。这两个地区之间的一个重要区别是，在北大西洋，大部分海洋表层环流处于高纬度，而在南大洋的大部分表层环流处于低纬度。在大西洋广阔的低纬度海洋中，营养物质几乎被完全消耗，并以有机物的形式沉降回到海洋内部。然而，在南大洋高纬度地区温暖而有浮力的海洋表层水体中，生物活动不太活跃，因此大部分营养物质都没被利用就循环回深海中。由于这种差异，生物泵在大西洋更有效，与南大洋相比，大西洋可以吸收更多的 CO_2。因此，流动模式差异的一个重要后果是，北大西洋封存碳的数量要大得多。

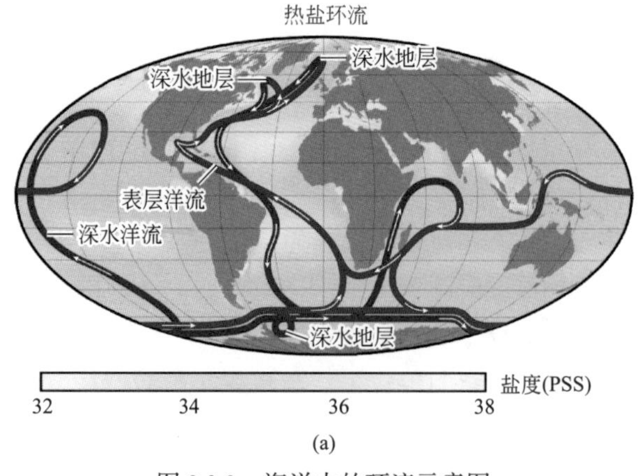

(a)

图 3.3.3　海洋中的环流示意图

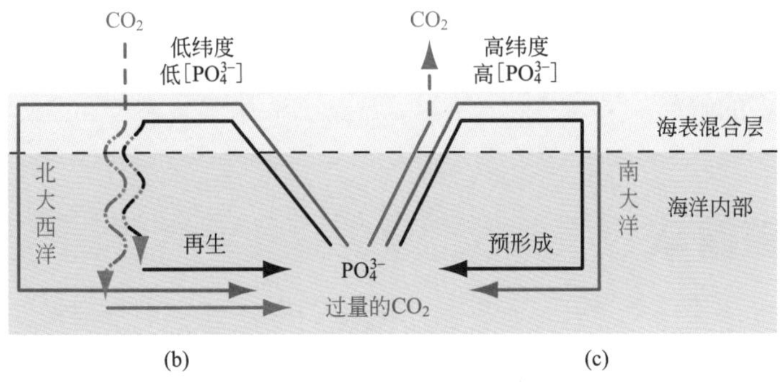

图 3.3.3 海洋中的环流示意图（续）

（a）这张图显示了热盐环流的模式（参见动画 3.3.1），也被称为"转向环流"。这些洋流的汇集导致了海洋中大规模的物质交换，包括向深海提供氧气。蓝色路径代表深水洋流，红色路径代表表层洋流。整个循环模式需要大约 2000 年。图片源自 Robert Simmon，NASA；经 Robert A. Rohde 稍作修改。（b）海洋生物泵的示意图。蓝色、黑色和橙色的线分别表示水、主要营养物质（以磷酸盐为代表）和 CO_2 的运移。北大西洋的低纬度、低营养的地表地区赋予了生物泵的高效率。营养物质丰富的深层海水被转化为营养耗尽、阳光充足的海洋表层水体。这与颗粒有机质产物中的硝酸盐和磷酸盐等主要营养物质的完全生物同化过程相耦合，然后沉入海洋内部，在那里分解为"再生"营养物质和过量的 CO_2（有机物的再生过程中产生 CO_2），这就实现了将大气中的 CO_2 封存到深海中。营养贫乏的海洋表层水体不会立即返回到海洋内部，而是变冷并因此密度变大。图片来自 Sigman 等 [3.8]，经 Macmillan 许可重绘。（c）南大洋的环流显示了高纬度、富营养的海洋表层区域的低效流动，目前由南大洋主导，特别是靠近南极边缘的南极带。在那里，营养丰富和过量的富含 CO_2 的水进入海洋表层水体，并且混杂了溶解的大部分营养物质再次沉降（可称为"预形成"）。基于此，在循环过程中，由再生的营养循环封存的 CO_2 再次释放到大气中。图片来自 Sigman 等 [3.8]，经 Macmillan 许可重绘

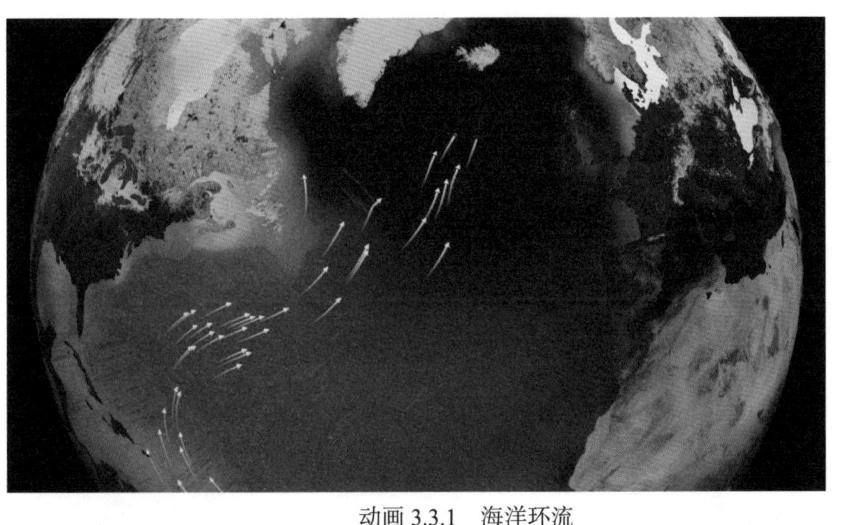

动画 3.3.1

动画 3.3.1 海洋环流

S60° 左右的地区是地球上唯一不受陆地阻碍的海洋环流地区。因此，南极洲周围的海洋表层和深部水体都是由西向东流动。这种环绕极地的洋流将世界各大洋连接起来，使大西洋的深部水体环流上升到印度洋和太平洋，从而关闭了大西洋向北流动的表层环流。该动画可在 http://www.worldscientifi c.com/worldscibooks/10.1142/ p911#t=suppl 浏览

最近的理论把这种 CO_2 过量现象与冰川期和间冰期联系起来。这一机制的具体内容超出了本书的范围，这里只给出简单结论。假设生物传递过程产生的部分过量 CO_2 储存在南大洋的深处 [3.8]。正因为如此，才会存在大气中 CO_2 进入海洋深部储集体的净流量。大气中 CO_2 的减少导致气温下降和极地冰盖的增加。然而，海洋深层储存的 CO_2 是有限的，

多余的 CO_2 最终将被释放出来，导致冰期的逆转。这些理论中有很多都是推测而来的，南大洋中积累的 CO_2 循环周期的时间尺度是 10^5 年，如图 3.1.3 中的峰值所示，除外之外，我们无法作出更多的解释。

3.4 无机碳循环

在图 3.1.3 中，最大的峰值代表了当前 CO_2 浓度的 10000 倍，周期约为 10^9 年，大约是地球的年龄。可以看到，这种“扰动”的影响尚未完全消退。这个峰值与无机碳循环有关，无机碳循环是调节地球温度的最重要的机制。该机制与下面介绍的“昏暗年轻太阳悖论”密切相关。

3.4.1 黯淡太阳悖论

图 3.4.1 汇总了地球历史上的重要事件。它的年龄约为 46 亿年，地质证据表明，44 亿年之前，地球上已经存在着液态水。这意味着在 40 亿年的时间里地球表面温度一直保持在 0 ～ 100℃的范围内。乍一看，这么久以前地球上就存在水，这似乎与太阳仍然年轻的事实不符，因为太阳在数十亿年前的温度要低得多。

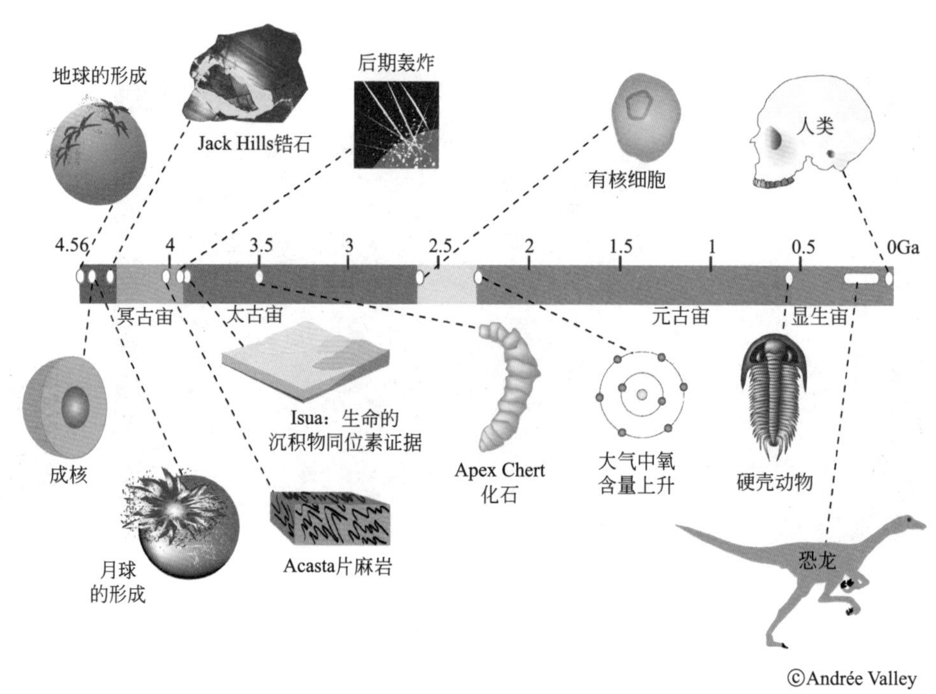

图 3.4.1　地球的历史

图片来自 Andrée Valley 和威斯康星大学麦迪森分校

随着恒星年龄的增长，它的密度越来越大，亮度也会越来越高，越亮的恒星温度越高。正如前一章所述，地球从太阳接收到的能量取决于太阳辐射的强度。一颗暗淡的年轻恒星比另一颗相同的老恒星释放的能量要少。图 3.4.2 展示了地球历史中能量差异的结果 [3.10]。由图 3.4.2 可见，在地球诞生初期，太阳辐射的能量约为目前的 70%。它还显示了太阳亮度的变化将如何影响地表温度。在计算过程中，假设地球存在的大气层与现在一样，该图（错误地）预测，液态水只能在 15 亿年前开始出现在地球表面。该预测与 44 亿年以前就存在液态水的实验证据不一致，被称为昏暗年轻太阳悖论 [3.11]。

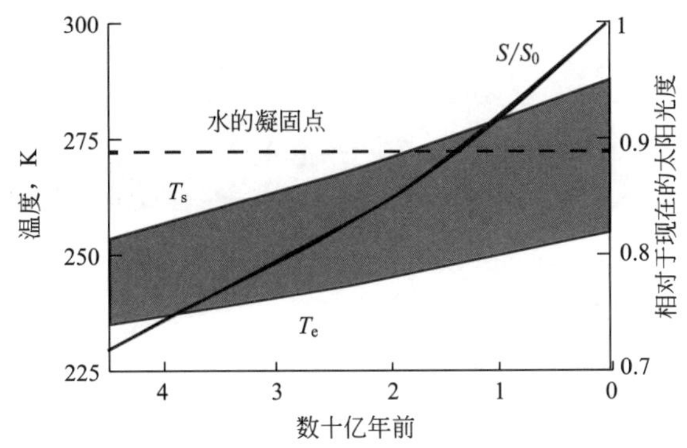

图 3.4.2 根据当前太阳光度标准化后的太阳光度与时间的函数关系

下方的蓝色曲线是地球的有效辐射温度 T_e。上方的蓝色曲线表示计算出的全球表面平均温度 T_s。两条曲线都是使用大气中 CO_2 的当前浓度（300ppm）模型计算出来的

这里需要假设的是，在早期地球历史上温室效应一定比现在强烈得多。事实上，那个时期的 CO_2 浓度一定比现在大几个数量级，由此导致的温室效应使地球表面保持足够温暖，因而液态水得以存在。一个重要的问题是，地球是如何能够如此大规模地调节 CO_2 浓度。显然，这一调节过程涉及大量的碳。最大的碳库由碳酸盐矿物组成，它们在碳循环中的核心作用被称为“无机碳循环”。

3.4.2 无机碳循环

无机碳循环如图 3.4.3 所示。CO_2 和水结合形成弱酸性的雨水，慢慢侵蚀岩石。风化反应过程为：

$$2CO_2+2H_2O \rightleftharpoons 2HCO_3^-+2H^+$$

$$CaAl_2Si_2O_8+2H^++H_2O \rightleftharpoons Ca^{2+}+Al_2Si_2O_5(OH)_4$$

$$Ca^{2+}+2HCO_3^- \rightleftharpoons CaCO_3+CO_2+H_2O$$

这些风化反应的净效应为：

$$CO_2+CaAl_2Si_2O_8+2H_2O \rightleftharpoons CaCO_3+Al_2Si_2O_5(OH)_4$$

换句话说，风化作用的净效应是将大气中的 CO_2 转化为碳酸钙等碳酸盐矿物。碳酸氢盐和碳酸钙被水搬运到河流中，最终进入海洋。在海洋中，碳酸钙形成了浮游生物的外壳（图 3.4.4），另一部分沉积在海底。通过风化反应，每年有 0.15×10^9t 碳运移到海洋中。正如前一节所述，CO_2 与大气的交换几乎处于完美的平衡状态。因此，如果地球没有关于这些沉积物的循环机制，那么每年 0.15×10^9t 的 CO_2 将会被慢慢地排入大气中。

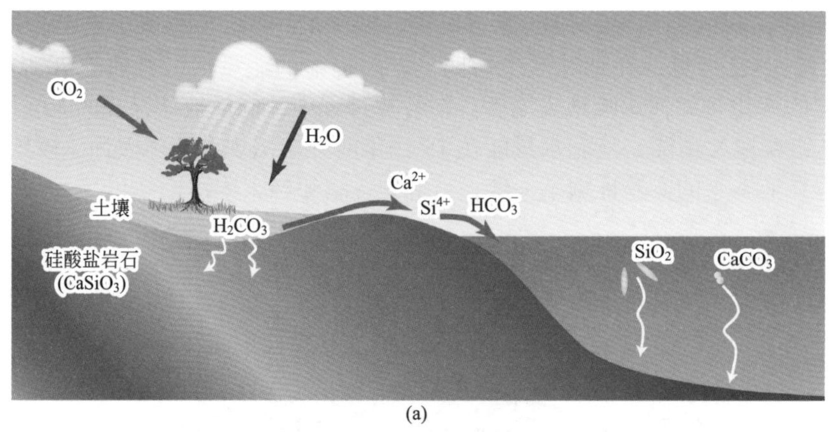

(a)

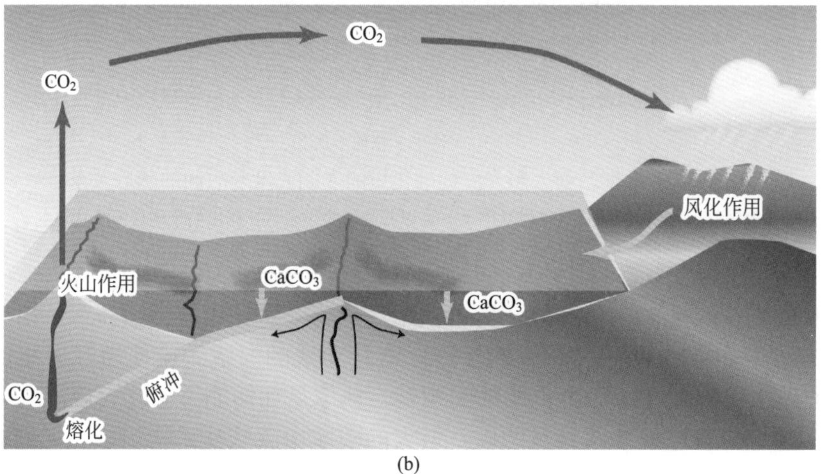

(b)

图 3.4.3 无机碳循环

（a）部分无机碳循环：基岩中的硅酸盐和土壤中的碳酸盐在地球表面风化，溶解在河流中，并在水中以离子的形式运移，这就使得碳以矿物的形式沉积在海洋浮游生物的贝壳中。（b）显示了无机碳循环的另一种形式，即地壳俯冲作用将含碳矿物输送到地球内部深处，并在那里熔化。当火山作用将分解的矿物质以 CO_2 的形式输送到大气中时，这种无机碳循环形式终止

图 3.4.4 有孔虫

有孔虫是一种利用 HCO_3^- 制造碳酸钙外壳的生物；照片源自 Scott Fay

这种无机碳循环机制是海洋底部的构造运动。由于构造运动，俯冲作用将 $CaCO_3$ 沉

积物带入地幔，$CaCO_3$ 在那里分解并释放出 CO_2。火山作用将这些 CO_2 循环回大气中，从而完成无机碳循环。随着太阳温度的升高，岩石风化作用加速，稀释了空气中 CO_2 的浓度。这种反馈机制，即太阳温度升高导致 CO_2 浓度降低，从而降低地球表面温度，确保地球表面温度在一定范围内变化，使水以液态形式存在了数十亿年。火山每年向大气中排放约 1.5 亿吨碳，这与风化作用从大气中排出的量大致相同。这个循环补充了大气和海洋中的所有 CO_2。可以想象，这种机制的响应时间不是很快，为 50 万～100 万年！

为了比较，下面对金星和火星进行分析（图 3.4.5）。这两颗行星的表面都没有水。对金星而言，一种可能的解释是，它离太阳太近，所有的水都蒸发了，没有留下雨水或风化作用将 CO_2 带出大气层。由于火山活动，所有的 CO_2 最终都进入了金星的大气中，因此金星经历了非常大的温室效应。在这个模型中，金星类似于早期的地球。而火星则不同，它比地球要小得多，火山活动已经停止。因此，火星没有让 CO_2 返回大气层的机制，导致温室效应很弱。所以火星太冷不适合液态水的存在。

金星
T_{Venus}=460℃

火星
T_{Mars}=−55℃

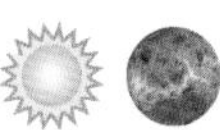

- 离太阳近，所有水都蒸发了，没有雨水或风化作用将CO_2带出大气层
- 因火山活动，所有CO_2最终都进入了金星的大气中

- 比地球小得多，火山活动已经停止
- 火星没有让CO_2返回大气层的机制，导致温室效应很弱

图 3.4.5　金星和火星的大气层

3.5　全球碳循环的箱式模型

箱式模型，也称为箱线图（boxplot），是一种用于可视化数据分布的统计图表。它由一个矩形框和两条延伸线组成，能够显示数据的中位数、四分位数、上限和下限，以及异常值。本节对关于碳环境内相互作用的知识进行总结，以便讨论全球碳循环。从系统论的角度出发（图 3.5.1），可以看到，生物圈吸收的 CO_2 与生物圈和陆地土壤分解释放的 CO_2 之间存在着一种近乎完美的平衡。同样，海洋对 CO_2 的吸收和释放也处于平衡状态。无机碳循环产生的通量仅为 1.5×10^8t/a，它实际控制着大气中的长期 CO_2 浓度。在 1850 年前，这种全球碳循环模式是对地球碳循环的精确描述。

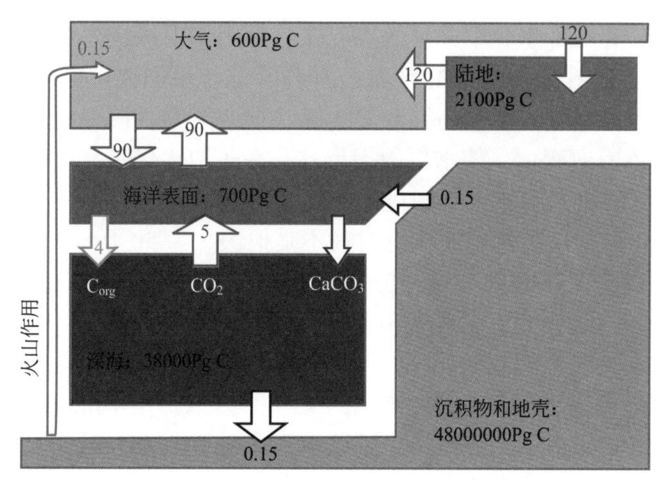

视频 3.5.1

图 3.5.1　1850 年以前碳循环的箱式模型

该视频可在 http://www.worldscientifi c.com/worldscibooks/ 0.1142/p911#t=suppl 浏览

从 1850 年起，人类就开始大规模地使用化石燃料，当前的碳循环如图 3.5.2 所示。其不同之处主要在于，由于燃烧化石燃料，地表中的碳以每年 90×10^8t 的速度被排放到大气中。自 1850 年以来排放的碳总量约为 5000×10^8t。排放速率是火山的自然排放速率（约为 1.5×10^8t/a）的 60 倍。图 3.1.3 中的红色峰值代表人为排放因素，相对于自然过程的 CO_2 吸收速率而言，这种人为干扰波动太大，而且发生速度太快（100 年）。据目前所知，一部分 CO_2 被海洋吸收（约 25%），一部分 CO_2 被生物圈吸收（约 30%）。剩余 45% 的 CO_2 则是在大气中累积，这是目前 CO_2 浓度的测量值增加的主要原因。

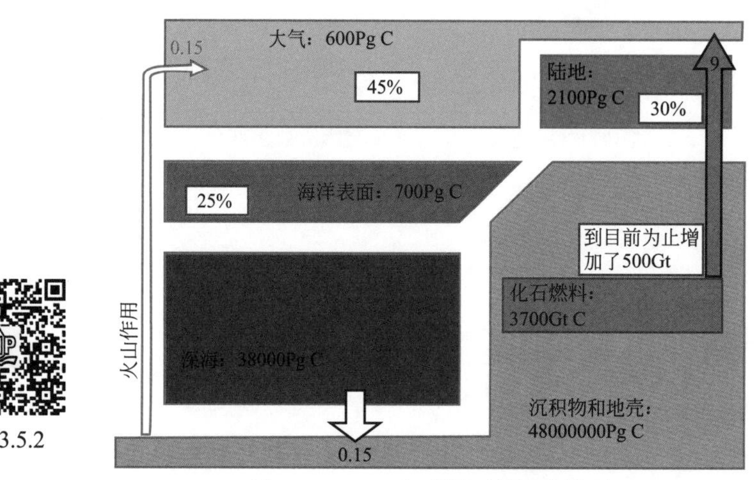

视频 3.5.2

图 3.5.2　2012 年碳循环的箱式模型

该视频可在 http://www.worldscientifi c.com/worldscibooks/ 0.1142/p911#t=suppl 浏览

3.6　未来的碳循环

未来的碳循环将会是怎样的？针对大气中 CO_2 浓度的人为影响，预计无机碳循环中的风化作用和火山作用最终将使 CO_2 浓度恢复到 1850 年的水平。但这个过程是以 10 万年为单位来衡量的，在地质时间尺度上，这个时间可以说相对较短。需要考虑的是，与当前的政治、经济和生态力相关的百年间，将会发生什么？

3.6.1 气候模型预测

为了解决时间尺度问题，采用了第 2 章中讨论的气候模型。首先，需要假设未来碳排放的具体情况。气候模型的预测主要基于两种情景[3.12]：“中等强度”情景和“大强度”情景。“大强度”情景是假设已探明的大部分化石燃料储量（主要是煤炭）将在未来 300 年被消耗掉，碳总排放量为 50000×10^8t。“中等强度”情景是只使用这些储量的 20%。“大强度”情景假设的排放量略低于 IPCC 的 A2 SRES 情景（图 3.6.1）。此外，值得注意的是地球上火山的自然排放量约为 1.5×10^8t/a，是“大强度”情景下最大排放量的 160 倍（见专栏 2.5.1）。

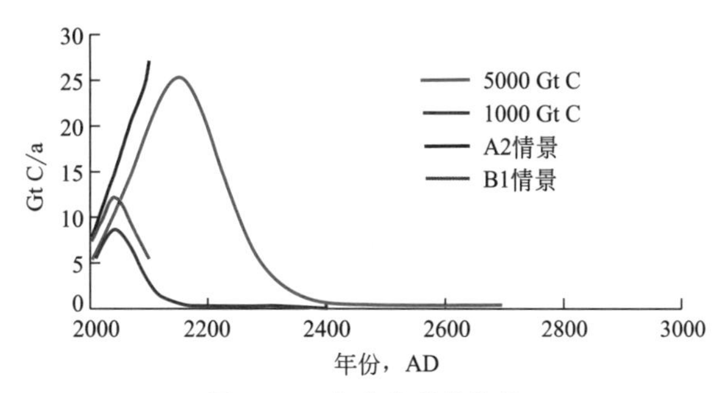

图 3.6.1 未来的碳排放量

红线表示“大强度”情景，CO_2 的排放量与已验证的化石燃料大部分储量相对应；蓝线表示“中等强度”情景，即只使用化石燃料储量的 20%；灰线是 IPCC 的 SRES A2 情景和 B1 情景（见专栏 2.5.1）

能否根据这些排放情景预测未来大气中 CO_2 的浓度呢？为了回答这个问题，需要研究影响碳循环的时间尺度，正是这些碳循环过程封存了大气中多余的 CO_2。

这些预测都是基于气候模型做出的。正如第 2 章所述，测试预测结果灵敏度的标准方法是应用世界各地不同研究组织建立的多种不同模型。每个模型都基于不同的假设，如果模型给出的预测结果差别非常大，就表明这些研究组织的预测结果的不确定性较大。如果所有的模型预测结果一致，这意味着我们对影响因素和预测结果的理解比较全面。在研究实际的模型预测之前，进行定性的观察是很重要的。

由于气候变暖使得生长季节变长，因此陆地生物圈将吸收一些多余的碳。然而，温度升高也会增加土壤中碳的分解。此外，陆地生物量的总量太小，无法有效缓冲大气中过量排放的 CO_2。因此，必须依靠海洋来吸收 CO_2。通常需要一年的时间，海洋表面才能与大气达到平衡。海洋表层水体通常约有 100m 深。一旦海洋表层水体饱和，就必须等待该层水体与深海水体混合。这个混合过程发生的时间尺度为 100 ～ 1000 年，这就是海洋循环的时间尺度，如图 3.6.2 所示。

图 3.6.2 中提出了一个重要的假设，即海洋无限深且具有无限大的缓冲能力。在某种程度上，这也是事实。海洋中 CO_2 的扩散导致了 pH 值降低，但是海底存在的 $CaCO_3$ 具有缓冲作用。但是该缓冲反应速率慢，能力有限。大气 CO_2 浓度的降低最终依赖于无机碳循环，

即通过 CO_2 与硅酸盐岩石和火山作用的风化反应，其时间尺度为 10 万年（图 3.6.3）[3.12,3.13]。

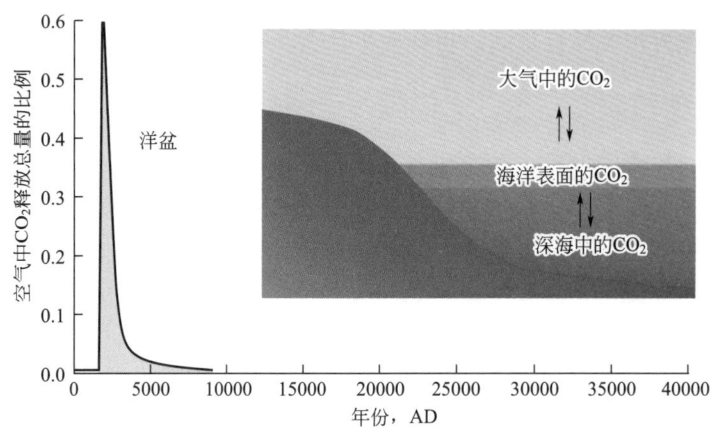

图 3.6.2　海洋中的 CO_2 浓度

海洋形成了一个重要的缓冲区来吸收额外排放的 CO_2。海洋表面 CO_2 的平衡过程相对较快（1 年）。由于海洋表面吸收 CO_2 的能力有限，大气中 CO_2 的平衡浓度保持在较高水平。海洋表层水体与 CO_2 浓度较低的海洋深层水体混合，以及随后表层水体与大气中 CO_2 的重新平衡过程，使得 CO_2 浓度进一步降低。由于海洋水体的混合时间尺度在 100 ～ 1000 年之间，因此要使大气中的 CO_2 浓度与海洋中的 CO_2 浓度完全平衡可能需要 5000 年的时间。图片来自 Archer 和 Brovkin[3.12]

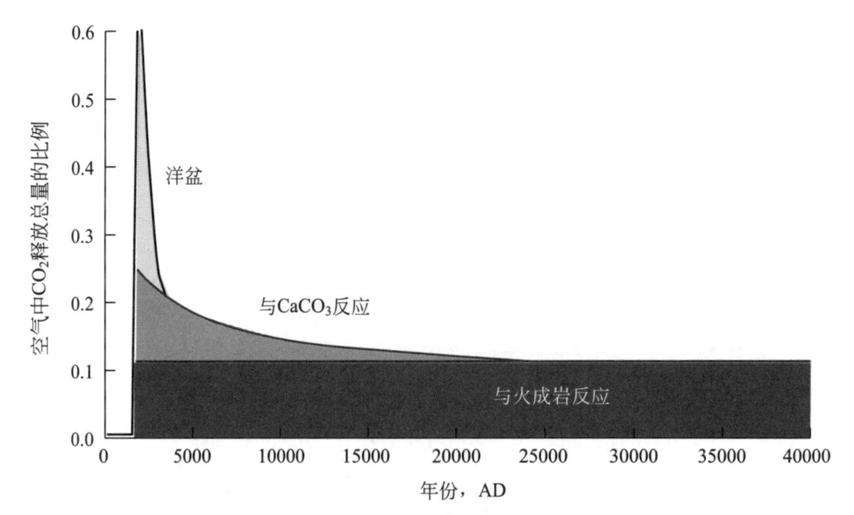

图 3.6.3　CO_2 的吸收机制

当从化石燃料中释放出的 CO_2 进入海洋时，CO_2 的酸性会引起海底 $CaCO_3$ 的溶解。$CaCO_3$ 的溶解需要数千年的时间才能使海洋的 pH 值恢复到自然值。这一过程还修复了海水的缓冲能力，以储存更多的 CO_2，因此空气中的部分 CO_2 浓度进一步下降 [3.13]。在中和阶段结束时，大气中仍然含有比化石燃料时代之前更多的 CO_2。其余的 CO_2 则将参与火成岩反应过程。这些反应过程将会从大气中将 CO_2 提取出来，最终以 $CaCO_3$ 沉积在海底。人为造成的 CO_2 浓度变化需要数十万年的时间才能恢复平衡

现在从定量的角度进行分析。目前，每年从化石燃料中排放约 90 亿吨碳。在这 90 亿吨中，50 亿吨被生物圈和海洋吸收，剩下的 40 亿吨都被排放到大气中。为了采用复杂的气候模型，必须对每年的碳排放量进行估计；大气中 CO_2 的最大浓度将取决于排放速率。如果在较长的时间段内排放相同数量的碳，生物圈和海洋就能更好地吸收所排放的 CO_2。“中等强度”排放和“大强度”排放情景下不同气候模型 [3.14] 的预测结果如图 3.6.4 所示。

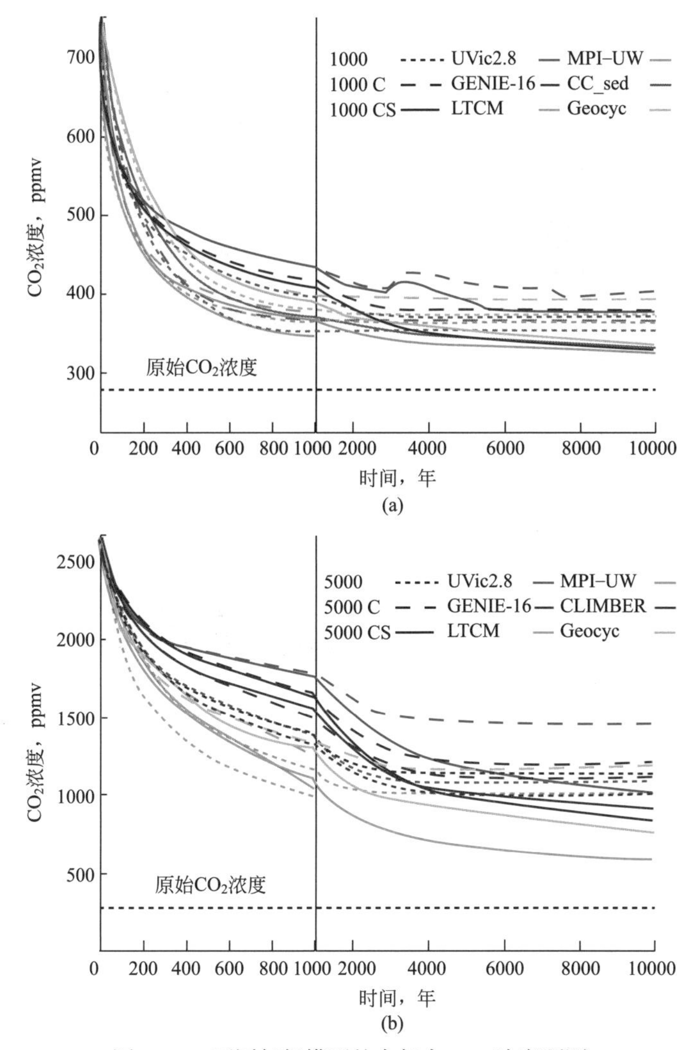

图 3.6.4 不同气候模型的大气中 CO_2 浓度预测

（a）“中等强度”情景；（b）“大强度”情景。不同颜色表示不同的气候模型，不同线条样式表示计算中包含的不同情景，例如气候反馈（C）和气候加沉积物反馈（CS）。图片来自 Archer 等[3.14]

鉴于这些结果，下一步是建立大气中 CO_2 的预测浓度和地球表面平均温度之间的关系。已经看到，在地球的早期，CO_2 的浓度比现在高得多。下面将利用收集到的数据了解影响未来 CO_2 浓度的潜在因素。

3.6.2 古新世—始新世极热事件

IPCC 在图 3.6.5 中总结了过去数百万年间大气 CO_2 浓度实验数据的不同来源[3.15]。专栏 3.6.1 介绍了获得这些数据的部分实验技术。图 3.6.5 中的数据显示了在地球早期，CO_2 浓度要高得多，如 3.4 节所述，可以看到 CO_2 浓度经历了非常大的波动。地球被冰覆盖的程度与 CO_2 浓度成反比。事实上，通过查看该图可以看出，为了维持极地地区的冰层，CO_2 浓度需要保持在 700ppm 以下。

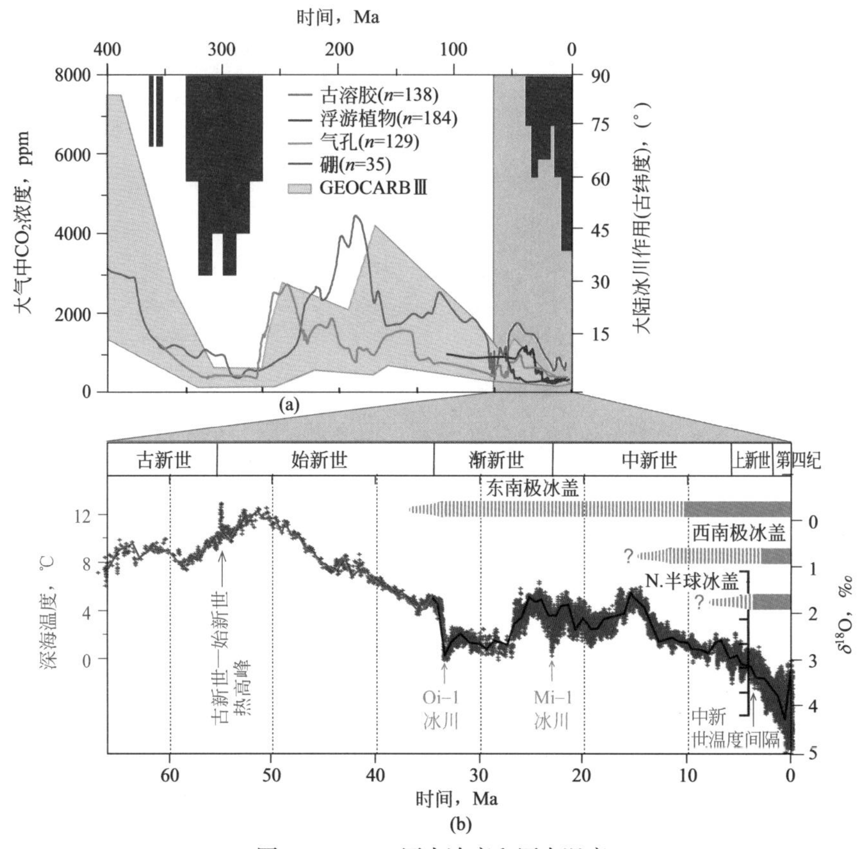

图 3.6.5　CO_2 历史浓度和历史温度

（a）400Ma 到现在的大气 CO_2 浓度和大陆冰川。垂直的蓝色条标记了冰盖形成的时间和范围。冰芯实验能够直接测量气泡中的 CO_2 浓度。为了跟踪早期 CO_2 浓度，不得不依赖其标记物（见专栏 3.6.1）。绘制的 CO_2 浓度数据是根据四种主要标记物以及 GEOCARB Ⅲ模型等 5 类数据的平均值。此外，还根据地球化学碳循环模型 GEOCARB Ⅲ绘制了 CO_2 浓度的准确范围。（b）聚焦于 60Ma 距今的这段时间。这里绘制的温度数据是基于深海底栖有孔虫 $\delta^{18}O$ 的多个不同实验记录。右上角的条形图表示冰盖的存在，虚线表示短期存在的冰或冰盖，实线表示现存的冰盖或更大的冰盖。图片来自 IPCC，经许可转载 [3.15]

专栏 3.6.1　标记物

现在我们已经认识到，对于“1997 年 2 月 21 日阿姆斯特丹的气温是多少？”此类问题的答案不能简单地在谷歌搜索栏中直接输入问题本身而得到。目前，温度的常规测量和数字存储，使得获取历史温度的大量数据已经变得非常容易。然而，在人类系统地测量温度之前，如果想知道 100Ma 前的温度十分困难。在此情况下，人们必须依靠间接测量的方法。这些测量结果大多依赖于诸多生物过程（如树木、珊瑚、花粉、浮游生物等）对温度的依赖性。通过这些标记物，就可以重构温度。常用的标记物包括：

（1）当环境有利于树木生长时，树木年轮较宽；当树木所处生长环境不利时，则树木年轮较窄。这些年轮以及枯死期木材的最大密度被用来确定历史温度剖面图。

（2）深海沉积物中有孔虫碳酸钙壳中 $\delta^{16}O$ 和 $\delta^{18}O$ 的比值取决于温度、盐度和水的同位素组成。如果可以估计出水的组成和盐度，通过对有孔虫壳同位素的研究就可以重构之前的海洋温度。

如果仔细观察这些数据，就会发现古新世和始新世被海洋温度的峰值分开。这个高峰被称为古新世—始新世热高峰（PETM），它发生在大约 5250 ～ 5550 万年前。图 3.6.6 显示了有关此事件的一些更详细的数据。图 3.6.6（a）记录了海洋和大陆中 ^{13}C 组成。δ^{13}C 的同位素突然下降表明大气中的 ^{13}C 的急剧下降，这是有机碳大量释放到大气中造成的。目前，PETM 的起因还不完全清楚。从图 3.6.6 可以看出，同期海洋有孔虫的 δ^{18}O 下降。由于 δ^{18}O 是海洋温度的一个指标（见专栏 3.6.1），所以 δ^{13}C 和 δ^{18}O 浓度变化与大气中碳量（CO_2 或 CH_4）的显著增加相一致，随之而来的温室气体效应导致了海洋温度的升高。据估计，这段时间内碳排放总量为（10000 ～ 20000）× 10^8t，这与未来"大强度"排放和"中等强度"排放情况中的排放量相似。由于这种相似性，PETM 气候结果的细节预测了向大气中大量排放 CO_2 的长期气候影响的迹象。PETM 中的碳质量大大超过了海洋的缓冲能力，并降低了其 pH 值，如此低的 pH 值能够使海底的碳酸盐矿物发生溶解。

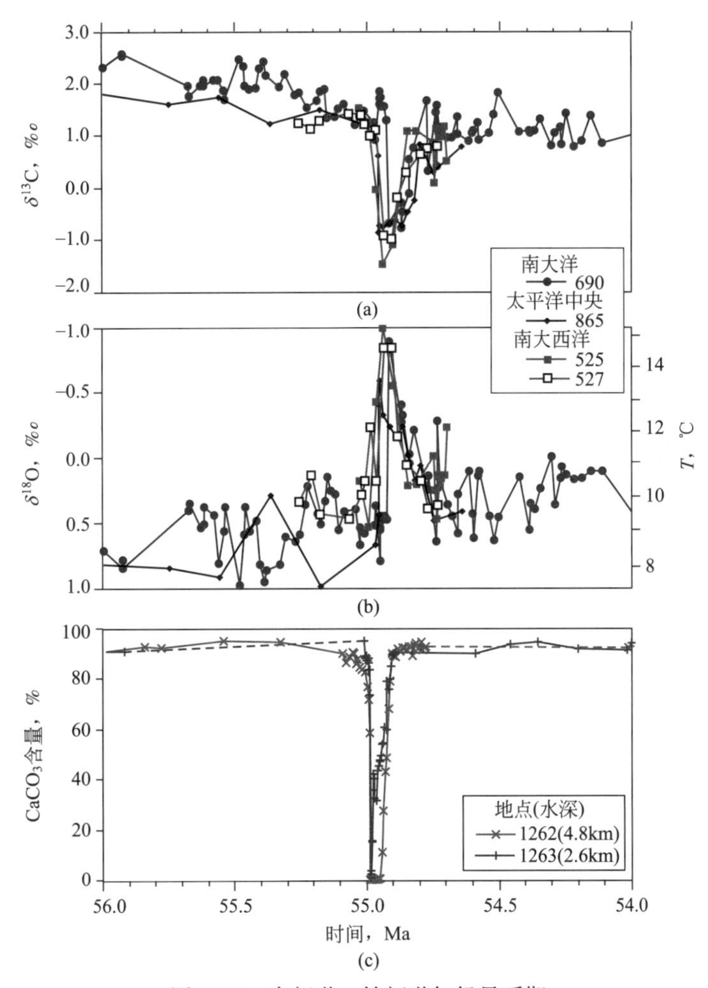

图 3.6.6 古新世—始新世气候最暖期

（a）南大洋、南大西洋和太平洋中央地区的有孔虫同位素记录；（b）根据 δ^{18}O 指标测量的海洋温度；（c）沉积物中碳酸盐（$CaCO_3$）含量的变化。图片来自 IPCC，经许可重绘 [3.15]

向大气大量排放的碳源有许多推测：可能是海底化合物分解出的 CH_4，火山活动产生的 CO_2，或富含有机物的沉积物氧化产生的 CO_2。最近一种观点认为，PETM 的规模和时间与环北极和南极陆地永久冻土中土壤有机碳的分解有关。一旦在 PETM 之前达到长期变暖阈值，这个巨大的碳储集体有可能反复向大气—海洋系统释放数千 Pg（$1Pg=10^{15}g$）的碳。这些数据还表明，地球的碳循环最终能够去除大气中多余的碳。然而，需要注意的重要一点是，地球需要 10 万年才能够恢复过来！图 3.6.7 显示了古新世—始新世极热峰值各区域平均温度的重构值。仔细研究这幅图片，并将其与你自己对城市、国家和生态资源的体验相结合。作为科学家不应该夸大事实，但在当前世界政治背景和经济体系下，这个数字无疑是惊人的。

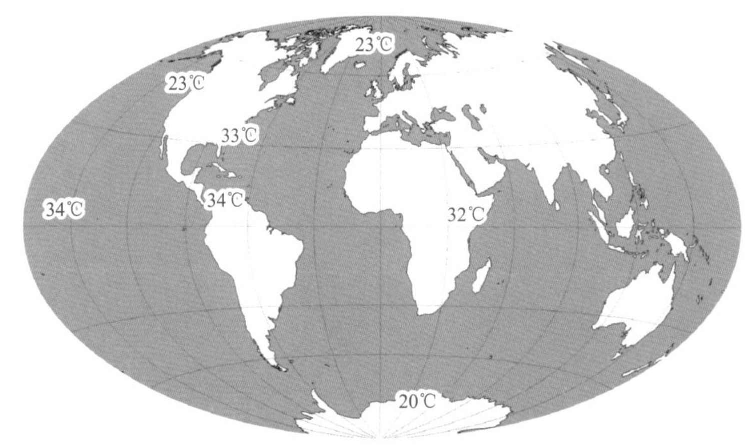

图 3.6.7 PETM 峰值时期地表平均温度 [3.16]

3.7 结论

上一节讨论了一个极端的例子，说明大规模碳排放是如何影响气候的。这个例子的重要性在于，在 PETM 期间，大气中排放的碳量与迄今为止发现的所有化石燃料的碳总量在量级上是相同的。CO_2 排放造成的影响很大，大约需要 10 万年才能消除。

我们还看到，地球的碳循环非常复杂，有许多反馈路径，要完全明确这个复杂系统几乎是不可能的。因此，本书讨论的预测结果含有不确定性。这些不确定性往往是科学创新的驱动因素，尤其要注意那些影响范围最广、影响强度最大的不确定性。

30 多年来，人为因素导致气候变化曾经是一个有争议的话题。人们争论的焦点是：如果气候变化正在进行，那么海洋中 CO_2 的浓度就会增加。当时还没有实验数据来支持这一说法。正是由于支持者和反对者之间的科学讨论，人们才开始通过实验测量 CO_2 的浓度是否真的发生了变化。实验表明，海洋确实吸收了额外的 CO_2。多年来，激烈的讨论促进了更多的创新实验来解决分歧。通过实验证据的不断积累，逐渐解决了最为紧迫的问题。因为有了这些证据，今天绝大多数的科学家对人类活动导致气候变化这一事实已不再怀疑。但是，这并不意味着研究结果不存在不确定性，也不意味着不需要对地球的历史及其化学进程进行更有创新性的研究。

关于气候变化的问题不仅仅停留在科学家的想法中，而是切切实实发生在现实世界中，否则人们就离这一话题很遥远。虽然科学家们更多地关注研究结果的不确定性，但是这并不影响人们对气候变化问题的关注。需要注意的是，虽然科学家们在争论研究过程中的不确定性，但气候变化这一问题本身是没有争议的。下面的比喻可以帮助理解。假设你正驾驶着装有 GPS 功能和卫星通信的新汽车，突然在下一个转弯后遇上了大雾，同时很多科学家正在实验室里查看你的 GPS 数据，他们会利用模型预测你什么时候会到达悬崖。不出所料，由于 GPS 系统的不确定性以及汽车与卫星传输数据时间等因素的影响，他们的预测结果可能都不一样。一些人认为你会在 5 分钟内到达悬崖，而另一些人则认为至少需要一个小时才能到达悬崖。你将会做什么呢?

3.8 习题

1. 关于碳含量的说法哪项是不正确的？（　　）
   a. 大气中的碳总量为 720Gt
   b. 大部分的碳都在岩石中
   c. 生物圈中的碳含量大约是大气中的 3 倍
   d. 海洋中的有机碳总量为 38400Gt
2. 关于昼夜的碳循环的说法哪项是不正确的？（　　）
   a. 由于昼夜的碳循环，CO_2 值会以天为单位每日发生变化
   b. 日碳循环与地球的自转有关
   c. CO_2 平均浓度波动约为 10ppm
3. 关于 Vostok 冰芯的哪一种说法是不正确的？（　　）
   a.Vostok 冰芯是以南极洲研究中心的位置命名的
   b. 温度的历史数据是通过测量 ^{18}O 与 ^{16}O 的浓度比得到的
   c. 在这些冰芯中观察到的最大 CO_2 浓度大约比当前水平少 10ppm
   d. 这些冰芯已有 42 万年的历史
4. 哪个反应在缓冲海洋的 pH 值中起着最重要的作用？（　　）
   a. $CO_{2(aq)}+H_2O \rightleftharpoons HCO_3^-+H^+$
   b. $CO_{2(g)} \rightleftharpoons CO_2(aq)$
   c. $HCO_3^-+H^+ \rightleftharpoons CO_3^{2-}+2H^+$
   d. $CaCO_3 \rightleftharpoons Ca^{2+}+CO_3^{2-}$
5. 关于无机碳循环的哪个说法是不正确的？（　　）
   a. 火山每年排放 0.15Gt 的碳
   b. 如果地球的温度升高，风化反应就会增加，因此会有更多的 CO_2 反应
   c. 如果不下雨，地球的温度就会下降
   d. 如果没有构造运动，大气中的 CO_2 就会耗尽

6. 人为排放与自然排放的比率为（ ）。

a. 1

b. 6

c. 10

d. 60

e. 100

7. 如果我们排放 1Gt 的 CO_2，CO_2 将会去哪里？（ ）

a. 大气圈 45%，生物圈 30%，海洋 25%

b. 大气圈 30%，生物圈 45%，海洋 25%

c. 大气圈 25%，生物圈 30%，海洋 45%

d. 大气圈 45%，生物圈 25%，海洋 30%

8. 自从 1850 年以来，我们以 CO_2 的形式排放的碳总量是（ ）。

a. 100Gt

b. 200Gt

c. 500Gt

d. 1500Gt

9. 如果我们决定使用 20% 的化石燃料储量，那么大气中预测的最大 CO_2 浓度是多少？（ ）

a. 300ppm

b. 700ppm

c. 1000ppm

d. 1500ppm

10. 在上面没有冰的大气中，CO_2 的最低浓度是多少？（ ）

a. 500ppm

b. 700ppm

c. 900ppm

d. 1100ppm

参考文献

[3.1] US Department of Energy Office of Science Genomic Science Program，March 2008. Workshop Report on Carbon Cycling and Biosequestration，DOE/SC-108，http://genomicscience.energy.gov/carboncycle/report/

[3.2] Falkowski，P.，R.J. Scholes，E. Boyle et al.，2000. The global carbon cycle：A test of our knowledge of Earth as a system. Science，290（5490），291. http://dx.doi.org/10.1126/science.290.5490.291

[3.3] Sigman，D.，and E. Boyle，2000. Glacial/interglacial variations in atmospheric carbondioxide.Nature，407，859–869. http://faculty.washington.edu/battisti/589paleo2005/Papers/SigmanBoyle2000.pdf

[3.4] Sun，J.L.，S.P. Burns，A.C. Delany et al.，2007. CO_2 transport over complex terrain. Agr.ForestMeteorol.，

145（1–2），1. http://dx.doi.org/10.1016/J.Agrformet.2007.02.007

[3.5] Tans，P.（NOAA/ESRL）and R. Keeling（Scripps Institution of Oceanography）. http://scripps CO_2.ucsd.edu/

[3.6] Petit，J.R.，J. Jouzel，D. Raynaud et al.，1999. Climate and atmospheric history of the past 420,000 years from the Vostok ice core. Antarctica Nature，399（6735），429.

[3.7] Hays，J.D.，J. Imbrie，and N.J. Shackleton，1976. Variations in Earth' s orbit — pacemaker of ice ages. Science，194（4270），1121.

[3.8] Sigman，D.M.，M.P. Hain，and G.H. Haug，2010. The polar ocean and glacial cycles in atmospheric CO_2 concentration. Nature，466（7302），47. http://dx.doi.org/10.1038/nature09149

[3.9] Honisch，B.，A. Ridgwell，D.N. Schmidt et al.，2012. The geological record of ocean acidification. Science，335（6072），1058. http://dx.doi.org/10.1126/Science.1208277

[3.10] Kasting，J.F. and D. Catling，2003. Evolution of a habitable planet. Annu.Rev.Astron.Astrophys.，41，429.http://dx.doi.org/10.1146/annurev.astro.41.071601.170049

[3.11] Sagan，C. and G. Mullen，1972. Earth and Mars — evolution of atmospheres and surface temperatures. Science，177（4043），52.

[3.12] Archer，D. and V.Brovkin，2008.The millennial atmospheric lifetime of anthropogenic CO_2. Clim. Change，90，283. http://dx.doi.org/10.1007/s10584-008-9413-1b1699_Ch-03.indd139b1699_Ch-03.indd13912/24/2013 11：38：56 AM 12/24/2013 11：38：56 AM140 Introduction to Carbon Capture and Sequestrationb1699 Introduction to Carbon Capture and Sequestration

[3.13] Ridgwell，A. and J.C. Hargreaves，2007. Regulation of atmospheric CO_2 by deep-sea sediments in an Earth system model. Global Biogeochemical Cycles，21（2），6B 2008. http://dx.doi.org/10.1029/2006GB002764

[3.14] Archer，D.，M. Eby，V. Brovkin，et al.，2009. Atmospheric lifetime of fossilfuel carbondioxide.Annu.Rev.Earth.andPl.Sc.，37，117.http://dx.doi.org/10.1146/Annurev.Earth.031208.100206

[3.15] Climate Change，2007. The Physical Science Basis. Working Group I Contribution to the Fourth Assessment Report of the Intergovernmental Panel on Climate Change，Figure 6.1；Figure 6.2. Cambridge，UK，and NY：Cambridge University Press.

[3.16] Winguth，A.，C. Shellito，C. Shields，and C. Winguth，2010. Climate response at the paleocene-eocene thermal maximum to greenhouse gas forcing—a model study with CCSM3. J. Climate，23，2562–2584. http://dx.doi.org/10.1175/2009JCLI3113.1

[3.17] DeConto，R.M.，S. Galeotti，M. Pagani et al.，2012. Past extreme warming events linked to massive carbon release from thawing permafrost.Nature，484（7392），87.http://dx.doi.org/10.1038/Nature10929

4 碳捕集概述

CO_2捕集与封存技术已实现工业化，然而碳捕集技术尚未大规模广泛应用，其根本原因在于CO_2分离捕集过程需要高额成本，其中包括能源消耗、捕集成本及由此产生的电价上涨。因此，合理地降低CO_2分离能源消耗和成本，将极大地促进CCS的应用与发展。

4.1 引言

从技术角度看，CO_2 捕集有多种方法，其中，燃烧后碳捕集技术是最简单的一种，其原理是利用适合的方法从化石燃料燃烧后的烟气中分离、捕集 CO_2，该技术可以与现有发电厂较好的匹配，无须对发电系统本身做过多改造。因此，燃烧后碳捕集成为首选的经济解决方案，特别是对于较旧的发电厂。

不同的碳捕集技术往往涉及不同的气体分离技术，为权衡利弊，首先需详细了解发电厂的工作原理。图 4.1.1 为一个简易的燃煤发电厂工艺流程[4.1]，煤粉与空气在炉膛充分混合后燃烧并释放大量热、产生高压蒸汽，进而驱动电动涡轮机输出电力。简化后，该过程的化学反应表示为：

$$\text{煤粉} + O_2 \xrightarrow{\text{放热}} CO_2 + H_2O$$

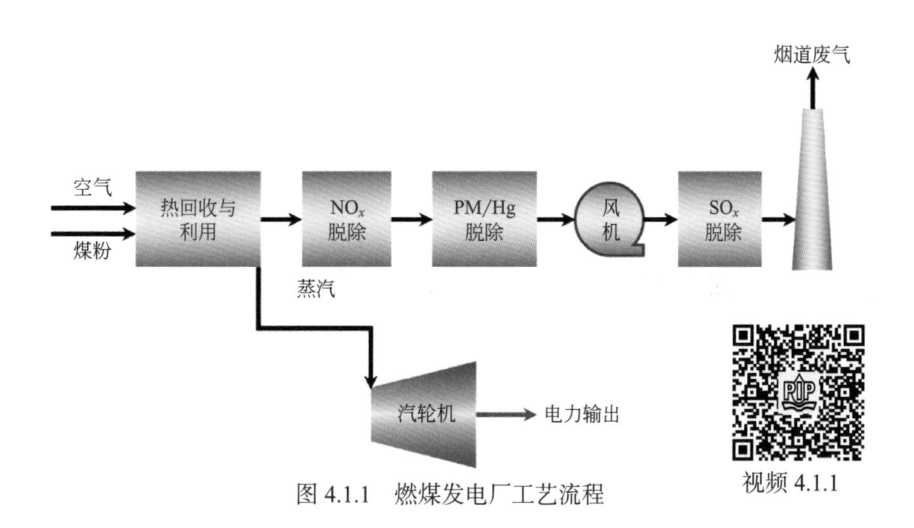

图 4.1.1 燃煤发电厂工艺流程

视频 4.1.1

显然，这是理想化的燃料燃烧反应方程。众所周知，煤不仅含有碳和氢，还含有氮、硫、汞等其他元素，这些杂质也会参与燃烧，反应生成 NO_x、SO_x、HgO 等有害物质，因此必须在烟气排空前脱除。对于燃煤发电厂而言，杂质脱除工艺和 CO_2 分离捕集工艺必将增加更多的能源或电力消耗，如果此部分消耗由发电厂自身提供，势必降低发电厂的效率（见专栏 4.1.1）。因此，较高的能源消耗是制约 CCS 技术发展与规模化应用的一个极大阻力。

典型的燃烧后碳捕集工艺如图 4.1.2 所示，碳捕集与压缩过程都需要消耗一定的能量。正如后文所述，碳捕集过程同样需要热量（来自发电厂的低压蒸汽）才可实现捕集材料的再生，会降低工厂的输出电量。此外，捕集的 CO_2 需要经过供能压缩达到一定压力（约为 150bar）才能方便运输或用于地质封存。因此，用于捕集和压缩 CO_2 的能量消耗必将降低发电厂效率。

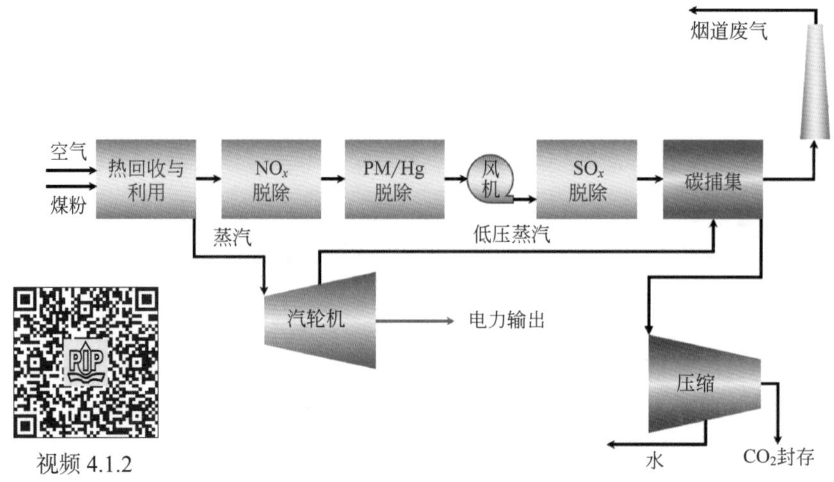

视频 4.1.2

图 4.1.2　燃烧后碳捕集的燃煤发电厂

专栏 4.1.1　发电厂的效率

基础热力学指出，热量转化为功的最大效率可由卡诺效率得出：

$$\eta_{\text{Carnot}} = \frac{T_{\text{steam}} - T_{\text{cool}}}{T_{\text{steam}}}$$

式中，T_{steam} 为高压蒸汽的温度（550 ～ 600℃或 823 ～ 873K）；T_{cool} 为烟气的温度（约 40℃或 313K）。除了理论上的卡诺效率外，还必须考虑到一般燃气轮机效率为 75%，这两个重要因素决定了现有燃煤发电厂的最大热效率约为 44%。

总的来看，燃烧后碳捕集的主要优势在于可作为现有发电厂的辅助设备，而无需建造全新的发电厂；主要劣势是降低了发电厂的输出电量，另外，辅助的分离装置规模可能太大，甚至不便于安装在发电厂现场。

问题 4.1.1　发电厂

世界范围内最高效的发电厂在哪里？

美国发电厂的平均效率是多少？试解释不同类型发电厂效率差异的影响因素。

燃烧后碳捕集并不是实现碳捕集的唯一方法，如果建造一座全新的发电厂，可以利用燃烧前碳捕集来获得更经济的解决方案。燃烧前碳捕集的基本原理是利用纯氧代替空气供给煤炭燃烧，产生的烟气仅含水和 CO_2，冷凝即可分离出 CO_2。然而，纯氧供给燃烧必须找到一种能有效地从空气中分离氧气的方法。目前，该方法主要是由高成本高能耗的低温分离工艺来完成的。因此，对于燃烧前碳捕集方法，CO_2 的分离成本主要与空气分离过程密切相关。此外，需进一步加大气体高效分离材料方面的研究与攻关。

燃烧前碳捕集有几种类型：富氧燃烧、整体煤气化联合循环（IGCC）和化学链燃烧[4.1]，区别在于碳捕集技术与发电厂的集成方式不同，详见专栏 4.1.2、专栏 4.1.3 和 专栏 4.1.4。从气体分离的角度来看，IGCC 工艺涉及将煤转化为合成气（CO 和 H_2 混合物），这两种气体的分离是 IGCC 工艺中的一个关键环节。相对而言，化学链燃烧工艺避免了从空气中分离氧气的过程。

专栏 4.1.2 富氧燃烧（燃烧前碳捕集）

富氧燃烧过程是指煤在纯氧中燃烧，纯氧来自低温空气分离装置（ASU）。煤在纯氧中燃烧会产生过高的温度，通过回收部分烟气（70% ～ 80%）并将其与纯氧混合可降低温度。同时，烟气中仅含有水和 CO_2，易于分离捕集和纯化。富氧燃烧方式能降低 NO_x、SO_x 生成的效能，无须选择性催化反应器（SCR）来控制 NO_x 排放，湿法石灰石即可实现烟气脱硫（FGD），形成一种污染物综合排放量低的“无烟囱”的环境友好型发电方式。

专栏 4.1.3 IGCC（燃烧前碳捕集）

整体煤气化联合循环（IGCC）工艺是指煤在气化炉中部分氧化转化为合成气（CO 和 H_2 的混合物），经除尘、水洗、脱硫等净化处理后，到燃气轮机做功发电，燃气轮机的高温排气进入余热锅炉给水加热，产生过热蒸汽驱动汽轮机发电。在 IGCC 工艺中，CO_2 分离捕集涉及高压下 H_2、CO 和 CO_2 的混合物。

专栏 4.1.4 化学链燃烧（燃烧前碳捕集）

化学链燃烧是将燃烧过程分成两个独立的反应器：第一个反应器为空气（氧化）反应器，用来从空气中分离出氧气；第二个反应器为燃烧反应器，用来支持燃料在氧气中燃烧并产生 CO_2。该技术不涉及 N_2 与烟气混合，因此分离只涉及 CO_2 和 H_2O。关键问题是如何分离燃烧过程，一种思路是采用金属氧化物作为载氧体，将氧气从一个反应器传输到另一个反应器。空气（氧化）反应器中，金属（Me）会与空气中的氧气反应生成氧化物，实现 O_2 从空气中分离：

$$2\mathrm{Me} + \mathrm{O}_2 \longrightarrow 2\mathrm{MeO}$$

金属氧化物被运送到燃料（还原）反应器，金属氧化物中释放的 O_2 与燃料进行燃烧，产生高纯度的 CO_2：

$$(2n+m)\mathrm{MeO} + \mathrm{C}_n\mathrm{H}_{2m} \longrightarrow (2n+m)\mathrm{Me} + m\mathrm{H_2O} + n\mathrm{CO_2}$$

反应后，金属将被输送回空气反应器以实现化学循环。

通过以上对比难以确定最佳的碳捕集技术。从成本角度来考虑，燃烧前碳捕集和燃烧后碳捕集技术的主要区别在于设备建造与工艺布局。燃烧后碳捕集设备能够方便地添加到现有发电厂中，而燃烧前碳捕集装置添加到现有发电厂往往需要进行重大调整，由于各种原因，可行性可能会受到影响。新建发电厂，无须考虑这些限制，只要资金充足，燃烧前碳捕集可以取代燃烧后碳捕集技术。另一个需要说明的是，并非所有碳捕集技术都处于均衡的发展阶段。例如，自 1930 年以来，复合胺吸收法碳捕集技术就已开始研发，现阶段已工业化实施[4.2]；相比之下，化学链燃烧等技术仍处于开发阶段。

本章中多次提到“最佳”捕集方法，但更要清楚地认识到，碳捕集技术还不是一个十分活跃的研究领域。长期以来，一直没有对 CO_2 的排放给予足够重视，因此碳捕集领域可供选择或替代的技术非常有限。当前可用于碳捕集的商业技术，大多数最初并不是为碳捕集而设计的。以基础的胺洗涤工艺为例（详见第 5 章），Bottom 开发这种酸性气体处理工艺的目的是从天然气中分离酸性气体（CO_2、SO_x、H_2S），而不是从烟气中分离 CO_2。可喜的是，其中一些技术可用于碳捕集[4.3]。从行业角度看，这些旧方法实际上可能比新的捕集技术更具吸引力，因为与专门为碳捕集开发而使用全新理念和材料的技术相比，复合胺吸收法等技术“久经考验”。然而，随着碳捕集研究领域的逐渐活跃，相关替代技术将会迅速发展。

碳捕集领域涉及面较广，难以在一本书中完全涵盖，为论证新型材料在碳捕集方面的重要意义提出论据，因此本书将主要关注新型材料在气体分离中的应用。

4.2 气体分离

碳捕集技术涉及几种不同类型的气体分离，其中包括：（1）来自烟气中 N_2/CO_2 分离；（2）空气中的 O_2（获得纯氧）分离；（3）$H_2/CO/CO_2$ 混合物中 CO_2 分离（煤气化过程中需要脱除 CO_2 的合成气）。

此外还有水和 CO_2 的分离，但由于这种分离技术仅涉及水的冷凝，改进这一过程的空间很小。因此，重点阐述烟气中的 N_2/CO_2 分离，部分内容也会涉及上面列出的其他类型的气体分离方法。

4.2.1 最小分离能量

讨论分离 CO_2 和 N_2 的不同类型技术之前，首先应该考虑气体分离需要消耗能量的原因。为什么不能使用 Maxwell Demon（见专栏 4.2.1）以零能耗分离 CO_2 和 N_2 的方法呢？因为热力学——不仅阐述了分离气体需要消耗能量，而且还能够估算分离过程所需的最小能量。

专栏 4.2.1 Maxwell Demon

James Clerk Maxwell（1831—1879 年）设想了一种零能耗分离气体的方法。为了验证这个想法，他描述了一个假想的“小精灵”来操作冷热气体的分离系统。“小精灵”能够任意打开或关闭两个腔室的分隔门，只允许一种分子通过。假设门是无摩擦的，分离过程将实现零能耗，红色球代表热气体，蓝色球代表冷气体。如果 Maxwell 的“小精灵”成功了，最终结果将是腔室的一侧加热而另一侧冷却（这显然违反了热力学第二定律）。Maxwell 的假想实验不仅适用于冷热气体分离，还适用于涉及气体分离的其他情况。正如系统不能自发地分离成冷热组分一样，热力学第二定律指出混合物不会自发分离成它们的纯组分。

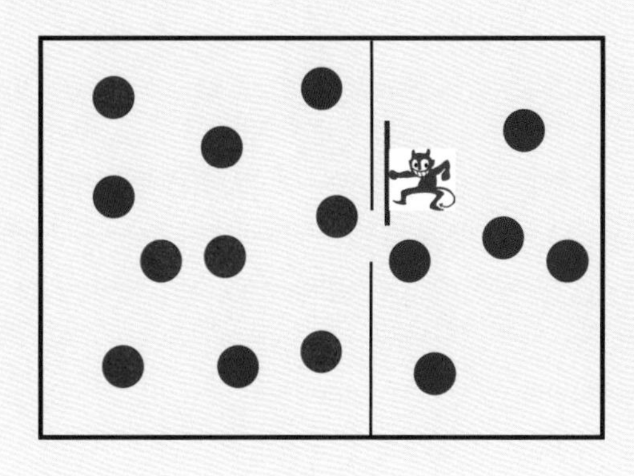

图 4.2.1 为 CO_2 捕集过程示意图。假设烟气温度为 T，烟气中 CO_2 的摩尔分数为 x_{flue}，若每一步均为可逆分离，根据热力学第一定律，分离 1mol 烟气所需的最小功可以表示为：

$$W_{min} = \Delta U^{sep} - T\Delta S^{sep}$$

假定烟气遵循理想气体性质，恒定温度下，内能的变化为零，即 $\Delta U^{sep}=0$。因此，最小功（W_{min}）由熵的变化（ΔS^{sep}）决定。

熵变值由下式给出：

$$\Delta S^{sep} = n_{cap} s^{mix}\left(x_{cap}\right) + n_{exh} s^{mix}\left(x_{exh}\right) - n_{flue} s^{mix}\left(x_{flue}\right)$$

式中，s^{mix} 为混合物的摩尔熵；S 为系统的总熵；s 为摩尔熵；U 为系统的总内能；u 为摩尔内能；W 为系统的总功。两种组分的混合摩尔熵由下式给出：

$$\frac{\Delta s^{mix}}{k_B} = -x\ln x - \left(1-x\right)\ln\left(1-x\right)$$

式中，x 为某组分对应的摩尔分数，此公式可由统计热力学推导得出（见专栏 4.2.2）。

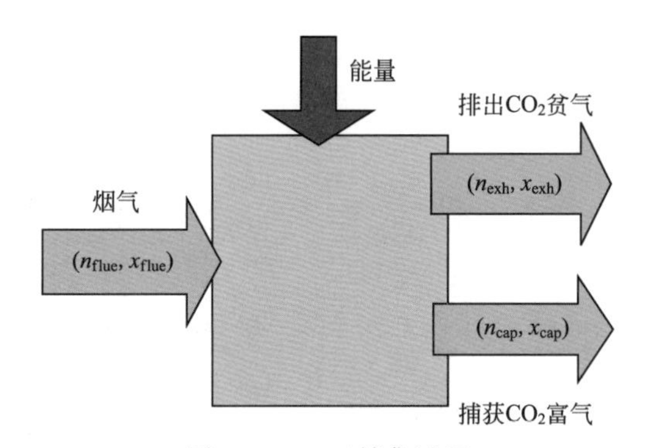

图 4.2.1 CO_2 捕集过程

烟气（n_{flue} 为摩尔流量，mol/s，x_{flue} 为 CO_2 摩尔分数）经上述捕集过程被分离成 CO_2 富气（n_{cap} 为摩尔流量，x_{cap} 为 CO_2 摩尔分数）和 CO_2 贫气（n_{exh} 为摩尔流量，x_{exh} 为 CO_2 摩尔分数），分离过程消耗的能量为蓝色箭头所示

专栏 4.2.2 混合熵

玻耳兹曼表明熵 S 与系统总微态数 Ω 有关：

$$S = k_B \ln \Omega$$

为了说明如何计算总微态数，假设有一个晶格模型，其中包含 N_A 个 A 分子（红色）和 N_B 个 B 分子（蓝色）。每个晶格位点恰好被一个分子占据。如果系统被分成两个隔室，可以通过一种方式将蓝色和红色分子放在晶格上（Ω_A=1 和 Ω_B=1）。如果允许系统混合，总微态数为：

$$\Omega_{AB} = \frac{(N_A + N_B)!}{N_A! N_B!}$$

混合熵为：

$$\Delta S^{\text{mix}} = S_{AB} - S_A - S_B = k_B \ln \left(\frac{(N_A + N_B)!}{N_A! N_B!} \right)$$

对于数量多的粒子，可以使用斯特林近似：

$$\ln N! \approx N \ln N - N$$

由此可得：

$$\Delta S^{\text{mix}} = k_B (N_A + N_B) \ln (N_A + N_B) - k_B N_A \ln N_A - k_B N_B \ln N_B$$

如果写成组分 A 的摩尔分数：

$$x_A = \frac{N_A}{N_A + N_B}$$

混合熵可表示为：

$$\Delta S^{\text{mix}} = \frac{\Delta S^{\text{mix}}}{N} = -k_B x_A \ln x_A - k_B (1 - x_A) \ln (1 - \mathrm{x}_A)$$

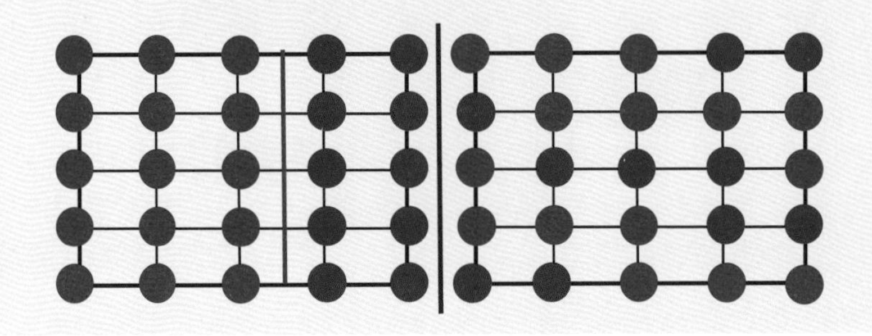

图 4.2.1 表明碳捕集过程有 6 个变量，但并非所有变量都是独立变量，由体系物质的量守恒得出：

$$n_{\text{flue}} = n_{\text{exh}} + n_{\text{cap}}$$

式中，n 为摩尔流量，mol/s，

同理，根据各组分气体的物质的量守恒，则有：

$$x_{\text{flue}} n_{\text{flue}} = x_{\text{exh}} n_{\text{exh}} + x_{\text{cap}} n_{\text{cap}}$$

设计分离过程时，发电厂的烟气摩尔流量和烟气中 CO_2 含量（x_{flue}）是无法控制的，但可以指定捕集富气和排放贫气中 CO_2 摩尔分数，即 x_{cap} 和 x_{exh}，相应的质量平衡为：

$$n_{\text{cap}} = \frac{x_{\text{flue}} - x_{\text{exh}}}{x_{\text{cap}} - x_{\text{exh}}} n_{\text{flue}}$$

$$n_{\text{exh}} = \frac{x_{\text{flue}} - x_{\text{cap}}}{x_{\text{exh}} - x_{\text{cap}}} n_{\text{flue}}$$

由此可以将烟气的摩尔熵表示为两个设计变量的函数，贫气组分（x_{exh}）和富气组分（x_{cap}），有：

$$\Delta s^{\text{sep}} = \frac{\Delta s^{\text{sep}}}{n_{\text{flue}}} = \frac{x_{\text{flue}} - x_{\text{exh}}}{x_{\text{cap}} - x_{\text{exh}}} s^{\text{mix}}\left(x_{\text{cap}}\right) + \frac{x_{\text{flue}} - x_{\text{cap}}}{x_{\text{exh}} - x_{\text{cap}}} s^{\text{mix}}\left(x_{\text{exh}}\right) - s^{\text{mix}}\left(x_{\text{flue}}\right)$$

对于给定的烟气流量可得出分离单位通量 CO_2（单位：mol/s）的最小功为：

$$W_{\min} = \frac{T\Delta S^{\text{sep}}}{x_{\text{flue}} n_{\text{flue}}} = \frac{T}{x_{\text{flue}} n_{\text{flue}}} \left[\frac{x_{\text{flue}} - x_{\text{exh}}}{x_{\text{cap}} - x_{\text{exh}}} s^{\text{mix}}\left(x_{\text{cap}}\right) + \frac{x_{\text{flue}} - x_{\text{cap}}}{x_{\text{exh}} - x_{\text{cap}}} s^{\text{mix}}\left(x_{\text{exh}}\right) - s^{\text{mix}}\left(x_{\text{flue}}\right) \right]$$

图 4.2.2 显示了烟气中 CO_2 初始浓度对分离 CO_2 所做最小功的影响：CO_2 初始浓度越低，分离每千克 CO_2 所做的最小功越大 [4.4]，这种关系解释了为什么一般不直接从空气中捕集 CO_2。与直接在点源（如发电厂）捕集 CO_2 相比，从大气中捕集 CO_2 需要消耗高达 5 倍的能量（图 4.2.2）。即使在不同类型的发电厂，CO_2 捕集效率也存在差异。

与天然气发电厂的烟气（CO_2 为 5% ～ 8%）相比，燃煤发电厂的烟气具有更高的 CO_2 浓度（10% ～ 15%）。因此，燃气发电厂的碳捕集往往比燃煤发电厂的碳捕集成本更高。这解释了为什么迄今为止大多数 CCS 研究都集中在燃煤发电厂，它们通常会产生更多的 CO_2，是首选的高效地捕集 CO_2 的更好实体。

另一种衡量最低能量需求的方式是将其表示为所产生的总能量的一部分 [4.5]。美国燃煤发电厂平均每排放 1t CO_2 可产生 3.43 GJ 的净电力。如图 4.2.3 所示，如果用含量为 15% 的 CO_2 烟气捕集成 100% CO_2，则捕集所需的最小能量占发电厂发电量的 5.12%。如果捕集成 90% CO_2，最小能量将减少到发电厂发电量的 4.22%。这一计算表明，从烟气中分离最后10% CO_2需要多消耗20%的能量。基于此，大多数情况并不要求100% CO_2捕集，而是更合理的90%。对于燃煤发电厂的典型参考值（12% CO_2），90% CO_2捕集分离的最小能量约为 158kJ/kg[4.6]。

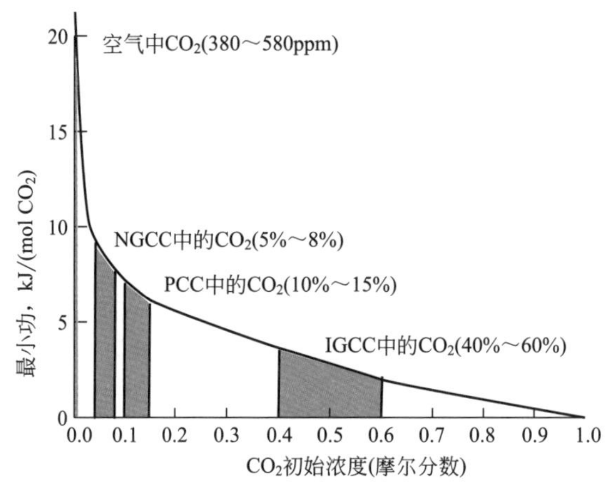

图 4.2.2　烟气中 CO_2 初始浓度与捕集 CO_2 最小功的关系 [4.4]

该图说明了从 IGCC（整体煤气化联合循环）、PCC（煤）、NGCC（天然气）和直接从空气中捕集 100% CO_2 的最小功的差异

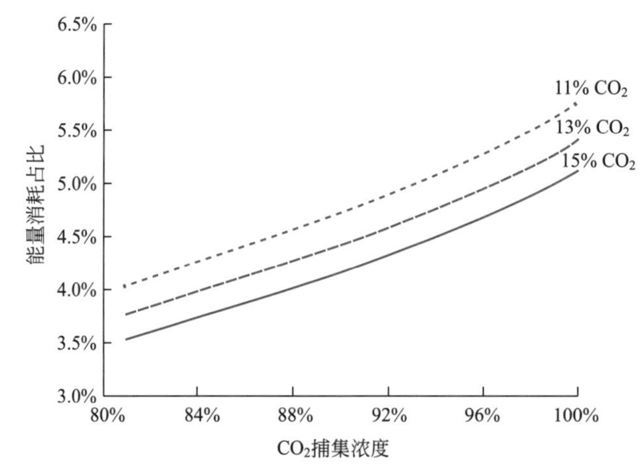

图 4.2.3　CO_2 捕集的能量需求在发电厂所产生总能量的占比 [4.5]

能量损失与烟气捕集 CO_2 浓度的函数关系，分离温度为 40℃

4.2.2　压缩

CO_2 经捕集分离后，下一步就是将其压缩到一定压力以便于地质封存（图 4.2.4）。压力大小需要确保 CO_2 处于超临界状态，参考压力为 150 bar（148 atm）。CO_2 压缩过程的能量消耗较高，很大程度上增加了碳捕集的成本。如果假设 CO_2 遵循理想气体性质，利用下式可计算压缩能量：

$$W_{\text{comp}} = \int_{\text{capture}}^{\text{transport}} p\mathrm{d}V = n_{\text{cap}} RT \ln \frac{p_{\text{transport}}}{p_{\text{capture}}}$$

式中，n_{cap} 为压缩的气体量；$p_{\text{transport}}$ 和 p_{capture} 分别为传输和捕集气体的压力。

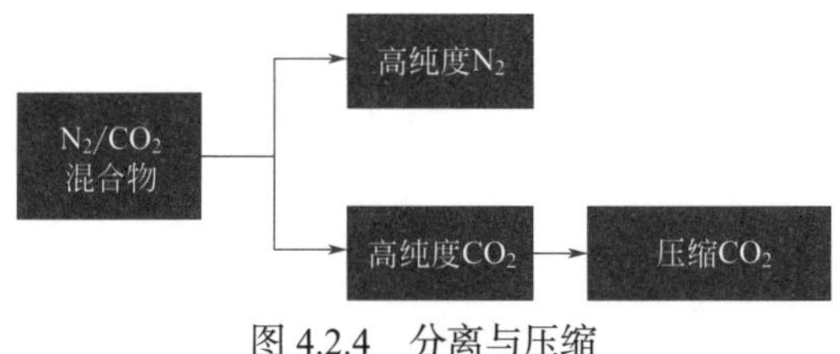

图 4.2.4 分离与压缩

然而实际上，压缩状态下的 CO_2 并不符合理想气体性质，因此需要更精确的状态方程，例如来自 NIST 数据库 REFPROP[4.7] 中真实气体的流体特性，由此得出 CO_2 压缩的最低能量需求约为 218 kJ/kg[4.4]。

4.3 附加能

如前所述，与 CCS 过程相关的能量需求被分成两个部分：一是将 CO_2 从烟气中分离所需的能量，二是压缩 CO_2 以进行运输和储存所需的能量。虽然最小化这两种能量的总和是 CCS 的设计目标，但不同的捕集过程可能会在分离和压缩之间分配不同的能量需求。因此，为了更好地比较不同的捕集过程，工程师使用了“附加能”的概念。

碳捕集过程消耗发电厂两种形式的能量，即直接来自发电机的电能和来自燃料燃烧以蒸汽形式的热能，基于此建立附加能方程。例如，输送 150 bar CO_2 用于运输和储存的压缩机可能直接由发电厂供电；捕集过程本身可能会使用蒸汽热来再生捕集介质。将蒸汽从发电厂的动力循环中分流出来，实际上给发电厂带来了附加负载，可以由热力学估计电力损失。首先，卡诺效率（η_{final}）给出了热（Q）转化为功的效率上限。此外，蒸汽轮机的效率为 0.75[4.6]。将这两部分贡献相加，即可得到表示发电厂 CCS 的附加能的等式为：

$$E_{\mathrm{par}} = 0.75\eta_{\mathrm{final}}Q + W_{\mathrm{comp}}$$

式中，W_{comp} 为压缩所需的功。由此式可知，蒸汽需求相同的两个过程，压缩功最小的过程将具有最低的附加能并且是更有利的设计。

从附加能来看，能源消耗并不是唯一重要的成本，能源将是影响 CCS 运营成本的一个重要因素，因为建造碳捕集分离装置的费用可占发电厂成本的 50%。例如，捕集过程所需的化学品投入可能占新建或改建发电厂总成本的很大一部分。总之，运营成本和资产成本都将导致电价上涨，这个价格正是选择新技术的最重要因素之一。

在寻求开发用于碳捕集的新化学物质时，化学和材料科学的研究人员面临着严峻的挑战，因为很难将基础研究成本转化为制造成本。例如，如何估计当前由博士生以每天 1mg 的速度手工制作的材料在未来全球生产后的价格？自然地，已经在非常大的工业化规模上使用的材料将比新型材料便宜几个数量级。然而，如果这种新材料与已知技术相比能够显著降低 CCS 的附加能，那么它在未来降低成本方面可能会发挥重要作用。研究人员需要证明，相比于现有工艺新材料将显著降低能源成本。因此，该指标在学术出版物中最常被引用。

接下来的章节将更详细地讨论三种最常用的气体分离工艺：液体吸收——采用液体选择性吸收 CO_2；固体吸附——采用多孔固体材料选择性吸附 CO_2；膜分离——用于从烟气中分离 CO_2。

4.4 习题

4.4.1 阅读自测

1. 燃煤发电厂的最大理论（卡诺）效率是多少？
   a. 70%　　b. 60%　　c. 40%　　d. 20%
2. 为什么需在 SO_x 之前从烟气中去除 NO_x？
   a. NO_x 去除的温度高于 SO_x 去除的温度
   b. NO_x 污染 SO_x 去除过程
   c. 脱除 NO_x 的温度低于脱除 SO_x 的温度
   d. 顺序无关紧要：在字母表中，N 在 S 之前
3. 关于化学循环，哪项说法是正确的？
   a. 煤在两个反应堆之间循环
   b. 固体被用在空气和燃烧部件之间传输氧气
   c. 氧气从空气中分离出来
   d. B 和 C
   e. A 和 C
4. 关于 IGCC 流程，哪项说法不正确？
   a. IGCC 的意思是“整体气化联合循环”
   b. 煤转化为合成气
   c. 合成气是 CO_2 和 H_2 的混合物
   d. IGCC 中的关键分离组分是 CO_2 和 H_2
5. 关于富氧燃烧，哪项说法不正确？
   a. 目前分离氧气的技术是低温蒸馏
   b. 将 CO_2 添加到氧气中以降低锅炉中的温度
   c. 富氧燃烧装置的理论效率高于在空气中燃烧
   d. 富氧燃烧最昂贵的部分是 CO_2 分离
6. 关于化学循环， 哪项说法不正确？
   a. 化学循环涉及将固体颗粒从一个反应器运输到另一个反应器
   b. 固体颗粒“携带”氧气
   c. 氧气在还原反应中通过以下方式消耗：$2Me + O_2 \longrightarrow 2MeO$
   d. 以上都不是
7. 关于熵的哪项表述是不正确的？
   a. 熵和系统微态数之间的玻耳兹曼关系是 $S=k_B \ln\Omega$
   b. 混合熵在较高温度下较高

c. 二元混合物中组分 A 的浓度越小，每分子 A 的混合熵就越高

8. 哪种说法最能描述 CCS 过程的附加能？

a. 分离和压缩 CO_2 所需的总能量

b. 发电厂因 CCS 工艺而无法输送的电能

c. 再生所需温度越高，附加能越高

4.4.2 关于附加能的习题

1. 下图所示为分离 CO_2 的最小功与 CO_2 摩尔分数之间的关系，请简述 A—D 所对应的 CO_2 分离过程。

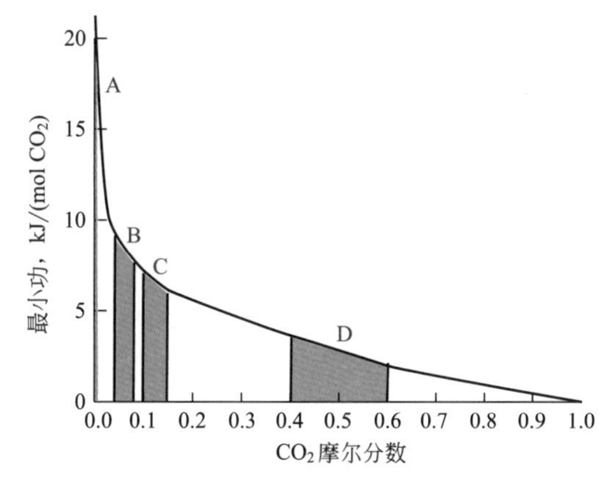

2. 如图所示，红色曲线表示温度 T 时，CO_2 分离的能量损失，蓝色曲线表示降至某一温度时的能量损失，其中正确的是？

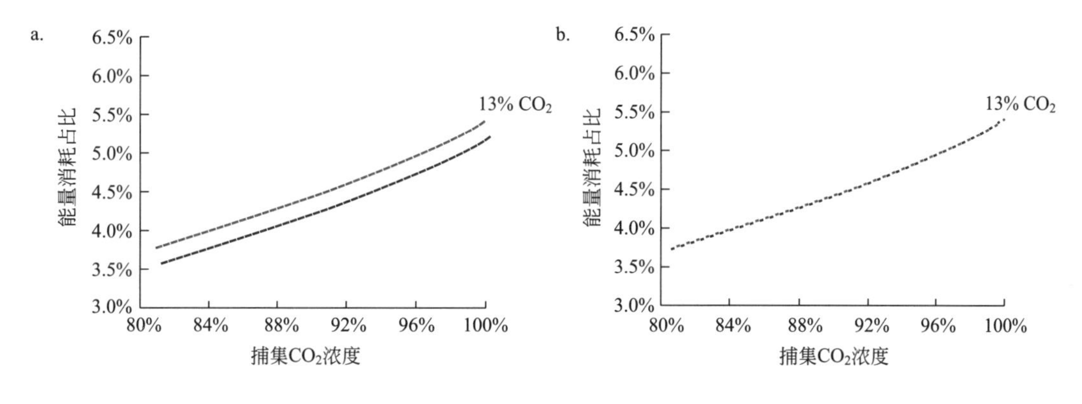

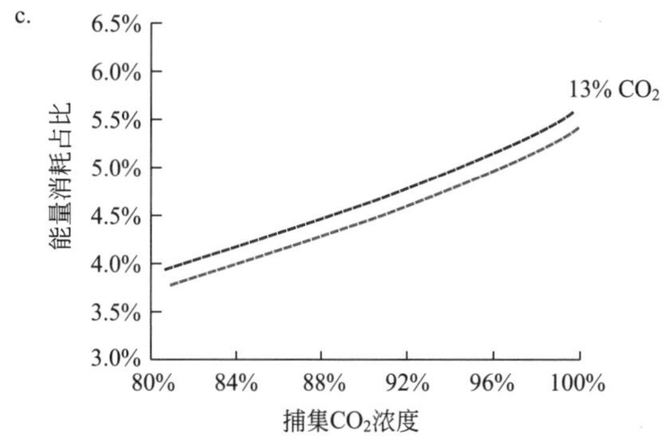

参考文献

[4.1] Ciferno，J.P.，J.J. Marano，and R.K. Munson，2011. Technology Integration Challenges. Chem. Eng. Prog.，107（8），34.

[4.2] Bottoms，R.，1930. Separating Acid Gases，US Patent 1，783，901.

[4.3] Rochelle，G. T.，2009. Amine scrubbing for CO_2 capture. Science，325（5948），1652. http://dx.doi.org/10.1126/science.1176731

[4.4] Socolow，R.，M. Desmond，R. Aines et al.，2011. Direct air capture of CO_2 with chemicals：a technology assessment for the APS panel on public affairs. American Physical Society. http://www.aps.org/policy/reports/assessments/upload/dac2011.pdf

[4.5] Bhown，A.S.，and B.C. Freeman，2011. Analysis and status of post-combustion carbon dioxide capture technologies. Environ. Sci. Technol.，45（20），8624. http://dx.doi.org/10.1021/es104291d

[4.6] Freeman，S.A.，R. Dugas，D. Van Wagener，T. Nguyen，and G.T. Rochelle，2009. Carbon dioxide capture with concentrated，aqueous piperazine. Ener. Proc.，1（1），1489. http://dx.doi.org/10.1016/j.egypro.2009.01.195

[4.7] Lemmon，E.W.，M.L. Huber，and M.O. McLinden，2010. NIST Reference Fluid Thermodynamic and Transport Properties Database（REFPROP）：Version 9.0. http://www.nist.gov/srd/nist23.cfm

5 吸收

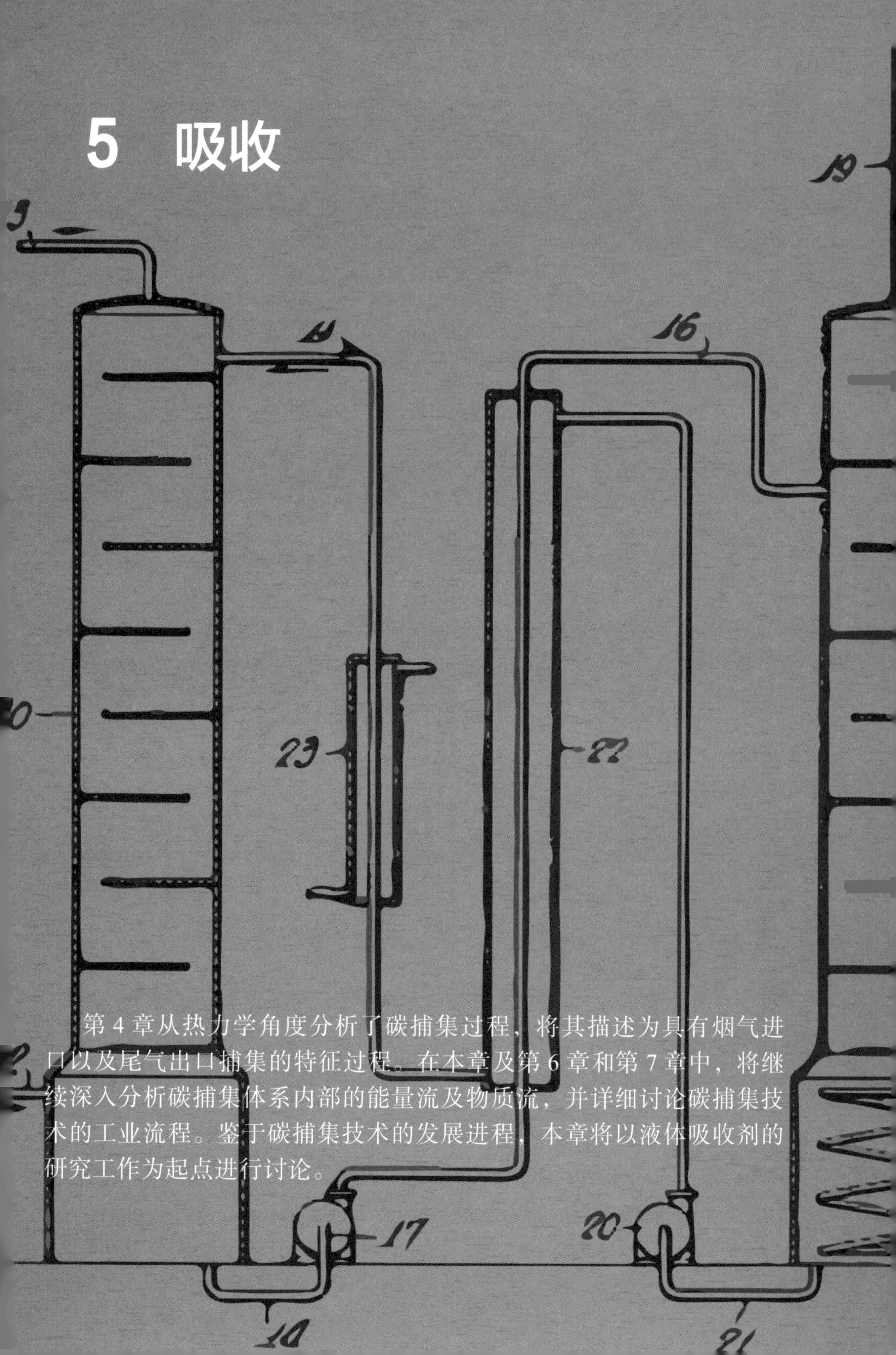

第 4 章从热力学角度分析了碳捕集过程，将其描述为具有烟气进口以及尾气出口捕集的特征过程。在本章及第 6 章和第 7 章中，将继续深入分析碳捕集体系内部的能量流及物质流，并详细讨论碳捕集技术的工业流程。鉴于碳捕集技术的发展进程，本章将以液体吸收剂的研究工作为起点进行讨论。

5.1 引言

迄今为止，碳捕集 CCS 技术已有近一个世纪的历史，但其与百年前相比仍未出现革命性变化。1930 年，Bottoms[5.1] 获得一项胺洗涤净化天然气杂质技术专利的授权，具体工艺流程如图 5.1.1 所示。该工艺由两部分组成，分别是用于原料气净化的吸收塔和吸收剂再生的再生塔。具体工艺过程如下：含有 CO_2 的废气从吸收塔底部进入塔内，在压差作用下沿着吸收塔内部自下而上依次穿过各层塔板，每层塔板由一个带筛孔的法兰盘和一个维持板上液层及使液体均匀溢出的溢流堰组成，溢流堰防止过多吸收剂向下流动，以确保原料烟气能够通过每块塔板上的小孔在塔内上升；液体吸收剂从吸收塔顶部进入，在重力作用下沿着与烟气流动相反的方向顺着塔板向下喷淋；为保证气液两相充分接触，塔板上均匀地开设一定数量的孔道供气体自下而上穿过板上液层，即塔板上的筛孔。由于下降的吸收剂和上升的烟气通过很多塔板，使得气液两相在塔内进行多次逆流接触，两相的组成沿塔高呈阶梯式变化，吸收塔顶部排出的气体中 CO_2 浓度比初始组分显著降低。

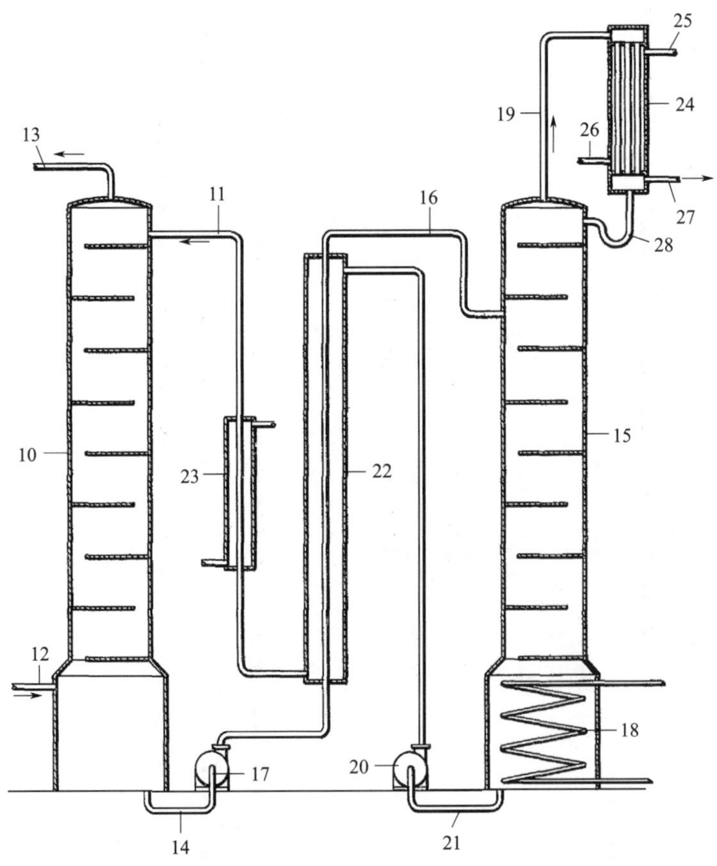

图 5.1.1❶ Bottoms 在 1930 年开发的使用胺类吸收剂的碳捕集过程 [5.1]

❶译者注：10—吸收塔；11—贫液回流；12—塔底进料；13—脱碳后烟气；14—塔底富液；15—再生塔；16—再生塔进口物料；17—富液增压器泵；18—再生塔低再沸器；19— CO_2 气体；20—贫液增压器泵；21—塔底贫液；22—贫富液热交换器；23—贫液水冷凝器；24—CO_2 顶冷凝器；25—循环出口水；26—循环进口水；27 —CO_2；28—CO_2 气体冷凝回流

但是溶剂吸收 CO_2 的能力有限，一旦溶剂在塔内达到完全饱和状态，需要将其从吸收塔底部转移到吸收剂再生塔中，进行 CO_2 分离和吸收剂再生处理。来自吸收塔底部富含 CO_2 的吸收剂进入再生塔顶部，同时在再生塔内与高温蒸汽进行逆向汽提，以便解吸 CO_2 并由塔顶排出，之后再对其进行冷却、压缩和运输储存。随着吸收剂中 CO_2 的"剥离"，热的吸收剂从再生塔底部被再次输送到吸收塔顶部，实现吸收剂的再生与循环利用。同时，由于再生完成的吸收剂温度很高，需要通过换热器回收再生过程中的部分热量。该烟气净化与吸收剂再生工艺是 20 世纪化学工程的典型技术路线，在受化学、热力学和相间质量传递等过程控制的同时，实现原料气的净化与吸收剂的再生。

基于化学吸收法的烟气净化思路非常简单：利用一种对 CO_2 和 N_2 具有不同溶解度的吸收剂，同时借助分离技术使烟气中的目标气体组分得以分离。根据吸收剂类型的不同，分离设备的大小有所不同，对能量的需求也千差万别。下面通过设计一个使用纯水作为吸收剂的碳捕集分离模型来说明上述思路。因为 CO_2 和 N_2 在水中有不同的溶解度，水资源廉价且易于获得，因此理论上，水可以作为理想的溶剂（专栏 5.1.1）。这个观点将在本章中多次提及。

如果把这种技术应用于燃煤电厂时会出现什么问题？如前文所述，燃煤电厂对 CO_2 捕集系统的核心要求是效率和容量。例如，一个普通的 500MW 火力发电厂，每天排放的 CO_2 量达到 70×10^8g，相当于每天 4000000m^3 的排放量。更值得注意的是，碳捕集系统存在一个不可忽略的技术限制，即捕集设备必须位于发电厂的厂区内部。显然，吸收工艺的进一步优化设计是将该技术转化为实际碳捕集系统的一个重要步骤。

专栏 5.1.1　水作为吸收剂的问题

在进行 CO_2 吸收剂研发时，研究人员首先将水视为一种具有发展前景的吸收剂。因为水易于获得，而且被用于许多工业过程，包括冷却、采矿、燃料生产和污染控制。然而，现实并非如此简单。除用于日常饮用和农业灌溉外，还需要用水来生产大多数形式的能源，包括由涡轮机、水电和地热方法产生的可再生能源。同时，移动、处理、输送和使用水也都需要能源。甚至有一个名词描述水和能源生产之间紧密联系：水—能源关联体[5.2, 5.3]。

根据世界卫生组织的统计，世界上有多达 1/6 的人口无法获得安全的饮用水水源。然而，在大多数国家能源领域的水资源消耗量远多于民生领域。例如，2000 年美国电力生产淡水消耗量占全国的 39%。随着人口增加，能源需求将对水资源造成很大压力。当考虑如何将碳捕集的吸收成本降到最低时，就需要把水资源和能源视为一个重要的技术瓶颈进行研究。

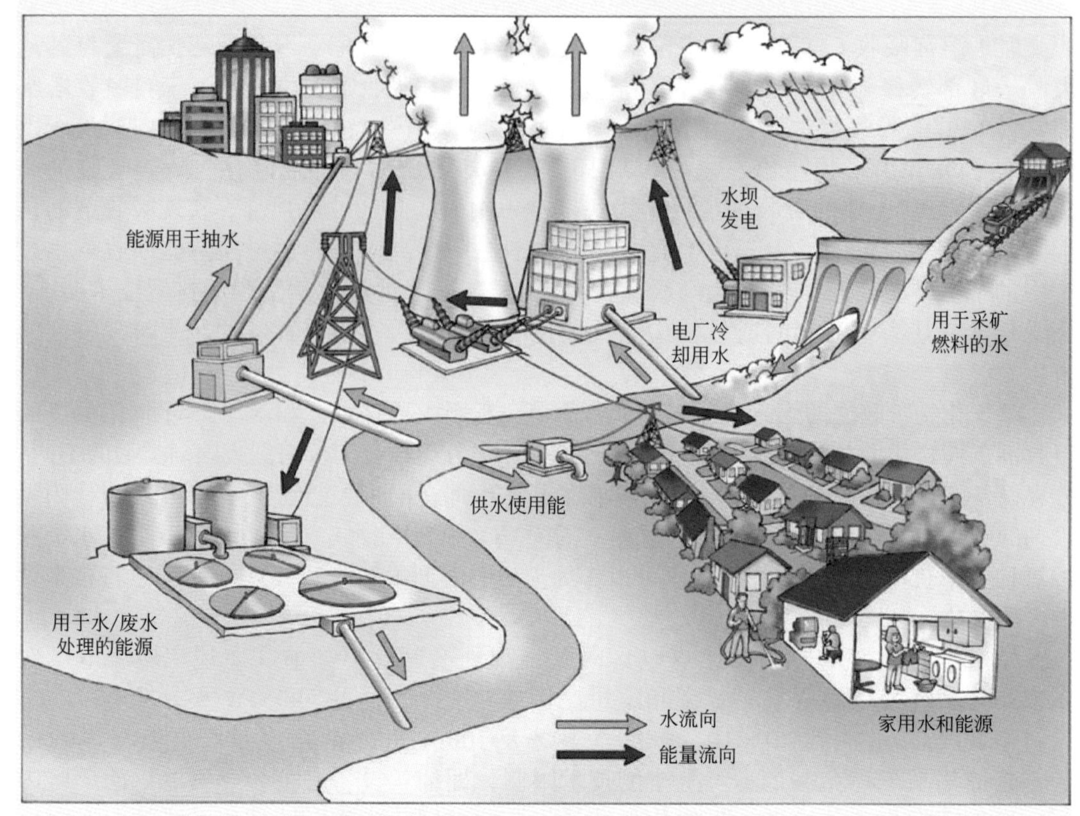

能源对水资源的需求（据美国能源部，2006）

5.2 吸收塔设计

5.2.1 吸收塔设备

吸收塔有两个主要参数：传质效率和传质驱动力。在吸收工艺中，烟气中的 CO_2 需要从气相转移到液相吸收剂中，且传质过程只发生在吸收剂与气体的界面处，可通过增大气液接触面积加快传质速率与吸收速率。传质驱动力，是指实际浓度和平衡浓度之间的浓度差。在 Bottoms[5.1] 的设计中，烟气和吸收剂在吸收塔内呈逆流接触状态，烟气从底部进入，顶部排出；而吸收剂从顶部进入，底部排出。与并流操作相比，逆流操作的效率明显较高，在专栏 5.2.1 中将进一步讨论逆流与并流操作的优势与劣势。

吸收塔种类繁多，大多外形相似，而内部结构差异明显，其核心目的均是增加液体和气体之间的接触面积。板式塔是最常见的吸收塔（图 5.2.1），塔体是一个圆塔体，塔板可以是任何带有气体通道的金属盘（图 5.2.2），以一定的间隔依次水平放置于塔体内部。填料塔又称填充塔，主要由圆塔形的塔体和堆放在塔内的填料（各种形状的固体物，用于增加两相流体间的面积，增强两相间的传质）所组成，是一种微分接触型的气、液传质设备。填料塔外观与板式塔非常相似，是化工生产中常用的一类传质设备。填料塔以填料为气、液接触和传质的基本载体，液体在填料表面呈膜状自上而下流动，气体呈连续相自下而上与液体逆向接触，并进行气、液两相间的传质和传热过程，两相组分浓度和温度沿着塔高呈连续变化。

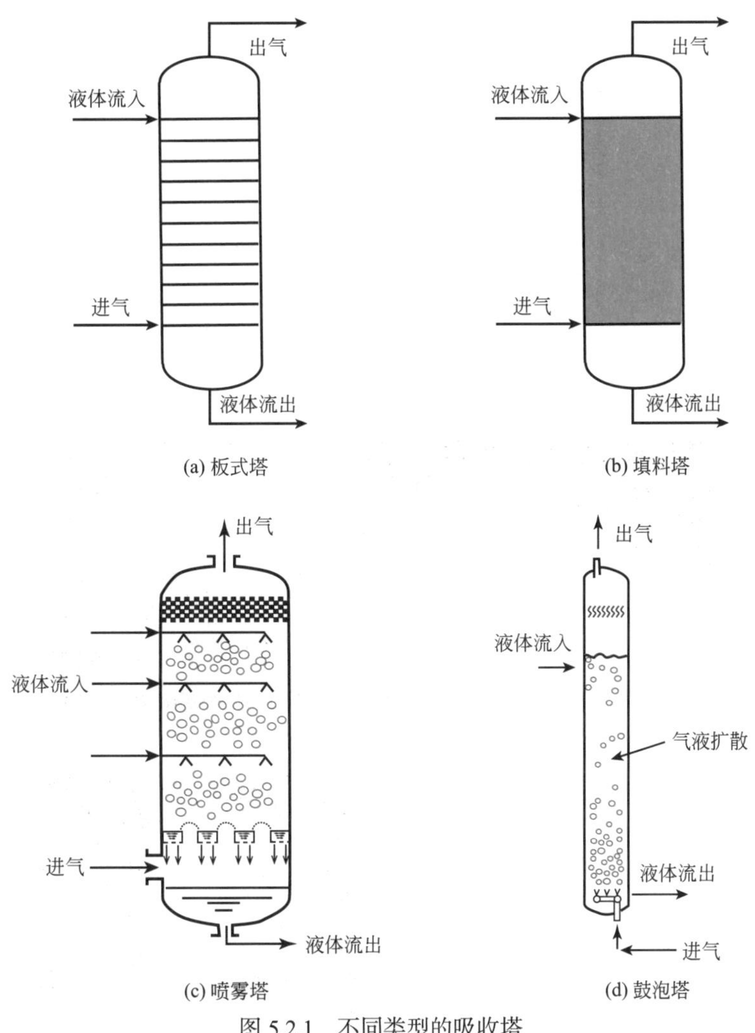

图 5.2.1　不同类型的吸收塔

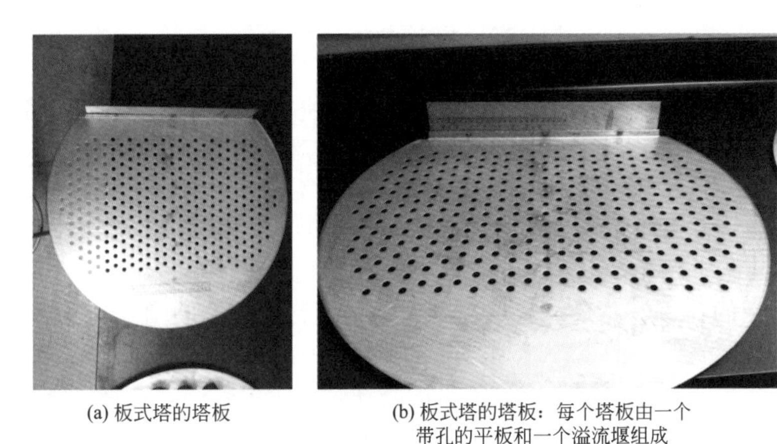

(a) 板式塔的塔板　(b) 板式塔的塔板：每个塔板由一个带孔的平板和一个溢流堰组成

图 5.2.2　不同的塔板设计

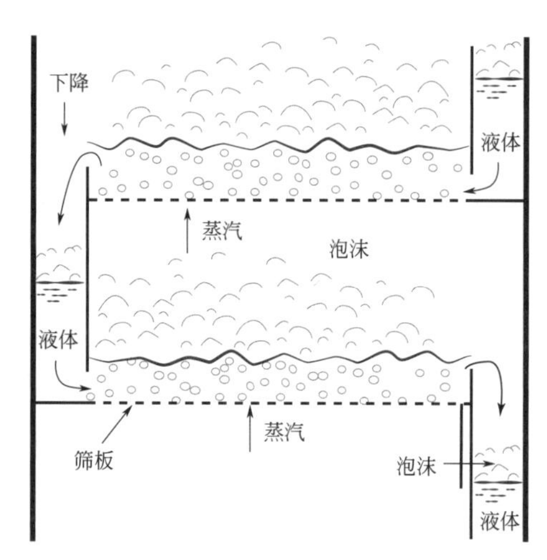

(c) 液体在塔内从一个塔板下降到另一个塔板，气体则通过板上的孔道上升

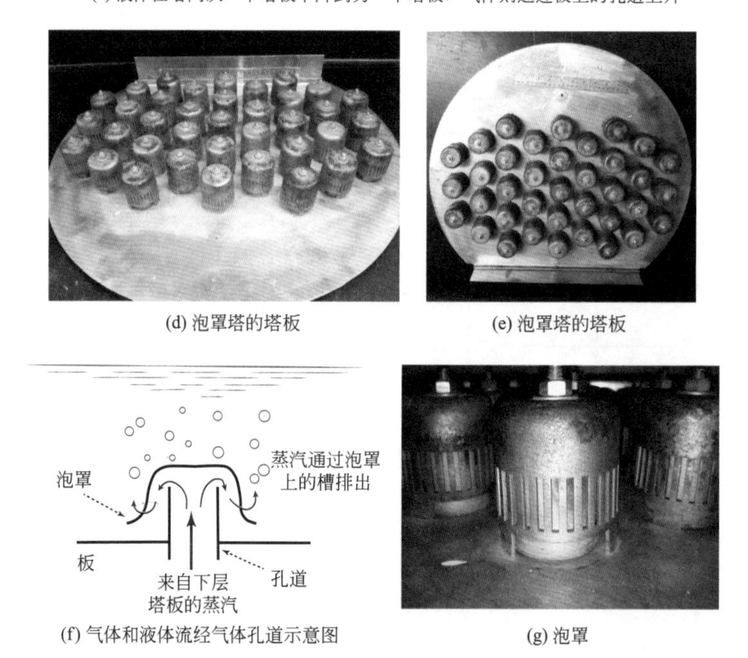

(d) 泡罩塔的塔板　(e) 泡罩塔的塔板

(f) 气体和液体流经气体孔道示意图　(g) 泡罩

图 5.2.2　不同的塔板设计（续）

下面，对其中一个板式塔的塔板气液传质过程进行深入分析。塔内分别有下降的液体和上升的气体，液体从塔顶进料，在重力作用下落到塔板上［图 5.2.2（c）］，上升的气体通过塔板的孔道与塔板表面的液体接触，完成气液两相间的传质过程。塔板孔道形式多样，对塔板性能有决定性影响，是区别塔板类型的主要标志。筛板塔塔板的孔道最简单，只是在塔板上均匀地开设多个小孔，又称筛孔，气体穿过筛孔上升并分散到液层中；泡罩塔塔板的孔道最复杂，它是在塔板上开有若干较大的圆孔，孔上接有升气管，升气管上覆盖分散气体的泡罩；浮阀塔塔板则直接在圆孔上设置可浮动的阀片，根据气体的流量，阀片自行调节开度。但最常见的是在金属板上打孔，并设围堰，或类似水坝的结构，用以在每个塔板表面保持一个薄薄的液体层，其目的是确保吸收剂和气体之间可进行充分接触，保证气液两相在塔板上形成足够大的实际传质表面（视频 5.2.1）。

专栏 5.2.1 逆流与并流

在吸收装置中，气液两相的流向有逆流和并流两种。液体均从塔顶加入，借重力向下流动，气体进塔位置包括塔底和塔顶。若气体从塔底进入，则与液体形成逆流；否则，形成并流。液体在重力作用下，自上而下依次流过各层塔板，至塔底排出；气体在压差的作用下，自下而上依次穿过各层塔板，至塔顶排出。每块塔板上保持一定厚度的液层，气体通过塔板分散到液层中，进行相间接触传质。由图 5.2.3 中浓度曲线可知：无论是逆流操作还是并流操作，吸收剂在刚进入吸收塔内时所含 CO_2 浓度和吸收塔底部液相中的 CO_2 浓度差异均很大，而逆流时传质的推动力更大，可获得更好的分离效果。具体的逆流操作过程为：含最低 CO_2 浓度的吸收剂从塔顶进入，含最高 CO_2 浓度的原料气从塔底进入，液相中的 CO_2 浓度将随着塔高的降低而逐步增加，而气相中的 CO_2 浓度将随着塔高的增加而逐步降低，随着吸收剂的下降与气体的上升，CO_2 在吸收剂和气相中的浓度越来越接近，浓度差越来越小，直至达到平衡状态。

相间传质的基本原理是两相间的质量传递速率与两相间的浓度差成正比。假定在每块塔板上方的气液混合相中，气相和液相之间的传质速率足够快，可以瞬间达到热力学动态平衡，板式塔的设计核心则是通过最大限度扩大两相之间的浓度差，使得吸收塔内所有塔板上两相之间的浓度差异最大化，从而获得最大的传质速率，而逆流设计可最大限度地提高每个塔板上两相间的浓度差异。

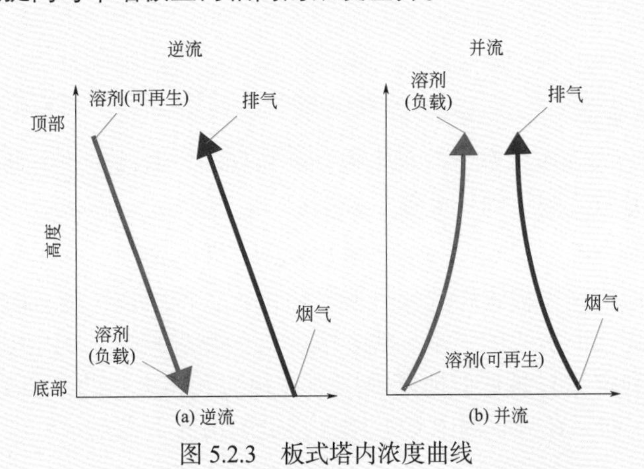

图 5.2.3 板式塔内浓度曲线

视频 5.2.1

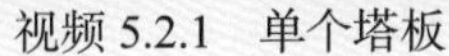

视频 5.2.1 单个塔板

气体流经装有液体的板的例子。该视频可在 http://www.worldscientific.com/worldscibooks/10.1142/p911#t=suppl 浏览

5.2.2 吸收过程热力学

设计吸收塔时，对于给定的温度和 CO_2 的分压，吸收剂对 CO_2 的最大吸收容量是一个重要参数。亨利定律则是反映吸收容量参数的基本热力学模型［式（5-1）］，该定律指出：在一定温度和平衡状态下，理想气体在理想液体里的溶解度（用摩尔分数表示）和该气体的平衡分压成正比。

$$y_{CO_2} \cdot p = K_{CO_2} \cdot x_{CO_2} \tag{5.1}$$

式中，p 为塔内的压力；y_{CO_2} 和 x_{CO_2} 分别为 CO_2 在气相和液相中的摩尔分数；K 为 CO_2 的亨利常数（见专栏 5.2.2），其数值取决于温度、压力及溶质和吸收剂的性质；x 为液相中的浓度；y 为气相中的浓度。通过数学变换，可以将压力 p 乘以气相中 CO_2 的摩尔分数 y_{CO_2} 得到气体的分压：

$$p_{CO_2} = y_{CO_2} \cdot p \tag{5.2}$$

常数$1/K_{CO_2}$ 描述了 CO_2 在吸收剂中的溶解度。如果一种吸收剂的 K_{CO_2} 值较高，那么与 K_{CO_2} 值较低的吸收剂相比，该吸收剂中的 CO_2 含量就较低。由此，可以定义一个无量纲常数 κ：

$$\kappa = K_{CO_2}/p \tag{5.3}$$

对于 25℃和 1 个大气压状态下的水来说，κ 为 1600。通过上述信息，可以在吸收剂和气相中的 CO_2 摩尔分数之间得到一个数学关系：

$$y_{CO_2} = \kappa \cdot x_{CO_2} \tag{5.4}$$

式（5.4）形象地描述了板式塔的的气液吸收过程，特别是气液两相平衡时，该公式被称为气液平衡关系式。平衡线的斜率 κ 代表吸收剂的物理特性，κ 用以优化吸收塔内的分离效率。但是，亨利定律只是近似地反映塔内液相与气相之间的平衡关系（图 5.2.4）。实验数据表明，亨利定律只在吸收剂中 CO_2 浓度很低的情况下成立。

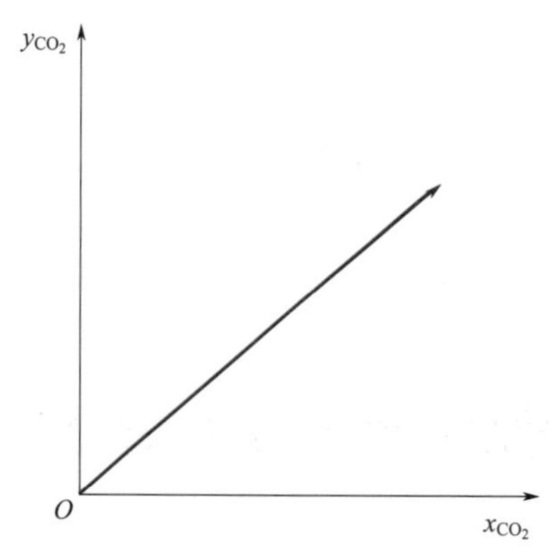

图 5.2.4　板式塔内气液两相平衡关系

专栏 5.2.2 亨利定律的推导

亨利定律可通过几种不同的途径推导，本书仅从动力学角度进行分析。亨利定律重点关注 CO_2 在气相中的分压与液相溶解度之间的关系，若 CO_2 在气液两相中处于动态平衡，则单位时间内从液相逃逸到气相中的 CO_2 分子数应等于从气相转移到液相中的 CO_2 分子数，即

$$\varphi_{CO_2}(\text{gas} \rightarrow \text{liquid}) = \varphi_{CO_2}(\text{liquid} \rightarrow \text{gas}) \quad (5.5)$$

如果假设 CO_2 气体是一种理想气体，那么从气态到液态的变化速率就与表面碰撞的气体分子数量成正比，即

$$\varphi_{CO_2}(\text{gas} \rightarrow \text{liquid}) \propto N_{CO_2} = p_{CO_2} = y_{CO_2} p \quad (5.6)$$

对于液体来说，同理可假设液体为理想溶液，其中 CO_2 分子不受其他分子存在的影响，那么离开液相的 CO_2 分子的数量与 CO_2 分子的摩尔分数成正比，即

$$\varphi_{CO_2}(\text{liquid} \rightarrow \text{gas}) \propto x_{CO_2} \quad (5.7)$$

将上述等式联立，即可得到：

$$\frac{y_{CO_2}}{x_{CO_2}} = \kappa \quad (5.8)$$

对于实际液体来说，亨利定律只在压力不大于 5×10^5Pa 才成立，被称为亨利限制体系。如果体系中只有 CO_2 一种理想气体，方程式可以用液体中吸收的 CO_2 分子的密度和 CO_2 的分压来改写：

$$\rho_{CO_2} = K_{CO_2} \cdot p_{CO_2} \quad (5.9)$$

式中，ρ_{CO_2} 为液相中 CO_2 的密度；K_{CO_2} 为吸收剂的亨利系数，是作为描述化合物在气液两相中分配能力的物理常数，物质在气液两相中的迁移方向和速率主要取决于亨利常数的大小。亨利系数有多种单位，本书采用的是单位体积和单位压力下的摩尔数，亨利常数的单位是 Pa · kg/mol；但如果采用单位质量液体中的 CO_2 质量来表示吸收剂的浓度，那么亨利系数的单位就是 Pa。

5.2.3 质量守恒定律

CO_2 捕集系统内除热力学平衡关系之外，还有另外一个平衡关系——质量守恒定律，即通入捕集系统的 CO_2 量必须等于从系统排出的 CO_2 量。

首先从吸收塔顶部进行物料衡算，即图 5.2.5 中的虚线部分。虚线范围内的气体从吸收塔顶部流出，尽管这些气体中的 CO_2 含量比进入吸收塔时要少，但仍有一定量的 CO_2

气体未被吸收，将原料气中残留的 CO_2 量表示为 $y_{CO_2}^{exh}$，即 CO_2 的摩尔分数乘以流速 n_{flue}。从吸收塔顶部进入塔内的液体几乎是纯吸收剂，以及吸收剂再生后残留的少量 CO_2，采用吸收剂的流量乘以吸收剂中 CO_2 的摩尔分数（$n_{sol}\ x_{CO_2}^{reg}$）来表示再生吸收剂中残留的 CO_2 量。

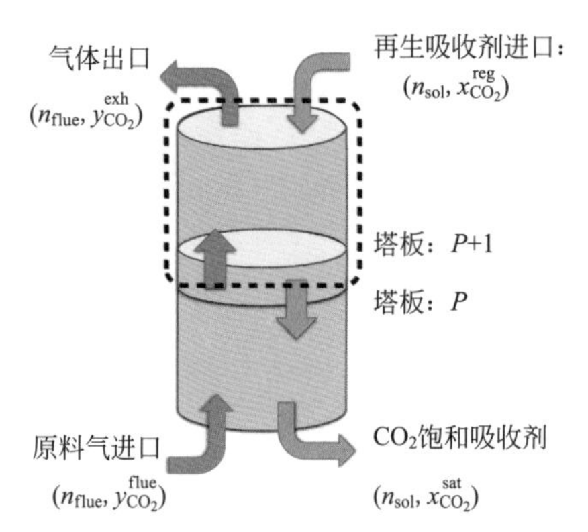

图 5.2.5 吸收塔内部的质量守恒关系（虚线确定了顶部和塔板 P 的质量平衡的边界）

如果将质量守恒定律应用于整个吸收塔，则有：

$$Inlet=Outlet \tag{5.10}$$

其中，对物料进口处：

$$Inlet=n_{sol}\ x_{CO_2}^{reg}+n_{flue}\ y_{CO_2}^{flue} \tag{5.11}$$

对物料出口处：

$$Outlet=n_{exh}\ y_{CO_2}^{exh}+n_{sol}\ x_{CO_2}^{sat} \tag{5.12}$$

为简化过程，此处假设只有 CO_2 在两相之间发生转移且吸收剂不发生蒸发等相变过程，同时原料气中的 CO_2 含量相对较低。在上述假定下，气体和液体的流量在吸收塔内是恒定的。

当物料进入吸收塔内部后，气体和液体都必须自下而上或自上而下依次通过塔板，将这些塔板从下往上表示为 1，2，3，…，P，P+1，P+2 等。因此，吸收塔内部的气体原料从塔底的第 1 块塔板开始上升，而液体原料从塔顶开始下降。

根据上述假设内容，可以写出以吸收塔塔顶和第 P+1 块塔板为界限的假想范围内部的质量守恒关系。其中，CO_2 的入口总量是再生吸收剂中的残留量及从第 P 块塔板上升的 CO_2 气体量总和。

$$Inlet=n_{sol}\ x_{CO_2}^{reg}+n_{flue}\ y_{CO_2}(P) \tag{5.13}$$

对应出口总量是吸收塔顶部的出料量和从第 P+1 块塔板下落至第 P 块塔板的液体量。

$$Outlet=n_{flue}\ y_{CO_2}^{exh}+n_{sol}\ x_{CO_2}(P+1) \tag{5.14}$$

在入口和出口的物料质量相等的情况下，推断出第 P+1 块塔板和第 P 块塔板间气相和液相组成的物料衡算关系式。

$$y_{CO_2}(P)=\frac{n_{sol}x_{CO_2}}{n_{flue}}(P+1)+\frac{n_{flue}y_{CO_2}^{exh}-n_{sol}x_{CO_2}^{reg}}{n_{flue}} \tag{5.15}$$

式（5.14）定义了吸收塔的操作线方程，曲线关系如图 5.2.6 所示。不同操作线表示吸收塔内不同操作条件下的质量平衡关系：吸收剂流量与操作线斜率成正比。吸收塔的设计核心即为操作线［式（5.14）］和平衡线［式（5.15）］之间的关系。

$$y_{CO_2}(P)=\kappa\bullet x_{CO_2}(P) \tag{5.16}$$

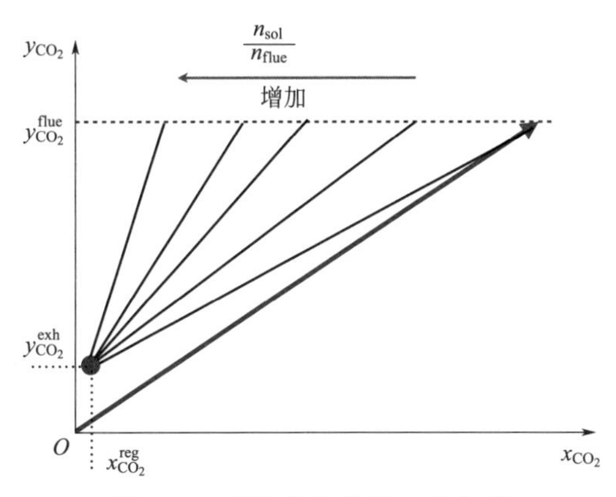

图 5.2.6　吸收塔操作线方程曲线

5.2.4　McCabe-Thiele 关系图

为提高塔内烟气吸收效率，可通过调控吸收剂与原料气之间的相对数量关系。当塔内存在大量过剩的吸收剂时，则出口处吸收剂中的 CO_2 浓度将远低于存在过剩气体的工况。这是质量守恒定律的一个必然结果。质量守恒定律表明在给定的 n_{sol}/n_{flue} 比率下，有多少 CO_2 进入系统，又有多少 CO_2 离开系统。据此，获得第二个方程［式（5.15）］，用以图解吸收塔内的塔板情况。

从工程角度看，吸收塔可以控制的主要设计因素是 n_{sol}，即进入捕集系统的吸收剂摩尔速率。当然，也可以调整气体的摩尔速率（n_{flue}）。若需从烟气中去除 90% 的 CO_2，当在某种工况下把吸收剂的摩尔速率减半时，则需两个甚至更多个吸收塔 - 再生塔装置。图 5.2.6 绘制了不同比例的 n_{sol}/n_{flue} 的质量平衡曲线，可得到进入吸收塔底部的气相中初始 CO_2 浓度—— $y_{CO_2}^{flue}$，在吸收塔顶部，烟气中 CO_2 浓度为 $y_{CO_2}^{exh}$，再生吸收剂中 CO_2 浓度为 $x_{CO_2}^{reg}$。根据定义，每条操作线都会穿过点（$x_{CO_2}^{reg}$，$y_{CO_2}^{exh}$）。基于设计要求，气相中 CO_2 浓度 $y_{CO_2}^{exh}$ 为给定值，即需设计在烟气净化后的目标 CO_2 浓度。由 4.2 节可知，尽管能够在吸收塔中实现 100% 捕集 CO_2，但分离最后的 10% CO_2 价格高昂。因此，只有 90% 左右的

CO_2 能够在相对低廉的成本下被吸收剂吸收，并在再生塔内被分离。

根据亨利定律可知，每一块塔板上的气液关系都可通过图 5.2.7 内的气液平衡曲线（黄色线）来描述。借助亨利定律可将第 P 块塔板上的吸收剂浓度 $x_{CO_2}(P)$ 与气体浓度 $y_{CO_2}(P)$ 关联；而借助质量平衡方程可将从一个塔板下降的液体吸收剂中 $x_{CO_2}(P)$ 与从下一块塔板上升的气体浓度 $y_{CO_2}(P-1)$ 关联。因此，吸收塔操作线方程确保任何两块塔板之间的物料都满足质量守恒定律。该图中的操作线方程及质量平衡方程表现了吸收剂在吸收塔内下降时吸收 CO_2 的过程。具体而言，进入第 P 块塔板的原料气中 CO_2 摩尔分数为 $y_{CO_2}(P-1)$，它与 P 板上方的吸收剂达到热力学平衡，然后以 $y_{CO_2}(P)$ 浓度离开第 P 块塔板。由图 5.2.7 中曲线可知，上述过程形成一个三角形，这被称为一个吸收阶段，代表吸收塔内部的一块塔板。因此，在图中由操作线的一端开始在平衡线与操作线之间做梯级，求得达到 CO_2 分离指标所需的理论板层数。

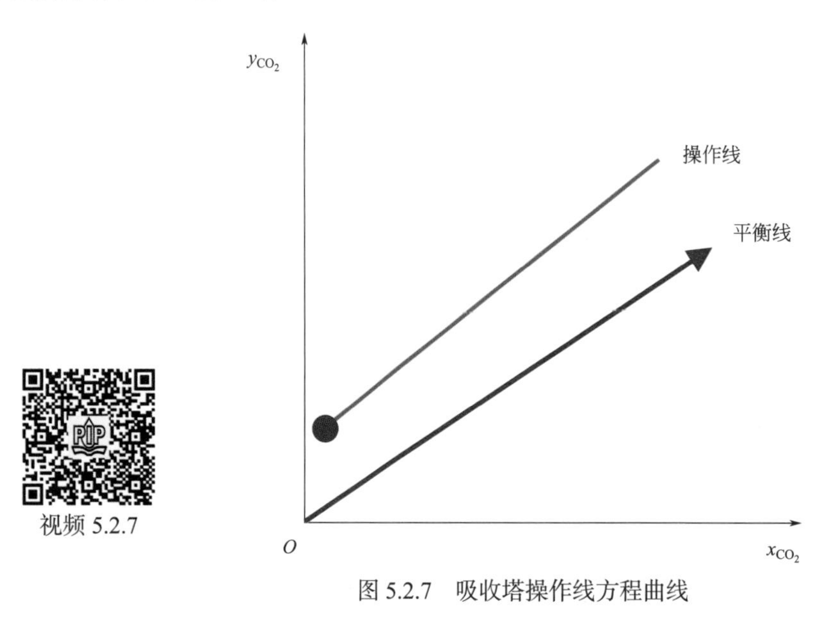

图 5.2.7　吸收塔操作线方程曲线

某工程的吸收塔使用 25℃纯水作为原料气吸收剂，来自燃煤电厂的待净化原料气从塔底进入时，CO_2 浓度为 $y_{CO_2}^{flue}=0.12$，塔底出口处的吸收剂中 CO_2 浓度为 $x_{CO_2}^{reg}$，假设吸收剂摩尔速率与气体摩尔速率的比值为 n_{sol}/n_{flue}，从吸收塔底部的第 1 块塔板开始进行模拟（图 5.2.8）。由于气相进料口在吸收塔底部，且进入第 1 块塔板的气体是原料气，即 $y_{CO_2}(1)=y_{CO_2}^{flue}$，而根据质量平衡方程可得到相应液体浓度 $x_{CO_2}(2)$。假设每个塔板都达到气液平衡状态，根据亨利定律，离开这个塔板的气体中 CO_2 浓度为 $y_{CO_2}(2)$。至此得到第 1 块塔板表面的气液平衡与质量守恒关系。依此类推，反复使用质量守恒定律和亨利定律可获得其他塔板表面的 $x_{CO_2}(i)$ 和相应的 $y_{CO_2}(i)$。以这种方式，在操作线和平衡线之间反复作 X 轴与 Y 轴的平行线，每一个三角形即为一块塔板。最终，这些阶梯将以吸收塔顶部的气液相组成 $x_{CO_2}^{reg}$、$y_{CO_2}^{exh}$ 为终点。这种分析形式被称为 McCabe-Thiele 法，以 20 世纪 20 年代开发该方法的两位麻省理工学院化学工程师沃伦·李·麦凯布及欧内斯特·蒂勒的名字命名。

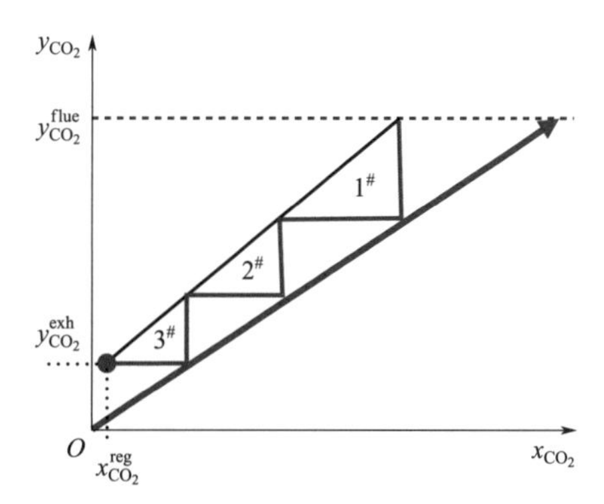

图 5.2.8 McCabe-Thiele 图（3 块塔板）

如何使用 McCabe-Thiele 图来估计一个特定吸收塔的高度？主要方法是通过理论计算或实际测量，理论计算首先确定整个吸收过程所需的塔板数，其次估计吸收塔内部的塔板间距，进而获得吸收塔的高度值。如果能够在微观尺度观察每个塔板的气液两相情况，会发现液相的高度与 n_{sol}/n_{flue} 比率有关，描述为操作线斜率。因此，需要确保塔板间距足够大。这样，每块塔板就不会对其下方相邻塔板表面的液相造成干扰，也能适应更多的工况条件。对于吸收塔直径而言，若将塔板之间的间距变小，则塔直径必须增大，以确保所有的液体和气体在吸收塔内部有足够大的空间进行相间传质。为了保持气液接触面积和维持塔板的气液交换能力，塔板面积与孔径的比例需要控制在一个合适的范围内。孔径太大会导致液体渗漏，而太小则会产生许多小的喷射气流，导致气体与液体的接触时间过短，传质效率降低。

由图 5.2.8 可知，完成气液分离任务需要在吸收塔内部布置 3 块塔板。改变设计参数是否会影响吸收塔的塔板数量？据图 5.2.6 可知，较小的 n_{sol}/n_{flue} 比率会降低操作线斜率。如果减少吸收塔内吸收剂的流量来降低 n_{sol}/n_{flue} 比值，塔内塔板数会发生什么变化？如图 5.2.9 所示，在 McCabe-Thiele 图上会出现一个新的起点（$x_{CO_2}^{reg}$，$y_{CO_2}^{exh}$）。吸收塔则需要设计更多的塔板才能完成分离任务。反之，如果增加溶剂的流量 n_{sol}，即扩大 n_{sol}/n_{flue} 比率，操作线的斜率增加，塔板数量也随之减少。在完成相同分离任务的前提下，塔板数越小，吸收塔能耗越低，实际应用价值越大。操作线和平衡线之间的距离代表气相和液相之间的浓度梯度，即为发生相间传质的驱动力。浓度梯度越大，驱动力就越大，分离过程就越高效。

McCabe-Thiele 分析是一种基于理想情况获得的吸收塔内部塔板数量的情况。首先假设液体和气体的接触时间足够长，以及每块塔板均达到热力学平衡状态，但在实际应用过程中这样的情况几乎不存在。实际上，溶质 / 溶剂比率不仅影响传质效率，而且影响吸收塔内每块塔板表面的实际工况。例如，如果液体流动速率太快而气体流动速率太慢，那么液相和气相的接触时间就会变得非常短，无法达到热力学平衡状态，尤其是以水为吸收剂的前提下。因为气体与水之间发生的相间传质速率非常缓慢，气液两相没有足够的时间进行充分接触，McCabe-Thiele 图中的每个阶段都无法完全达到平衡状态。因此，要实现同样的分离效果，则需要更多的塔板数来提供更多的气液接触场所。

到目前为止，本节将吸收塔的讨论重点集中在板式塔上，但在实际工业应用中多数采用填料塔完成气液两相的分离任务。在填料塔中仍然存在“塔板”或“阶段”的概念，但与板式塔内部具备实际物理意义的塔板完全不同。尽管如此，仍然可以借助填料塔内部的理论层数来衡量吸收塔的塔高。本书将不涉及其他类型吸收塔的工作细节与原理，但相应的 McCabe-Thiele 图仍然可以体现其他吸收塔的工作情况。

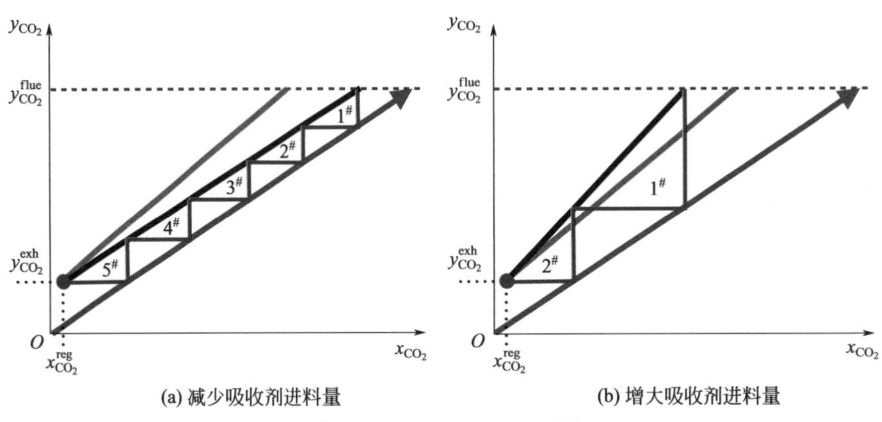

(a) 减少吸收剂进料量　　(b) 增大吸收剂进料量

图 5.2.9　McCabe-Thiele 图

基于对吸收塔结构与设计的了解，对于燃煤电厂的处理任务：每秒处理 400m³ 烟气，需要多少水来处理该燃煤电厂排放的 CO_2 烟气？经过计算，其数值约为 700m³/s。这不仅需要大量的水资源，更重要的是如此巨量的水需要被输送至吸收塔顶部，才能与吸收塔底部进入的原料气形成逆流操作关系。然而，这些吸收剂还必须在再生塔中加热到 80℃，以便其吸收的 CO_2 能够被解吸并储存。鉴于上述巨大的能源需求，这个系统明显不具备工业应用价值，需要开辟另一个途径或另外一种吸收剂对烟气中的 CO_2 进行净化和吸收。为了寻找一个更好的解决方案，从工程角度转向化学角度：如何改善吸收的驱动力并强化相间的传质效率？

问题 5.2.1　McCabe-Thiele 的极限

鉴于我们现在对 McCabe-Thiele 图的了解，你可能会想到一个问题，为什么不尽可能简单地扩大 n_{sol}/n_{flue} 比率？

5.3　吸收剂配方设计

5.3.1　引言

上一节中，操作线和平衡线之间的距离远近表明传质速率的大小。为了强化吸收塔内部的传质效果，主要有两种途径：一是增加操作线斜率，即扩大 n_{sol}/n_{flue} 比率（图 5.2.9）；二是降低平衡线斜率，可通过改变吸收剂的性质，降低 κ 值实现。

如图 5.3.1 所示，κ 值增加需要更多的塔板才能完成吸收任务；κ 值减少使吸收剂能够发挥更大的吸收作用。在 5.2 节中 κ 被定义为亨利常数除以总压，而亨利常数的大小取决于溶质、吸收剂和温度等因素。因此，降低平衡线斜率的一种方法是提高吸收塔内部的总压力，但压缩气体需要消耗大量能量。若想通过降低 κ 值提高传质效率，一是改变吸收剂种类，二是加入能帮助水更有效地吸收 CO_2 的物质。目前，CCS 中有相当多的研究报道都集中在吸收剂的分子结构设计以提高 CO_2 吸收能力。

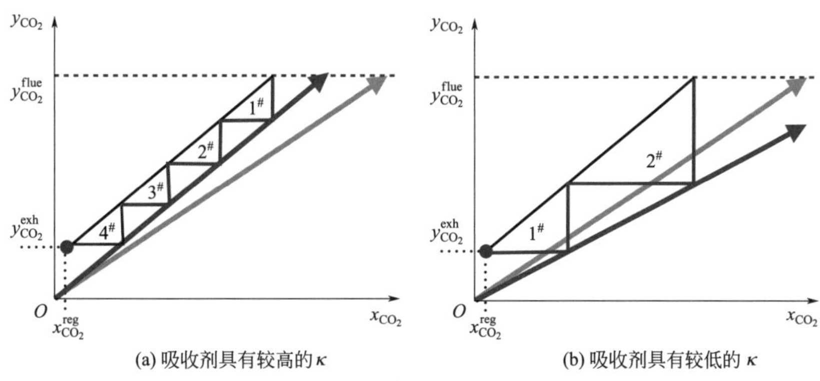

(a) 吸收剂具有较高的 κ　　(b) 吸收剂具有较低的 κ

图 5.3.1　不同吸收剂的 McCabe-Thiele 图

5.3.2　水系吸收剂

至此，均假设吸收塔内部 CO_2 捕集是气相中 CO_2 和液相中 CO_2 之间的简单平衡，事实上，CO_2 在气液两相之间的传质更为复杂。当溶解在水中时，CO_2 会形成多种离子，包括碳酸（H_2CO_3）、碳酸氢根（HCO_3^-）和碳酸根（CO_3^{2-}）。为了更好地理解这些化学物质对 CO_2 捕集的影响，将深入讨论水中 CO_2 的化学性质，如图 5.3.2 所示。

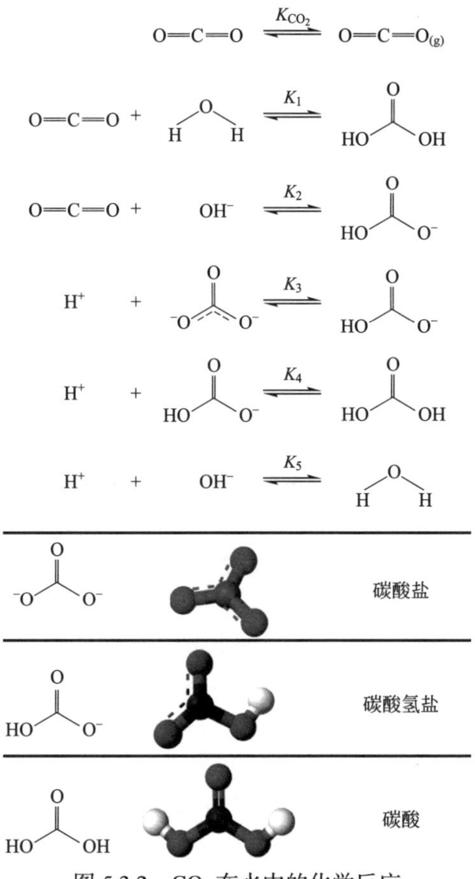

$$O{=}C{=}O \overset{K_{CO_2}}{\rightleftharpoons} O{=}C{=}O_{(g)}$$

$$O{=}C{=}O + H_2O \overset{K_1}{\rightleftharpoons} HO{-}C({=}O){-}OH$$

$$O{=}C{=}O + OH^- \overset{K_2}{\rightleftharpoons} HO{-}C({=}O){-}O^-$$

$$H^+ + {}^-O{-}C({=}O){-}O^- \overset{K_3}{\rightleftharpoons} HO{-}C({=}O){-}O^-$$

$$H^+ + HO{-}C({=}O){-}O^- \overset{K_4}{\rightleftharpoons} HO{-}C({=}O){-}OH$$

$$H^+ + OH^- \overset{K_5}{\rightleftharpoons} H_2O$$

结构式	名称
${}^-O{-}C({=}O){-}O^-$	碳酸盐
$HO{-}C({=}O){-}O^-$	碳酸氢盐
$HO{-}C({=}O){-}OH$	碳酸

图 5.3.2　CO_2 在水中的化学反应

问题 5.3.1 提高 pH 值还是降低 pH 值？

为了增加二氧化碳的溶解度，需要增加 pH 值或降低 pH 值吗？ CCS 的原则是否也适用于苏打水（碳酸溶液）？苏打水的灼烧感是由它的酸度（pH 值为 3）引起的。这些条件相同吗？

CO_2 与水反应生成碳酸（H_2CO_3），这是一个相对缓慢的化学反应，因此是限制水吸收 CO_2 速率的关键反应步骤。然后，H_2CO_3 进一步分解成水合质子和碳酸氢根（HCO_3^-）离子或者碳酸根离子（CO_3^{2-}）。如此复杂的反应历程肯定会使水对 CO_2 的吸收过程比之前讨论得更加复杂。CO_2 溶于水的平衡常数见表 5.3.1。

表 5.3.1 水中 CO_2 的平衡常数

反应步骤	K_i
1	1.15×10^{-3}mol/L
2	3.21×10^{-3}mol/L
3	5.95×10^{10}mol/L
4	2.46×10^{3}mol/L
$\lg K_5=-5839.48/T-22.473\lg T+61.2060-\lg C_o$	

注：数据来自 McCann 等 [5.4]。

还需考虑 pH 值对 CO_2 溶解度的影响，可以使用平衡方程来确定各种碳酸盐化合物的浓度作为溶液 pH 值的函数。pH 值越低，溶液中 H^+ 数就越多，化学平衡就倾向于向 H_2CO_3 生成的方向移动；增加溶液 pH，平衡会向 HCO_3^- 生成的方向移动；pH 值更高时，平衡转向 CO_3^{2-} 生成的方向移动。利用平衡常数，可以计算浓度，并且可以确定反应趋势，如图 5.3.3 所示。

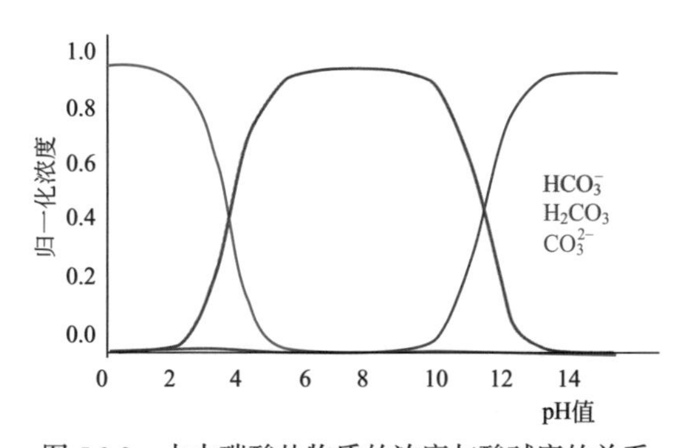

图 5.3.3 水中碳酸盐物质的浓度与酸碱度的关系

当加入一种非常强的碱性物质，如氢氧化钠（NaOH），CO_2 的溶解度会发生什么变化？加入强碱会完全分解，在水溶液中转化为 1mol 的 Na^+ 和 OH^-。如果向体系中加入大量的 OH^-，会推动反应向 HCO_3^- 方向移动。这将提高系统的传质驱动力，进而增加 CO_2 的吸收效率。但使用强碱有一个问题：吸收 CO_2 生成 HCO_3^- 是一个放热反应，那么在再生过程中将需要更多的热量来实现强碱吸收剂中 CO_2 的解吸，造成更多的能源消耗和更高的成本投入。但是，这个过程在 CO_2 浓度非常低的工况下也能非常有效地完成捕集任务，因此使用强碱直接从空气中捕集 CO_2 是一个非常具有发展前景的研究热点。下一节将更详细地讨论与吸收剂再生相关的问题。

5.3.3 有机胺类吸收剂

1930 年，Bottoms[5.1] 在专利中提出使用含胺的水溶液作为吸收剂，如乙醇胺；再向其中添加多胺，如 MEA 等来辅助 CO_2 捕集。可见，弱碱有助于碳捕集的想法并不完全是近期提出的新观点。为了更好地理解胺类吸收剂如何进行 CO_2 捕集，首先学习相关物质的结构特点。

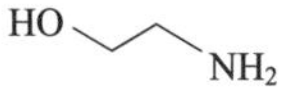

HO ⁄\ NH₂

单乙醇胺

分子式：C_2H_7NO

胺是氨（NH_3）的衍生化合物，由一个中心氮原子与一个孤对电子和三个官能团（R—基团）组成。R 基团由非氢取代基组成，如甲基（$—CH_3$）或其他烷烃基团。胺可分为伯胺、仲胺和叔胺，这取决于每个分子上 R 基的数量。胺中 R 基团的数量和大小会影响分子的性质及与其他化合物反应的能力，这对于选择哪一类胺吸收剂作为 CO_2 吸收剂具有非常重要的指导意义。

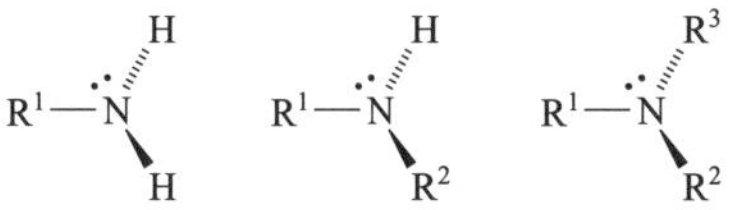

$R^1—\ddot{N}(H)(H)$　　$R^1—\ddot{N}(H)(R^2)$　　$R^1—\ddot{N}(R^3)(R^2)$

伯胺　　仲胺　　叔胺

胺相对于 NaOH 是弱碱，1mol 的 NaOH 会完全解离并产生 1mol 的 Na^+ 和 OH^- 水溶液。而对于胺，其在溶液中平衡关系可以表示为：

$$H_2O+RNH_2 \longrightarrow RNH_3^+ +OH^-$$

1mol MEA 溶液的 pH 值约为 11.7，相较于 1mol 的 NaOH 胺是弱碱，它通过平衡向形成 HCO_3^- 方向移动而影响 CO_2 溶解度。对于不同结构的胺类，这一过程稍有不同。如图 5.3.4 所示，CO_2 与伯胺和仲胺的反应，包括在 CO_2 分子的碳之间形成氨基甲酸酯键和氮原子基团 [5.4, 5.7]，所形成的氨基甲酸酯的一部分被水解成碳酸氢盐。因此，伯胺和仲胺的 CO_2 负载能力为 0.5 ～ 1mol CO_2。对于叔胺来说，额外的 R 基团阻碍了碳酸化反应，使 CO_2 在碱催化下水化成碳酸氢盐形式。因此，CO_2 与叔胺的反应具有更高的负载能力，每摩尔胺有 1mol CO_2 的吸附能力。但与伯胺相比，叔胺与 CO_2 的反应活性相对较低。

使用伯胺和仲胺作为弱碱的缺点是胺类溶液的消耗量较大。如果想捕集 1mol CO_2，就需要消耗约 2mol 的伯胺或仲胺。考虑全球面临的 CO_2 减排与捕集的压力，胺类物质的来源及消耗可能会是巨大的工程难题。然而，CO_2 与伯胺和仲胺的吸收反应也具有优势：尽管存在显著的反应吸收热（约 -80kJ/mol CO_2），但可通过改变伯胺或仲胺 R 基的化学形式进行反应设计。选择不同 R 基团的胺或仲胺可以调控反应能垒的大小，使吸收剂与 CO_2 反应活性得到有效控制。通过引入体积较大的 R 基团，可以引起空间位阻效应，从而克服传统的胺和仲胺的一些限制。例如，一些专门配制的胺类物质，较大的取代基降低了其伴生氨基甲酸盐的稳定性，能够获得超过 0.5 摩尔当量的 CO_2 吸收量。

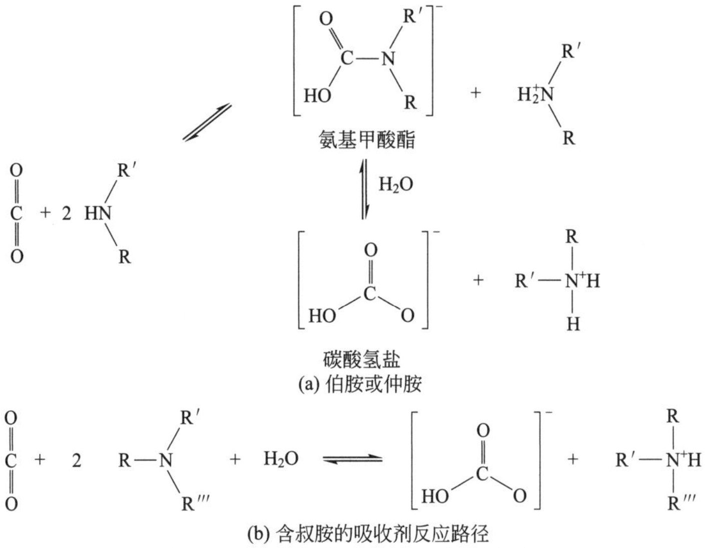

氨基甲酸酯

H_2O

碳酸氢盐

(a) 伯胺或仲胺

H_2O

(b) 含叔胺的吸收剂反应路径

图 5.3.4　化学吸收 CO_2 的一般反应路径

问题 5.3.2　MEA 的浓度

如果测得 1mol MEA 溶液的 pH 值约为 11.7，此时溶液中的 OH^- 浓度是多少？以未离解（即分子）形式存在的 MEA 的百分比是多少？

在使用叔胺类吸收剂时，CO_2 能够以 1 ∶ 1 的物质的量直接与其形成碳酸氢盐。从成本角度来看，该反应需要更少的吸收剂来处理相同数量的 CO_2，这是一个巨大的优势。此外，叔胺与 CO_2 发生反应的吸收热较低，说明在再生塔中回收 CO_2 和再生吸收剂所需的能量更少。更重要的是，叔胺由于存在 3 个官能团而具有良好的可调控特性。

问题 5.3.3　吸收热

下面思考一下与胺溶液吸收过程相关的热量——40 ~ 100kJ/mol。为了从胺溶液的吸收过程中解吸 CO_2，需要提供热量。在再生塔中，可以通过加热溶液来实现这一目的。胺溶液通常由 30% 的胺和 70% 的水组成。如果假设胺溶液的性质与水相同，那么当吸收热为 40kJ/mol 时，需要提供多少热量？如果 100kJ/mol 时，需要提供的热量又是多少？

5.3.4　酶类吸收剂

叔胺或具有空间位阻的二元胺比其他胺能吸收更多的 CO_2，但它们与 CO_2 反应的速度较慢，不利于提高捕集效率。事实上，这个反应速率非常缓慢，以至于限制了 CO_2 从气相转移到液相。此外，碳酸氢盐的形成也会进一步限制 CO_2 溶解（图 5.3.4）。

在自然界中，碳酸酐酶催化 CO_2 和水发生反应生成碳酸氢盐和质子，对 CO_2 吸收与捕集具有非常大的启示。当动物呼气时，这种反应在体内以惊人的速度进行。碳酸酐酶属于金属酶家族的一部分，由于其中心含有一个锌原子，因此被归类为金属酶。碳酸酐酶催化过程的机理已经非常明确，其工作效率非常高。故从研究角度考虑，可用一种类似的酶增加胺溶液中 CO_2 的吸收量，这是一个非常重要的研究热点。碳捕集过程的温度范围从 40℃

到超过 120℃，高浓度的有机胺和烟气中的微量污染物都不是正常生物的典型生活环境，因此，天然酶在苛刻环境中的稳定性非常差。为了将酶用于碳捕集，研究人员正在研究生活在非常恶劣条件下生物体中的碳酸酐酶，借助蛋白质工程技术以创造耐高温的酶[5.8]。

5.3.5 离子液体吸收剂

到目前为止，我们一直专注于改变水的性质来提高 CO_2 的吸收能力。另一种方法是用一种完全不同的吸收剂来代替水。在这一背景下，离子液体（IL）引起了人们极大的兴趣[5.9]。如前所述，离子要么带负电荷，要么带正电荷。当离子聚集在一起时，阴离子和阳离子会相互吸引，它们会形成非常稳定的固体结晶盐。例如，NaCl 必须将晶体加热到 801℃才能熔化。然而，在离子液体中，正离子和负离子都是不对称的、体积大的分子，这阻止了它们形成典型盐的结晶盐。因此，这些无法聚集的盐类在室温下保持像熔融盐一样的液态，由于其离子特性，离子液体具有特殊的属性。与普通液体相比，离子液体的蒸汽压相对较低。并且由于电荷效应，离子液体分子只能相对地从液相中逃逸，这些特性使得离子液体有可能被应用于膜吸收剂领域，这一内容将在第 6 章中深入学习。

离子液体的另一个重要特性是可以高度定制。通过改变阳离子和阴离子，有可能形成数百万种完全不同性质的离子液体，其中许多已经被化学家进行分析和深入研究。以图 5.3.5 所示的具有三个不同 R 基的特定阳离子和具有一个 R 基的阴离子为例，在这两种结构之间进行高度定制，可以获得成千上万种不同的离子液体[5.10]。因此，哪种离子液体具有优异的性能和低廉的成本能够作为捕集的吸收剂？图 5.3.5[5.10] 呈现了一个关于这些特定官能团微妙变化的具体事例，有可能根据离子液体的几何形状来改变 CO_2 在其中的溶解度，以及与离子液体的反应特性。在后续内容中，将进一步说明如何对离子液体进行化学功能化改进以提高 CO_2 的溶解度。然而，目前仍无法确定增加溶解度是否真的代表更好的碳捕集吸收剂[5.11]。

专栏 5.3.1

（1）基于三唑啉的离子液体的示例。

庞大的阳离子和阴离子使这些液体很难结晶，因此在普通盐为固体的条件下，这些吸收剂为液体。通过改变 R_1、R_2 和 R_3 官能团，可以制造出数百万种不同的吸收剂，每种吸收剂都具有完全不同的特性。

（2）离子液体结构对 CO_2 溶解度的影响。

大多数离子液体能够选择性地吸收 CO_2。然而，这种物理性的溶解具有很大的局限性，使用能与 CO_2 反应的离子液体可大大提高 CO_2 在离子液体中的溶解度。由于胺基能够与 CO_2 发生反应，因此对离子液体进行胺功能化改性是一个重要的发展方向。

$$2IL{-}NH_2+CO_2 \rightleftharpoons IL{-}NH_2CO_2+IL{-}NH_2 \quad (1)$$

$$IL{-}NH_2CO_2+IL{-}NH_2 \rightleftharpoons IL{-}NHCO_2^-+IL{-}NH_3^+ \quad (2)$$

上式是典型的氨基甲酸酯化学改性，已经在前面的内容中有所涉及。理想情况下，通过抑制第（2）步，即两性离子的形成，有望使 IL/CO_2 捕集率达到 1。此外，离子液体提供了一个更有效的途径，将胺基加在阳离子（3）或阴离子（4）上。

$$[IL-Cat-NH_2]^+[IL-An]^- + CO_2 \rightleftharpoons [IL-Cat-NHCO_2H]^+[IL-An]^- \tag{3}$$

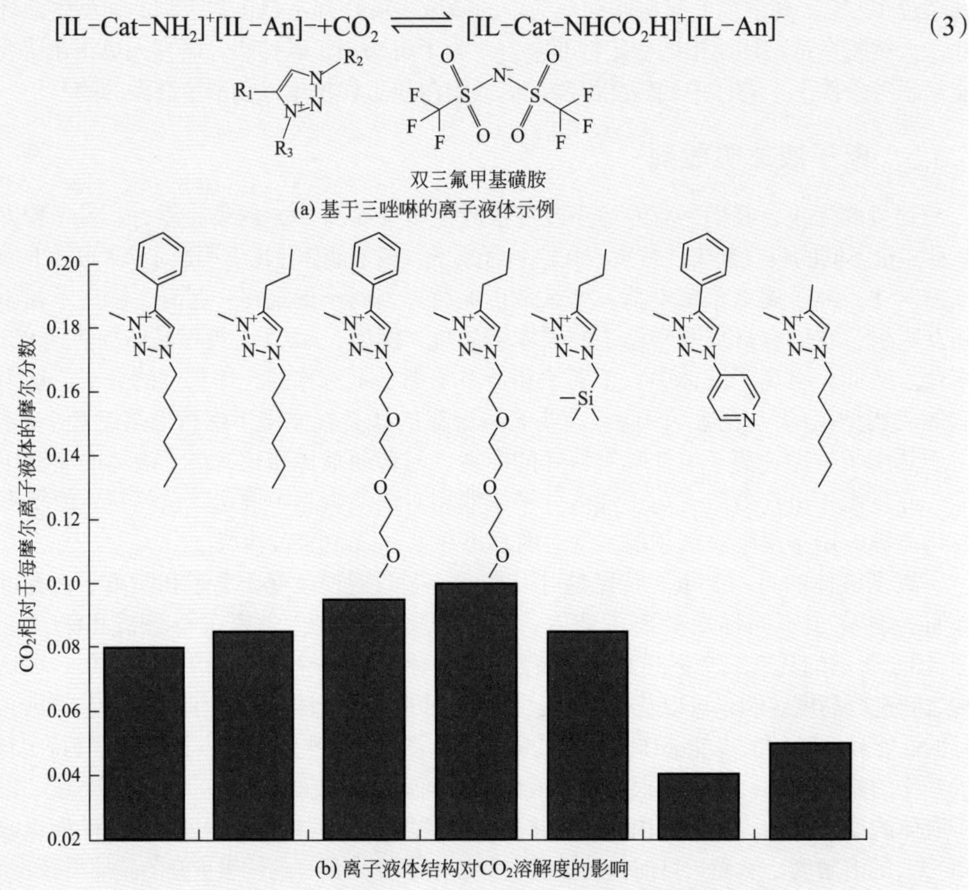

图 5.3.5　基于三唑基离子液体的结构及其对 CO_2 溶解度的影响 [5.10]

$$[IL-Cat]^+[IL-An-NH_2]^- + CO_2 \rightleftharpoons [IL-Cat]^+[IL-An-NHCO_2H]^- \tag{4}$$

由于阴离子带有负电荷，它对质子有更强的亲和力，因此在（2）所示的反应中，阴离子难以释放出质子。Schneider 和 Brenneck 课题组 [5.11] 利用这一想法合成了以氨基酸为基础的离子液体，该种离子液体的阴离子上有胺基功能团。如图 5.3.6 所示，蛋氨酸（Met，顶部结构）和脯氨酸（Pro，底部结构）是基于氨基酸的阴离子，以及被称为 P_{66614} 的阳离子结构。

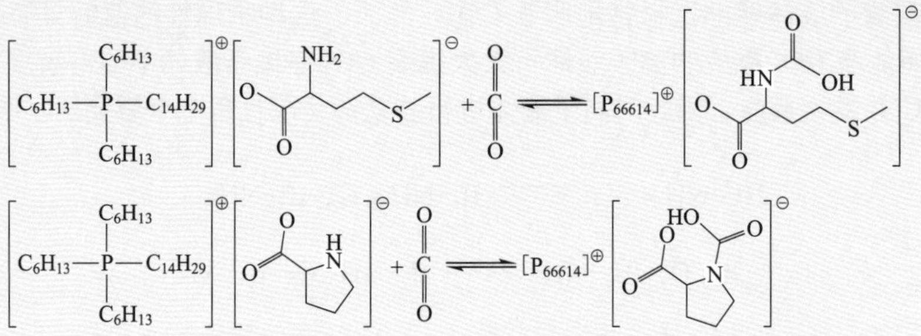

C_6H_{13} / C_6H_{13}—P—$C_{14}H_{29}$ / C_6H_{13} ⊕ ; NH_2, O, O, S ⊖ + O=C=O ⇌ $[P_{66614}]^{\oplus}$; HN, O, OH, O, O, S ⊖

C_6H_{13} / C_6H_{13}—P—$C_{14}H_{29}$ / C_6H_{13} ⊕ ; O, O, H, N ⊖ + O=C=O ⇌ $[P_{66614}]^{\oplus}$; HO, O, O, O, N ⊖

图 5.3.6　蛋氨酸（Met，顶部结构）和脯氨酸（Pro，底部结构）

吸附等温线证实了这几种离子液体可以与 CO_2 按照 1 ∶ 1 进行化学反应（图 5.3.7）。

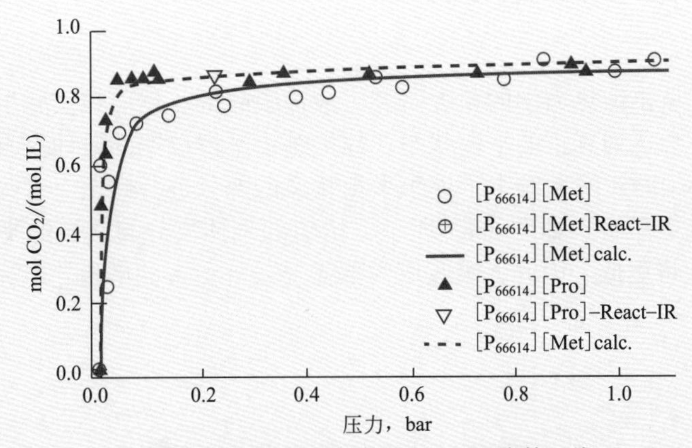

图 5.3.7　不同阳离子结构的 P_{66614} 吸附等温线

液体吸收工艺的优点是易于输送液体。然而，如果液体黏度过高，将其输送至吸收塔顶部就会非常困难。在实际工程应用中，人们希望确保黏度低于 100 ～ 200 厘泊（cP）。离子液体的另一个技术难点是其一旦吸收了 CO_2，会形成氢键网络，黏度会进一步增加[5.9]。借助空间位阻效应，Brennecke 等[5.9]成功开发出能够抑制氢键网络形成的新型离子液体。

5.3.6　商业吸收剂

在本章前面提到，碳捕集技术并没有神奇之处，而是基于物理吸附或化学吸收发展起来的一门工程应用技术。如果想在燃煤发电厂旁边增加一个捕集装置，现有的商业流程和工程经验完全可行，欠缺的是成本投入与技术成熟度。下面将简要介绍其中的几个过程。

在 Selexol ™工艺中，吸收剂由专用的聚乙二醇二甲醚（DEPG）混合物组成，在相对较高的压力下从烟气中吸收 CO_2。与胺基气体分离不同，Selexol ™使用物理吸收剂，不涉及 CO_2 和液体之间的化学反应。Selexol ™的主要优点是它不需要水。其缺点是使用的吸收剂比水有更高的黏度，因此需要更多的能量进行泵送，降低了传质速率和塔板效率，增加了填料或塔板的要求。

另一个工艺流程是 Rectisol®，它只使用甲醇作为吸收剂。甲醇能与 CO_2 反应，但整个系统必须在非常低的温度下（-62 ～ -40℃）运行，需要昂贵的不锈钢冷藏容器。

这些工艺大多是在清洁天然气的背景下发展起来的，后来被用于烟气分离。目前研究主要集中在开发新型吸收剂或工艺，以降低从烟气中捕集 CO_2 的相关成本。其中一种吸收剂是 KS-1 ™，另一种是由关西电力公司（KEPCO）和三菱重工（MHI）联合开发的空间受阻胺。KEPCO 和 MHI 报告称 KS-1 ™吸收剂所需的再生能源比 MEA 的少，KS-1 ™吸收剂自 1999 年起在马来西亚吉达达努阿曼（Kedah Danul Aman）的一家蒸汽重整电厂投入商业使用，该工艺每天可捕集 160t CO_2[5.12]。

5.4　平衡热力学偏离情况

到目前为止，从单纯热力学的角度研究了液体吸收剂。然而在实际生产中，塔板上方的吸收剂中永远不会达到真正的平衡状态，故把基于平衡数据的设计仅看作理想模型。在真正的设计中，必须对实际系统中不处于平衡状态的部分进行修正。这些修正使理论设计变得更多，因此也更昂贵。如图 5.4.1 所示，给定的气体成分与真正的平衡浓度相比，相应的 CO_2 液体浓度将更低。因此，吸收塔内部需要设计更多的塔板才能完成相对应的 CO_2 吸收任务。

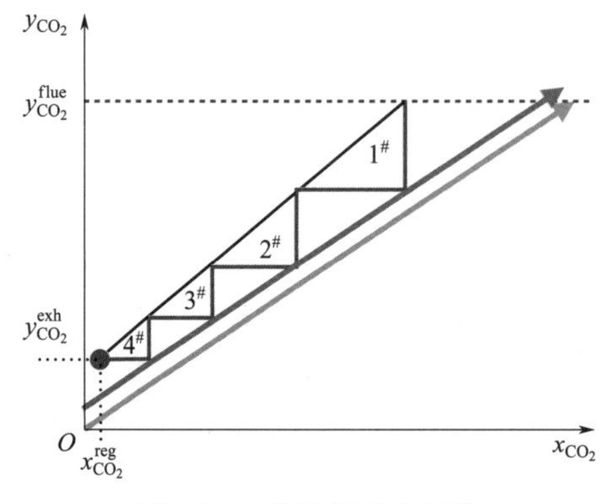

图 5.4.1　非平衡状态板数

5.4.1　扩散条件控制

若吸收塔内部存在热力学平衡，则 CO_2 在气相和液相中的浓度是平衡的。如果已知气液两相的平衡浓度，就可计算出 100% 吸附 CO_2 所需的溶剂量。在该计算中，首先假设平衡是瞬间达到的。但在现实中，CO_2 分子必须从气相扩散到液相。图 5.4.2 所示为在气液两相界面的近似浓度分布，气液两相混合良好，气体浓度在气相中是恒定的。然而，液相没有完全混合，在气体界面的边缘，CO_2 浓度比其他位置液体中的浓度高。由于这种浓度梯度，CO_2 将从界面扩散到液体中。这一扩散过程遵循菲克定律，该定律指出：流量（单位时间内单位面积上的分子）与浓度梯度成正比。

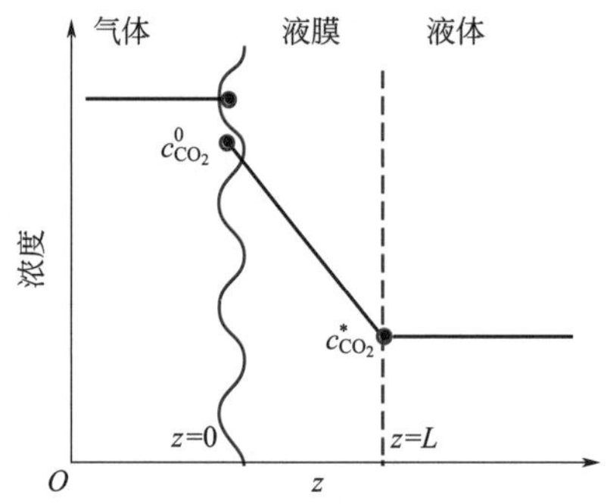

图 5.4.2　气液两相界面处的浓度分布

z 为 CO_2 扩散距离

图 5.4.2 中，$c_{CO_2}^0$ 为液相的平衡浓度；$c_{CO_2}^*$ 为实际（非平衡）浓度；L 为界面层的典型厚度。

$$j_{CO_2} = -D_{CO_2}\frac{dc_{CO_2}}{dz} \tag{5.17}$$

式中，D_{CO_2} 为 CO_2 在液相中的扩散系数。如果该扩散系数足够高，则 CO_2 通量可以与气相中 CO_2 通量保持一致；如果扩散系数很小，则成为限制因素。

为了量化这种影响，需要考虑一个跨越界面区域小体积上的质量守衡（图 5.4.3）。

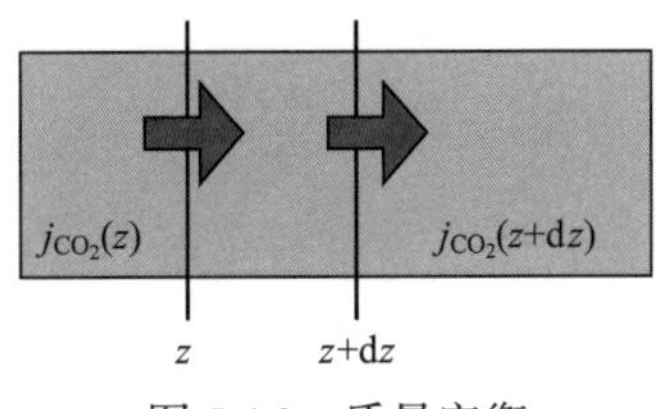

图 5.4.3　质量守衡

累积量等于体积中分子数的增加量（V=dxdydz）：

$$accumulation=\frac{dc_{CO_2}}{dt}dxdzdz \tag{5.18}$$

进出体积的流量由 flux 乘以面积确定（A=dydx）：

$$flow\ in=j_{CO_2}(z)dydx \tag{5.19}$$

$$flow\ out=j_{CO_2}(z+dz)dydx \tag{5.20}$$

流入量减去流出量可以写成：

$$[j_{CO_2}(z)-j_{CO_2}(z+dz)]dydx=-\frac{dj_{CO_2}(z)}{dz} \tag{5.21}$$

这确定了质量平衡关系式：

$$\frac{dc_{CO_2}(z)}{dt}=-\frac{dj_{CO_2}(z)}{dz} \tag{5.22}$$

将菲克定律引入这个结果中，得到以下浓度随时间变化的微分方程：

$$\frac{dc_{CO_2}(z)}{dt}=D_{CO_2}\frac{d^2c_{CO_2}(z)}{dz^2} \tag{5.23}$$

假设存在一个稳态，边界条件为 $c_{CO_2}(0)=c_{CO_2}^0$，$c_{CO_2}(L)=c_{CO_2}^*$，其中 L 为气体和液体之间的边界层厚度，表达式为：

$$c_{CO_2}(z)=c_{CO_2}^0-\frac{z}{L}(c_{CO_2}^0-c_{CO_2}^*) \tag{5.24}$$

在实际应用中，通过单位界面的 CO_2 通量遵循菲克定律：

$$j_{CO_2}=\frac{D_{CO_2}}{L}\left(c_{CO_2}^{0}-c_{CO_2}^{*}\right)=k^{eff}\left(c_{CO_2}^{0}-c_{CO_2}^{*}\right) \tag{5.25}$$

在这个方程中，定义了一个有效的质量输运系数 k_{eff}，烟气总量提供了需要去除的 CO_2 数量。对于某一种确定的吸收剂，有一个对应的 k_{eff} 值。因此，为了确保能够捕集原料气中全部的 CO_2，一是增加吸收塔的内部体积，二是增加传质驱动力（$c_{CO_2}^{0}-c_{CO_2}^{*}$）。如果有效传质系数足够大，一个非常小的驱动力就能够完成 CO_2 吸附任务。驱动力是吸收剂中的实际浓度 $c_{CO_2}^{*}$ 与平衡浓度 $c_{CO_2}^{0}$ 的差值：

$$c_{CO_2}^{*}=c_{CO_2}^{0}-\frac{j_{CO_2}}{k_{eff}} \tag{5.26}$$

在吸收塔设计中，假设吸收过程可以简单地用亨利常数或溶解度来描述。但是对于胺溶液，必须考虑化学反应是如何影响吸收过程的。

假设把一种化学物质“B”放入水中。“B”通过与 CO_2 反应：

$$B+CO_2 \rightleftharpoons BCO_2$$

假设立刻达到化学平衡状态，则：

$$K_{eq}=\frac{[BCO_2]}{[B][CO_2]} \tag{5.27}$$

此时，把这个表达式与气相和溶液中 CO_2 的平衡关系式结合起来，得到：

$$(CO_2)_g \rightleftharpoons CO_2$$

或者

$$K_{CO_2}=\frac{[CO_2]}{[(CO_2)_g]} \tag{5.28}$$

CO_2 的溶解度由液相中 CO_2 总量求得，并转化为 BCO_2 浓度：

$$[CO_2]+[BCO_2]=\left(1+k_{eq}[B]\right)[CO_2] \tag{5.29}$$

同时，可通过引入有效溶解度将其与分压联系起来：

$$[CO_2]+[BCO_2]=\left(1+k_{eq}[B]\right)K_{CO_2}[(CO_2)_g]=K'P_{CO_2} \tag{5.30}$$

最终，发现通过增加 B 组分在溶液中的浓度可以增强 CO_2 的溶解度。

5.4.2 速率条件控制

当 CO_2 在吸收塔内从气相转移至液相时，反应速率会限制达到平衡的总反应速率，这使得吸收塔内的质量传递规律和微观机理变得十分复杂。该过程如图 5.4.4 所示。

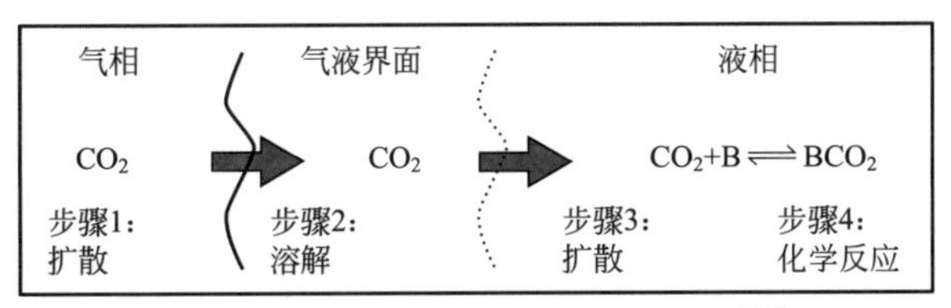

图 5.4.4 从气相到液相的质量传递 [5.12]

当考虑反应速率限制时，可以使用一个类似扩散控制的方法来处理速度控制问题，为单元体积构建另一个质量平衡，即：

$$\frac{\mathrm{d}c_{CO_2}(z)}{\mathrm{d}t}=D_{CO_2}\frac{\mathrm{d}^2c_{CO_2}(z)}{\mathrm{d}z^2} \tag{5.31}$$

假定只有一个化学反应，根据速率方程，CO_2 会从气相完全转移到液相中：

$$\frac{\mathrm{d}c_{CO_2}(z)}{\mathrm{d}t}=k_r c_B c_{CO_2} \tag{5.32}$$

在这个速率方程中，k_r 为 CO_2 和 B 的反应速率，假设它是不可逆的，将其与质量守恒方程进行数学运算后，得到：

$$\frac{\mathrm{d}^2c_{CO_2}(z)}{\mathrm{d}z^2}=\frac{k_r c_B}{D_{CO_2}}c_{CO_2}=k'c_{CO_2} \tag{5.33}$$

边界条件为 $c_{CO_2}(0)=c^0_{CO_2}$ 和 $c_{CO_2}(L)=c^*_{CO_2}$（图 5.4.2），该方程的解为：

$$c_{CO_2}(z)=A\exp(\sqrt{k'}z)+B\exp(-\sqrt{k'}z) \tag{5.34}$$

由边界条件得到：

$$A=\frac{c^*_{CO_2}-c^0_{CO_2}\exp(-\sqrt{k'}L)}{\exp(\sqrt{k'}L)-\exp(-\sqrt{k'}L)}=\frac{c^*_{CO_2}-c^0_{CO_2}\exp(-\sqrt{k'}L)}{2\sin h(-\sqrt{k'}L)} \tag{5.35}$$

$$B=\frac{c^*_{CO_2}-c^0_{CO_2}\exp(\sqrt{k'}L)}{\exp(\sqrt{k'}L)-\exp(-\sqrt{k'}L)}=\frac{-c^*_{CO_2}+c^0_{CO_2}\exp(\sqrt{k'}L)}{2\sin h(\sqrt{k'}L)} \tag{5.36}$$

流量密度为：

$$j_{CO_2}(z)=-D_{CO_2}\left[A\sqrt{k'}\exp(\sqrt{k'}z)-B\sqrt{k'}\exp(-\sqrt{k'}z)\right] \tag{5.37}$$

z=0 处的通量：

$$j_{CO_2}(0)=-D_{CO_2}\sqrt{k'}[A-B] \tag{5.38}$$

$$=\frac{D_{CO_2}\sqrt{k'}}{\sin h(\sqrt{k'}L)}(c^0_{CO_2}\cos h(\sqrt{k'}L)-c^*_{CO_2}) \tag{5.39}$$

这个方程看起来很复杂，但是可通过以下两个极限情况进一步说明。

（1）第一种极限情况是假设化学反应速率比扩散速率慢：

$$\sqrt{k'}L=\sqrt{\frac{k_r c_B}{D_{CO_2}}}L \ll 1 \tag{5.40}$$

对 sin$h$ 和 cos$h$ 进行泰勒公式展开：

$$\sinh(\sqrt{k'}L)=\frac{e^{L\sqrt{K'}}-e^{L\sqrt{K'}}}{2}=L\sqrt{K'}+\frac{(L\sqrt{K'})^3}{3!}+\cdots \tag{5.41}$$

$$\cosh(\sqrt{k'}L)=\frac{e^{L\sqrt{K'}}+e^{L\sqrt{K'}}}{2}=1+\frac{\left(L\sqrt{K'}\right)^2}{2!}+\cdots \tag{5.42}$$

如果只保留线性项，则得到反应速率与通量的关系方程为：

$$j_{CO_2}(0)=\frac{D_{CO_2}\sqrt{k'}}{L\sqrt{k'}}\left(c_{CO_2}^0-c_{CO_2}^*\right)=\frac{D_{CO_2}}{L}\left(c_{CO_2}^0-c_{CO_2}^*\right) \tag{5.43}$$

综上得出结论：化学反应速率太低，没有任何效果。

（2）第二种极限情况是假设化学反应速率比扩散速率快：

$$\sqrt{k'}L=\sqrt{\frac{k_r c_B}{D_{CO_2}}}L \gg 1 \tag{5.44}$$

在此极限下，扩散限制的通量方程为：

$$j_{CO_2}(0)\approx D_{CO_2}\sqrt{k'}c_{CO_2}^0\frac{\cosh(\sqrt{k'}L)}{\sinh(\sqrt{k'}L)}\approx\sqrt{D_{CO_2}k_r c_B c_{CO_2}^0} \tag{5.45}$$

如果化学反应占主导地位，则反应速率与扩散常数的平方根有关，在推导这一表达式时，我们假设反应是不可逆的，因此无法把这个结果和平衡浓度联系起来。

对于胺类溶液来说，反应速率通常是关键速率控制步骤，在这种情况下，吸收塔内的驱动力为 CO_2 在气液界面处的浓度差：

$$j_{CO_2}(0)=\frac{D_{CO_2}}{L}\left(c_{CO_2,i}-c_{CO_2}^*\right)=k_{eff}\left(c_{CO_2,i}-c_{CO_2}^*\right) \tag{5.46}$$

这表明，与扩散控制相似，反应速率控制确定了一个有效的传质系数，导致 MoCabe-Thiele 图中平衡线的移动（图 5.3.1）。

5.4.3 其他条件控制

除上述控制外，吸收塔的设计还需考虑一些额外的基本控制条件。如在吸收塔底部的吸收剂如何运输到再生塔顶部，这一过程必须消耗能量来转移大量的吸收剂，因此低黏度的吸收剂比较容易转移。如聚合物凝胶具备高的 CO_2 吸收速率和吸收容量，但受限于较高的黏度和运输过程中的高能耗问题，这类吸收剂最终无法应用于实际工程。

吸收塔内部烟气的净化过程依赖于 CO_2 气体分子从气相到液相的相间传质。气态 CO_2

运动到吸收剂中的气液界面，以一定的速率溶解在吸收剂中。优异的工程设计可以把塔板表面的气液两相接触面积增加几个数量级，但单纯增大接触面积无法完全消除传质阻力问题，即使一个优异的吸收剂有很大的 CO_2 溶解度，但传质速率非常缓慢，它仍然无法应用于实际的 CO_2 捕集工程。如果能够通过降低气体和液体的流动速率来延长气液两相的接触时间，使 CO_2 分子有足够长的时间从气相转移到液相，这又会导致传质效率和吸收速率大大降低。对比分析反应速率与扩散参数，见问题 5.4.1。

问题 5.4.1　扩散还是反应

在扩散极限方程中可以得知反应速率，在反应极限方程中可以得知扩散系数。这样处理有意义吗？

到目前为止，一直把烟气看作是 CO_2 和 N_2 的简单二元混合物，但实际上，烟气中有许多其他成分，如 O_2、SO_x 或 NO_x 等。一般来说，这些分子都会与胺发生化学反应，导致吸收剂随着时间的推移而丧失 CO_2 捕集能力和再生能力。同时，胺类也与常见的碳钢发生反应，所以需要在吸收塔的设计中使用昂贵的水雾化钢材。更重要的是，暂时还没有详细报道或研究证明塔内的吸收剂一旦泄漏到大气或水体中会产生何种危害。如果在不了解吸收剂毒理学的情况下就进行大规模使用，可能会造成严重的二次环境影响问题。

5.5　吸收工艺成本

吸收工艺成本是碳捕集技术的重要问题，高昂的设备投入、能耗以及运行成本是全球部署碳捕集工程的一个重大阻碍。据新闻报道，目前可从“AbsorbersR-Us”订购碳捕集工艺所需的吸收塔和再生塔。但深层次的问题是，与这项技术相关的能量消耗很高。在工艺设备和技术路线设计中，要同时考虑技术的可行性和成熟度，以及设备投资和后期运行成本。

碳捕集吸收工艺涉及的化学原料和生物吸收剂价格是成本控制的一个重要部分。在 5.1 节中提到过处理 500MW 燃煤电厂排放的废气需要消耗大量的纯水资源（20×10^4gal/s）。理想情况下，吸收剂或辅助添加剂应该成本低、来源广泛且易于再生。除吸收剂成本之外，还必须考虑建造吸收塔和再生塔的固定资产投资。

吸收的操作和维护费用（包括压缩、泵送、加热和吸收剂再生）是特别重要的成本组成部分，也是 CO_2 吸收工艺规模化应用的最大挑战。目前还没有一种低成本的方法能实现这些操作，而大多数与降低这些成本有关的技术突破都面临着能耗较大的问题。如果碳捕集吸收工艺能够对工业生产过程中（电厂、钢铁厂、冶金的高耗能行业）的废热进行高效利用，这将是一项重大的创新。这是碳捕集与封存（CCS）研究的一个新兴领域，以期它能为 CCS 技术革新提供源动力。

从科学研究的角度看，得到高效的 CO_2 吸收效果是最终目的。只有具备创新性的科研成果才能发表在 *Science* 或 *Nature* 杂志上。然而，从价格的角度来看，新的工艺技术和新的吸收剂难以评价应用价值，这些新兴化学品非常昂贵，而且可能需要更先进的技术来实现。如果用成本或价格作为研究的指导标准，可能永远不会有任何创新。

毫无疑问，成本控制是CCS技术的一个重要组成部分，但并不是唯一因素。研究人员和工程师还必须考虑安全性、环境影响、吸收效率、技术可持续性和应用范围等问题。如果整个世界都能像CostCo一样运行，人们会认同“规模越大，价格越低”这一公理。然而，如果工艺规模过大或者应用范围过广，就可能达到全球供应的极限，导致原料价格快速上涨。如化学家曾经发现一种很有应用前景的吸收剂——碲，它具有非常优异的理化性质。但碲是一种非常稀有的金属，这种吸收剂的大规模应用潜力非常有限。化学领域研究成果规模化应用难度大的特点将其与其他科学领域的研究进展区分开。本书的目的之一是建立读者对规模化重要性的认识，尤其是化学研究从纳米尺度开始。最终，新材料将需要处理千兆吨的碳。

5.6 能量损耗

正如本章前面所讨论的，研究人员应为新吸收剂或新工艺的应用提供合理的成本估算。如果合成了两种新的碳捕集吸收剂，那么哪种吸收剂最具有发展前景？最终，生产投资和运营成本最低的吸收剂最有可能被采用并应用于工业化示范项目。因此需要阐述估计投资费用和运营成本的方法。

大量能源的消耗导致碳捕集技术成本高昂。统计能量成本的方法是确定碳捕集过程中伴生能的大小。将伴生能最小化是优选不同吸收剂的指导原则，并且这种伴生能完全基于吸收剂的基础物理性质，它为比较吸收剂的优劣提供了一个很好的度量标准。此外，研究人员关注最大限度地减少伴生能，以便其更高效地使用化石燃料。

伴生能的主要组成部分是分离所需的能量和地质封存所需的CO_2压缩所需的能量。4.2节使用热力学分析从混合理想熵估计最小能量。在本节中，将这种能量与吸收过程估计的能量成本进行比较。

为了估算吸收过程的伴生能，需要进行一些简化，如忽略运输液体、烟道气体和其他消耗能量的操作所需的能量，从而专注于吸收剂的性能，尤其重点关注吸收和解吸CO_2所需的能量，因此，预计成本将低于实际的能源成本。如胺溶液（MEA），实际的能源成本比预算成本高30%[5.11]。假设其他吸收剂将在计算中增加大约相同百分比的能源负担。因此，对不同的吸收剂进行对比和设计时，伴生能仍然是一个十分重要的度量指标。

最简单的吸收过程如图5.6.1所示。烟气中的CO_2被吸收剂吸收，然后在再生塔中再生。因为吸收CO_2会释放热量，所以吸收过程不会消耗任何能量。在再生塔中需要加热吸收剂，从而释放出CO_2。

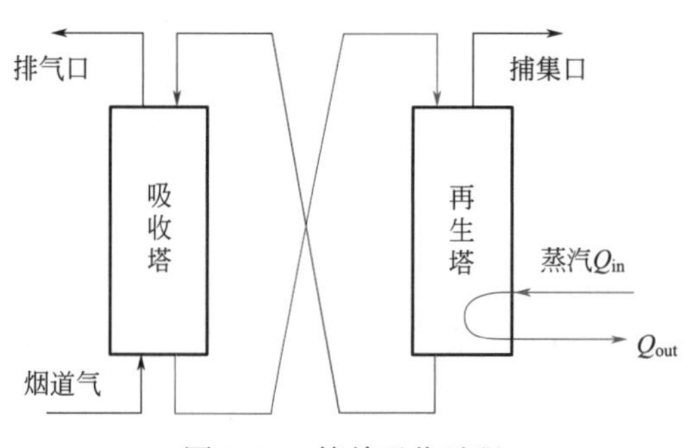

图5.6.1 简单吸收过程

在吸收过程中，吸收剂在吸收塔和再生塔之间循环，吸收塔捕集 CO_2，再生塔通过电厂的蒸汽加热释放 CO_2。

热有两种方式：①显热，即提高吸收剂温度到脱附条件所需的热；②脱附热，即吸收热的负值。将每千克 CO_2 的热量（q_{tot}）归一化是有用的：

$$q_{tot}=\frac{Q_{sen}+Q_{des}}{\Delta\sigma_{CO_2}} \tag{5.47}$$

式中，$\Delta\sigma_{CO_2}$ 为吸收 / 解吸循环中去除的 CO_2 量，通常称为吸收剂的工作容量。显热与吸收剂的热容（C_p）有关：

$$Q_{sen}=C_p m_{abs}(T_{des}-T_{abs}) \tag{5.48}$$

式中，m_{abs} 为吸收剂的总用量；T_{des}、T_{abs} 分别为吸收剂在再生塔和吸收塔中的温度。解吸热是吸收热的负数：

$$Q_{des}=\Delta h_{CO_2}\Delta\sigma_{CO_2}+\Delta h_{N_2}\Delta\sigma_{N_2} \tag{5.49}$$

式中，Δh_{CO_2} 和 Δh_{N_2} 分别为 CO_2 和 N_2 的解吸热。在大多数计算中，假定 N_2 的吸收非常小，因此 N 对解吸热的贡献可以忽略不计。

对于 MEA 解决方案，这种能量是 q_{tot}=8776kJ/kg CO_2。如果将其与分离的最小能量 158kJ/kg CO_2（见 4.2 节）进行比较，发现该过程所需能量比热力学最小能量多 50 倍。因此，化学加工工业应在热力学最小的 2 ～ 3 倍下运行。如果在不进行修改的情况下操作该吸收过程，将会只有很少的能量甚至没有能量被留下来用于生产电力。事实上，在实践中可以使用 MEA 设计一个相对有效的过程，这说明良好的工程可以将伴生能降低到非常合理的水平。

5.7 胺类洗涤器的优化设计[1]

众所周知，一个简单的吸收过程需要大量的能量。在上一节的计算中，假定提供给再生塔的所有热量都损失了，但通过使用热交换器可以回收大部分热量（图 5.7.1）。

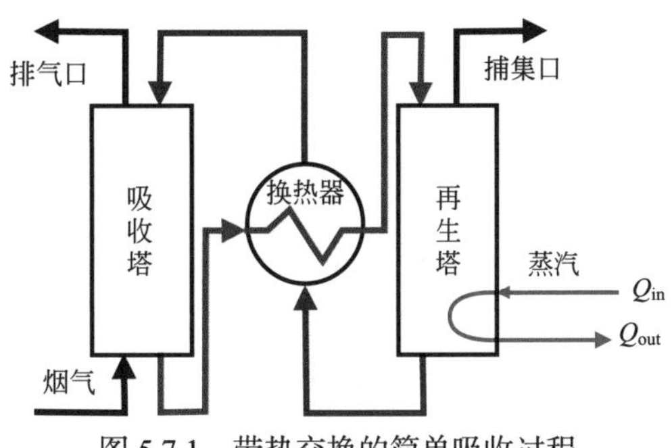

图 5.7.1 带热交换的简单吸收过程

[1] 本节基于美国得克萨斯大学奥斯汀分校 Gary Rochelle 教授的客座演讲。

最简单的吸收过程需要大量的能量来加热再生塔中的吸收剂，通过使用热交换器，可以回收大量的能量。

本节将说明如何使用化学工程工具来优化吸收过程[5.13]。这种工程方法包括选择最优的吸收剂，并仔细分析所有步骤，与最小理论值相比，每一步损失了多少能量。图 5.7.2 显示了结合这些步骤怎样降低碳捕集的能源成本。

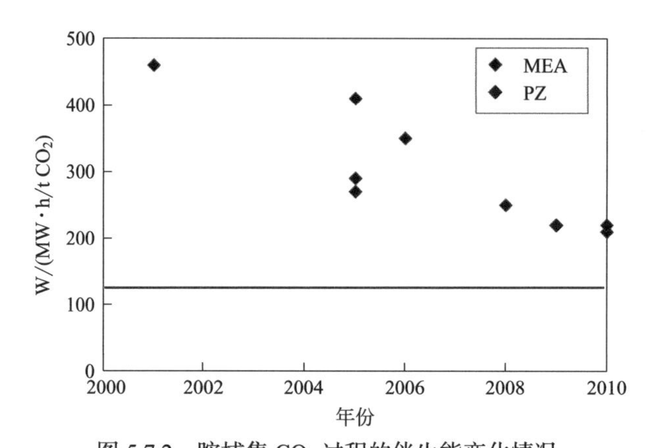

图 5.7.2　胺捕集 CO_2 过程的伴生能变化情况

该图显示了不同的工艺设计和不同的吸收剂（MEA 和 PZ）多年来如何减少伴生能。蓝线表示热力学最小值。数据来自 Rochelle 等[5.13]

由 4.2 节可知，从烟气中分离 CO_2 并将其压缩到 150bar 的最小理论能量需求约为发电厂输出的 7%。借用 Rochelle 教授讲座中一些典型的数字来讲解这些能源需求如何转化为成本。第一个主要成本是能源成本，发电厂产出的 20% ～ 30% 的能源成本转化为每吨 CO_2 20 美元的碳捕集成本（2011 年的数据）。第二个主要成本是 CO_2 捕集的设备成本，对于一个 800MW 的发电厂来说，约为 10 亿美元。约 1/3 的成本用于吸收塔，1/3 用于再生塔，1/3 用于压缩机。这将使每吨 CO_2 额外付 20 ~ 40 美元的成本。与胺洗涤相关的第三个主要成本来自胺的降解。胺类物质可以发生氧化和热降解，所以必须定期更换吸收剂，故每排放 1t CO_2 就增加 1 ～ 5 美元的成本。

分离所需的最小能量是一个绝对热力学最小值，与所选择的过程无关。对于给定的过程，还可以分析和估计整个过程中每一步所需的最小能量。得克萨斯大学奥斯汀分校的 Gary T. Rochelle 教授和他的同事分析了胺捕集过程，图 5.7.3 所示为吸收塔和换热器的工艺流程。再生塔采用两阶段工艺，其中第一次分离的压力比第二次分离的压力高。在冷凝器中，在压缩阶段之前，水被从 CO_2 气体流中除去。在此过程中，考虑在 40℃时含 12% CO_2 的烟气，并假定 90% 的 CO_2 被捕集并压缩到 150bar。

Rochelle 等[5.13]通过计算过程中每一步损失的最小功估算所需的最小能量。失功分析的思想是，过程中的任何不可逆性都会产生额外的熵，这是过程的损失。根据热力学定律可知，一个真正可逆的过程需要无限小的步骤，以及来自平衡态的无限小的扰动。在实践中，“无穷小”可通过建造非常大的设备来实现，这种设备的流量非常缓慢，以至于系统实际上处于平衡状态。但是，这种设备的费用将高得令人望而却步。因此，为了估计最小的工作损失，在设计这类设备时要有一些经验，以便对设备的典型性能和尺寸做出合理的假设。

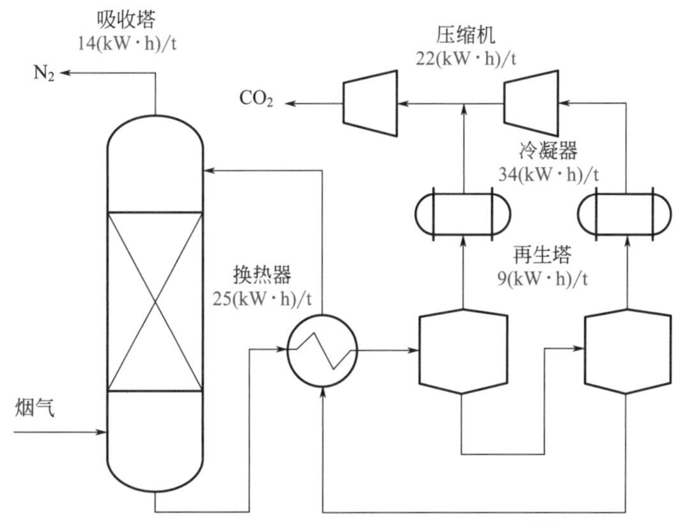

图 5.7.3 吸收 / 再生系统中的不可逆性 [5.13]

图 5.7.3 所示的数据表示不同的操作所损失的能量。

（1）吸收塔：为了使吸收塔不无限长并且保持一个合理的传质速率，需要有一个显著的驱动力，故每吨损失 14kW • h。

（2）换热器：温度梯度是热交换器的驱动力，通常是每吨损失 25kW • h。

（3）再生塔：不可能有无限多的塔板来产生无限小的驱动力，每吨损失 9kW • h。

（4）冷凝器：冷凝器需要使用冷却水，温差造成可逆性损失，相当于每吨损失 34kW • h。

（5）压缩机：由于压缩过程中温度升高造成热能损失，每吨约损失 22kW • h。

上述数字加起来，理想功损失为每吨 104kW • h。而在真实的吸收塔 / 再生塔中，实际损失的数量将更高，甚至有可能略高于 200(kW • h)/t。如果将这一情况与早期 MEA 过程的 500(kW • h)/t 的损失进行比较（图 5.7.2），可以发现这个过程的精心设计大大减少了能源损失。

从换热器的热量损失开始讨论，理想情况下应接近 25(kW • h)/t。这个数字对于弥补在换热器中发生的能量损失是必要的，可通过计算额外的蒸汽来估计。热流和冷流之间的温差是传热的驱动力。驱动力越大，系统就越不平衡，因此失去的功也越大。逆流操作可以在换热器之间的温差几乎恒定的情况下操作（图 5.7.4）。热流密度由温差、换热器面积（A）和换热器总传热系数（λ）确定：

$$\phi_{heat}=\lambda A(T_H-T_L) \tag{5.50}$$

由图 5.7.4 可见，保持接近平衡和最小化（T_H-T_L）可通过增加热交换器的面积（A）实现。由于换热器价格不菲，必须在节能和资本成本之间做出权衡。由于这个温差，进入再生塔的流体与离开再生塔的流体的温度不同。这个差额需要由发电厂的蒸汽提供，它会对脱除的 CO_2 造成热量损失：

$$W_{exc,loss}=\frac{C_p(T_H^{in}-T_H^{out})}{\Delta\sigma_{CO_2}} \tag{5.51}$$

式中，C_p 为吸收剂的热容量；$\Delta\sigma_{CO_2}$ 为液体的工作容量，被定义为在一个循环中去除的 CO_2 量。图 5.7.3 中所示的数字被转换为伴生能量，伴生能量是由于功的损失而无法产生的相应电量。

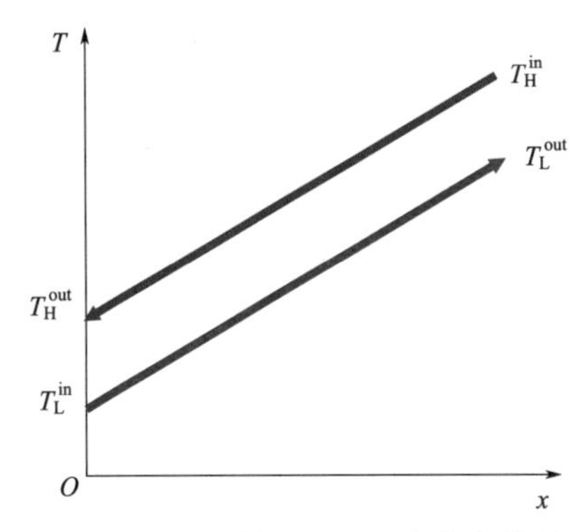

图 5.7.4　理想换热器的温度分布情况

为什么不简单地使用更高百分比的 MEA（例如 20mol 的溶液）来运行 CCS 流程？这听起来是个好主意，但事实证明如此高浓度的 MEA 是不溶于水的。12mol 溶液黏性太大，成了一大难题。黏度的主要问题，除泵送费用外，还会对换热器尺寸造成影响。当溶液从 8mol 增加到 12mol 时，由于黏度的增加，有效传热系数降低了 3 ～ 10 倍。为了进行热量补偿，需要增加相同因素的换热器的尺寸。故优化换热器是一项困难的任务。一个问题的解决往往伴生着另外一个问题的产生。

在吸收塔中，平衡是通过传质来实现的；CO_2 需要从气体转化为液相。正如 5.4 节所述，这是 CO_2 在吸收剂中的溶解和随后的化学反应的结合。有效通量由反应动力学和亨利系数的平方根确定：

$$j_{CO_2}=\frac{\sqrt{D_{CO_2}k\left[Am\right]^2}}{H_{CO_2}}(p_{CO_2}^0-p_{CO_2}^*) \tag{5.52}$$

式中，$p_{CO_2}^0$ 为吸收塔气相中实际的 CO_2 分压；$p_{CO_2}^*$ 为对应于实际吸收剂负载的平衡分压。对于特定吸收剂，可以定义一个有效传质系数 k_g' ：

$$j_{CO_2}=k_g'(p_{CO_2}^0-p_{CO_2}^*) \tag{5.53}$$

类似地，在换热器中同样希望驱动力 $p_{CO_2}^0-p_{CO_2}^*$ 尽可能小，选择 k_g' 值最高的吸收剂即可做到这一点。为了选择最佳的吸收剂，需要知道扩散系数、溶解度和反应性。

在压缩步骤中，由于两个原因造成功和能量的损耗。一是与再生塔的压力有关：如果在一个较高的压力下操作，压缩机就不必做那么多的功。二是有大量的水蒸气从再生塔的 CO_2 流中出来，在冷凝器中失去工作能力。这些损失也可通过更换吸收剂来减少。这里的关键因素是温度和相应的 CO_2 平衡分压。在较高的温度下，CO_2 和水的蒸汽压都会增加。增加的速率取决于吸收的热量。所以，通过选择一个吸收热高的吸收剂，气相中相对的水的数量就会减少，因此每千克 CO_2 中凝结的水就会减少。另一个重要因素是胺溶液的稳定性。如果可以提高再生塔底部的操作温度，那么塔顶部的压力将会更大，可进一步节省成本。

用冷凝器的冷却水所吸收的热量来量化与冷凝相关的损失能量：

$$W_{\text{exc,loss}}=\frac{\Delta h_{\text{H}_2\text{O}}^{\text{con}}\Delta\sigma_{\text{H}_2\text{O}}}{\Delta\sigma_{\text{CO}_2}}\left(\frac{T_{\text{cond}}-T_{\text{env}}}{T_{\text{cond}}}\right) \tag{5.54}$$

式中，$\Delta\sigma_{H_2O}$ 为冷凝水量；Δh_{H_2O} 为汽化热；括号中的项是卡诺系数，考虑了将热量转换成电能的效率，取决于冷凝器的温度 T_{cond} 和环境的温度 T_{env}。

接下来看再生塔流程装置，在资本成本上投入更多可以显著提高流程效率的设备：效率提高来自增加再生塔面积，以及在较高压力下回收 CO_2 的两阶段流程配置。在第一阶段，在 150℃和 17bar 的系统压力下蒸发溶液并用蒸汽除去 CO_2。在该阶段，1/2 的 CO_2 在高压环境中被蒸发，然后将溶液的压力降低到 11 bar，并再次用蒸汽加热到 150℃，而后在稍低的压力下释放剩余的 CO_2。这两个阶段的过程也减少了从系统中蒸发的水的数量，能够帮助在压缩阶段降低更多的能耗。

在前一节中已经看到，在这个过程的各个步骤中，吸收剂的选择对吸收过程的效率有显著影响。

（1）吸收容量：吸收剂可捕集的 CO_2 量。单位体积溶剂较高的吸收容量减少了完整循环过程中的吸收剂使用量。

（2）吸收热：具有较高吸收热的吸收剂在高压下往往有较大的蒸汽压，因此离开再生塔的气体有较高的 CO_2 分压和较低的水分含量。

（3）反应性：吸收剂的效率取决于胺的反应性。

（4）稳定性：胺越稳定，再生塔底部温度越高。这种较高的温度转化为再生塔顶部的较高压力。

（5）黏度：高黏度使换热效率低。

Rochelle 等[5.13]评估了商业上可以获得的不同胺，发现哌嗪（二乙二胺）在上述许多要求表现明显好于 MEA。从 MEA 改为哌嗪大大降低了能源需求，如图 5.7.2 所示。然而，似乎没有一种胺能够满足所有的理想特性。理想的吸收剂应具有高容量、高吸热、高 CO_2 吸收率以及更高的再生温度。但具有最佳容量的胺往往与具有最佳吸收热或最佳吸收速率的胺不同。从研究角度看是复杂的，因此开发比哌嗪更好的新型胺极具吸引力。

目前包括固体吸附和膜吸附技术在内的所有技术，并没有一个现成的成熟技术可作为成本和设计的基础。因此，将花费更长的时间“从零开始”开发这些方法和工艺流程。由于这些因素，很可能第一代碳捕集厂将基于液体吸收。一些对碳捕集研究持批评态度的人说，由于液体吸收比其他方法有很大的领先时间，所以竞争技术永远都不太可能可行。另外指出许多在行业内具有变革性的研究成果均具有不同的实施难点，而目前的研究正是为了在碳捕集领域实现工业化示范。

另一种观点与碳捕集成本有关。液体吸收碳捕集装置将占发电厂成本的 30% 左右。与之相比，研究成本只占碳捕集成本的很小一部分。在这种背景下，重要的是探索碳捕集的所有可能性。最终，这些选择中很可能只有一两个能被保留下来。即使是“不成功的”碳捕集策略，也能让研究人员从新吸收剂的合成和性能研究中获得宝贵的经验。

5.8 案例分析：水和胺类吸收剂

通过对 MEA 和水作为 CO_2 吸收剂的使用进行比较，总结本章对未来工作具有指导意义。本案例研究由加利福尼亚大学伯克利分校的学生 Forrest Abouelnasr、Josh Howe、Vicky Jun 和 Karthish Manthiram 完成。

设计一个吸收和汽提装置，可以去除燃煤电厂（燃烧后）90% 的 CO_2。一定要在图上清楚地标记两个单元的顶部和底部，并说明在生成图时使用的任何假设。分析应表明使用胺（如 MEA）比水的好处。为了进一步说明使用胺的好处，需要估算水和 MEA 过程的基本费用。

有两种估算费用的方法可供参考：①使用相同的操作条件，比较成本；② 优化两个流程的相关变量，以便公平比较。至于别的方法也需将成本考虑在内。美国国内 30% 的 CO_2 排放来自燃煤电厂，这使其成为碳捕集项目的理想目标。在已经研究过的各种吸附、吸收和膜基工艺中，胺洗涤是最先进的碳捕集技术。胺洗法是 1930 年由 Bottoms[5.1] 发明并申请专利，随后立即投入商业应用，将 CO_2 从氢气和天然气中分离 [5.14]。随着人们对气候变化的日益关注，20 世纪 80 年代，胺洗法被应用于小型燃气和燃煤电厂的碳捕集 [5.15]。目前，胺洗法已用于小型 20MW 燃烧装置，但尚未在商业规模的装置中得到验证。

目前，单乙醇胺水溶液（MEA）是 CO_2 分离的首选吸收剂。CO_2 与 MEA 反应主要形成氨基甲酸酯 [5.16]。还有一系列只涉及水和 CO_2 的反应，导致 CO_2 捕集量较低。对此，比较了水和含 30%MEA 的水作为吸收剂的有效性，每种吸收剂的有效性通过比较吸收塔的大小和吸收剂的流速来确定，这需要完成从烟气中分离 CO_2 的效果计算和相关的成本核算。

在开始计算前，定义吸收塔和再生塔设计所需的几个关键变量（图 5.8.1）。假设该技术将应用于一个典型的商业规模 500MW 的燃煤电厂，该电厂产生的烟气含 12% 的 CO_2（y_{N+1}^{A}=0.12），总烟气流量为 9.5×10^7mol/h=680m^3/s。进入吸收塔 V_{in}^{A} 的载气流量（$1-y_{CO_2,\ fl}$）乘以总烟气流量，得到 8.3×10^7mol/h。已知吸收塔的设计目的是吸收烟气中 90% 的 CO_2。根据该目标和含 12% 的 CO_2 初始混合组分，计算得到从吸收塔（y_{1A}）出来的气体组分约为 0.012% 的 CO_2。吸收塔中的吸收剂被送至再生塔，在再生塔中，通过升高温度将 CO_2 从吸收剂中解吸，产生相对纯净的 CO_2 流。吸收塔的工作温度（40℃）比再生塔的温度（120℃）低，以增强吸收塔中 CO_2 的捕集和再生塔中 CO_2 的释放效果。

通过分析这两种吸收剂的亨利常数，可以直观地了解为什么 30% 的 MEA 溶液在 CO_2 捕集方面比纯水更有效。亨利常数描述了溶质（本例中为 CO_2）与液体平衡时的分压；亨利常数越小，说明液体吸收 CO_2 的效率越高。在 40℃时，水中 CO_2 的亨利常数为 2397 atm；含 30% MEA 水溶液中 CO_2 的亨利常数为 10.1 atm[5.16]。因此，对于给定的 CO_2 分压，在 40℃与液体平衡，含 30% 的 MEA 水溶液将包含比纯水多两个数量级的 CO_2。因此，采用含 30% 的 MEA 水溶液做吸收剂可以捕集更多的 CO_2。

此外，亨利常数随着温度变化而变化，当纯水温度从 40℃增加到 120℃时，其亨利常数增加了 5 倍，而含 30% MEA 水溶液的亨利常数随着温度的升高增加了 3237.2 倍。这表明，含 30% MEA 水溶液的亨利常数对温度更敏感，改变温度对控制吸收剂吸收或释放 CO_2 方面是有效的。

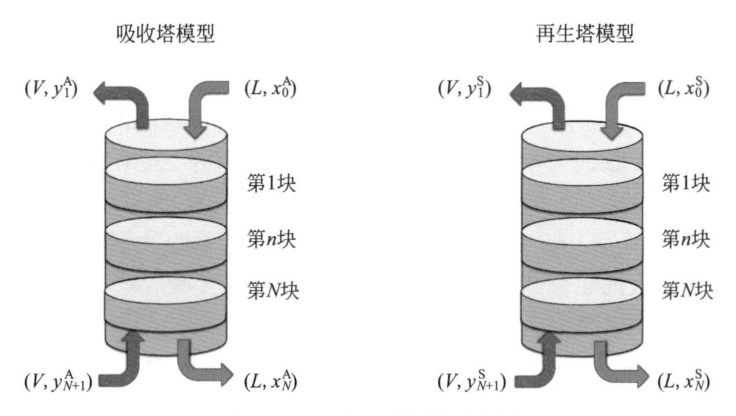

图 5.8.1 吸收 / 再生塔示意图

吸收塔：L 表示单位时间内通过吸收塔的溶剂量；x，y 表示 CO_2 在各相中的摩尔分数；上标“A”为吸收塔，上标“S”为再生塔；x_0^A，x_0^S 表示进入吸收塔 / 再生塔液相中的 CO_2；x_N^A，x_N^S 表示吸收塔 / 再生塔第 N 段液相中的 CO_2；y_{N+1}^A，y_{N+1}^S 表示进入吸收塔 / 再生塔气相中的 CO_2；y_1^A，y_1^S 表示离开吸收塔 / 再生塔气相中的 CO_2

基于对胺如何改变水的亨利定律行为的物理理解，再对这两个系统进行 McCabe-Thiele 分析。对于吸收塔 / 再生塔的设计图，首先在合理范围内明确进入吸收塔的吸收剂中残留 CO_2 的摩尔分数与离开再生塔的吸收剂中 CO_2 的摩尔分数相同（$x_0^A = x_0^S$）。根据水的气液平衡线与亨利常数，估计这个值为 3×10^{-6}。

假定再生塔中的载气为水蒸气。从再沸器中出来进入再生塔的水蒸气含有的 CO_2 可以忽略不计（y_{N+1}^S=0），利用质量守恒定律可计算出吸收剂中溶质的摩尔分数。用物质的量表示更便于计算，定义如下：

$$\bar{Y}_{N+1}^A = \frac{y_{N+1}^A}{1 - y_{N+1}^A} \tag{5.55}$$

$$\bar{Y}_1^A = \frac{y_1^A}{1 - y_1^A} \tag{5.56}$$

$$\bar{X}_0^A = \frac{x_0^A}{1 - x_0^A} \tag{5.57}$$

此时，用摩尔含量的等式关系来求解 $\bar{x}_N$：

$$\bar{X}_N^A = \frac{x_N^A}{1 - x_N^A} = \bar{X}_0^A + \frac{V}{L}\left(\bar{Y}_{N+1}^A - \bar{Y}_1^A\right) \tag{5.58}$$

得到吸收塔和再生塔中 CO_2 的摩尔分数：X_N^A=x_N^S=5.53×10^{-5}。同样，可以为再生塔构造摩尔含量的等式关系。最终，回收率为：

$$\overline{Y}_1^{\mathrm{S}}=\frac{y_1^{\mathrm{S}}}{1-y_1^{\mathrm{S}}}=\overline{Y}_{N+1}^{\mathrm{S}}+\frac{V}{L}\left(\overline{X}_0^{\mathrm{S}}-\overline{X}_n^{\mathrm{S}}\right) \tag{5.59}$$

假设系统中 L/V 比值（回流比）是一个可调整的设计参数，能够对其进行手动调整，直到确定临界值，使操作线和气液平衡线交叉，导致塔内存在无限多个塔板。然后将吸收塔的回流比提高约 20%，而再生塔的回流比降低约 20%，该操作使得塔内理论板数变为有限个。在吸收塔内吸收剂为水的情况下，临界回流比值为 2500，如果把该值提高 20%，达到 3000。在再生塔正常运行的情况下，临界回流比值约为 8800，如果把该值降低 20%，变为 7040。对于吸收剂为 30% MEA 的情况，首先使用与水吸收剂相同的回流比进行模拟运行。然后在实际吸收剂运行数据的基础上，对 30% MEA 吸收塔的运行情况和回流比进行调整，以实现与水吸收剂相同数量的塔板。

再生塔和吸收塔中以水为吸收剂的 McCabe-Thiele 曲线如图 5.8.2 所示。在每一种情况下，均对回流比进行了优化，最大限度降低设备投资与运行成本。从操作线开始，然后依次对塔板工作情况进行模拟。根据模拟结果和理论分析可知，吸收塔需要 33 块塔板，再生塔需要 27 块塔板。

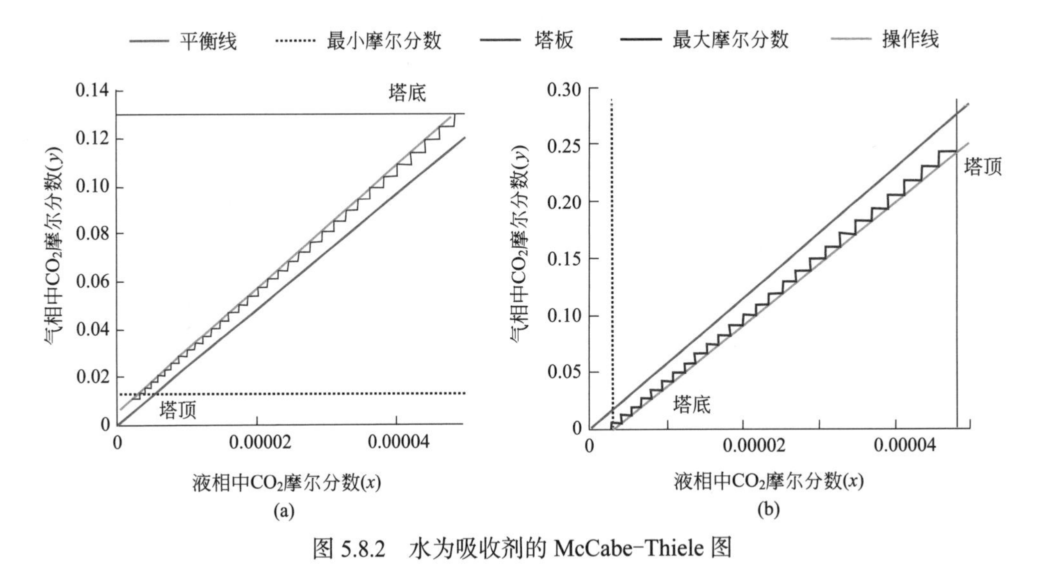

图 5.8.2 水为吸收剂的 McCabe-Thiele 图

（a）水作为溶剂、33 层塔板且回流比为 3000 的吸收塔；（b）水作为溶剂、27 层塔板且回流比为 7000 的再生塔

在保持回流比不变的情况下，将吸收剂更换为 30% MEA，同时改变吸收塔和再生塔内的塔板数。由于 30% MEA 在 40℃有一个极低的亨利常数，平衡线基本处于水平状态，这样只需 5 块塔板的吸收塔（图 5.8.3）就可以完成分离任务。同时，由于 30% MEA 在 120℃有一个极高的亨利常数（图 5.8.3），以 30% MEA 为吸收剂运行的再生塔只需 8 块塔板。因此，在保持回流比恒定的情况下，吸收剂由水更换为 30% MEA 溶液，吸收塔的塔板数从 33 块减少到 5 块，再生塔的塔板数从 27 块减少到 8 块。

在保持相同塔板数量的情况下，将吸收剂更换为 30% 的 MEA，通过改变回流比，以完成所需的烟气分离任务（图 5.2.6）。当吸收剂从水更换为 30% MEA 时，吸收塔的回流比从 3000 下降到 11 时，吸收剂流量减少了 272 倍。此时，再生塔的回流比从 7000 增加到 50000，再生塔中使用的蒸汽也减少了 7 倍（图 5.8.4）。

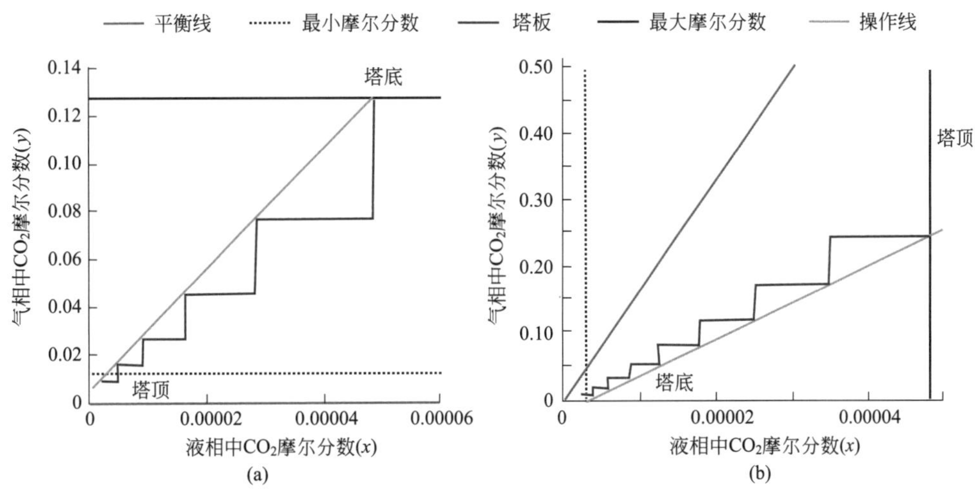

图 5.8.3 MEA 吸收剂 McCabe-Thiele 图

(a) 30% MEA 吸收剂、5 层塔板且回流比为 3000 的吸收塔；(b) 30%MEA 吸收剂、8 层塔板且回流比为 7000 的再生塔

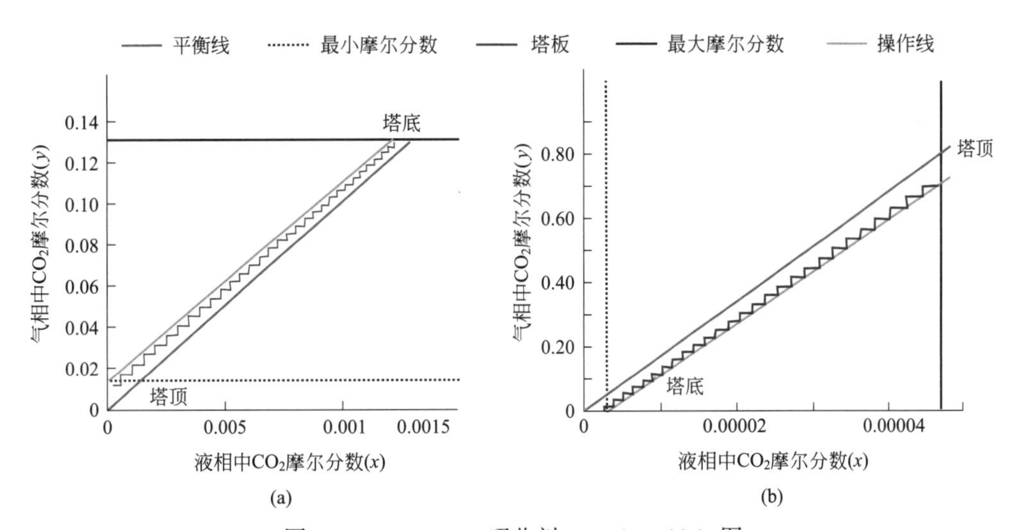

图 5.8.4 30% MEA 吸收剂 McCabe-Thiele 图

（a）30% MEA 吸收剂、33 层塔板且回流比为 11 的吸收塔；（b）30% MEA 吸收剂、27 层塔板且回流比为 51000 的再生塔

为了估算从水转换到 30% MEA 技术路线的经济优势，需要重点计算与上述过程相关的投资成本和运行费用。首先利用 Seider 等 [5.17] 提供的分析估计塔板直径和间距的方法：用塔板数乘以塔板间距计算塔的高度，主要考虑塔板、塔体、附属配件的成本。结果表明：以水为吸收剂的情况下，总费用为 332 万美元。以 30% MEA 为吸收剂时，在相同的回流比下运行，成本为 94 万美元。如果使用相同数量的塔板，成本为 240 万美元（表 5.8.1）。因此，在保持相同回流比的条件下，将吸收剂由水转换到 30% MEA，投资成本可以降低 3 倍。成本下降的主要原因是使用了一个塔板数量更少的方案进行工艺流程的设计。如果对 30% MEA 和水使用相同数量的塔板，同时改变回流比，投资成本下降幅度并不明显；但在再生塔内部，30% MEA 的投资成本将大大降低，因为它在再生塔中所需的蒸汽量明显少于水吸收剂。

表 5.8.1 使用水和 MEA 为吸收剂解决方案的成本比较

项目	费用					
	水		30%MEA（与水相同液气比）		30%MEA（与水相同塔板数）	
	吸收塔	再生塔	吸收塔	再生塔	吸收塔	再生塔
平台设备	$97036	$54128	$31108	$25502	$93318	$5964
管路	$37241	$21538	$28080	$10094	$35583	$2764
塔板	$2.511373	$602377	$576655	$263776	$2259404	$1540
总计	$3320000		$941775		$2400000	

分析表明，30% 的 MEA 显著提高了吸收塔和再生塔的性能，节省了大量的成本，性能上的差异来自 MEA 如何改变水的亨利定律行为。具体来说，MEA 在低温下降低亨利常数，在高温下增加亨利常数，可实现可逆的吸收 CO_2。为了更精确地模拟 MEA 如何影响吸收和再生过程，有必要在模型中加入更详细的动力学效应，而不是我们已经加入的阶段效率。众所周知，MEA 具有相对较差的 CO_2 吸收动力学，这促使研究人员寻找改善动力学的添加剂的重要研究。若要充分了解 MEA 如何影响 CO_2 捕集过程的成本，建立包含热力学和动力学参数的模型必不可少。

5.9 习题

5.9.1 自测题 1

1. 关于吸收塔效率的哪个说法是正确的。（　　）
   a. 如果使用无数个塔板，热力学损失接近零
   b. 在吸收塔中，逆流流动比并流流动效率低
   c. 在吸收塔中，塔板是必不可少的，可以增加液体和气体之间的接触面积
2. 关于平衡线的哪个表述是不正确的。（　　）
   a. 斜率越小，吸收剂性能越好
   b. 只有在低浓度时，平衡线才为直线
   c. 如果体系没有达到完全平衡，目标分离物在吸收剂的实际浓度比平衡浓度低
3. 亨利定律通常在低分压下使用，为什么？（　　）
   a. 在高压下，气体的行为偏离理想气体
   b. 在高压下，溶解气体分子的数量会变得很大，以至于分子之间会相互影响
   c. 在高压下，分子不能从液相中逃逸出来
   d. 在高压下，液体不是理想状态

e. 答案 a 和 b

f. 答案 a，b，c 和 d

4. 关于操作线的哪个陈述是不正确的。(　　)

a. 如果增加工艺中吸收剂的用量，操作线的斜率就会增大

b. 所有的操作线都有一个共同的点（$x_{CO_2}^{reg}$，$y_{CO_2}^{exh}$）

c. 操作线确定了流体浓度与塔板 P 的关系

5. 当 pH 值为 9 时，CO_2 溶解在水中以 HCO_3^- 形式存在的比例是多少？（　　）

a. 100%

b. 75%

c. 50%

d. 25%

e. 0

6. 关于 CO_2 与胺的相互作用，哪一种说法是错误的。(　　)

a. CO_2 与伯胺的化学反应为：CO_2 ：胺 =1 ：2

b. CO_2 与仲胺的化学反应为：CO_2 ：胺 =1 ：1

c. 叔胺与 CO_2 的反应速率一般较快，但比一级胺或二级胺慢

d. CO_2 与叔胺的化学反应为：CO_2 ：胺 =1 ：1

7. 关于离子液体（IL）的哪个说法是正确的。(　　)

a. 离子液体的蒸汽压相对较低

b. 离子液体的熔化温度较低

c. 如果阴离子被胺功能化，离子液体会以 1 ：1 与 CO_2 发生化学反应

d. 答案 a，b，c 是正确的

8. 哪一项对吸收过程的伴生能没有影响。(　　)

a. 压缩

b. 流体的泵送

c. 吸收剂的加热

d. 烟气的冷却

9. 优化胺工艺的哪一部分能量损失最大。(　　)

a. 吸收塔

b. 再生塔

c. 冷凝器

d. 换热器

e. 压缩机

10. 选择吸收剂时需考虑哪些因素？（　　）

a. 吸收容量

b. 热稳定性

c. 腐蚀性

d. 氧化稳定性

e. 答案 a，b，c

f. 答案 a，b，c 和 d

5.9.2 自测题 2

在如图所示的吸收过程中，写出与字母 A ~ F 对应的正确名称。

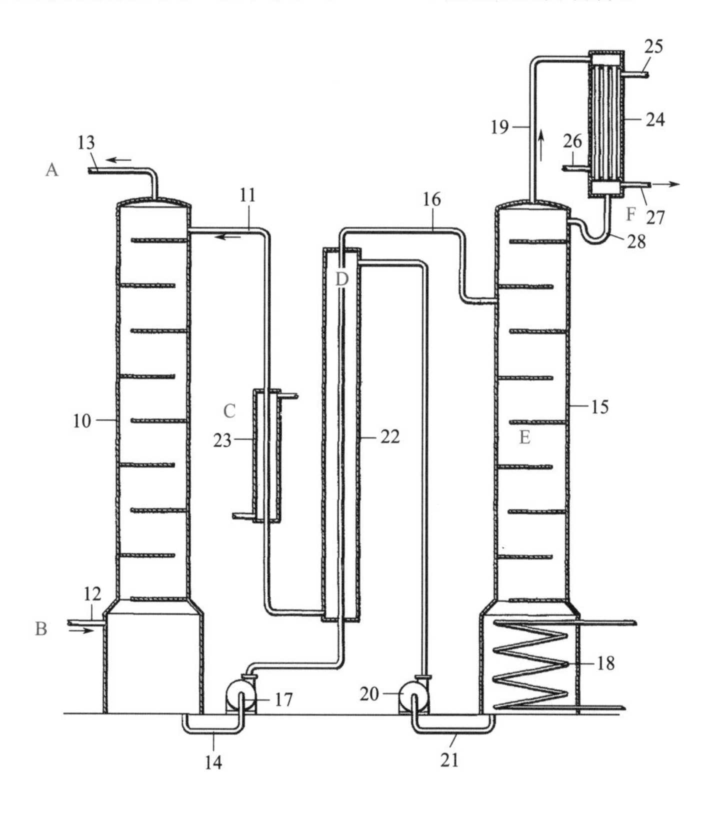

参考文献

[5.1] Bottoms，R.，1930. Separating acid gases，US Patent 1，783，901.

[5.2] Desai，S.，and D.A. Klanecky，2011. Meeting the needs of the water-energy nexus. Chem. Eng. Prog.，107（4），22.

[5.3] UNICEF，2006. Meeting the MDG Drinking Water and Sanitation Target： The Urban and Rural Challenge of the Decade. WHO and UNICEF： Geneva.

[5.4] McCann，N.，D. Phan，X.G. Wang，W. Conway，R. Burns，M. Attalla，G. Puxty，and M. Maeder，2009. Kinetics and mechanism of carbamate formation from CO_2（aq），carbonate species，and monoethanolamine in aqueous solution. J. Phys. Chem. A，113（17），5022. http://dx.doi.org/10.1021/Jp810564z

[5.5] Keith，D.W.，2009. Why capture CO_2 from the atmosphere？ Science，325（5948），1654. http://dx.doi.org/10.1126/science.1175680

[5.6] Mahmoudkhani，M.，and D.W. Keith，2009. Low-energy sodium hydroxide recovery for CO_2 capture from atmospheric air— thermodynamic analysis. Int. J. Greenh. Gas Con.，3（4），376. http://dx.doi.org/10.1016/J.Ijggc.2009. 02.003

[5.7] Vaidya，P.D.，and E.Y. Kenig，2007. CO_2-alkanolamine reaction kinetics： a review of recent studies. Chem. Eng. Technol.，30（11），1467. http://dx.doi. org/10.1002/ceat.2 00700268

[5.8] Savile，C.K.，and J.J. Lalonde，2011. Biotechnology for the acceleration of carbon dioxide capture and sequestration. Curr. Opin. Biotechnol.，22（6），818. http://dx.doi.org/10.1016/j.copbio.2011.06.006

[5.9] Brennecke，J.E.，and B.E. Gurkan，2010. Ionic liquids for CO_2 capture and emission reduction. J. Phys. Chem. Lett.，1（24），3459. http://dx.doi.org/ 10.1021/jz1014828

[5.10] Nulwala，H.B.，C.N. Tang，B.W. Kail，et al.，2011. Probing the structureproperty relationship of regioisomeric ionic liquids with click chemistry. Green Chem.，13（12），3345. http://dx.doi.org/10.1039/C1gc16067b

[5.11] Gurkan，B.E.，J.C. de la Fuente，E.M. Mindrup，et al.，2010. Equimolar CO_2 absorption by anion-functionalized Ionic liquids. J. Am. Chem. Soc.，132（7），2116. http://dx.doi.org/10.1021/ja909305t

[5.12] Ramezan，M.，T.J. Skone，N. Nsakala，and G.N. Liljedahl，2007. Carbon Dioxide Capture from Existing Coal-Fired Power Plants，Report No. DOE/NET L-401/1109 07）.

[5.13] Rochelle，G.，E. Chen，S. Freeman，D. Van Wagener，Q. Xu，and A. Voice，2011. Aqueous piperazine as the new standard for CO_2 capture technology. Chem. Eng. J.，171（3），725. http://dx.doi. org/10.1016/J.Cej.2011.02.011

[5.14] Rochelle，G.T.，Amine scrubbing for CO_2 capture. Science，325（5948），1652. http://dx.doi. org/10.1126/science.1176731

[5.15] St Clair，J.H.，and W.F. Simister，1683. Process to recover CO_2 from flue-gas gets 1st large-scale tryout in Texas. Oil Gas J.，81（7），109.

[5.16] Aroua，M.K.，A. Benamor，and M. Z. Haji-Sulaiman，1999. Equilibrium constant for carbamate formation from monoethanolamine and its relationship with temperature. J. Chem. Eng. Data，44（5），887. http://dx.doi.org/10.1021/ je980290n

[5.17] Seider，W.D.，J.D. Seader，D.R. Lewin，and W.D. Seider，2004. Product and Process Design Principles：Synthesis，Analysis，and Evaluation. Wiley：New York.

6 吸附

从字面上看，“吸收”与“吸附”只有一字之差，但这两种捕集CO_2的方法却有着本质的不同。吸附是指在一定条件下，固体表面自发富集流体混合物中的某些气体分子，或者是某些气体分子残留在固体材料表面的过程；吸收则强调分子实际进入材料内部的过程。这种差异导致提高材料捕集能力所需方法的不同。对于吸收而言，提高捕集能力一定程度上依赖于捕集材料用量的增加。反之，对于吸附而言，提高捕集能力则依赖于吸附材料暴露的表面积。

6.1 引言

吸附过程的应用有着悠久的历史，早在公元前1500年，埃及人使用木炭吸附伤口上的异味；公元前450年，印度文献记载当地人们使用木炭来净化水。木炭作为最古老的吸附剂之一，至今仍以“活性炭”的形式进行使用。在现代，活性炭的碳源多种多样，如坚果壳、泥炭、木材、褐煤、煤和石油沥青等。碳质材料被“活化”，导致其表面积大幅增加，经过一系列化学过程和物理过程，其表面积可高达500～1500m^2/g。

在日常生活中，你可能遇到过许多吸附“好帮手”，如新衣服口袋里的小袋硅胶。硅胶吸附水的效果非常好，在装有湿敏材料的箱子中，通常会加入多袋硅胶。许多高中化学课程都有一个实验，演示如何用活性炭吸附剂使溶液褪色；小苏打常用于吸附冰箱中储存的食物散发出的气味。本章重点关注并阐述吸附在气体分离方面的相关内容。常用的吸附材料如图6.1.1所示。

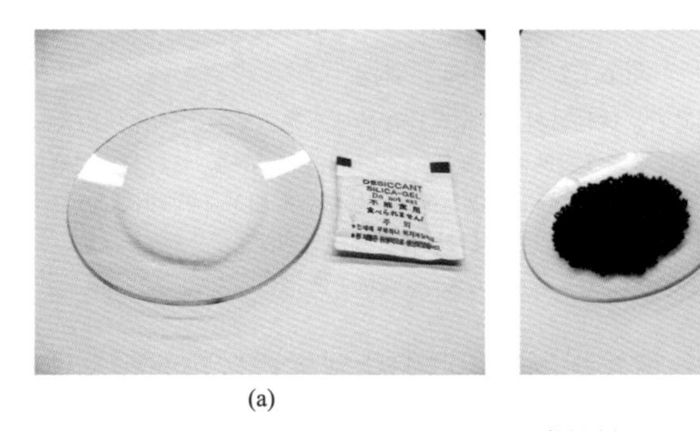

(a) (b)

图6.1.1　吸附材料

（a）二氧化硅（袋装硅胶干燥剂吸附水）；（b）活性炭（可能用于有机化学实验室）。

照片由Joseph Chen提供

纳米多孔晶体材料是一类新型固体吸附剂。这些晶体孔道的直径在纳米量级，巨大的比表面积决定了其优异的吸附性能。在液体吸收中，可通过增加材料的用量来提升其吸收能力。因此，为了做好CCS，这些晶体材料和液体吸收剂之间的唯一本质区别是：一种是固体，另一种是液体。所以，当分子在液体中被吸收时使用术语“吸收”；当分子在固体上被吸附时使用术语“吸附”。这与专业文献使用的命名法保持一致。

沸石是一种纳米多孔材料，在许多领域都有广泛的应用。沸石的基本结构单元是TO_4四面体，其中T原子通常是Si、Al，或者是P。这些四面体可以形成不同类型的单元，如6环、8环或12环等。这些环就是二级结构单元中圆筒或笼等不同类型，圆柱体或笼状结构在沸石晶体中形成网状孔洞。目前已知有超过200种不同的沸石结构，每一种都具有相似的化学成分，但孔隙拓扑结构却并不相同（图6.1.2）。国际沸石协会结构委员会（IZA-SC）对每一种沸石结构或拓扑结构都赋予了唯一的三个字母名称。

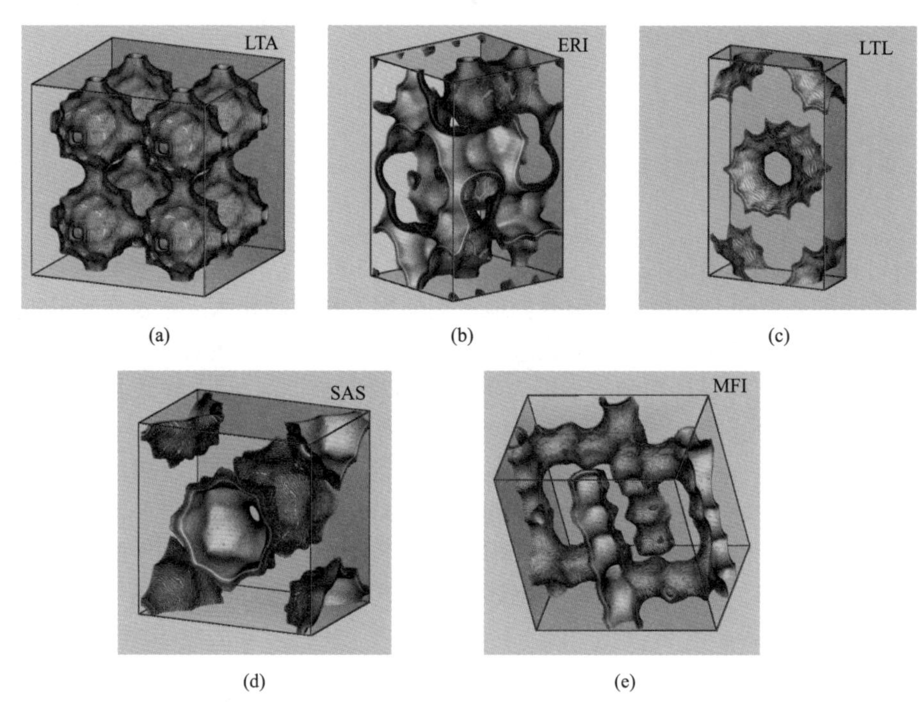

图 6.1.2 几种沸石结构

（a）计算机生成的具有 LTA 拓扑结构的沸石，这种材料具有窄窗连接的球形笼，笼的直径约为 10 Å，窗口尺寸约为 4.2 Å；（b）ERI 拓扑结构，这种材料是通过窄窗连接的椭圆形笼；（c）LTL 拓扑结构，这种材料具有一维管状通道；（d）SAS 拓扑结构，这种材料有一维通道，由与窄窗连接的空腔组成（类似于 LTA）；（e）MFI 拓扑结构，这种材料具有三维相交通道。

图片转载自 Beerdsen 等[6.1]，版权所有（2006）美国化学学会

自从金属有机框架（MOFs）被发现以来，这类新型多孔材料的研发种类就以数量级幅度增长。MOFs 是由有机配体（连接桥）和无机金属（或含金属簇）结点构建的金属 / 有机杂化固体。MOF-5 样品结构如图 6.1.3 所示。通过改变金属和连接物中的一种或两种，就可产生数百万种不同的 MOFs。面对如此多的材料，本章将重点阐述如何寻找最适合碳捕集的材料。

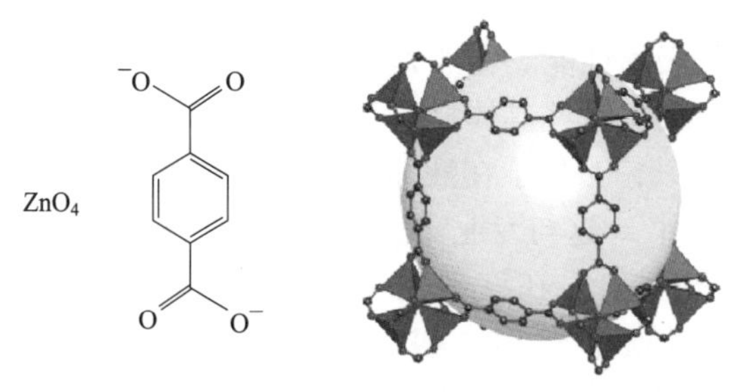

图 6.1.3 MOF-5 样品结构

MOF-5 结构：该材料由含金属簇状 ZnO_4，并以苯二羧酸酯为连接剂合成。图中 MOF-5 结构为 ZnO_4 四面体（蓝色），由连接剂（O—红色和 C—黑色）连接，形成扩展的三维立体框架，其中相互连接的孔隙为 8 Å，孔直径则为 12 Å。黄色球代表最大的球体，它可以占据孔隙而不进入框架中原子的范德华半径。图片转载自 Li 等[6.2]，经 Macmillan 出版社许可转载

6.2 吸附工艺

6.2.1 固定床吸附

吸附是一种单元操作，可通过几种不同的方法来完成。其中最常见的是固定床吸附法，如图 6.2.1 所示。在该系统中，烟气进入并流动到填充固体材料的固定床上，固体材料选择性地吸附 CO_2。系统排出的气体几乎是纯 N_2，而 CO_2 留在固定床上。这个过程一直持续到固定床材料层饱和，在某个点上，CO_2 会“突破”并出现在废气中。在该饱和点上，需要逆向操作完成固定床材料再生，可通过提高温度或降低 CO_2 分压的方法来实现，如可以引入一种净化气体，这样就可以回收接近纯净的 CO_2。

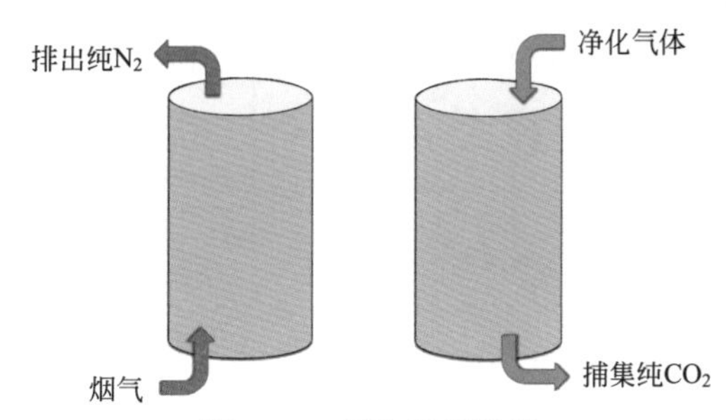

图 6.2.1 固定床吸附器

固定床吸附捕集 CO_2 分两步进行：第一步（左图），从烟气中选择性地吸附 CO_2，一旦吸附使固定床材料达到饱和，就需要对其进行再生；第二步（右图）描述了再生步骤，在此过程使固定床材料被加热，净化气体置换被吸附的 CO_2 得到纯 CO_2

6.2.2 流化床吸附

固定床吸附的缺点在于它是一个间歇过程，这说明整个处理操作过程必须周期性地中断以改变流体流动的方向。在工业应用中，很多都需要进行连续操作。例如，燃煤电厂不能仅仅为更换或再生吸附装置而关闭或停产。因此需要两个吸附器并行运行：一个处于吸附模式，另一个处于再生模式。这并不是吸附操作的最有效方法。流化床吸附剂的开发是在整个工艺过程中使用固体，保证吸附过程的非间歇性连续操作。从流体动力学的角度来看，这是非常有意义的，但从操作的角度来看，要复杂得多。

运输是问题的根本。为了实现连续操作，需要把吸附剂从一个地方移动到另一个地方。许多吸附剂是粉末，因此吸附剂再生阶段的运输过程减少损耗是一件特别具有挑战性的事情。解决方案：一种是使用流化床，其原理是气体自下往上流动，在此过程中，流化床中的固体颗粒从容器底部流动到容器顶部。一旦颗粒到达顶部，它们又会由于重力的作用而流向底部，在此过程中吸附向上流动的 CO_2 气体。当颗粒到达底部时会被再生，之后再次进入吸附工段。图 6.2.2 所示为该工艺的整体构想。

另一种方法是引入烟道气和净化气不断地改变其位置。针对这种方法，研究人员精心设计了一个阀门系统模拟溶剂的运动，采用这种技术的装置称为模拟移动床（图 6.2.2）。

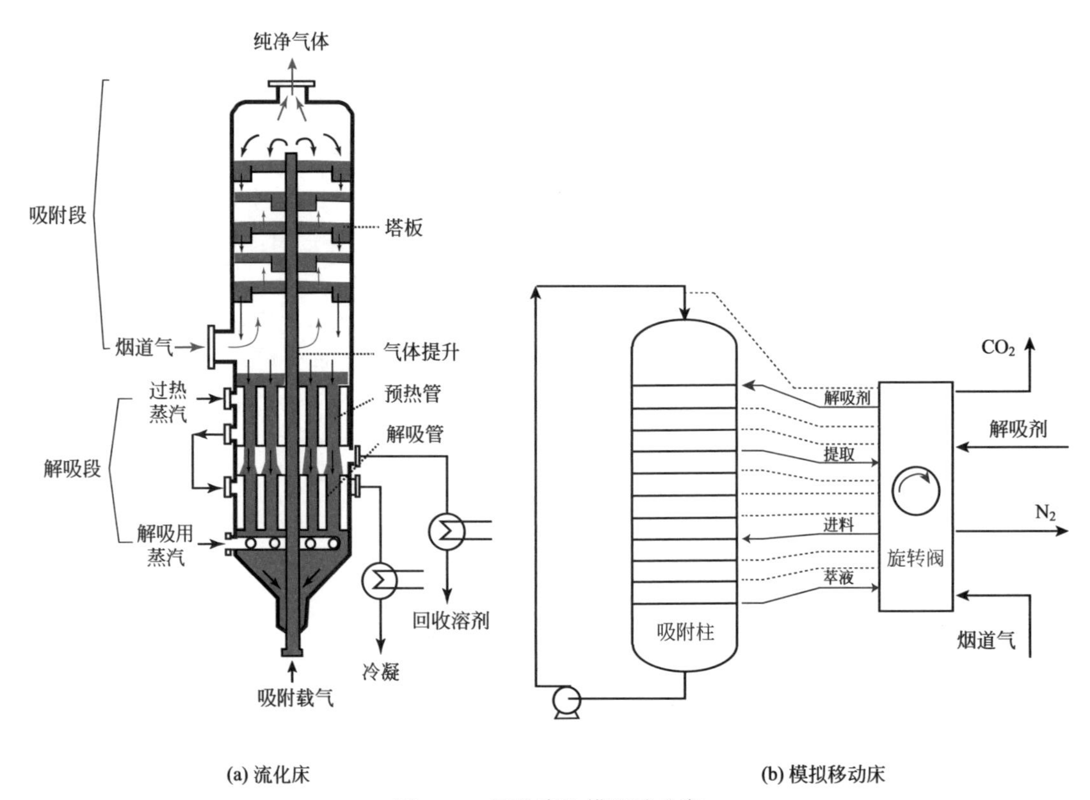

(a) 流化床

(b) 模拟移动床

图 6.2.2 流化床和模拟移动床

（a）在流化床顶部注入烟道气，进行吸附，在流化床底部进行固体吸附剂再生。在流化床中，固体吸附剂连续流动；中心管道利用载气将再生材料从底部运移至顶部注入。（b）在模拟移动床中，智能阀门系统可以避免固体材料经常出现的不必要移动。阀门以某种方式旋转，使柱体一些部位进行吸附，而其他部位进行再生

6.2.3 变温—变压吸附

在吸收过程中，关键的热力学性质对应于 CO_2 捕集量；在吸附过程中，则对应于附着在吸附剂上的 CO_2 数量。假设烟气的压力足够低，根据亨利定律，吸附量与 CO_2 的分压成正比，比例常数称为亨利系数（见专栏 5.2.2），其与温度有关。

图 6.2.3 所示为变温—变压吸附原理。假设在 40℃时吸附烟道气，在 1atm 的 CO_2 和 N_2 混合比例分别为 14% 和 86%。根据亨利定律，图 6.2.3 的下半部分为典型材料所吸附的 CO_2 量（σ_{CO_2}）。此外，假设该材料具有良好的选择性，N_2 的吸附量很小。当总压力为 1atm 时，CO_2 分压为 0.14atm。为了解吸 CO_2，将吸附剂加热到 T_{final}，在 1atm 下几乎可以解吸得到纯净的 CO_2。此时，吸附等温线显示材料中还残留一些 CO_2。在吸附和解吸循环过程中，能够去除的 CO_2 总量被定义为吸附材料的工作容量。此过程称为变温操作。

另一种形式是变压吸附，通过降低分压进行操作，在吸附塔上引入净化气来完成。此过程 CO_2 分压非常低，净化气流动使附着的大部分 CO_2 被解吸。

此外，可以同时改变压力和温度，实现变压—变温操作联用，完成 CO_2 的分离与吸附剂的再生。

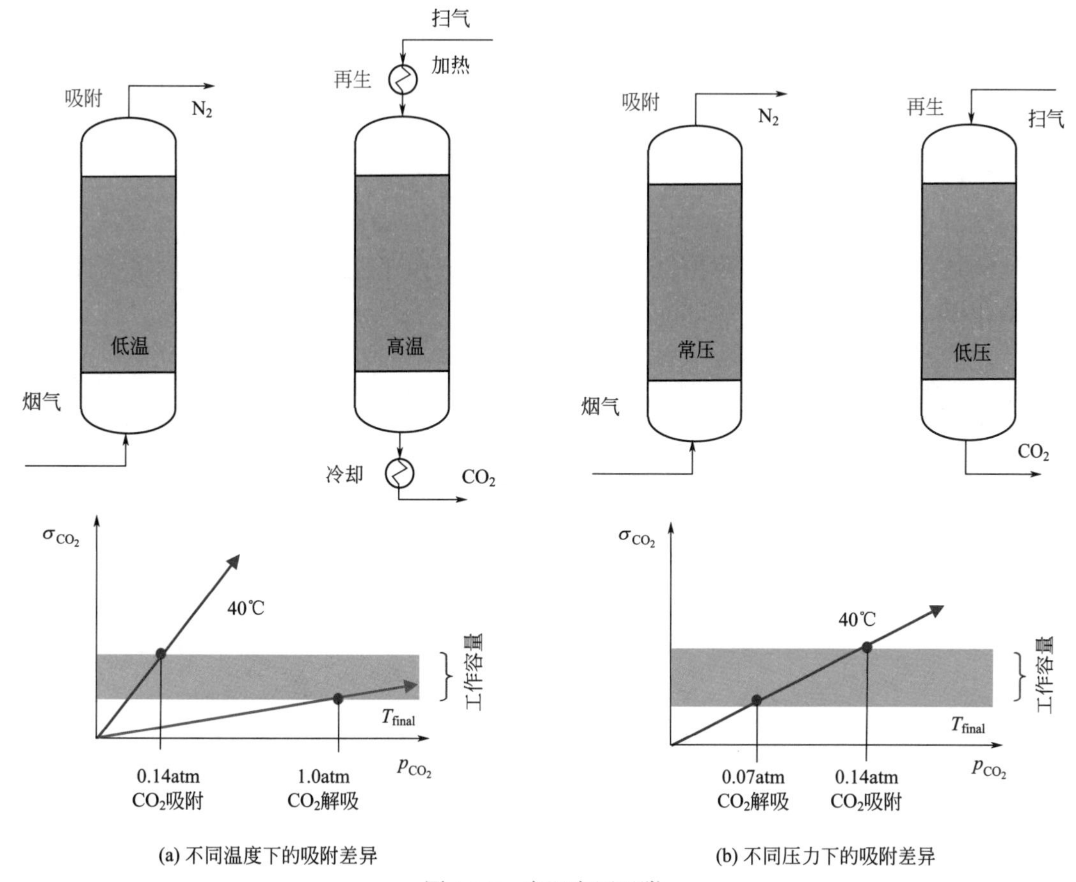

(a) 不同温度下的吸附差异　　　　(b) 不同压力下的吸附差异

图 6.2.3　变温变压吸附

（a）变温吸附利用不同温度下的吸附差异。与解吸过程相比，吸附过程可以在较低的温度（1atm，40℃，14%CO_2）下完成。吸附等温线给出了吸附和解吸条件下的平衡浓度。工作容量是指在一个循环中能够去除的 CO_2 量。（b）变压吸附利用不同压力下的吸附差异。与解吸过程相比，吸附过程需要在较高的压力（1atm，40℃，14%CO_2）下完成。吸附等温线给出了吸附和解吸条件下的平衡浓度。工作容量是在一个循环中能够移除的 CO_2 量

吸附材料的工作容量取决于工作条件。例如，如果解吸塔在较高的温度下工作，将得到更大的工作容量。工作容量是吸附材料最关键的性能指标之一，捕集相同数量的 CO_2，吸附剂工作容量越大，所需用量越少。然而，升温增压过程都需要增加能源消耗。因此，吸附材料高效利用带来的益处可能会因更高的能源费用掣肘而完全抵消。

工作容量的问题引申出了另一个重要的问题：什么是理想的吸附剂？在下一节中将解答这个问题。

问题 6.2.1 工作容量

改变下列工作条件能够减少工作容量还是增加工作容量？

（1）降低烟道气温度；

（2）增加烟道气压力；

（3）降低解析压力（实际工程中如何实现？）。

6.3 吸附设计

6.3.1 吸附热力学

材料对 CO_2 吸附选择性的高低直接影响其分离效果。吸附材料的吸附行为可通过等温吸附线描述，CO_2 和 N_2 的吸附量是各自分压的函数。由于这些等温线在吸附塔设计中具有重要作用，因此在本节中讨论吸附热力学。

典型的 Langmuir 等温线如图 6.3.1 所示。根据上一节所述的亨利定律，在较低的压力条件下，吸附量与压力成正比。实际操作过程中，为了进一步提高吸附材料工作容量，需要越来越高的压力来进一步增加负载，直到饱和。可通过最简单的数学公式描述这种行为特性：

$$\theta(p)=\frac{\sigma(p)}{\sigma_{\max}}=\frac{bp}{1+bp}$$

式中，p 为压力（分压）；θ 为占有分数；σ 为吸附剂负载，mol/kg；$\sigma_{\max}$ 为饱和负载。该方程就是 Langmuir 等温方程。在专栏 6.3.1 中，给出了 Langmuir 方程的简单动力学推导。在 $p\to 0$ 的极限条件下，吸附量是压力的线性函数，或：

$$\sigma(p)\approx\sigma_{\max}bp=H_i p$$

式中，H_i 为组分 i 的亨利系数。对烟气吸附而言，压力较低，可以简单地将单组分描述扩展到混合物（见专栏 6.3.2）。如果两种气体的吸附量都足够低，则可以用亨利系数的比值预测吸附材料的选择性。选择性定义为吸附材料中两组分的相对载荷与它们在气相中的相对浓度之比，即：

$$S=\frac{\sigma_{CO_2}/\sigma_{N_2}}{p_{CO_2}/p_{N_2}}=\frac{H_{CO_2}}{H_{N_2}}$$

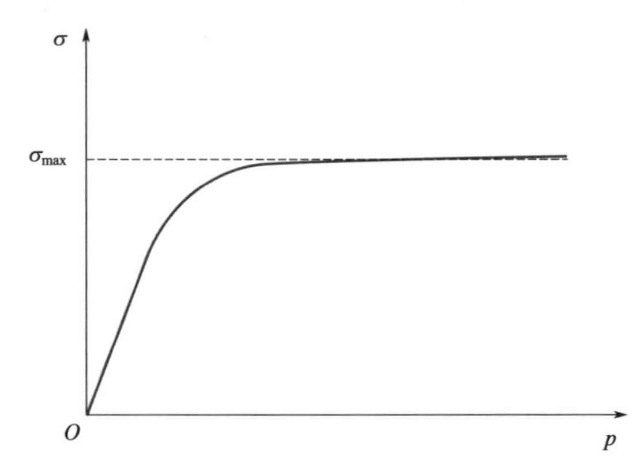

图 6.3.1 Langmuir 等温线（载荷 σ 为压力 p 的函数）

专栏 6.3.1 Langmuir 等温线

通过动力学参数可以推导出 Langmuir 等温线。假设吸附点 σ_{max} 存在某一表面，该表面与理想气体接触。如果单位时间内离开表面进入气相的分子数等于单位时间内逆向运动的分子数，那么认为该表面和气相之间达到平衡。假设吸附点之间没有相互作用，那么分子离开该表面的速率与被吸附分子的数量成比例：

$$k(\text{surface}\to\text{gas})=c_d\theta\sigma_{max}$$

分子从气相到表面的逆向运动速率不仅与气相中的分子数量（或压力）成比例，还与表面上的空穴数量成比例：

$$k(\text{gas}\to\text{surface})=c_a(1-\theta)\sigma_{max}p$$

在平衡状态下，两个速率相等，所以：

$$c_d\theta\sigma_{max}=c_a(1-\theta)\sigma_{max}p$$

令 $b=c_a/c_d$，有：

$$\theta=\frac{bp}{1+bp}$$

这就是著名的 Langmuir 方程。

专栏 6.3.2 混合物等温线的预测

单组分 Langmuir 等温线可以推广到混合物。现在使用吸附点 σ_{max} 的表面进行分析。与单一组分相类似，假设两个吸附点之间没有相互作用，组分 A 和 B 将会竞争这些吸附点。对于组分 A 和 B 而言，如果单位时间内离开表面进入气相的分子数量等于单位时间内分子逆向移动的数量，则该表面和气相之间存在平衡。假设吸附点之间没有相互作用，分子离开表面的速率与吸附分子的数量成比例：

$$k_A(\text{surface}\to\text{gas})=c_d^A\theta_A\sigma_{max}$$

式中，θ_A 为组分 A 在吸附点处的所占的分数。对于组分 B，有：

$$k_B(\text{surface}\to\text{gas})=c_d^B\theta_B\sigma_{max}$$

分子从气相吸附到材料表面时，分子会竞争空穴，对于每种组分，吸附速率与分压成正比：

$$k_A(\text{gas}\to\text{surface})=c_a^A(1-\theta_A-\theta_B)\sigma_{max}P_A$$

$$k_{\mathrm{B}}(\text{gas} \rightarrow \text{surface}) = c_{\mathrm{a}}^{\mathrm{B}}(1-\theta_{\mathrm{A}}-\theta_{\mathrm{B}})\sigma_{\max}P_{\mathrm{B}}$$

假设处于平衡状态，且令 $b_i = c_{\mathrm{a}}^i c_{\mathrm{d}}^i (i = A,B)$，则有：

$$\theta_{\mathrm{A}} = (1-\theta_{\mathrm{A}}-\theta_{\mathrm{B}})b_{\mathrm{A}}p_{\mathrm{A}}$$

$$\theta_{\mathrm{B}} = (1-\theta_{\mathrm{A}}-\theta_{\mathrm{B}})b_{\mathrm{B}}p_{\mathrm{B}}$$

从而得到等温吸附线：

$$\theta_{\mathrm{A}} = \frac{b_{\mathrm{A}}p_{\mathrm{A}}}{1+b_{\mathrm{A}}p_{\mathrm{A}}+b_{\mathrm{B}}p_{\mathrm{B}}}$$

$$\theta_{\mathrm{B}} = \frac{b_{\mathrm{B}}p_{\mathrm{B}}}{1+b_{\mathrm{A}}p_{\mathrm{A}}+b_{\mathrm{B}}p_{\mathrm{B}}}$$

这一结果的重要意义在于可以利用纯组分等温线$(b_i, \sigma_{\max}^i)$的实验数据来预测混合物的等温线。分子竞争相同位置的假设过于简化，需要使用其他方法来预测实际的混合物等温线。一个特别流行的理论是理想吸附溶液理论（ideal adsorbed solution theory，IAST）[6.3]。

另一个重要的热力学特性描述了亨利系数与温度的相互关系。在碳捕集过程中，吸附床温度改变的影响至关重要。Van't Hoff 方程描述了相应变量的关系：

$$\frac{\mathrm{d}\ln H}{\mathrm{d}T} = \frac{\Delta h_{\mathrm{ads}}}{RT^2}$$

式中，Δh_{ads} 为吸附热。

6.3.2 穿透曲线

与吸收塔的设计相比，固定床和流化床的设计要复杂得多。吸附柱尺寸以米为单位，其内部由不规则的粉末填充，粉末间具有微小分子结构的空隙。考虑这些因素，可以使用之前讨论的吸收方法设计吸附设备的尺寸。

通常情况下，可以考虑的其他变量是进入床层的气体速度、粒子本身占据的空间大小或床层空隙。原则上，可以称为“吸附剂 -R-Us”，并且需要 X 磅的固体吸附剂。为了确定 X 值，可从固定床反应器开始讨论。为了简化设计，假设有两个反应器：一个用于吸附，另一个用于再生。现已知待脱除 CO_2 烟道气的流速，为了明确购买多少原料，还需要知道吸附材料的平衡性质，包括单位时间 CO_2 的吸附量、多孔介质的工作容量及其选择性等。此外，还需了解这个系统的动力学性质，以及孔内扩散的水平。

先设想一下 CO_2 通过这些装置的传输过程。如果有一种理想的吸附剂，吸附材料中烟气和吸附气体瞬间达到平衡。平衡浓度可根据吸附等温线确定，材料内部的 CO_2 吸附量是分压的函数。假设从柱体左边注入气体，然后在材料的内部吸附 CO_2，直到达到平衡浓度。此时，材料不能再吸附 CO_2，所以 CO_2 将缓慢地穿过柱体，直至柱体右侧。最后，CO_2 将穿透吸附塔，吸附塔需要再生后才可继续投入使用。这一过程如图 6.3.2 所示。

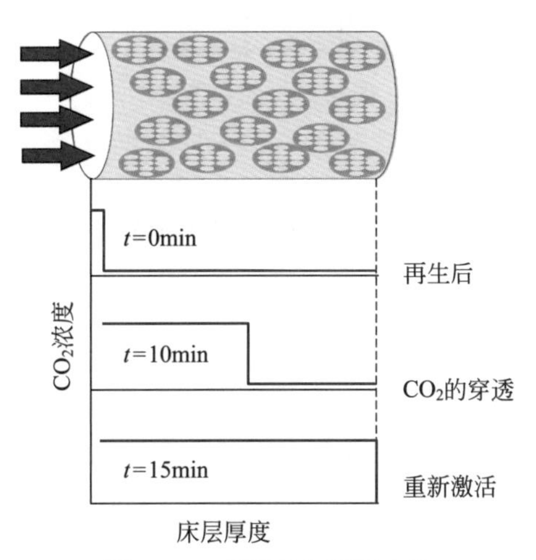

图 6.3.2　吸附床和穿透次数

烟气从柱体左侧进入。蓝线表示在床层再生后的不同时间增量中，烟气中的 CO_2 浓度随其在床层中的位置而变化。CO_2 到达储量上限，材料失去原有能力，需要重新激活

图 6.3.3 所示为一些更实际的穿透曲线（出口 CO_2 浓度的增加较为缓慢）。可以发现，穿透曲线越陡，吸附床的利用就越有效。

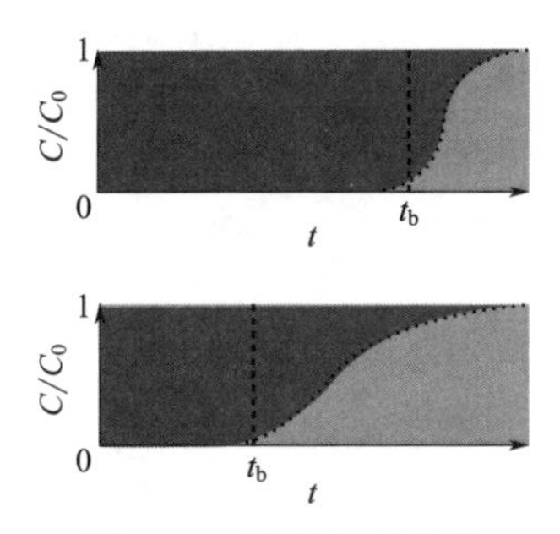

图 6.3.3　实验穿透曲线

出口处被吸附物质（如 CO_2）的浓度 C 除以进口处被吸附物质的初始浓度 C_0，该数值随着时间变化而变化。最初，出口处浓度接近于 0，因为所有分子都被吸附在床层中。一段时间后，床层变得饱和，出口浓度将不断增大，直到与进口处浓度相等。如果是理想吸附，这个曲线是阶跃函数。非理想流动和扩散限制导致理想吸附出现偏差。这种非理想的特性会由于早期 CO_2 浓度过高而降低床层效率

6.3.3　穿透曲线定量分析

为了确定 CO_2 密度与其吸附床中位置和时间之间的关系，假设吸附塔是平行于 z 方向的圆柱体，吸附装置具有均匀的径向轮廓，那么只剩一个距离维度，即床层厚度。第一步计算床内某一点对应微元体积 $dV=dxdydz$ 的 CO_2 质量平衡方程（图 6.3.4）。在该体积中：

$$累积量 = 流入量 - 流出量 - 吸附量$$

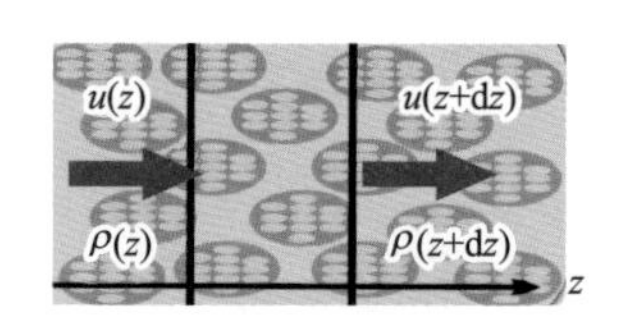

图 6.3.4　质量平衡

速度为 u，密度为 ρ 的气流在多孔材料中的变化情况

下面计算吸附剂对 CO_2 的吸附量，将质量平衡写成方程：

$$\frac{\mathrm{d}\rho_i}{\mathrm{d}t}=-\varepsilon\frac{\mathrm{d}\left(u\rho_i\right)}{\mathrm{d}z}+\frac{\partial\rho_i}{\partial t}$$

式中，u 为气体的流速，m/s；ρ_i 为组分 i 的密度，mol/m^3；i 通常是指 CO_2，也可以是另外的组分，如 N_2 或 H_2O；ε 为床层的孔隙空间分数或空隙率。

对于上述质量平衡方程，在求解过程中可以做一些假设。首先，假设吸附床中所有气体性质和理想气体相同，气体中 CO_2 含量非常少，因此 CO_2 的吸附过程不会改变流速 u。同时，假设孔隙中的吸附过程不受扩散控制；孔隙中的 CO_2 分子与孔隙外的气体处于平衡状态。进一步假设，该平衡过程满足亨利定律。因此，可以用吸附亨利系数 H_{CO_2}［mol/(kg atm)］将吸附剂中的吸附量 σ_{CO_2}（mol/kg）与孔隙体积中 CO_2 的分压相关联：

$$\sigma_{CO_2}=H_{CO_2}p_{CO_2}$$

如果一个 CO_2 分子被吸附，它会在微元体积中积累。如果 ρ_A 为吸附剂的密度（kg/m^3），则微元体积 dV 中吸附剂总量（kg）为：

$$m_{ads}=\left(1-\varepsilon\right)\rho_A\mathrm{d}V$$

可计算得到微元体积中吸附作用产生的 CO_2 累积量：

$$\Delta_{CO_2}=\sigma_{CO_2}\times\left(1-\varepsilon\right)\rho_A\mathrm{d}x\mathrm{d}y\mathrm{d}z$$

由于吸附是积累量的唯一贡献，有：

$$\frac{\partial\rho_{CO_2}}{\partial t}=\frac{\mathrm{d}\left(\Delta_{CO_2}/\mathrm{d}x\mathrm{d}y\mathrm{d}z\right)}{\mathrm{d}t}=\left(1-\varepsilon\right)\rho_A\frac{\mathrm{d}\sigma_{CO_2}}{\mathrm{d}t}$$

应用亨利定律：

$$\frac{\partial\rho_{CO_2}}{\partial t}=\left(1-\varepsilon\right)\rho_A H_{CO_2}\frac{\mathrm{d}p_{CO_2}}{\mathrm{d}t}$$

进一步地，质量平衡可变换成：

$$\frac{1}{RT}\frac{\mathrm{d}p_{CO_2}}{\mathrm{d}t}=\frac{\varepsilon u}{RT}\frac{\mathrm{d}p_{CO_2}}{\mathrm{d}z}+\left(1-\varepsilon\right)\rho_A H_{CO_2}\frac{\mathrm{d}p_{CO_2}}{\mathrm{d}t}$$

或：

$$\left[\frac{1}{RT}-(1-\varepsilon)\rho_A H_{CO_2}\right]\frac{dp_{CO_2}}{dt}=\frac{\varepsilon u}{RT}\frac{dp_{CO_2}}{dz}$$

假设 N_2 不被吸附，计算穿透曲线所需求解方程的边界条件为 $p_{CO_2}(t, 0) = p_{CO_2,\ flue}$。为了得到方程的解，可以先猜想解的形式：

$$p_{CO_2}(z,t)=\Theta(z-Bt)$$

其中 $\Theta=\Theta(y)$ 是一个未知函数，参数 $y=(z-Bt)$。给定 Θ，可以得到下式：

$$\frac{dp_{CO_2}}{dz}=\Theta',\frac{dp_{CO_2}}{dt}=-B\Theta'$$

其中 $\Theta'=d\Theta'/dy$。将这两个方程代入需要求解的微分方程，得到：

$$B=-\frac{\varepsilon u}{1+RT(1-\varepsilon)\rho_A H_{CO_2}}$$

边界条件和初始条件为：

$$p_{CO_2}(0,t)=p_0,\ \ p_{CO_2}(z,0)=0$$

现在可以在不清楚 Θ 的形式下计算穿透曲线。对于穿透曲线，只需知道位置 $z=L$ 处压力是时间的函数。若需求得时刻 t' 和位置 L 处的解，根据解的形式和边界条件，有：

$$p_{CO_2}(L,t')=\Theta(L+Bt')=\Theta(0+Bt)=p_{CO_2}(0,t)=p_0$$

或者，在 t' 时刻，如果 Θ 的参数相同，那么 $z=L$ 的解与 $z=0$ 的解相同：

$$L+Bt'=0+Bt$$

上式说明，在 t' 时刻，而不是在 t 时刻，$z=L$ 和 $z=0$ 有相同的解：

$$t'=t-\frac{1}{B}L=t+\frac{1+RT(1-\varepsilon)\rho_A H_{CO_2}}{\varepsilon u}L$$

因此，如果在 $t=0$ 时刻开始向吸附床中注入 CO_2，CO_2 只会稍晚一点到达床层厚度为 L 的地方。系数 B 可以解释为气体前段运动的速度：

$$u'=\frac{\varepsilon u}{1+RT(1-\varepsilon)\rho_A H_{CO_2}}\approx\varepsilon u\left[1-RT(1-\varepsilon)\rho_A H_{CO_2}\right]$$

只有当吸附量很小时，最后一步才有效。因此，气体的有效流速取决于亨利系数。此外，它将以完全相同的形式从柱体中流出，如图 6.3.5 所示。

假设在低压极限下，使用吸附等温线进行方程推导；再假设一个理想的压力剖面和速度剖面；最后假设“扩散效应”可以忽略。换句话说，假设气体只通过对流运动。如果一种材料受扩散控制，则有效速度将随着床层效率的降低而增加。

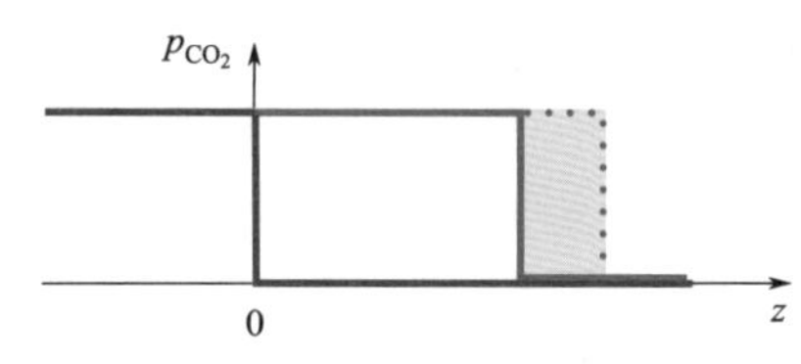

图 6.3.5 CO_2 穿过柱体的移动过程

红色实线表示 CO_2 初始时没有吸附，CO_2 分压没有改变，当出现拐点时，表示发生了吸附作用，CO_2 分压急剧下降，当 CO_2 分压为 0 时，表示 CO_2 被完全吸附；红色虚线表示没有发生吸附作用时 CO_2 分压始终不变，之后出现拐点时表明也发生了吸附作用。在实际分离过程中，一般很少完全呈现直线规律

本节介绍的计算是针对理想情况。利用这些方程，可以对给定的材料进行理想化的方案设计，这有助于了解气体分离所需的吸附材料用量。此外，如果吸附材料在使用这个简单模型进行成本分析时性能不佳，因与理想行为的偏差都会阻碍 CO_2 的吸附。

6.4 吸附成本

与吸收一样，吸附工艺的成本主要包括两部分：一是设备成本，二是运营成本。如前所述，设备尺寸可根据穿透曲线确定。吸附剂成本常常也计入设备成本，但因碳捕集工艺尚处于发展阶段初期，其值很难被准确计算。同样地，当使用新型特殊材料时，也很难可靠地估计在未来大规模操作中的成本。目前已在实验室成功合成了多种新材料，关键是需要解决其高效、低成本与低能耗等问题。运营成本由能量需求决定。类似地，在吸附过程中，能量需求是由压缩过程和吸附剂再生过程所需的能量决定。

6.4.1 伴生能量

如前所述，通过改变温度、压力或同时改变两者来操作吸附塔。这些工艺过程的差异主要来自捕集（然后释放）CO_2 的吸附条件和解吸条件的影响，同时与气固接触和传热方法有一定的关系。这些重要因素不会影响平衡状态下的性能，因此下面将重点关注平衡过程的热力学性质，以便进行能量分析。吸附工艺所需热能是将吸附床加热至解吸 CO_2 所需工艺温度时所需的显热（Q_{sen}）和克服吸收热（Q_{des}）所需能量的总和。每生产单位质量 CO_2（$(\Delta\sigma_{CO_2})$ 的热能需求（Q）由下式给出：

$$Q=\frac{Q_{sen}+Q_{des}}{\Delta\sigma_{CO_2}}$$

其中

$$Q_{sen}=C_p m_{ads}\left(T_{des}-T_{ads}\right)$$

式中，C_p 为吸附剂的比定压热容；m_{ads} 为吸附剂的总质量；T_{des}–T_{ads} 为吸附条件和解吸条件之间的温差。而且

$$Q_{des}=\Delta h_{CO_2}^{ads}\Delta\sigma_{CO_2}^{ads}+\Delta h_{N_2}^{ads}\Delta\sigma_{N_2}^{ads}$$

式中，$\Delta\sigma_i$ 为 i 组分再生开始时和结束时的质量负荷差；Δ h_i 为 i 组分的吸附热，根据等温

吸附线可以计算不同条件下的负荷。与吸收过程相类似，假定动力循环中分流蒸汽提供热能。分流蒸汽给电厂施加了一个有效伴生载荷，这个负载可以用热能需求量乘以 75%（即汽轮机的典型效率），再乘以抽取蒸汽的卡诺效率 η 来表示。在计算伴生能量时，还需将 CO_2 压缩到 150bar（W_{comp}）所需的能量进行加和：

$$E_{par} = 0.75 \times Q \times \eta + W_{comp}$$

可以看到，伴生能量的表达式与吸收过程推导的表达式几乎相同。然而，两者也存在重要差异。在液体吸收过程中，使用换热器可为解吸过程提供更高的热效率。对于固体吸附过程，热交换更加困难，因此，必须假设提供的热量完全损失。因此，理想目标是选择具有最低伴生能量的材料。对此，仍需指出上述假设是所需伴生能量的下限；实际吸附过程涉及更多的工艺流程消耗能量，因此实际的伴生能量将高出上述假设结果的 30% 左右。

6.4.2 最优性能

从研究角度来看，理想的 CO_2 吸附剂主要有几个特点：吸附材料具有 100% 的高选择性、最大的工作容量、再生过程的低能耗、原材料来源广泛等。此外，一些其他因素也需要考虑，如工作性能和吸附热，使最佳吸附剂的选择变得更加复杂。例如，人们可能会专注于提高吸附材料对 CO_2 选择性的研究，但不同材料在不同条件下都可能有其最优性能。为了解决这个问题，建议将最低伴生能量作为衡量不同材料性能的一个重要指标。下面，将以一个使用伴生能量作为指标为例，根据性能差异对材料进行排名。

图 6.4.1 所示为吸附材料的工作容量如何取决于亨利系数。亨利系数较小的材料，其性能较差。虽然工作容量小，但是整个系统仍然需要加热直至达到解吸条件，这就需要较高的伴生能量。一般情况下，这些材料对 CO_2 的吸附性与对 N_2 的吸附性具有相同的数量级，因此选择性极低。亨利系数较大的材料具有更高的工作容量和较低的伴生能量。这种趋势一直持续到材料的亨利系数非常大，以至于在烟气条件下的分压过高，使其无法在线性范围内进行 CO_2 吸附。由图 6.4.1 可知，吸附状态下的 CO_2 载荷并非完全由简单的亨利系数决定，具有相同亨利系数的材料在不同孔隙体积下具有不同的工作容量。吸附材料的亨利系数越大，CO_2 的吸附能力越强，从而增加了吸附材料再生的困难。通过对亨利系数的分析可知，人们期望找到一个最优的亨利系数：不要太大，也不要太小。可以尝试通过实验来优化。

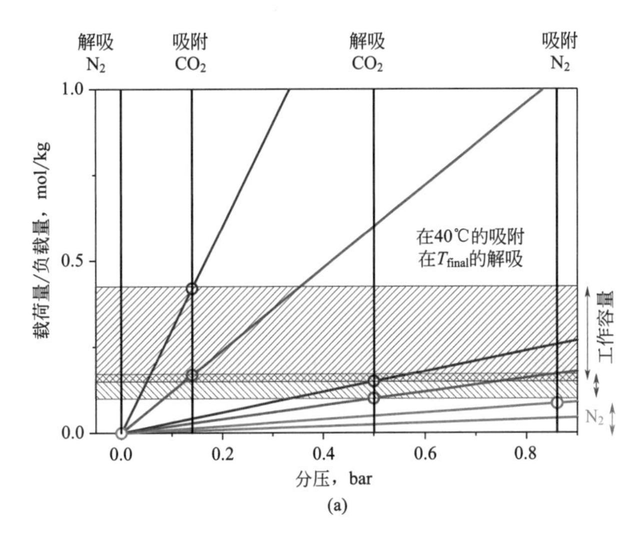

(a)

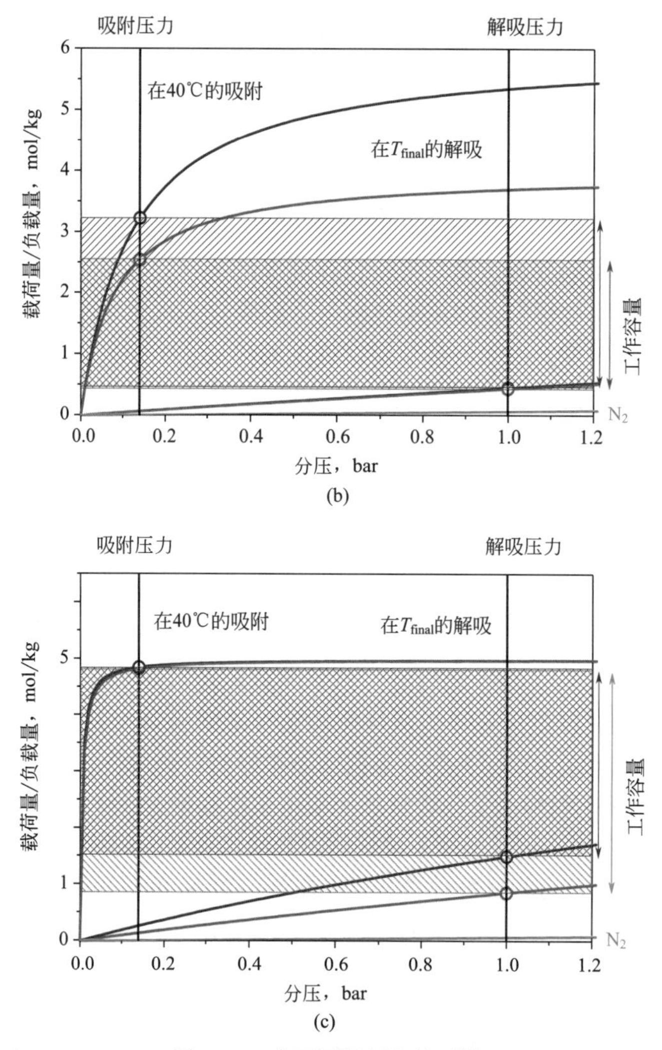

图 6.4.1　在不同材料中的吸附

等温吸附线给出了沸石的载荷量，它是作为 CO_2（绿色或紫色）分压或 N_2（橙色）分压的函数。吸附由烟气条件决定。在这些材料中，N_2 吸附量很小，对伴生能量消耗的影响不大。（a）亨利系数足够低的材料，其吸附和解吸均处于亨利区中。低亨利系数（绿色）使得吸附材料具有相对较小的工作容量和产品流的纯度。增大亨利系数（紫色）使得吸附材料的工作容量显著增加，但对于解吸，增大亨利系数会降低吸附材料的工作容量。（b）如果亨利系数变大，吸附的 CO_2 分子数量较多，以至于即使在烟气的低压条件下，吸附材料中的 CO_2-CO_2 相互作用也很重要。因此，吸附不能仅仅用亨利系数来表征。但对于解吸过程，增大亨利系数会进一步降低工作容量。由于解吸温度较高，解吸压力仍处于亨利定律的适用范围。（c）对于亨利系数非常高的材料，进一步提高亨利系数对吸附效果影响不大，此时孔隙体积占主导地位。但对于解吸而言，增加亨利系数会进一步降低工作容量。由于解吸过程温度较高，解吸压力仍处于亨利定律的适用范围。图片经许可转载自 Lin 等 [6.4]

6.4.3　沸石筛分

具有最佳亨利系数的沸石可以用来验证上述假设。沸石由氧桥键连接的 SiO_4 四面体构成的基本单元组成。这些四面体单元可以形成不同类型的结构，如六元环、八元环或十二元环。这些环是圆柱体或笼状物的不同类型的二级结构单元。这些材料的重要性是，在沸石晶体中这些圆柱体或笼状物形成孔隙网状结构。目前已有数百种不同结构的沸石，它们都或多或少具有相同的化学成分，但具有不同的孔隙拓扑结构。这些材料的晶体结构和孔隙拓扑可以在 IZA 数据库 [6.5] 中查阅。

使用这些材料时需要考虑孔隙的尺寸是否与可被吸附的分子尺寸大小相当。沸石的设计需要为具体应用选择最佳的孔隙拓扑。举例来说：沸石是一些洗衣粉的重要组成部分，它们的作用是软化水。可以合成这样一类沸石，使得某些 Si^{4+} 被 Al^{3+} 取代，电荷通过阳离子（如 Na^{+}）补偿。竞争吸附中 Ca^{2+} 离子比 Na^{+} 离子吸附更强，这使得这些分子筛能够有效地降低水的硬度；水中的钙元素被吸附在材料的孔隙中，并在冲洗循环中被冲走。其他重要的应用包括石油化工中的催化作用和气体分离等，其中之一正是利用这些材料吸附的差异选择性地保留一种气体。

当前亟待研发性能优异的碳捕集沸石材料，可由纯 SiO_2 组成。这说明多种物质均具有相同的化学成分，但有不同的孔隙拓扑结构。因此，用于碳捕集的最佳孔隙拓扑是什么？除了已知的沸石结构外，还可通过计算预测或拓展沸石结构数据库 [6.6,6.7] 进行筛选。

这种筛选研究的难点是需要用实验等温吸附线来计算伴生能量。但是目前只针对极少数的沸石测量对应的 CO_2 和 N_2 等温线。这类数据较少，无法进一步筛选，但足以构建一个描述气体分子和沸石之间相互作用的定量模型，可用于分子模拟从而指导预测所有气体的等温线。这些模拟给出了关于实验等温线非常合理的描述（图 6.4.2）。由于可以使用相同的模型来预测具有不同晶体结构的材料的等温线，因此可以利用这些分子模拟进一步预测混合吸附等温线，并为每种材料估算出最佳伴生能量。图 6.4.3 所示为所有已知沸石结构的最佳伴生能量与 CO_2 亨利系数的关系。图 6.4.4 所示为具有最佳伴生能量的部分沸石结构。图 6.4.3 还给出了另一类型材料的伴生能：沸石型咪唑酯骨架（ZIFs）。ZIFs 是一种特殊的金属有机框架（见 6.5 节），其中键的大小和键角可以模仿沸石中的 Si—O—Si 键而进行调整，因此与沸石有类似的孔隙拓扑。

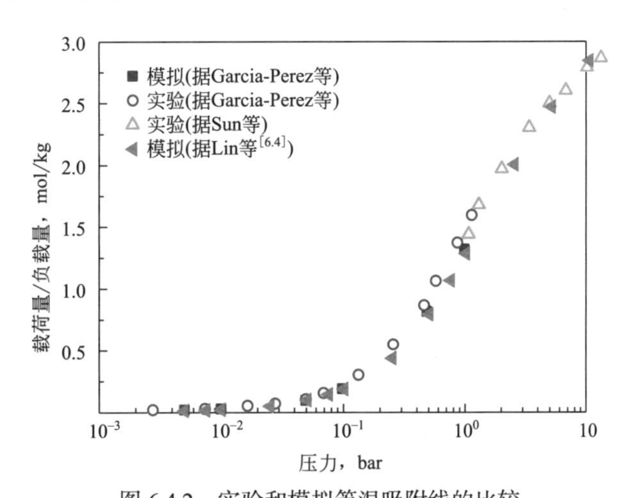

图 6.4.2　实验和模拟等温吸附线的比较

通过比较分子筛 MFI 中 CO_2 的等温吸附线，验证分子模拟预测和实验预测的可靠性

图 6.4.3 证实了存在最优 CO_2 亨利系数。如果亨利系数过低，则伴生能由于材料的工作容量过低而增高。如果亨利系数太高，则材料再生需要的能量太多。

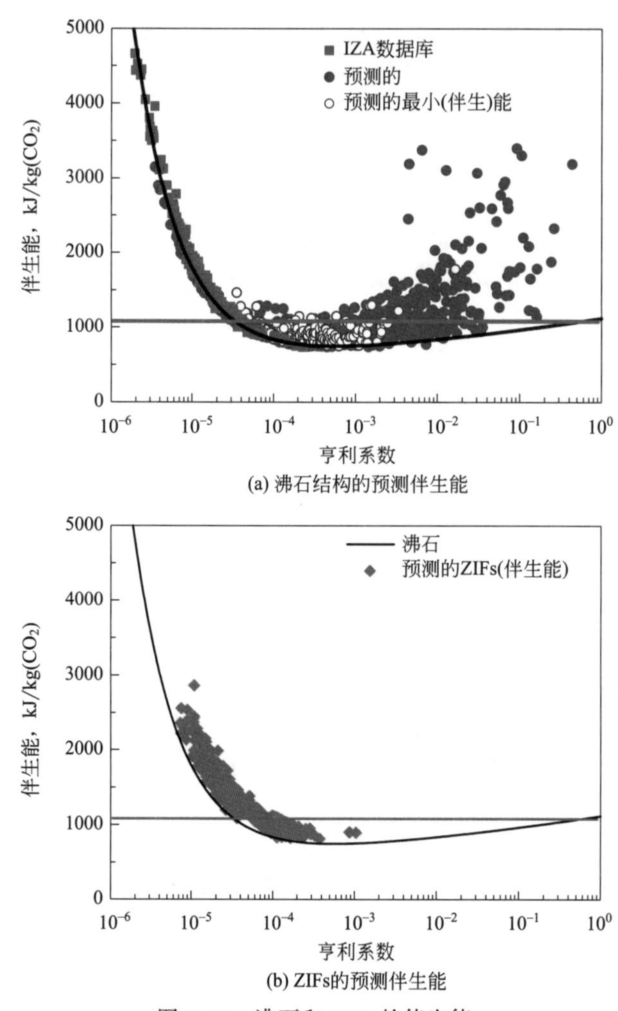

(a) 沸石结构的预测伴生能

(b) ZIFs的预测伴生能

图 6.4.3 沸石和 ZIFs 的伴生能

（a）所有 SiO_2 沸石结构的预测伴生能，它是 CO_2 亨利系数的函数：已知的沸石结构（红色方块）以及预测的结构（蓝色圆圈）。绿线表示当前 MEA 吸收技术的伴生能，作为比较参考值；黑线是在全硅结构中给定的亨利系数值下观察到的最小伴生能。（b）显示了 ZIFs 的预测伴生能，它是 CO_2 亨利系数的函数。绿线表示当前 MEA 吸收技术的伴生能，作为比较参考值；黑线是在全硅结构中给定的亨利系数值计算出的最小伴生能。在该图中，绘制了所有结构中具有代表性的部分结构。图片经许可转载自 Lin 等 [6.4]

另一个重要发现是：最佳伴生能可作为亨利系数的函数，有一个广义的最优值。产生这种广义最小值的原因是，亨利系数与吸附热有很强的相关性，而且吸附热对伴生能有两个相反的作用。较高的吸附热可以增加工作容量，同时降低伴生能，但是 CO_2 解吸需要更多能量（这又增加了伴生能），两者相互抵消。

计算结果表明，一系列沸石结构的伴生能远低于当前的 MEA（单乙醇胺，见第 5 章）技术（1060kJ/kg CO_2）。通过对其中一些最优结构的观察发现了它们的多样性：一维、二维 / 三维通道结构、笼状拓扑和更复杂的几何结构。为了说明这一点，图 6.4.4 和图 6.4.5 分别所示为最佳沸石和 ZIFs 中包含的一些最多样化的结构。这种理论筛选确实为此类材料所能达到的最小伴生能量设定了一个理论极限。这一理论极限有助于将实验工作集中在沸石材料的合成上，也可作为合成新材料的参考值。一个重要的实际问题是：如何合成这些最优材料并保证足够数量满足碳捕集的需求。

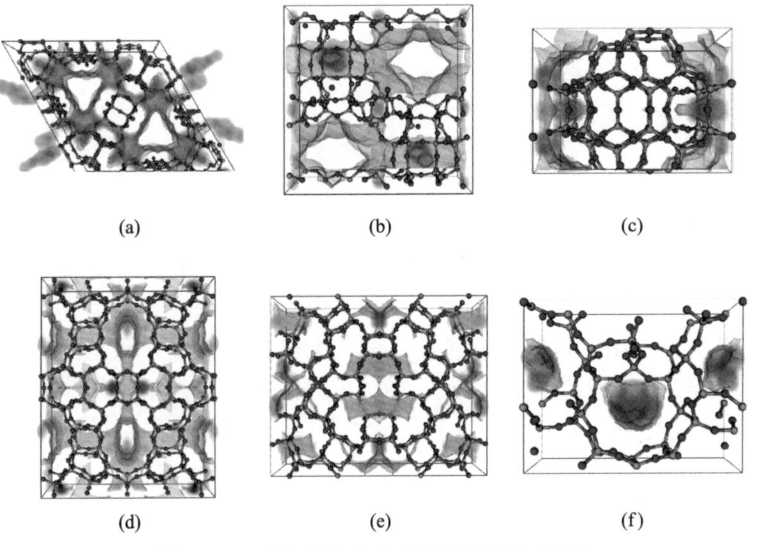

图 6.4.4　具有最小伴生能的沸石结构示例

这些材料中的原子以球棍模型（O—红色，Si—棕黄色）表示。材料孔隙的表面有局部自由能，其中较冷的颜色表示主要的 CO_2 吸附位点。图片经许可转载自 Lin 等 [6.4]

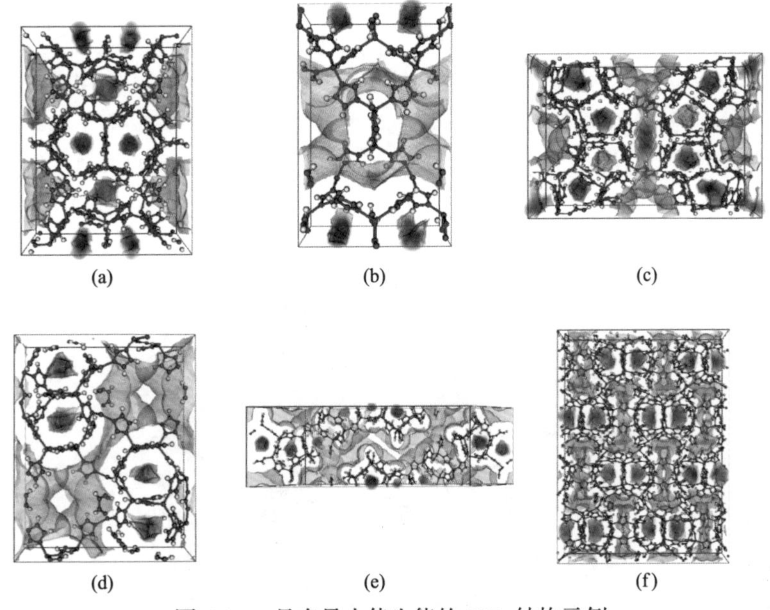

图 6.4.5　具有最小伴生能的 ZIFs 结构示例

这些材料中的原子以球棍模型（Zn—蓝灰色，N—蓝色，H—白色，C—灰色）表示。表面有局部自由能，较冷的颜色表示主要的 CO_2 吸附位点。图片经许可转载自 Lin 等 [6.4]

需要注意的是，上述研究只关注 CO_2/N_2 系统。烟道气中还含有水和其他气体，它们都会影响伴生能。此外，使用的平衡模型是基于气体扩散在吸附和解吸中均不起任何作用的假设。正如 6.3 节提到的，扩散会导致穿透时间减少，从而降低床层的使用效率。可以合理地假设，所有这些效应都会导致伴生能的增加。因此，从筛选的角度来看，这说明只有在简单的 CO_2/N_2 平衡模型中，那些伴生能远低于当前 MEA 技术的材料才值得开展进一步的研究。

6.5 新型碳捕集材料

寻找新的碳捕集材料是一个非常活跃的研究领域。如果要对当前的研究现状进行详细了解，可以参考过去几年优秀的综述文章[6.8-6.12]。在本节中，对目前正在研究的材料进行一个简短的回顾，内容还远远不够完整，有待进一步补充。吸附是目前几种商业气体采用的分离技术之一，使用的材料通常包括：微孔无机吸附剂、介孔无机吸附剂及有机吸附剂，如沸石、硅胶、氧化铝或活性炭。这些材料的应用范围包括从气体混合物中分离大量 CO_2（从天然气或氢气中分离 CO_2）以及从污染气体中去除微量 CO_2[6.13]。正因如此，这些材料在相关气体分离中已经具备了实践经验，它们是碳捕集测试实验的首选材料。更先进的材料包括金属有机框架（MOFs）。

6.5.1 物理吸附剂

6.5.1.1 沸石

沸石研究的实际局限性之一是在已知的两百种沸石结构中，可用数量有限。对于碳捕集而言，这些具有全硅结构的沸石的选择性不高，吸引力较小。然而，在合成沸石过程中，其中一部分 Si^{4+} 原子被 Al^{3+} 原子取代，缺失的电荷由阳离子补偿，从而提高沸石的选择性。有了这些阳离子，沸石选择性大大提高，但是对水有强烈的亲和力。由于水是烟道气中的重要成分，水的吸附限制了这些材料的性能。然而，沸石是非常稳定的材料，因此相对容易再生。图 6.5.1 所示为 LTA 沸石的部分结构，图 6.1.2 中给出了更多沸石结构的例子。

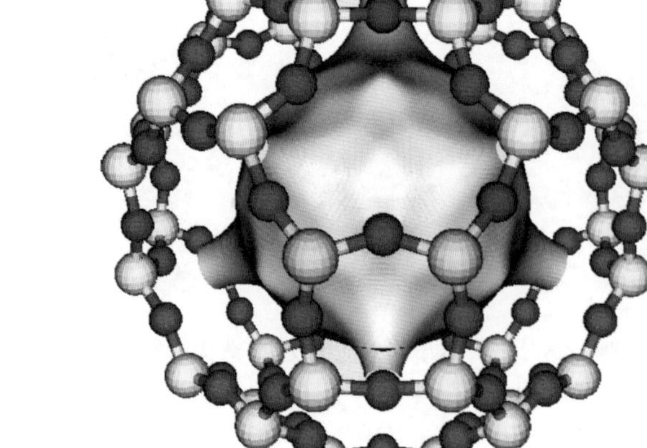

视频 6.5.1
（对应图 6.5.1）

图 6.5.1 LTA 沸石的部分结构

红球是氧原子，蓝球是硅原子。灰色面表示空腔和孔隙开口。由 Richard Martin 绘制，相关动画可在 http://www. worldscientifi c.com/ worldscibooks/10.1142/p911#t=suppl 浏览

6.5.1.2 活性炭

如前所述，活性炭是已知的最古老的吸附剂之一。碳材料的最新研究进展包括碳纳米管[6.14]和碳分子筛[6.15]。这些碳材料对CO_2具有良好的选择性，但与阳离子沸石一样，其活性位点也优先吸附水。

6.5.1.3 黏土

黏土是极其常见的物质，在9.2节中将进行介绍，它们在CO_2地质封存中发挥着重要作用。其中，具有一类特殊形式的类水滑石化合物（HTLcs，图6.5.2）和层状双氢氧化物（LDHs）对于碳捕集来说有着重要意义。这些类型的黏土均表现为碱性，在处理废液中作为催化剂、吸附剂和离子交换剂。人们提出的吸附机理是CO_2在黏土表面形成复合物[6.17]。由于络合作用，黏土与CO_2的结合能力比同等情况下沸石的结合能力更强。这些黏土的优点之一是，与水被共同吸附时，对CO_2的吸附能力也会切实增加[6.18，6.19]。

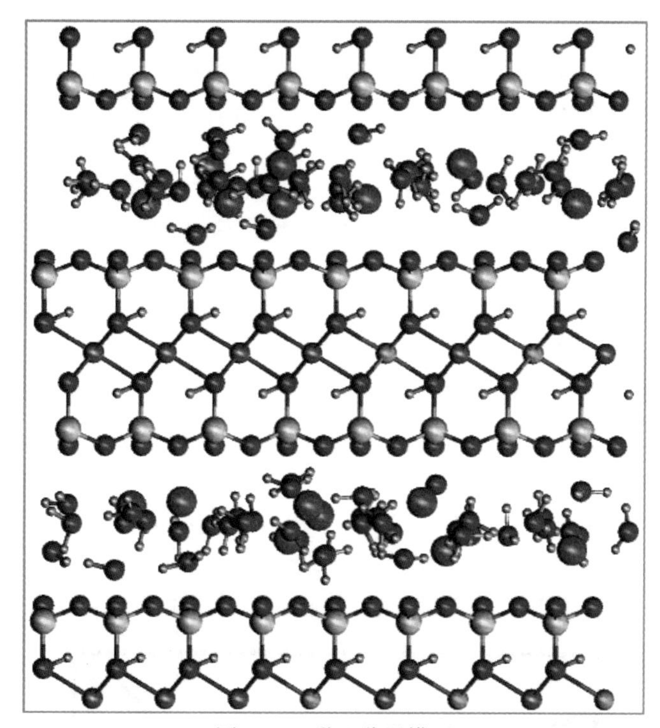

图6.5.2 黏土分子模型

具有吸附水的单层钠蒙脱土原子模型（O—红色，H—白色，Si—黄色，Na—蓝色，Al—紫色，Mg—绿色）的原子模型。图片经许可转载自Hensen等[6.16]，美国化学学会版权所有（2002）

6.5.2 化学吸附剂

6.5.2.1 金属氧化物

根据上一章对吸收的分析，捕集CO_2的基本选择之一是材料具有碱性基团。常见的“碱性”材料包括碱金属氧化物（Na_2O、K_2O）和碱土金属氧化物（CaO、MgO）[6.20]。在碱土金属氧化物中，含钙矿物最为丰富。石灰石和白云石是常见的碳酸钙矿物。

这些材料与 CO_2 发生反应，反应方程式如下：

$$MO(s)+CO_2(g)\rightleftharpoons MCO_3(s)$$

在高温（大于 900K）下加热可以去除 CO_2 并实现金属氧化物再生[6.21]。然而，该反应的动力学过程比沸石或活性炭慢。一个重要的研究方式为增加添加剂或其他的金属。对这些材料而言，再生所需能量一般大于物理吸附材料所需能量。在高温条件下对吸附剂进行再生，余热易于回收利用，整体提高了热能的利用效率[6.22]。

6.5.2.2 载体上的胺

在碳捕集领域，胺作为 CO_2 吸收溶剂已得到广泛应用。一种常用的 CO_2 捕集材料是将胺基固定于载体上。这种材料的一个例子是将胺通过浸渍法负载到 SiO_2 基底上，如介孔分子筛 MCM-41。当材料负载于支化聚乙烯亚胺时，其 CO_2 吸附容量显著增加[6.23]。在这些材料中，胺被物理吸附，可能影响材料的再生。另一种方法是将这些胺共价结合到 SiO_2 载体上，以防止胺的浸出。这些材料被称为共价键合的胺吸附剂[6.24，6.25]。

胺也可以与有机载体结合。此类材料包括：碳负载胺[6.26]、聚合物负载胺[6.27]和固体胺树脂[6.28]。

6.5.3 金属有机框架

金属有机框架（metal-organic frameworks，MOFs）是由有机配体（联接桥）与金属结点构成的微孔晶体固体，形成孔径均匀的三维扩展网络，孔径通常在 3 ～ 20Å[6.11,6.29,6.30]。金属簇通常由一个或多个金属离子（如 Al^{3+}、Cr^{3+}、Cu^{2+} 或 Zn^{2+}）组成，有机桥联配体通过特定的官能团（如羧酸盐、吡啶基）与之配合。近年来，MOFs 的设计、合成和表征取得了显著进展，因其具有独特的结构和化学多样性，所以在气体储存、离子交换、分子分离和多相催化等方面具有广阔的应用前景。MOFs 材料独特的结构性能包括：硬度、耐高温和化学稳定性、大内表面积（高达 $5000m^2/g$）、高空隙体积（55% ～ 90%）和低密度（$0.21 \sim 1.00g/cm^3$）。由于它们的合成过程是基于已知的有机反应，较水热合成的沸石更容易改进，包括调整孔隙尺寸和修饰表面结构。从实验的角度，为 MOFs 材料的晶化找到合适的溶剂和反应条件是成功制备的关键。现在已经做到高产量 MOFs 材料的合成（参见视频 6.5.1）。

视频 6.5.1

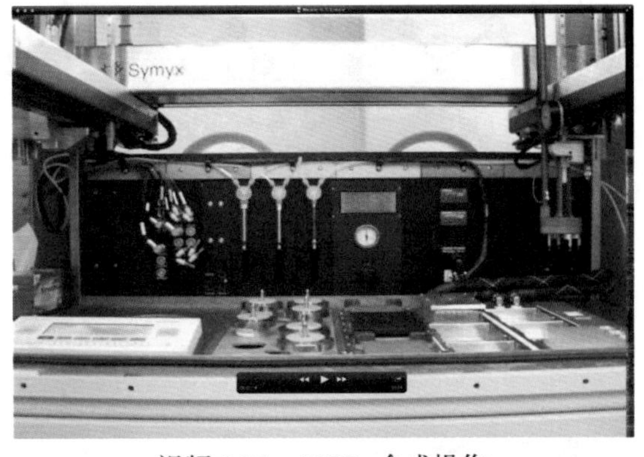

视频 6.5.1 MOFs 合成操作

机器人正在准备不同的溶剂混合物，并将它们放在装有 64 个小容器的盘子中，随后反应形成了 MOFs。视频拍摄自加州大学伯克利分校的 Jeff Long 教授，可在 http://www.worldscientifi c.com/ world scibooks/10.1142/ p911#t=suppl 浏览

MOFs 的一个子类是沸石咪唑酯骨架结构材料（ZIFs）。ZIFs 与沸石的结构类型相同，只取代沸石中某些结构，其中包括：（1）四面体中 Si^{4+} 被过渡金属离子取代，如 Zn^{2+} 或 Co^{2+}；（2）O^{2-} 被桥联咪唑类配体取代 [6.31]。图 6.4.5 所示为 ZIFs 结构示例。

在 MOFs 合成过程中，可以灵活调控策略：开放金属位点、相互渗透框架、柔性框架和表面功能化框架。

6.5.3.1 MOFs 开放金属位点

MOFs 由溶液结晶形成。大多数 MOFs 由配体与金属完全配位；部分 MOFs 中用于合成的溶剂参与了金属配位，随后对材料进行活化，去除溶剂分子，留下开放的金属位点。这些不饱和金属位点为气体吸附和分离提供了强有力的化学作用。图 6.5.3 所示为 MOFs 结构示例。

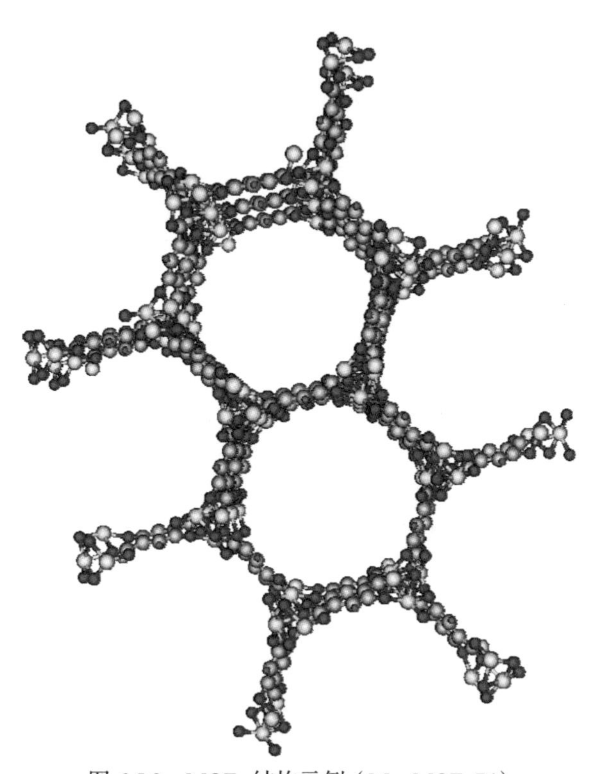

视频 6.5.3

图 6.5.3 MOFs 结构示例（Mg-MOF-74）

图片由 Richard Martin 绘制，相关动画可在 http://www.worldscientifi c.com/worldscibooks/10.1142 /p911#t=suppl 浏览

6.5.3.2 选择性吸附策略——互穿

MOFs 可由许多不同类型的连接物合成，而且可通过改变连接物的长度调整孔隙大小。对于某些体系，孔隙可能变得非常大，从而更有利于形成相互穿透的框架 [6.32]。这些材料的高压吸附能力低于相应的非渗透结构，但在低压下对 CO_2 有很好的选择性。

6.5.3.3 柔性框架

刚性框架在吸附和解吸过程中保持其孔隙率不变，与之不同的是，柔性框架和动态框架在除去溶剂分子后会坍塌，在高压下吸附气体分子后恢复其孔隙结构 [6.33]。吸附等温线中有一个独特的步骤，当气体分子进入孔隙时，材料“打开”。在一些特殊情况下，低于阈值压力或“阀门打开”压力时，吸附几乎不会发生；一旦超过阈值压力，材料的孔隙容易进入，并发生显著的吸附作用。等温线是典型的以滞后为特征，将其作为系统对当前环境和过去环境的依赖。等温吸附线中可以观察到的一个或多个不同步骤代表柔性框架的关键特征。MIL-53 系列已被广泛研究用于高压 CO_2 吸附和 CH_4 吸附 [6.34]。

可调网孔分子筛（MAMS）是另一类气体分离材料，它基于温度诱导的选择性通过气体 [6.35]。当孔隙打开时，MAMS 取代基的动力学筛分允许目标分子通过而不允许其他分子通过。

6.5.3.4 表面功能化框架

通过配体修饰或与不饱和金属中心配位，可以将与 CO_2 具有高度亲和性的官能团接枝到多孔材料表面，以提高对 CO_2 的吸附能力和选择性。这种方法与其他功能化固体吸附剂类似，如胺接枝二氧化硅；然而，MOFs 的晶体性质可以实现分子水平上的孔隙控制，有助于“调整”框架实现气体分离。含有开放金属位点的框架可以选择性地与对 CO_2 有高亲和力的分子实现接枝。这种接枝通过高极性吡啶衍生物 [6.36] 和胺基功能化配体 [6.37,6.38] 实现。

6.6 胺与 MOFs

前一章讨论了液体吸收，本章将讨论固体吸附。需要考虑的是：建造碳捕集厂最好的技术是什么？首先是胺工艺，因为 MOFs 工艺还处于早期开发阶段，尚未大规模工业化应用。换句话说，MOFs 新材料的合成规模是每个博士生每天合成 1μg 的水平，而胺工艺早已实现商业应用。所以，如果需要建造一个碳捕集厂，已将以胺吸收为基础。下一个问题：下一代的碳捕集工厂会使用 MOFs 吗？

在碳捕集会议上，这是一个备受争议的问题。其中一个潜在问题：既然已经有了胺技术，那么开发另一种技术有意义吗？或者，是否应该把所有的钱都投资在当前技术的优化上？答案是，应该两者兼顾。通过调研研发成本发现，开发新技术的成本要比研究现有技术高几个数量级。在决定开发一项新技术时，需要非常谨慎，但在研究阶段，人们希望选择性尽可能得高。所以，为了开发第二代或第三代碳捕集技术，需要开展大量创新研究，寻找最佳的液体吸附剂和固体吸附剂，以及最佳膜材料。最终，很可能只有一种技术得以不断进步，并得到广泛应用。

胺吸收工艺是一个成熟的技术，MOFs 材料正处于一个新兴的研究领域。Sathre 等 [6.43] 对这两个工艺进行了分析对比。通过对 CCS 工艺过程的生命周期进行前瞻性建模，对流程生命周期的完整性进行系统分析。例如，假设 A 材料的降解率为 1%/ 周，B 材料的降解率为 2%/ 周。很明显，人们会认为第一种材料更好，但随后对这些材料的合成进行生命周期分析表明，合成材料 A 所消耗的能源或成本是其 2 倍以上，那么材料 B 可能更优越。

MOFs 系统面临的挑战是对一个尚不存在的过程开展可靠的生命周期分析，而对胺过程的数据分析真实可用。Sathre 等 [6.43] 假设的前提是基于美国所有新的燃煤发电厂将更加高效，并配备 CCS 工艺。旧的燃煤发电厂将被新的燃煤发电厂所取代，或逐步进行改造以实现 CCS 工艺，到 2050 年，所有的电厂将全部配备 CCS 工艺（图 6.6.1）。

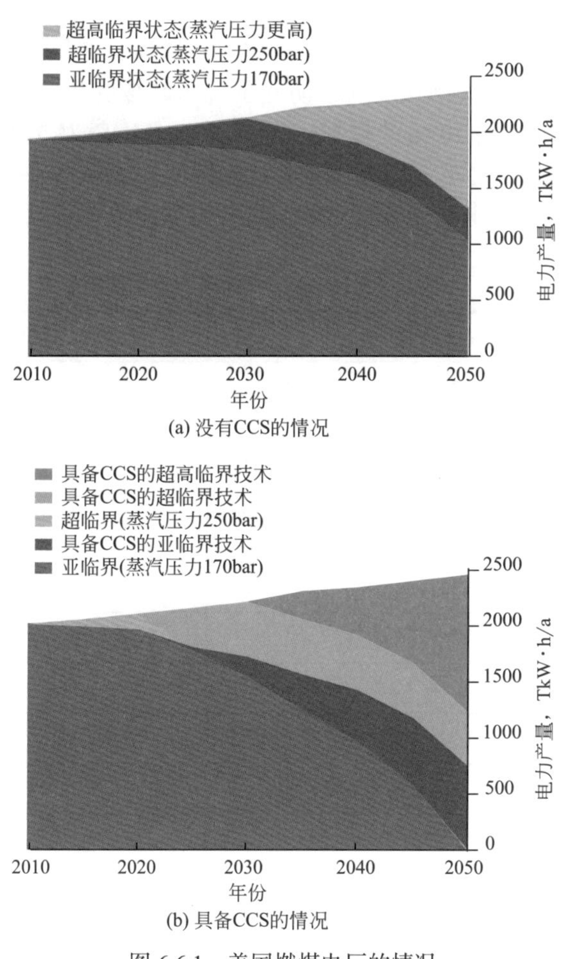

(a) 没有CCS的情况

(b) 具备CCS的情况

图 6.6.1　美国燃煤电厂的情况

目前大多数电厂都处于亚临界状态，蒸汽压力约为 170bar。超临界电厂的当前状态是蒸汽压力在 250bars 左右。预计下一代将采用超高蒸汽压力的超临界技术。图片引自 Sathre 等 [6.43]

假设 90% 的烟气被捕获，并使用单乙醇胺（MEA）和 Mg-MOF-74 作为参考材料。Mg-MOF-74 的分子结构如图 6.5.3 所示。已知 Mg-MOF-74 的吸附等温线和工作容量，在此基础上按图 6.6.1 所示的 CCS 方案估计所需的材料总量。对于总量来说，有两个重要的因素：主要材料和回收损失，前者是指发电厂运行所需的量，后者通常被假设为回收流的 5%。

到 2050 年，此方案表示美国每年开采 12×10^4t 煤炭，其中 50% 用于首次使用，5% 用于弥补回收损失。2050 年后，假设没有新的燃煤电厂，这个数字将稳定在每年 6×10^4t。但是，此方案只适用于美国。

将上述方案推广到全球范围，则可得出每年需要 90×10^4t 燃煤，稳定后每年需要 45×10^4t 燃煤。

Mg-MOF-74 可以用不同的金属取代金属（Mg）。MOF-74 可以用许多不同的金属

（如 Ni、Fe、Co 等）合成。假设 MOF-74 表现出与 Mg-MOF-74 相同的性质，就可以简单地计算出每种金属的需求量。Sathre 等[6.43]将这些数字与目前世界金属产量和已探明储量进行比较（表 6.6.1）。结果表明，某些金属（Co、V）的需求量超过了全球储量。如果在 MOFs 中使用 Fe 或 Al，有望显著降低经济成本。然而，如果使用 Co 或 V，一旦开始规模化生产，成本将会爆炸式增长。为了防止资源短缺成为生产工艺的瓶颈，那么基于 V-MOF -74 的工艺至少需要 20 倍的材料。如果以 Co-MOF-74 开发最优的碳捕集材料，同样要考虑是否可以用资源更丰富的金属去替代。因此，如果不能扩大材料的生产规模以满足处理数十亿吨 CO_2 的需求，那么它对碳捕集的贡献就微乎其微。

表 6.6.1　全球使用 MOFs 碳捕集的金属使用总量

金属	用于 CCS 占比，%	总占比（至 2050 年），%
Fe	0.080	0.02
Al	2.2	0.2
Cu	5.6	2.3
Mn	7.0	2.3
Zn	7.5	5.9
Cr	12	12
Mg	14	1.9
Ti	23	3.6
Ni	58	19
Zr	103	36
Co	1030	200
V	1620	110

注：假设使用 MOFs 实施 CCS，这对金属开采有何影响？第一列为 CCS 中 MOFs 使用的金属占 2010 年全球储量的百分比。第二列为截至 2050 年的金属使用总量占每种金属全球储量估计值的百分比。数据来自 Sathre 和 Masanet[6.43]。

表 6.6.2 为不同情景下可能产生的温室气体排放量。如果采用 CCS 技术，那么到 2050 年，每年的 CO_2 净排放量将减少近 20×10^8t。表 6.6.3 对比分析了不同的成本构成，其中大部分成本来自捕集过程；运输和储存占总成本的 10% ～ 15%。这说明到 2050 年电价上涨约 51%。一般情况下，CCS 的成本在初期阶段较为昂贵，后续将不断下降。

表 6.6.2　使用 MEA 或 MOFs 进行 CCS 和不实施 CCS 对 2050 年温室气体排放的对比

	2050 年温室气体排放量 Gt CO_2 /a			2010—2050 年累积排放量 Gt CO_2		
	No CCS	MEA CCS	MOF CCS	No CCS	MEA CCS	MOF CCS
工厂烟气排放	1.97	0.25	0.24	86.8	59.0	58.8

续表

	2050 年温室气体排放量 Gt CO_2 /a			2010—2050 年累积排放量 Gt CO_2		
	No CCS	MEA CCS	MOF CCS	No CCS	MEA CCS	MOF CCS
煤炭开采及运输	0.21	0.27	0.25	9.2	10.1	9.9
工厂基础设施	0.01	0.02	0.02	0.2	0.3	0.4
捕集介质和储存	0	0.02	0.03	0	0.3	0.6
CO_2 的运输和封存	0	0.03	0.03	0	0.6	0.6
总计	2.20	0.59	0.58	96.2	70.4	70.2

注：针对没有 CCS 和使用 MEA 或 MOFs 捕集技术进行 CCS 两种情况下，2050 年美国燃煤电厂温室气体排放量的基本情况估计（Gt CO_2），以及 2010—2050 年温室气体的累计排放量（Gt CO_2）。数据来自 Sathre 等 [6.43]。

表 6.6.3　美国采用 MEA 和 MOFs 工艺的 CCS 成本估算与不采用 CCS 的成本相比

	2050 的成本，10^9 美元 / 年			2010—2050 年的累积成本，10^9 美元		
	No CCS	MEA CCS	MOF CCS	No CCS	MEA CCS	MOF CCS
发电（资金）	41.9	68.9	64.9	634	1131	1062
发电（非燃料流程）	20.5	24.6	23.6	836	901	885
发电（燃料）	40.7（88.4）	51.8（112.7）	49.1（106.8）	1763（2826）	1943（3178）	1898（3090）
捕集（资金）	0	19.2	25.0	0	306	399
捕集（流程）	0	14.5	19.3（19.4）	0	230	309（311）
CO_2 运输与封存	0	22.9（24.0）	23.1（24.0）	0	359（372）	362（373）
总计	103.1（150.8）	202.0（263.8）	205.0（263.7）	3232（4296）	4871（6118）	4915（6120）

注：在参考煤成本的基础上，针对美国燃煤电厂未实施 CCS 和采用 MEA 或 MOFs 的 CCS 两种情况：2050 年的年度估计成本和 2010—2050 年的累积成本。括号内为高煤炭消耗下的预测成本。数据来自 Sathre 和 Masanet[6.43]。

由表 6.6.3 可知，采用 Mg-MOF-74 工艺每减少 1t CO_2 排放将花费 76 美元，相比之下，采用 MEA 工艺每减少 1t CO_2 排放将花费 68 美元。这是一个令人惊讶的结果：本以为 MEA 工艺的合成成本要低得多，因为 MOFs 的预计合成成本更高昂。Sathre 等 [6.43] 研究表明，吸收 / 吸附材料 MEA 或 MOFs 的成本只是总成本的一小部分。如果一种新材料的性能更好，那么这些额外的费用可通过节能来补偿。

鉴于 Mg-MOF-74 的实际工艺数据较少，成本估算的预测结果存在不确定性，如图 6.6.2 所示。该图将成本模型中的所有参数按照其不确定性改变成本估算的顺序排列。最大的不确定因素集中在回收时间、MOFs 的寿命以及 MOFs 再生所需的能量。

捕集 / 再生循环时间是指床层吸附 CO_2 与净化所需的时间。由于每小时需要处理的烟道气量固定，循环时间越长，所需的吸附床数量越多。在 Sathre 和 Masanet 的计算中，该循环时间的不确定性对成本的影响最大，需要深入研究进行准确估算。此外，这样的结果还引出一些重要的问题。如果将此工艺作为变压操作而不是变温操作（如计算中假设的那样），循环时间是否会更短；和以上计算中的假设是否一样；或者，是否存在温度和压力同时改变的最优条件。

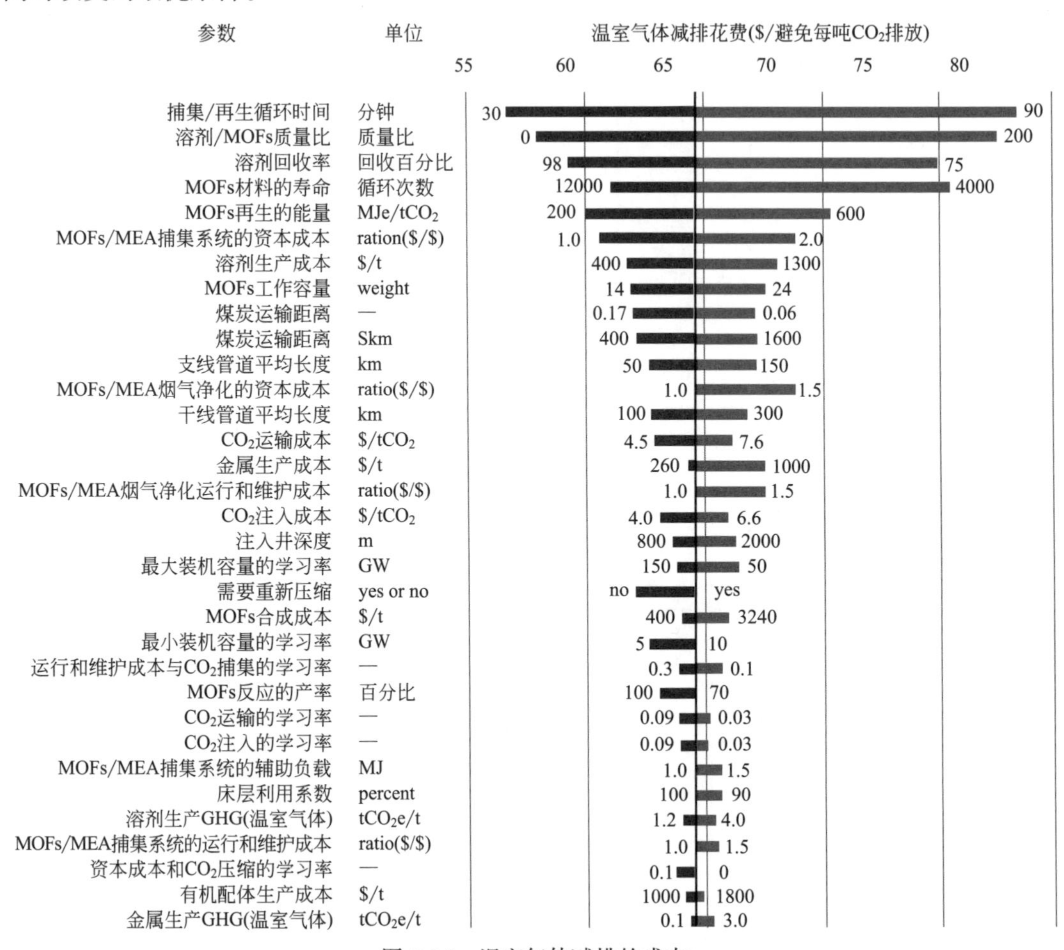

图 6.6.2 温室气体减排的成本

由于个别参数在低估计值和高估计值之间的变化而造成温室气体缓解成本估计数的变化。图片改编自 Sathre 和 Masanet[6.43]

另一个重要的工艺参数是 MOFs 材料的寿命。在材料彻底失活之前，可以进行多少次吸附 / 再生循环？计算表明，如果能够将寿命周期从 8000 次延长到 12000 次，成本将显著降低。另外，如果烟道气中的污染物导致循环周期减少到 4000 次，其成本将数倍增加。

6.7 习题

1. 下面关于吸附的描述哪一项是正确的？（　　）
   a. 由于吸附使用固体材料而不是液体材料，吸附只能是一个批处理过程
   b. 吸附剂的工作容量越大，其吸附柱体的体积就越小

c. 因为使用固体材料，所以热管理很简单

d. 采用吸附进行 CO_2 商业分离的例子有很多

2. 针对 Langmuir 等温线 $\frac{\sigma}{\sigma_0}=\frac{bp}{1+bp}$ ，哪项说法是正确的？（　　）

a. b 等于亨利系数

b. 基础模型通常假设与吸附位点无关

c. σ_0 表示最大载荷

d. 选项 a 与 b

e. 选项 a，b 和 c

f. 选项 b 和 c

3. 关于吸附中的伴生能量，哪一项说法是正确的？（　　）

a. 伴生能量可以估计电价格上涨

b. 伴生能量分别对碳捕集和碳封存所需的所有能源进行同等加权

c. 卡诺效率告诉我们蒸汽的温度越高，分离效率越高

d. 以上都不对

4. 关于 MOFs，哪个说法是正确的？（　　）

a. ZIFs 形成了一类特殊的 MOFs

b. 由于 MOFs 具有共价金属配体键，因而本质上比沸石更稳定

c. 由于 MOFs 是一种新型材料，目前公布的关于 MOFs 结构远远少于沸石的结构

d. 选项 a 和 c

5. 关于工作容量的哪个说法是不正确的？（　　）

a. 如果降低烟道气温度，工作容量就会增加

b. 如果增加烟道气压力，工作容量就会增加

c. 如果提高解吸气体的温度，工作容量就会增加

d. 如果增加解吸气体的压力，工作容量就会增加

6. 假设柱长为 L ，气体前端以 u 匀速运动，空泡率为 ε ，关于突破时间（ t_b ），哪个说法是不正确的？（　　）

a. 如果柱体是空的（没有吸收剂），突破时间为 $t_b=L/u$

b. 如果材料不吸附气体，突破时间为 $t_b=L/(1-\varepsilon)u$

c. 如果气体的浓度为 ρ ，材料的亨利系数为 H，则 $t_b=L\left[1+(1-\varepsilon)\rho RTH\right]/\varepsilon u$

7. 如果在全球范围内实施 MOFs 基的碳捕集，下列哪种金属将是最昂贵的？（　　）

a. 铁

b. 锌

c. 锰

d. 铜

e. 钒

f. 钛

8. 对于碳捕集而言，最佳沸石结构的哪个说法是正确的？（　　）

a. 它有最小的伴生能量

b. 它的吸附热不低也不高
c. 它的亨利系数不太高也不太低
d. 对于 CO_2 而言，它具有最大吸附位点数
e. 选项 a、b、c
f. 选项 a、b、c、d

9. 采用 MOFs 的碳捕集，哪个因素对成本的不确定性影响最大？（　　）
a. MOFs 合成费用
b. MOFs 再生能源
c. 金属生产成本
d. 有机配体的生产成本

10. 在使用 CCS 技术的发电厂中，最大的温室气体排放源是什么？（　　）
a. 电厂的残余排放
b. 煤炭的开采和运输
c. 捕集材料的生产
d. CO_2 的运输和封存

参考文献

[6.1] Beerdsen，E.，D. Dubbledam，and B. Smit，2006. Loading dependence of the diffusion coefficient of methane in nanoporous materials. J. Phys. Chem. B，110（45），22754–22772. http://pubs.acs.org/doi/abs/10.1021/jp0641278

[6.2] Li，H.，M. Eddaoudi，M. O’Keeffe，and O.M. Yaghi，1999. Design and synthe–sis of an exceptionally stable and highly porous metal-organic framework.Nature，402，276–279. http://dx.doi.org/doi：10.1038/46248

[6.3] Myers，A.L. and J.M. Prausnitz. 1965. Thermodynamics of mixed gas adsorption. AIChE J.，11（1），121.

[6.4] Lin，L.C.，A.H. Berger，R.L. Martin，et al.，2012. In silico screening of carbon-capture materials. Nature Materials，11，633–641. http://dx.doi.org/ doi：10.1038/nmat3336

[6.5] nternational Zeolite Association（IZA），2011. www.iza-structure.org/databases

[6.6] Deem，M.W.，R. Pophale，P.A. Cheeseman，and D.J. Earl，2009. Computational discovery of new zeolite-like materials. J. Phys. Chem. C，113（51），21353. http://dx.doi.org/10.1021/jp906984z

[6.7] Pophale，R.，P.A. Cheeseman，and M.W. Deem，2011. A database of new zeolite-like materials. Phys. Chem. Chem. Phys.，13（27），12407. http://dx.doi.org/10.1039/c0cp02255a

[6.8] Choi，S.，J.H. Drese，and C.W. Jones，2009. Adsorbent materials for carbon dioxide capture from large anthropogenic point sources. ChemSusChem，2（9），796. http://dx.doi.org/10.1002/cssc.200900036

[6.9] D’Alessandro，D.M.，B. Smit，and J.R. Long，2010. Carbon dioxide capture：prospects for new materials. Angew. Chem. Int. Edit.，49（35），6058. http://dx.doi.org/10.1002/anie.201000431

[6.10] Sumida，K.，D.L. Rogow，J.A. Mason，et al.，2012. Carbon dioxide capture in Metal–Organic Frameworks. Chem. Rev.，112（2），724. http://dx.doi.org/10.1021/ cr2003272

[6.11] Li, J.-R., J. Sculley, and H.-C. Zhou, 2012. Metal–Organic Frameworks for separations. Chem. Rev., 112 (2), 869. http://dx.doi.org/10.1021/cr200190s

[6.12] Wang, Q.A., J.Z. Luo, Z.Y. Zhong, and A. Borgna, 2011. CO_2 capture by solid adsorbents and their applications: current status and new trends. Energy Environ. Sci., 4 (1), 42. http://dx.doi.org/10.1039/c0ee00064g

[6.13] Lee, K.B., M.G. Beaver, H.S. Caram, and S. Sircar, 2008. Reversible chem-isorbents for carbon dioxide and their potential applications. Ind. Eng. Chem.Res., 47, 8048.

[6.14] Zhao, J.J., A. Buldum, J. Han, and J.P. Lu, 2002. Gas molecule adsorption in carbon nanotubes and nanotube bundles. Nanotechnology, 13 (2), 195.

[6.15] Nakashima, M., S. Shimada, M. Inagaki, and T.A. Centeno, 1995. On the adsorption of CO_2 by molecular-sieve carbons — volumetric and gravimetric studies. Carbon, 33 (9), 1301.

[6.16] Hensen, E.J.M. and B. Smit, 2002. Why Clays Swell. J. Phys. Chem. B, 106 (49), 12664–12667. http://dx.doi.org/doi: 10.1021/jp0264883

[6.17] Lee, K.B., A. Verdooren, H.S. Caram, and S. Sircar, 2007. Chemisorption of carbon dioxide on potassium-carbonate- promoted hydrotalcite. J. Colloid. Interf. Sci., 308 (1), 30. http://dx.doi.org/10.1016/J.Jcis.2006.11.011

[6.18] Yong, Z., V. Mata, and A.E. Rodrigues, 2002. Adsorption of carbon dioxide at high temperature — a review. Sep. and Pur. Tech., 26 (2), 195.

[6.19] Yong, Z. and A.E. Rodrigues, 2002. Hydrotalcite-like compounds as adsor-bents for carbon dioxide. Energ. Convers. Manage., 43 (14), 1865.

[6.20] Wang, S.P., S.L. Yan, X.B. Ma, and J.L. Gong, 2011. Recent advances in capture of carbon dioxide using alkali-metal-based oxides. Energy Environ.Sci., 4 (10), 3805. http://dx.doi.org/10.1039/c1ee01116b

[6.21] Shimizu, T., T. Hirama, H. Hosoda, K. Kitano, M. Inagaki, and K. Tejima, 1999. A twin fluid-bed reactor for removal of CO_2 from combustion processes. Chem. Eng. Res. Des., 77 (A1), 62.http://dx.doi.org/10.1205/026387699525882

[6.22] Abanades, J.C., E.J. Anthony, D.Y. Lu, C. Salvador, and D. Alvarez, 2004.

[6.23] Capture of CO_2 from combustion gases in a fluidized bed of CaO. Aiche J., 50 (7), 1614. http://dx.doi.org/10.1002/aic.10132

[6.24] Xu, X., C. Song, B.G. Miller, and A.W. Scaroni, 2005. Adsorption separation of carbon dioxide from flue gas of natural gas-fired boiler by a novel nanopo-rous "molecular basket" adsorbent. Fuel Process Tech., 86 (14–15), 1457.

[6.25] Hiyoshi, N., D.K. Yogo, and T. Yashima, 2004. Adsorption of carbon dioxide on amine modified SBA-15 in the presence of water vapor. Chem. Lett., 33, 510. http://dx.doi.org/10.1246/cl.2004.510

[6.26] Tsuda, T., T. Fujiwara, Y. Taketani, and T. Saegusa, 1992. Amino silica-gels acting as a carbon-dioxide absorbent. Chem. Lett. 1992 (11), 2161.

[6.27] Plaza, M.G., C. Pevida, A. Arenillas, F. Rubiera, and J.J. Pis, 2007. CO_2 cap-ture by adsorption with nitrogen enriched carbons. Fuel, 86 (14), 2204. http:// dx.doi.org/10.1016/J.Fuel.2007.06.001

[6.28] Satyapal, S., T. Filburn, J. Trela, and J. Strange, 2001. Performance and properties of a solid amine sorbent for carbon dioxide removal in space life support applications. Energ. Fuel, 15 (2), 250.

[6.29] Drage，T.C.，A. Arenillas，K.M. Smith，C. Pevida，S. Piippo，and C.E. Snape，2007.

[6.30] Preparation of carbon dioxide adsorbents from the chemical activationof urea-formaldehyde and melamine-formaldehyde resins. Fuel，86（1–2），22. http://dx.doi.org/10.1016/J.Fuel.2006.07.003

[6.31] Tranchemontagne，D.J.，Z. Ni，M. O' Keeffe，and O.M. Yaghi，2008. Review：Recticular chemsitry of metal-organic polyhedral. Angew. Chem. Int. Ed.，47，2.

[6.32] O' Keeffe，M.，and O.M. Yaghi，2012. Deconstructing the crystal structures of metal–organic frameworks and related materials into their underlying nets.

[6.33] Chem. Rev.，112（2），675. http://dx.doi.org/10.1021/cr200205j Phan，A.，C.J. Doonan，F.J. Uribe-Romo，C.B. Knobler，M. O' Keeffe，and

[6.34] O.M. Yaghi，2010. Synthesis，structure，and carbon dioxide capture proper-ties of zeolitic imidazolate frameworks. Acc. Chem. Res.，43（1），58. http:// dx.doi.org/10.1021/ar900116g

[6.35] Eddaoudi，M.，D.B. Moler，H. Li，et al.，2001. Review：Modular chemistry：Secondary building units as a basis for the design of highly porous and robust metal-organic carboxylate frameworks. Acc. Chem. Res.，34（4），319.

[6.36] Horike，S.，S. Shimomura，and S. Kitagawa，2009. Soft porous crystals. Nature Chem.，1（9），695.

[6.37] Bourrelly，S.，P.L. Llewellyn，C. Serre，F. Millange，T. Loiseau，and G. Ferey，2005. Different adsorption behaviors of methane and carbon dioxide in the isotypic nanoporous metal terephthalates MIL-53 and MIL-47. J. Am. Chem.

[6.38] Soc.，127（39），13519. http://dx.doi.org/10.1021/Ja054668v Ma，S.，D. Sun，X.-S. Wang，and H.-C. Zhou，2007. A mesh-adjustable molecular sieve for general use in gas separation. Angew. Chem. Int. Ed.，46（14），2458.

[6.39] Bae，Y.S.，O.K. Farha，J.T. Hupp，and R.Q. Snurr，2009. Enhancement of CO_2/N_2 selectivity in a metal-organic framework by cavity modification. J. Mater. Chem.，19（15），2131. http://dx.doi.org/10.1039/B900390h

[6.40] Couck，S.，J.F.M. Denayer，G.V. Baron，T. Remy，J. Gascon，and F. Kapteijn，2009. An amine-functionalized MIL-53 with large separation power for CO_2 and CH_4. J. Am. Chem. Soc.，131，6326.

[6.41] Demessence，A.，D.M. D' Alessandro，M.L. Foo，and J.R. Long，2009.

[6.42] Strong CO_2 binding in a water-stable，triazolate-bridged metal-organic framework functionalized with ethylenediamine. J. Am. Chem. Soc.，131（25），8784. http://dx.doi.org/10.1021/ja903411w

[6.43] Sathre，R. and E. Masanet，2013. Prospective life-cycle modeling of a carbon capture and storage system using metal-organic frameworks for CO_2 cap-ture. RSC Adv.，3，4964–4975. http://dx.doi.org/10.1039/C3RA40265G

7 膜分离

膜分离技术也可以应用于气体捕集，一般基于较大的压差进行操作。烟气分离过程中，膜分离通常放置在管道末端，出气压强与大气压非常接近。为了获得更佳的分离效率，需要对烟气进行压缩，会导致成本增高，一定程度上制约了膜分离 CO_2 技术的大规模推广应用。尽管如此，仍然可通过物理和化学等方法对膜分离过程进行设计或改进，以期获得更低成本的工艺选择。

7.1 引言

前面章节主要讨论了 CO_2 捕集的吸收机制和吸附机制，其工作原理是基于烟气在溶剂或固体材料中溶解度或吸附度的不同。本章将重点介绍气体膜分离技术。膜分离的原理是基于材料对不同气体渗透性的差异，渗透性越好的气体在膜中的通量越高，即单位时间内流过膜的分子数量越高。因此，如果气体组分的渗透性足够大，就可通过膜分离的方式来分离烟气的各种组分。膜分离的内在驱动力是压力差，或者更准确地说是膜两侧化学势差。

本章将从以下两个方面来讨论膜分离过程。

一方面：工程学。长期以来，人们普遍认为通过膜分离烟气没有实际应用价值。但是，利用膜分离实现碳捕集是一项很有创意的工程设计。

另一方面：膜设计，即如何设计一个理想的膜。膜分离的基础是吸附和扩散，物质分子透过膜的运移过程首先经历分子吸附在膜表面，然后通过扩散的方式通过膜孔。为深入理解该过程，可从分子水平研究扩散和吸附与材料的相互作用，前提是明确熵、能量、化学势与物质化学结构的关系。

目前，膜分离技术已经常见于多种实际应用（图 7.1.1）。反渗透膜可以从海水中分离出盐分，对缺乏饮用水的地区而言，这是一项创新性的实用技术。透析过程是膜分离技术的另一个常规应用。通过设计相应的膜分离系统，就可从血液中去除盐分。

膜的另一个应用是过滤，此时膜起到筛子的作用，可根据分离物体的大小为筛子选择尺寸合适的孔径。

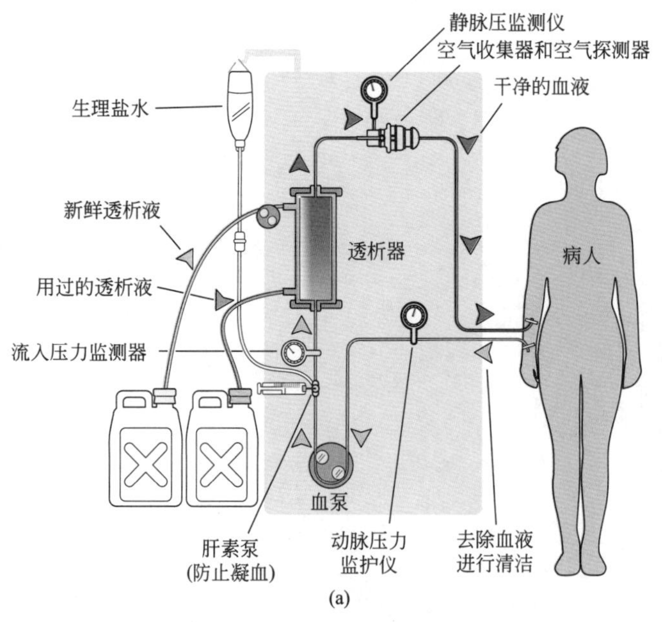

(a)

(b)

图 7.1.1　膜分离的示例

（a）透析，图片转载自维基百科，http://en.wikipedia.org/wiki/File：Hemodialysis-en.svg;（b）海水淡化，图片转载自维基百科，http://en.wikipedia.org/wiki/File：Reverse osmosis desalination plant.JPG

图 7.1.2 所示为常用膜材料分离对应尺寸。通过微过滤，可以去除水中的细菌，但是，如果利用该筛分机制进行气体分离，首先需要制造孔隙非常小的膜材料，而气体的分子量超出图中“常见”材料的分离范围。

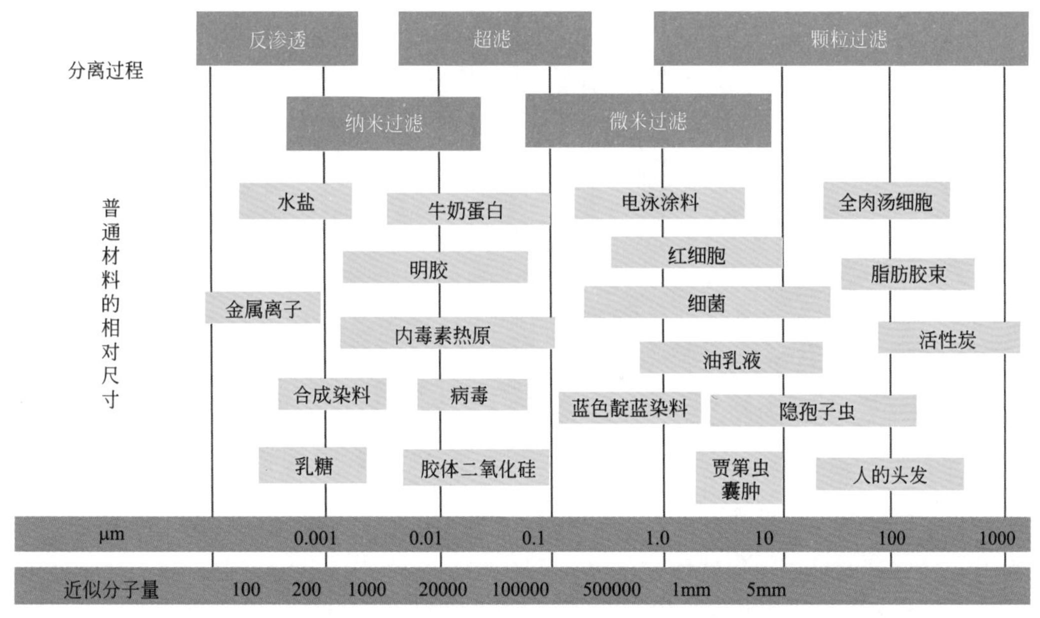

图 7.1.2　常用膜材料分离对应尺寸（来源：美国科氏滤膜系统公司）

膜通常由一些普通且不太昂贵的材料制成，如橡胶、聚碳酸酯或聚酰亚胺等。目前，膜分离工艺已经应用到大体量液体的分离过程，所以膜分离技术完全可以拓展应用到 CO_2 的碳捕集过程，成为 CCS 的一部分。

7.2　膜分离

本节开始前，首先要详细了解膜分离的工作原理。之前已经提到了过滤，而过滤正是基于筛分机制：太大的分子或颗粒不能通过膜孔。假设待分离物质中的两种物质分子都能通过膜，而过滤又是唯一的方法，那么这种分离方法很难将两种物质分离。所以要分离两种气体，必须通过渗透性上的差异来实现，即根据分子通过膜的容易程度进行分离。

7.2.1　简易膜

简易膜的分离机制如图 7.2.1 所示，膜是一种流体可通过的材料。原料气含有不同的成分，进料流经膜后被分为两股：一股为渗透物，即通过膜孔的部分；另一股为滞留物，即不能通过膜的部分。可以看出，如果气体中不同组分通过膜的难易程度存在差异，那么，这些组分将被区分为渗透物和滞留物。例如，为了使 CO_2 在渗透气体混合物中富集，CO_2 分子必须比烟气中的其他成分（如 N_2）更容易通过膜孔，所以滞留物中 CO_2 的量将逐渐减少。

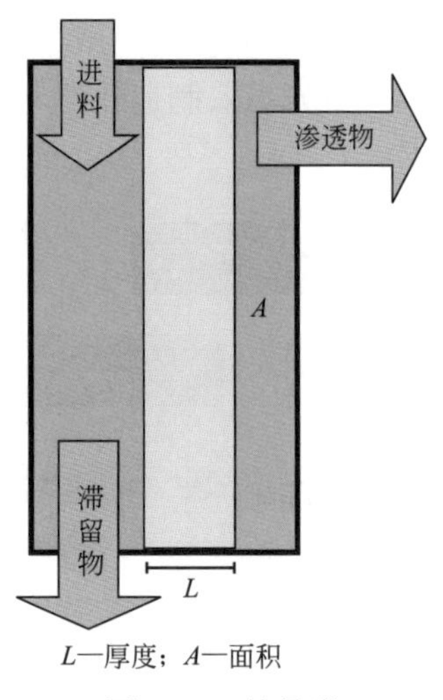

L—厚度；A—面积

图 7.2.1 简易膜

7.2.2 渗透作用和渗透率

在考虑实际的分离过程之前，首先研究单一组分在膜表面的渗透过程。假设给定进料压力为 p_R，在膜的另一边保持恒定压力 p_P（图 7.2.2）。由于压差的存在，分子会穿过膜表面，如果不断去除渗透物并保持恒定流量，系统将达到稳定状态。可通过试验来测试通过膜的分子通量（mol/s），阐明膜面积 A、厚度 L 等参数或材料性质的改变对膜通量、穿过膜孔气体分子的密度等影响规律。

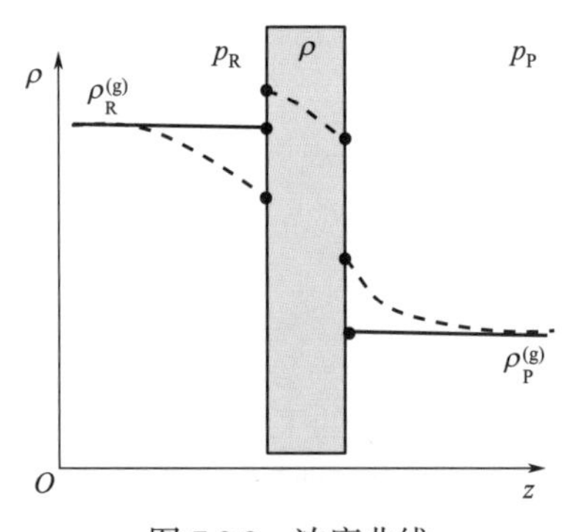

图 7.2.2 浓度曲线

单一组分在膜前后的浓度分布曲线。虚线：实际扩散过程；实线：假设膜两侧物质充分混合。ρ 为气体浓度（单位体积摩尔数），上标“（g）”表示气相，p_R 和 p_P 分别为滞留侧和渗透侧的压力

为解决上述问题，首先选定一小部分的材料，并在该材料上用质量平衡来分析测定（图 7.2.3）。类似于扩散控制（见 5.4 节）和穿透曲线（见 6.3 节）的计算过程，在控制体积的过程中，浓度 ρ 随着时间的变化等于进出该控制体积的通量 j 的差值。其微分方程可表示为：

$$\frac{d\rho}{dt} = -\frac{dj(z)}{dz}$$

通量与浓度梯度和扩散系数（菲克定律）相关：

$$j = -D\frac{\mathrm{d}\rho}{\mathrm{d}z}$$

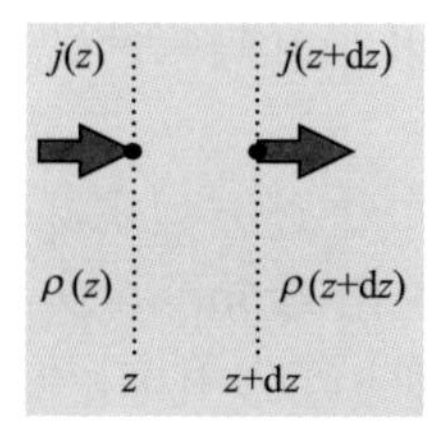

图 7.2.3 质量平衡

部分膜上的质量平衡。$\rho(z)$ 为穿过膜的气体分子的浓度（摩尔体积）；$j(z)$ 为通量［单位时间内穿过单位面积的摩尔气体常数 mol/（s·m^2）］

使用菲克方程计算质量平衡，可以得到浓度分布随时间变化的微分方程：

$$\frac{\mathrm{d}\rho}{\mathrm{d}t} = D\frac{\mathrm{d}^2\rho}{\mathrm{d}z^2}$$

假设分离为稳态操作过程，微分方程的时间导数为 0，浓度只取决于位置的变化。如果 $\rho(0)=\rho_0$ 和 $\rho(L)=\rho_\mathrm{L}$ 作为边界条件，通过求解微分方程，求得浓度分布为：

$$\rho(z) = \rho_0 + \frac{z}{L}(\rho_\mathrm{L} - \rho_0)$$

根据菲克方程可以得到相应的通量：

$$j = -\frac{D}{L}(\rho_\mathrm{L} - \rho_0)$$

假设膜中的吸附过程处于亨利状态（见 6.3 节）且膜两侧物质充分混合，可以将 $z=0$ 和 $z=L$ 处的浓度分别与滞留侧和渗透侧的气体压力联系起来（图 7.2.2）：

$$\rho_0 = Hp_\mathrm{R},\quad \rho_\mathrm{L} = Hp_\mathrm{P}$$

将亨利系数代入通量的表达式中，可得：

$$j = \frac{DH}{L}(p_\mathrm{R} - p_\mathrm{P})$$

可以看出，透过膜的通量取决于材料的两种特性：扩散系数和亨利系数。扩散系数表示分子在材料中扩散速度的快慢；亨利系数表示分子是否吸附在膜中。

相较于单独测量吸附和扩散，利用浓差函数测量膜的通量更为容易。为了测定这些物理量，需定义两个物理量：渗透率 P 和渗透量 P'。渗透率将通量与浓度差相联系，与膜厚度相关。渗透量 P' 是一种材料属性，与厚度无关：

$$j = \frac{P'}{L}(p_\mathrm{R} - p_\mathrm{P}) = P(p_\mathrm{R} - p_\mathrm{P})$$

上面的推导基于多种假设条件（理想气体定律、亨利状态、理想混合及扩散系数与浓度无关），如果这些假设成立，可以将材料对给定气体的渗透量表示为亨利系数和扩散系数的乘积：

$$P' = DH$$

在实际过程中，材料的渗透性是扩散和吸附的结合，而吸附和扩散都取决于浓度，较假设的情况要复杂得多。

此外，单位的换算过程更为复杂，上述方程式可通过选择特定的单位推导出来，通常以 mol/m² • s 作为通量的单位，有时也用 kg/m² • s 或 m³/m² • s 来表示。对于亨利系数，使用mol（气体）/mol（材料）• atm（压强）作为单位，但亨利系数也可用mol（气体）/kg（膜材料）• atm（压强）表示。最后，对于扩散系数 D，单位使用 m²/s。

结合上述单位换算，得到渗透量的单位：

$$\frac{\text{气体摩尔数}}{\text{膜体积}\times\text{单位压力}}\times\frac{\text{单位长度}^2}{\text{单位时间}}=\frac{\text{气体摩尔数}\times\text{单位长度}}{\text{单位面积}\times\text{单位时间}\times\text{单位压力}}$$

需要注意的是，这里使用摩尔每秒作为通量的单位，而在大多数工程文献中，通量以体积每秒为单位来定义。

在膜分离技术发展之初，研究人员需要定义一个物理量来表示膜的渗透性能。与许多其他领域一样，将这个单位以该领域先驱之一 Richard Barrer 的名字命名，而且大多数材料在同一个数量级上取值。1 Barrer 定义为：

$$1\ \text{Barrer}=\frac{10^{-10}(\text{cm}^3\text{gas STP})(\text{cm thickness})}{(\text{cm}^2\text{membrane area})\sec(\text{cm Hg pressure})}$$

式中，“cm³ gas STP”为在标准温度和压力下，根据理想气体定律计算的 1cm³ 的气体量，如摩尔体积。“cm thickness”为待测量渗透率的材料厚度，“cm² membrane area”为该膜材料的表面积。国际单位制的换算是 1 Barrer=3.348×10^{-19} kmol • m/（m² • s • Pa）。表 7.2.1 列举了一些常见材料的渗透率。

表 7.2.1　常见高分子膜材料的气体渗透率（25 ～ 30℃）

膜材料	H_2	He	CH_4	N_2	O_2	CO_2
硅酮	940	560	1370	440	930	4600
天然橡胶	49	30	29	8.7	24	134
聚碳酸酯	—	14	0.28	0.26	1.5	6.5
聚酰亚胺	2.3	—	0.007	0.018	0.13	0.41

之前主要阐述了单一组分透过膜的过程，实际操作过程中，更多的是两种或两种以上成分混合物的分离过程。针对烟道气中的 CO_2 捕集，假设压力足够低，膜中的吸附仍然遵循亨利定律。在这种情况下，两种组分独立渗透，可以使用与单一组分相同的公式来描述每种组分的渗透过程，需要用相应组分的分压代替原方程中的压力计算。而且，一般情况

下的实际分离过程更为复杂，膜中的分子相互作用，对膜的实际设计过程尤为重要。

7.2.3 扩散机制

下一节将更详细地在分子层面上研究膜分离的机制。本节简要概述膜分离操作过程中不同类型的扩散机制（图 7.2.4）。

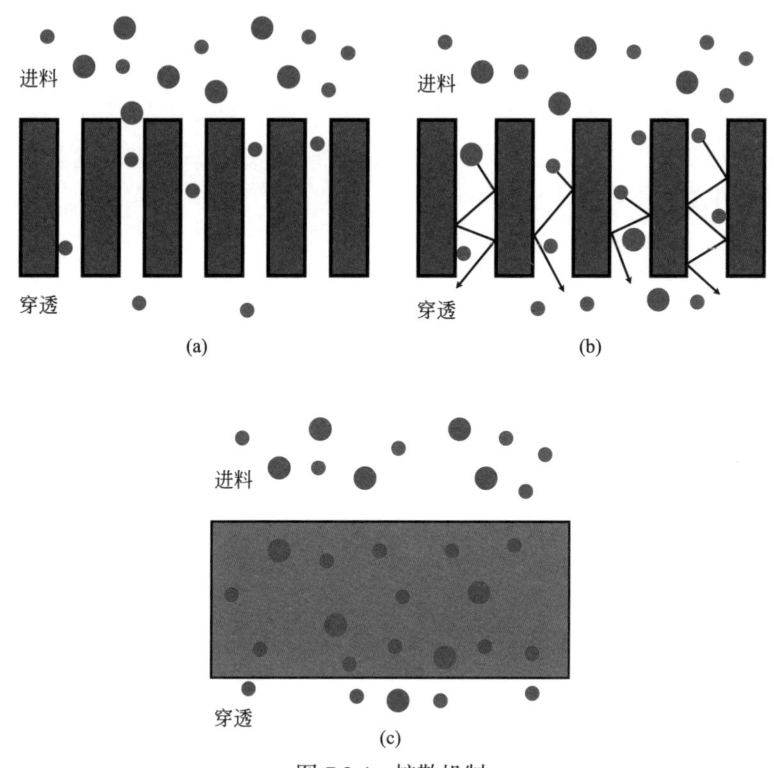

图 7.2.4 扩散机制

（a）分子筛分离：当膜孔隙足够小时，只有一个组分可以通过；（b）Knudsen 扩散：质量较小的分子具有较高的平均速度，能更快通过膜孔；（c）溶解扩散：由于两种组分在膜中的亨利系数和扩散系数不同而实现分离过程

7.2.3.1 分子筛分

膜分离机制中最简单的方式是分子筛分［图 7.2.4（a）］，大于筛孔径的分子不能通过。从应用角度来看，主要缺点是操作过程需要使用相对狭窄孔隙的膜来实现分离过程。此外，与透过大孔径膜的分子通量相比，通过当前膜的分子通量数值偏小，说明需要更大面积的膜来完成实际分离过程。分子筛分的主要优点是可以完全去除其中一种成分，过程如图 7.2.4 所示。

对于某些分离过程而言，通常不需要将某种组分 100% 去除，这时可以使用两种成分都可以通过但渗透率不同的膜完成分离过程。这种膜的优点是透过通量更大，而膜的使用面积更小。通常可以用两种不同的机制解释多种组分渗透过程的差异，即 Knudsen 扩散和溶解扩散。

7.2.3.2 Knudsen 扩散

如图 7.2.4（b）所示的膜分离过程模型中，假设膜由一个嵌入在隐藏基质中的平行圆柱体阵列组成，孔隙中所有组分分子的溶解度相同，渗透率仅取决于扩散系数。如果气体分子密度很低，那么这些分子与圆柱体碰撞的频率比与其他分子碰撞的概率要高。进一步假设随着每一次分子与圆柱体的碰撞，其反弹速度服从 Maxwell 分布，其值的大小取决于膜的温度。由于气体分子的动能与温度有关，可以看到质量较大的分子具有较低的平均速度。因此，扩散系数将取决于粒子的质量（确切地说是取决于粒子质量的平方根）。在 Knudsen 扩散过程中，扩散系数也会取决于膜孔径。

7.2.3.3 溶解扩散

如果扩散机制既不符合分子筛分模型，也不符合 Knudsen 扩散模型，这时可以尝试用溶解扩散模型来研究扩散机制［图 7.2.4（c）］。此时的渗透率是溶解度和扩散率的乘积，通过待分离组分性质的不同而完成分离过程。

7.2.3.4 膜分离

通过前面章节的介绍可知，同一种膜材料对不同的气体具有不同的渗透率。例如，进料是含有 N_2 和 CO_2 的混合气样，其透过膜的过程如图 7.2.5 所示，其渗透率的差异将会导致气体透过膜的通量不同，这正是膜分离的基础。假设材料的渗透率不受其他组分存在的影响，与单一组分的区别是，驱动力不是滞留物和渗透物之间的总压差，而是分压差，即：

$$j_{\mathrm{CO_2}}=\frac{P'_{\mathrm{CO_2}}}{L}(p_{\mathrm{CO_2,R}}-p_{\mathrm{CO_2,P}}) \quad 和 \quad j_{\mathrm{N_2}}=\frac{P'_{\mathrm{N_2}}}{L}(p_{\mathrm{N_2,R}}-p_{\mathrm{N_2,P}})$$

式中，P'_i 为组分 i 的渗透量。滞留侧的分压为：

$$p_{i,\mathrm{R}}=x_{i,\mathrm{R}}\,p_{\mathrm{R}}$$

式中，$x_{i,\mathrm{R}}$ 为滞留侧组分 i 的摩尔分数；p_{R} 为总压力。渗透侧的压力计算同上。

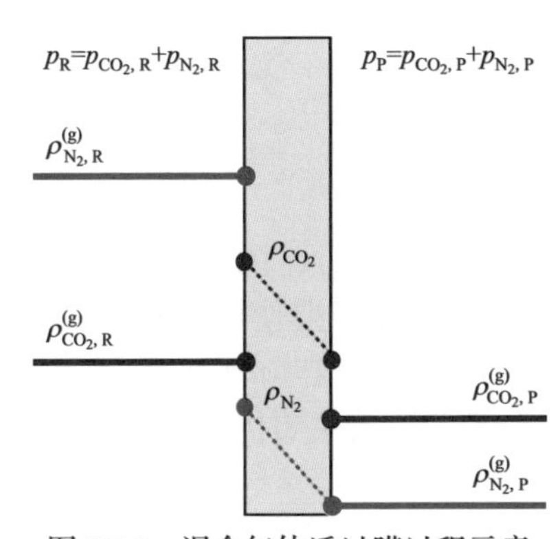

图 7.2.5 混合气体透过膜过程示意

将上述混合物的关系表达式应用于膜分离中，由图 7.2.1 可知，进料可分离为滞留物和渗透物，将某组分气体的分压代入时，在膜上进行质量平衡分析，则通量（mol/s）可以表示为：

$$\phi_F = \phi_R + \phi_P = Aj_R + Aj_P$$

分离系数 θ 定义为进料通过膜渗透的比例：

$$\theta = \frac{j_P}{j_F}$$

式中，$\theta \leqslant 1$。对于由 CO_2 和 N_2 组成的二元混合物，根据质量守恒原理，只有一种组分是独立变量：

$$j_F x_{CO_2,F} = j_R x_{CO_2,R} + j_P x_{CO_2,P}$$

$$j_F x_{CO_2,F} = j_F \left[(1-\theta) x_{CO_2,R} + \theta x_{CO_2,P} \right]$$

如果已知膜材料的渗透率和厚度（L），则可利用上一节的结果，将通过膜单位面积的通量与膜两侧各组分的分压相联系：

$$\theta j_F x_{CO_2,P} = \frac{P'_{CO_2}}{L} \left(p_R x_{CO_2,R} - p_P x_{CO_2,P} \right)$$

$$\theta j_F x_{N_2,P} = \frac{P'_{N_2}}{L} \left(p_R x_{N_2,R} - p_P x_{N_2,P} \right)$$

这两个方程和质量守恒方程是利用已知进料中 $x_{CO_2,F}$、通量 Φ_F 以及渗透物和滞留物侧压力的数值，计算分离系数 θ、膜的总面积 A、厚度 L 以及滞留物和渗透物的 $x_{CO_2,R}$ 和 $x_{CO_2,P}$，在下一节中，通过 3 个方程和 5 个未知数的关系，将具体分析如何在设计中指定其中 2 个未知数（表 7.2.2）。

表 7.2.2 膜设计参数

	CO_2	N_2	
已知参数			
进料流量	Φ_F		发电厂烟气
进料组分	$x_{CO_2,F}$	$1-x_{CO_2,F}$	
滞留侧压力	p_R		购买的泵与压缩机
渗透侧压力	p_P		
CO_2 渗透率	P'_{CO_2}	P'_{N_2}	膜的材料性能
未知参数			
分离系数	$\Theta=\Phi_P/\Phi_F$		设计或优化参数
膜面积	A		

续表

	CO_2	N_2	
膜厚度	L		设计或优化参数
渗透物组成	$x_{CO_2,P}$	$1-x_{CO_2,P}$	使用比率 α 可以消除一个未知参数
滞留物组成	$x_{CO_2,R}$	$1-x_{CO_2,R}$	

下面将引入参数“理想分离因子”，将二元混合物的分离因子定义为：

$$\alpha_{CO_2,N_2} = \frac{x_{CO_2,P} / x_{N_2,P}}{x_{CO_2,R} / x_{N_2,R}}$$

分数中的分子可以用上述方程进行计算。

如果将渗透侧的压力设为真空，根据方程可以得到最大的分离能。因此，假设渗透压力为 0 就可以定义理想分离因子 α^*：

$$\alpha^*_{CO_2,N_2} = \frac{\left(\dfrac{P'_{CO_2}A}{L}p_{CO_2,R}\right)\Big/\left(\dfrac{P'_{N_2}A}{L}p_{N_2,R}\right)}{x_{CO_2,R}/x_{N_2,R}} = \frac{P'_{CO_2}}{P'_{N_2}} = \frac{H_{CO_2}D_{CO_2}}{H_{N_2}D_{N_2}}$$

该方程表明，理想分离因子取决于材料渗透率的比值。

7.3 烟气分离

本节将重点论述烟气的分离问题。在燃煤电厂直接排放的烟气中，如果不经压缩处理，烟气总体积较大且 CO_2 浓度较低，所以 CO_2 捕集分离过程的设计尤为困难。根据 Merkel 等 [7.1] 的分析，膜分离过程可以应用于气体的分离，如 H_2 和 CO_2 的分离。同样，膜分离过程也适用于 IGCC（Integrated Gasification Combined Cycle，整体煤气化联合循环）中 CH_4 和 CO_2 的分离。本节将重点讨论燃煤电厂的烟气中 CO_2 捕集分离过程。

7.3.1 单级分离

为更好地理解烟气中 CO_2 捕集分离过程膜的性能，设计如图 7.3.1 所示的单级分离过程。表 7.3.1 列出了设计烟气分离系统所需的一些典型条件。设计过程中，假设 N_2 在膜中渗透率为独立变量，在保持 CO_2 渗透率不变的情况下，可通过减少 N_2 的渗透率来增加膜的选择性。

根据表 7.3.1 中的值以及选择操作过程中膜的具体参数，可以使用先前推导的方程计算渗透侧和滞留侧的面积和组分。

如图 7.3.2 所示，根据 Merkel 等 [7.1] 的计算，红色曲线是方程的解，阴影区域表示在经济合理的条件下，能够应用压缩机和泵进行烟气压缩的工艺条件。

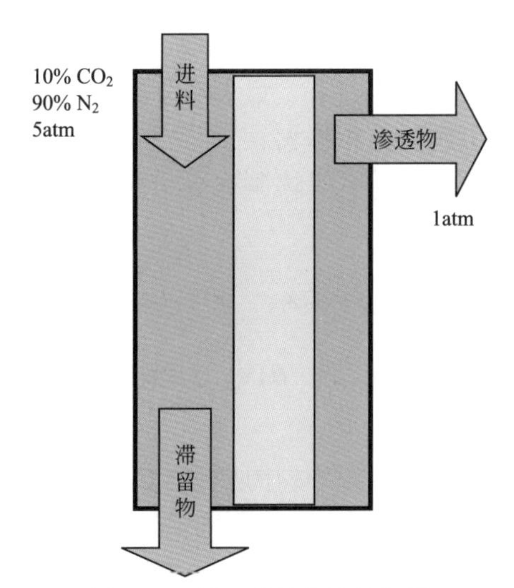

图 7.3.1 用于碳捕集的单级膜

表 7.3.1 烟气膜分离的典型条件

p_F	5atm
p_P	1atm
Φ_F	500m^3/s
$x_{CO_2,F}$	0.1
P'_{CO_2}	1000gpu

注：p_F—烟气压力；p_P—渗透侧压力；P'_{CO_2}—膜的渗透性。其中 gpu=［10^{-6}cm^3（STP）/cm^2·s·cm-Hg］；$x_{CO_2,F}$—烟气成分；Φ_F—烟气排放量。

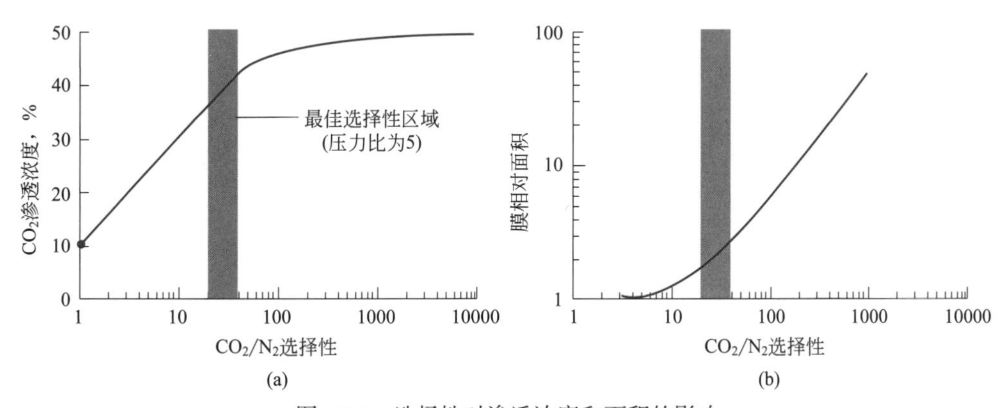

图 7.3.2 选择性对渗透浓度和面积的影响

（a）CO_2/N_2 选择性对渗透物中 CO_2 浓度的影响；（b）CO_2/N_2 选择性对相对膜面积的影响。压力比为 5，分离系数为 1% 时，CO_2/N_2 最佳选择性范围在 20 ～ 40[7.1]。图片转载自 Merkel 等[7.1]，经 Elsevier 许可

一般来说，用膜分离的方法进行气体分离的效果较差。如果能够在提高膜选择性的同时保持 CO_2 渗透性不变，理论上膜选择性可达到 100%。因此，理想的膜可以在最小的膜

面积上完成最佳的分离效果，即100%纯度。但是，由图7.3.2可以看出，这完全不可能达到。这是因为：首先通常的膜分离过程，最大的分离纯度只有50%；其次，当使用的膜的选择性越高时，所需使用的膜的面积越大。

下面，从质量守恒的角度分析不能达到完全分离的原因。即膜的设计遵循质量平衡方程：

$$j_F x_{CO_2,F} = j_R x_{CO_2,R} + j_P x_{CO_2,P}$$

$$j_F x_{CO_2,F} = j_F \left[(1-\theta) x_{CO_2,R} + \theta x_{CO_2,P} \right]$$

式中，θ为分离系数（j_P/j_F），当待分离气体中所有的CO_2和N_2分子均通过膜体时：

$$\theta j_F x_{CO_2,P} = \frac{P'_{CO_2}}{L}\left(p_R x_{CO_2,R} - p_P x_{CO_2,P} \right)$$

$$\theta j_F x_{N_2,P} = \frac{P'_{N_2}}{L}\left(p_R x_{N_2,R} - p_P x_{N_2,P} \right)$$

式中，P'_i 为组分i的渗透量；p_R为滞留侧的压力；p_P为渗透侧的压力。

根据理想选择性的定义，可以用数值方法求解方程。图7.3.2给出了表7.3.1中数据的求解过程，当θ趋近于0时，分离率为1%。假设滞留物的成分和压力近似等于烟气的成分和压力，从而简化计算：

$$\theta j_F x_{CO_2,P} = \frac{P'_{CO_2}}{L}\left(p_F x_{CO_2,F} - p_P x_{CO_2,P} \right)$$

$$\theta j_F x_{N_2,P} = \frac{P'_{N_2}}{L}\left(p_F x_{N_2,F} - p_P x_{N_2,P} \right) = \frac{P'_{CO_2}}{\alpha^* L}\left(p_F x_{N_2,F} - p_P x_{N_2,P} \right)$$

式中，α^*为膜的理想选择性。根据CO_2质量平衡，可以用该方程计算：

$$x_{CO_2,P} = \frac{\left(P'_{CO_2}/L\right) p_F x_{CO_2,F}}{\left(P'_{CO_2}/L\right) p_P + j_P} = \frac{\left[\left(P'_{CO_2}/L\right)/\left(\theta j_F\right)\right] p_F x_{CO_2,F}}{\left[\left(P'_{CO_2}/L\right)/\left(\theta j_F\right)\right] p_P + 1} = \frac{f_A p_F x_{CO_2,F}}{f_A p_P + 1}$$

其中，定义参数f_A为：

$$f_A = \frac{P'_{CO_2}}{L\theta j_F}$$

对于N_2组分，根据烟气的质量守恒得出：

$$x_{N_2,P} = \frac{f_A p_F \left(1 - x_{CO_2,F}\right)}{f_A p_P + \alpha^*}$$

当混合气中只有CO_2和N_2两种组分时，渗透物侧两者的摩尔分数之和为1：

$$x_{CO_2,P}+x_{N_2,P}=\frac{x_{CO_2,F}f_A p_F}{f_A p_P+1}+\frac{\left(1-x_{CO_2,F}\right)f_A p_F}{f_A p_P+\alpha^*}=1$$

整理可得关于 f_A 的二次方程为：

$$\left(p_F p_P-p_P^2\right)f_A^2+\left\{-\left(\alpha^*+1\right)p_P+\left[1+\left(\alpha^*-1\right)x_{CO_2,F}\right]p_F\right\}f_A-\alpha^*=0$$

当 $\alpha^*=1$ 时，此方程的解为：

$$f_A^{(1)}=\frac{1}{p_F-p_P}$$

将它作为参考，定义相对面积：

$$\frac{A}{A^{(1)}}=\frac{f_A}{f_A^{(1)}}$$

在问题 7.3.1 中，当 $\theta\neq0$ 时，要求将近似解与数值解进行比较，如图 7.3.2 所示。

问题 7.3.1 膜面积

比较相对膜面积表达式中的近似解与图 7.3.2 所示的数值解的区别。

一般情况下，分离过程中渗透侧 CO_2 浓度不大于滞留侧中 CO_2 浓度，这与膜本身的渗透性能无关。为了更好地理解这一点，首先需要了解渗透的驱动力是进料和渗透物之间的分压差：

$$p_F x_{CO_2,F}-p_P x_{CO_2,P}\geqslant0$$

因此，渗透物中的最大浓度设定为：

$$x_{CO_2,P}\left(\max\right)=\frac{p_F x_{CO_2,F}}{p_P}$$

在上式中，$p_F/p_P=5$ 且 $x_{CO_2,F}=0.1$。因此，为获得更高的分离纯度，需要增加进料的压力，而这与膜本身的性能无关。无论膜的渗透性或选择性如何，分离过程中都得不到更高的分离纯度，这是由烟气浓度和压差所决定的。

在实际应用过程中，压力比是一个重要的物理量。在实验室规模上，压力的选择范围比较宽泛；但工业应用中，煤电厂单位时间内产生的烟气量非常巨大，压缩气量高达 $500m^3/s$。无论使进料侧压力低于 0.1atm 还是高于 10atm，都需要专业设备来完成，而且整个过程的能耗也非常大。如果使用现有设备，则只能保持工作压力比（进料压力与渗透压力之比）为 5，超过此值将使发电厂产生的能量消耗殆尽，所以使用单级膜分离过程难以达到分离要求。

第二个问题与膜面积有关。计算结果表明，如果在提高膜选择性的同时保持 CO_2 渗透性，则需要增加膜的使用面积。通常认为，如果使用的膜具有更高的选择性，则可使用更小面积的膜完成原有的分离，而这与实际情况并不完全相符。为解释这一结果，首先必须认识到，在膜中渗透和进料的压力都是固定的。以 CO_2 和 N_2 混合气的分离为例，由于压力比限制，进料中 CO_2 的最大浓度为 50%。因此，其余部分必须是 N_2，且所有 N_2 分子都需要通过膜孔。质量守恒表示如果降低了膜对 N_2 的渗透性，就需要更大面积的膜来满足 N_2 通量的要求。

有了这些背景信息，可以更好地理解最优选择性的存在。如果提高了选择性，那么渗透物中 CO_2 浓度也会同时增加。然而，一旦选择性达到 100 以上就会发现，进一步提高选择性（如增加两倍），对渗透液中 CO_2 浓度的影响非常小，但却会使膜面积增加近两倍。此时，可通过增加膜面积来提升 CO_2 的分离量。图 7.3.2 中的阴影区域为最佳分离选择性的范围。

7.3.2 膜的制备

工业规模膜分离装置的制造已经比较成熟，不对称中空纤维膜是透析和水净化等领域常见的材料。理想的膜操作单元具有高选择性和高渗透性，同时要求膜尽可能薄。然而，这种极薄膜的机械应力通常很差，所以不对称膜的主要设计思路是将活性膜材料沉积在支撑物上，从而在操作过程中分担相关的机械应力。载体本身通常为具有多孔微结构的聚合物，对气体或流体流动的阻力较小，但能够给予膜足够的机械稳定性。由此概念设计得到的不对称结构膜如图 7.3.3 所示[7.2]。

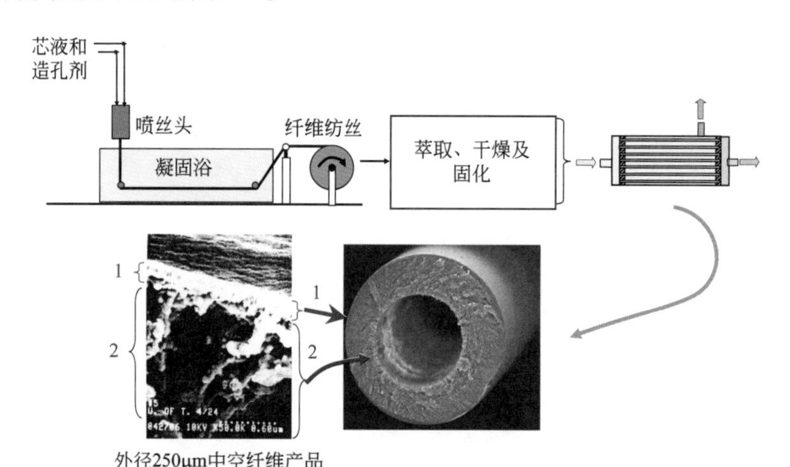

图 7.3.3 不对称中空纤维膜制作工艺示意

纤维膜起点是聚合物、溶剂和添加剂组成的均质聚合物溶液（或涂料）。该溶液和孔液被送入喷丝塔。将共挤压溶液立即浸入淬火液中，纤维吸附在吸收筒上，随后去除溶剂。这些纤维被组装成模块，每个模块中包含多达 10^6 的纤维，面积高达 $10000m^2/m^3$。图中左下角显示了选择性层（1）和支撑层（2）的中空纤维材料的细节电子显微镜图像，它可以同时共挤压形成一个中空纤维（右下角的图像），使得这个操作过程具有更高的性价比（约 20 美元 $/m^2$，2012 年价格）[7.2]。图片经许可转载自 Koros 等[7.2]

膜分离的另一个特点是能够在紧凑的设备中使用大表面积的膜。为实现这一目标，开发了一种同时具有共挤压选择性层和支撑层的共挤压技术。通过这种共挤压过程，可以制造出中空纤维膜。将这些纤维组装成操作模块，每个模块中包含多达 10^6 的纤维，面积高达 $10000m^2/m^3$[7.2]，如图 7.3.4 所示。

(a)

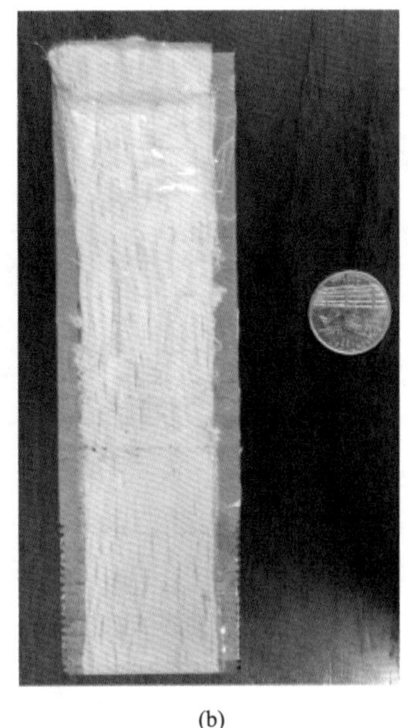

(b)

图 7.3.4 膜单元模块的应用

（a）伯克利化工实验室的膜分离单元模块的应用。圆柱体是 5 个中空纤维膜模块，用于从空气中分离 N_2；（b）中空纤维内部的照片，硬币用于大小对比

使用不同的中空纤维膜，可以在流动模式上设计不同的操作模块。在 5.2 节中可以看出，逆流流向可以提供最好的分离效果。中空纤维膜单元操作模块可以实现如图 7.3.5 所示的逆流操作过程。

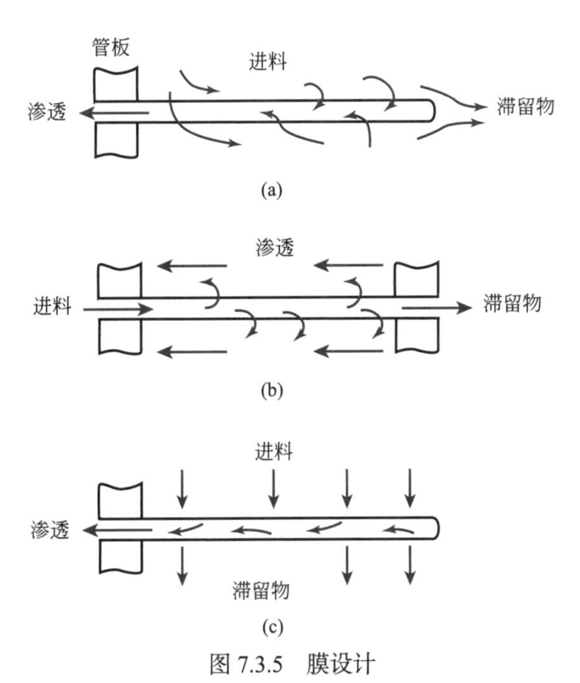

图 7.3.5 膜设计

图中膜均为中空的纤维膜。图（a）和（c）中，进料位于纤维外部（管侧进料）；图（b）中，进料进入内部（管内进料）。对于管侧进料，纤维的一侧关闭，另一侧（渗透物流出的地方）固定在管板上。流动模式是逆流（a、b）或横流（c）取决于从装置的哪一侧去除滞留物。对于管侧进料，如果在进料侧去除渗透液，则流向为逆流

近年来，化学家已经能够合成含有沸石[7.3]或金属有机框架（Metal Organic Frameworks，MOFs）[7.4]的混合聚合物—固体吸附剂膜材料。

7.3.3 膜的改性

在之前的分析中，假设进料侧与渗透侧压力的比值为5。可通过压缩烟气的方式或在渗透侧采取抽真空的方式来获得此压力比值，这两种操作的优劣仍有待进一步分析。通常情况下，人们会认为压缩烟气原气更容易实现，并且可以通过涡轮膨胀器回收部分能量，而抽真空的方式需要更昂贵的操作设备，且不容易回收能量。然而，在这两种方式进行比较时，前一种方法需要压缩所有的烟气原气，而抽真空只需抽取通过膜部分的气体。Merkel 等[7.1]量化了这两种分离方式的差异，结果如图 7.3.6（a）和（b）所示。从数值上来看，5atm 不是很大的压力，但由于需要压缩的烟气总体积十分巨大，需要114.7MW 的能量来完成压缩过程，消耗的能量相当于发电厂产生总电力的 20%。通过数据可以看出，增加进料压力的方法不是很理想，而且由计算可知，抽真空所需的能量要少得多。

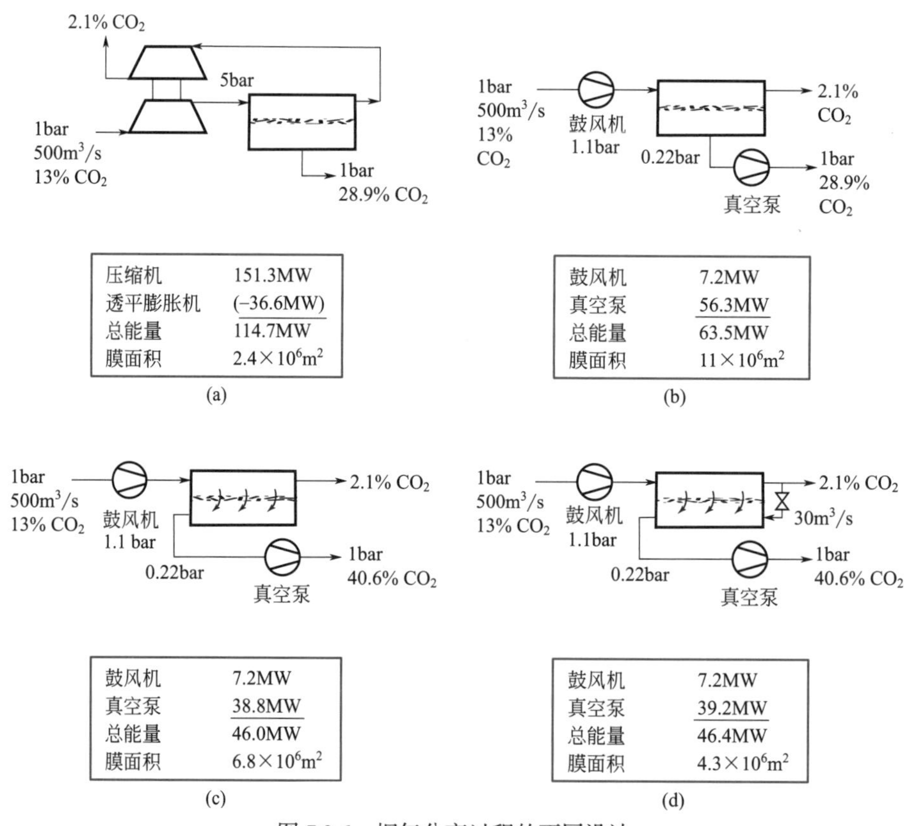

图 7.3.6 烟气分离过程的不同设计

（a）通过压缩烟气产生分离驱动力；（b）通过渗透侧的抽真空增强分离驱动力；（c）逆流分离过程可以更高效地利用膜，但此方法在商业上并不常见；（d）使用部分产物作为吹扫气。由于滞留物中 CO_2 的分压非常低，对分离驱动力的影响非常小，并非所有 N_2 都必须通过膜，这可以显著减少使用膜的面积

如前所述，实现真空压力的极限受到现有技术水平的限制。目前的真空泵技术可达到

的压力为 0.2 atm。如果需要达到更低的压力，那么投入的成本将会增加很多。

图 7.3.6（c）所示为膜的横流分离方式示意过程，这是目前商业应用的标准模式。类似于 5.2 节中的论述，膜分离过程逆流操作更加高效。Merkel 等[7.1]表明，对于逆流分离，总能量消耗可以减少到 46 MW［图 7.3.6（c）和（d）]。目前这种分离方式属于专利技术，有待进一步推广应用（图 7.3.5）。

由图 7.3.6（a）～（c）可知，如果要达到要求的压力比，能量需求会很高，严重制约了膜分离技术在实际操作过程中的大规模应用。燃煤电厂烟气的最大分离度约为 50%。质量守恒是不可违背的定律：所有的 CO_2 和 N_2 必须通过膜才能够完成分离过程。如果通过减少 N_2 的渗透率来增加膜的选择性，则必须增加膜面积来保持 N_2 的流动。无论是通过压缩进料侧烟气、在渗透侧使用真空，还是改变膜的设计，都不能从根本上解决压力比对能量需求的限制。为解决这个问题，可以使用两个或两个以上的膜分离过程，但这种两级分离过程同样需要压缩烟气或在渗透侧抽真空，能耗依然十分巨大。

另一种解决方案是通过图 7.3.6（d）中的设计，在低压条件下利用部分滞留物（6%）作吹扫气体，回流到膜的渗透侧。这种操作看起来类似于将废物和产品混合在一起。分析此操作过程可知，所需膜的总面积较之前有所减少。原因如图 7.3.6（c）所示，可达到约 40% 的 CO_2 渗透率和 60% 的 N_2 渗透率。在确定高选择性膜所需面积时，一个重要的限制因素就是所有的 N_2 必须通过膜。这时，如果使用滞留物作为吹扫气体，就有了第二个 N_2 源，从而可以在更小的膜面积范围内实现 N_2 的质量平衡。观察图 7.3.6（d）中的设计发现，在逆流模块末端，存在 2%～3% 的 CO_2，所以这部分气体中 CO_2 的分压非常小，因此 CO_2 的存在不会对分离过程的驱动力产生影响，但实际操作过程中，无须所有的 N_2 都通过膜，一定程度上降低了分离过程的能耗。

7.3.4 烟气分离

前一节中讨论了膜的设计参数，最主要的结论是目前影响膜分离效率的真正瓶颈不是材料本身，而是操作过程中气体压缩机或真空泵消耗能量过大。鉴于需要处理的烟气体积非常巨大，最大可达到的压力比为 5，因此，即使使用最好的膜材料，渗透物中 CO_2 浓度最大也只能达到 50%～60%，无法达到预期的纯度。为达到更高的纯度，需要采取两级分离过程，即两个压缩步骤，同样也是高能耗的过程。因此，长期以来人们一直认为，研发用于碳捕集的新型膜没有多大实际意义。Baker 等[7.1]的工作完全颠覆了这种传统观念，他们证明通过合理的过程设计可达到所需的分离纯度。前一节中已经提到，通过使用富 N_2 作为吹扫气体提高膜的效率。Baker 等[7.1]提出使用两个膜分离单元的分离方案，如图 7.3.7 所示。主要的创新是在膜单元Ⅱ中使用空气作为吹扫气，用富含 CO_2 的空气作为煤燃烧的 O_2 源，结果表明，排放烟气中的 CO_2 浓度明显高于原烟气排放物中 CO_2 浓度。这时，当压力比为 5 时，进料中 CO_2 浓度越高，渗透物中 CO_2 浓度也越高，分离物达到的纯度则更高。

鉴于现有的膜分离技术已经用于烟气分离，所以研究膜材料特性对膜性能的提升具有重要的意义。图 7.3.8 所示为材料的选择性和渗透性对碳捕集成本的影响。膜分离烟气碳捕集过程的成本主要由两部分构成，一是能耗的组合，二是成本。显然，研发高选择性和高 CO_2 渗透性的膜材料对 CO_2 捕集成本具有显著影响。

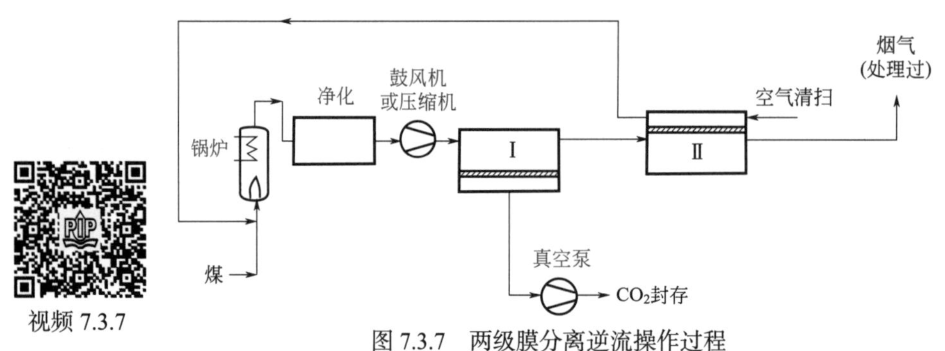

图 7.3.7　两级膜分离逆流操作过程

在该设计中，将空气作为模块Ⅱ的吹扫气，因此输送给锅炉的空气富含 CO_2。该操作工艺的能耗为 97 MW，能耗占总发电量的 16%[7.1]。由 Merkel 等绘制 [7.1]，相关动画可在 http://www.worldscientific.com/worldscibooks/10.1142/p911#t=suppl 浏览

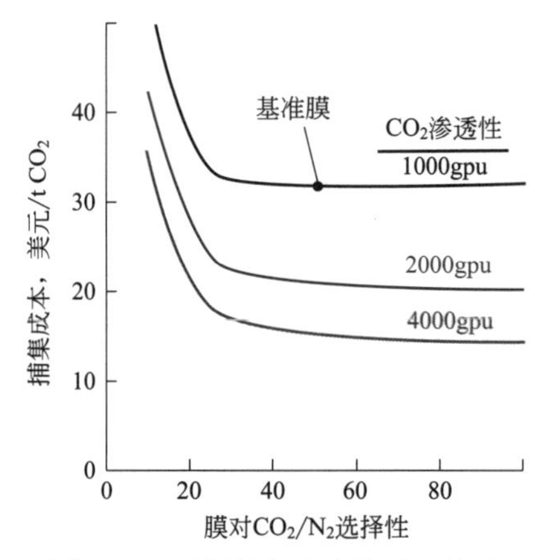

图 7.3.8　选择性与成本的对比关系

在压力比为 5.5 的情况下，CO_2 渗透率分别为 1000gpu、2000gpu 和 4000gpu 的膜，碳捕集成本随着膜对 CO_2/N_2 的选择性变化曲线 [7.1]

7.4　微观扩散

目前，膜一般被定义为具有特定渗透性的材料。在本节和下一节中，将从分子水平上进一步探讨影响材料渗透率的因素。如前所述，渗透率由吸附和扩散共同控制。第 5 章和第 6 章讨论了气体在材料中的吸收和吸附，同样的概念也适用于膜分离过程，不同的是膜分离体现在材料的扩散作用，本节将讨论分子方面的扩散作用。第 6 章表明气体的溶解度与吸附剂的材料性质有关，本章的目的是为扩散建立一个类似的联系，通过分析来具体阐释扩散系数与材料结构之间的关系。

7.4.1　扩散系数

在讨论多孔介质的扩散过程之前，首先要了解非孔介质中的扩散。因为扩散系数的

概念有很多含义，这些含义上的差异可能会导致扩散系数的数值存在数量级上的差距。所以，在明确膜分离碳捕集过程的扩散系数含义之前，首先要明确其具体函数意义。通常存在以下三种不同类型的扩散系数：

（1）菲克扩散系数：该扩散系数表征由传质而导致的浓度差，常在实际应用中使用。

（2）Maxwell-Stefan 扩散系数（达肯修正扩散系数，集合扩散系数）：该扩散系数表征由传质而导致的化学势梯度。这是描述扩散的一种更基本的方法，通常遵循分子模拟。如果已知浓度与化学势的关系，可以很容易地将该扩散系数转换为菲克扩散系数。

（3）自扩散系数：自扩散系数表征了具有相同分子的流体中单个分子的扩散情况。这种类型的扩散是定义在分子尺度上的，可通过标记某些分子进行测量，如通过核磁共振波谱（Nuclear Magnetic Resonance spectroscopy，NMR）或通过分子动力学模拟进行测量。

图 7.4.1 所示为 H_2 在 FAU 沸石中的扩散系数。对于这个系统，Jobic 等 [7.5] 利用准弹性中子散射（QENS）同时测量了菲克扩散系数和自扩散系数 [7.6]，可以看到这三个扩散系数确实存在不同。需要注意的是，在极低载荷的条件下，三种不同扩散系数的数值趋于相同，适用于所有系统；若增加载荷，菲克扩散系数也会增加。

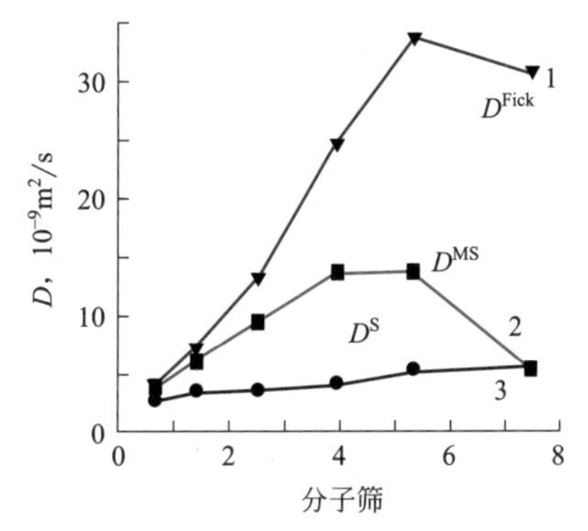

图 7.4.1　H_2 的不同扩散系数

1—菲克扩散系数（D^{Fick}）；2—Maxwell-Stefan 扩散系数（D^{MS}）；3—自扩散系数（D^{S}）[7.5]

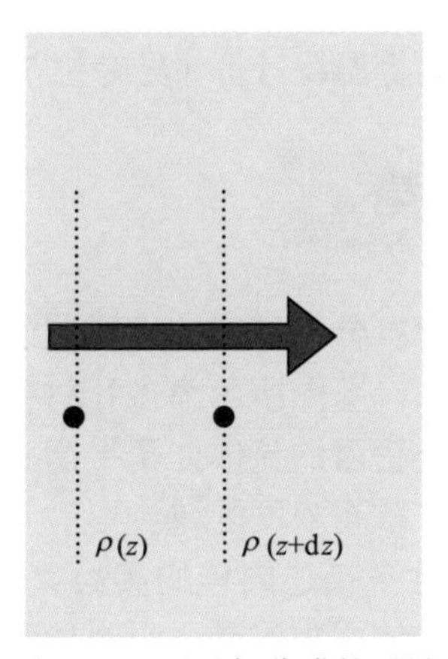

图 7.4.2　通过部分膜的通量

下面从菲克扩散系数的定义，进一步研究三个不同的扩散系数，以及它们相互之间的关系。从实际应用的角度来看，菲克扩散直接涉及传质过程，所以它是最重要的一种扩散方式。假设取一种材料并对其两侧施加同种不同浓度的物质，则会观察到膜表面高浓度侧的物质以一定通量穿透膜体（以单位面积单位时间穿透的分子数来衡量，如图 7.4.2 所示）。如果浓度梯度较小，则该通量与浓度梯度的驱动力成正比，表示为：

$$j = -D^{\mathrm{Fick}} \frac{\mathrm{d}\rho}{\mathrm{d}z}$$

式中，ρ 为单位体积中的分子数。只有在特殊情况下，菲克扩散系数才是常数。通常情况下扩散系数取决于材料中载荷分子的温度和浓度。

Onsager 理论（见专栏 7.4.1）认为，扩散的基本驱动力不是浓度梯度而是化学势梯度，表示为：

$$j = -\frac{L}{RT}\frac{\mathrm{d}\mu}{\mathrm{d}z} = -D^{\mathrm{MS}} \frac{\mathrm{d}\mu}{\mathrm{d}z}$$

式中，L 为 Onsager 系数；D^{MS} 为 Maxwell-Stefan 扩散系数。材料中被吸附分子的浓度和化学势并不是独立变量。该关系可以由等温条件下的热力学系数 Γ 给出：

$$\Gamma = \left(\frac{\partial \mu}{\partial \rho}\right)_{\mathrm{T}}$$

结合热力学系数 Γ，可以将通量与化学势梯度联系起来，其表达式为：

$$j = -D^{\mathrm{Fick}} \frac{\mathrm{d}\rho}{\mathrm{d}z} = -\frac{D^{\mathrm{Fick}}}{\Gamma}\left(\Gamma \frac{\mathrm{d}\rho}{\mathrm{d}z}\right) = -D^{\mathrm{MS}} \frac{\mathrm{d}\mu}{\mathrm{d}z}$$

式中，D^{MS} 为 Maxwell-Stefan 扩散系数，与菲克扩散系数的转化关系为：

$$D^{\mathrm{MS}} = \frac{D^{\mathrm{Fick}}}{\Gamma}$$

热力学系数 Γ 可由实验测得的等温线计算（见专栏 7.4.2）。

专栏 7.4.1 浓度或化学势

菲克扩散是直观的物理概念：分子从高浓度区域流动到低浓度区域。然而，实际的扩散并不总是这样简单。例如，下图所示为多孔材料中分子的吸附情况，在此系统中，可使气体与孔隙内具有某一密度的流体处于平衡状态。如果提高压力，在孔隙中的气相分子就会从低浓度区域扩散高浓度区域。

同理，可以用化学势的概念来描述同样的实验。化学势具有能量贡献和熵贡献，由于被吸附的粒子必须在较小的体积内移动，吸附导致熵减小。粒子与孔隙内壁的相互作用可以弥补这部分熵损失，吸附相的化学势可以低于气相。根据 Onsager 理论，分子会向化学势较低的方向流动，在这个例子中对应于分子从低浓度区域到高浓度区域的流动。

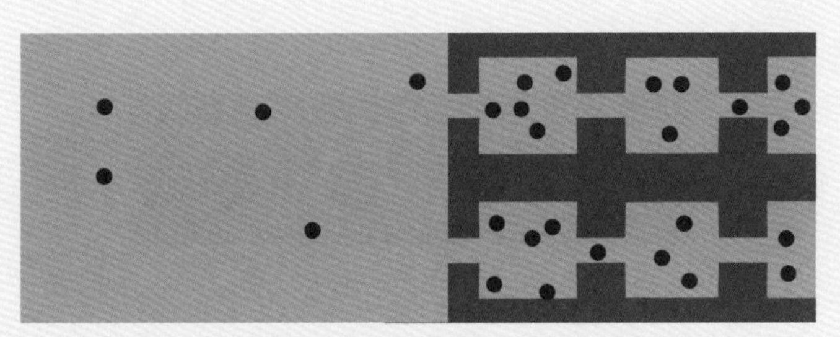

气相分子在孔隙中从低浓度区域扩散到高浓度区域

那么，使用菲克扩散系数的结论是不正确的吗？不，菲克定律仍然可以作为菲克扩散系数的定义。然而，在了解吸附条件后会得到一个负扩散系数。

专栏 7.4.2　热力学系数

下面计算某种材料的热力学系数 Γ，其吸附过程可以用 Langmuir 等温线描述：

$$\rho = \rho_0 \frac{bp}{1+pb}$$

式中，p 为气相压力；ρ_0 为单位体积最大负荷的物质的量。方程表述了气相压力和单位体积吸附分子数量之间的关系。对于热力学系数，需要知道气相的载荷和化学势之间的关系。假设气体压力足够低，则可认为该气体是理想气体，此时化学势和压力之间的关系为：

$$\mu = \mu^0 + RT\ln\left(p/RT\right)$$

将 Langmuir 等温线表达式代入上式可以得出：

$$\mu = \mu^0 + RT\ln\left[\frac{1}{bRT}\left(\frac{\rho}{\rho_0-\rho}\right)\right]$$

则热力学系数 Γ 可以表示为：

$$\Gamma = RT\frac{\rho_0}{\rho_0-\rho}$$

下式给出了 Maxwell-Stefan 扩散系数和 Fick 扩散系数之间的表达式：

$$D^{\text{Fick}} = RT\frac{\rho_0}{\rho_0-\rho}D^{\text{MS}}$$

该方程表明，如果材料的载荷趋于最大，即 $\rho \to \rho_0$，则 Fick 扩散系数会变得无限大，其原因如下图所示。如果材料完全饱和，那么吸附一个分子的同时需要另一个分子立即解吸，此时对应于扩散系数无限大。

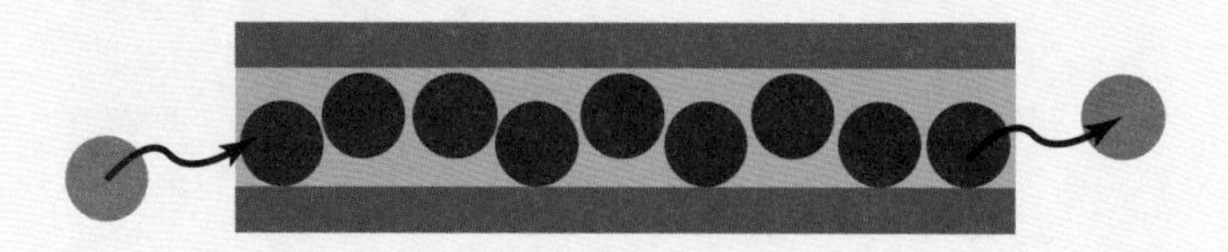

由于不能直接通过传质来定义不同的扩散系数，所以在流体中标记一个分子（图 7.4.3），然后根据分子的运动来说明扩散的类型。标记并不影响分子的性质，只是方便对这个特定的分子进行跟踪。如果能够准确地跟踪该分子的运动轨迹，就会观察到其与其他分子发生碰撞，表现出布朗运动。重复多次实验，就可确定在某处找到这个粒子的概率。可以用质量平衡方程计算这个概率：

$$\frac{\mathrm{d}\rho^*}{\mathrm{d}t}=-\frac{\mathrm{d}j}{\mathrm{d}z}$$

式中，ρ^* 为被标记粒子的密度（单位体积的粒子数）。

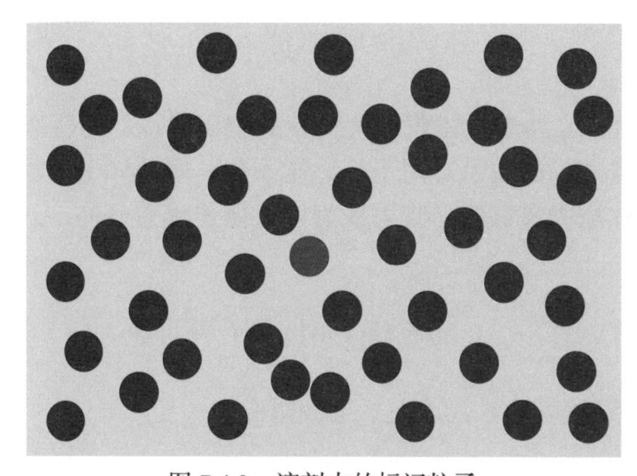

图 7.4.3 溶剂中的标记粒子

根据 Fick 定律计算通量：

$$j=-D^{\mathrm{S}}\frac{\mathrm{d}\rho^*}{\mathrm{d}z}$$

这里引入的扩散系数为自扩散系数。除了之前标记的粒子外，其他所有的粒子都相同。因此根据质量守恒，被标记粒子的浓度（或密度）随时间的变化关系为：

$$\frac{\mathrm{d}\rho^*}{\mathrm{d}t}=D^{\mathrm{S}}\frac{\mathrm{d}^2\rho^*}{\mathrm{d}z^2}$$

其初始条件为：

$$\rho^*(z,t=0)=\delta(z)$$

根据 Delta 函数，在 z=0 处存在一个粒子。上述微分方程的解为：

$$\rho^*(z,t)=\frac{1}{\sqrt{4\pi D^{S}t}}\exp\left[-z^2/\left(4D^{S}t\right)\right]$$

这个结果看起来有点奇怪，因为我们只有一个粒子，密度怎么会小于 1 呢？为了解释这个结果，假设进行多次重复实验，每次 t 时刻粒子将会出现在不同的位置，密度的表达式给出了在 t 时刻 z 位置找到一个粒子的概率。根据此方程，可以计算出粒子在 t 时刻的平均位置：

$$\left\langle z(t)\right\rangle=\int_{-\infty}^{\infty}z\rho^*(z,t)\,\mathrm{d}z=\frac{1}{\sqrt{4\pi D^{S}t}}\int_{-\infty}^{\infty}z\exp\left[-z^2/\left(4D^{S}t\right)\right]\mathrm{d}z=0$$

因为没有浓度梯度，所以直观上感觉粒子在不同运动方向上有相同的概率。因此，这个平均值将为 0。但是位置的二阶矩不会消失，即粒子的均方位移可表示为：

$$\left\langle z^2(t)\right\rangle=\int_{-\infty}^{\infty}z^2\rho^*(z,t)\mathrm{d}z=\frac{1}{\sqrt{4\pi D^{S}t}}\int_{-\infty}^{\infty}z^2\exp\left[-z^2/\left(4D^{S}t\right)\right]\mathrm{d}z=2D^{S}t$$

该方程表明，通过测量被标记粒子的均方位移可以得到扩散系数。由于上述方程中的积分从 $-\infty$延伸到 $+\infty$，因此假设均方位移与扩散系数的比例有许多位移，即在长时间尺度上：

$$D^{S}=\lim_{t\to\infty}\frac{1}{2t}\left\langle\left(z(t)-z(0)\right)^2\right\rangle$$

当与标记粒子相同的粒子组成流体运动时，这个扩散系数称为自扩散系数。实验中可通过核磁共振波谱（NMR）来标记粒子，因此 NMR 成为测量自扩散系数的重要手段。此外，在分子模拟中，可以跟踪单个粒子，通过模拟可根据均方位移计算自扩散系数。

在 Maxwell-Stefan 扩散系数的推导中，不是标记单个分子，而是监测整个系统质心的运动。质心的定义为：

$$z_{\mathrm{cm}}(t)=\frac{1}{mN}\sum_{i=1}^{N}mz_i(t)=\frac{1}{N}\sum_{i=1}^{N}z_i(t)$$

式中，m 为单个分子的质量；N 为分子的总数。Maxwell-Stefan 扩散系数与质心均方位移的关系为：

$$D^{\mathrm{MS}}=\lim_{t\to\infty}\frac{1}{2t}\left\langle\frac{1}{N}\left[\sum_i z_i(t)-\sum_i z_i(0)\right]^2\right\rangle$$

括号中：

$$\left\langle\left(\sum_i z_i(t)-\sum_i z_i(0)\right)^2\right\rangle=\left\langle\left(z_1(t)-z_1(0)\right)\left[\left(z_1(t)-z_1(0)\right)+\left(z_2(t)-z_2(0)\right)+\cdots\right]\right.$$

$$\left.+\left(z_2(t)-z_2(0)\right)\left[\left(z_1(t)-z_1(0)\right)+\left(z_2(t)-z_2(0)\right)+\cdots\right]+\cdots\right\rangle$$

$$=\left\langle\sum_i\left(z_i(t)-z_i(0)\right)^2\right\rangle+\left\langle\sum_i\sum_{j\neq i}\left(z_i(t)-z_i(0)\right)\left(z_j(t)-z_j(0)\right)\right\rangle$$

可以看到，第一项给出了自扩散系数的表达式，第二项解释了分子之间的相关性。若分子 i 和 j 相互不影响，这一项将为 0。换句话说，分子之间的相关性导致 Maxwell-Stefan 系数与自扩散系数不同。在高浓度的扩散过程中更有可能存在这种相关性；在非常低的浓度下，Maxwell-Stefan 扩散系数与菲克扩散系数的热力学因子是 1。因此，在极低浓度的极限下，三个扩散系数的值相同。

7.4.2 随机扩散

研究微观扩散的另一种方法，假设因为碰撞，分子正在进行随机游走。如果在一个立方晶格上有一个随机游走的分子，分子从一个晶格点跳到另一个晶格点，可以定义均方位移为（图 7.4.4）：

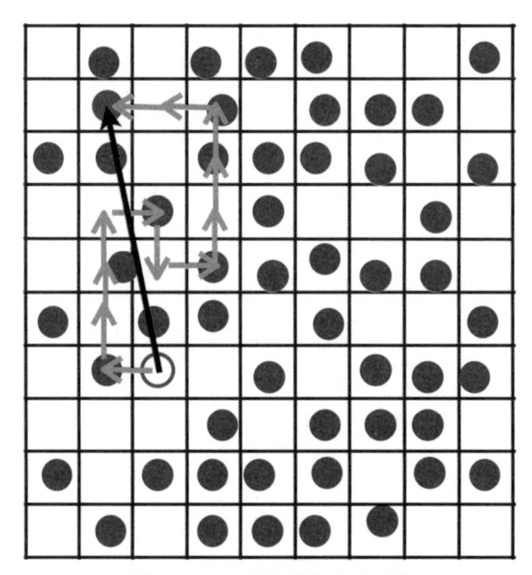

图 7.4.4 随机游走扩散

把被标记的分子（红色）的运动想象成晶格上的随机移动。橙色箭头给出了随机游走步 I_i，黑色箭头表示 N 步后的位移

$$\left[z(N)-z(0)\right]^2=\left(\sum_{i=1}^{N}I_i\right)^2$$

式中，I_i 为晶格上的一次随机游走步。如果对许多随机游走分子的位移取平均值，则：

$$\left\langle\left[z(N)-z(0)\right]^2\right\rangle=\langle I_1I_1\rangle+\langle I_1I_2\rangle+\cdots\langle I_2I_1\rangle+\langle I_2I_2\rangle+\cdots$$

根据定义，随机游走为不相关的序列步骤运动，表示为：

$$\langle I_iI_i\rangle=a^2 \text{ 和 } \langle I_iI_j\rangle_{i\neq j}=0$$

从而给出均方位移：

$$\left\langle\left[z(N)-z(0)\right]^2\right\rangle=Na^2$$

式中，N 为分子随机游走的步数；a 为两个相邻格点之间的距离。该步数等于跳跃速率 k

（单位时间内的步数）乘以时间 t，即：

$$\left\langle\left[z(N)-z(0)\right]^2\right\rangle = kta^2$$

通过比较扩散系数和均方位移之间的关系，可以将自扩散系数与跳跃速率相关联，即：

$$D^{\mathrm{S}} = \frac{1}{2}ka^2$$

通过这两个物理量，可以将分子从一个位置到另一个位置的跳跃与扩散系数相关联。

对于多分子系统，可以标记一个分子然后让被标记分子以跳跃速率 k 跳转。如果多分子系统中的分子之间不发生碰撞作用，可以利用这个关系从跳跃速率得到自扩散系数和 Maxwell-Stefan 扩散系数。当分子发生相互作用时，得到的计算数值会存在差异。举例来说，假设分子只能成功跳到开放的晶格位置。因此，有效跳跃速率会随着载荷的增加而减小。可以发现，自扩散系数随着被占据位点的比例而降低：

$$D^{\mathrm{S}} = D_0^{\mathrm{S}}(1-\theta)$$

如果系统为高载荷体系，若分子 i 成功跳跃，那么分子 i 留下的空位周围分子跳跃的概率将显著提高。在极低载荷的极限情况下，可以忽略相关性。此外，一个分子跳跃就会留下一个空位。因此，在高载荷下，分子下一跳很有可能跳回原来的位置。这种相关性对于自扩散系数比对于集体扩散系数更重要，也解释了自扩散系数较低的原因。

7.4.3　孔隙介质中的扩散

由图 7.4.1 可以看出，H_2 在 FAU 沸石中扩散的实验数据说明了不同扩散系数之间的差异。根据图中数据，在低载荷的极限条件下，三个扩散系数相同。扩散系数的增加与载荷相关。直观地说，基于大量实验得出，当增加膜孔中分子的数量时，这些分子的运动会受到一定的影响。

在多孔介质中则不同，首先看热力学因子。在专栏 7.4.2 中已经证明，当气体近似为理想气体时，可以用 Langmuir 等温线来描述吸附过程，则：

$$\mathit{\Gamma} = RT\frac{\rho_0}{\rho_0-\rho}$$

热力学系数在高载荷下变得非常大，最大载荷时热力学因子趋于无穷大。事实上，为了得到最大载荷，需要最大程度提高浓度来增加化学势。因此，在这些条件下，很小的浓度梯度就可以产生非常大的热力学因子 $\mathit{\Gamma}$。或者，从物理的角度来说，如果一个孔完全充满了分子，那么在孔的一端添加一个分子时，会导致另一端分子的离开（见专栏 7.4.2）。由于扩散系数与通量有关，所以具体哪个粒子离开孔隙并不重要，我们观察到的扩散系数是无限大的。如果不考虑热力学因素对扩散系数的影响，可得到 Maxwell-Stefan 扩散系数，它给出了更真实的分子迁移率数值。在许多实际操作系统中，浓度对 Maxwell-Stefan 扩散系数的影响很小。所以，为了便于计算，许多工程应用简单地假设这个扩散系数与浓度无关。这就是著名的“Darken”假设，即修正的扩散系数与载荷无关。需要指出的是，这并不是Darken做出的假设。反而，Darken认识到，在许多情形下的修正扩散系数确实依赖于载荷大小，参见Reyes等[7.7]的文章。但从实际角度来看，进行这个假设十分必要，因为这说明只要知道低载荷下的自扩散系数或单一传质扩散系数加上完全吸附等温线，就可以估计所有载荷条件下的传质扩散系数。

7.5 材料：聚合物

前面章节中的内容表明，工程设计在CO_2膜分离技术可行性方面具有至关重要的指导作用。有了正确的设计，则需要尽快获取兼具高渗透性和高选择性的膜材料。本节将更详细地从分子层面研究材料的设计原则，首先从聚合物膜开始讨论，下一节将介绍纳米多孔材料。

7.5.1 聚合物膜

聚合物膜是渗透受溶液扩散控制的典型例子。图7.5.1所示为聚合物薄膜中分子的无序扩散。该薄膜具有典型的孔分布，气体可以在其中溶解，并且气体分子可以在一个腔室和另一个腔室之间跳跃或扩散。根据聚合物薄膜的化学组成，这些空腔可能发生动态变化，它们的形成或消失取决于聚合物链的运动。大多数材料具有不同的空腔分布，因此具有不同的跳跃或扩散速率。

图7.5.1　聚合物膜中的扩散

聚合物膜（蓝色）中的气体分子扩散：气体分子（红色）从一个腔体跳到另一个腔体。
黑色箭头表示不同的路径

理想的气体/液体分离膜应该同时具有高选择性和高渗透率。Robeson[7.8,7.9]发现具有高选择性的聚合物材料渗透率通常较差，而具有高渗透率的材料则选择性较低（图7.5.2）。在Robeson图中，CO_2/N_2混合物的选择性是CO_2渗透量的函数。从图中可以看出，对于大多数材料而言，选择性的上限是渗透率的近似线性函数，如黑线所示。在之前描述的简单模型中，可通过两种方式增加渗透率：改变扩散系数或改变溶解度。结果表明，气体在大多数现有聚合物材料中的溶解度相差无几。另外，通过改变材料性质，扩散系数确实会发生变化。然而，扩散系数越高的材料往往具有更多的开放式结构，导致所有被吸附的分子移动加速，从而降低材料的选择性。因此，常规膜材料的高渗透率通常导致低选择性，这也很好地解释了图7.5.2所示的上限问题。

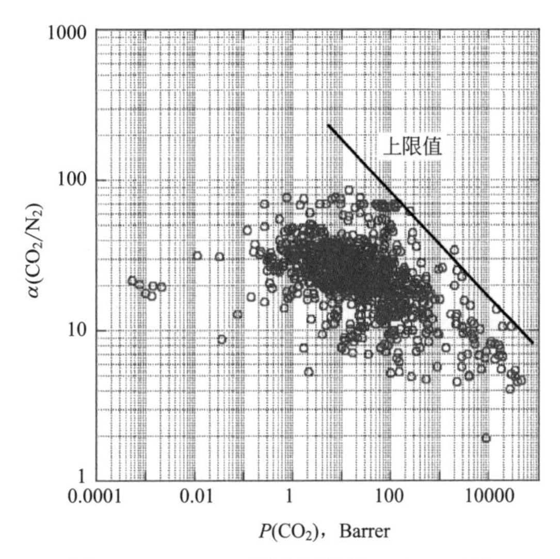

图 7.5.2 CO_2/N_2 混合气体的 Robeson 图

膜的 CO_2/N_2 选择性与 CO_2 渗透量的关系。每个点代表一种不同的材料。如果渗透量大，通常选择性就差。黑色实线是实验中发现的聚合物的上限值。图片转载自 Robeson[7.9]，经 Elsevier 许可

为深入了解 Robeson 图，可以参考 CO_2 和 CH_4 的分离图（图 7.5.3）。玻璃态聚合物具有更高的选择性，更接近于上限，因此玻璃态聚合物性能更优[7.10]。

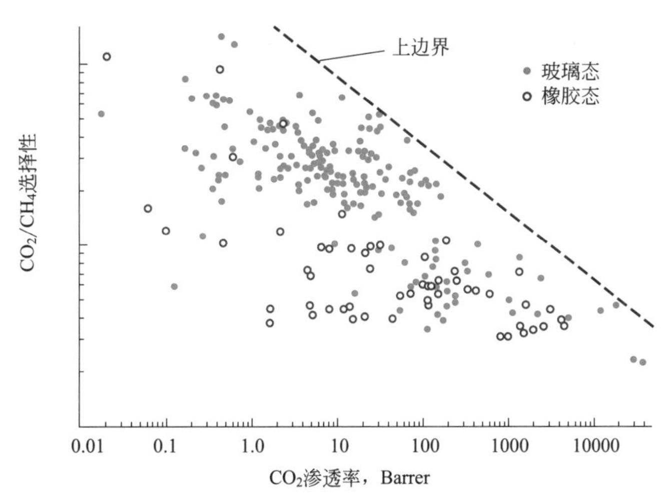

图 7.5.3 由玻璃态聚合物（实心）和橡胶态聚合物（空心）制作的膜的 CO_2/CH_4 选择性与 CO_2 渗透率的关系[7.10]

究其缘由，可从聚合物的一些简单特性入手。图 7.5.4 所示为聚合物的比体积（体积/质量）与温度的关系。仔细观察发现："所占体积"表示构成聚合物的原子所占的空间。该体积会随着温度的升高出现轻微增长（聚合物的温度越高，它的原子在空间平衡点处摆动的幅度越大）。由于聚合物链之间存在间隙，因此有一个额外的"自由体积"，可作为吸附物的空腔。吸附质与自由体积相互作用的性质取决于聚合物是"弹性"还是"脆性"。聚合物的机械特性差异可以用"玻璃化转变温度"表征。低于此温度的聚合物是玻璃态

的，说明其会变脆和容易断裂。在该温度以上，聚合物则呈橡胶态（可类比煮熟的意大利面条，面条有弹性且活跃，每根单独的面条由于自身运动，可以占据比面条本身大得多的空间）。与吸附和扩散相比，橡胶态聚合物链在很短的时间内可以重新排列。因此，当 CO_2 进入吸附材料时，犹如吸附在液体状材料上。这说明它近似服从亨利定律，即吸附的 CO_2 浓度是分压的线性函数。如果把温度降到玻璃化转变温度以下，单个聚合物链被锁定在固定位置，但存在一个过量的体积。多余的体积代表材料内部存在微孔，这是因为之前移动的分子链不再占用多余的空间。CO_2 在该介质中的吸附行为可近似为多孔介质中的吸附，所以玻璃态聚合物突破了 Robeson 曲线的极限。Freeman[7.11] 给出了这个上限的理论依据。

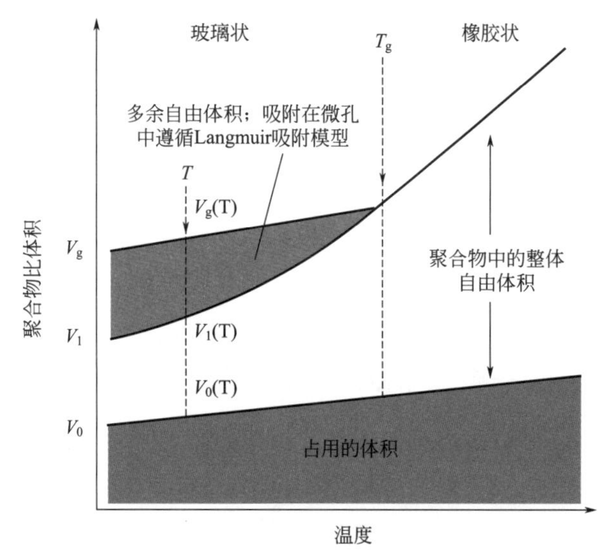

视频 7.5.4

图 7.5.4　典型聚合物的相图 [7,10]

相关动画可在 http://www.worldscientific.com/worldscibooks/10.1142/p911#t=suppl 浏览

为了进一步打破 Robeson 极限，科学家正在开发能够对吸附质的溶解度进行分子层面调控的膜材料，通过促进传质的方式提高气体分离效率。

7.5.2　促进传质

在扩散溶解度控制传质的材料中，通过改变吸附质溶解度的方式来促进传质效果有限。在考虑吸收问题时，研究人员发现使用能与其中一种成分发生反应的溶剂，可以大大提高溶解度，并利用类似概念设计了高效的膜分离系统。在该系统中，化学反应会增强其中一种成分的渗透性，而不会降低选择性，这种机制被称为促进传质。最早关于促进传质的文献是 Scholander[7.12] 发表的关于血液中氧传输的研究，他的研究主要集中在血红蛋白促进氧气传输的作用上，他指出血浆和血浆 + 血红蛋白的渗透性有显著的不同。在不含血红蛋白的血浆中，氧通过传统的扩散溶解机制传输。引入血红蛋白后，氧有了另一种传输途径，从而大大增强了渗透性。

图 7.5.5 所示为膜中基质分子 S 选择性地与 CO_2 反应：

$$CO_2+S \rightleftharpoons [SCO_2]^*$$

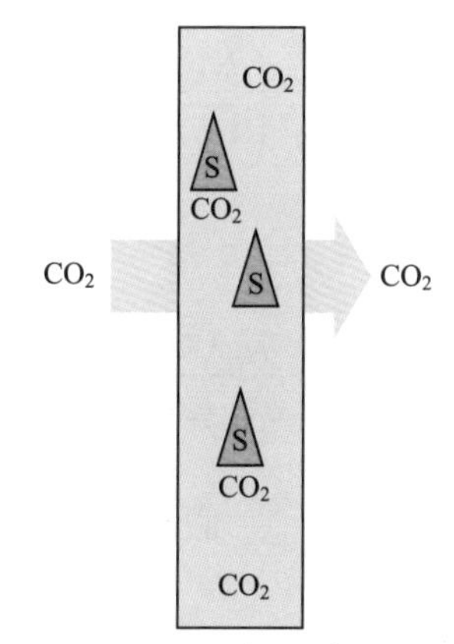

图 7.5.5 促进传质

膜中基质 S 和 CO_2 反应，使得 CO_2 可通过溶解和以基质为载体进行传输

如果膜中发生此类化学反应，则需要改变质量平衡，以覆盖由于反应而消耗的 CO_2：

累计量 = 流入量 − 流出量 − 化学反应量

$$\frac{\mathrm{d}c_{CO_2}}{\mathrm{d}t}=D_{CO_2}\frac{\mathrm{d}^2c_{CO_2}}{\mathrm{d}z^2}-r_{SCO_2^*}=0$$

式中，r_{SCO_2} 为与形成 $[SCO_2]^*$ 有关的反应速率。假设系统处于稳定状态，之前仅关注 CO_2 的质量平衡，此处需同时考虑包括 S 和 $[SCO_2]^*$ 的质量平衡。

$$D_S\frac{\mathrm{d}^2c_S}{\mathrm{d}z^2}-r_{SCO_2^*}=0$$

$$D_{SCO_2^*}\frac{\mathrm{d}^2c_{SCO_2^*}}{\mathrm{d}z^2}+r_{SCO_2^*}=0$$

如果反应速率比扩散时间快得多，那么整个体系就会处于平衡状态。

$$c_{SCO_2^*}=k_Sc_{CO_2}c_S$$

进一步，可以假设基质分子的总浓度 c_{S^T} 在有无 CO_2 的条件下都与膜中的位置无关，则：

$$c_{S^T}(z)=c_{SCO_2^*}(z)+c_S(z)=c_{S^T}$$

或：

$$c_{SCO_2^*}(z)=\frac{k_Sc_{S^T}c_{CO_2}(z)}{1+k_Sc_{CO_2}(z)}$$

继续假设扩散系数为 $D^0=D_{CO_2}=D_{SCO_2^*}=D_S$，可以把相关两个包含 CO_2 的微分方程相加：

$$D^0\left[\frac{d^2 c_{CO_2}(z)}{dz^2}+\frac{d^2}{dz^2}\left(\frac{k_S c_{S^T} c_{CO_2}(z)}{1+k_S c_{CO_2}(z)}\right)\right]=0$$

方程有一个简单形式的解：

$$c_{CO_2}(z)+\frac{k_S c_{S^T} c_{CO_2}(z)}{1+k_S c_{CO_2}(z)}=Az+B$$

边界条件为$c_{CO_2}(L)=0$且$c_{CO_2}(0)=c_{CO_2,R}$。假设吸附符合亨利定律（$c_{CO_2,R}=H_{CO_2}\ p_{CO_2,R}$），则可以得到：

$$c_{CO_2}(z)+\frac{k_S c_{S^T} c_{CO_2}(z)}{1+k_S c_{CO_2}(z)}=-\left(H_{CO_2} p_{CO_2,R}+\frac{k_S c_{S^T} H_{CO_2} p_{CO_2,R}}{1+k_S H_{CO_2} p_{CO_2,R}}\right)\left(\frac{z}{L}-1\right)$$

从而得出穿越膜的 CO_2 通量：

$$j_{CO_2}+j_{SCO_2^*}=\frac{D^0 H_{CO_2}}{L}\left[p_{CO_2,R}+\left(\frac{k_S c_{S^T} H_{CO_2} p_{CO_2,R}}{1+k_S H_{CO_2} p_{CO_2,R}}\right)\right]$$

需要重点考虑的是两种极限情况下通量的变化。当 CO_2 分压较低时：

$$j_{CO_2}+j_{SCO_2^*}=\left(1+k_S C_{S^T}\right)\frac{D^0 H_{CO_2}}{L}p_{CO_2,R}$$

基质能够加强传质并且使其与浓度 S 成一定比例。当 CO_2 分压较高时：

$$j_{CO_2}+j_{SCO_2^*}=\frac{D^0}{L}\left(H_{CO_2} p_{CO_2,R}+c_S\right)$$

在这些条件下，每个基质分子都结合一个 CO_2 分子，因此，增强作用受基质分子浓度的限制。

将上述结果与 Scholander[7.12] 关于血液中氧传输的原始实验进行比较会发现如图 7.5.6 所示的规律。可知：滞留侧和渗透侧之间存在固定差值的传质过程。在方程中，假设渗透侧的压力为 0（采取非零计算会使方程相对复杂）。对于 N_2 的传输，流量与总压力无关，只取决于压力差。然而，对于 O_2 来说，如果提高滞留侧的压力，在给定的压力下，将使血红蛋白饱和，此时传质过程与压力无关。

对于烟气的分离过程来说，需要用一种能选择性地结合 CO_2 的成分来取代血红蛋白。胺是一种常见的选择，这对如何制备 CO_2 反应膜具有重要的现实意义。早期的研究方法是在孔隙内使用活性液体 [7.10]。在膜内使用固定化相的主要缺点是可能从膜上漏出或蒸发，这将使膜的性能慢慢降低。另一种方法是将膜的聚合物功能化，如图 7.5.7 所示。

图 7.5.7 为有水系统。如果没有 H_2O，就需要两个胺基，其中一个胺基与 CO_2 发生反应，形成齐聚物：

$$NHR_1R_2+CO_2 \rightleftharpoons \left[NHR_1R_2\right]^+ CO_2^-$$

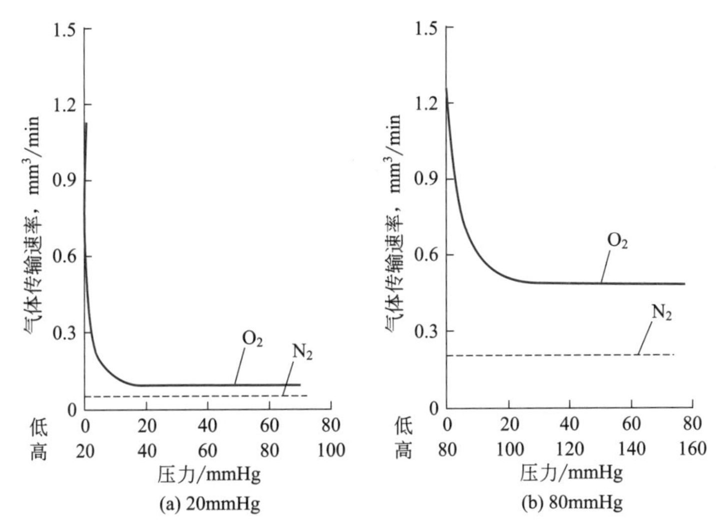

图 7.5.6 血液中氧的促进传质

O 和 N 穿过带有血红蛋白的血液“膜”的传质过程。实验中，滞留侧和渗透侧的压力差保持不变［图（a）为 20mmHg 汞柱，图（b）为 80mmHg］，而滞留侧的总压力则增加。图片转载自 Scholander[7.12]

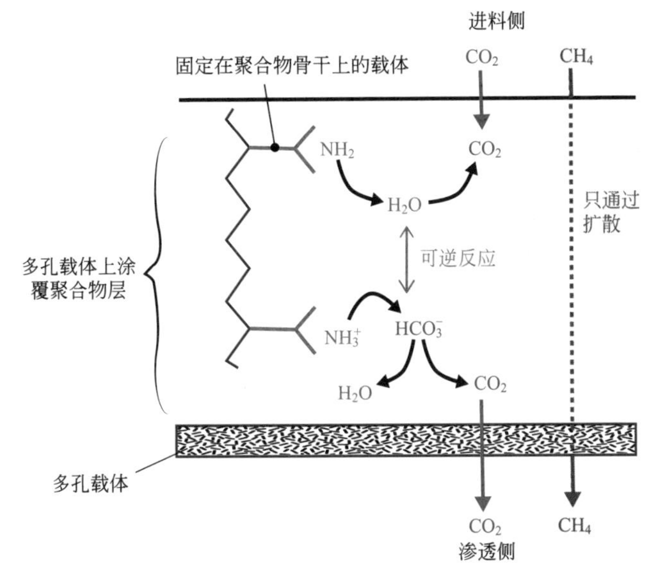

图 7.5.7 膜的聚合物功能化示意图

聚合物主链上固定了含胺基团的聚合物膜，有利于 CO_2 在聚合物膜中的传输。图片来源于 Kim 等 [7.13]

另一个胺基与两性离子发生反应，胺夺取质子：

$$[NHR_1R_2]^+CO_2^- + NHR_1R_2 \rightleftharpoons [NR_1R_2]CO_2^- + NH_2R_1R_2^+$$

CO_2^- 基团可以从一个胺基到另一个胺基跃迁，沿着聚合物的主链移动。由于跃迁在气相 CO_2 扩散的基础上进行，渗透性会得到增强，由于 CH_4 和 N_2 都不会与胺基发生作用，选择性得以提高。除胺基之外，膜中还有 H_2O，可以让 CO_2 与胺基反应，并形成 HCO_3^- 和 NH_3^+。鉴于 HCO_3^- 可在水相中扩散，与无水胺相比，通常扩散系数更高。

目前，已经公布了有关胺类应用的一些实例 [7.8,7.14,7.15]。专栏 7.5.1 为使用促进传质的 CO_2 分离膜实例。

专栏 7.5.1 具有促进传质作用的膜

克服聚合物材料中 Robeson 上限的实验方法之一是使用促进传质。从前面的分析可知，促进传质的思路是让混合气体中的 CO_2 与膜发生反应。化学反应增强了 CO_2 的溶解度。如果这些反应的 CO_2 分子具有相似的扩散系数，材料将具有更好的渗透性和选择性。高分子材料有上限的原因之一是 CO_2 溶解度在不同的材料之间只有很小的差异。若 CO_2 发生反应，这种情况就会完全改变。Blinova 等 [7.15] 的方法使用聚苯胺（PANI）作为基础材料，首先将甲基丙烯酸缩水甘油酯和甲基丙烯酸 2—羟乙基酯进行接枝，随后将这些薄膜与不同类型的二胺进行反应。

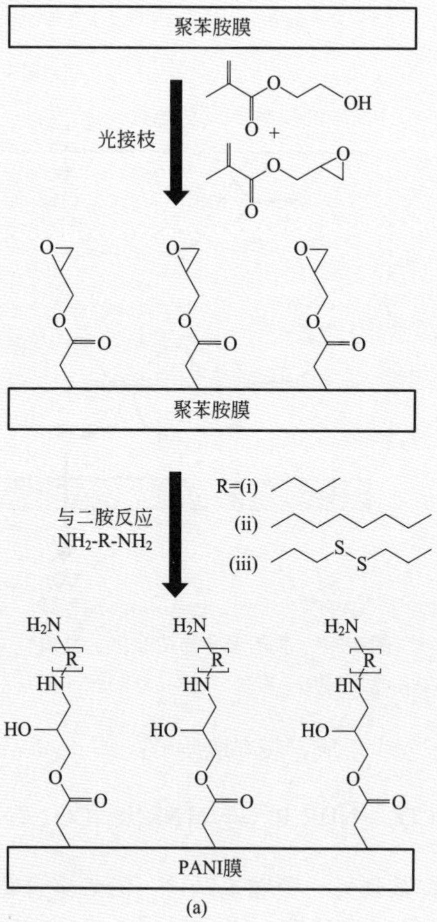
聚苯胺膜
光接枝
OH
O +
O
O
O
聚苯胺膜
与二胺反应
NH2-R-NH2
R=(i)
(ii)
(iii)
S
S
H2N
R
HN
HO
O
O
PANI膜

(a)

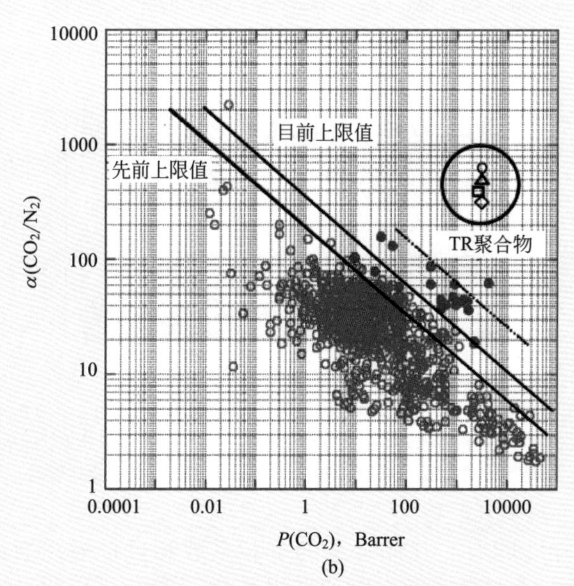

（a）聚苯胺膜的功能化方案，首先用甲基丙烯酸缩水甘油酯和甲基丙烯酸 2—羟乙基酯进行光接枝，然后与二胺反应。（b）表明由于促进传质，这些材料具有优于 Robeson 上限的性能。使用膜分离 CO_2/CH_4 的 Robeson 图。圆圈内的实验点代表用甲基丙烯酸缩水甘油酯和 2—羟乙基甲基丙烯酸酯与乙烯—二胺（钻石）、胱胺（三角形）、六亚甲基二胺（正方形）反应的聚苯胺膜的渗透率和分离系数。图片经 Elsevier[7.15] 许可转载

7.6 材料：纳米孔材料

聚合物膜的研究攻关主要集中在 Robeson 上限的突破。在本节中，纳米多孔材料的化学性质是截然不同的。

7.6.1 纳米孔膜

抛开实验数据的分析，本小节首先使用膜模型展开研究，以便对设计纳米多孔膜材料有直观的认识。图 7.6.1 所示为由窄窗连接的纳米多孔结构组成的膜模型。可以看到三个孔洞，这些孔洞和孔窗的尺寸与吸附分子的尺寸（0.5 ～ 2nm）一致。理想的薄膜是具有大表面积（平行于 x，y 平面）和几微米厚度（在 z 方向）的完美晶体。在这种晶体中，空腔平行于膜表面形成（z 方向）通道。

假设根据需要可以调控：空腔的大小、窗口区域的大小、吸附质和壁面之间相应相互作用的能量。本节阐述如何根据以上因素的改变，调节模型膜的渗透性。例如，改变窗口的直径（L_{wy}），将如何改变吸附特性和扩散特性？或者为了改变气体分子与材料壁面的相互作用，是否需要改变腔内的相互作用能（U_c）或窗口内的相互作用能（U_w）？

材料的渗透率是吸附系数和扩散系数的乘积，在低载荷时，吸附量可根据亨利系数计算，而且自扩散系数、Maxwell-Stefan 扩散系数和菲克扩散系数相同。为此，假设在载荷足够低的烟气条件下，可以从亨利系数获得吸附气体分子的数量，并且自扩散系数是菲克

扩散系数的合理近似值。需要注意的是，在真实载荷的烟气条件下，这些假设不适用于所有材料。

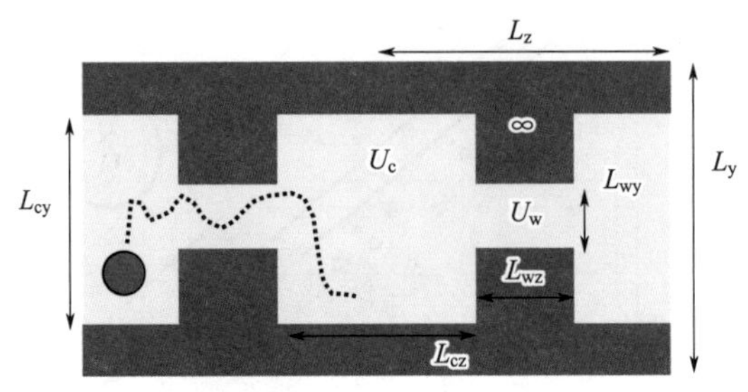

图 7.6.1 膜的微观模型

纳米孔膜简单微观模型的一小部分，绿色区域表示分子可以进入。膜通道由大小为 $L_{cy}\times L_{cz}$ 的腔体组成，腔体被直径为 L_{wy} 的窗体隔开。空腔中分子的能量为 U_c，窗体中分子的能量为 U_w。深蓝色的阴影部分表示膜分子，假设气体分子不能占据该空间

为了解析计算简单（球形）气体分子的亨利系数和自扩散系数的简化表达式，引入此模型，从而更方便地计算膜渗透率和渗透选择性。因此，通过这个模型可以直观地认识纳米多孔材料的 Robeson 图。到目前为止，对于膜行为的分析与研究已经形成了一系列假说。

7.6.2 吸附

在计算平均能量的过程中，可通过随机插入一个分子来计算吸附分子的亨利系数：

$$H=\frac{1}{k_B T}\left\langle e^{-U/k_B T}\right\rangle_{\text{random}}$$

该公式用于分子模拟过程中计算（过量）与亨利系数相关的化学势[7.16]。如果把该公式应用到先前的膜模型上，首先必须知道孔中分子的能量。假设膜模型中的孔是无定形的，分子在空腔中，则能量记为 U_c；在窗口中，能量则记为 U_w。如果将分子放置在膜分子所在的位置，则其能量为无限大，因此只能从空腔和窗口区获得能量。

为计算图 7.6.1 所示模型的亨利系数，可以设想在空腔或窗口中随机插入一个气体粒子，由于对亨利系数的贡献与这两个区域的体积成正比，因此：

$$H=\frac{1}{k_B T}\left(\frac{V_C}{V}e^{-U_C/k_B T}+\frac{V_w}{V}e^{-U_w/k_B T}+\frac{V-V_C-V_w}{V}0\right)$$

式中，V 为单元胞体的体积（$L_y\times L_y\times L_z$）；V_c 为腔体体积（$L_{cy}\times L_{cz}$）；V_w 为窗口体积（$L_{wz}\times L_{wy}$）。

从上式可知，假设空腔和窗口区的能量 $U_C=U_w=0$，那么相应的亨利系数方程为：

$$H^{U=0}=\frac{1}{k_B T}\left[\frac{V_C+V_w}{V}\right]$$

结合已有的认识会发现：热力学平衡是自由能取最小值的状态。对于一个体积、粒子

数和温度均恒定的系统，则需要考虑 Helmholtz 自由能，即：

$$A=U-TS$$

如果 $U_C=U_w=0$，Helmholtz 自由能只有熵的贡献，即亨利系数只有熵的贡献。由于粒子所能移动的体积（V_C+V_W）小于相应的气相体积（V），因此被吸附的分子熵值为 0。被吸附粒子的密度为：

$$\rho^{(U=0)}=\frac{P}{k_B T}\frac{V_C+V_W}{V}=\frac{V_C+V_W}{V}\rho^{gas}$$

如果想在孔隙中获得更高的分子密度，则需要用额外的能量来补偿熵效应：与壁面的相互作用，$U_c < 0$。

为了简化计算，假设腔内分子的能量比窗内分子的能量低（$U_c < U_w$），可得亨利系数：

$$H=\frac{1}{k_B T}\left[\frac{V_C}{V}e^{-U_C/k_B T}+\frac{V_w}{V}e^{-U_w/k_B T}\right]\approx\frac{1}{k_B T}\left[\frac{V_C}{V}e^{-U_C/k_B T}\right]$$

由方程可知，只需一个小的能量差，亨利系数就会被最低能量所主导，因此假设最低能量是空腔能量（参见问题 7.6.1）。

问题 7.6.1　亨利系数与温度

在任意温度条件下，亨利系数受腔能量支配的说法都有效吗？

假设腔内能量为 −70kJ/mol，势垒顶部能量为 −30kJ/mol。如果这些能量为 −35kJ/mol 和 −30kJ/mol 呢？提示：将能量作为温度的函数画出来。

7.6.3　扩散

扩散系数也可根据自由能来估算。对于纯组分而言，亨利系数与（过量）化学势有关，它等于每个粒子的 Gibbs 自由能（F），而自由能是气体分子在膜通道中位置的函数。通过在随机位置插入一个分子来计算测试粒子的能量，它是 z 方向位置的函数：

$$\exp\left[-F(z)/k_B T\right]=\left\langle e^{-U/k_B T}\delta\left(z'-z\right)\right\rangle_{random}$$

式中，Delta 函数表示只有那些随机插入 $z'=z$（x 和 y 坐标上可能不同）的粒子才会对 z 位置的自由能 F 有贡献。因此，自由能有以下两个值：

$$\exp\left[-F(z)/k_B T\right]=\begin{cases}\dfrac{L_{cy}}{L_y}e^{-U_C/k_B T}, & z\in \text{cavity}\\[2ex] \dfrac{L_{wy}}{L_y}e^{-U_w/k_B T}, & z\in \text{window}\end{cases}$$

图 7.6.2 阐释的自由能是膜模型位置的函数，其中阶梯代表空腔之间的窗口。可以看到，窗口对被吸附分子的扩散形成势垒。如果自由能势垒足够高，则被吸附的分子大部分时间都在一个腔中，只是偶尔从一个腔跳到另一个腔。这种跳跃等价于分子在晶格上的随机游走，在前一节已经介绍了计算其扩散系数的方式。

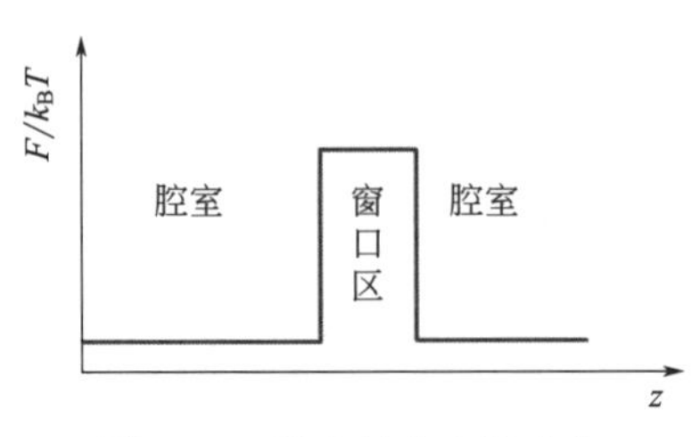

图 7.6.2 膜中的自由能分布

需要注意的是，如果从一个腔室跳到另一个腔室的情况很少发生，则可以使用过渡态理论估计跳跃速率[7.16]。专栏 7.6.1 证明了该理论并给出了跳跃率：

$$k(\text{cavity}_1 \to \text{cavity}_2) = \frac{1}{2}|v_a| \frac{L_{wy}\exp[-U_w / k_BT]}{L_{cz}^2 \exp[-U_C / k_BT]}$$

专栏 7.6.1 过渡态理论

过渡态理论假设在给定位置找到一个分子的概率遵循平衡分布。根据统计热力学可知，根据自由能计算这个分布：

$$P(z)\mathrm{d}z = \frac{\exp[-F(z)/k_BT]\mathrm{d}z}{\int_{\text{cavity}} \exp[-F(z)/k_BT]\mathrm{d}z}$$

假设这个粒子在空腔中，可以计算粒子到达势垒顶部的概率：

$$P(z^*)\mathrm{d}z = \frac{\exp[-F(z^*)/k_BT]\mathrm{d}z}{\int_{\text{cavity}} \exp[-F(z)/k_BT]\mathrm{d}z}$$

式中，z^* 是过渡态，为自由能的最大值。为了获得跳跃率，假设在势垒顶部的粒子与环境是处于平衡状态，因此分子的速度就是相同温度下主体介质中的速度，也就是用 Maxwell 速度分布来描述。在这种分布下，50% 的时间分子的速度为正向，50% 的时间为负向。

过渡态理论进行了简单假设，如果一个分子的速度为正，它就会到达另一个空腔。如果速度为负，就会回到原来的空腔。结合到达势垒顶部的概率和 Maxwell 分布的正向平均速度 $|v_a|$，可以得到跃迁率：

$$k(\text{cavity}_1 \to \text{cavity}_2) = \frac{1}{2}\left(\frac{8k_BT}{\pi m}\right)^{1/2} \frac{\exp[-F(z^*)/k_BT]}{\int_{\text{cavity}} \exp[-F(z)/k_BT]\mathrm{d}z}$$

结合所有这些近似值，可以获得膜模型的跃迁率：

$$k(\text{cavity}_1 \to \text{cavity}_2) = \frac{1}{2}|v_a| \frac{L_{wy}\exp[-U_w / k_B T]}{L_{pz}^2 \exp[-U_C / k_B T]}$$

根据跃迁率，可以使用随机游走模型得到自扩散系数：

$$D^S = \frac{1}{4}|v_a| \frac{L_{wy}\exp[-U_w / k_B T]}{L_{pz}^2 \exp[-U_C / k_B T]} L_z^2$$

7.6.4 渗透性

为了计算膜的渗透性，可以将扩散系数的表达式与亨利系数的表达式结合起来：

$$H = \frac{1}{k_B T}\left[\frac{V_C}{V} e^{-U_C / k_B T} + \frac{V_W}{V} e^{-U_w / k_B T}\right] \approx \frac{L_{cz}^2}{L_y L_z k_B T} e^{-U_C / k_B T}$$

从而得到膜的渗透性：

$$P' = D^s H \approx \left[\frac{1}{4}|v_a| \frac{L_{wy}\exp[-U_w / k_B T]}{L_{cz}^2 \exp[-U_C / k_B T]} L_z^2\right]\left[\frac{L_{cz}^2}{L_y L_z k_B T} e^{[-U_C / k_B T]}\right]$$

$$= \frac{1}{4}\frac{|v_a|}{k_B T}\frac{L_{wz} L_z}{L_y}\exp[-U_w / k_B T]$$

在渗透率计算中，假设孔隙中的浓度足够低，传输扩散系数可以用自扩散系数近似计算。

根据上述结果，材料中孔隙几何形状的改变会影响渗透性的变化。图 7.6.3 表明孔隙几何形状的变化既可改变空腔的大小，又可改变窗体的直径，前提是这些变化不能影响能量的大小。体积的变化会影响分子的熵，如增大空腔的体积，被吸附分子的熵就会增加，从而使亨利系数增大。对于扩散系数来说，空腔中分子熵的增加对应自由能的减少，由此得到的扩散系数会明显下降。反之，如果减少空腔的体积，亨利系数会减小，而扩散系数会增大。

对于窗口几何形状的变化来说，窗口区域对亨利系数的贡献很小，改变窗口体积将直接改变扩散系数。窗口直径变小将增大自由能，因此会导致扩散系数下降。类似地，增加窗口直径将提高扩散系数。

由图 7.6.4 可以看出，窗口直径的变化会影响渗透量，对于模拟的膜模型来说，空腔体积的变化会导致亨利系数变化，这种变化会被扩散系数反方向的变化所补偿，因此可以使用这些结果来计算模拟材料的渗透率。

需要注意的是，这个简单模型基于诸多假设。例如，在不改变空腔内能量的情况下改变空腔的体积，是很难实现的过程。因此模型可以获得精确的能量补偿，这在实际材料中是不可能的。尽管有这些限制，模拟模型依然阐释了材料的某些变化对扩散系数和亨利系数有显著影响，而不会对材料的渗透性产生重大影响。

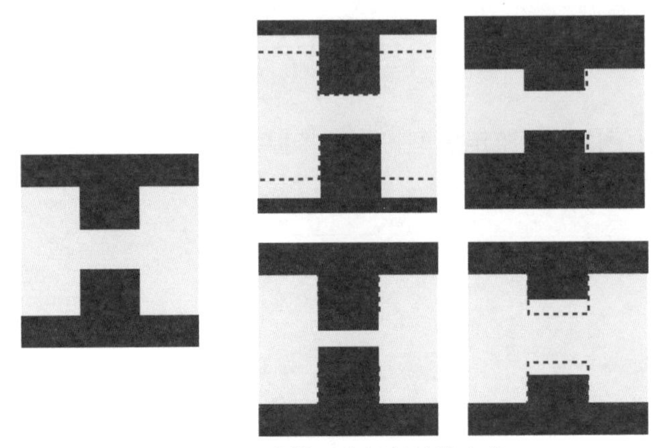

图 7.6.3　膜模型的材料特性变化

左图是起始材料，右图用红色虚线标出的也是初始结构。在模型中，可以改变腔室的大小（上图），或者改变连接腔室窗口的大小（下图）

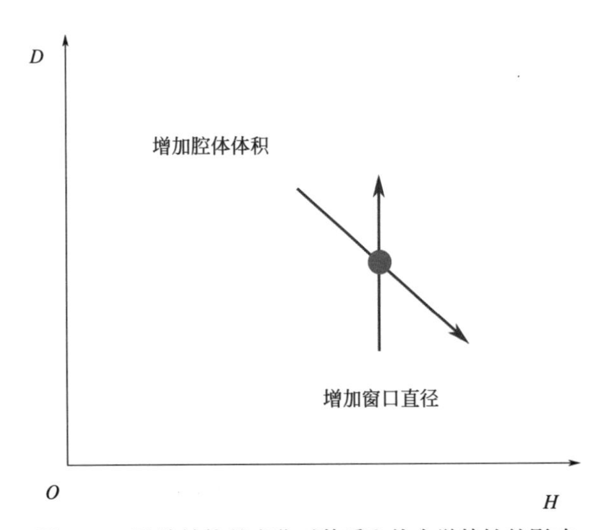

图 7.6.4　孔隙结构的变化对传质和热力学特性的影响

在模拟的膜模型中，根据需要对腔体的体积和分隔腔体的窗口直径进行改变。改变窗口直径对吸附作用影响不大，但对扩散系数影响很大。改变空腔的大小对扩散系数和亨利系数都有影响

根据上面描述的模型，对化学性质的影响进行研究。在模拟模型中，化学性质可以表现为能量项 U_C 和 U_w。假设被吸附分子与孔壁的相互作用可以修改（图 7.6.5），那么所产生的变化将影响材料的渗透性。

例如，对空腔进行化学改性，使孔隙对分子更具吸引力，相应的 U_c 会更负，反过来会增加亨利系数。然而，如果腔体中的能量较低，从一个腔室跳到另一个腔室的自由能能垒就会增加。因此，扩散系数将下降，正如渗透率计算公式所呈现的那样，这两种影响将被抵消。最终结果是，改变腔室的化学成分，渗透率不会有明显的变化。

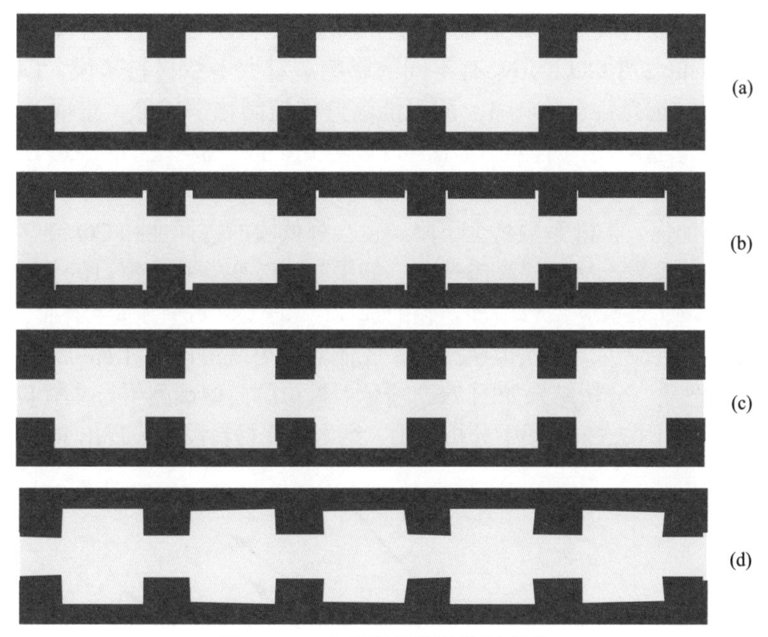

图 7.6.5 改变模型膜的化学成分

（a）参考材料；（b）空腔中的化学成分变化；（c）孔隙窗口的变化；（d）空腔和窗口的变化。红线表示吸附分子的相互作用发生局部变化

此外，还可以尝试改变窗口的化学性质。由于在自由能势垒顶部发现分子的概率很小，亨利系数的表达式显示这些窗口区域对亨利系数的贡献不大。因此，窗口区域的化学性质变化不会改变亨利系数。另外，对于扩散系数来说，势垒的变化很重要，增加势垒相互作用能量，会降低扩散系数。因此，可通过控制扩散系数来调整材料的渗透性。

实际情况下，最常见的是同时改变空腔和窗口区域的化学成分。如果化学性质能够改变能量，如在窗口能量 $U_W \rightarrow U_W+\Delta U$ 和空腔能量 $U_C \rightarrow U_C+\Delta U$ 中增加一个常数项，并不会影响扩散系数，但会改变亨利系数。也就是说，通过改变窗口区域和空腔的相互作用，可以调整亨利系数，从而改变渗透性（图 7.6.6）。当然，这需要对化学成分进行非常精细的调控。这种类型的分子控制，正是现代合成化学应用于膜分离领域的主题。

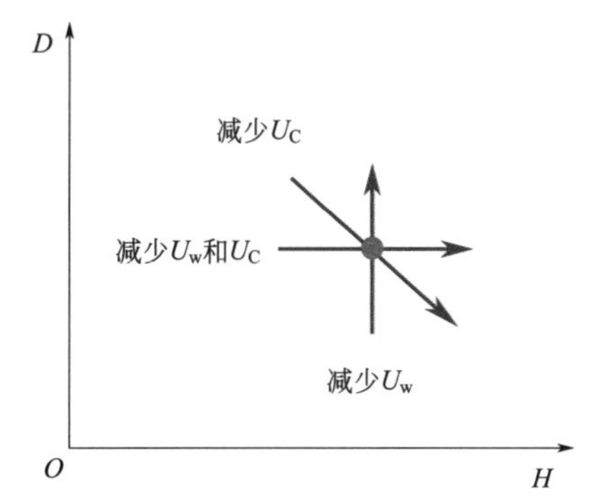

图 7.6.6 化学成分的变化对膜的传质和热力学特性的影响

化学成分的变化对扩散系数和亨利系数的影响。U_C 的减少对应于改变空腔中的相互作用［图 7.6.5（b）］，U_w 的减少对应于改变窗口区域的相互作用［图 7.6.5（c）］

需要注意的是，该过程中并未对被吸附分子的类型做出任何假设。如果与腔壁的相互作用发生变化，可能会对 CO_2 与 N_2 有不同的影响。对大多数材料来说，CO_2 有更高的渗透率，而参考材料的选择性会大于 1。假设能够这样控制化学成分，进而改变与 CO_2 的相互作用，同时对 N_2 的相互作用影响最小。可以看到，改变膜模型的渗透性可以对整个材料的相互作用进行调控，或者只改变窗口区域的相互作用。

如果势垒作用加强，扩散系数将会下降，也会降低膜的选择性和 CO_2 的渗透性。减少势垒的能量会提高扩散系数，从而提高渗透率。如果同时改变空腔和窗口的化学成分，就可增加或减小亨利系数。如果亨利系数增加，膜的选择性和 CO_2 渗透性都会增加。同样，如果亨利系数降低，两者都会减少。在模拟模型中，腔体的大小或窗口尺寸都可以改变，也可以对其进行化学性质的改质。分析结果如图 7.6.7 所示。模拟的模型预测了与文献 [7.9] 中聚合物显著不同的 Robeson 图（图 7.5.2)。图中分析表明，纳米多孔材料没有表现出 Robeson 上限。

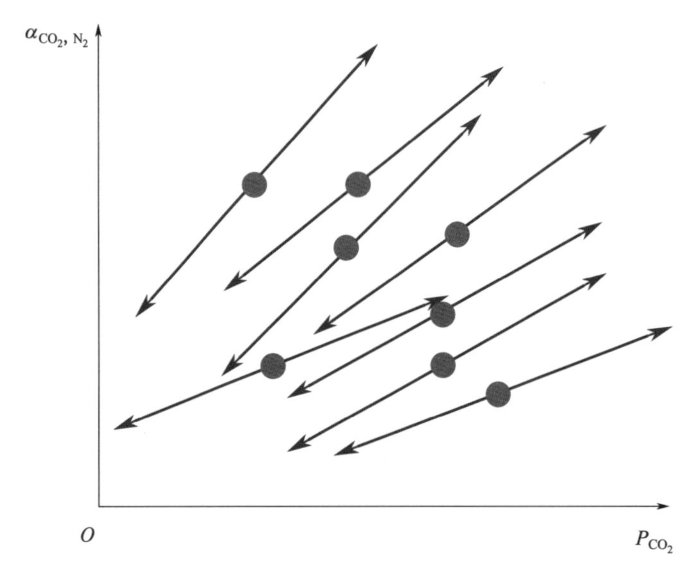

图 7.6.7　多孔材料的选择性与渗透性的关系

化学成分的变化对膜的选择性 α 和渗透性的影响。每个点代表一个具有不同孔隙结构的膜模型（更大的空腔、更小的窗口等)。如果与壁的相互作用发生改变，箭头表示材料的性能将如何变化

7.6.5　“实验性”纳米多孔膜

根据上一节中建立的简单理论分析，可以预测纳米多孔材料不会表现出 Robeson 上限。Robeson 对该上限的观察是基于对大量不同聚合物膜的分析。由纳米多孔材料组成的膜的合成最近才得到发展。如 Tsapatsis[7.17] 已经能够使用沸石合成膜，沸石的孔隙拓扑结构如何影响膜的性能是非常重要的问题。由于结构的数量太少，不得不依靠分子模拟来预测渗透性和选择性。在第 6 章中，已经展示了如何利用某些相同材料的分子模拟寻找最佳的吸附材料。为此可以使用同一组母体，预测扩散系数和亨利系数。图 7.6.8 所示为超过 80000 种不同沸石结构的相应 Robeson 图。与聚合物材料的 Robeson 图比较（图 7.5.2）表明，纳米多孔材料的性质确实不同，在图中并未观察到聚合物材料中的特征上限，仿真结果与用简单模型预测的结果非常相似（图 7.6.7)。

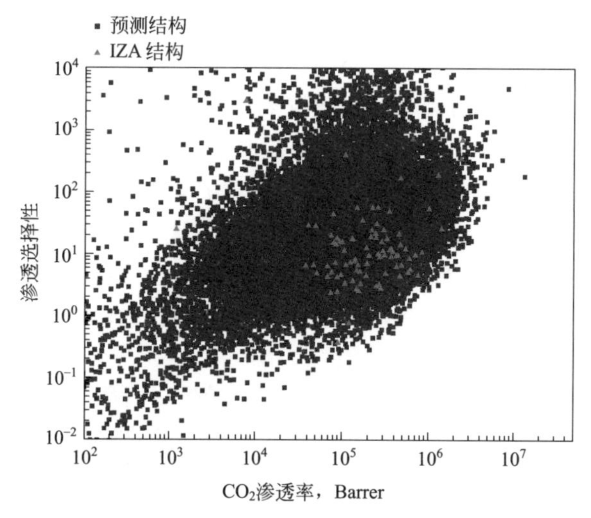

图 7.6.8 沸石结构的 Robeson 图

Robeson 图显示了 80000 多个预测沸石结构（蓝色）和已知沸石结构（红色三角形）的 CO_2/N_2 渗透选择性的函数。经许可转载自 Kim 等[7.18]

7.6.6 最佳膜的选择

Robeson 图通常用来对不同的材料进行排序，理想材料具有高选择性和高渗透性，这种方法表明选择性与渗透性同等重要。但是在实际应用中，渗透性远比选择性更重要。

图 7.6.8 中材料之间唯一的区别是孔隙结构。假设所有这些结构都能以同等成本转化为膜，那么最佳材料就是能为膜提供面积最小的那种。面积越小，膜分离单元的成本就越小。通过分析简单的分离过程，存在以下几个变量：（1）膜的面积；（2）富含 N_2 的回流液的流量和浓度；（3）富含 CO_2 的渗透液的流量和浓度。

该工艺要求去除一定比例的 CO_2。另外，富含 CO_2 的渗透液的纯度通常由工艺参数决定。

为了说明如何找到最佳材料，假设在给定的纯度下去除一定比例的 CO_2。对图 7.2.1 中所示的 CO_2 和 N_2 的简单膜分离进行分析，假设材料具有一定的 CO_2 渗透性和渗透选择性 α_{CO_2,N_2}。此外，已知进料中的 CO_2 浓度以及每秒需要分离的总烟气量，如果使用图 7.3.7 中给出的设计，用空气作吹扫气，该富含 CO_2 的吹扫气随后被用于锅炉，得到的烟气中的 CO_2 浓度（约 25%）将高于煤电厂的标准。在优化过程中，使用两级膜分离工艺可以确保去除烟气中 90% 的 CO_2，并达到封存所需的纯度。

在设计过程中，通常想要寻找最小膜面积的沸石结构。在 7.3 节中，假设所有的膜厚度相同，对于给定渗透选择性的膜，膜面积可根据 CO_2 和 N_2 的质量守恒得出。在此分析中，最好的材料是具有最高渗透性的材料，足够高的渗透选择性可以满足所需的纯度要求。

7.6.7 CO_2 捕集现状

从气流中捕集 CO_2 是一个研究热点。在第 1 章中，介绍了为改善大气中 CO_2 含量对气候变化的影响，CO_2 捕集技术必须以大规模的体量进行应用。然而，这种大规模应用极大地限制了 CCS 的工程设计和材料设计。

吸收过程的工程设计沿着化学工程专业学生所熟悉的路线进行。CO_2 被吸收到塔内的吸收液中，塔内的板块或填料使废气与捕集 CO_2 的吸收液达到热力学平衡。满载 CO_2 的吸收液在另一个塔（板式或填料床）中进一步处理，液体中的 CO_2 解离，产生富含 CO_2 的气流，进一步压缩后输送到管道，再生的吸收液回流到吸收塔中。气体和流体之间的传质速率以及 CO_2 与工作吸收液反应时发生的复杂化学反应（和 / 或平衡），使吸收塔—再生塔的分析变得复杂。在有效捕集 CO_2 的流体化学设计方面进行新研究存在着巨大机遇，但吸收塔和解离塔的使用是兼容和可持续的。吸收是成熟的技术，这种现有的技术产业（主要来自天然气加工）对于 CCS 这一战略具有较大的优势。

CO_2 在固体表面吸附是一个新兴的热门研究领域。尽管碳捕集项目规模令人生畏，但是这一课题已通过其他加工工业开展工作。数十年来，化学家和工程师们一直利用材料表面对特定气体组分进行吸收，在这些过程中，通过系统的改变温度或压力（分别为“温度波动”或“压力波动”）来捕集和再生这些气体。一个关键的概念是等温线—衡量或计算吸附剂表面上的气体量，它是吸附剂上气体压力的函数。工程师们使用等温线来分析固体上的 CO_2 在空间和时间上的吸附剖面，该吸附剖面是流动时间的函数，进而计算出工艺条件和操作参数。在分析和设计方案的基础上，吸附法在成本方面可以与吸收法竞争，甚至优于吸收法。吸附法还有一个好处，就是用水量以及对周围环境的影响（通过排放）比吸收法要小得多，因此更具有可持续性。然而，要使吸附成为 CCS 的主导者，必须进行大量的研究，以设计和合成用于 CCS 工艺的纳米多孔材料。

膜分离也是一种成熟的化学工艺分离技术，常与给水脱盐过程联系。膜分离过程的工程设计与吸收过程有相似之处，即技术设备主要以逆流方式运行，以便驱动力最大化，从而将 CO_2 从进料流吸收到排放气流中。但是，为了解决 CCS 的规模问题，必须对 CO_2 在膜基质中的吸收以及在膜中的扩散进行精细的设计。世界各地在设计新型膜方面开展了众多研究，新研发的膜克服了对扩散溶解机制的限制。新的设计从微观分子层面对气体小分子在固体材料中的动力学和热力学复杂过程进行了解析。同样，新研发的工艺方案极大地减少了膜用于 CO_2 分离时的压缩或真空要求。膜吸收和扩散的分子观点与宏观过程分析的协同工作也取得了很大进展。

碳捕集的研发和应用需要相应的政策扶持来实现。同时，发电厂及其运营公司有多种不同的技术可用于 CCS，而最终选择哪种技术需要根据当地的政策及实际情况具体分析。同时需要进行基础研究、过程研究和示范规模研究，使碳捕集技术能够最具成本效益和可持续性。

7.7 习题

1. 要分离病毒，需要一种直径为（　　）μm 的膜。

   a. 100 ～ 1000

   b. 10 ～ 100

   c. 1 ～ 10

d. 0.1 ~ 1

e. 0.01 ~ 0.1

2. 对于一级膜分离，其中一种成分 A 的渗透率是固定的，而另一种组分 B 的渗透率可以独立调整，下面哪个说法是不正确的？（　　）

a. 选择性越高，膜的面积越大

b. 渗透液中成分 A 的最大可实现浓度与膜的质量无关

c. 最优的膜选择性是纯度和所需压力之间的平衡

3. 简单的膜分离：写出与蓝色箭头中的字母 A–C 相对应的正确名称。

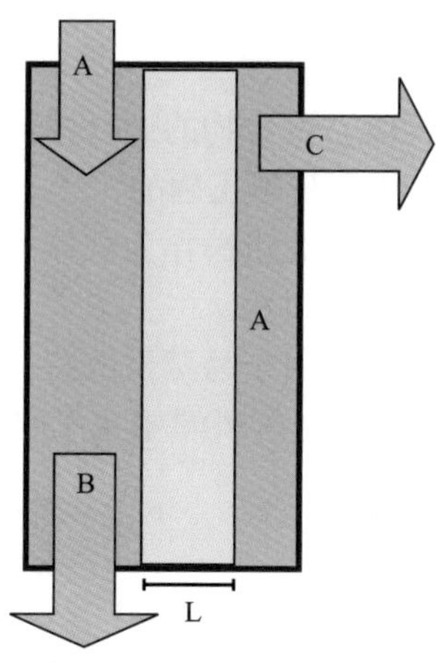

4. 将分离过程的正确能量与相应的字母进行匹配。

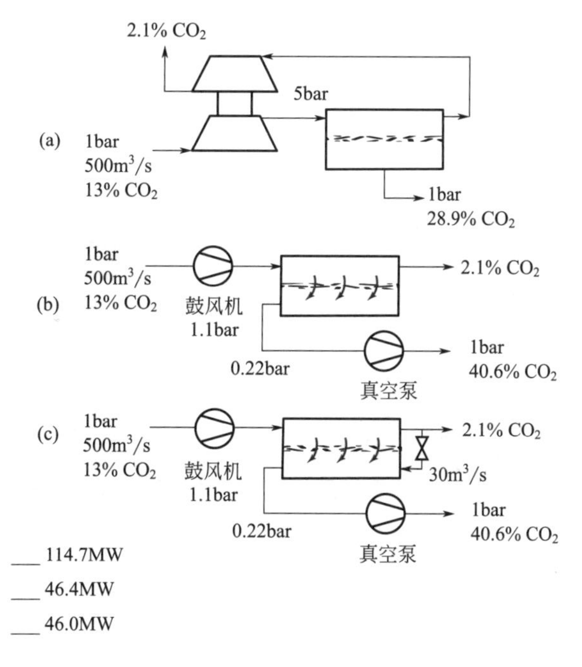

___ 114.7MW

___ 46.4MW

___ 46.0MW

5. 关于使用膜进行烟气分离的说法，哪个是不正确的？（　　）

a. 对于单级膜分离来说，所需压力较大，所以气体压缩需要更多的能量

b. 空气中 CO_2 的分压非常低，是膜的理想吹扫气体

c. 进入燃烧器的空气中含有较高浓度的 CO_2 时，需要对电厂进行改造

6. 关于扩散系数的说法哪一种是错误的？（　　）

a. Maxwell-Stefan 扩散系数使用化学势作为驱动力

b. 菲克扩散系数使用浓度作为驱动力

c. 在多孔材料的零负荷极限中，自扩散系数与菲克扩散系数相同

d. 核磁共振可用于测量菲克扩散系数

7. 关于聚合物膜的说法哪个是不正确的？（　　）

a. 气体在膜中的溶解度可以有显著变化

b. 气体的渗透性越高，则选择性就越低

c. 与玻璃态聚合物相比，橡胶态聚合物的选择性较低

8. 关于膜内促进传质的说法，哪个是不正确的？（　　）

a. 血液中氧气的传输主要使用血红蛋白作为载体

b. 胺类溶液能够强烈地促进传质过程

c. 离子液体有助于促进传质，但由于易蒸发的特性，应用有限

9. 哪种孔隙的扩散系数最高（假设与材料的相互作用是相同的）？（　　）

a.

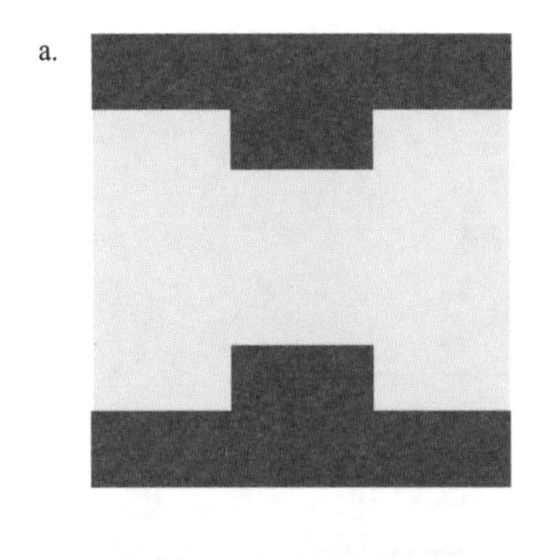

b.

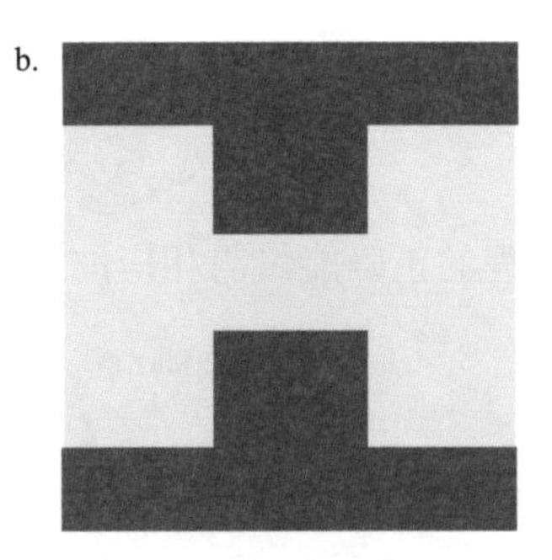

c.

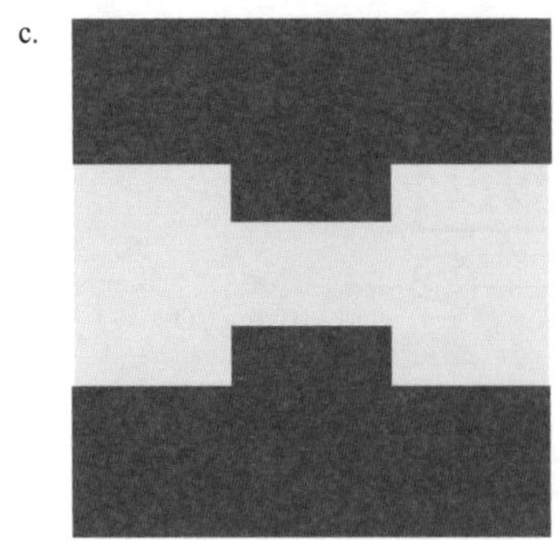

d.

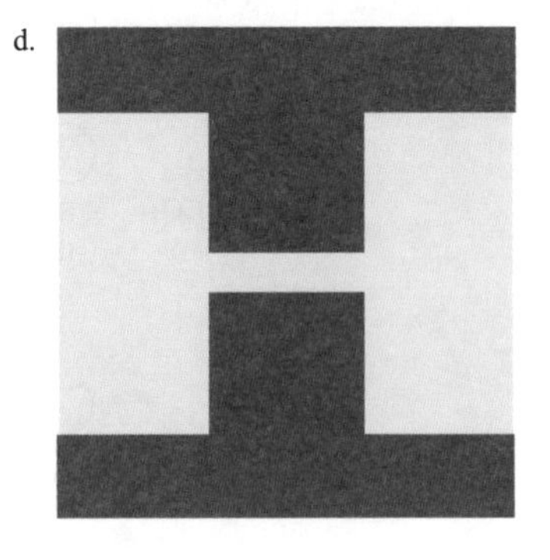

10. 关于纳米孔膜的说法哪个是不正确的？（　　）

a. 通过改变孔隙的化学成分，可以独立调整溶解度和扩散系数

b. 气体在这些材料中的溶解度差异很大

c. 调整孔隙直径可以改变扩散系数

参考文献

[7.1] Merkel，T.C.，H.Q. Lin，X.T. Wei，and R. Baker，2010. Power plant post-com-bustion carbon dioxide capture： An opportunity for membranes. J. Membrane Sci.，359（1–2），126. http://dx.doi.org/10.1016/J.Memsci.2009.10.041

[7.2] Koros，W.J. and R.P. Lively，2012. Water and beyond： Expanding the spec-trum of large-scale energy efficient separation processes. Aiche J.，58（9），2624. http://dx.doi.org/10.1002/aic.13888

[7.3] Husain，S. and W.J. Koros，2007. Mixed matrix hollow fiber membranes made with modified HSSZ-13 zeolite in polyetherimide polymer matrix for gas separation. J. Membrane Sci.，288（1–2），195. http://dx.doi.org/10.1016/J. Memsci.2006.11.016

[7.4] Perez，E.V.，K.J. Balkus，J.P. Ferraris，and I.H. Musselman，2009. Mixed-matrix membranes containing MOF-5 for gas separations. J. Membrane Sci.，328（1–2），165. http://dx.doi.org/10.1016/J.Memsci.2008.12.006

[7.5] Jobic，H.，J. Karger，and M. Bee，1999. Simultaneous measurement of self-and transport diffusivities in zeolites. Phys. Rev. Lett.，82（21），4260.

[7.6] Baerlocher，C.，W.M. Meier，and D.H. Olson，2001. Atlas of Zeolite Framework Types. Elsevier：Amsterdam.

[7.7] Reyes，S.C.，J.H. Sinfelt，and G.J. DeMartin，2000. Diffusion in porous solids： The parallel contribution of gas and surface diffusion processes in pores extending from the mesoporous region into the microporous region. J. Phys. Chem. B，104（24），5750.

[7.8] Robeson，L.M.，1991. Correlation of separation factor versus permeability for polymeric membranes. J. Membrane Sci.，62（2），165.

[7.9] Robeson，L.M.，2008. The upper bound revisited. 2008. J. Membr. Sci.，320（1–2），390. http://dx.doi.org/10.1016/j.memsci.2008.04.030

[7.10] Scholes，C.A.，S.E. Kentish，and G.W. Stevens，2008. Carbon dioxide sepa-ration through polymeric membrane systems for flue gas applications. Rec. Patents Chem. Eng.，1（1），52.

[7.11] Freeman，B.D.，1999. Basis of permeability/selectivity tradeoff relations in polymeric gas separation membranes. Macromolecules，32（2），375. http:// dx.doi.org/10.1021/ ma9814548

[7.12] Scholander，P.F.，1960. Oxygen transport through hemoglobin solutions. Science，131（3400），585. http://dx.doi.org/10.1126/science.131.3400.585

[7.13] Kim，T.J.，B.A. Li，and M.B. Hagg，2004. Novel fixed-site-carrier polyvi-nylamine membrane for carbon dioxide capture. J. Polym. Sci. Pol. Phys.，42（23），4326. http://dx.doi.org/10.1002/ Polb.20282

[7.14] Yamaguchi，T.，L.M. Boetje，C.A. Koval，R.D. Noble，and C.N. Bowman，1995. Transport-properties of carbon-dioxide through amine functionalized carrier membranes. Ind. Eng. Chem. Res.，34（11），4071. http://dx.doi. org/10.1021/Ie00038a049

[7.15] Blinova，N.V. and F. Svec，2012. Functionalized polyaniline-based composite membranes with vastly improved performance for separation of carbon diox-ide from methane. J. Membrane Sci.，423，514. http://dx.doi.org/10.1016/J. Memsci.2012.09.003

[7.16] Frenkel，D. and B. Smit，2002. Understanding Molecular Simulations： from Algorithms to

Applications，2nd ed. Academic Press： San Diego.

[7.17] Tsapatsis，M.，2011. Toward high-throughput zeolite membranes. Science，334（6057），767. http://dx.doi.org/10.1126/science.1205957

[7.18] Kim，J.，M. Abouelnasr，L.-C. Lin，and B. Smit，2013. Large-scale screening of zeolite structures for CO_2 membrane separations. J. Am. Chem. Soc.，135（20），7545–7552.

8 地质封存简介

一旦将 CO_2 从烟气中分离出来，需要确保 CO_2 永久封存。在本章和接下来的两章中，将讨论 CO_2 地质封存，这是目前确保捕集的 CO_2 不会被重新释放到大气中的最有效选择。

8.1 引言

前文中已经讨论了使用吸收、吸附和膜工艺从烟气中捕集 CO_2 的方法。在本章和接下来的两章中，将解决如何处理捕集的 CO_2 的问题。首先回顾引言中提出的两个问题。这是摆在从事碳捕集和封存研究人员面前最常见的问题，绝不是突发奇想：

（1）为什么不将烟气直接排放到选定的地质构造中？碳捕集成本非常高，是否可通过将所有烟气直接注入地下来避免碳捕集的成本？

（2）地质构造中储存 CO_2 是否安全？巨大的 CO_2 气量是否会对我们的环境造成威胁？

长距离运输 CO_2 并将其注入地质构造是为人们所熟知的方法。对初级生产力下降的油田，注入 CO_2 提高采收率的方法已经持续应用了约 40 年。这个过程被称为 CO_2 提高采收率或 CO_2-EOR。虽然对于涉及的具体油田而言，运输和注入的 CO_2 量都相当可观，但是其规模与影响全球的 CO_2 排放量相比实在太小。因此，一旦用于提高采收率的 CO_2 注入量在油气田饱和，那么就需要寻找替代的地质构造用于 CO_2 封存。

现在回顾第 1 章的一些结论。在 CCS 中，CO_2 的处理量非常大。例如，中型 500MW 燃煤电厂每秒排放约 $400m^3$ 的烟气，其中 CO_2 含量约占总体积的 12%。这说明每年产生约 260×10^4t CO_2。如果电厂寿命为 50 年，就必须从发电厂 $6.3 \times 10^{11}m^3$ 烟气中捕集 1.4×10^8t CO_2。

第一个想法是取消捕集过程，直接注入烟气。假设在发电厂的下方存在一个理想的地质构造，可以在其中注入烟气。这个理想的地质构造为 10m 厚度的圆形区域。现在的问题是：注入 50 年后，这个充满 CO_2 的圆形区域的半径将是多少？

在回答这个问题之前，必须更多地了解地质条件。为了计算气体密度，需要知道注入目的层的温度和压力。注入地层越深，温度就越高。根据该地区的地热活动情况，地温梯度可达到 15 ～ 30℃ /km。根据静水压力梯度（约 0.1bar/m），压力会随着深度的增加而增加。如果假设烟气被注入一个热活动较小的区域，深度为 2km，并且在地表环境条件下空气密度为 $1.3kg/m^3$，那么注入地层中空气的平均密度为 $200kg/m^3$。在储存条件下（200bar，60℃），烟气的体积将减小到 $4 \times 10^9m^3$。

现在，对地质构造有了更多的了解。烟气注入的地层与储存天然气的地层非常相似。在第 9 章中，将更详细地讨论这些不同类型的地层，但对于计算来说，最重要的因素是孔隙度：即如果注入烟气，气体将占据岩石体积的百分比是多少？乐观地假设孔隙度约为 40%，并且注入量达到可用孔隙体积的 50%。即提供了地层总体积的 20% 的容量。因此，电厂总共 50 年的运转周期中产生的烟气需要一个总体积为 $2 \times 10^{10}m^3$ 的地层封存。如果假设注入地层是一个 10m 厚的圆形区域，其半径将达到 25km。

现在将这个数字与捕集 CO_2 的情况进行比较。因为捕集的气体主要是 CO_2，大大减少了捕集气体中 N_2 的含量，从而使得注入体积减少了 7.7 倍。此外，烟气条件下的 CO_2 密度为 $1.7kg/m^3$，在地表以下 2km 处为 $725kg/m^3$（200bar，60℃，图 8.1.1）。与空气不同，

CO_2 在该条件下是超临界状态，因此密度要大得多。这样，封存捕集的 CO_2 所需地质构造的有效体积减少了近 4 倍，为 $7\times10^8\ m^3$，这将使注入地层的半径变为 5km。

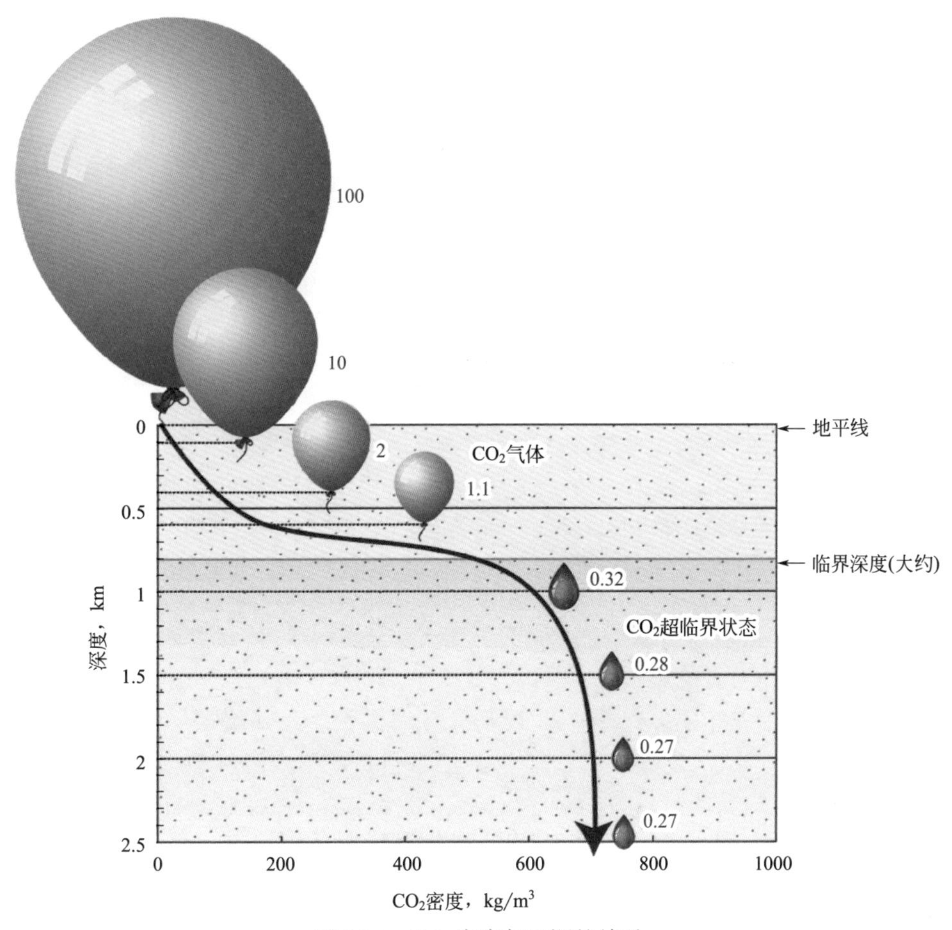

图 8.1.1　CO_2 密度与埋深的关系

图中气球表明 CO_2 密度随深度的变化。图片来自 CO2CRC[8.1]。

图 8.1.2 所示为采用和未采用碳捕集的烟气封存半径对比。这个简单的计算说明捕集 CO_2 的重要性；不仅减少了需要封存的气体总量，而且与烟气不同，纯 CO_2 在封存深度处接近超临界状态，因此与相同条件下的烟气相比具有更高的密度。由图 8.1.1 可知，深度对 CO_2 密度的影响；如果将 CO_2 封存到 1.5km 以下，其密度会显著增加。

上述讨论是针对单个中型燃煤电厂的。如果假设将 CCS 应用于所有燃煤电厂，将会是非常大的数字。这些数字的庞大程度，使有些人对 CCS 的可行性持怀疑态度。因此，正确看待这些数字很重要。在目前的石油生产中，水常被用来驱替石油，而且也会被从地下采出。表 8.1.1 将美国石油生产过程中注入水的总量与 CO_2 排放点的排放总量进行了比较。令人惊讶的是，需要封存的 CO_2 总量仅略大于在石油和天然气生产中已经注入的水量。然而，从未有人考虑过将如此大量的 CO_2 注入地质构造中，所有的科学研究都聚焦于如何长期封存。

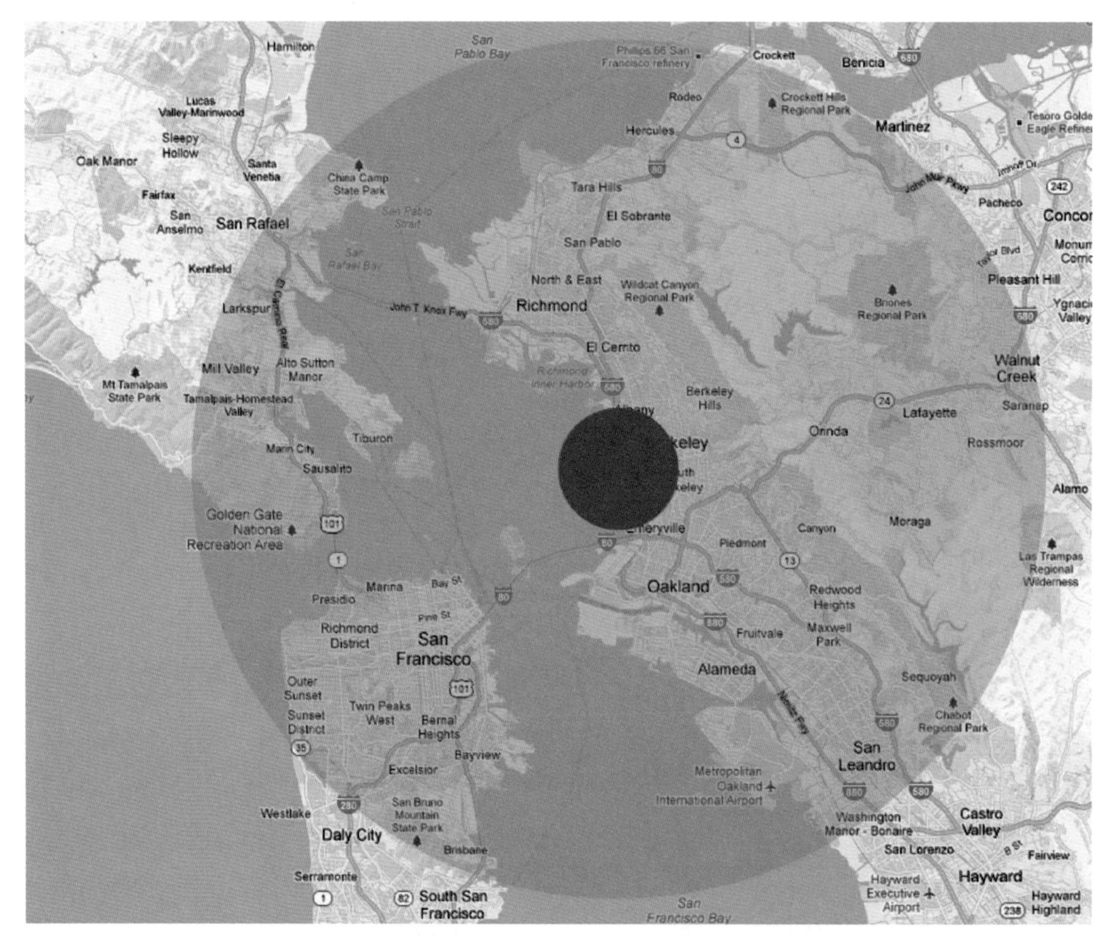

图 8.1.2 采用和未采用碳捕集的烟气封存半径对比

封存位于伯克利运行 50 年的中型燃煤发电厂的烟气所需的地质构造半径；捕集 CO_2（半径 5km 的红色圆圈）和未分离 CO_2 的烟气（半径 25km 的粉红色圆圈）。地图数据来自谷歌

表 8.1.1 CO_2 排放与 H_2O 注入情况对比

	CO_2 排放	H_2O 注水
质量	2.4 Gt CO_2/a	3 Gt H_2O/a
体积	3.4 Gm^3 CO_2/a	3.0 Gm^3 H_2O/a
与 CO_2 体积比	1.0	0.9
特征	驱替现有的流体，相对于现有的流体具有浮力	驱替出油和水

注：表为从碳排放源捕集的 CO_2（左列）与在油气生产背景下注入地层水量（右列）的比较。

在本章中，将对 CO_2 地质封存相关的最重要问题进行论述：CO_2 分子状态怎样，如何有效地进行地质碳封存，如何削弱与之相关的影响，以及如何确保注入的 CO_2 被永久封存(参见视频 8.1.1)。

视频 8.1.1

视频 8.1.1　地下的碳

视频由 Sergi Molins 和 Jennifer Cappuccio 为劳伦斯伯克利国家实验室（LBNL）地质 CO_2 纳米控制中心（NCGC）制作。可在 http://www. worldscientific.com/worldscibooks/10.1142/p911#t=suppl 浏览

8.2　封存机理

将 CO_2 注入地质构造的目的是防止其进入大气。CO_2 以超临界流体的形式被注入地下。这种流体的密度低于这些地层中存在的大多数流体的密度，基于物理基本定律，浮力效应将推动 CO_2 羽流向上运动。因此，需要选择能够封存 CO_2 的地质构造，并且考虑注入的 CO_2 泄漏的可能性。研究表明地质构造确实可以封存气体。例如，在枯竭气藏中封存 CO_2 的可行性就很高，因为天然气在这些地质构造中被保存了数百万年，其保存机制与封存 CO_2 的机制几乎完全相同。此外，地球上有些地方的 CO_2 是通过碳酸盐岩石（如石灰岩和白云岩）的脱碳产生，并以天然 CO_2 储层的形式被封存在地质构造中（如新墨西哥州的布拉沃穹隆；密西西比的杰克逊穹隆；以及科罗拉多的绵羊山）。这些 CO_2 是美国大部分提高采收率项目的主要碳源。

想象一下，CO_2 被注入地质地层时会发生什么？图 8.2.1 所示为注入的 CO_2 羽流。随着注入过程的进行，注入前占据孔隙空间的咸水将被驱替，注入初期将在注入点周围发现大量的 CO_2 羽流。由于超临界 CO_2 的密度低于周围流体的密度，浮力效应导致 CO_2 羽流向上移动。因为 CO_2 是以羽流的形式存在的，需要依靠注入层上方的地质构造封盖作用，即盖层或顶部封闭层，防止 CO_2 从储层中逸出。盖层是一种致密的岩石，其渗透性非常低。因此，在 CO_2 封存初始阶段，依靠盖层实现对 CO_2 的构造封存。由于浮力效应，羽流穿过储层，一些 CO_2 将分隔为不连贯的小气泡封存在地层孔隙中（视频 8.2.1）。

CO_2 的最终封存量取决于注入时间，最初可能约占注入 CO_2 总量的 20%（图 8.2.2）。在毛细管封存或残余气封存中，部分 CO_2 向上运移过程中，其羽流的后缘以不连贯的小气泡形式封存，而羽流本身继续运移到地层的最高点。最终，CO_2 将溶解在咸水中，这一过程称为溶解封存。最后，溶解的 CO_2 将与长石等矿物反应，释放出阳离子（如 Mg^{2+}、Fe^{2+}、Ca^{2+}），这些阳离子随后可与 CO_3^{2-} 反应，在水相中形成碳酸盐矿物。由于碳酸盐是热力学上最稳定的碳存在形式，因此矿物封存才是注入 CO_2 的最终归宿。需要注意的是，此处介绍的 CO_2 封存的化学过程（CO_2 在水中的溶解、硅酸盐矿物的风化和碳酸盐矿物的最终形成）与 3.3 节和 3.4 节中讨论的自然界中 CO_2 循环的化学过程相同。

视频 8.2.1

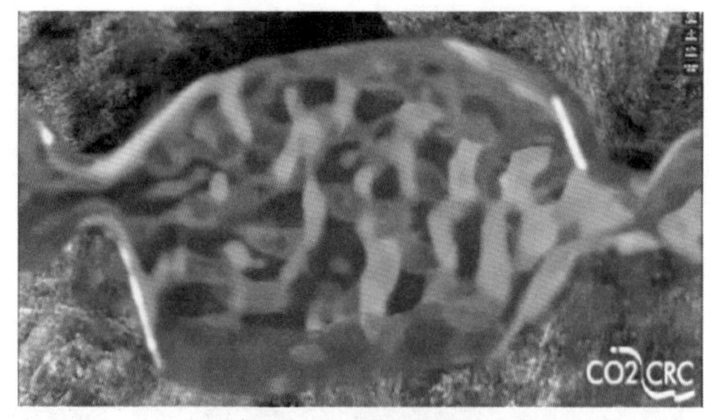

视频 8.2.1　CO_2 残余气封存模拟

当 CO_2 通过多孔岩石时，CO_2 羽流中的少量 CO_2 会滞留在孔隙中，即残余气封存，CO_2 被表面张力捕获，以微小气泡的形式储存在孔隙中。CO_2 不能逸出孔隙空间，而是在地下固定。该视频来自 CRC 温室气体技术（CO2CRC）[8.2]，可在 http://www.worldscientific.com/ worldscibooks/10.1142/p911#t=suppl 浏览

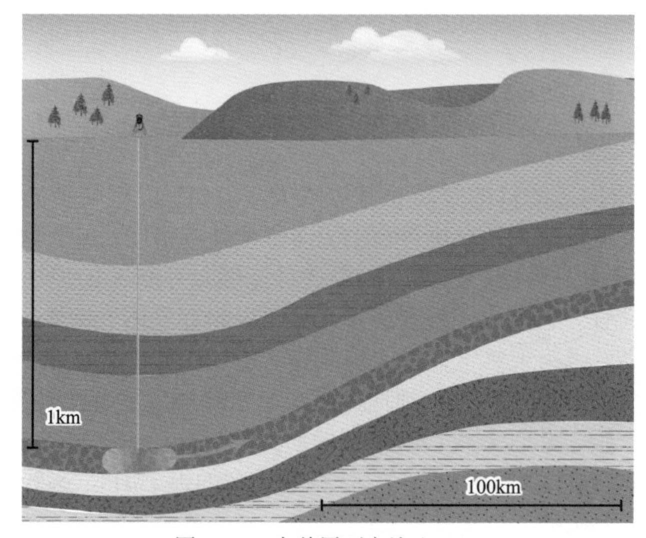

图 8.2.1　在盖层下方注入 CO_2

CO_2 羽流的流动；注入点上方的棕色层是一个对 CO_2 非渗透的盖层。由于 CO_2 的密度较低，羽流将缓慢运移到地层的最高点。转载自 CO2CRC[8.1]

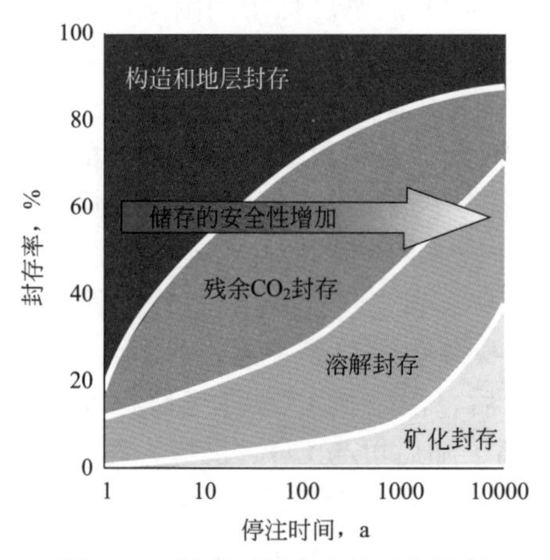

图 8.2.2　随着时间变化的封存机制

图改编自 Benson 等 [8.3]

CO_2 封存过程中发生的一系列封存机制如图 8.2.3 所示。需要注意的是，要认识到这一系列的机制都有各自的时间尺度。例如，矿化封存可能需要数千年的时间。另外需要注意的是，这一系列封存机制中的每一步，都会使 CO_2 发生逃逸难度增大，因此随着时间的推移，CO_2 逃逸的可能性会越来越低 [8.3]。图 8.2.2 体现了封存安全性的演变过程。在下一章中，将更详细地讨论与这些机制相关的物理学问题和时间尺度问题。

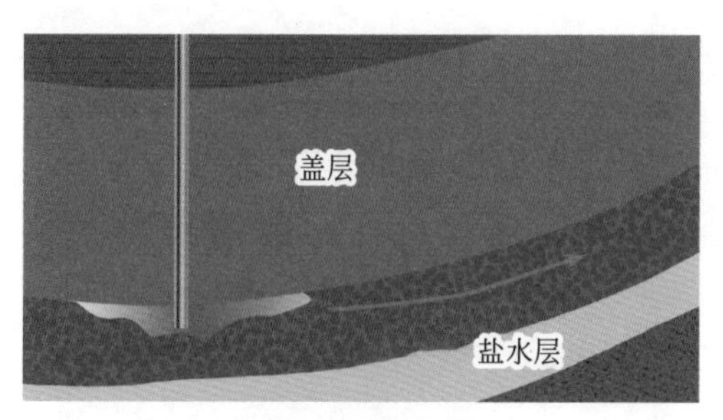

(a) 地层和构造封存

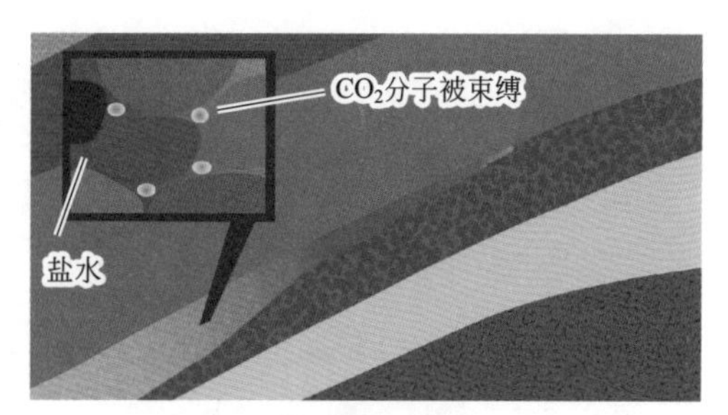

(b) 残余气封存

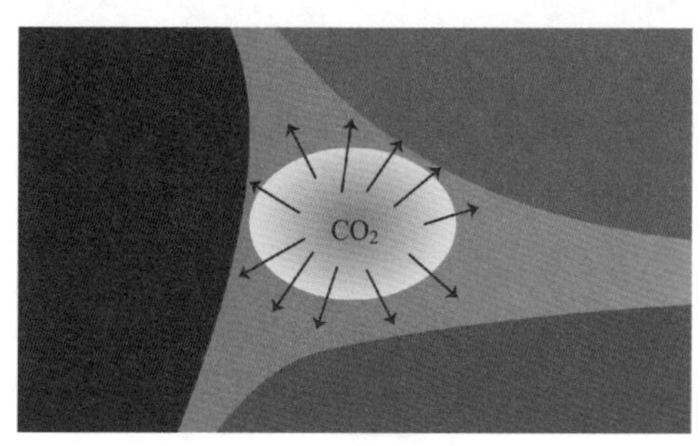

(c) 溶解封存

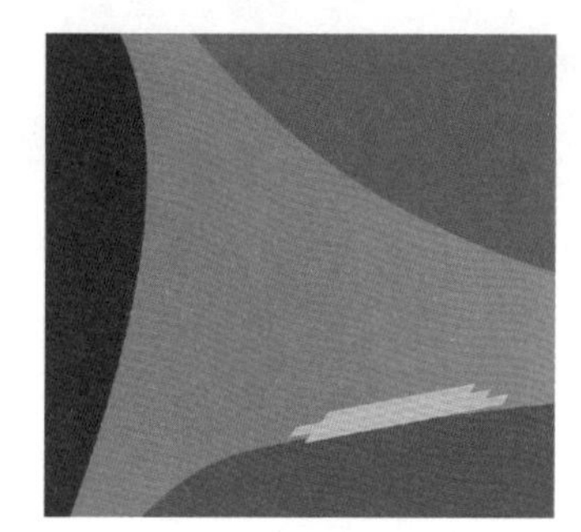

(d) 矿化封存

图 8.2.3 CO_2 封存机理

(a) 地层和构造封存：注入的 CO_2 驱替了含水层中的咸水，实现了大量超临界 CO_2 的封存。这种超临界 CO_2 的密度低于咸水，因此由于浮力效应，它将向含水层的最高点运移。盖层阻止 CO_2 从储层中逸散。(b) 残余气封存：在 CO_2 注入结束时，随着 CO_2 运移到含水层的最高点，咸水流回羽流的后缘。当咸水润湿岩石时，它优先填充岩石中最小的孔隙和孔喉，CO_2 气泡被毛细管力封存在较大的孔隙中。(c) 溶解封存：残余气封存的 CO_2 液滴将缓慢溶解在周围的咸水中。CO_2 在咸水中溶解生成碳酸（H_2CO_3）。超临界 CO_2、咸水和碳酸盐矿物的共存将咸水的 pH 值降低到 5 左右。(d) 矿化封存：CO_2 平衡咸水的低 pH 值导致硅酸盐矿物颗粒风化。某些硅酸盐矿物的风化反应释放出二价金属离子（Ca^{2+}、Mg^{2+}、Fe^{2+}）。这些离子与 CO_2 结合形成碳酸盐矿物（如石灰石、碳酸钙），这是碳的最稳定状态

8.3 CO_2 地质封存选址

上一节中，假设适合 CO_2 地质封存的场地只是一个可供 CO_2 注入的具有孔隙空间的场地。附加条件是它具有足够的深度，使得注入其中的 CO_2 成为超临界状态，并且地层应该具有防止 CO_2 散失的盖层。图 8.3.1 所示为几种不同类型的地质构造 [8.1]。它们包括枯竭油气藏、正在进行提高采收率的油藏、深部咸水饱和的咸水层以及不可开采的煤层。下面将讨论这些不同类型的地层。

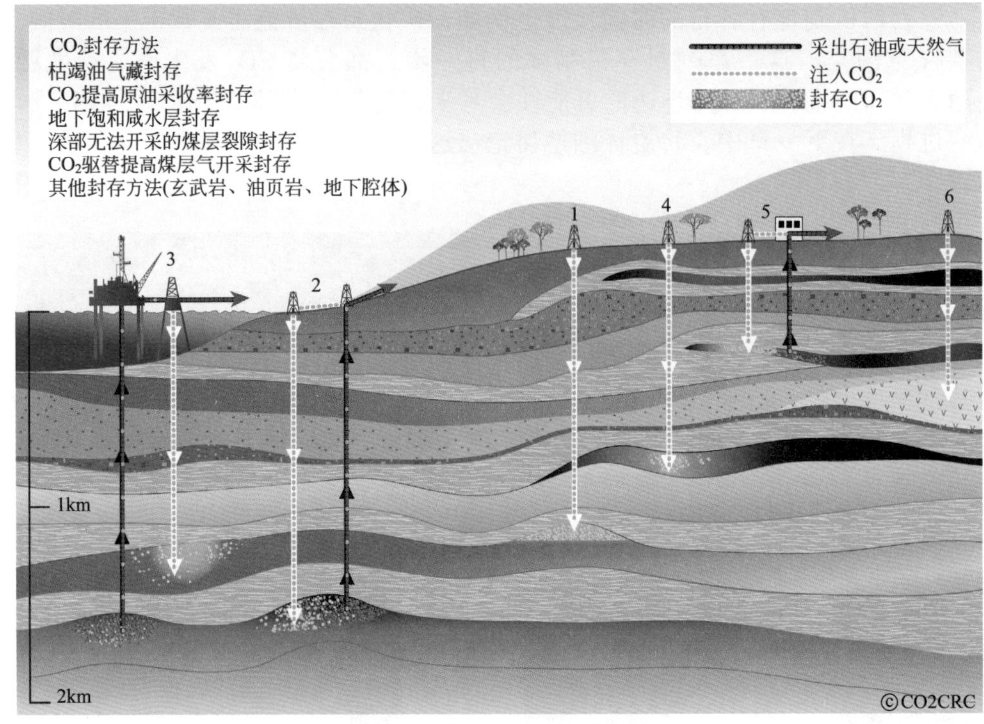

图 8.3.1 可供 CO_2 地质封存的场地

经 CO2CRC 许可转载

8.3.1 枯竭油气藏

数百万年来，天然气一直被封存在这些地质储层中，结果表明，这些储层同样可以封存游离的 CO_2。此外，通过收集的测井数据和地震勘测数据，可以明确这些地层的特性。这些封存地点的缺点是，由于在天然气和石油生产中的老井已经钻穿了盖层，因此注入后需要确保这些老井被完全封堵。

8.3.2 提高油气采收率

在特定的条件下，CO_2 可以溶解在石油中，降低其黏度和密度，从而增加其通过孔隙空间时的流动性。多年来，这种原理一直被应用于石油工业，以增加油田采收石油的比例，这一过程称为 CO_2—提高采收率（CO_2—EOR），如图 8.3.2 所示。图 8.3.3 展示了美国为提高石油采收率而建造的一些管道，这些管道将 CO_2 从天然储层输送到油田。令人关注的是，由于 CO_2 的生产和运输成本很高，多年来石油行业的 EOR 研究一直致力于尽可能减少使用 CO_2。提高石油采收率研究的重要性是，它证明了目前拥有远距离运输 CO_2 并将其注入地质构造的技术[8.4]。当然，在 CCS 的背景下，人们希望最大限度地利用 CO_2！但即使最大限度地补充储层中“损失”的 CO_2 量，用于提高石油采收率的 CO_2 使用总量仍然只占 CCS 封存总量的一小部分。通过利用 CO_2 对储层进行能量补充，可以用来提高天然气的产量。

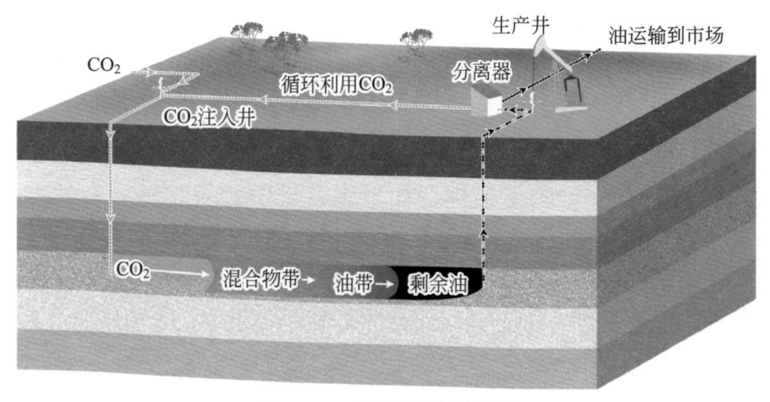

图 8.3.2 提高石油采收率

提高石油采收率的思路是，通过注入 CO_2，降低原油的黏度和密度，增大石油的采收比。图片经 CO2CRC 许可转载 [8.2]

图 8.3.3 美国为提高石油采收率输送 CO_2 的管道图 [8.4]

8.3.3 深部咸水层

含水层被定义为含有饱和水的渗透性地层，具有一定程度的渗透性，地层可通过井筒排出流体。如果含水层可以排出流体，那么它也能够注入流体。目前，由于深部咸水层中的流体不能作为饮用水，因而深部咸水层已用作废水及酸性气体的封存场所（如 H_2S 和 CO_2 的混合物）和季节性天然气储存场所（储气库）[8.5,8.6]。除水以外，如果这种地层还包含其他不同的流体，如碳氢化合物（石油和 / 或天然气），通常被称为储层。

对于 CO_2 封存而言，希望避开那些无须太多处理即可供人类饮用的含水层。这些含水层的总溶解固体（TDS）含盐度通常低于 3000×10^{-6} 或 4000×10^{-6}（mg/L）。而这类含水层的水通常被称为可饮用地下水（具体的数值取决于不同的地区管辖范围）。在大多数司法管辖区内，可饮用地下水受到保护。在美国，《安全饮用水法》为环境保护署（EPA）提供法律框架规范向含水层中注入流体，以保护 TDS 低于 10000×10^{-6} 的地下水。咸水则被定义为盐度高得多的水，通常存在于比可饮用地下水更深的区域。深部咸水层的 TDS 通常远大于 10000×10^{-6}，目前这类地层被认为是 CO_2 封存的有利场所。

8.3.4 深部不可采煤层

煤层的裂缝使其具有一定的渗透性。如果观察煤层的微观结构，就会看到大量的微孔，气体分子吸附在这些微孔中。结果表明，这些孔隙可以吸附多种气体，其中包括大量的甲烷。令人关注的是，CO_2 比甲烷的吸附力更强，因此可通过注入 CO_2 来取代甲烷。在不可开采的煤层中，可以在永久封存 CO_2 的同时回收甲烷。该过程称为提高煤层气采收率（ECBM）。

8.3.5 封存能力

一个重要问题是地质构造中是否有足够的封存能力来封存人类排放的所有 CO_2。从实际的角度来看，这些地层在地球上的“合宜”分布也很重要。表 8.3.1 为全球不同地层 CO_2 封存量[8.5,8.6]。如果将这些容量与每年约 31Gt 的 CO_2 年产量进行比较，发现即使按照最低的封存量估计值，也有足够的封存能力将至少 50 年内产生的全部 CO_2 封存。

表 8.3.1 不同地层 CO_2 封存量

封存场所	封存量评估下限，Gt CO_2	封存量评估上限，Gt CO_2
油气田	675	900
不可采煤层（ECBM）	3 ～ 15	200
深部咸水层	1000	不确定，可能达到 10^6

注：数据来自 Metz 等[8.7]。

地球上各种沉积盆地的分布如图 8.3.4 所示。该图展示了沉积盆地（包括咸水层、油

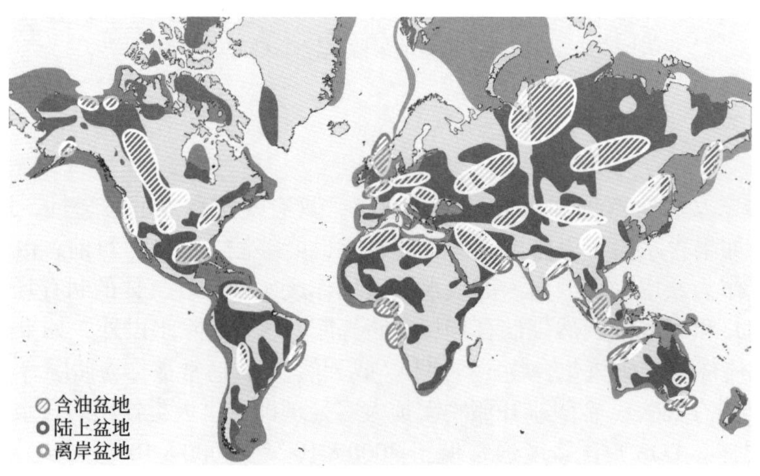

图 8.3.4 世界各地沉积盆地的分布

经 CO2CRC 许可转载[8.2]

气藏和煤层）在所有大陆上的分布。但是，仍然需要通过更详细的区域评估，以了解可用于 CO_2 封存的地层及其与 CO_2 点源位置的匹配关系。在第 10 章中，将更详细地讨论封存能力。

8.4 封存项目案例

目前，全球范围内建有几个大型的 CO_2 封存项目。表 8.4.1 和表 8.4.2 汇总了这些项目信息。它们的 CO_2 分离能力和封存能力约为 36Mt/a，相当于每年 700 多万辆汽车的排放量，与目前新加坡或新西兰的年排放量大致相当 [8.8]。当然，与 CO_2 的总排放量相比，这只是一个微小的数量。然而，这些项目仍然很重要，因为它们的运行为 CO_2 注入以及 CO_2 羽流监测提供了必要的经验。

8.4.1 Weyburn

Weyburn 的 CO_2 提高采收率（CO_2—EOR）项目位于 Williston 盆地，该地质构造从加拿大中南部延伸至美国中北部（图 8.4.1）。尽管在传统的提高采收率工艺中，CO_2 是循环利用的，但该项目的目的是永久封存注入的全部 CO_2。这些 CO_2 的来源位于北达科他州的气化公司，该公司位于 Beulah 地区 Weyburn 以南约 325km 处。在该工厂，煤被气化以制造合成气（甲烷），副产品是相对纯净的 CO_2 气体。这种 CO_2 流体经过脱水、压缩并通过管道输送到加拿大萨斯喀彻温省东南部的 Weyburn（图 8.4.1）。在项目的整个生命周期内（20 ～ 25 年），预计该油田的 CO_2 储存量约为 20Mt。CO_2 注入始于 2000 年，目前正在对该区域进行全面监测，包括高分辨率地震监测、地表监测以及地下水分析，从而分析潜在的泄漏风险。

表 8.4.1 正在运行的 CCS 工程案例（2012 年）

项目名称	国家	捕集类型	CO_2 体量，Mt/a	封存方式	运行年份
Val Verde Gas Plants	美国	燃烧前捕集（气体处理）	1.3	EOR	1972
Enid Fertilizer CO_2-EOR Project	美国	燃烧前捕集（肥料）	0.68	EOR	1982
Shute Creek Gas Processing Facility	美国	燃烧前捕集（气体处理）	7	EOR	1986
Sleipner CO_2 Injection	挪威	燃烧前捕集（气体处理）	1（+0.2，在建）	深部咸水层	1996
Great Plains Synfuel Plant and Weyburn– Midale Project	美国 / 加拿大	燃烧前捕集（合成燃料）	3	EOR	2000
In Salah CO_2 Injection	阿尔及利亚	燃烧前捕集（气体处理）	1	深部咸水层	2004

续表

项目名称	国家	捕集类型	CO_2 体量，Mt/a	封存方式	运行年份
Snøhvit CO_2 Injection	挪威	燃烧前捕集（气体处理）	0.7	深部咸水层	2008
Century Plan	美国	燃烧前捕集（气体处理）	5（+3.5，在建）	EOR	2010

注：EOR—提高石油采收率，来自全球 CCS 研究所的数据 [8.8]。

表 8.4.2　正在运行的 CCS 项目案例（2015 年）

项目名称	国家	捕获类型	CO_2 体量，Mt/a	存储类型	运行年份
Air Products Steam Methane Reformer EOR Project	美国	燃烧后捕集（制氢）	1	EOR	2012
Lost Cabin Gas Plant	美国	燃烧前捕集（气体处理）	1	EOR	2012
Illinois Industrial CCS Project	美国	工业捕获（乙醇）	1	深部咸水层	2013
Illinois Industrial CCS Project	加拿大	燃烧前捕集（肥料）	0.59	EOR	2014
Boundary Dam Integrated CCS Demonstration Project	加拿大	燃烧后捕集（发电）	1	EOR	2014
Kemper County IGCC Project	美国	燃烧前捕集（发电）	3.5	EOR	2014
Gorgon Carbon Dioxide Injection Project	澳大利亚	燃烧前捕集（气体处理）	3.4 ～ 4.1	深部咸水层	2015
Quest	加拿大	燃烧前捕集（制氢）	1.08	深部咸水层	2015

注：EOR—提高石油采收率；数据来自全球 CCS 研究所 [8.8]。

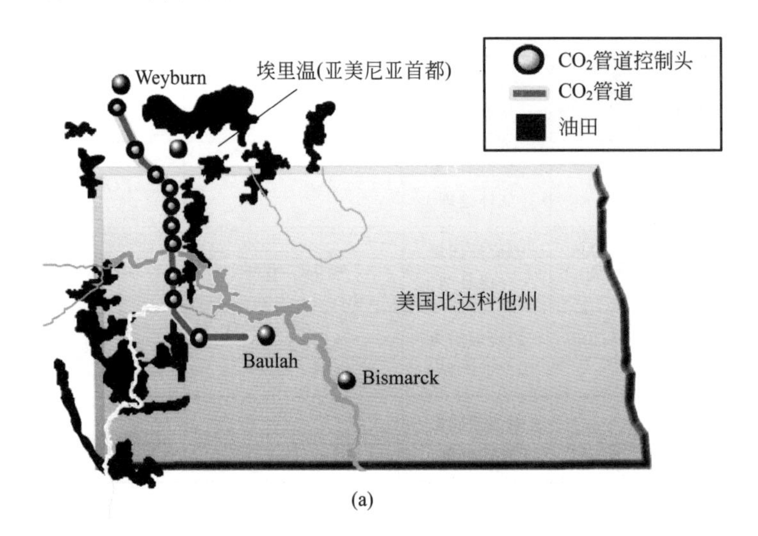

(a)

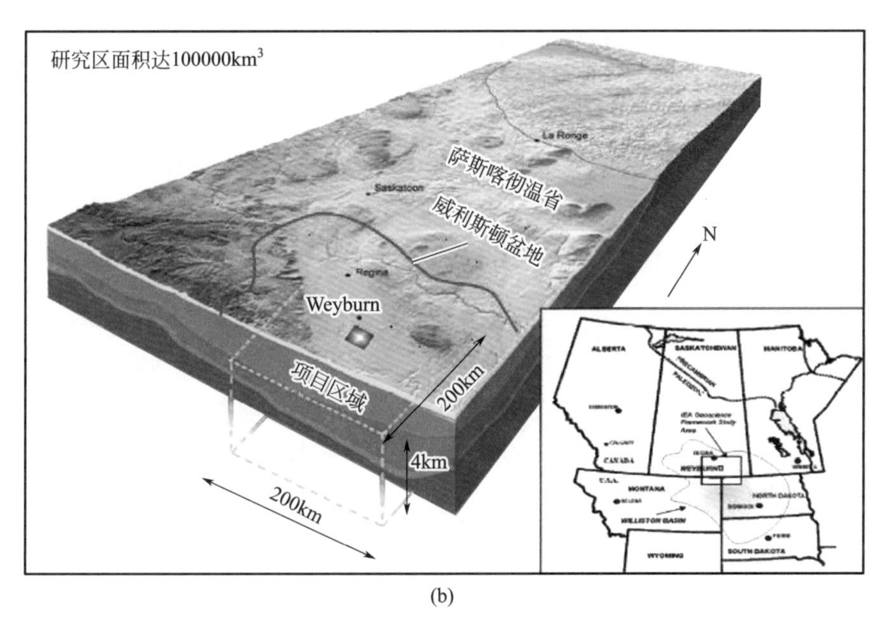

(b)

图 8.4.1 Weyburn CO_2 提高采收率项目

（a）从位于北达科他州 Buelah 的煤气化设施中捕集 CO_2。气体被压缩成液相，通过 320km 长的管道输送到 Weyburn 和 Midale 油田，并实施注入。（b）Cenovus 的 Weyburn 油田和 Apache 的 Midale 油田位于加拿大萨斯喀彻温省东南部。该项目首次将人为排放的 CO_2 用于提高石油采收率。图片版权归加拿大自然资源部所有，来源：http://geoscan.nrcan.gc.ca/starweb/geooscan/servlet.starweb?path=geooscan/download.web&search1=R=214968

8.4.2 In Salah

In Salah 天然气项目（图 8.4.2）位于阿尔及利亚的中部撒哈拉地区。该区域周围气田的天然气中 CO_2 含量高达 10%，通过用胺类吸收将这些 CO_2 分离，该技术在第 5 章中有详细讨论。这一过程使得天然气满足商业规范的要求。该项目的独特之处在于将 CO_2 重新注入深度为 1800m 的长水平井中，每年储存的 CO_2 多达 1.2Mt。2004 年 4 月开始注入 CO_2。由于过度谨慎和缺乏 CCS 激励措施，导致该项目于 2011 年终止。

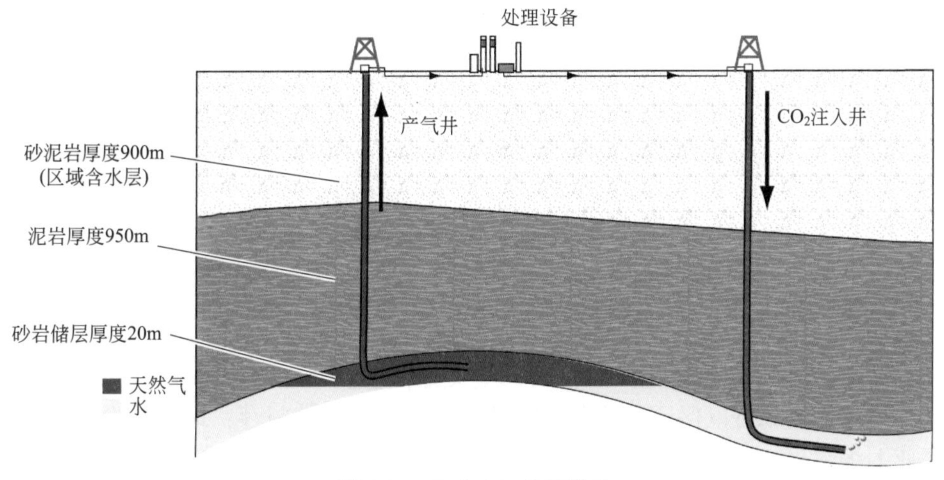

图 8.4.2 In Salah 封存项目

图片经 IPCC[8.7] 许可转载

天然气储层可能含有高达 60% ～ 70% 的 CO_2。从这些气田中提取甲烷而不将 CO_2 重新回注至地层，使得这些气田成为重要的温室气体排放源。正如第 4 章所述，这些气体分离设备体积可能非常大。这对撒哈拉这种陆上天然气田而言不是问题，但对于海上油气生产来说却很难实施。因此，探究较小空间内的分离技术是一项非常有意义的研究课题。

8.4.3 Sleipner

如图 8.4.3 所示，Sleipner 项目位于距离挪威海岸约 250km 的北海。这是第一个具有商业规模的 CO_2 咸水层封存项目。与 In Salah 项目类似，Sleipner 产出的天然气约含有 9% 的 CO_2。注入 CO_2 的咸水层位于海床 800 ～ 1000m 以下，该地层是具有饱和咸水的疏松砂岩。该地层夹有薄页岩层，这会影响 CO_2 在地层内部运移。CO_2 注入始于 1996 年，到 2013 年封存量已超过 11Mt。该项目的咸水层具有非常大的封存能力（1 ～ 10Gt CO_2）[8.6]，目标封存量为 20Mt。

时移地震技术可以成功地监测封存地层中 CO_2 羽流的聚集和运移。这些监测为盖层封闭的有效性提供了试验证据，从而证明盖层能够防止 CO_2 运移出储层。2007 年（之后 10 年）Sleipner 的羽流足迹延伸到约 5km^2 的区域。

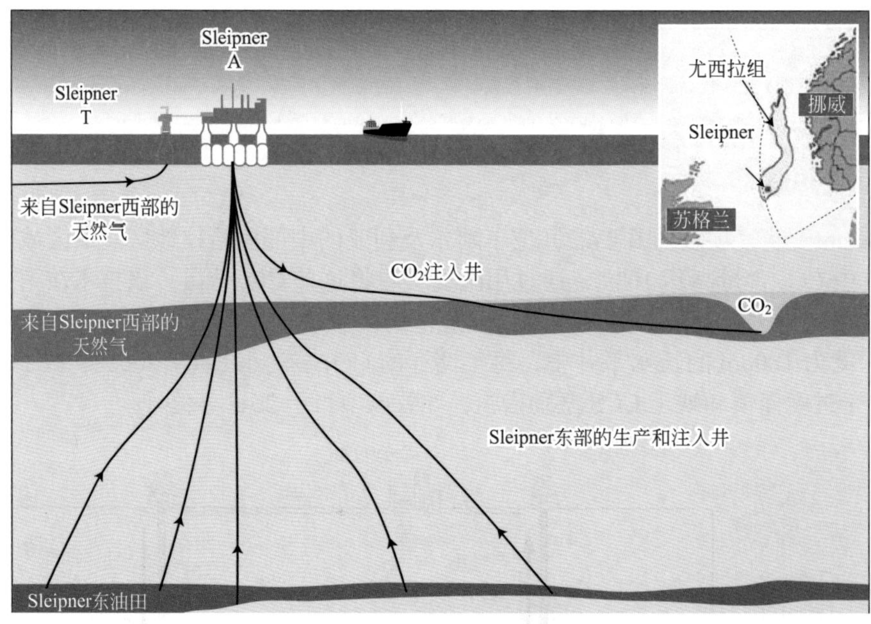

图 8.4.3 Sleipner CO_2 封存项目

图片经 IPCC[8.7] 许可转载

8.4.4 小结

在本章中，介绍了 CO_2 地质封存的一些关键概念。从烟气中分离 CO_2 是不可缺少的环节，四种封存机制可以保证在地质时间尺度上实现 CO_2 的封存：地层或构造封存、残余气封存或毛细封存、溶解封存和矿化封存。最后，介绍了可用于有效封存 CO_2 的地质构造类型，并提供了证明其可行的具体案例。在接下来的两章中，将讨论 CO_2 地质封存的基础理论和工程实践方面问题。

8.5 习题

1. 一个中型燃煤电厂在 50 年的使用寿命中排放多少烟气？（ ）
   a. 150000 立方英里
   b. 15000 立方英里
   c. 1500 立方英里
   d. 150 立方英里
2. 2km 深处 CO_2 的密度大概是多少？（ ）
   a. 0.70kg/m^3
   b. 7kg/m^3
   c. 70kg/m^3
   d. 700kg/m^3
3. CO_2 地质封存的典型注入深度为（ ）。
   a. 100m
   b. 500m
   c. 2000m
   d. 5000m
4. 下面哪幅图描绘了残余 CO_2 封存机理？（ ）

a. 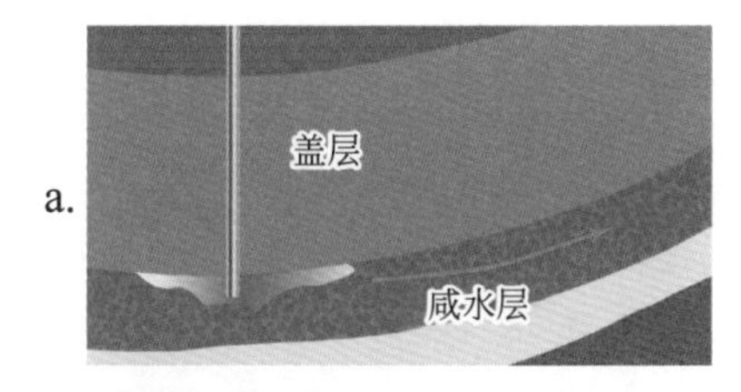

b. 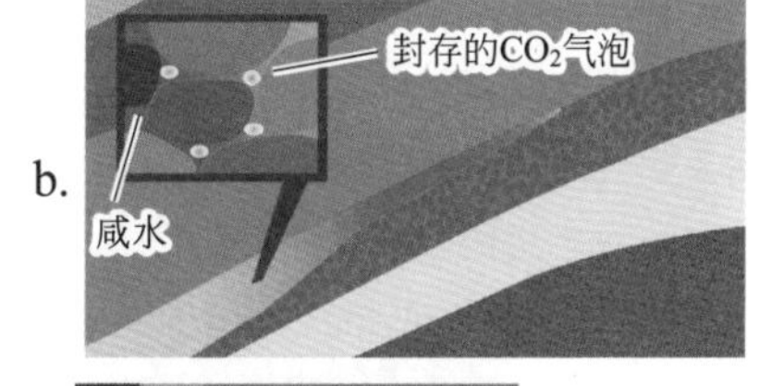

c. 

d. 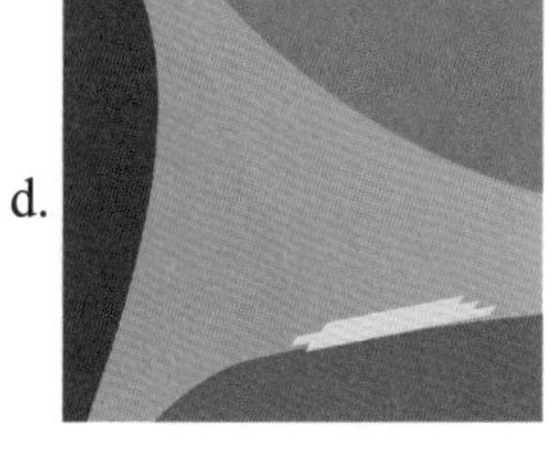

5. CO_2 矿化封存发生在哪一个时间尺度？（ ）
   a. 1 年
   b. 10 年
   c. 100 年
   d. 1000 年
6. 目前，油气藏最多可以封存多少年排放的 CO_2？（ ）
   a. 1
   b. 10
   c. 30
   d. 100

参考文献

[8.1] CO2CRC，2008. Storage Capacity Estimation，Site Selection and Characterisation for CO_2 Storage Projects. Cooperative Research Centre for Greenhouse Gas Technologies，Canberra. CO2CRC Report No. RPT08-1001. http://www.CO2crc.com.au/dls/pubs/08-1001_final.pdf

[8.2] CO2CRC，Cooperative Research Centre for Greenhouse Gas Technologies. www.CO2crc.com.au/imagelibrary

[8.3] Benson，S.M. and D.R. Cole，2008. CO_2 sequestration in deep sedimentary formations. Elements，4（5），325. http://dx.doi.org/10.2113/gselements.4.5.325

[8.4] Department of Engineering and Public Policy，Carnegie Mellon University，2009. Carbon Capture and Sequestration：Framing the Issues for Regulation：An Interim Report from the CCS Reg. Project. Dept. of Engineering and Public Policy，Carnegie Mellon University：Pittsburgh. http://s3.amazonaws.com/ zanran_storage/www.aiche.org/ContentPages/29660479.pdf

[8.5] Bachu，S.，D. Bonijoly，J. Bradshaw，et al.，2007. CO_2 storage capacity estimation：Methodology and gaps. Int. J. Green. Gas Con.，1（4），430. http:// dx.doi.org/10.1016/S1750-5836（07）00086-2

[8.6] Bradshaw，J.，S. Bachu，D. Bonijoly，et al.，2007. CO_2 storage capacity estimation：Issues and development of standards. Int. J. Greenh. Gas Con.，1（1），62. http://dx.doi.org/10.1016/S1750-5836（07）00027-8

[8.7] Metz，B.，O. Davidson，H. De Coninck，M. Loos and L. Meyer，2005. IPCC Special Report on Carbon Dioxide Capture and Storage. Canada：Cambridge University Press.（In this chapter，we have used Figures 5.4 and 5.5.）http:// www.ipcc.ch/pdf/special-reports/srccs/srccs_wholereport.pdf

[8.8] Global CCS Institute，2012. The Global Status of CCS：2012，Report No. 1838-9473. http://cdn.globalccsinstitute.com/sites/default/files/publications/47936/ global- status -ccs- 2012.pdf

9 流体和岩石

地层中存在大量的孔隙空间，大部分孔隙的直径从纳米到几十微米。当 CO_2 注入这些微小孔隙中，会发生什么变化呢？

9.1 引言

第 8 章对 CO_2 地质封存进行了概述，基本出发点是谨慎选择地质构造以确保 CO_2 封存在地层中。因此，需要在分子尺度上了解 CO_2 与岩石之间是如何相互作用的。基于对第 8 章 CO_2 地质封存概况的了解，下面详细讨论与 CO_2 地质封存相关的物理和化学过程中的关键问题：

（1）在地球上各种各样的地质构造中，什么样的地层特征最有利于 CO_2 地质封存，也就是说，什么样的岩层能确保 CO_2 不会逃逸到地表？

（2）在这些地层中的某个深度，CO_2 的物理性质（如密度和黏度）是怎样的？

（3）随着时间的推移，CO_2 在这些地层中将如何流动？

其中一些问题与第 4 章中的问题类似。CO_2 在吸附材料和岩石上的吸附差别不大，在吸附膜和地层中的扩散也几乎没有区别。虽然 CO_2 在地层运移的概念与碳捕集过程类似，但是并不完全相同。在膜或吸附剂的设计中，可以在分子尺度上自主设计吸附材料的微小结构并保证其吸附效率，正如第 7 章火电厂气体分离装置里设计的那样。但是，在地质封存中，CO_2 羽状流可以从其注入部位延伸几十公里。在这个空间尺度上，假设地球是理想的、均质的，这是不符合实际情况的。在如此大的空间尺度上，地层分布不均匀，需要弄清楚非均质性是如何影响 CO_2 羽流运移的。而且，在此情况下，进行分子尺度表征意义不大，必须在更大的尺度上进行研究。

在研究 CO_2 地质封存的物理和化学过程之前，必须更新对岩石类型的认识，明确地层的形成过程以及地层中流体的性质。

9.2 岩石

通过第 8 章可知，多种地质体均可用于 CO_2 地质封存。其中，充满地下水的深部地层（深部咸水层）封存量最大，这也是本章重点讨论的内容之一。

图 9.2.1 所示为 CO_2 咸水层封存示意图。通常，CO_2 被注入地下 800m 或更深的地方。在选择封存区块时，地层需要有足够大的孔隙空间来储存 CO_2，同时孔隙具有连通性，从而使得 CO_2 可以从单个或多个注入井进入整个咸水层。同时，需要利用盖层保证咸水层与地表大气隔绝，防止 CO_2 横向运移上百平方公里而逃逸。最后，还需要保证注入井钻遇储层。

9.2.1 地质特征

在地质描述之前，要认真考虑一下 CO_2 地质封存的条件。即含水层孔隙体积要大，便于 CO_2 流动；在含水层的顶部要有盖层，保证 CO_2 不能逃逸。大自然能够在同一个地方创造出符合 CO_2 封存的这两个地质条件吗？

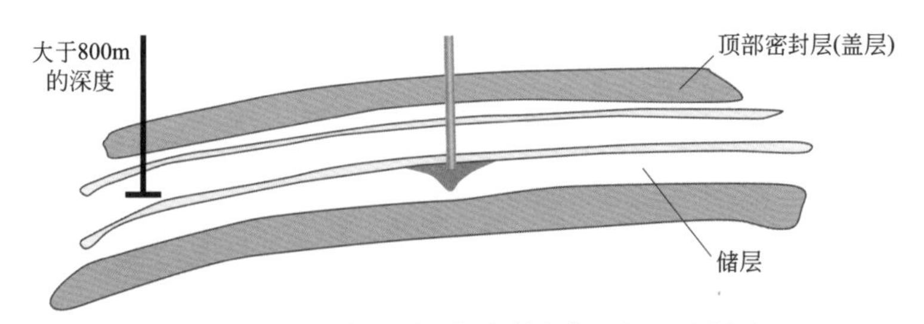

图 9.2.1 CO_2 注入后短期内封存位置切面示意图

9.2.1.1 碎屑沉积岩

含水层通常存在于碎屑沉积岩中。碎屑沉积岩由早期的岩石侵蚀破碎，碎屑物质被水或风搬运，然后沉积（沉积岩形成过程），经成岩作用固化后形成。

根据颗粒大小可对碎屑沉积岩进行分类（表 9.2.1）。如果岩石只是由颗粒相互叠加在一起堆积而成的，则这类岩石没有内聚力，像沙丘上的沙子一样很容易分解。实际上，许多砂岩固结成岩效果不好，容易分解成岩石颗粒，因而不能作为建筑材料或铺路石。其他砂岩中的岩石颗粒与其周围的其他矿物紧密结合在一起，因而质地坚硬、强度大、抗腐蚀能力强。

表 9.2.1 碎屑岩

颗粒尺寸	沉积物名称	岩石名称
粗粒（$>$ 2mm）	砾石	砾岩 / 角砾岩
中粒（0.06 ～ 2mm）	砂	砂岩
细粒（0.008 ～ 0.06mm）	泥	粉砂岩
粉粒（$<$ 0.008mm）	泥	页岩

图 9.2.2 所示为表 9.2.2 中砂岩和页岩的实例，并对其性质进行了比较。砂岩具有较大的孔隙度和较高的渗透率，因而适用于 CO_2 封存。另外，页岩孔隙度和渗透率较低，尤其是渗透率较低，可作为封闭层或者盖层。

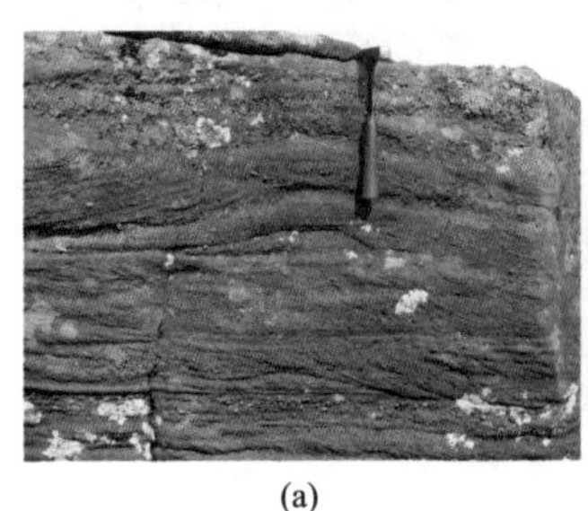
(a)

(b)

图 9.2.2 砂岩和页岩

（a）砂岩，图片由牛津大学的 Dave Waters 提供；
（b）页岩，伊萨卡岛，纽约，经古生物研究所许可

表 9.2.2 表明，还可通过矿物成分的差异对碎屑岩进一步表征[9.1]。图 9.2.3 所示为不同碎屑岩的结构，专栏 9.2.1 则详细描述了它们的结构。这些岩石由石英颗粒、网状硅酸盐（主要是长石）、层状硅酸盐（如云母、蒙皂石、绿泥石和高岭石）和碳酸盐等混合而成。砂岩以石英为主，页岩则以层状硅酸盐为主。

表 9.2.2 美国黄金海岸砂岩含水层、页岩盖层的典型参数

	砂岩	页岩
孔隙度 ϕ	0.15 ～ 0.35	0.06 ～ 0.15
渗透率	高	低
矿物的体积分数，%		
石英	58	19
长石	28	10
层状硅酸盐	12	58
碳酸盐	2	11
有机物	0	2

注：该表为砂岩含水层和页岩盖层的孔隙度 ϕ 和矿物典型值。上述矿物参数是美国墨西哥湾沿岸砂岩－页岩层系的代表性数值，数据来自 Xu 等[9.1]。

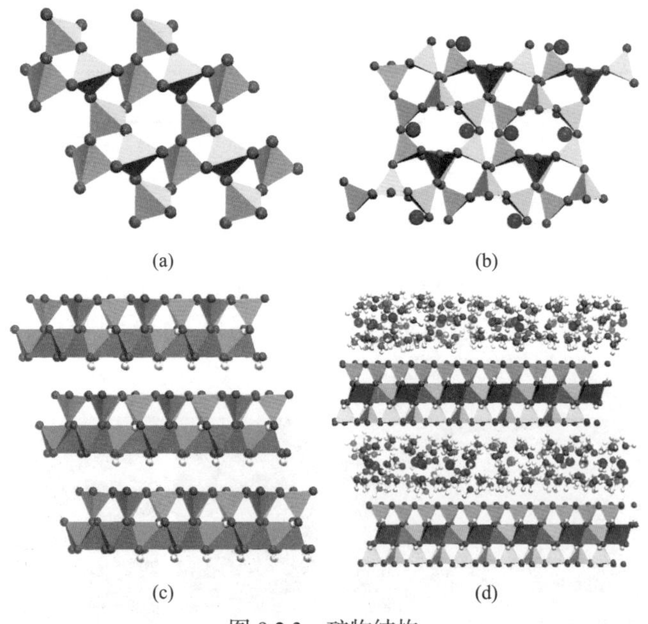

图 9.2.3 矿物结构

（a）网状硅酸盐：石英（SiO_2）。黄色为 SiO_4 四面体，红色为 O 原子。（b）网状硅酸盐：钠长石（$NaSi_3AlO_8$）。黄色为 SiO_4 四面体，粉色为 AlO_6 八面体，红色为 O 原子，蓝色为 Na 原子。（c）层状硅酸盐：高岭石 [$Si_4Al_4O_{10}(OH)_8$]。黄色为 SiO_4 四面体，粉色为 AlO_6 八面体，红色为 O 原子，白色为 H 原子。层与层之间由氢键链接。（d）层状硅酸盐：蒙脱石 [$C_x(Si,Al)_8(AlFeMg)_4O_{20}(OH)_4 \cdot nH_2O$，C 是中间层阳离子，用于平衡黏土层中负电荷结构的 Na^+。黄色为 SiO_4 四面体，粉色为 AlO_6 八面体，绿色为 MgO_6 八面体，红色为 O 原子，白色为 H 原子，蓝色为 Na 原子。因为蒙脱石是膨胀黏土矿物，层间含有数量不等的水分子（图中显示的是钠蒙脱石的两层水合物）

专栏 9.2.1 矿物

硅酸盐矿物大致分为网状硅酸盐（也称为框架硅酸盐），其中每个 SiO_4（或 AlO_4）四面体与四个相邻的四面体相连构成三维空间中的四面体，或层状硅酸盐（也称为片状硅酸盐，其中大部分是黏土矿物），每个 SiO_4 四面体与三个相邻的四面体相连构成二维层状结构。

网状硅酸盐包括石英和长石，前者仅由 SiO_4 四面体组成，后者则由 SiO_4 和 AlO_4 四面体组成。在长石中，由于 Al 取代 Si 引起的电荷不足可通过 K^+、Na^+ 或 Ca^{2+} 平衡。被这些离子完全平衡的长石称为钾长石、钠长石和钙长石。大多数长石是钾长石和钠长石的固溶体（碱长石），或钠长石和钙长石的固溶体（斜长石）。

层状硅酸盐以结构基元为基础，其中的层由 AlO_6、FeO_6 或 MgO_6 八面体与 SiO_4 四面体（特别是在高岭石中发现的 1 ∶ 1 结构）或夹在两层 SiO_4 之间四面体（云母、伊利石、蒙皂石和大多数其他层状硅酸盐中的 2 ∶ 1 结构）构成。大多数 2 ∶ 1 结构的层状硅酸盐具有负电荷（这是由于四面体 Si 或八面体 Al、Fe 或 Mg 被低价的同晶型取代造成的），是由松散结合的层间阳离子（Na^+、K^+、Ca^{2+} 或 Mg^{2+}）引起的。由于这种层状结构，层状硅酸盐往往形成叠层，其夹层空间要么无法接触水（如高岭石、伊利石和云母），要么可通过层间阳离子的溶剂化而裂开（如蒙脱石，一种膨胀黏土）。

针对图 9.2.3 中的硅酸盐矿物，得到与 CO_2 地质封存相关的结论。首先，随着 Si ∶ O 比值的增加，硅酸盐矿物的风化速率会降低（因此网状硅酸盐按风化速率增加的顺序为石英、碱长石、斜长石），二氧化硅网状结构的连通性增加（因此，网状硅酸盐比层状硅酸盐风化得慢）。其次，大多数层状硅酸盐（云母除外）是黏土矿物，它们的颗粒尺寸非常小。例如，蒙脱石晶体是片状的纳米颗粒，其厚度为 0.94nm，直径约为 200 nm（比面积 $a_s \approx 800m^2/g$），而石英颗粒大致为球形，直径约为 10μm（比表面积 $a_s \approx 0.02m^2/g$）。由于它们的晶体尺寸很小，黏土矿物对多孔介质的性质有较大的影响，例如，可在较大的矿物上形成表面涂层。

9.2.1.2 地质结构

前面讨论了地层中常见的碎屑岩。现在看看不同类型的碎屑岩是如何形成的，这有利于理解它们为什么可以作为理想的 CO_2 地质封存体。

在不同的地质时期，地壳发生构造运动，隆起区形成山脉和高地，沉降区形成山谷和盆地。前者以沉积物侵蚀为主，后者则以沉积为主。这些地质作用形成沉积物厚度较大的盆地，形成大量的沉积岩。

沉积过程中起主导作用的局部地质条件称为沉积环境。从空间和时间上看，沉积环境变化多样，既有活跃的河流系统（如河流），也有平缓的潮汐系统（如河口）；既有近海的海洋环境（大陆架、海底峡谷），也有大陆干旱多风环境（冲积扇和沙丘）。粗粒度沉积物是在高能的水搬运或风搬运期间形成的，而细粒沉积物是在低能河流或海洋系统中形成的。

沉积盆地充填期间，气候和海平面循环改变导致沉积的周期性变化，因此通常呈现粗粒沉积物与细粒沉积物周期出现的沉积环境。图 9.2.4 所示为由于周期性变化形成沉积物的层状结构。

(a)

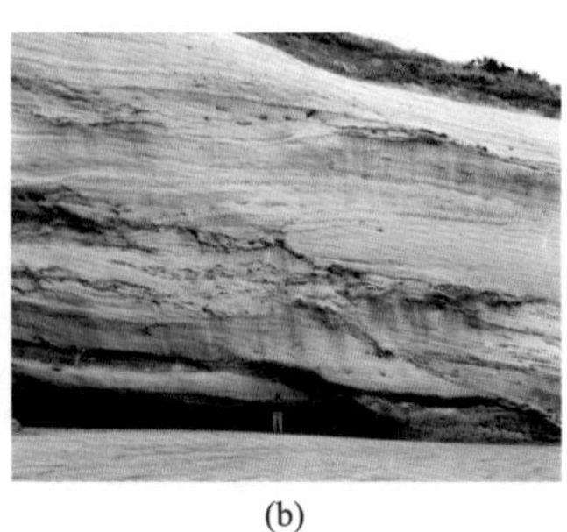

(b)

图 9.2.4 碎屑沉积层

（a）砂岩，图片来自美国石油地质学家协会。（b）Farewell 地层中具有高孔隙度、高渗透性的砂岩储层，旺格努伊湾，黄金海岸，新西兰（摄影：Lesli Wood，得克萨斯大学奥斯汀分校）

在不同的地质历史时期，由于构造应力持续作用于岩层，会在不同尺度上发生褶皱、断层和破裂，从而使得地下沉积岩层形成向上和向下弯曲的构造（分别称为背斜和向斜）。对于近水平沉积地层，通常用倾角（水平面和地层斜面之间的夹角）来描述，或者对其进行定性描述（如陡倾斜、缓倾斜）。圈闭是指盖层向下挠曲所覆盖的区域，通常也是石油、天然气或 CO_2 等流体在浮力作用下聚集的场所。四周封闭的地质结构被称为穹隆。想象一下，用一个倒转的盘子扣住一股上升的烟，如果烟的量超过盘子的封闭量，那么烟就会从盘子下面溢出来。发生溢出的最低点，称为溢出点。

在褶皱和断层构造广泛分布的沉积岩层中，通常可以观察到储层（高孔隙度）和盖层（低孔隙度）交替出现，如加利福尼亚州大中央裂谷中出露的地层。图 9.2.5 所示为加利福尼亚州南圣华金河地的部分地质剖面 [9.2]。需要注意的是，虽然看起来剖面上的垂直尺度有些夸张，但是垂直方向上的沉积物厚度仍然非常巨大（超过 3000m）。交替出现的砂岩和页岩是地层下挠和侵蚀沉积物再充填的结果。前者源于北美大陆，后者则是源于迅速上升的内华达山脉。沉积物要么来源于河流（砂岩）环境，要么来源于浅滩（页岩）环境，这取决于气候引起的海平面变化。位于圣华金裂谷的地层中含有大量的石油和天然气（油气藏）。在浅部地层中也发现了重要的水源（如地下含水层），这是中央谷地大型农业产业的基础。正是由于石油和水资源的存在，才使得人们对加利福尼亚州中央谷地的沉积岩进行了广泛的研究。

9.2.1.3 其他类型地层

除了碎屑沉积岩外，还有石灰岩和白云岩等化学沉积岩也是潜在的重要 CO_2 封存地质体。石灰岩和白云岩特别重要，这是因为富含石英的砂岩对 CO_2 水溶液而言惰性较小，而石灰岩和白云岩由碳酸盐矿物质组成，因此可与富含 CO_2 的水溶液发生较为强烈的化学反应 [9.3]。例如，石灰岩在弱酸性环境下溶解形成的大型溶洞和喀斯特结构，而弱酸性环境就是大气中的 CO_2 溶于地下水形成的。不难想象，通过注入井注入 CO_2 后，地层中溶解的 CO_2 浓度越高，水—岩反应可能越强烈。

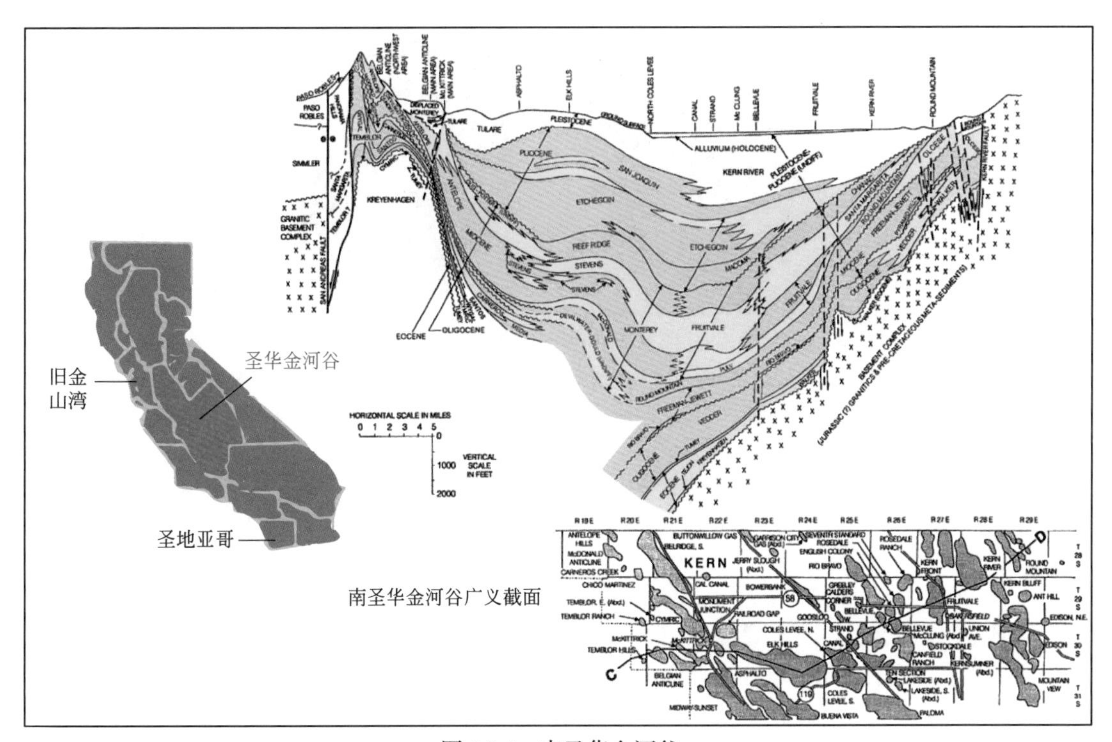

图 9.2.5 南圣华金河谷

南圣华金河谷地质剖面显示深层砂岩（黄色）和页岩（灰色）互层，图片来自 Myer 等 [9.2]

火成岩（如花岗岩）和火山岩（如玄武岩）要么缺乏必要的孔隙度，要么裂缝太大，盖层不足以封闭注入的流体。但是，对 CO_2 地质封存而言，可以利用火成岩与 CO_2 的反应能力实现碳封存，主要通过富含镁和铁的（火山岩和火成岩）岩石与 CO_2 反应形成大量具有一定活性的矿物 [9.4]。CO_2 的封存潜力主要还是集中在近岸或是离岸沉积盆地的沉积岩中 [9.5]。

CO_2 地质封存所需的地质学知识要比上面介绍的更为复杂和多样。推荐感兴趣的读者通过优秀的教科书或在线参考资料获取相关的信息 [9.6,9.7]。

9.2.2 孔隙度

岩石中孔隙空间占据的体积分数就是孔隙度（φ）。碎屑沉积岩中具有大量的粒间孔隙，即位于矿物颗粒之间的孔隙空间。这种孔隙空间的通道很不规则，而且非常狭窄，介于 10 ～ 100μm，称为孔喉；颗粒之间以及更大的孔隙或孔洞，为几百个微米，称为孔隙。图 9.2.6 所示的图像是砂岩样品的 3D 孔隙空间的显微层析成像，样品来源于 Frio 储层（得克萨斯海湾沿岸），图中显示了孔喉和孔隙的复杂性。图 9.2.6 所示的右侧图像为岩石的颗粒骨架（固体物质）[9.8]。

粒间孔隙通常由孔喉连接实现连通，这些连通区域允许流体（气体和液体）在重力或压力的作用下流动。这种渗透性对于封存注入的 CO_2 是十分必要的，可通过有限数量的注入井在整个地层中大量封存 CO_2。

地层的孔隙度也可由岩石的裂缝或断层提供，称为裂缝孔隙度，将其定义为裂缝或断层孔隙体积与岩石总体积的比值。

图 9.2.6 砂岩孔隙空间

实际砂岩孔隙空间为纯金色（左），相应的骨架（岩石颗粒）（右）由同步微层析成像技术构建，见参考文献 [9.8]。立方体的每边长度为 0.9mm。图片经 Springer Science 和 Business Media 许可转载 [9.8]

9.3 流体

在讨论了岩石的一些重要性质后，还需要了解岩石中流体的性质。这对 CO_2 地质封存至关重要，因为我们的最终目的是将捕集的 CO_2 以超临界状态封存于地层中。

9.3.1 地下水环境

沉积盆地的绝大多数深层孔隙空间中充满了咸水。有些地质构造虽然少见，但是极具经济价值，因为它们的孔隙中布满了与烃类流体（石油和天然气）和其他气体（如 He 或 CO_2）。无论其成分如何，与 CO_2 地质封存相关深度的流体均处于高压（6 ～ 25MPa）。

静水压力是重力作用下的平衡压力，沉积盆地中的大多数流体都处于这种压力下。然而，孔隙的连通性和地壳载荷的变化会引起明显的差异，例如，在上一个冰河时代被冰覆盖的沉积盆地中（如在美国中西地区上部），通过盖层把周围含水层相隔离的储层则可能处于欠压状态，即小于静水压力，因为岩石在冰层卸载过程中发生了物理膨胀 [9.9]。类似地，在墨西哥湾储层有很大的超压存在，因为密西西比河携带的泥沙沉积引起上覆岩石产生载荷和压缩变形 [9.10]。

深层沉积盆地的地层温度受地温梯度控制，一般约为 25℃ /km。除了压力和温度，流体的成分对其性质也有影响，埋深超过几百米的地下水通常是咸水。一方面，这是矿物长期溶解的结果；另一方面，咸水比淡水密度大，因而具有向下运移的趋势。在地下 1km 或者更深处，地下水盐度通常很大，如果盐度超过海水 [约 35000mg/L]，将其称为咸水。针对地下 2km 处和地表浅层两种情况，表 9.3.1 所示为水和咸水的密度与黏度。由于它的不可压缩性，地下水的密度随着深度变化不大。流体的黏度随着密度的增大而增大，随着温度的增大而减小。由表 9.3.1 可知，温度效应占主导地位。

表 9.3.1 水、咸水和不同其他的密度与黏度

		咸水	水	空气	CO_2	CH_4
密度，g/m^3	地表（0.1MPa，10℃）	1190	990	1.2	1.9	0.68
	地下（2km，20.1MPa，60℃）	1200	1000	200	725	130

续表

		咸水	水	空气	CO_2	CH_4
黏度，10^{-6}Pa·s	地表（0.1MPa，10℃）	1800	1300	18	14	11
	地下（2km，20.1MPa，60℃）	940	470	24	60	18

注：纯水和 NaCl 盐水在不同典型条件下的密度 [9.11]。

9.3.2 CO_2 的性质

第 1 章中已经介绍，CO_2 的临界温度和压力分别为 31℃、7.4 MPa。这似乎是大自然的一种安排，在埋深 800m 的地方，地层压力和地温刚好达到 CO_2 的临界点。在这种典型的静水条件下，在浅层 CO_2 是气态，在埋深超过 800m 的地下 CO_2 是超临界状态 [9.11]。

表 9.3.1 对 CO_2 和其他气体在地表和地下的密度和黏度进行了对比。不像 CO_2，甲烷和空气在深部地层中并不是超临界状态，与 CO_2 相比，两者密度较小（类气体）。由于超临界 CO_2 密度的增加，其黏度也随之增大。但是与液相相比，超临界 CO_2 的黏度要比液体的黏度低一个数量级。

图 9.3.1 所示为改进后的相图。可以看出，CO_2 的性质是关于压力、埋深和温度的函数。叠加在图上的虚线是将温度和压力相关联，在相应的温压条件下绘制的 CO_2 的等密度线（等容线）。此外，图中还绘有两条假设曲线；其中一条是深度每增加 1km，温度增加 15℃；另一条是深度每增加 1km，温度增加 30℃。这是在不同地层中发现的两种典型的地温梯度。如果 CO_2 从地层中向上运移至大气中，它将沿着 15℃和 30℃之间的某条路径运移，并且图中还有一个狭窄的（绿色的）三角形区域，CO_2 在该区域将以液态形式出现。此外，向上迁移的 CO_2 体积膨胀，而且在此期间，根据焦耳—汤姆孙效应，CO_2 的温度将会下降。这两种作用都可能导致 CO_2 呈液态，其性质与气态或超临界态 CO_2 的性质大不相同 [9.12,9.13]。

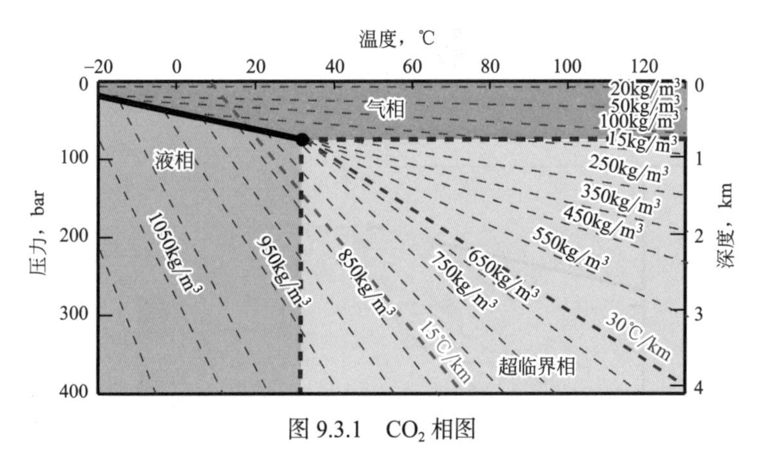

图 9.3.1 CO_2 相图

为了便于理解地下 CO_2 的相态条件，因此将纵坐标倒置并叠加了等密度线。图片经 Oldenburg 许可转载 [9.11]

Oldenburg 等 [9.13] 模拟了 CO_2 的快速上升过程，从而观察降压的效果（视频 9.3.1 和视频 9.3.2）。这些模拟过程展示了 500m 高的 CO_2 柱状变化（图 9.3.2）。模拟结果表明，降压冷却可以导致液态 CO_2 的形成，这取决于系统从周围环境提供热量的能力。在 CO_2 向上运移过程中形成的液态 CO_2 能够抑制其向上流动，从而减缓 CO_2 泄漏（视频 9.3.1 和视频 9.3.2）。

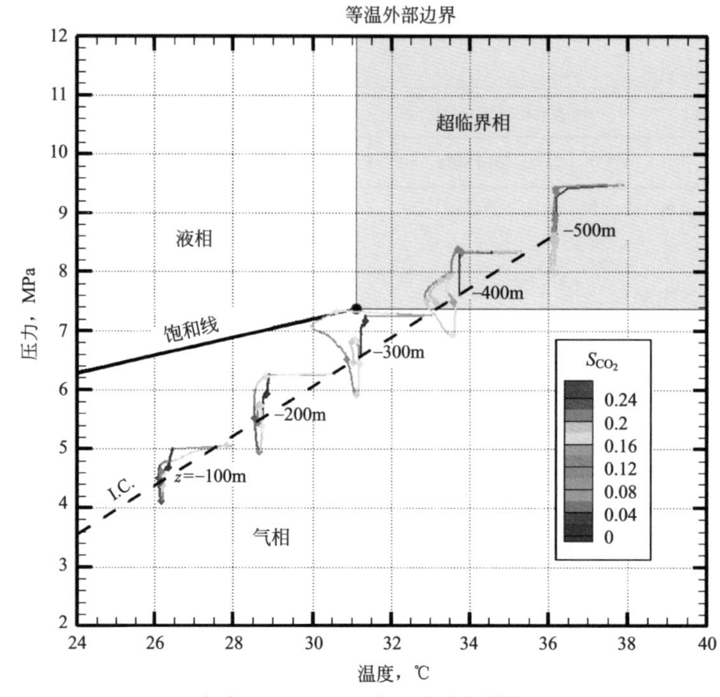

视频 9.3.1

视频 9.3.1 CO_2 向上流动的模拟

视频模拟了 CO_2 沿 500 m 柱状向上运移的过程（图 9.3.2），其中柱的边界条件是等温的，所以热量是散失的且不具有任何影响。该视频由 Curt Oldenburg 制作[9.13]，可在 http://www.worldscientifi c.com/worldscibooks/10.1142/p911 # t = suppl 浏览

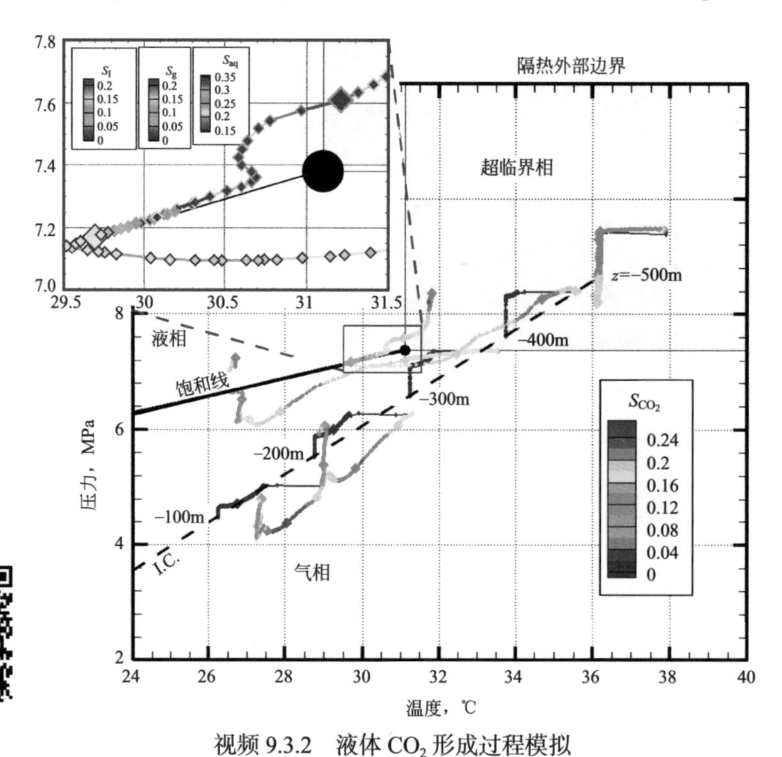

视频 9.3.2

视频 9.3.2 液体 CO_2 形成过程模拟

视频模拟了 CO_2 沿 500 m 柱状向上运移的过程（图 9.3.2），其中柱的边界条件是绝缘的，所以热效应导致液态 CO_2 的形成。短片由 Curt Oldenburg 制作[9.13]，可在 http://www.worldscientifi c.com/worldscibooks/10.1142/p911 # t =suppl 浏览

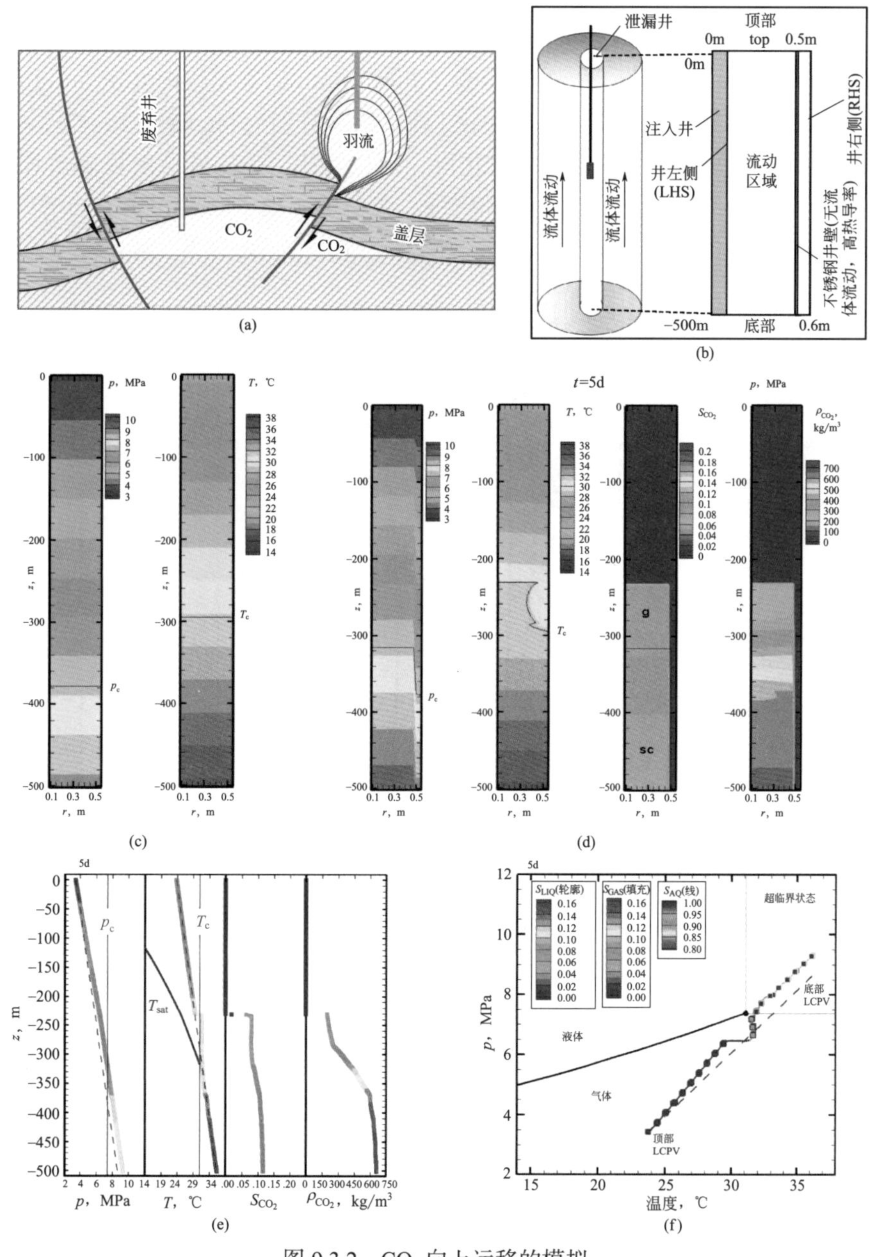

图 9.3.2 CO_2 向上运移的模拟

（a）盖层或封堵层阻止注入的 CO_2 向上运移。在某些情况下（详见第 10 章），在模拟中断层或废弃井可以视为泄漏通道，储层岩石中的流体运移如灰色圆柱体所示，在 CO_2 羽状流上方存在使得 CO_2 泄漏的断层。视频中研究了传热效应对 CO_2 特性的影响：在视频 9.3.1 中，气体在膨胀过程中产生的热量被耗散；而在视频 9.3.2 中，圆柱体的筒壁是绝热的。（b）深 500m、宽 1m 的圆柱示意。在模拟中，假设圆柱中装满了沙子。（c）系统的初始条件是完全咸水饱和（不存在 CO_2）。图片中采用不同的颜色表示圆柱的流体静压力 p（左）剖面和地热梯度 T（右）剖面。（d）CO_2 恒定注入 3d 后的模拟结果。对于确定的地温梯度边界条件，除显示压力和温度外，还有 CO_2 饱和度（S_{CO_2}）和密度（ρ_{CO_2}）的情况。在 P 图和 T 图上用细实线表示临界压力（p_c）和温度（T_c）。（e）在圆柱中，其性质可视为是一维的，从而能够绘制其性质关于深度的函数图像。这些数据是固定地温梯度边界条件下恒定注入 5d 后的情况。为了视觉效果，线条的颜色表示变量关于深度函数关系的数值。P 和 T 的初始条件用虚线表示。当横坐标为温度时，液气相的边界由标记为 T_{sat} 的线表示。（f）为了观察 CO_2 向上运移过程中的相行为是否发生变化，前面的结果绘制在 CO_2 相图中。其结果是固定地温梯度边界条件下恒定注入 5d 后的情况。虚线表示初始条件。轮廓符号的颜色表示液相 CO_2 或超临界 CO_2 的饱和度，填充色表示气相 CO_2 饱和度，线颜色表示由三个图例显示范围的水相饱和度值。注意，颜色的突变发生在超临界区和气相区边界的剖面上，不是 CO_2 性质上的突然变化，仅仅是命名上的变化。图片来源于 Oldenburg 等 [9.13]

9.3.3 地下水中 CO_2 的溶解度

在 CO_2 地质封存中，决定其溶解封存量（见第 8 章）的重要物理性质之一是 CO_2 在水中的溶解度。针对不同的温压条件，当 NaCl 咸水浓度分别为 0mol/L、2mol/L、6mol/L 时，图 9.3.3 所示为 CO_2 在地下水中溶解度的情况。可以看出，CO_2 的溶解度随着埋深的增加而快速增加，但是越过某个阈值点后增加缓慢。类似地，随着温度和压力的增加，CO_2 溶解度轻微下降且其状态变为超临界状态。

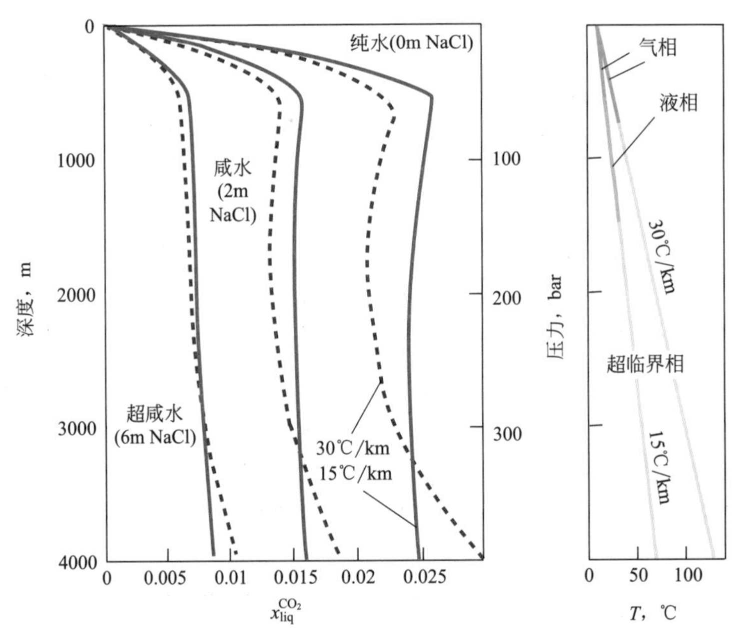

图 9.3.3 CO_2 在淡水和咸水中随深度变化的溶解度

CO_2 在淡水和咸水中的溶解度随着深度或压力的变化而变化，图中给出了 p-T 条件（左）下和强调 CO_2 在不同相态（右）下的温度剖面。红色虚线表示 30℃ /km 的温度剖面，蓝色实线表示 15℃ /km 的温度剖面。图片源于 Oldenburg[9.11]

9.4 润湿性和毛细效应

在 CO_2 注入的初始阶段，超临界 CO_2 会形成羽状流并将以这种状态非常缓慢地溶解于咸水中。所以，在很长的一段时间内，超临界 CO_2 和咸水将表现为截然不同的两种状态。这一实际情况在研究孔隙中流体的静态特性和动态特性时具有重要意义。

9.4.1 润湿性

润湿性是指流体润湿基质的能力。如果一种流体能够润湿基质，则它会以薄膜的形式扩散开形成一层薄膜，而非润湿的液体会形成液滴的状态（图 9.4.1）。流体也可以部分润湿基质，这种润湿性质可以用接触角定量描述。

图 9.4.1 润湿基底

润湿性的差异性：非润湿（左）、部分润湿（中）和几乎完全润湿（右）

假设已知液—气（γ_{LG}）、气—固（γ_{SG}）和液—固（γ_{LS}）表面张力，且固体表面完全光滑，则处于平衡状态的液滴受力平衡（图 9.4.2），固态、气态和液态交汇点处单位长度上合力为 0，即：

$$\gamma_{SG} = \gamma_{SL} + \gamma_{LG}\cos\theta$$

式中，θ 为接触角。这就是著名的 Young-Laplace 方程。

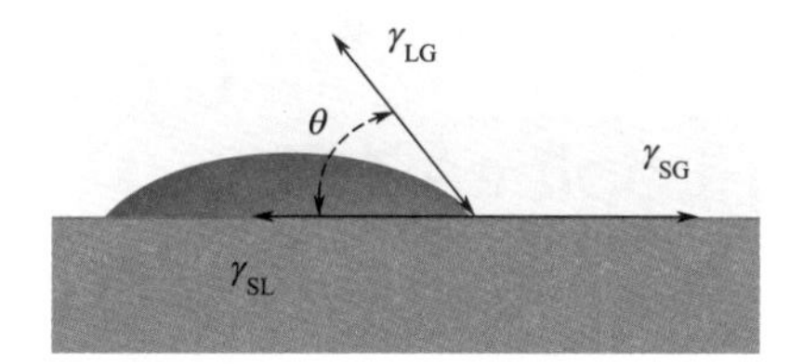

图 9.4.2 局部润湿

基质上液滴的部分润湿性。θ 为接触角，γ 为固相（S）、液相（L）和气相（G）之间的表面张力

可以看出接触角和润湿性质不仅取决于流体与基质的相互作用（γ_{LS}），还与液—气的界面张力有关系。下面讨论两个不同尺寸孔隙的模型。孔隙模型是圆柱形，一个直径较大，另一个直径较小。由图 9.4.3 可以看出，左侧模型的孔隙能够被气体润湿，而右侧模型气体不能湿润孔隙基质。在第一种情况下，润湿层覆盖了基质。如果孔隙长度低于某个数值，则润湿层将贯穿整个孔隙，而且能够观察到毛细凝聚现象。即当孔隙外部的流体仍然是气态时，而孔隙内部的流体为液体。

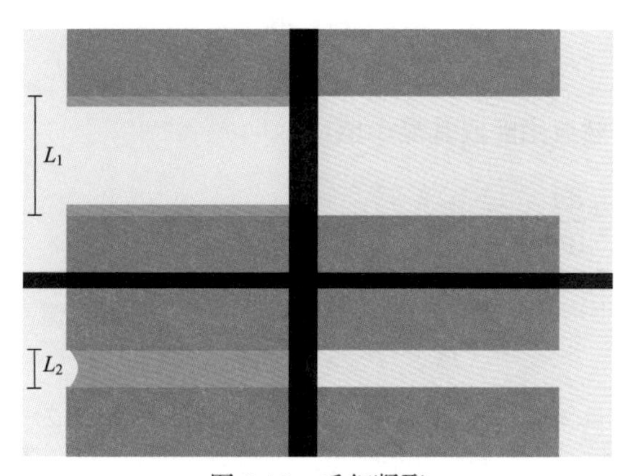

图 9.4.3 毛细凝聚

多孔介质与润湿流体（左）和非润湿流体（右）的接触情况。顶部图为大孔隙，底部图为小孔隙

如果仔细观察狭窄孔隙中的气液界面（图 9.4.3）就会发现，由于流体对孔隙基质的润湿性，因而形成了半月形的凹液面。这个弯曲的界面导致液相和气相之间会产生压力差，称为毛细压力。对气球而言，可以说气球表面的表面张力补偿了气球内外的压力差。对于孔隙中的流体而言，可以用 Young-Laplace 方程把气相和液相压力差与液—气表面张力相关联（见专栏 9.4.1），圆柱形孔隙结构和完全润湿（零接触角）流体之间满足下列关系：

$$p_{\mathrm{gas}} - p_{\mathrm{liquid}} = \frac{2}{R}\gamma_{\mathrm{LG}}$$

式中，R 为孔隙半径。如果接触角非零，则液—气表面有所不同，此时 Young-Laplace 方程变为：

$$p_{\mathrm{C}} = p_{\mathrm{gas}} - p_{\mathrm{liquid}} = \frac{2}{R}\gamma_{\mathrm{LG}}\cos\theta$$

式中，θ 为接触角，$R/\cos\theta$ 定义为液—气表面的曲率半径。这种压力差称为毛细压力，记为 p_{C}。关于 Young-Laplace 方程在生物学上的应用，见专栏 9.4.1。

专栏 9.4.1 Young-Laplace 方程

假设孔隙、气体和液体处于恒定的温度场中。此外，粒子的总体积和总数量是恒定的。根据热力学定律，在这些条件下亥姆霍兹自由能（A）取其最小值：

$$\mathrm{d}A = -S\mathrm{d}T - p\mathrm{d}V + \gamma\mathrm{d}A$$

此时有两种做功形式：一是改变体积 V；二是改变面积 A。

现在改变弯液面的半径，假设为无穷小。不改变温度，则亥姆霍兹自由能的变化量为：

$$\mathrm{d}A = \left(p_{\mathrm{gas}} - p_{\mathrm{liquid}}\right)\mathrm{d}V + \gamma_{\mathrm{LG}}\mathrm{d}A$$

其中，$V = \frac{1}{2}\left(\frac{4}{3}\pi R^3\right) + V_{\mathrm{rest}}$，$A = \frac{1}{2}4\pi R^2$，且 V_{rest} 与 R 无关。因此：

$$\mathrm{d}V = 2\pi R^2\mathrm{d}R$$

$$\mathrm{d}A = 4\pi R\mathrm{d}R$$

平衡状态时，亥姆霍兹自由能取其最小值：

$$\frac{\mathrm{d}A}{\mathrm{d}R} = -2\pi R^2\left(p_{\mathrm{gas}} - p_{\mathrm{liquid}}\right) + 4\pi R\gamma_{\mathrm{LG}} = 0$$

或

$$p_{\mathrm{gas}} - p_{\mathrm{liquid}} = \frac{2}{R}\gamma_{\mathrm{LG}}$$

上式即为 Young-Laplace 方程。在推导过程中，假设接触角为 0，这仅仅是对完全润湿基质的流体成立。如果接触角不为 0，则接触面形状有所不同，相应的 Young-Laplace 方程变为：

$$p_{gas} - p_{liquid} = \frac{2}{R}\gamma_{LG}\cos\theta$$

式中，θ 为接触角。此时 $R' = R / \cos\theta$ 为弯液面的曲率半径。

现在对咸水和超临界 CO_2 的混合物展开讨论。在这种情况下，研究对象是超临界流体和液体构成的两相流系统。一个重要的问题是：什么状态下该两相流对岩石具有润湿性？下面在分子层面上通过分子动力学模拟说明这个问题，见视频 9.4.1。模拟过程表明：如果两种流体同时接触黏土表面，水相会慢慢润湿黏土表面。事实上，咸水层中的大部分矿物都是亲水的，因此会被水相润湿。

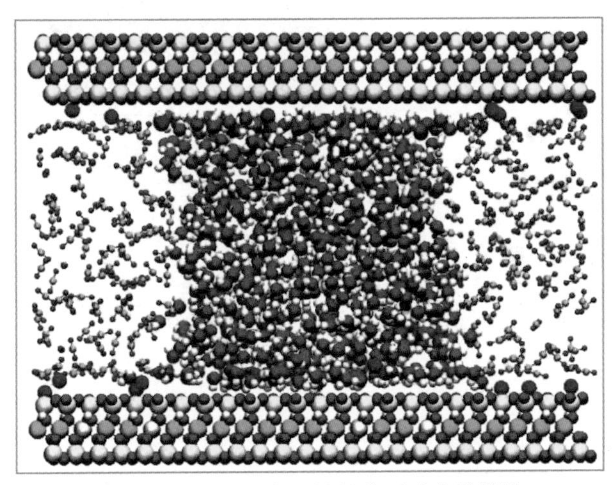

视频 9.4.1

视频 9.4.1　黏土润湿性的分子动力学模拟

该视频模拟宽度为 4nm 的纳米孔隙中 H_2O 和 CO_2 的分子动力学特性，纳米孔隙是指蒙脱石黏土表面之间的平行孔隙。黏土矿物带负电荷，该电荷被吸附的钠离子（蓝球）平衡。模拟初始阶段，水相（O 原子和 H 原子分别为红色和白色）和 CO_2 相（O 原子和 C 原子分别为红色和浅蓝色）所处的位置使得 CO_2—水—黏土润湿角为 90° 。在模拟过程中，当水扩散于亲水黏土表面时，润湿角减小。该视频由 Ian Bourg 制作，可在 http://www.worldscientifi c.com/worldscibooks/10.1142/p911#t=suppl 浏览

问题 9.4.1　树中的毛细压力

应用 Young-Laplace 方程计算只有毛细压力存在的情况下，能够将水输送到树叶的最大高度。

对于气—液系统，基于 Young-Laplace 方程推导出 CO_2（g）与咸水（w）之间的毛细压力：

$$p_g - p_w = \frac{2}{R}\gamma_{gw}\cos\theta$$

其中，CO_2 和咸水之间的界面张力是已知的。由于毛细压力的作用，润湿相将优先被吸入孔隙中。

9.4.2 咸水—CO_2 界面张力

毛细压力表达式中的一个关键参数是咸水—CO_2 的界面张力（γ_{gw}）。在许多实际应用中，毛细压力的数值是通过其他气体（如 N_2、CH_4）的数值估计出来的。为了检验这些估计值是否有效，Nielsen 等[9.14]通过分子尺度计算研究了压力对咸水—CO_2 界面张力的影响，结果如图 9.4.4 所示。可以看出，界面张力随着压力的增大而减小，γ_{gw} 的数值最终达到 25mN/m 左右，此时的 CO_2 以超临界流体的状态存在。咸水与其他气体（如 N_2、CH_4）的界面张力约为该数值的 2 倍，当 CO_2 在某些条件下性质未知时，则不能直接应用其他非润湿流体数值来估算咸水—CO_2 界面张力。

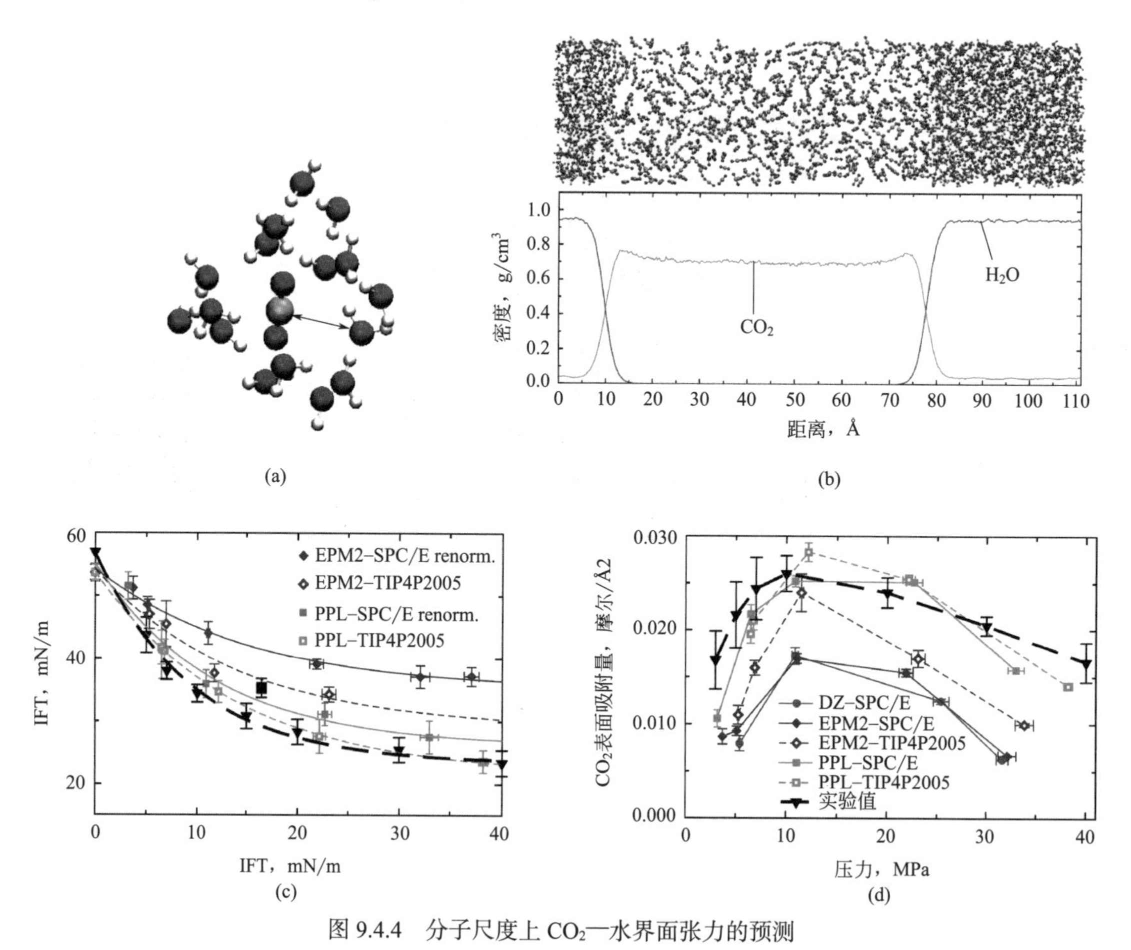

图 9.4.4　分子尺度上 CO_2—水界面张力的预测

（a）$CO_{2\,(aq)}$ 分子与其最近的水分子（第一溶剂化层）的分子动力学（MD）模拟快照。（b）与超临界 CO_2 区域接触的液态水的区域中某个模拟单元的快照。下面的图片是与 CO_2—水界面垂直方向的水和 CO_2 的平均密度剖面。（c）373K 时界面张力 γ_{gw} 随着压力的变化；黑色三角形符号是实验值；彩色符号表示不同 CO_2—水模型下的 MD 模拟预测值。（d）373 K 时，吸附在水表面上的 CO_2 密度与压力的关系；彩色符号为 MD 模拟预测值；黑色三角形符号是（c）中吉布斯吸附方程中获得的实验数据。图片转载自 Nielsen 等[9.14]

与 γ_{gw} 相关的压力是由水表面对 CO_2 的吸附性引起的，如吉布斯吸附方程所示：

$$\frac{d\gamma_{gw}}{d\ln f} = -RT\Gamma_g^w$$

式中，f 为 CO_2 的逸度（p_g 的函数）；Γ_g^w 为 H_2O 中 CO_2 的吉布斯吸附量，即 CO_2 被水的表面吸附的量（图 9.4.4）。该方程被广泛应用于包含任意物质的咸水—CO_2 系统。而且，从该方程可以看出，在咸水—CO_2 系统中添加界面能够吸附的任何物质都会导致界面张力减小（反之，咸水—CO_2 系统中减少界面能够吸附的任何物质都会导致界面张力增加）。例如，如果将咸水—CO_2 界面附近的 NaCl 提取出来，则 γ_{gw} 值增加，这与实验观察到的完全一致。

9.5 盖层

在 CO_2 注入过程中，超临界 CO_2 会形成羽状流（图 9.5.1）。在大多数情况下，盖层是阻止 CO_2 向上运移的关键因素。下面将基于孔隙流体的性质来研究盖层的封闭机理。

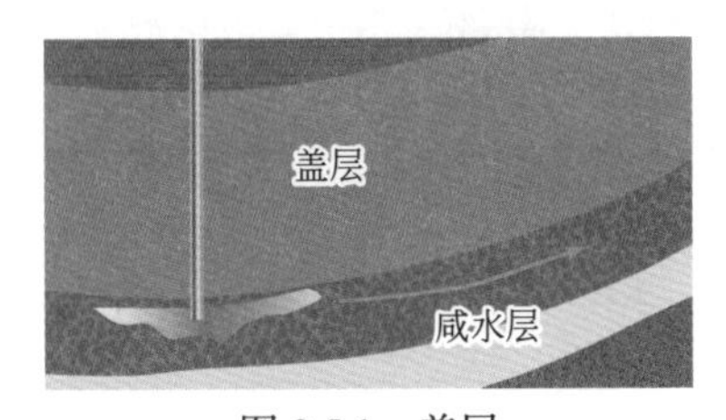

图 9.5.1　盖层

由于盖层的存在，从而阻止了注入的 CO_2 继续向上运移

9.5.1　机理分析

回顾一下，盖层通常是孔隙相对较小的页岩。由于毛细作用，相对 CO_2 而言，其孔隙更易于被咸水充填。假设将盖层模拟为一层“薄膜”，其中平行的圆柱形孔隙被咸水完全润湿（图 9.5.2）。根据 Young–Laplace 方程，只要 CO_2 的压力低于：

$$p_g = p_w + \frac{2}{R}\gamma_{LG}$$

则毛细压力将阻止 CO_2 向上运移。而且，盖层孔隙越小，能承受的压力就越大（问题 9.5.1）。

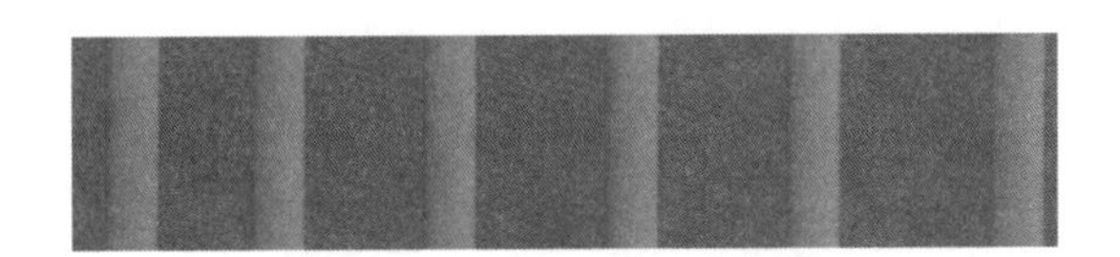

图 9.5.2　盖层及其孔隙模型

问题 9.5.1　CO_2 与甲烷的对比

与阻止 CO_2 羽状流向上运移的机制相同，盖层对天然气具有封闭作用。现在用 CO_2 来代替天然气。讨论下储层中可以封存的 CO_2 数量是增加？减少？或是相等？

对于实际盖层而言，图 9.5.2 过于简化。盖层孔隙的形状和直径满足一定的统计分布。盖层的封闭能力由其最大孔隙决定，它决定了封闭地层的毛细突破压力 $p_{c,b}$，将其定义为最低的 p_c，突破该压力值，CO_2 将通过某一路径穿过岩层。

9.5.2 岩心尺度上关于 $p_{c,b}$ 的测量

盖层岩石的突破压力（$p_{c,b}$）数值可通过部分岩心样品的实验数据获得。测量时需要提取一个完整的处于水饱和状态的岩心，使其一侧接触 CO_2 气体，并慢慢增加 CO_2 气体的压力，直到 CO_2 完全通过岩心。对于尺寸较小的岩心样品，实验过程约需要一个月的时间。研究表明，盖层岩心样品对惰性气体（N_2，CH_4）的流动具有很强的阻止作用，但是对 CO_2 而言，其阻止作用稍弱。表 9.5.1 和表 9.5.2 提供了其中的一些实验数据。假设这些岩心样品都满足理想的 Young-Laplace 方程，那么表 9.5.2 中所示的毛细管压力和界面张力表明：能够实现封闭作用的临界孔喉半径数量级在 4 ～ 200nm 范围（见问题 9.5.2）。

表 9.5.1 储层和盖层中 CO_2 的突破压力

$p_{c,b}$，MPa	孔隙介质
储层岩石	
0.01 ～ 0.1	油田常见的砂岩
盖层	
0.21 ～ 1.85	泥岩
0.64	泥灰岩
0.74	石灰岩
3.5 ～ 4.3	粉泥岩
5.0 ～ 11.2	蒸发岩
0.8 ～ 12.0	油田常见的盖层

注：储层和盖层岩心样品的 CO_2 突破压力（$p_{c,b}$）。数据来源于 Hildenbrand 等 [9.15]、Li 等 [9.16]、Wollenweber 等 [9.17] 和 Skurtveit 等 [9.18]。

表 9.5.2 几类盖层岩心的 CO_2 突破压力

系统	$p_{c,b}$，MPa	γ_{gw}，mN/m
样品 1		
CO_2/ 咸水	9.2	21
N_2/ 咸水	27.9	57
样品 2		
CO_2/ 咸水	11.2	20
N_2/ 咸水	29.7	56.4
样品 3		
CO_2/ 咸水	5.0	25.1

续表

系统	$p_{c,b}$，MPa	γ_{gw}，mN/m
CH_4/ 咸水	12.8	57.4

注：盖层岩心样品的 CO_2 突破压力（$p_{c,b}$），以及与之对应的不同非润湿性流体（CO_2、N_2、CH_4）与润湿性流体之间表面张力。岩心样品数据来源于 Li 等[9.16]。

问题 9.5.2 润湿角、临界孔喉半径以及盖层下非流动 CO_2 的最大封存量

当注入流体为 CH_4 或 N_2 时，假设实验过程中 θ=0，计算表 9.5.2 中盖层岩心样品的 CO_2—水—矿物润湿角（θ）以及临界孔喉半径。然后，令 $\gamma_{gw}\approx$22mN/m，并根据之前计算的 θ 和表 9.5.1 中的 $P_{c,b}$，计算储层和盖层的临界孔喉半径范围。当盖层 $P_{c,b}$=1MPa 时，CO_2 最大封存量是多少？结果可以表示为：（a）CO_2 羽流厚度；（b）单位面积上的 CO_2 质量；（c）对于装机容量为 1GW 的燃气火电厂，封存一年的 CO_2 捕集量所需的面积。假设 ϕ=0.25，ρ_{H_2O}=600kg/m³。对于一个装机容量为 1GW 的现代燃气发电厂，每年捕集 90% 的 CO_2 用于封存，其捕集量约为 2.5Mt。

9.5.3 裂缝和断层

在上一节中，分析了部分盖层样品的数据，以期它们能代表盖层的整体情况。然而，在一个长达几公里的盖层上，不可避免地存在裂缝和断层，这是导致 CO_2 泄漏的潜在危险。

通过遥感技术可以在很大概率上检测到大的断层，这在 CO_2 地质封存中需要加以研究。然而，小的断层和裂缝可能无处不在且几乎无法检测。这些潜在的泄漏路径同样包括盖层上原有的但已经封闭的裂缝，它们可能会因 CO_2 注入引起的压力变化而重新破裂。在完井过程中，套管与水泥之间、水泥与盖层之间也可能存在宽度 10μm 左右的“微环隙”（图 9.5.3）。

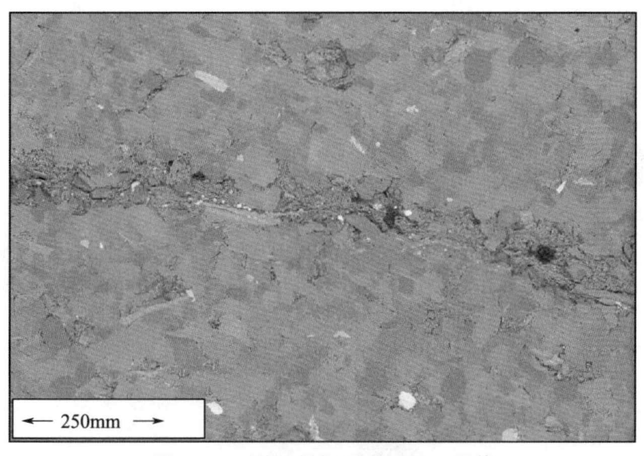

图 9.5.3 裂缝封闭后的 SEM 图像

Eau Claire 盖层（深度为 2846 英尺）中层状硅酸盐充填裂缝（可能被重新激活成为渗漏路径）的扫描电子显微镜（SEM）图像。图片由俄亥俄州州立大学 Alexander Swift 和 Julia Sheets 提供

实际上，我们对盖层中的微小断裂和裂缝了解较少。在某个深度的地层静压作用下，这些微小断裂和裂缝不是那么明显，因为在围岩作用下，有助于它们重新闭合（图 9.5.4）[9.19]。它们的性质与岩石的力学特性密切相关。例如，页岩气生产数据表

明：如果页岩地层含有大量的黏土或有机物质，其气井的生产寿命较短，可能是因为这些物质增强了岩石裂缝的自愈能力。这种情况虽然不利于提高页岩气的采收率，但是对于安全封存 CO_2 是十分有利的。

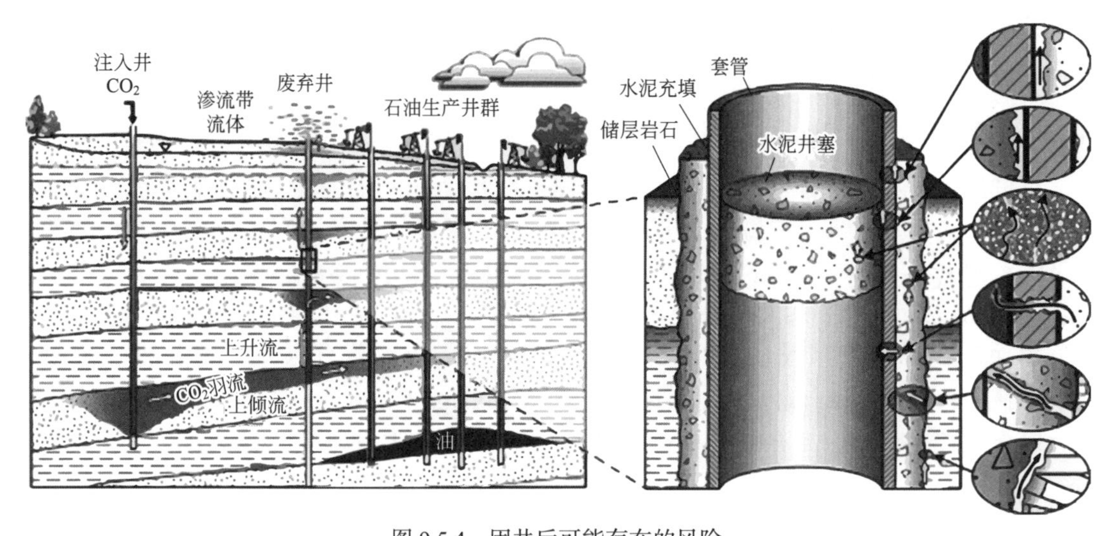

图 9.5.4 固井后可能存在的风险

图中显示了固井失效的类型，可能形成泄漏通道，产生潜在的风险

CO_2 经过盖层产生泄漏。图片经 Nordbotten 等重绘 [9.19]

9.5.4 化学反应对裂缝渗透率的影响

当裂缝中流体流量较大时，封闭参数 k_v 和 $p_{c,b}$ 的数值可能会产生相对较大的快速变化，这是因为酸性流体流经裂缝时会与裂缝发生反应，改变裂缝表面，进而改变裂缝开度。CO_2 长期安全地质封存的一个关键问题是盖层裂缝中的流体（咸水或 CO_2）能否使得盖层裂缝自我增强或自我封闭。这个问题的答案可能取决于裂缝中流体的成分、地球化学反应速度，以及裂缝流体与盖层基质之间的岩石力学作用（图 9.5.5）[9.20]。

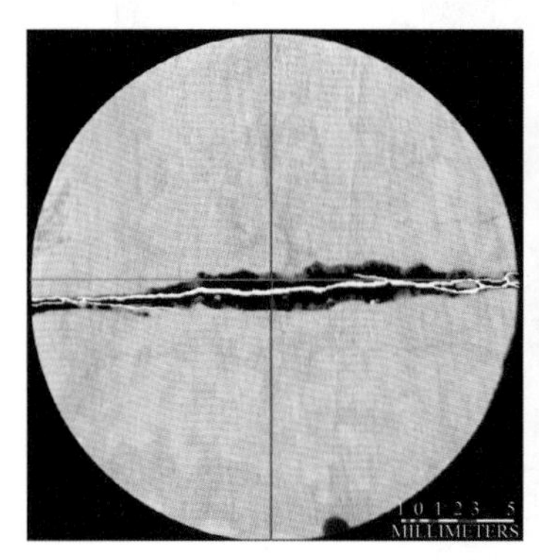

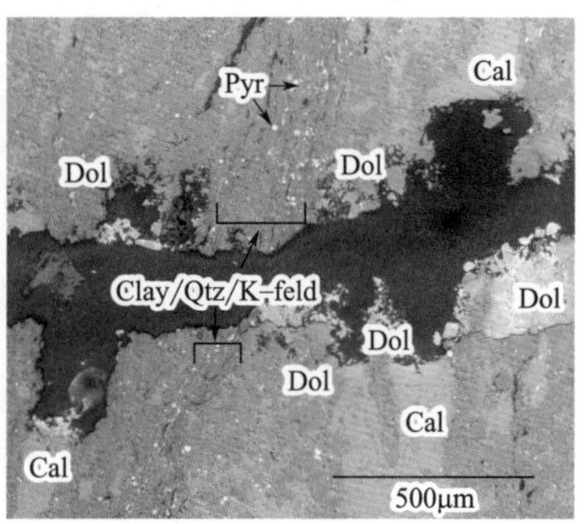

图 9.5.5 人工裂缝盖层中的渗流及地球化学

盖层（密歇根州北部 CO_2 封存试点的 Amhersburg 地层上部盖层）的人工裂缝演化实验结果。上图左侧显示岩心样品在开始实验（裂缝的初始状态用白色表示）和暴露在酸性咸水一周后（裂缝的最终状态显示为黑色）的横切面，图像由微 CT 机扫描而成。上图右侧［背散射电子扫描电子显微镜（BSE-SEM）显示的部分裂缝暴露于酸性咸水后的图像］显示方解石颗粒（“Cal”）所在区域的裂缝表面溶解性优先于白云石（“Dol”）或硅酸盐所在的区域。图片经 Elsevier 许可转载自 Ellis 等 [9.20]

在封闭构造的底部，在裂缝中流动的流体要么是在 CO_2 注入过程中被 CO_2 驱替的原始地层水，要么是 CO_2 羽状流附近的酸性流体。即饱含 CO_2 的咸水或咸水与 CO_2 形成的两相流，到底是哪种流体取决于 CO_2 能否克服裂缝的突破压力。酸性流体将会溶解裂缝壁，增大裂缝开度，正如盖层的人工裂缝实验中所展示的那样（图 9.5.5）。当酸性流体或流体混合物向上流动通过裂缝时，水－岩反应可能促进裂缝深处碳酸盐矿物的沉淀。整个地球化学反应过程可以与储层中发生的矿化封存过程进行类比（将在 9.8 节讨论），但是在裂缝的不同位置上将会发生溶解反应和沉淀反应。碳酸盐矿物沉淀能够封闭裂缝的设想在天然 CO_2 渗漏研究中得到了证实[9.20]。

9.6 渗透率

与盖层相比，好的砂岩储层除了具有充足的孔隙度（储存能力）外，还要有高渗透性（流体在储层中易于流动）。在这样的储层中，渗透率由孔隙的连通性决定。

渗透率的单位是 m^2 者或达西（D），其中 $1D=10^{-12}m^2$，$1mD=10^{-15}m^2$（此处的渗透率与第 7 章中介绍的膜的渗透率的区别见专栏 9.6.1）。如果说储层的渗透率好，通常是指渗透率在 100mD 或更高。相比之下，盖层渗透率好的标准则是其渗透率在 0.1mD 左右甚至更小。

专栏 9.6.1 膜和岩石的渗透率

在第 7 章中，根据浓度梯度，通过通量的概念引入膜的渗透率：

$$j=-\frac{P}{L}\left(c_{\mathrm{R}}-c_{\mathrm{P}}\right)$$

式中，c_{R} 和 c_{P} 分别为滞留液和渗透液上的分子浓度；L 为材料厚度；P 为材料的渗透率。

应用同样的定律，将地质构造视为薄膜模型。然而，在地球科学中，需要先从水动力学开始。在流体力学中，流动的主要驱动力是重力和压力差。达西定律将流量（m^3/s）与压力梯度相关联：

$$j=-\frac{K}{\mu L}\left(p_{\mathrm{e}}-p_{\mathrm{b}}\right)=-\frac{K}{\mu}\nabla p$$

式中，p_{e} 和 p_{b} 分别为流区末端和流区始端的压力；∇p 为压力梯度；μ 为黏度，Pa·s；K 为介质的渗透率，m^2。黏度出现在这个方程中是因为该方程是由 Navier-Stokes 方程推导出来的，而 Navier-Stokes 方程又是由动量守恒定律推导出来的。

对于常见的岩石而言，其渗透率是一种可在多个数量级上变化的性质。孔隙度和渗透率通常是相关的，但孔隙度与渗透率之间的关系相当复杂且没有一种普适性的相关性。即使在相同的地质构造中，孔隙度与渗透率的关系也不是唯一确定的，而是依赖于孔隙的连通性。图 9.6.1 显示了伊利诺伊盆地圣彼得砂岩的渗透率与孔隙度的关系 [9.21]。渗透率的变化如图 9.6.2 所示 [9.22]。一般来说，随着岩石颗粒大小的增加，渗透率在数值上能够增加 8 个数量级以上。

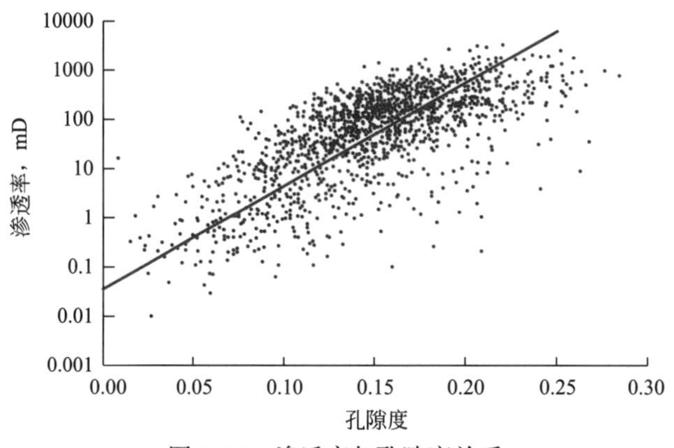

图 9.6.1 渗透率与孔隙度关系

根据伊利诺伊州的圣彼得砂岩数千个岩心样品可知，渗透率可视为孔隙度的函数。

图片来自 Leetaru 等 [9.21]

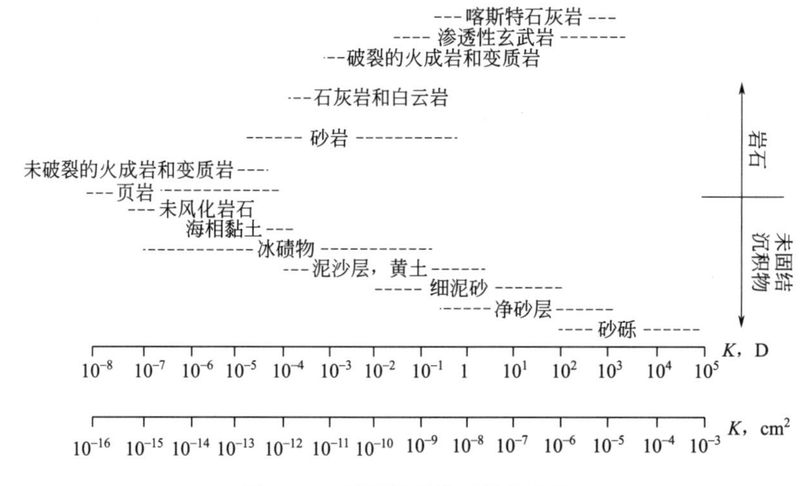

图 9.6.2 不同类型岩石的渗透率

不同类型岩石渗透率（K）的一般范围，采用两个不同的单位。

数据源自 Freeze 等 [9.22]

9.6.1 裂缝渗透率

图 9.6.2 中的数据也显示了某些岩石中裂缝对渗透率的影响。虽然岩石渗透性低，但是裂缝具有非常高的渗透率。实际上，开度很小的一处裂缝就可以使整个岩石具有相当大的渗透率。已经证明，根据 Cubic 定律流体流经渗透率为 k（单位为 m^2）的裂缝时，可视为在两块平行板之间流动：

$$K = \frac{Nb^3}{12}$$

式中，N 为每米裂缝的数量；b 为裂缝的开度。例如，长度为 10m、开度等于一张纸厚度的裂缝渗透率 $K=0.1m^{-1}\times(1\times10^{-4}m)^3/12=8\times10^{-15}m^2=8mD$，这近似等价于未固结泥岩的渗透率。

在某个压力下向地层注入 CO_2 可能导致地层产生裂缝。图 9.6.3 所示为与流体注入相关的地层压力剖面。地质系统中静水压力的分布是由连通孔隙中流体所受重力作用决定的。假设孔隙具有一定的连通性且处于平衡状态，由于流体密度是埋深的函数，则压力随着深度的增加而增加。在这些条件下，孔隙内的压力通常非常接近静水压力。为了将流体注入地下地层中，注入压力必须大于局部孔隙流体压力。图 9.6.3 中最右侧的曲线为地压梯度。这种压力是由于岩石本身的重量引起的，是岩石密度和埋深的函数。如果流体注入压力超过静岩压力，岩石会沿着水平面张开，从而在地层中形成裂缝或空腔（问题 9.6.1）。

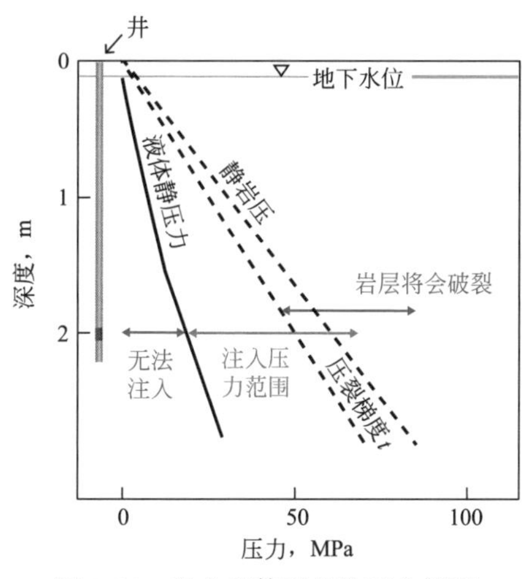

图 9.6.3 注入流体引起的压力剖面

地下注入流体引起的不同压力剖面示意。地下水位是静水压力剖面的起始点，它被定义为开放的静态井在平衡时的水位

问题 9.6.1 裂缝渗透率

图中所示山洞的裂缝是为了挖掘制作粉笔（碳酸钙）的原料而形成的。这些裂缝可能是由于山洞挖掘造成近地表下沉或应力变化产生的。如果这种低渗透性岩石裂缝的平均间隔为 2m，开度为 0.5mm，那么岩石的有效渗透率将是多少？提示：正确答案是渗透率与纯砂岩类似。

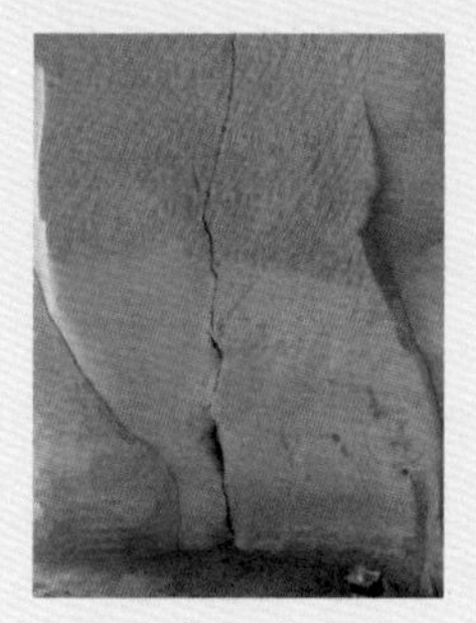

山洞中暴露的裂缝使得低渗透性岩石整体渗透率变大。图片由 Curt Oldenburg 拍摄，2011

静水压力分布曲线与静岩压力分布曲线之间的中间曲线是比较重要的，被称为破裂压力梯度或压裂梯度。在某一深度，当孔隙流体压力大于破裂压力时，岩石就会破裂，形成高渗透性垂直通道。压裂梯度可通过试井的方式确定，这就是漏失测试。在这种测试中，测试井的井底与其余井隔绝，并通过油管施加高压。当流体压力增加时，地层发生破裂时的压力就是压裂压力。在钻井过程中，需要在不同深度的地层多次进行测试，从而得到平均破裂梯度。

页岩中开采天然气和石油时的水力压裂或水力破裂需要经过监管机构的审批（见专栏 9.6.2）。然而，对于大多数注入井都禁止压裂。因为水力压裂裂缝很难控制，它会改变地层结构，有可能使得废弃的注入流体进入受保护的地下水储层中。为了保护地下水资源，管理机构要求流体压力保持在破裂压力以下。这些内容将在关于 CO_2 地质封存的潜在影响一节中进一步讨论。

专栏 9.6.2 水力压裂（或“压裂”）

利用水力压裂技术可以从超低渗的页岩中开采大量的天然气和石油。在水力压裂过程中，长水平井要钻透含有天然气或石油的页岩地层，该地层需具有较大的经济开采价值。高压下的流体注入水平井中，从而在页岩中形成垂直裂缝。支撑剂（如砂）和其他化学剂注入这些裂缝中，即使流体停止注入，压力骤减，支撑剂仍然保持裂缝处于张开状态。这些张开裂缝为开采石油提供了所需的渗透性，而且使得油气开采具有经济性。

9.6.2 渗透率的尺度依赖性

岩石的渗透率变化不仅跨越多个数量级，同时也取决于岩心样本的尺度。岩石渗透率的尺度依赖性源于岩石的非均质性以及渗透率的测量方式。渗透率是在给定压力梯度下根据流速测得的。根据测量长度的大小，流体将沿着不同长度尺度的路径流动。如果在较长的距离上设置压力梯度，则将会出现较多的渗流路径，而且出现交叉渗流路径的概率大大增加。因为流速反映了样品中具有最高渗透率的路径，类似于并联电阻中的电流。不同于串联电阻中的电流。当测量长度的尺度增加时，测出的渗透率数值越大。图 9.6.4 说明了渗透率从实验室到井眼的这种尺度（S）依赖性[9.23]。

CO_2 地质封存中渗透率的尺度依赖性含义比较复杂。首先，由于注入井相当于地层中的一个点，相对而言，这是小尺度，因而不可能表现出高渗透率的特征。但是，如果注入井穿过裂缝与断层，或者说一旦注入的 CO_2 遇到附近的高渗透裂缝或断层，那么注入的大部分 CO_2 都会绕过附近的孔隙空间而流向此区域。这种情形将贯穿整个注入过程。在这种情况下，CO_2 不会有效地分布于岩层孔隙中。其次，注入后的很长一段时间内，由于 CO_2 浮力的作用，也会产生类似的效应，近乎恒值的浮力将会驱使 CO_2 向上运移并在盖层下方形成了大面积的 CO_2 羽状流。在这种情形中，任何封闭完整性薄弱的地方都可能导致 CO_2 羽状流突破盖层后进入盖层上方甚至穿过盖层，从而导致泄漏。就像下雨时的旧屋顶一样，如果有雨水漏进屋里，就会沿着漏点一直漏雨。

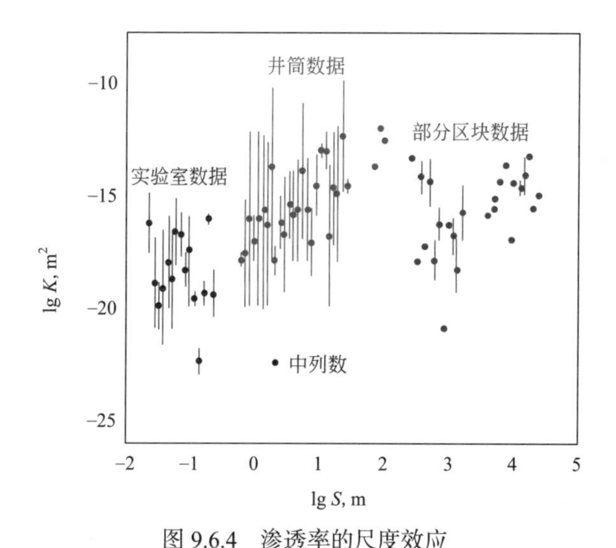

图 9.6.4 渗透率的尺度效应

结晶岩渗透性测试的尺度效应。沉积岩在渗透率上被认为具有一致性，其渗透率通常与测量尺度满足某种函数关系。数据来自 Clauser[9.23]

现在，需要重新回到一些基本概念上，它们是关于渗透率及其变化是如何影响 CO_2 注入和运移的，后者与 CO_2 封存潜力密切相关（见第 10 章）。

9.7 两相流

上一节研究了地质构造中单相流体的渗透率问题。CO_2 注入地层后，大部分会以超临界状态的自由相流体存在，而且与地层中的咸水互不相溶，这种状态持续几十年甚至几百年。因此，咸水层中 CO_2 的运移过程可以视为两相流过程。

9.7.1 相对渗透率

在上一节（专栏 9.6.1）中，应用达西定律定义了单相流的渗透率：

$$j = -\frac{K}{\mu}\nabla p$$

式中，∇p 为压力梯度；μ 为流体黏度；K 为岩石的单相渗透率；将达西定律扩展到两相流问题中，可以定义相 i 的有效渗透率：

$$j_i = -\frac{K_{ij}}{\mu_i}\nabla p_i = -\frac{K_{r,i}K}{\mu_i}\nabla p_i$$

式中，K_{ij} 为相 i 在相 j 存在时的有效渗透率。在第二个方程中，当相 j 存在时，相 i 的相对渗透率 $K_{r,i}$ 定义为有效渗透率与单相流渗透率的比值（见专栏 9.7.1）。

专栏 9.7.1 相对渗透率

由于相对渗透率对 CO_2 地质封存非常重要，所以对岩心样品进行大量的实验测试对研究 CO_2 封存机理很有必要。测量数据可用于拟合典型的相对渗透率曲线，并将其用于 CO_2 注入的模拟。Sally M. Benson（Stanford）研究小组已经提供了一个在线绘图工具包，用于绘制各种相对渗透率的公开数据及拟合模型。详见 https://pangea.stanford.edu/research/bensonlab/relperm/index.html。

可以使用上面 URL 中的在线工具包来检验所有分类岩石的相对渗透性。岩石样本的哪些性质造成了寒武系底部砂岩与 Frio 砂岩的差异？岩石的哪些性质造成了 Niskiu 碳酸盐岩和 Wabaman 碳酸盐岩的差异？

为了描述两相流体在岩石中的渗流情况，需要知道相对渗透率与单一相态在岩石孔隙中所占体积分数的关系。相 i 所占的孔隙体积分数称为相饱和度（如咸水饱和度或 CO_2 饱和度）：

$$S_i = \frac{V_i}{V_{\mathrm{p}}} = \frac{V_i}{\phi V_{\mathrm{T}}}$$

式中，V_i 为相 i 的总体积；V_{p} 为孔隙体积；ϕ 为孔隙度；V_{T} 为岩石总体积。

最简单的两相流模型中假设咸水和 CO_2 均是完全独立流动的。假设岩石中 S_{g}=0.1，即 CO_2 占据岩石孔隙体积的 10%，咸水占据岩石孔隙体积的 90%。如果将流体视为两个独立的单相流，则可认为岩石中 10% 的孔隙体积中有 CO_2 单相流流动，90% 的孔隙体积中有咸水单相流流动。如果 S_i 为相 i 的饱和度，则相对渗透率可由下式表示：

$$K_{r,i} = S_i$$

对于大多数流体而言，$K_{r,i}$ <1。现在来看看两相润湿性的不同是如何改变两相流的流动过程。

图 9.7.1 所示为高咸水饱和度（a）和低咸水饱和度（b）两种情况。由图 9.7.1（a）可知，咸水相占据大部分孔隙空间，形成连通相，此时咸水可随压力梯度变化能够相对自由地移动。相比之下，低饱和度的 CO_2 只能以离散的非连续形态存在。这些斑点状 CO_2 的相对渗透率为零，因为不能对这些非连续相态的 CO_2 施加压力梯度。在这种情况下，与理想的相对渗透率比较，CO_2 的实际流动性要比期望的情形差很多。

由图 9.7.1（b）可知，CO_2 为连通相，且咸水相是相对不流动的。因为咸水润湿了矿物颗粒，则在颗粒周围形成润湿层。在毛细压力作用下，咸水将充满狭窄的孔隙空间。图 9.7.1（b）与图 9.7.1（a）有本质上的不同，前者中的 CO_2 以气泡的形式存在。对于后者，当咸水饱和度低于某一数值时，也将变得不再流动。

一般来说，与饱和度小的相相比，饱和度大的相流动性更大。在某些情况下，相饱和度减小到零之前，其流动性早已变为零。

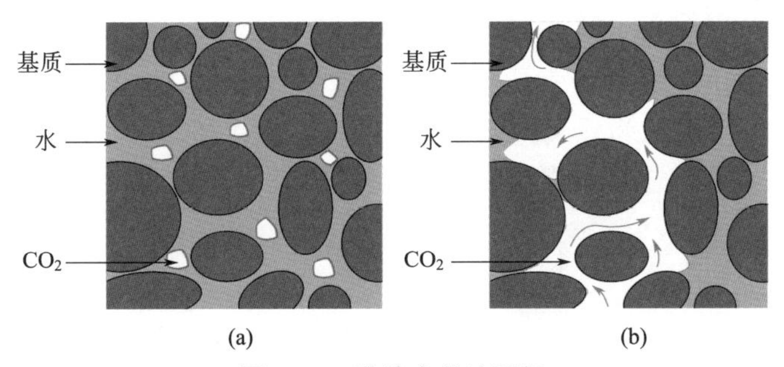

图 9.7.1　孔隙内的连通相

（a）地下水形成连通相，其流动性相对较强，而 CO_2 存在只是离散的气泡；
（b）CO_2 形成连通相，而地下水包裹岩石颗粒

再次观察图 9.7.1 可知，毛细压力可以定义为非润湿相压力减去润湿相压力。在两相流体系中，如果孔隙被润湿相（咸水）所饱和，那么毛细压力为零。如果在地层中注入 CO_2，则施加压力需要高于静水压力，从而使得 CO_2 能够在地层中流动。如果压力只是高出静水压力一点，则相应的毛细压力较小，CO_2 只能驱替较大孔隙中的咸水。为了进一步减少咸水饱和度，需要增加 CO_2 的压力，从而驱替较小孔隙中的咸水。如果继续增加压力，则非润湿相将会驱替大部分孔隙空间中的咸水。此时，形成不连通的、不流动的咸水相。就像 CO_2 可以绕过这些块状咸水一样，即使进一步增加 CO_2 压力也不能再驱替

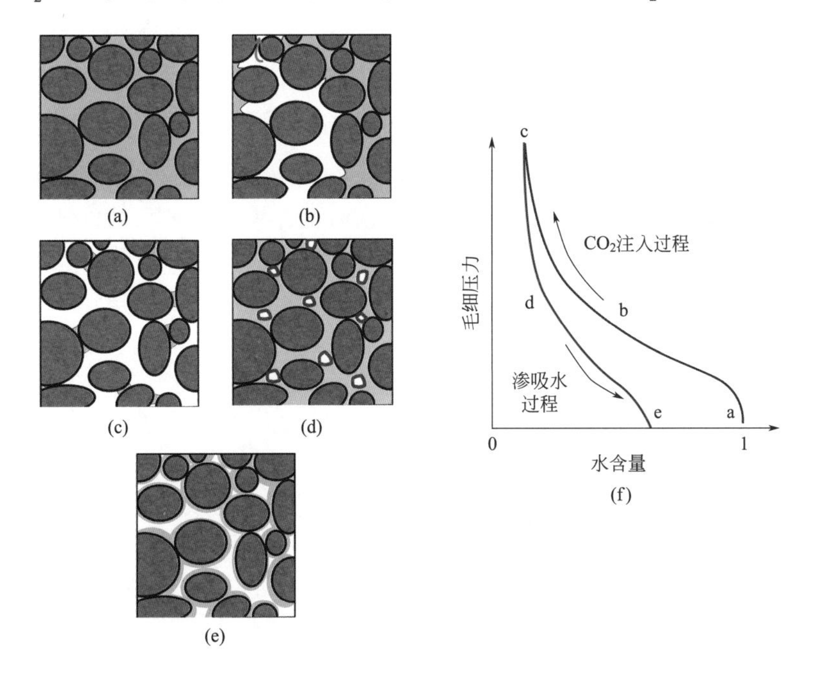

图 9.7.2　毛细压力与咸水饱和度的关系

开始时地层中只有咸水（a）。如果 CO_2 的压力高于静水压力，CO_2 会流入最大的孔隙（b）。随着毛细压力增大，咸水的量会减少，越来越小孔隙中的咸水会被驱替。咸水饱和度一直下降，直到达到最小咸水饱和度，此时咸水流动性为零，因为咸水被困在不连通的环境中（c）。如果降低 CO_2 的压力，则咸水将会润湿岩石颗粒（d），而且咸水会首先填充小孔隙，从而将 CO_2 隔离开。因此，在相同毛细压力下，润湿曲线具有较低的咸水饱和度。如果再次达到静水压力，CO_2 将以液滴状滞留在地层中（e）

出咸水。毛细压力与咸水饱和度的关系如图 9.7.2（f）所示。当岩石孔隙中非润湿相的体积分数增加时，毛细压力将会增加。当润湿相达到其饱和最小值时，毛细压力达到最大值，此时润湿相的饱和度称为残余饱和度或最低残留饱和度。

现在，已经建立了描述相对渗透率与饱和度关系的模型，以及毛细压力与饱和度关系的模型。函数 $K_{r,g}\left(S_g\right)$、$K_{r,w}\left(S_g\right)$、$p_c\left(S_g\right)$ 都是多孔介质的特征曲线。这几个模型曲线的半经验关系表达式如下：

$$K_{r,w}=\left(S^*\right)^{0.5}\left\{1-\left(1-\left[S^*\right]^{1/m}\right)^m\right\} \tag{1}$$

$$p_c=p_0\left(\left[S^*\right]^{-\frac{1}{m}}-1\right)^{1-m} \tag{2}$$

$$K_{r,g}=\left(1-S'\right)^2\left(1-S'^2\right) \tag{3}$$

式中，p_0 和 m 均为拟合参数；S^* 和 S' 为调整后的咸水饱和度，分别通过下式计算：

$$S^*=\frac{S_w-S_{w,r}}{1-S_{w,r}},\quad S'=\frac{S_w-S_{w,r}}{1-S_{w,r}-S_{g,r}}$$

调整后的咸水饱和度考虑了多孔介质中的咸水残余饱和度 $S_{w,r}$ 和 CO_2 残余饱和度 $S_{g,r}$。

上述方程（1）～（3）适用于描述理想情况：$p_c>0$ 且随着 S_g 的增加而增加，因为需要一定的压力才能使得 CO_2 驱替孔隙中的咸水，从而使得 CO_2 封存在孔隙空间中；$K_{r,i}$（i 取 w 或 g）随着 S_i 的增加而增加，因为占据孔隙空间体积分数较大的相态更易于流动。对于润湿相是水、非润湿相是空气这种情况（如非饱和土壤），其特征曲线的研究更为深入。但是，对于高温高压下咸水—CO_2 流体这种情况尚需进一步研究。由于函数关系相对简单，因此方程（1）～（3）不能完全描述特征曲线。特别的，当存在不同类型的孔隙结构时，不同的孔隙尺度对孔隙度的影响各不相同，此时不能简单地采用上述方程进行分析。

9.7.2 迟滞现象

读者可能已经注意到，前面的讨论是假设相对渗透率和毛细压力为咸水饱和度的函数，为了方便起见，假设岩心样品是完全咸水饱和的。

现在讨论下面的实验（图 9.7.2）。开始时样品孔隙是完全咸水饱和（S_w=1）的。如果施加的压力高于流体的局部静水压力，则在岩心中注入 CO_2（图 9.6.3）。这将会首先驱替最大孔隙中的咸水（排水过程），而且增加 CO_2 的压力，可以逐渐驱替更小孔隙中的咸水，直至 CO_2 形成连续的流动路径，此时咸水的饱和度称为残余水饱和度。

实验的下一步是 CO_2 驱替过程的反过程。停止注入 CO_2，则 CO_2 的相压会慢慢降低，咸水发生回流（吸水过程）。由于咸水能够润湿岩石颗粒，毛细压力使其首先润湿孔喉。这个过程使得 CO_2 以气泡的形式被封存。此时，需要注意的是，吸水过程和排水过程呈现出不同的性质：在相同的毛细压力下，由于吸水过程在孔隙中封存 CO_2 气泡，因而咸水饱和度要低于原来的数值。所以，吸水过程和排水过程不可能遵循相同的毛细管压力曲线。吸水过程会一直持续到咸水形成连续相。此时孔隙中的 CO_2 将以气泡的形式封存，而且 CO_2 的流动性降至零。一旦 CO_2 的相渗透率降至零，就不能再驱替 CO_2。经过该实验过程，再次达到静水压力，但是此时岩心样品就不是实验开始阶段时被咸水完全饱和了！一种相态在多孔介质中仍然存在（残余相饱和度），但是其相对渗透率（排水过程中的咸水，吸水过程中的 CO_2）下降到零，这种现象就是残余相封存。

在排水和吸水过程中遵循不同路径的现象称为迟滞现象，由此产生的残余 CO_2 饱和度就是第 8 章中介绍的毛细封存过程或者残余气封存过程的基础（图 8.2.3 和视频 8.2.1）。

9.7.3 残余相封存的意义

残余相封存对 CO_2 地质封存而言既有积极作用也有消极作用。

消极作用是，如果把 CO_2 注入咸水层，水的残余饱和度将会降低储层的有效封存量。

图 9.7.3 所示为残余相封存的积极作用。注入 CO_2 后很长一段时期中，注入的 CO_2 会形成羽状流向上运移，并在盖层下方缓慢聚集。在 CO_2 羽状流前缘，咸水将会被 CO_2 驱替，此时咸水—CO_2 系统将沿着排水过程中的相对渗透率和毛细压力特征曲线作用。在排水过程特征曲线上可以看出，岩石对 CO_2 的相对渗透率较高，且能够促进 CO_2 运移。在羽状流的后缘，系统将按照吸水过程特征曲线作用，随着 CO_2 向上运移和地下水重新进入孔隙。根据润湿过程特征曲线，岩石中 CO_2 的相对渗透率要低于排水过程特征曲线上对应的数值。更重要的是，在残余 CO_2 饱和度下，CO_2 的相对渗透率变成了零。这些残留的 CO_2 被有效地封存在岩石孔隙中。通过这一过程，向上运移的 CO_2 羽状流最终会失去所有可移动的部分，直至以残余气的形式完全封存。实验说明：即使地层缺少封闭结构（背斜或穹窿）和相应的盖层，向上运移的 CO_2 气柱最终会在某个残余气饱和度下被完全封存，残余气封存是 CO_2 地质封存的关键机制之一（问题 9.7.1）。残余气封存率越高，羽状流运移的距离就越短，封存的安全性就越高，封存量也越大。

图 9.7.3 残余气封存

图中显示了 CO_2 注入几百年后以残余气形式封存的 CO_2 羽状流。该图忽略了构造封存、溶解封存和矿化封存

问题 9.7.1 CO_2 残余气体封存潜力

假设 CO_2 封存的地层厚度为 150 m，波及效率为 0.20，孔隙度为 0.25，残余 CO_2 饱和度为 0.25，CO_2 密度为 650 kg/m^3，计算 CO_2 的封存潜力（CO_2 羽状流以 Mt/km^2 为单位计算）。未来 50 年中，假设 CO_2 不是封存在海里或叠置多套地层中，如果需要封存美国排放 CO_2 的 40%（以目前的排放水平），则需要的封存面积将是美国本土面积的多少倍？

残余气封存可通过岩心驱替实验进行测定，储层岩心样品最初被咸水完全饱和，通过控制温度和压力首先进行 CO_2 排水过程，然后进行吸水过程。吸水过程开始时的初始 S_g

就是 CO_2 的初始饱和度 $S_{g,i}$。吸水过程中 S_g 所达到的稳态值就是 CO_2 的残余饱和度 $S_{g,r}$（图 9.7.4）。在最终状态下，残留在岩心中的所有 CO_2 都是不能移动的，呈不连续状态（气泡）。目前，储层岩心的 CO_2 $S_{g,r}$ 可靠数据相对较少。实验结果只是针对少部分岩心样品（长度约 5cm），在更大范围内是否具有通用性尚未可知。在区块尺度模型上和封存量估计中，$S_{g,r}$ 变化范围从 0.05 到 0.4（表 9.7.1）。

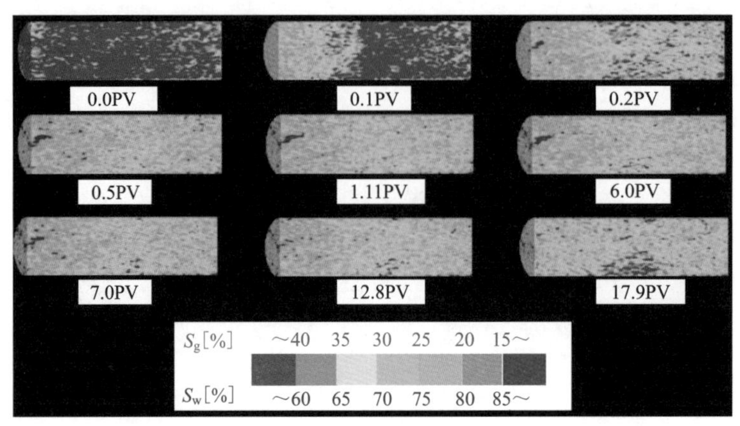

图 9.7.4 砂岩岩心样品的吸水过程

Tako 砂岩岩心样品（长 14.5cm，直径 3.68 cm）吸水过程中 CO_2 饱和度的 X 射线 CT 图像，温度为 40℃，压力为 10MPa。图中左上角是样品被 CO_2 侵入后的初始状态。另一幅图片显示了孔隙度为 17.9% 的岩心中咸水被驱替后 CO_2 饱和度。约 1% 孔隙体积的咸水被驱替出岩心，CO_2 饱和度稳定在约 0.3。图片来自 Shi 等 [9.24]，经 Elsevier 许可转载

表 9.7.1 CO_2 地质封存模型中油田尺度或岩心尺度中砂岩储层的 $S_{g,r}$ 测量数值

$S_{g,r}$	来源
油田尺度模型中常用的数值	
0.05	André 等 [9.26]；Liu 等 [9.27]
0.18	Alkan 等 [9.28]
0.20 ~ 0.25	Zhou 等 [9.29]
0.27*	Doughty[9.30]
0.30	Okwen 等 [9.31]
0.4*	Juanes 等 [9.32]
岩心尺度上的测量值	
0.10 ~ 0.30	Bachu 等 [9.33]
0.28	Shi 等 [9.24]
0.21 ~ 0.33*	Krevor 等 [9.25]

注：* 表示 $S_{g,r}$ 最大可能的数值（研究中需要对 $S_{g,r}$ 建模或者测量，它通常是 CO_2 最大饱和度 $S_{g,i}$ 的函数）。

考虑残余气封存的重要性，目前的研究重点是深入理解残余气封存与岩石性质之间的关系，这对于更好地预测 CO_2 地质封存潜力很重要。其他的水饱和多孔介质残余气封存实验表明，$S_{g,r}$ 和其他性质之间也存在一定的相关性。

由图 9.7.5 的数据可以看出，CO_2 初始饱和度（$S_{g,i}$）越高，残余饱和度（$S_{g,r}$）越大。

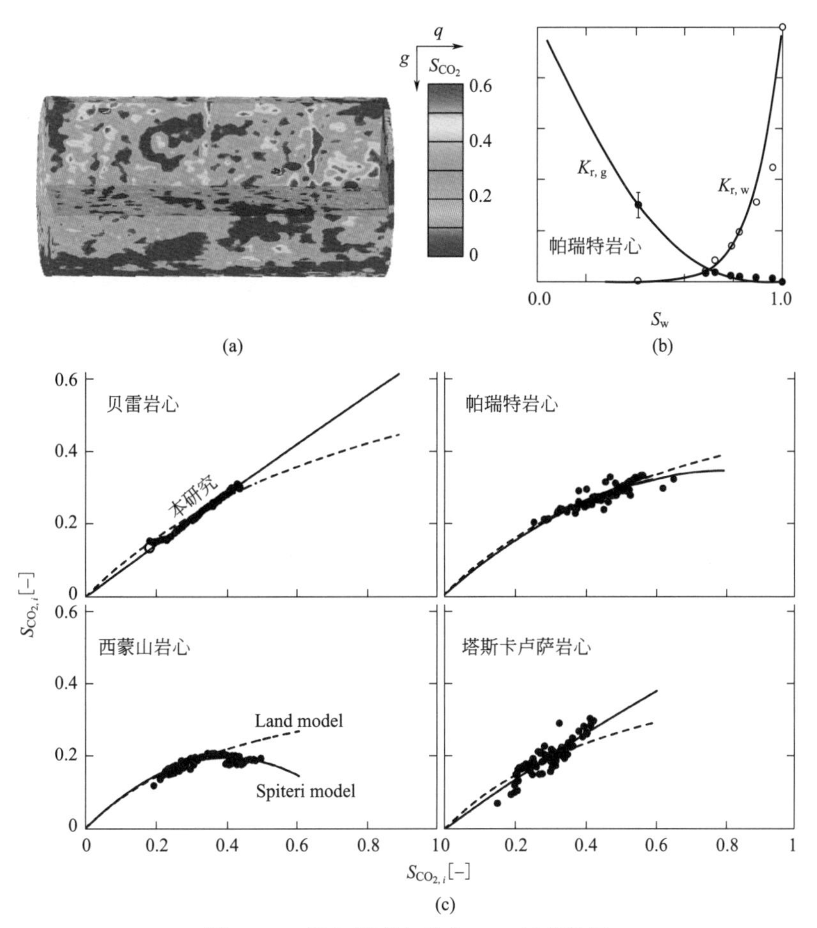

图 9.7.5 岩心尺度上残余 CO_2 封存数据

岩心尺度上，50℃和 9MPa 条件下四种砂岩（贝雷、帕瑞特、西蒙山、塔斯卡卢萨）中残余 CO_2 封存数据。（a）当注入流体混合物 90% 为 CO_2（流向从左向右；重力自上而下）时，帕瑞特砂岩样品中 CO_2 饱和度的 X 射线 CT 重构曲线。（b）CO_2 侵入帕瑞特砂岩时测得的相对渗透率曲线。（c）四种砂岩的残余 CO_2 饱和度，横轴为 CO_2 饱和度的历史最大值。用两种不同的数学模型对 $S_{g,r}$ 和 $S_{g,i}$ 之间的关系进行数据拟合。图片经 John Wiley&Sons 许可转载自 Krevor 等 [9.25]

问题是，这种相关性不尽完美。对西蒙山砂岩而言，实验数据给出了最优的初始饱和度，可能的原因是这种砂岩具有一定的润湿性。西蒙山砂岩数据可以用多孔介质的特征曲线来表征，其砂岩具有部分润湿性，而不具有完全润湿性。

研究表明，吸水过程慢且由毛细压力主导时，$S_{g,r}$ 数值最大；如果吸水过程快且由黏滞力主导时，$S_{g,r}$ 数值偏低（这正是 CO_2 地质封存所期望的，但是在实验室的实验中可能并非如此）。然而，即使在研究过程中采用较高的初始气体饱和度和较低的咸水流动速率，$S_{g,r}$ 的数值变化范围还是非常大。

为了理解为什么 $S_{g,r}$ 如此难以刻画，下面考虑一般岩心样品的毛细压力曲线。如果已知每一个孔隙的半径 R 和矿物—咸水—CO_2 润湿角 θ，就可以预测充满咸水的孔隙在理想情况下的毛细压力曲线。此时要求：$p_c < \frac{2\gamma_{gw}}{R}\cos\theta$，每个孔隙都充满咸水，或者是充满 CO_2。这个“理想的” p_c 曲线（图 9.7.6）假设填充每个孔隙的流体只取决于孔隙的大小与

孔隙壁的润湿性，而与孔隙网络的大尺度结构无关。

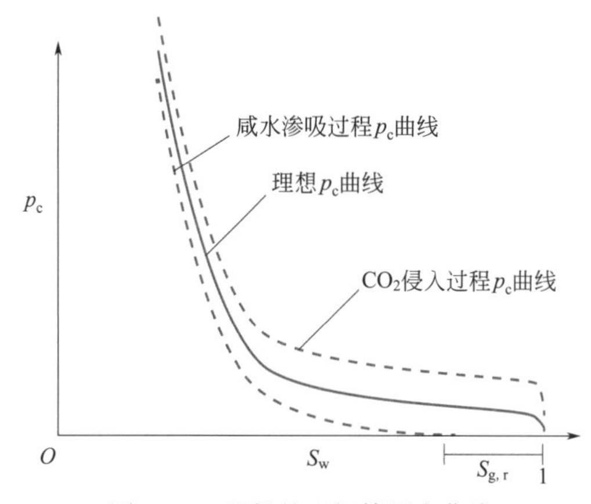

图 9.7.6 理想的毛细管压力曲线

图中给出了岩心样品的毛细压力曲线迟滞现象。实线表示理想 p_c 曲线，该曲线根据多孔介质中各孔隙突破压力计算。虚线表示在 CO_2 排水过程和吸水过程中理想 p_c 曲线是如何变化的。从根本上讲，将曲线向上平移并不会改变多相流过程的特性；而曲线向下平移则说明一个新问题：残余气封存

如图 9.7.2 所示，测得的 p_c 曲线具有显著的迟滞效应，即 CO_2 排水过程和吸水过程的 p_c 曲线不同。这种迟滞现象的一个原因是 CO_2 排水过程是由孔喉大小控制的，而吸水过程则是受控于孔隙的大小。另一个原因是，有限的孔隙网络连通性造成了这种现象，例如，大孔隙周围被小孔隙包围：在 CO_2 排水过程中，大孔隙会在给定的 p_c 下充满 CO_2，而它周围的小孔隙则不能。作为一级近似，这些效应的结果就是理想 p_c 曲线将会向上移动，而在吸水过程中 p_c 曲线将会下移，如图 9.7.6 所示。

由图 9.7.6 可以看到，上移的理想 p_c 曲线并未从根本上改变毛细侵入过程的整体特征，而向下平移的理想曲线出现了一个新现象：残余气封存。根据图 9.7.6 可知，人们可能会认为有利于残余气封存的条件是 p_c 曲线足够平坦（多孔介质必须包含大量大孔隙）和大的迟滞（大孔隙必须被狭窄的孔喉或更小的孔隙所包围）。在吸水过程（该过程对 $S_{g,r}$ 影响很大）中理想 p_c 曲线下移的程度不能仅仅根据单个孔隙的特性进行预测：需要明确孔隙和孔喉的相对大小，孔隙网络的结构，以及多孔介质中吸水过程的流体动力学。

CO_2 排水过程和吸水过程的根本区别如图 9.7.7 和图 9.7.8 所示。图 9.7.7（右）所示为砂岩样品排水过程中 CO_2 的 X 射线显微 CT（计算机断层扫描）图像。侵入流体的精细结构分布表明驱替过程过程非常复杂。然而，仔细观察后发现 CO_2 的分布与 Young-Laplace 方程预测的分布几乎相同：大孔隙中充满 CO_2，小孔隙中充满咸水。由于样品孔隙大小的非均质分布［如图 9.7.7（左）高亮显示的区域比样品其他部分的孔隙小，因为 CO_2 并未进入该区域］，因此 CO_2 的分布看起来很复杂。但是决定 CO_2 运移的基本过程依旧能够体现在理想 p_c 曲线中，如图 9.7.6 所示。

图 9.7.8 展示了玻璃微模型中的咸水和残余气封存的 CO_2 气泡。实验装置由两块硅板组成，两块硅板被蚀刻成网状结构，通道相互融合，形成一个二维的孔隙网络 [9.34]；该制备技术可以制成最小通道尺寸约为 50μm 的多孔网络。这种装置能够用来直接观察二维多孔介质中的多相流，用来模拟富硅砂岩中的某些特定结构，如孔隙大小、孔隙壁表面的化

学性质等。实验结果如图 9.7.8 所示。结果表明，如果孔喉比孔隙本身大很多，甚至在孔隙网络具有非均质性时，$S_{g,r}$ 的数值可以非常大（此时 $S_{g,r}$=0.19）。插图所示为吸水过程中咸水充满孔喉的条件下在孔隙中被封存的几个不相连的 CO_2 气泡近景。基于 Young-Laplace 方程，通过简单计算可以预测每个孔隙能够封闭的 CO_2 气泡。事实并非如此，所以吸水过程的流体动力学必然影响 $S_{g,r}$（问题 9.7.2）。

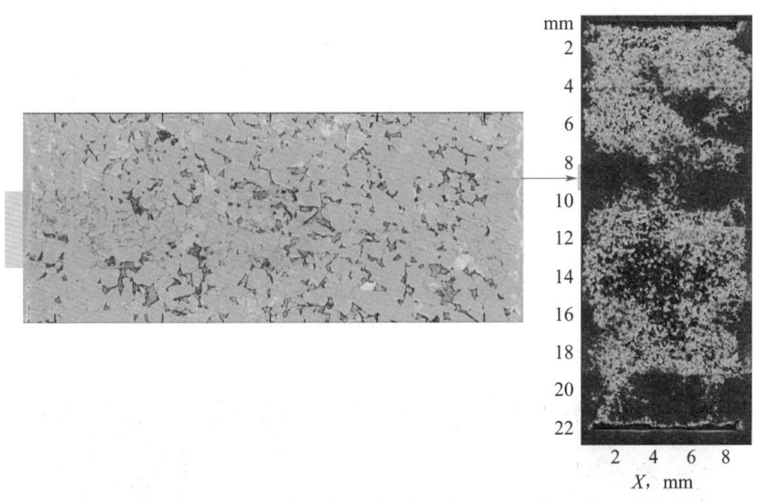

图 9.7.7 孔隙网络尺度下砂岩中 CO_2 的运移

该图说明饱含咸水砂岩孔隙大小的非均质性对 CO_2 运移模式的影响。右侧图片是 X 射线照片 Domengine 砂岩岩心（长约 2cm，直径 1cm）中 CO_2 的分布（红色为 CO_2，蓝色为咸水）。Domengine 砂岩是加利福尼亚州萨克拉门托盆地的目标封存层，CO_2 的注入条件为 50℃、8.6MPa。CO_2 从岩心顶部低速注入。左侧图（微 CT 重构的横切面，样品的中心区域有大量 CO_2 经过）表明孔隙尺寸的微小变化主导了孔隙网络尺度中 CO_2 的流动模式。图片由 Jonathan Ajo-Franklin（劳伦斯伯克利国家实验室）提供

问题 9.7.2 毛细网络中的咸水自吸

图中所示的两条毛细管具有相同长度，而直径不同。咸水（蓝色）在较窄的毛细管中吸收更快？还是在更粗的毛细管中吸收更快？抑或是在两个毛细管中具有相同的速度？

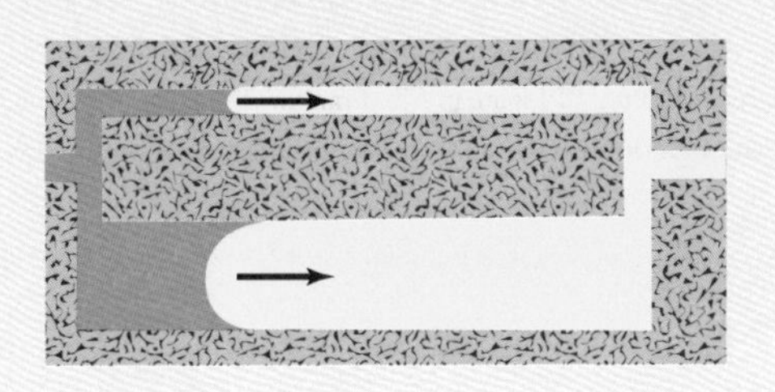

需要注意的是，CO_2 残余气封存不仅仅发生在吸水过程中：多孔岩石咸水中 CO_2 的出溶也会导致出现不连通的 CO_2 气泡（视频 9.7.1）。这说明，如果饱和 CO_2 的咸水减压（如在 CO_2 饱和咸水泄漏时），由于残余气封存效应，出溶的 CO_2 气泡流动性会非常低。

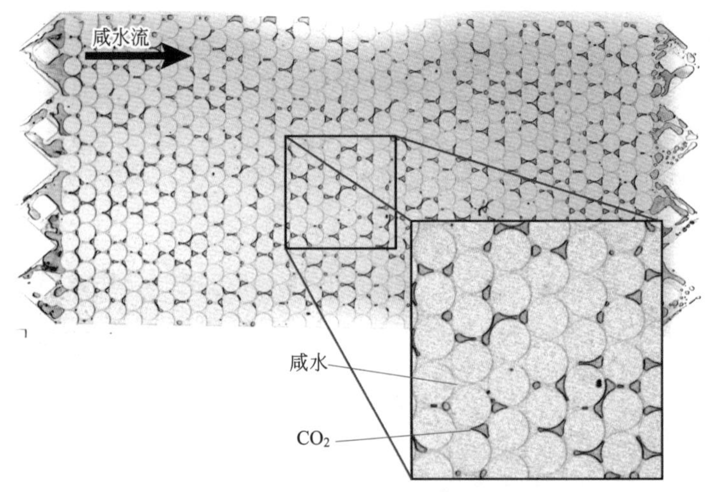

图 9.7.8　玻璃微模型中的残余气封存

图片中显示了 8.5MPa 和 45℃条件下残留在玻璃微模型（2cm × 1cm）中的 CO_2 气泡。微模型中的孔隙空间最初被 5mol/L NaCl 咸水填充；然后以恒定的流速注入 CO_2，直至 CO_2 饱和度达到稳定值（$S_{g,i}$=0.91）；最后，以恒定流速注入咸水，直至 CO_2 饱和达到新的稳定值（$S_{g,r}$=0.19）。图片由 Jiamin Wan（劳伦斯伯克利国家实验室）提供

视频 9.7.1

视频 9.7.1　充水砂岩中的 CO_2 出溶

该视频采用 X 射线 CT 实验研究 CO_2 的出溶问题，即 CO_2 从饱含水溶液的砂岩中脱离出来，这是由压力下降引起的。Domengine 砂岩样品（与图 9.7.7 中的岩心样品来自同一储层）用 CO_2 饱和的水溶液在 70psi 压力下进行驱替实验（与 1mol/L KI 驱替实验相对比），然后降低压力，使 CO_2 从水溶液中析出。视频中出现的立方体岩心宽度约 4.5mm。砂岩颗粒结构呈灰色，水溶液呈蓝色，溶解的 CO_2 呈黄色。在视频的最后，砂岩颗粒被隐形，从而突出两相流的分布。视频由 Marco Voltolini 和 Jonathan Ajo-Franklin（劳伦斯伯克利国家实验室）拍摄，可在 http://www.worldscientific.com/worldscibooks/10.1142/p911# t = suppl 浏览

9.8　化学反应

图 9.8.1 所示为 CO_2 地质封存的最后两步：CO_2 溶解于咸水（溶解封存）及其转化为矿物的化学变化（矿化封存）。这些反应过程非常缓慢；CO_2 转化为矿物的时间尺度是（非常粗略地）一万年左右。

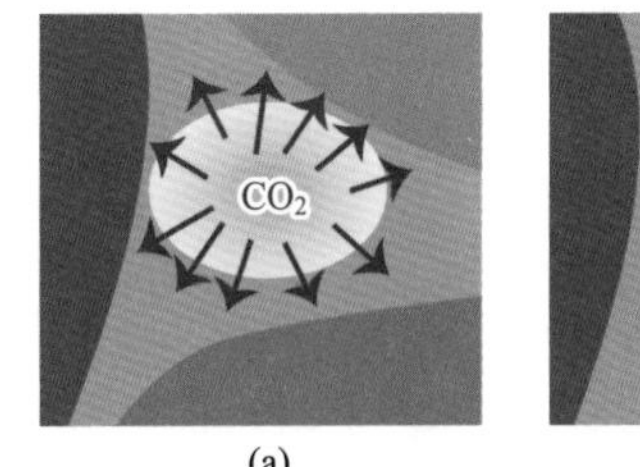

(a)

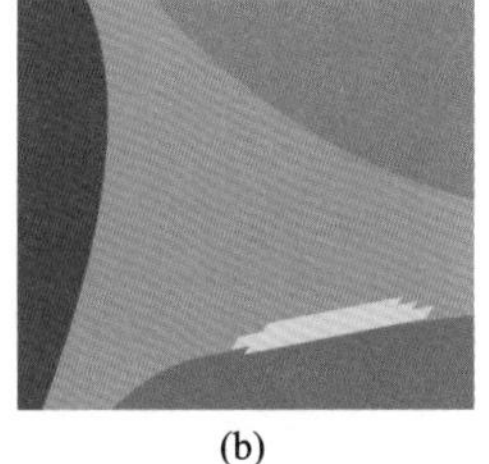

(b)

图 9.8.1　CO_2 地质封存的最后阶段

（a）CO_2 溶解于咸水中；（b）CO_2 转化为碳酸盐矿物

9.8.1　矿物风化

在 CO_2 地质封存中，CO_2 转变为碳酸盐矿物的转化速率受限，该速率称为岩石风化速率，特别是原位条件下硅酸盐的溶解速率更小。

CO_2 地质封存中有两类重要的矿物风化反应，一类是方解石的溶解，该反应能够将 CO_2 羽流附近咸水的 pH 缓冲至 4.9 左右：

$$CaCO_{3(s)} + CO_2 + H_2O \rightleftharpoons Ca^{2+} + 2HCO_3^- \tag{1}$$

另一类是硅酸盐矿物的溶解，从而使得 CO_2 以碳酸盐矿物的形式封存（MCO_3，其中 $M = Ca$、Mg、Fe 等）：

$$M_{rich-silicates} + CO_2 + H_2O \rightleftharpoons MCO_3 + M_{poor-silicates} \tag{2}$$

反应（1）的反应速率较快，通常认为其处于平衡状态。另外，反应（2）的反应时间尺度可达上百年。因此，在 CO_2 地质封存模型中需要清楚相应地质条件下硅酸盐矿物的溶解速率和沉淀速率，温度、压力、盐度、固—水比以及流体流速等。

在地球化学模型和自然类比研究中，反应（2）涉及的关键矿物，如 $M_{rich-silicates}$ 通常是钙质长石（斜长石）、富铁和富镁的层状硅酸盐（绿泥石、海绿石、蒙脱石）；碳酸盐矿物通常是指白云石（$Mg_{0.5}Ca_{0.5}CO_3$）、铁白云石 [（Mg, Ca, Fe, Mn）CO_3]、菱铁矿（$FeCO_3$）和片钠铝石 [$NaAlCO_3(OH)_3$] 等；$M_{poor-silicates}$ 硅酸盐通常指石英、高岭石、碱长石（图 9.2.3）。

9.8.2　风化速率模型及相关数据

矿物溶解和沉淀的速率通常用下面的半经验关系式描述：

$$r = ka_r\left[1-\left(\frac{Q}{K_s}\right)^n\right]^m$$

式中，a_r 为矿物的反应比表面积，m^2/g；k 为反应速率常数，$mol/(m^2 \cdot s)$；n、m 为幂次项（通常假设等于 1）；K_s 为溶解反应的热力学平衡常数；Q 为离子活度乘积。比值 Q/K_s 与溶解反应的吉布斯自由能有关，$\Delta G_r = RT\ln(Q/K_s)$。反应速率常数 k 可用下式描述：

$$k = k_n \exp\left[-\frac{E_n}{R}\left(\frac{1}{T}-\frac{1}{T_0}\right)\right] + k_H \exp\left[-\frac{E_H}{R}\left(\frac{1}{T}-\frac{1}{T_0}\right)\right] a_H^{n_H} + k_{OH} \exp\left[-\frac{E_{OH}}{R}\left(\frac{1}{T}-\frac{1}{T_0}\right)\right] a_{OH}^{n_{OH}}$$

式中，$i = n$、H、OH 分别为中性环境、酸性环境、碱性环境下的溶解机制；a_H 和 a_{OH} 为 H^+ 和 OH^- 活度；n_H 和 n_{OH} 为幂次项；k_i 和 E_i 分别为不同反应机制下的速率常数和活化能（T_0=298K）。从这两个方程可以看出，随着温度的增加，矿物的溶解反应和沉淀反应速率都会增加；而且，当 $Q = K_{sp}$（热力学平衡）为 0 时，反应速率为 0。这与中等 pH 值时反应速率达到最小值的实验结果一致（图 9.8.2）[9.35]。这些最小值之所以存在，是因为在大多数情况下氢离子和氢氧根离子能够有效地促进反应速率受限的溶解反应（对硅酸盐矿物而言，这种受限的反应速率通常与 >Si—O—Si< 的水解有关）。基于现有溶解反应的大量实验数据，单纯的纯矿物颗粒溶解反应均可用这两个方程来描述。

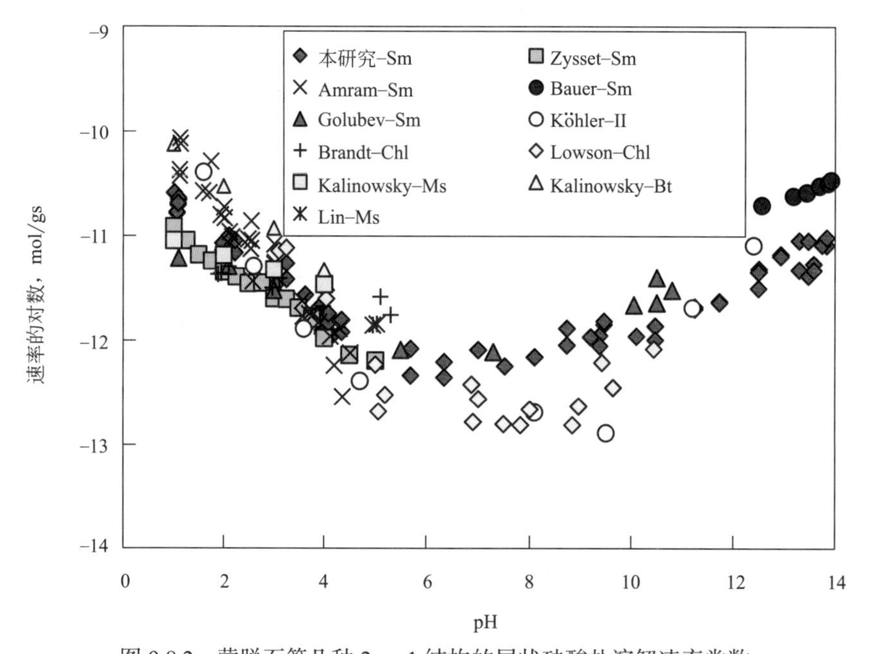

图 9.8.2　蒙脱石等几种 2 ∶ 1 结构的层状硅酸盐溶解速率常数

在 25℃时，蒙脱石和其他几种 2 ∶ 1 结构的层状硅酸盐溶解速率常数的对数随 pH 值变化的实验数据汇总［更准确地说，乘积 $a_r k$ ，单位为 mol/（g • s）］。图片经 Elsevier 许可转载自 Rozalén 等 [9.35]

几种不同矿物的溶解–沉淀反应模型参数见表 9.8.1。根据表 9.8.1 中的数据可计算出 50℃时的溶解速率，从而得到反应速率与 pH 值的关系，如图 9.8.3 所示。显然，溶解反应速率数值范围超过 10 个数量级。从图 9.8.3 中可以看出，在 pH 值等于 5 时，黏土和长石的溶解反应持续几十年（最终的矿化封存的形式固定下来），而石英颗粒在这个时间尺度上则是惰性的。如图 8.2.3 所示，矿化封存持续时间非常漫长（时间尺度为数千年到数万年）。这要比在实验室中通过实验测定的富 M 黏土和富 M 长石的风化速率要慢上几百倍或几千倍。造成这种差异的原因将在本节剩余部分着重讨论。

表 9.8.1　部分矿物的溶解速率参数

矿物	中性环境		酸性环境			化学组分
	$\lg k_n$ mol/（m^2 • s）	E_n kJ/mol	$\lg k_H$ mol/（m^2 • s）	E_H kJ/mol	n_H	
奥长石（一种斜长石）	-11.84	69.8	-9.67	65.0	0.457	(Na，Ca)(Al，Si)$_4$O$_8$，其中 Ca/(Ca+Na) 占 10% ～ 30%
蒙脱石（富 M 黏土）	-12.78	35.0	-10.98	23.6	0.340	$Ca_{0.52}$（$Al_{2.8}Fe_{0.5}Mg_{0.7}$）（$Si_{7.65}Al_{0.35}$）$O_{20}(OH)_4$
石英	-13.99	87.6				SiO_2
钠长石	-12.56	69.8	-10.16	65.0	0.457	$NaAlSi_3O_8$
高岭石（贫 M 黏土）	-13.18	22.2	-11.31	65.9	0.777	$Al_2Si_2O_5(OH)_4$
方解石	-5.81	23.5	-0.30	14.4	1.000	$CaCO_3$
菱镁矿	-9.34	23.5	-6.38	14.4	1.000	$MgCO_3$

注：表中部分 CO_2 地质封存相关矿物的溶解速率参数由 Palandri 等汇总[9.36]。溶解速率参数表中未包括碱性环境下矿物溶解机理的参数。

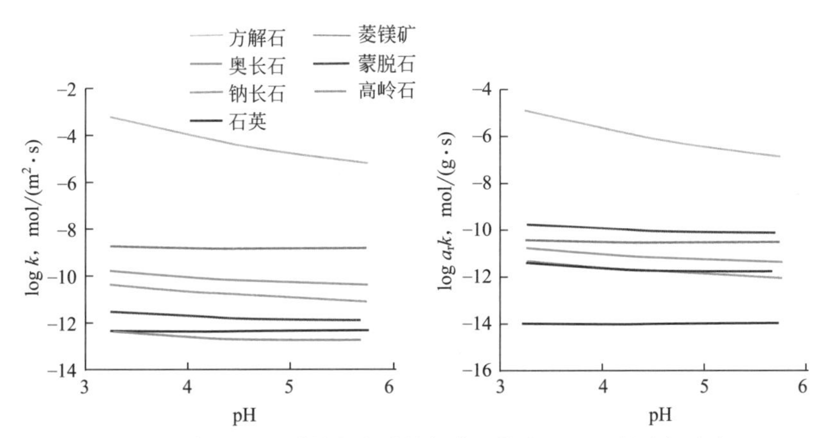

图 9.8.3　与 CO_2 地质封存有关的部分矿物在 50℃下的溶解速率

图中曲线根据表 9.8.1 中的参数计算得到，a_r 值取其矿物溶解研究数值的中间值（石英、方解石、菱镁矿取为 0.02m^2/g，长石取为 0.1m^2/g，高岭石取为 8 m^2/g，蒙脱石取为 50 m^2/g）。富含 M（Ⅱ）的硅酸盐为橙色，含有较少 M（Ⅱ）的硅酸盐为蓝色，碳酸盐矿物为棕色

9.8.3　反应速率相关数据的准确性

CO_2 地质封存基础研究中的一个重点是掌握原位条件下矿物的风化速率。了解风化速

率的第一步是研究单个矿物颗粒，以了解同一颗粒不同晶体表面的反应情况。通过该步骤就可保证重新测定反应表面积 a_r 的意义，图 9.8.4 中的数据说明蒙脱石与其他具有 2 ∶ 1 结构层状硅酸盐的反应速率。

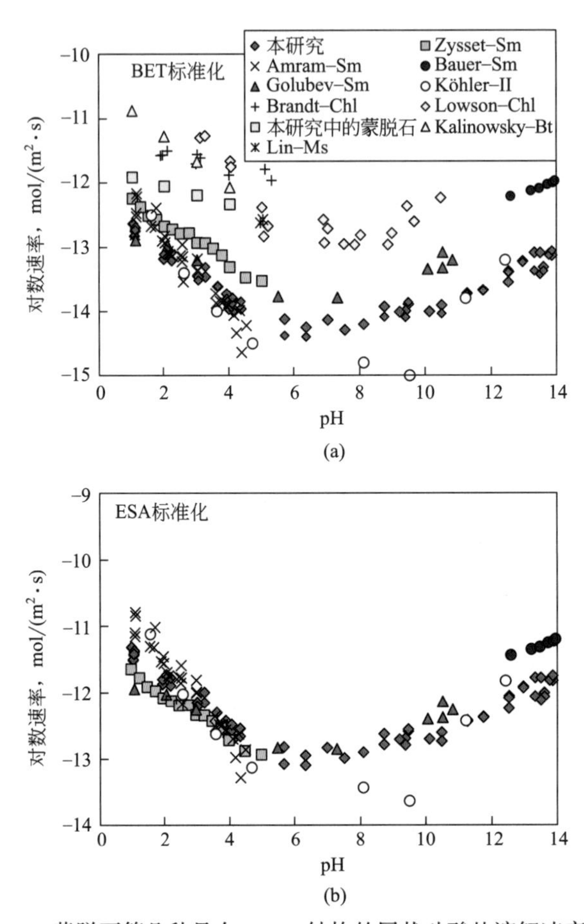

图 9.8.4 蒙脱石等几种具有 2 ∶ 1 结构的层状硅酸盐溶解速率常数

图中数据与图 9.8.2 相同，但测量的是比表面积归一化后的反应速率。（a）为 N_2-BET 表面积归一化后的溶解速率；（b）为黏土薄片边缘表面积归一化后的溶解速率（ESA，测量值或估计值约为 6.5m^2/g）。

图片经 Elsevier 许可转载自 Rozalén 等[9.35]

如 9.2 节所述，层状硅酸盐由厚度约为 1nm 的鳞片状薄层晶体组成（2 ∶ 1 的结构），直径可达几百纳米甚至更多。每一个薄层都是一种天然的纳米颗粒，其比表面积约为 800 m^2/g。在大多数情况下，片层之间形成有序的堆叠，其中层间有可能进水（如蒙脱石，图 9.2.3），也有可能无法进水（其他 2 ∶ 1 结构的层状硅酸盐）。这些堆叠的外表面积可通过氮气吸附实验测定（Brunauer 等[9.37]提出的 N_2-BET 法）。由图 9.8.4 可知，层状硅酸盐的溶解速率归一化为干燥粉末的 N_2-BET 比表面积后，数据较为分散，这表明基于反应表面积法的反应速率测定质量较差。如果溶解速率归一化到黏土颗粒的边缘表面，即通过原子力显微镜或高分辨率低压气体吸附法测量暴露在黏土薄片边缘的高活性表面，此时测定的溶解速率数值较为集中。这与蒙脱土颗粒溶解的观察结果一致，而且实验发现主要是在矿物的表面边缘发生了溶解反应（图 9.8.5）[9.38]。

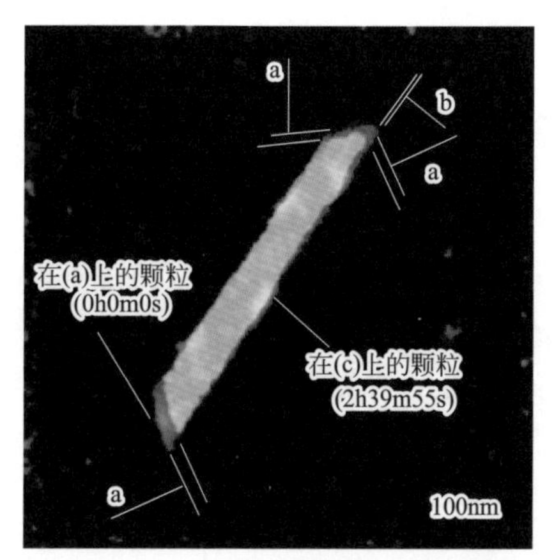

图 9.8.5　单个蒙脱石薄片的溶解

在 0.01mol/L 的 NaOH 溶液中，单个蒙脱石薄片溶解 160min 前后观察到的两个原子力显微镜图像的叠加情况。粒子所在的基面位于图像平面内；在垂直于图像平面的方向上粒子厚度为 1nm。这张图片显示溶解反应发生在边缘面上，而且不同的边缘面上有不同的溶解速率。图片经美国矿物学会许可转载自 Kuwahara[9.38]

第二个重要概念是矿物质生长不是溶质在生长部位简单的附着过程和分离过程，其实际生长过程要复杂得多。例如，矿物沉淀可能涉及亚稳态的形成，如无定形 SiO_2 或无定形 $CaCO_3$ 慢慢转变成结晶相。科学家已经认识到：固相或生长位点的成核是控制矿物沉淀速率的关键因素，而不是溶质在现有生长位点的堆积。由图 9.8.6 可以看出，当 pH 值为 4、温度为 22℃时，高岭石的溶解速率与反应速率方程完全一致，但是相同条件下高岭石的沉淀速率可以用高岭石表面生长位点的成核速率模型更好地进行描述 [9.39]。

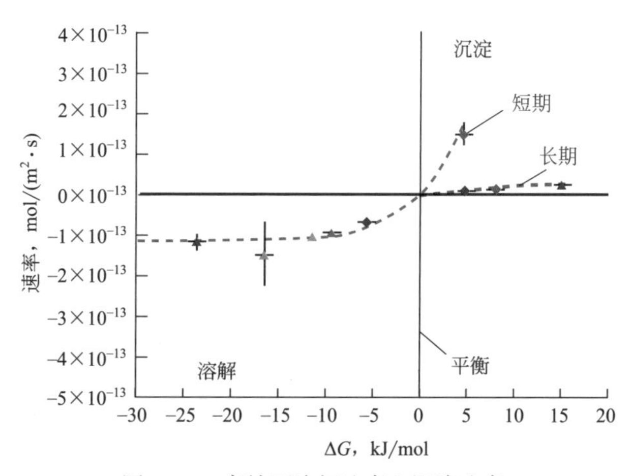

图 9.8.6　高岭石溶解速率和沉淀速率

在 pH 值为 4 和温度为 22℃时，高岭石的溶解速率和沉淀速率是化学反应中吉布斯自由能的函数。符号表示稳态反应速率的测量值。蓝色虚线是根据溶解数据拟合本节描述的速率方程得到的（n=0.5，m=1）。红色虚线是根据沉淀数据拟合形成的二维成核模型得到的。在 $\Delta G_r \approx 5$kJ/mol 时，两次实验值都标记在图中：对高岭石来说，较快的生成速率在小时的时间尺度上就可观察得到，该高岭石之前经历过 5 个月的稳态溶解；而较慢的生成速率则须在较长的时间尺度上才能观察得到。图片经 Yang 等重绘 [9.39]

9.8.4 原位条件下的溶解反应

地质条件下矿物的长期风化速率可以通过多种方式重构。例如，为了研究高放射性废弃物封存场地中硅酸盐玻璃的腐蚀速率，其风化实验持续了数十年。埋藏在土中或沉没在海水中上千年的古代玻璃制品为研究长期风化过程提供了依据。此外，知名地质年代的地质体为百万年时间尺度上重构矿物风化速率提供了实证（图 9.8.7）[9.40]。在上述情况下，长期风化的速率要比短期实验室溶解实验中观察到的风化速率小几个数量级。这也是地球化学家预计 CO_2 矿化封存将需要上万年的时间（图 8.2.3），而实验室实验数据显示的反应速率可能要快上几百倍（图 9.8.3）。

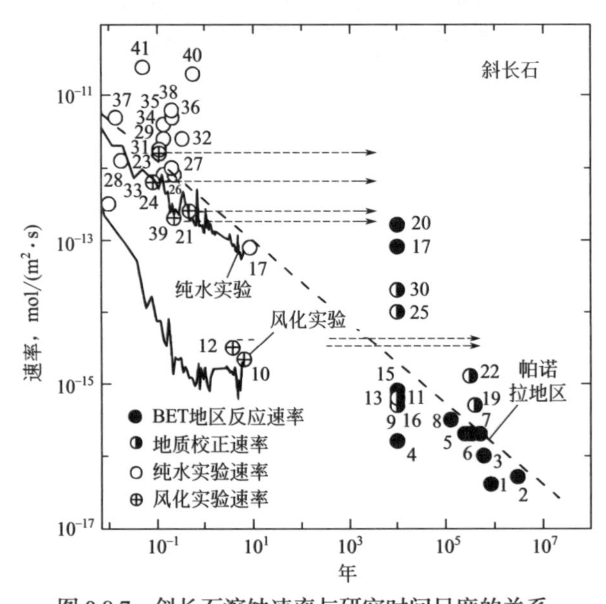

图 9.8.7 斜长石溶蚀速率与研究时间尺度的关系

测定纯长石新样品的短期溶解速率相对较高［约 10^{-12}mol/（m^2•s）］。天然地层中长石样品的长期溶解速率要低得多［约 10^{-16}mol/（m^2•s）］。图片经 Elsevier 许可转载自 White 等 [9.40]

实验区块尺度上的风化速率与数学模型的预测速率之间的差异源于模型中的假设条件。首先，如前所述的模型中采用同样的速率模型描述溶解反应和沉淀反应，结果表明，矿物生长的速率规律与矿物溶解的速率规律不同（图 9.8.6）。因为溶解反应和沉淀反应耦合，所以贫 M 硅酸盐的缓慢生成速率限制了碳酸盐岩的总体矿化速率。其次，复杂矿物络合在一起形成的反应表面积与单独矿物的总表面积有显著差异，因为矿物颗粒的一部分表面可能被其他矿物遮挡（图 9.8.8）[9.41]。再次，还因为流体的缓慢流动可能抑制矿物的反应活性（图 9.8.9）[9.42]。最后，晶体表层和亚稳态晶相通常是在溶解过程接近反应平衡状态的条件下形成的（图 9.8.10）[9.43,9.44]。晶体表面可以改变溶解矿物的反应活性，而亚稳态晶相在热力学数据库中描述较少甚至缺失。晶体表层的影响、无法得知的（或不易得知）反应表面积，以及其他影响因素导致在地球化学模型常常将所有矿物的表面积乘以 10^{-2}。这也表明 CO_2 地质封存中总的 CO_2 封存效率具有相当大的不确定性（可能达到几个数量级）。现有的研究方法通常采用纳米尺度到岩心尺度的成像方法和多相反应传质模型揭示矿物、咸水和 CO_2 运移分布以及储层中风化反应速率的变化。问题是特征描述和计算要求相当高，因为岩石描述本质上是多尺度的，它们的尺度小到不足 1mm（单个孔隙的尺度），大到几百米（地质构造的厚度）。

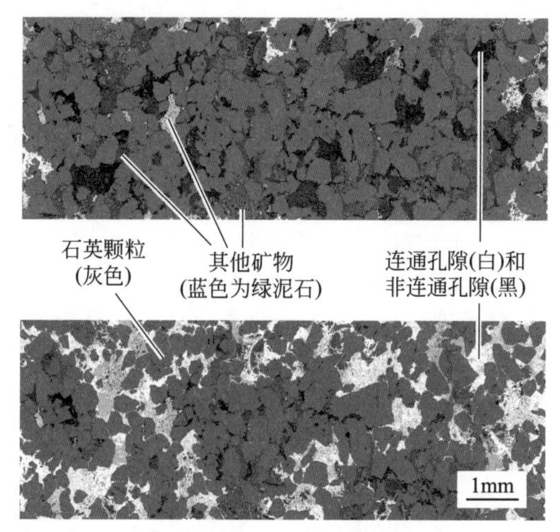

图 9.8.8 砂岩矿物组分及连通孔隙 SEM 重构图

砂岩样品（6mm×2.4mm 面积）的扫描电子显微镜（SEM）图片，样品来自密西西比州 Cranfield CO_2 封存试验点，其孔隙空间和矿物学特征通过电子显微镜和 X 射线光谱技术测得。在上图中，矿物组分的分辨率为 1μm，大部分孔隙空间似乎没有连通（黑色）。在下图中，矿物组分的分辨率为 0.33μm，绿泥石矿物组分（蓝色部分）是岩心样品内部纳米孔隙连通良好的部分（由纳米断层扫描显示实验测得），大部分孔隙空间具有连通性（白色）。从图中可以看出，岩石样品越精细，孔隙连通性越明显。如果把它应用到尺寸足够大的岩心样品上，用来刻画岩石在厘米或更大尺度上的非均质性，那么这种非常精细的描述将变得极具挑战性。图片经 Elsevier 许可转载自 Landrot 等 [9.41]

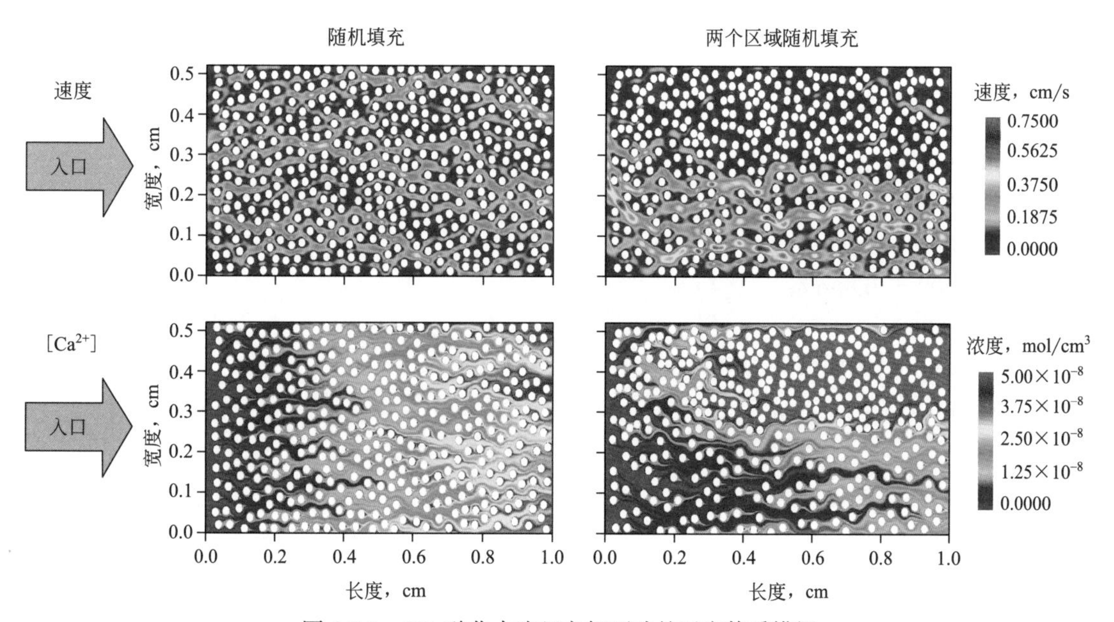

图 9.8.9 CO_2 酸化水流经方解石珠的反应传质模拟

富含 CO_2 的水流经方解石珠时的二维自适应网格细化模拟。左图所示为方解石珠随机分布的情况；右图所示为模拟系统中方解石珠分布密集的情况。上图和下图分别所示为速度场和 Ca^{2+} 浓度。进水的 pH=5，$p_{CO_2}=3.15\times10^{-4}$bar，咸度为 0.01mol/L NaCl，流速为 0.1cm/s。计算结果预测，非均质充填物（右）中方解石的平均（按比例）溶解速率比均质填充物（左）低，即非均质性可视为减少了“有效的”反应表面积。图片由 Molins 等重绘 [9.42]，经 John Wiley&Sons 许可

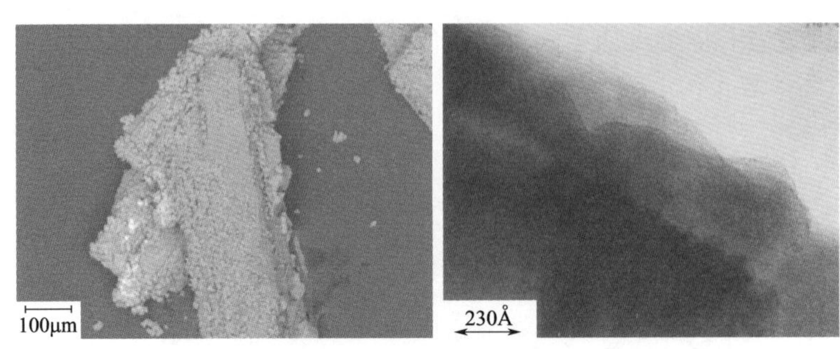

图 9.8.10 硅酸盐风化过程中形成的表面涂层与非晶相

左图显示了暴露在富含 CO_2 的水中快速溶解的硅酸盐（硅酸钙，$CaSiO_3$）表面形成了一层方解石涂层，其中 pH 值为 6，温度为 90℃。右图所示为低 pH 值下长石表面溶解形成的一种非晶态凝胶层。地球化学模型普遍忽略了这些表面涂层和非晶态固相的存在。图片由 Daval 等 [9.43] 和 Casey 等 [9.44] 复制，经 Elsevier 许可

9.8.5 展望

本章主要讨论 CO_2 地质封存的物理—化学基本理论。目前，对于深入理解多孔介质中流体传质、平衡和反应过程，并对其进行预测，面临着许多挑战和时机。CO_2 地质封存示范项目（见第 8 章）的成功表明，CO_2 地质封存已经可以进行工业规模实施，但是，现有模型改进和优化封存效率仍有巨大的提升空间。

9.9 习题

9.9.1 阅读自测

1. 页岩的典型粒度是多少？（　　）

   a. > 2 mm

   b. 0.06 ～ 2mm

   c. 0.008 ～ 0.06mm

   d. < 0.008 mm

2. 砂岩和页岩的典型孔隙度比是多少？（　　）

   a. 10

   b. 2

   c. 0.5

   d. 1

3. 地质构造中典型的温度梯度是多少？（　　）

   a. 每千米 5 ～ 20℃

   b. 每千米 10 ～ 25℃

   c. 每千米 15 ～ 30℃

   d. 每千米 25 ～ 35℃

4. 盖层中 CH_4 和 CO_2 突破压力的典型比值是多少？（　　）
   a. 0.05
   b. 0.5
   c. 2
   d. 20
5. 关于毛细滞后的说法哪个是不正确的？（　　）
   a. 如果岩石能够被 CO_2 润湿，则不可能发生毛细滞后现象
   b. 当主相连续时，次相的流动性下降到零
   c. CO_2 以孤立气泡的形式封存
   d. 咸水封存于较小毛细管中

9.9.2　矿物溶解

（多选题）哪些性质影响矿物溶解时间尺度的特征？（　　）
   a. 毛细压力
   b. 表面附着物
   c. 矿物类型（如黏土溶解速度比方解石大）
   d. 观测的时间尺度

9.9.3　毛细压力突破

（多选题）哪些参数决定了岩心的毛细突破压力？（　　）
   a. 最大孔隙的大小
   b. 最小孔隙的大小
   c. 临界孔隙的大小
   d. CO_2—水界面张力
   e. CO_2—水—矿物润湿角

9.9.4　残余 CO_2 饱和度

砂岩中残余 CO_2 饱和度的期望值范围是多少？（　　）
   a. 根据大多数研究，0.10 ～ 0.40
   b. 约 0.75
   c. 0.30 ～ 0.50
   d. 取决于 CO_2 初始饱和度

参考文献

[9.1] Xu，T.，J.A. Apps and K. Pruess，2005. Mineral sequestration of carbon dioxide in a sandstone-shale system. Chemical Geology，217（3–4），295. http://dx.doi.org/10.1016/j.chemgeo.2004.12.015
[9.2] Myer，C.L.，C. Downey，J. Clinkenbeard，et al.，2005. Preliminary geologic characterization of West

Coast States for geologic sequestration, WESTCARB Topical Report. http://dx.doi.org/10.2172/907916

[9.3] Andre, C.L., P. Audigane, M. Azaroual, and A. Menjoz, 2007. Numerical modeling of fluid-rock chemical interactions at the supercritical CO_2-liquid interface during CO_2 injection into a carbonate reservoir, the Dogger aquifer (Paris Basin, France). Energ. Convers. Manage., 48 (6), 1782. http://dx.doi.org/10.1016/J.Enconman.2007.01.006

[9.4] Matter, J.M., T. Takahashi, and D. Goldberg, 2007. Experimental evaluation of in situ CO_2-water-rock reactions during CO_2 injection in basaltic rocks: Implications for geological CO_2 sequestration. Geochem. Geophy. Geosys., 8 (2). http://dx.doi.org/10.1029/2006gc001427

[9.5] Metz, B., O. Davidson, H. deConinck, M. Loos, and L. Meyer, 2005. IPCC Special Report on Carbon Dioxide Capture and Storage. http://www.ipcc.ch/pdf/special-reports/srccs/srccs_wholereport.pdf

[9.6] Grotzinger, J.H.J., F. Press, and R. Siever, 2006. Understanding Earth. USA: WH Freeman.

[9.7] Prothero, D.R., and F. Schwab, 2003. Sedimentary Geology. USA: WH Freeman.

[9.8] Silin, D., L. Tomutsa, S.M. Benson, and T.W. Patzek, 2011. Microtomography and pore-scale modeling of two-phase fluid distribution. Trans. Por. Med., 86 (2), 495–525. http://dx.doi.org/10.1007/S11242-010-9636-2

[9.9] Neuzil, C.E., and D.W. Pollock, 1983. Erosional unloading and fluid pressures in hydraulically tight rocks. J. Geol., 91 (2), 179.

[9.10] Burrus, J., 1998. "Overpressure models for clastic rocks, their relation to hydrocarbon expulsion: a critical reevaluation" in Abnormal Pressures in Hydrocarbon Environments: An Outgrowth of the AAPG Hedberg Research Conference, Golden, Colorado, June 8–10, 1994, edited by B.E. Law, G.F. Ulmishek, and V.I. Slavin. USA: Amer. Assn. of Petroleum Geologists.

[9.11] Oldenburg, C.M., 2007. "Migration mechanisms and potential impact of CO_2 leakage and seepage" in Carbon Capture and Sequestration: Integrating Technology, Monitoring and Regulation, edited by E.J. Wilson and D. Gerard. Iowa: Blackwell.

[9.12] Pruess, K. 2005. "Numerical simulations show potential for strong nonisothermal effects during fluid leakage from a geologic disposal reservoir for CO_2" in Dynamics of Fluids and Transport in Fractured Rock, Vol 162, edited by B. Faybishenko, P.A. Witherspoon, and J. Gate. Washington, DC: AGU. pp. 81.

[9.13] Oldenburg, C.M., C. Doughty, C.A. Peters, and P.F. Dobson, 2012. Simulations of long-column flow experiments related to geologic carbon sequestration: effects of outer wall boundary condition on upward flow and formation of liquid CO_2. Greenhouse Gases, 2 (4), 279. http://dx.doi.org/10.1002/Ghg.1294

[9.14] Nielsen, L.C., I.C. Bourg, and G. Sposito, 2012. Predicting CO_2-water interfacial tension under pressure and temperature conditions of geologic CO_2 storage. Geochimica et Cosmochimica Acta, 81, 28. http://dx.doi.org/10.1016/j.gca.2011.12.018

[9.15] Hildenbrand, A., S. Schlömer, B.M. Krooss, and R. Littke, 2004. Gas breakthrough experiments on pelitic rocks: comparative study with N_2, CO_2, and CH_4. Geofluids, 4 (1), 61. http://dx.doi.org/10.1111/j.1468-8123.2004.00073.x

[9.16] Li, S., M. Dong, Z. Li, S. Huang, H. Qing, and E. Nickel, 2005. Gas breakthrough pressure for hydrocarbon reservoir seal rocks: implications for the security of long-term CO_2 storage in the Weyburn field. Geofluids, 5 (4), 326. http://dx.doi.org/10.1111/j.1468-8123.2005.00125.x

[9.17] Wollenweber，J.，S. Alles，A. Busch，B.M. Krooss，H. Stanjek，and R. Littke，2010. Experimental investigation of the CO_2 sealing efficiency of caprocks. International Journal of Greenhouse Gas Control，4（2），231. http://dx.doi.org/10.1016/j.ijggc.2010.01.003

[9.18] Skurtveit，E.，E. Aker，M. Soldal，M. Angeli，and Z. Wang，2012. Experimental investigation of CO_2 breakthrough and flow mechanisms in shale. Petroleum Geoscience，18（1），3. http://dx.doi.org/10.1144/1354-079311-016

[9.19] Nordbotten，J.M.，D. Kavetski，M.A. Celia，and S. Bachu，2009. Model for CO_2 leakage including multiple geological layers and multiple leaky wells. Environ. Sci. Technol.，43（3），743. http://dx.doi.org/10.1021/es801135v

[9.20] Ellis，B.R.，G.S. Bromhal，D.L. McIntyre，and C.A. Peters，2010. Changes in caprock integrity due to vertical migration of CO_2-enriched brine. Energy Procedia，4，5327. http:// dx.doi.org/10.1016/j.egypro.2011.02.514

[9.21] Leetaru，H.，D. Harris，J. Rupp，D. Barnes，J. McBride，and J. Medler，2010. Reservoir Properties of the St. Peter Sandstone in Illinois. http://knoxstp.com/reservoir.htm

[9.22] Freeze，R.A.，and J.A. Cherry，1979. Groundwater. N.J.：Prentice-Hall.

[9.23] Clauser，C.，1992. Permeability of crystalline rocks. Eos，Trans. AGU，73（21），233. http://dx.doi.org/10.1029/91eo00190

[9.24] Shi，J.-Q.，Z. Xue，and S. Durucan，2011. Supercritical CO_2 core flooding and imbibition in Tako sandstone — Influence of sub-core scale heterogeneity. International Journal of Greenhouse Gas Control，5（1），75. http://dx.doi.org/10.1016/j.ijggc.2010.07.003

[9.25] Krevor，S.C.M.，R. Pini，L. Zuo，and S.M. Benson，2012. Relative permeability and trapping of CO_2 and water in sandstone rocks at reservoir conditions. Water Resources Research，48（2），W02532. http://dx.doi.org/10.1029/2011WR010859

[9.26] André，L.，P. Audigane，M. Azaroual，and A. Menjoz，2007. Numerical modeling of fluid-rock chemical interactions at the supercritical CO_2-liquid interface during CO_2 injection into a carbonate reservoir，the Dogger aquifer（Paris Basin，France）. Energy Conversion and Management，48（6），1782. http://dx.doi.org/10.1016/j.enconman.2007.01.006

[9.27] Liu，F.，P. Lu，C. Zhu，and Y. Xiao，2011. Coupled reactive flow and transport modeling of CO_2 sequestration in the Mt. Simon sandstone formation，Midwest U.S.A. International Journal of Greenhouse Gas Control，5（2），294. http://dx.doi.org/10.1016/j.ijggc.2010.08.008

[9.28] Alkan，H.，Y. Cinar，and E.B. ülker，2010. Impact of capillary pressure，salinity and in situ conditions on CO_2 injection into saline aquifers. Transport in Porous Media，84（3），799. http://dx.doi.org/10.1007/s11242-010-9541-8

[9.29] Zhou，Q.，J.T. Birkholzer，E. Mehnert，Y.-F. Lin，and K. Zhang，2010. Modeling basin- and plume-scale processes of CO_2 storage for full-scale deployment. Groundwater，48（4），494. http://dx.doi.org/10.1111/j.1745-6584.2009.00657.x

[9.30] Doughty，C.，2010. Investigation of CO_2 plume behavior for a large-scale pilot test of geologic carbon storage in a saline formation. Transport in Porous Media，82（1），49. http://dx.doi.org/10.1007/s11242-009-9396-z

[9.31] Okwen，R.T.，M.T. Stewart，and J.A. Cunningham，2010. Analytical solution for estimating storage efficiency of geologic sequestration of CO_2. International Journal of Greenhouse Gas Control, 4 (1), 102. http://dx.doi.org/10.1016/j.ijggc.2009.11.002

[9.32] Juanes, R., E.J. Spiteri, F.M. Orr Jr., and M.J. Blunt, 2006. Impact of relative permeability hysteresis on geological CO_2 storage. Water Resources Research, 42 (12), W12418. http://dx.doi.org/10.1029/2005WR004806

[9.33] Bachu, S., and B. Bennion, 2008. Effects of in-situ conditions on relative permeability characteristics of CO_2-brine systems. Environmental Geology, 54 (8), 1707. http://dx.doi.org/10.1007/s00254-007-0946-9

[9.34] Kim, Y., J. Wan, T.J. Kneafsey, and T.K. Tokunaga, 2012. Dewetting of silica surfaces upon reactions with supercritical CO_2 and brine: Pore-scale studies in micromodels. Environ. Sci, Technol., 46 (7), 4228. http://dx.doi.org/10.1021/es204096w

[9.35] Rozalén, M.L., F.J. Huertas, P.V. Brady, J. Cama, S. García-Palma, and J. Linaresa, 2008. Experimental study of the effect of pH on the kinetics of montmorillonite dissolution at 25℃. Geochimica et Cosmochimica Acta, 72 (17), 4224–4253.

[9.36] Palandri J.L., and Y.K. Kharaka, 2004. A Compilation of Rate Parameters of Water-Mineral Interaction Kinetics for Application to Geochemical Modeling, US Geological Survey Open File Report 2004-1068. http://pubs.usgs.gov/of/2004/1068

[9.37] Brunauer, S., P.H. Emmett, and E. Teller, 1938. Adsorption of gases in multimolecular layers. J. Am. Chem. Soc., 60 (2), 309. http://dx.doi.org/10.1021/ja01269a023

[9.38] Kuwahara, Y., 2006. In-situ AFM study of smectite dissolution under alkaline conditions at room temperature. American Mineralogist, 91 (7), 1142. http://dx.doi.org/10.2138/am.2006.2078

[9.39] Yang, l., and C.I. Steefel, 2008. Kaolinite dissolution and precipitation kinetics at 22℃ and pH 4. Geochimica et Cosmochimica Acta, 72 (1), 99. http://dx.doi.org/10.1016/j.gca.2007.10.011

[9.40] White, A.F., and S.L. Brantley, 2003. The effect of time on the weathering of silicate minerals: why do weathering rates differ in the laboratory and field? Chemical Geology, 202 (3–4), 479. http://dx.doi.org/10.1016/j.chemgeo.2003.03.001

[9.41] Landrot, G., J.B. Ajo-Franklin, L. Yang, S. Cabrini, and C.I. Steefel, 2012. Measurement of accessible reactive surface area in a sandstone, with application to CO_2 mineralization. Chemical Geology, 318–319, 113. http://dx.doi.org/10.1016/j.chemgeo.2012.05.010

[9.42] Molins, S., D. Trebotich, C.I. Steefel, and C. Shen, 2012. An investigation of the effect of pore scale flow on average geochemical reaction rates using direct numerical simulation. Water Resources Research, 48 (3), W03527. http://dx.doi.org/10.1029/2011WR011404

[9.43] Daval, D., I. Martinez, J. Corvisier, N. Findling, B. Goffé, and F. Guyot, 2009. Carbonation of Ca-bearing silicates, the case of wollastonite: Experimental investigations and kinetic modeling. Chemical Geology, 265 (1–2), 63. http://dx.doi.org/10.1016/j.chemgeo.2009.01.022

[9.44] Casey, W.H., H.R. Westrich, G.W. Arnold, and J.F. Banfield, 1989. The surface chemistry of dissolving labradorite feldspar. Geochimica et Cosmochimica Acta, 53 (4), 821. http://dx.doi.org/10.1016/ 0016-7037 (89) 90028-8

10 大规模碳地质封存

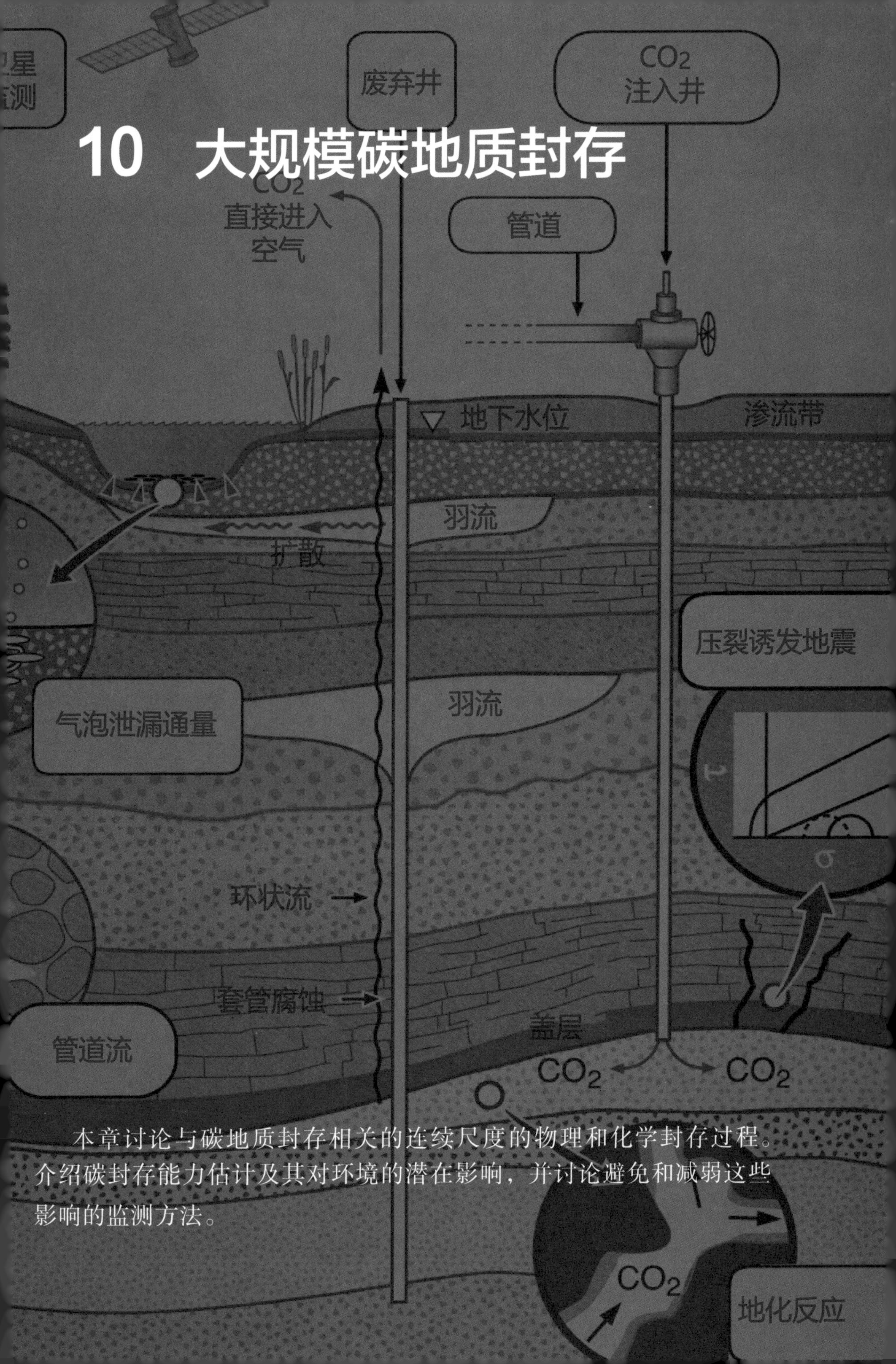

本章讨论与碳地质封存相关的连续尺度的物理和化学封存过程。介绍碳封存能力估计及其对环境的潜在影响，并讨论避免和减弱这些影响的监测方法。

10.1 引言

第 8 章中隐含的结论是，CO_2 地质封存是 CO_2 长期封存的一种安全有效的方法，并且 CO_2 可以无限制地从大气中分离出来。在本章中，关注以下大尺度问题：

（1）已知地质系统和 CO_2 的性质，那么 CO_2 的封存潜力是多少，取决于什么因素？

（2）是否存在与 CO_2 封存相关的负面环境影响？如果有，如何减轻它们？

（3）哪些方法可以用来监测和解释被封存在地下深处的 CO_2 赋存状态？

本章将从连续尺度的角度来解决这些问题。与沉积岩中的孔隙尺度相比，这个尺度要大得多，通常在 100μm 的数量级。在较小的尺度上，可以认为地质特征和过程（如单个孔隙的形状和孔隙网络的连通性）在空间上是平均分布的，并且由此构成均匀的宏观连续体，因此将分析和表征的尺度称为连续尺度。

第 8 章中介绍了与地质封存相关的不同过程的时间尺度（图 8.2.3）。图中总结了一个多世纪以来地球科学对碳封存相关过程的丰富研究成果。然而，从抽象概念上说，该图缺乏关于有效性的基本原理和证据。在这里，尽量剥离多层抽象概念，利用大量的证据和经验，更全面地论述碳封存是减少 CO_2 排放的一种非常有前途的方法。

10.2 油田尺度模型

CO_2 地质封存（GCS）工程需要利用油田尺度模型预测注入的 CO_2 在数十公里长度和数千年时间尺度上的行为特性。这些模型对于优化 CO_2 注入、预测碳封存的经济成本和目的层的封存能力、购买 CO_2 封存权、规划潜在的补救措施，以及确保公众对碳封存的支持和监管部门的批准至关重要。油田尺度模型必须准确回答以下关键问题：目的层中可以封存多少 CO_2？注入 CO_2 的速度有多快？ CO_2 羽流的最终范围是多少？ CO_2 注入将如何影响区域水文地质？在 CO_2 注入结束后，监测过程需要持续多长时间？

油田尺度上的数值模拟还为解释碳封存工程中出现的不同现象的影响因素提供了有效的概念模型。碳封存工程需要使用油田尺度模型，针对岩层中的多相流体流动和地球化学过程进行预测。本节中，将简要验证这些油田尺度模型。主要关注两个问题：基于油田尺度模型预测 CO_2 在多孔岩石中的运移精度如何？如何通过基础科学手段改进这些模型？

10.2.1 准确性

油田尺度模型准确性的评价方法主要有两种：第一种方法将地质碳封存的油田尺度模型的盲目预测与实测数据进行比较（图 10.2.1）[10.1]。这种比较对于确立模型预测能力的可信度至关重要，但适于比较的实验数据有限，因此这种比较实际上很少进行。第二种方法是对模型设计过程中已知的不确定性和输入参数进行模型预测的敏感性分析

（图 10.2.2），并了解其基本属性和过程的相对重要性[10.2,10.3]。如图 10.2.1 和图 10.2.2 所示，两种方法都证明了现有的油田尺度碳封存模型能够对地层中 CO_2 运移进行有效的定性分析，但在 CO_2 羽流的速度或各种 CO_2 封存机制的速率等基本性质的定量预测方面存在很大的不确定性。

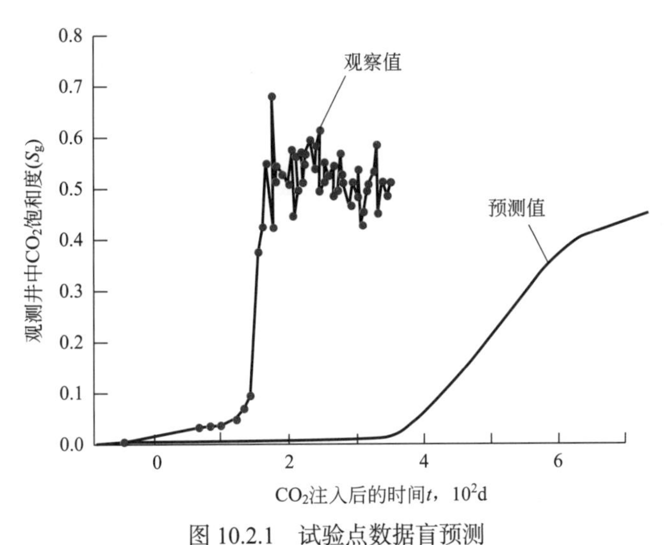

图 10.2.1　试验点数据盲预测

对来自澳大利亚 CO2CRC Otway 试验点的油田尺度的封存数据进行盲预测，该试验点向一个枯竭的气藏注入 6.5×10^4t CO_2。图中显示了在观测井中 CO_2 羽流路径上 CO_2 饱和度（S_g）的预测值和实测值与时间的函数关系。CO_2 饱和度的增加表明 CO_2 羽流到达观测井附近。图片由 Underschultz 等[10.1] 重绘

油田尺度模型预测的准确性取决于两个特征：设计的模型必须考虑所有相关的物理现象；模型的输入参数必须准确描述封存过程的基本属性（如 CO_2—咸水状态方程）以及岩层的特定属性（如渗透率）。单一模型由于设计不准确或输入参数的选择不当，可能无法预测 CO_2 的运移。就碳封存而言，这两个特征所涵盖的潜在不确定性带来了重大挑战：诸多物理和化学过程发生在地质构造这一复杂场所中，而且目前对其中一些过程的了解非常有限；此外，注入的目标地层广阔（面积数百平方公里）且深埋地下（深度大于 800m），并且针对潜在碳封存地点的特征描述成本十分昂贵（测试井的钻探可能是碳封存工程成本的主要部分），因此这种地质表征常常是不完整的。

10.2.2　模拟网格

只有少数研究是在简单几何体中计算 CO_2—咸水多相流方程的解析解，大多数油田尺度的碳封存模型、多相流耦合模型，以及地球化学模型都使用数值计算的方法，该方法是将空间离散化为有限尺寸的模拟网格单元的集合，每个网格单元都被视为均质的反应空间（图 10.2.3）[10.4]。在每个时间步中，模型依次计算出每个网格单元内发生的运移过程和相邻网格单元之间的流体通量。不同方向上的网格单元尺寸不同，通常垂直方向上的尺度为 1 ～ 10m，水平方向的尺度为 10 ～ 100m。每个网格单元包含了矿物相和孔隙空间的混合信息，孔隙空间由咸水、CO_2 或咸水和 CO_2 的两相混合物填充，即对于每个网格单元，模型数据必须包含孔隙度 Φ 以及水和 CO_2 饱和度 S_w 和 S_g。

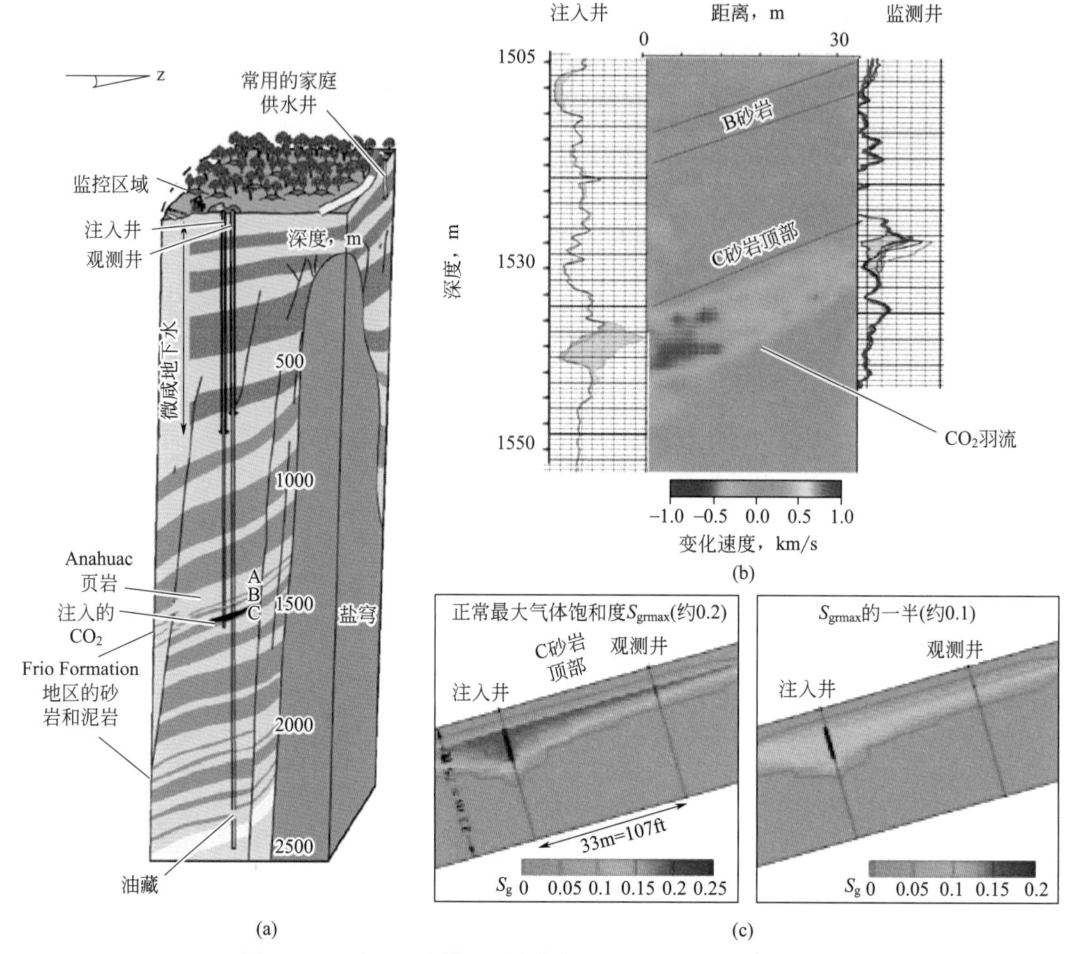

图 10.2.2　油田尺度模型对残余气饱和度预测的灵敏度分析

（a）Frio Ⅰ封存试验区示意（得克萨斯州休斯顿附近的砂岩地层，在该地层中注入 CO_2 的量约为 1.6Mt，深度 1530m）。（b）注入期 CO_2 饱和度（S_g）实验数据；图的左侧和右侧分别所示为注入井（左侧）和观测井（右侧）测量到的 S_g 值（更准确地说，通过测量由于 CO_2 存在引起的电阻率变化）随深度的变化；图的中心部分显示了根据井间区域地震测量数据重构的 CO_2 饱和度（图 10.5.5）。（c）S_g 模型中分别取两个不同最大残余气饱和度值（$S_{g,r,max}$ 在左右两侧分别取值为 0.2 或 0.1）时的模型预测值，该模型参数在 9.7 节中进行了详细讨论。该模型准确地预测了 CO_2 羽流的整体形状，但无法预测其精细结构；模型预测结果对 $S_{g,r,max}$ 高度敏感，它是一个约束性较差的输入参数（表 9.7.1）。（a）和（c）由 Doughty 等 [10.3] 重绘；（b）由 Daley 等 [10.2] 重绘；所有图片均经 Springer Science + Business Media 许可转载

将封存空间离散化为模拟网格单元集合表示要进行几种近似处理。首先，流体和岩石的性质在网格单元尺度上不是均匀的。这说明，多孔介质的有效网格单元尺度属性不能在比网格单元更小的尺度上进行测量（如从 5 ～ 10cm 岩心样品的实验中得出），因为网格单元尺度内物质的非均质性对其他许多性质具有影响。天然地层渗透率的各向异性可以说明这一点：在网格单元尺度上，水平渗透率高于垂直渗透率，这是因为网格单元内的高渗或低渗离散区域由层理方向决定（图 10.2.4）。单个岩心样本的性质不足以代表大范围区域内的地层属性。通常通过假设平行层理方向的渗透率大于垂直层理方向的渗透率（如大 10 倍）进行模拟。

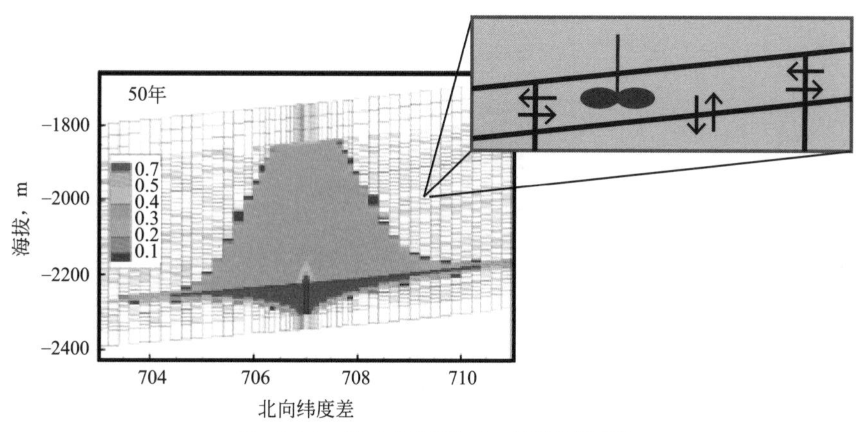

图 10.2.3 注入井附近 CO_2 饱和度预测

上述模型是对伊利诺伊盆地 CO_2 注入井附近 50 年后的饱和度预测结果，注入速率为 5Mt/a。模拟网格用细灰线表示。每个网格块宽 20 ~ 1000m（随着离井距离的增加而增加），高 10m。插图显示一个网格单元作为一个均质的反应空间（如图所示的搅拌桨），它与周围的网格单元交换流体（如图所示的箭头）。图片由 Zhou 等 [10.4] 重绘，经 John Wiley & Sons 许可转载

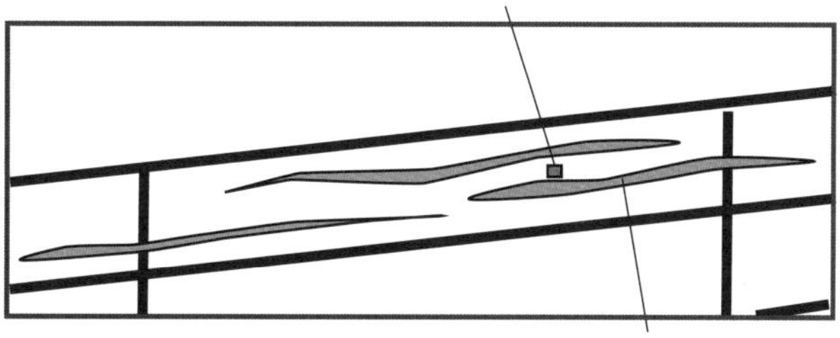

岩石特性通常由岩心样品和测井数据确定(长度尺度约为10^{-1}m)

显著的各向异性(如较低的渗透率区域)可能存在于网格单元中

图 10.2.4 子网格单元尺度渗透率特征

子网格单元尺度上的高渗透率或低渗透率区域（如砂岩或页岩透镜体）取决于层理方向

碳封存模型中第二个不可避免的近似处理是，需要通过数量较少的局部测量和遥感研究，估计整个 CO_2 封存区的岩石特性，覆盖上百平方公里的面积，深度可达几百米。预测井间未采样区域的岩石性质的方法之一是，将岩层分解为一组离散的地层（图 10.2.5），并假设井间未采样区域中的这些地层连续延伸。一种更精细的地质统计学方法是，通过测试井的测量数据生成关于岩石特性分布的大量数据，然后使用这些分布来预测 CO_2 注入后可能的分布范围。

10.2.3 模拟网格内的热力学和反应动力学

油田尺度的碳封存模型将每个模拟网格单元视为均质的反应空间，其中包含水相、多种矿物相，以及富含 CO_2 的相态。图 10.2.6 总结了网格单元内发生的重要的球化学现象。描述这些现象所需的参数包括描述网格单元状态的变量，如温度、压力、CO_2 饱和度以及岩层的矿物学参数和孔隙度。需要的其他参数是指描述矿物—咸水—CO_2 系统的地球化学参数：CO_2—咸水状态方程，该方程揭示了压力、温度、密度和成分之间的关系。该状态方程还需包含盐水盐度的影响以及与 CO_2 共同注入的杂质的影响。

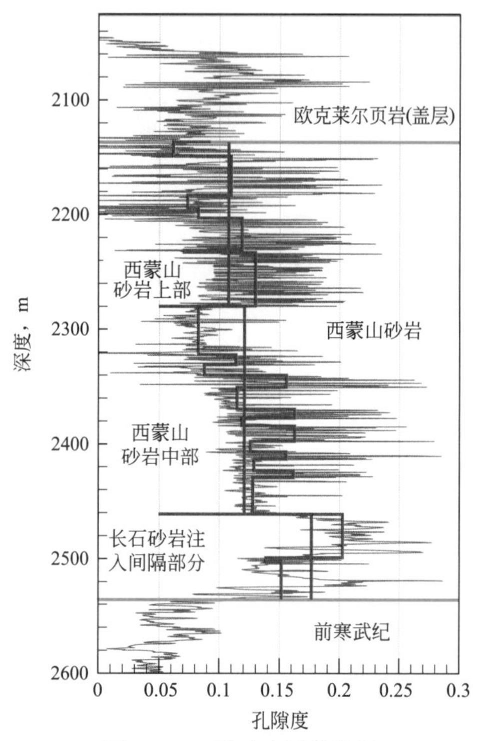

图 10.2.5 孔隙度测井数据

图为伊利诺伊州目标封存地层西蒙山砂岩孔隙度（细灰线）与深度关系的测井数据。图中还显示了部分上覆欧克莱尔页岩（盖层）和下伏的前寒武纪花岗岩的测量结果。红线为 Zhou 等 [10.4] 在油田尺度封存模型中使用的砂岩地层简化模型。蓝线显示一个更简化的模型，其中砂岩层被描述为三个单元。图片转载自 Zhou 等 [10.4]，经 John Wiley & Sons 公司许可

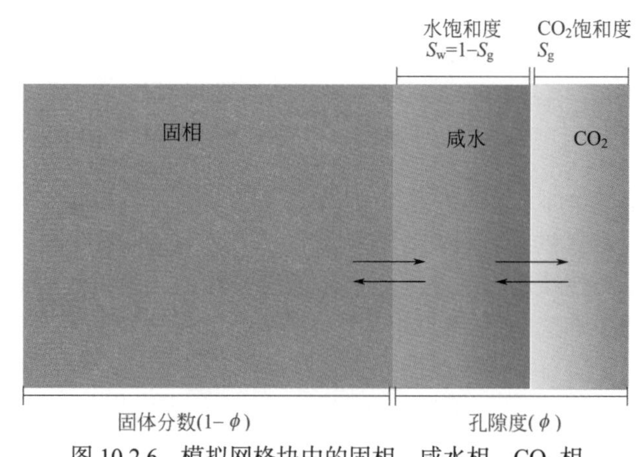

视频 10.2.6

图 10.2.6 模拟网格块中的固相、咸水相、CO_2 相

在模拟网格块中共存的固相、咸水相和 CO_2 相示意图。假设每个网格中的咸水相和 CO_2 相都是均匀的。咸水相的地球化学特征及其与 CO_2 相的相互作用，可用上述平衡关系描述。相关视频可在 http://www.worldscientific.com/worldscibooks/10. 1142/p911#t=suppl 浏览

油田尺度的碳封存模型必须预测每个模拟网格单元中固相的溶解速率或沉淀速率。在较短的时间尺度上，最重要的反应就是碳酸盐矿物（主要是方解石）溶解，该反应是由于超临界 CO_2[$CO_{2(sc)}$] 溶解引起的孔隙水酸化而迅速发生的。这些反应在前一节中讨论过。

自洽热力学数据推导是一项艰巨的任务，针对 CO_2 地质封存，由于两种流体相共存以及目的层中的高温、高压和盐度等因素的存在，这一工作变得更加复杂。

除了水、CO_2 和单一盐类（如 NaCl）以外的物质，CO_2 地质封存条件下其他物质共存条件下的热力学数据是不完整的。例如，缺乏关于 CO_2—H_2S 或 CO_2—SO_2 混合物与水平衡时热力学特性的实验数据。这部分需要填补大量研究；由于 H_2S 和 SO_2 分别是煤气化和燃烧的产物，因此，对于富硫煤和天然气燃烧而言，将 H_2S 或 SO_2 与 CO_2 共同注入可显著提高封存工程的经济可行性。同样，对于高浓度咸水而言，还缺乏关于许多溶液组分（如 $Al^{3+}_{(aq)}$，许多硅酸盐矿物的重要组成部分）的热力学活性的实验数据。

10.2.4 模拟网格间的质量通量

在每个模拟时间步长中，场地尺度的封存模型需要计算相邻网格单元之间的水相和富 CO_2 相的质量通量。这些通量由浮力（富含 CO_2 相比水相轻）和毛细压力驱动。在亲水性岩石中，与 CO_2 相比，水对孔隙空间基质的固体颗粒具有更高的亲和力，因此在岩石中的吸附力比 CO_2 更强。

计算相邻模拟网格单元之间的质量通量需要求解每个流体相中的达西定律。专栏 9.6.1 中介绍了关于水平方向流动的达西定律。在垂直方向则必须考虑重力的影响，从而得到：

$$U_{\mathrm{j}} = -\frac{k k_{\mathrm{r},i}(S_{\mathrm{g}})}{\mu_i}\left(\frac{\partial p_i}{\partial z} - \rho_i g\right) \tag{10.1}$$

式中，i=w 或 g 为富水相或富 CO_2 相；ρ_i 为相 i 的密度；g 为重力加速度。p_{g} 和 p_{w} 值因毛细压力 p_{c} 而不同，p_{c} 是 CO_2 饱和度的函数：$p_{\mathrm{g}}-p_{\mathrm{w}}=p_{\mathrm{c}}(S_{\mathrm{g}})$。上述参数和饱和度的关系可以通过特征曲线进行描述（见第 9.7 节）。

10.2.5 场地尺度模型假设

前面已经讨论了几种基本科学现象，由于对这些现象的理解不够深入，还无法将它们很好地融入在场地尺度封存模型中，这些现象包括：混合过程、风化对渗透性的影响、有机和生物效应、限制效应以及吸附水膜中的反应。现有模型中的假设简化或忽略了这些影响，更好地理解这些现象将显著提高模型预测的可靠性。

10.2.5.1 混合过程

在基于网格的空间离散化中，场地尺度模拟的一个重要假设是，系统在每个模拟网格单元中充分混合。该假设的一个重要结果是，即使模拟网格单元中含有最小数量的富 CO_2 相，网格单元中的整个水相都假定与富 CO_2 相处于平衡状态。实际上，CO_2、水和矿物质可能在网格尺度上瞬间混合得不是很好（参见问题 10.2.1）。由于矿物分布的非均质性（图 10.2.7）或地质构造中流体性质的非均质性（图 10.2.8）[10.6] 的影响，在模拟网格单元中 CO_2、咸水和矿物相达到平衡状态所需的时间可能相当长（图 10.2.7），参见问题 10.2.1。缓慢混合带来的一种结果是，涉及矿物、水和 CO_2 的风化作用的速率可能受到这三种成分缓慢扩散混合的限制。

问题 10.2.1 咸水中 CO_2 溶解的特征时间尺度

场地尺度封存模型中假设在含 CO_2 指状分布的孔隙空间充满盐水，且 $CO_{2\,(aq)}$ 浓度是均匀的。实际系统中，CO_2 指状分布之间开始发生扩散需要多大的时间尺度呢？扩散距离 d 所需的特征时间尺度 τ（扩散系数 D）满足下述关系式：$\tau \approx d^2 / 2D$。50℃时，CO_2 在水中的扩散系数为 $D \approx 4 \times 10^{-9}\,\mathrm{m}^2/\mathrm{s}$。如果 CO_2 指状分布之间的距离为 2mm 或 2m，则可通过上式计算相应的特征时间尺度 τ。

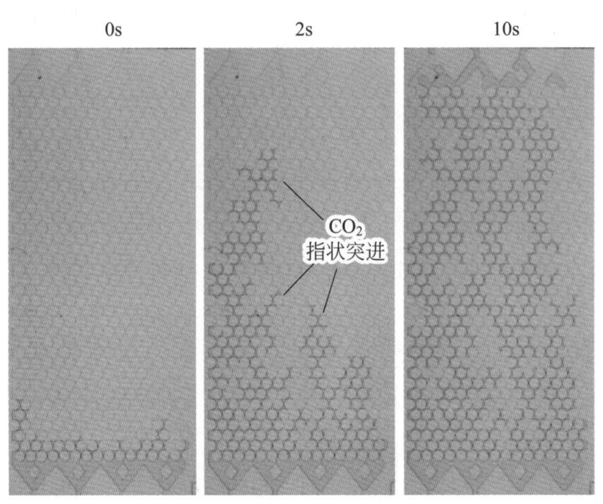

图 10.2.7 充水多孔介质中的 CO_2 侵入过程

一旦将 CO_2 注入多孔介质，就会形成毛细管或黏性的“指状空间”。图中所示为咸水填充的初始微模型（一种由熔融蚀刻硅板制成的理想多孔介质）中 CO_2 侵入模式的照片（深灰色）。结果表明，即使多孔介质本质上是均匀的，也可以形成指状突进。图片经 Kim 等 [10.5] 许可重绘。版权由美国化学学会所有

10.2.5.2 风化作用对渗透性的影响

在大多数 CO_2 封存模拟中，风化反应对渗透率和毛细压力等流动参数的影响被忽略了。这是一个很典型的近似估计，因为风化反应可能导致孔隙度发生较大的变化（如果注入的 CO_2 含有硫杂质，在封存地层的不同区域，孔隙度增加 / 减小可高达 50%[10.7]）。众所周知，孔隙度变化会影响多孔介质的渗透率，目前提出了多种描述 ϕ 和 K 之间关系的模型，但是各种模型的预测结果有着明显的差异。

由于影响 ϕ 和 K 之间关系的因素很多（如孔径分布、流动状态和引起孔隙率变化的反应类型等），因此完全表征两者的关系是一项艰巨的任务。在多孔介质中孔隙度变化前后，现代成像技术可以测量相应的渗透率、孔隙度和孔隙网络结构，为阐明这种关系提供了一条行之有效的方法，如图 10.2.9 和视频 10.2.1 所示 [10.8]。由图 10.2.9 可知，SiO_2 颗粒网格中生物诱导的方解石沉淀会导致其渗透率大幅下降（注意渗透率轴的对数刻度）。由视频 10.2.1 可以看到，在整个 SiO_2 颗粒表面形成大致均匀的方解石涂层。均匀的涂层对孔喉半径的影响比对孔隙体积尺寸的影响要大得多，这解释了渗透率明显下降的原因。

孔隙度对渗透率的巨大影响的另一个例子是裂缝渗透率和裂缝开度之间的关系。如 9.6 节所述，对于平面裂缝中流体的流动，根据流体动力学理论可知，裂缝渗透率 K 是裂缝开度 b 的三次方的函数（$K \propto b^3$）。诸多研究采用前述成像方法来确定裂缝在 CO_2 酸化

咸水反应前后的开度和渗透率[10.9,10.10]。研究发现，如果侵入的咸水相对于方解石来说未饱和，则方解石溶解会导致平均裂缝开度迅速增加（图 9.5.5）。然而，由于岩石的非均质性，方解石相对于其他矿物的优先溶解也会导致裂缝表面粗糙度显著增加，这会抵消一部分裂缝开度对渗透率的影响[10.9]。

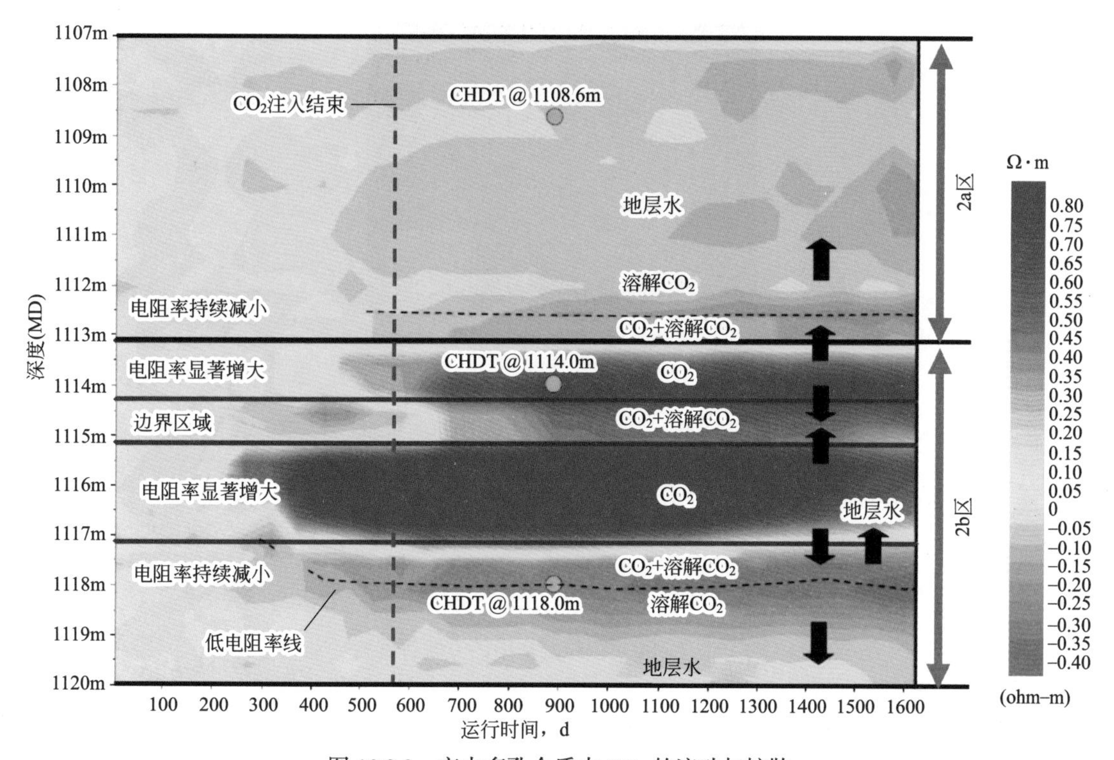

图 10.2.8 充水多孔介质中 CO_2 的流动与扩散

图中所示为日本长冈封存试验点观测井的实测电阻率随深度（垂直轴）和时间（水平轴）的变化情况；红色表示由于超临界 CO_2 到达观测井，电阻率增大；绿色表示 CO_2 溶解于水中导致其电阻率下降。CO_2 羽流（深绿色）上方和下方形成的富含 CO_2 的水域形成过程非常缓慢——时间尺度为数百天。图片转载自 Sato 等[10.6]，经 Elsevier 许可

简而言之，为了预测孔隙度（在裂缝发育的情况下的孔隙开度）和渗透率之间的关系，需要了解在孔隙空间中发生沉淀反应和溶解反应的位置，因为主要流动通道的约束对渗透率的影响比孔隙网络的其他部分大得多。这需要了解流体动力学和地球化学之间的相互影响（在富含碳酸盐的岩石中，这些影响因素会导致高渗透通道或“虫洞”的形成[10.11]），岩石的非均质性（如许多沉积岩的层状结构会削弱风化对垂直于层理方向的裂缝渗透率的影响[10.9]），以及纳米级颗粒的迁移和聚集等其他因素（特别是黏土矿物，它们的纳米颗粒性质和较大的表面积能够显著地影响渗透率[10.12]）。

10.2.6 有机质和生物效应

大多数油田尺度模型中都忽略有机质和生物效应对地质构造中 CO_2 运移的影响。事实上，有机物质和微生物在地下无处不在，它们强烈地影响临界 CO_2 的注入（反之，它们也受到 CO_2 注入的影响）。在枯竭油气藏中，这种情况很明显，CO_2—EOR 的成功实施，依赖于利用 CO_2—烃类相互作用来增加地层原油（OIIP）的采收率。在 GCS 封存地层也

发现了 CO_2 和有机质之间显著相互作用的证据，这些是未曾在石油开采中发现的。例如，在 Frio Ⅰ碳封存试验点（图 10.2.2），在 CO_2 羽流附近检测到溶解的有机分子（如乙酸酯、$CH_3CO_2^-$）的浓度百倍地增加[10.12]。这些有机分子可能是由于注入 CO_2 引起地化反应的溶解所产生的。

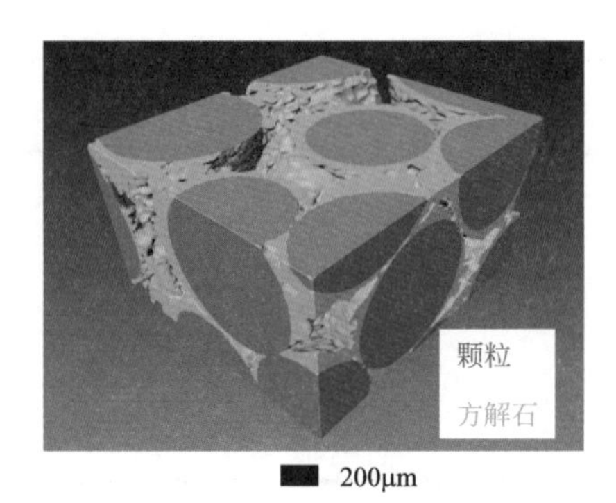

图 10.2.9　SiO_2 颗粒网格中的方解石沉淀

结果表明，在 SiO_2 颗粒网格中发生方解石沉淀时，孔隙度 Φ 与渗透率 k 之间存在的相关性。上图所示为部分多孔介质的 X 射线计算机断层扫描图像。下图表明，孔隙度下降约 30% 会导致渗透率下降约 2 个数量级。图片经 JohnWiley & Sons 许可转载自 Armstrong 等[10.8]

视频 10.2.1

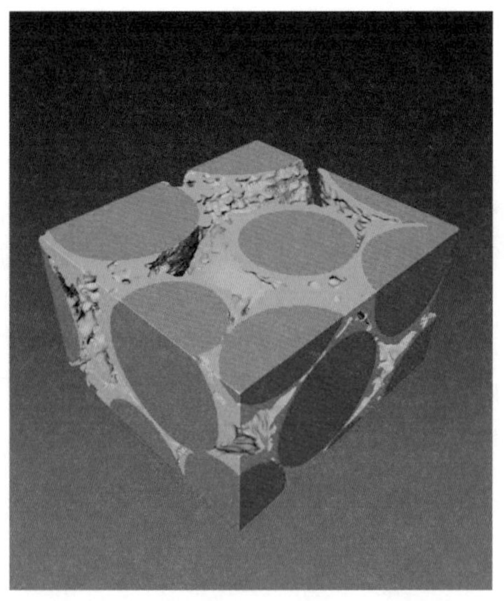

视频 10.2.1　SiO_2 颗粒上的方解石表面涂层

该视频拍摄的是 X 射线 CT 实验，显示了多孔介质中单个 SiO_2 颗粒上形成的碳酸钙涂层分布。由 JonathanAjo-Franklin（劳伦斯伯克利国家实验室）提供，可在 http://www.worldscientific.com/worldscibooks/10.1142/p911#t=suppl 浏览

地质构造中存在的有机分子可能会从几个方面影响注入后 CO_2 的运移。在短期内，溶解的有机物会吸附在 CO_2—咸水界面，降低 CO_2—咸水界面张力。较难溶的有机分子可以在矿物表面形成疏水涂层，改变岩石的润湿性 [10.13,10.14]。如 9.4 节所述，多孔岩石的毛细压力 p_c 与 CO_2 注入关系紧密，它与 CO_2—咸水界面张力，以及咸水与 CO_2 对孔隙表面的润湿性密切相关。简言之，有机分子可以改变矿物—咸水—CO_2 的多相流特性，从而提高或降低 CO_2 封存效率。从长远来看，溶解的有机分子可以促进或抑制矿物风化反应，如 9.8 节 [10.15] 所述，这将加速或减缓 CO_2 以碳酸盐矿物的形式永久封存的过程。

在页岩地层中，大量有机颗粒（为 0.5% ～ 13%）的存在证明了有机质的潜在作用。图 10.2.10 的插图为一个有机颗粒的详细视图（另一个有机颗粒在图 10.2.11 中以紫色标识）。图 10.2.10 的电子显微镜研究显示，黏土页岩样品中最大的孔隙与有机颗粒有关联。由于最大孔隙也是流体最容易发生流动的孔隙，因此，这一发现证明了此类样品中的有机质可能会在一定程度上影响流体的流动性质。

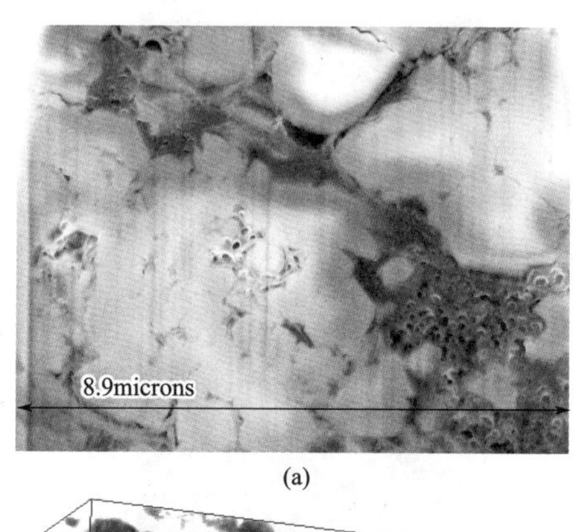

(a)

(b)

图 10.2.10　泥页岩中的有机质

（a）利用 5nm 分辨率的扫描电镜（SEM）对泥页岩孔隙结构进行了表征。（b）显示了有机颗粒结构的三维重建，该结构由大量非常薄的样品切片的 SEM 图像生成，该样品中最大的孔隙（约 100nm 宽）有很大一部分与有机质有关。图片由劳伦斯伯克利国家实验室的 Tim Kneafsey 提供。（b）的动画版本可在 http://www.worldscientific.com/worldscibooks/10.1142/p911#t=suppl 浏览

最后，研究认为微生物效应在 GCS 中还发挥着几个潜在的作用。尽管在超临界 CO_2 的条件下很少有微生物能生存，但是已经发现至少有一种微生物能在 GCS 区域的极端恶劣条件（高压、高温、高盐度和高 CO_2 浓度）下生存 [10.16]。未来可能还会发现其他这样的微生物。德国 Ketzin 碳封存试验点的观测井发现，在 CO_2 羽流经过的区域，微生物的数量和活性恢复相对较快（在几个月内）[10.17]。微生物对 CO_2 运移的一个潜在影响是其具有加快溶解反应和沉淀反应速率的能力，从而最终将 CO_2 以碳酸盐矿物的形式封存，例如，能够催化矿物晶核生成 [10.18]。

关于 CO_2 天然气藏渗漏的研究表明，微生物在自然环境中可能扮演这一角色[10.19]。

10.2.7 限制效应

油田尺度模型的另一个假设是，地质构造中孔隙水的地球化学特征与液态水的大部分性质相同。在密封和水泥固井的情况下，这种假设可能是不正确的，因为大部分孔隙空间由非常小的孔隙组成。图 10.2.11 强调了关于瑞士 Opalinus 黏土岩的几项研究，这些研究说明了表征这种纳米孔隙度的难度，既因为沉积岩的多尺度非均质性，也因为大多数实验技术都无法检测到黏土地层中最小的孔隙（如图 9.2.3 中蒙脱石的层间纳米孔）。Opalinus 黏土微米级样品的详细表征说明，这些样品中的大部分孔隙空间存在于小于 10nm 的孔隙中，并且很大一部分存在于小于 2nm 的孔隙中[10.20-10.23]。

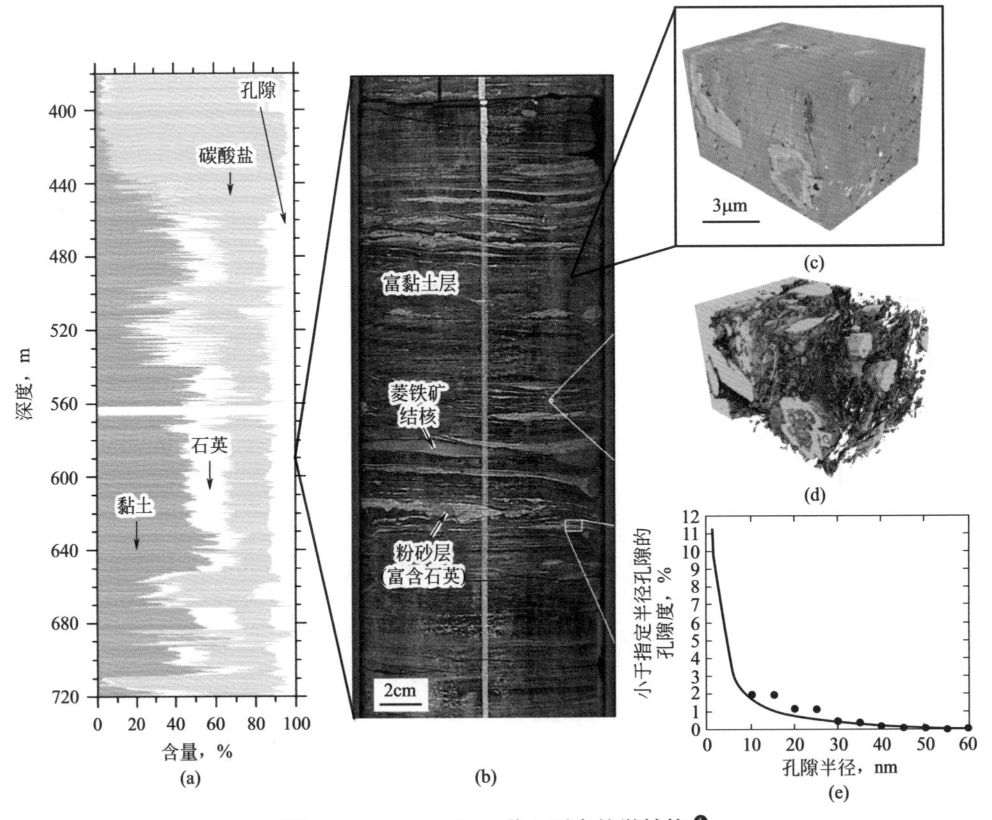

图 10.2.11 Opalinus 黏土页岩的微结构 ❶

Opalinus 黏土地层作为瑞士高放射性废物处置的潜在注入地层得到了广泛研究。（a）在几十米长的尺度上，页岩的平均矿物构成相对均一（约 60% 黏土矿物、20% 石英、20% 碳酸盐）。（b）在厘米级尺度上，矿物构成是非均质的，呈现交替的富黏土层、粉砂透镜体和碳酸盐结核。（c）在微米级尺度上，聚焦离子束扫描电子显微镜图像显示非黏土颗粒（石英、碳酸盐、有机物）分布在黏土基质中。（d）显示了（c）中所示样品的矿物组成重构示意，其中灰色区域为石英或碳酸盐颗粒，紫色区域为有机质，黄色区域为大于 10nm 的孔隙（通过 SEM 检测），透明区域是纳米多孔黏土基质。（e）显示了（c）中所示样品的累积孔径分布：数据点（圆圈）来自 FIB—SEM 探测的孔隙空间；实测孔隙度为 2%，但该技术无法检测小于 10nm 的孔隙。实线显示了通过 N_2 吸附探测的孔隙空间（测量的孔隙度为 11%，但该技术无法探测窄于约 2nm 的孔隙）。Opalinus 黏土的亲水孔隙度总体在 12% ～ 16%（包括位于粘土颗粒内部的孔隙，如图 9.2.3 中所示的蒙脱石层间纳米孔）

---

❶（a）转载自 Wenk 等[10.20]，经黏土矿物学会许可；（b）转载自 Marschall 等[10.21]，经 RevueIFP 许可；（c）和（d）转载自 Keller 等[10.22]，经爱思唯尔许可；（e）转载自 Keller 等[10.23]，经佩加蒙许可。

众所周知，多孔介质（如黏土、沸石、纳米多孔 SiO_2 或碳纳米管）中纳米到几十纳米大小的孔隙分布会影响流体的性质，如冰点、介电常数和自扩散系数。事实上，这种限制对流体性质的作用可用于设计纳米级流体装置[10.24]。一些研究表明，这种“限制效应”对碳封存具有潜在影响。如图 10.2.12 所示，黏土层间纳米孔中 CO_2 的溶解度可能比在自由液态水中的溶解度大得多[10.25]。这种增强的溶解度可以看作是 CO_2—黏土相互作用驱动的吸附作用引起的，或者是由限制作用诱导水的性质发生变化而引起的。该发现的意义之一是，页岩地层可能会成为防止 CO_2 泄漏的屏障，这不仅是因为它们的低渗透率和高毛细突破压力，还与它们吸收（或吸附）CO_2 的能力有关。

岩石的纳米孔隙也可能影响矿物风化反应，可通过同步加速器 X 射线实验观察到，如图 10.2.13 所示。研究表明，在直径为 7.5nm 的多孔 SiO_2 孔隙中，$CaCO_3$ 的沉淀受到抑制。这个结果是出乎意料的，因为已知 SiO_2 表面能促进固体碳酸盐的成核[10.26]。通常情况下，根据地球化学模型可知，当多孔介质中发生矿物沉淀时，由于最小孔隙的表面积与孔隙体积的比值较高，因此，较小的孔隙被沉淀固体填充的速率较快。而图 10.2.13 清楚地显示了相反的效果。在 GCS 中，如果黏土页岩盖层中产生固体碳酸盐沉淀，这种沉淀可能会率先堵塞岩石中最大的孔隙并增强其密封性[10.27]。

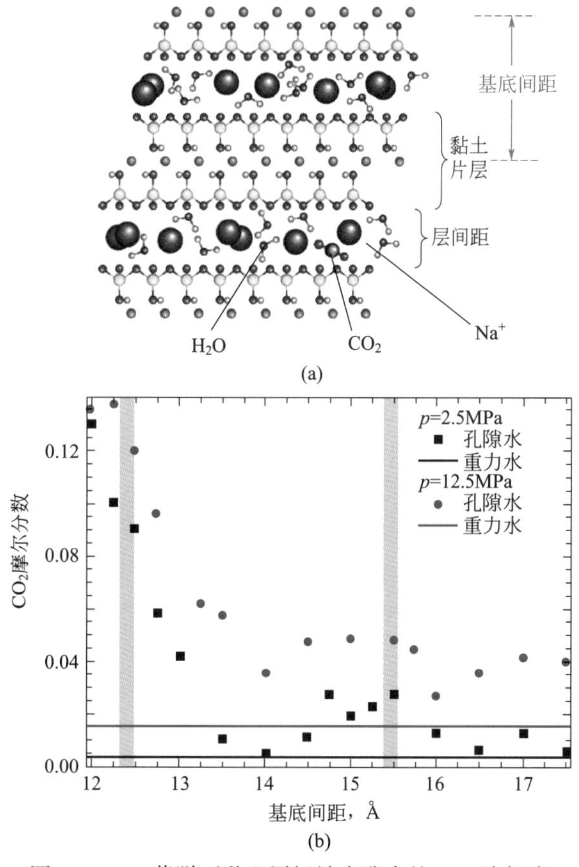

图 10.2.12　蒙脱石黏土层间纳米孔中的 CO_2 溶解度

分子模拟表明，CO_2 在蒙脱石层间纳米孔中的溶解度高于在自由水中的溶解度。（a）为含水蒙脱石的矿物结构示意图；（b）为纳米孔隙水（方块标识）和重力水（横线）中 CO_2 溶解度的预测值，横坐标为基底间距（片层的厚度加上层间距），压力条件分别为 2.5MPa（黑）和 12.5MPa（红色）。垂直阴影条带表示稳定的膨胀状态，其中纳米孔可容纳一个或两个统计意义上的单分子水膜。图片经 Botan 等[10.25]许可转载，美国化学学会版权所有（2010）

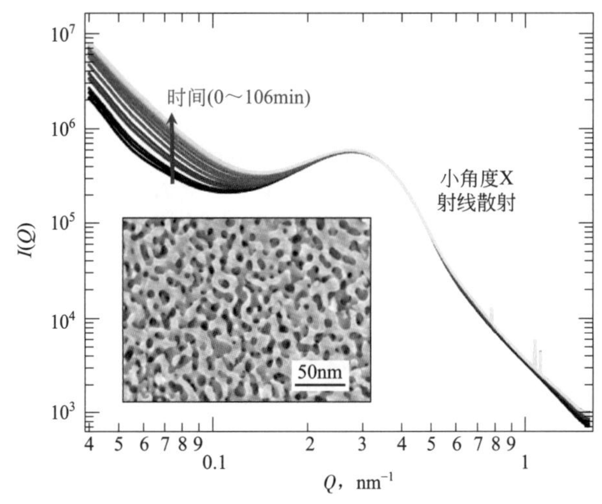

图 10.2.13 纳米多孔 SiO_2 中碳酸钙沉淀的抑制作用

实验数据表明，SiO_2 纳米孔中 $CaCO_3$ 的析出可能受到热力学性质的抑制作用。左下方插图为可控孔径玻璃 CPG-75 的 SEM 图像，可以看到该介质的纳米孔直径为 7.5nm。由主图可以看到，90℃时过饱和方解石溶液中多孔介质小角度 X 射线散射（SAXS）谱的演化。在 SAXS 光谱中，$3nm^{-1}$ 处的峰值（由纳米孔的散射引起的）在实验过程中未发生变化，说明在纳米孔中没有 $CaCO_3$ 沉淀。SAXS 谱中，Q 值较小处的变化表明，$CaCO_3$ 沉淀在 CPG-75 晶粒外侧。图片由橡树岭国家实验室的 Andrew Stack 提供

10.2.8 吸附水膜中的反应

最后，油田尺度模型假设富 CO_2 相不与固体表面直接反应，即 CO_2—矿物反应总是由水相作为中间媒介。这一假设与碳封存中大多数固体表面是亲水性的预测一致，因此在低毛细压力下，它们的表层被吸附水或毛细水包裹。然而，在 CO_2 封存的某些区域（在注入井附近，干燥的 CO_2 在这里持续注入；在厚度较大的 CO_2 羽流顶部，该处毛细压力高），这些水膜可能非常薄。事实上，对矿物风化反应的研究表明，非常薄的吸附水膜的水地球化学性质可能与重力水的地球化学性质不同。关于这些薄膜状水的地球化学性质，现有的为数不多的一项研究发现，在吸附水膜存在的条件下，超临界 CO_2 引起矿物镁橄榄石（Mg_2SiO_4）的风化反应使得 CO_2 以菱镁矿（$MgCO_3$）的形式实现矿化封存，而且反应的时间尺度以周为单位 [10.28]。这一结果的特殊之处在于，相同条件下重力水中菱镁矿的沉淀速度太慢，在实验室中是无法检测到的。这种差异表明，重力水中非常缓慢的 Mg^{2+} 的沉淀过程（可认为是速率受限的菱镁矿沉淀过程）在吸附水膜中反应速率加快了。

10.3 封存能力评估

上节讨论了岩层连续尺度上的多个问题，如岩石结构、孔隙空间性质和两相流过程，下面考虑更大尺度的问题，即在适合的地质构造中预期的 CO_2 注入量和 CO_2 的封存量范围。这个问题相当复杂，而且由于缺乏源于实际大规模注入的实验数据，在某种程度上这种预测含有猜测的成分 [10.29]。图 10.3.1 显示了封存能力评估过程中大量参数变化带来的不

确定性，可以看到世界各地独立研究组织的评估结果差异很大。

针对这些不确定性，研究人员可以回归到现有行业，在石油和天然气勘探和生产的知识和经验基础上，提出 CO_2 封存能力的合理概念。在油气开采行业中，可采烃量是衡量特定油气藏开采前经济价值的基本指标。可采烃量的概念类似于本节深入讨论的 CO_2 封存能力。

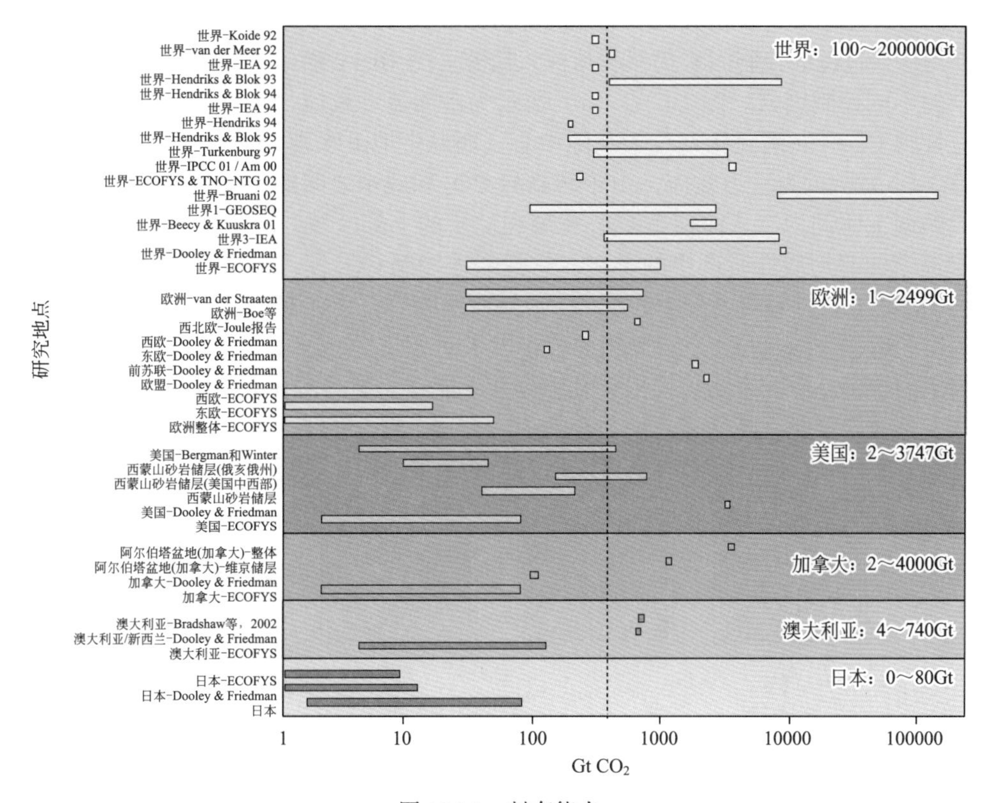

图 10.3.1 封存能力

世界各地针对各种不同方法和假设条件进行了封存能力的评估，其结果是封存能力评估中存在很大的差异性和不确定性。虚线表示全球封存能力的估计值。图片经 Elsevier 许可转载自 Bradshaw 等 [10.29]

10.3.1 资源量和储量

资源量和储量的概念是从石油工业中借用的，这里分别指 CO_2 封存地层的潜在封存能力和实际封存能力。诸多限制因素使得油气储量仅占油气资源量的一部分，这些因素也同样使得 CO_2 封存储量仅占 CO_2 封存资源量的一小部分。例如，系统的经济性是至关重要的；至今，针对 CO_2 捕集和封存没有任何重要的政策激励措施或经济激励措施，因此，实际上也没有有效的封存区域。但这种狭隘的经济标准并不能反映 CO_2 地质封存区域的潜在未来价值，这一点已经获得了广泛共识。未来，经济激励措施或法律要求就会到位，因此，部分产业正在开展关于如何进行有效封存的专业技术研究和知识储备。无论如何，关于注入、监测和封存核查相关的法规，与注入 CO_2 相关的所有权和责任的法律问题，以及土地使用权等非技术因素都是控制封存量的因素。至于技术方面，本章前面部分讨论的大多数问题都与封存过程有关，这些方面会大量减少总资源量以增加封存量。这里，将专注于封存过程或封存技术方面的讨论，它们都是影响 CO_2 封存能力的关键因素。

10.3.2 储量

将 CO_2 注入充满咸水的多孔储层是一个复杂的过程，一旦 CO_2 离开井筒，就无法严格控制。相反，自然系统的变幻莫测在很大程度上控制了 CO_2 羽流如何侵入和占据孔隙空间。可以通过理论分析、相似系统的先验经验以及模拟等方式理解 CO_2 地质封存涉及的过程，但是这些过程的控制因素仍然有待深入研究。图 10.3.2 所示为注入 CO_2 填充孔隙空间过程中的不同控制因素。图 10.3.2（a）所示为多相流动效应，正如第 9 章所讨论的，这种效应使得 CO_2（非润湿相）位于孔隙中心，而原生地下水则会润湿孔隙中的固体颗粒。图 10.3.2（b）所示为重力效应，由于超临界 CO_2 和咸水之间的密度差异，重力效应提供了强大的向上驱动力，从而使得 CO_2 积聚在储层的上部区域。图 10.3.2（c）所示为孔隙度和渗透率的非均质性所产生的影响，它强烈地控制 CO_2 侵入的位置以及最终封存的方式。图 10.3.2（d）所示为结构效应，在倾斜地层的岩石中尤其明显，结构效应将促进长距离的横向运移。Doughty 等 [10.30] 将总容量因子 C 定义为孔隙度与代表这四种效应的容量影响因子的乘积。研究表明，仅依靠孔隙度并不能真实预测多孔天然岩石的封存能力。相反，这四种效应可能会降低岩石的封存能力。在这个概念框架下定义的封存能力将是总资源容量的一小部分，而总资源容量可以用孔隙度乘以地层体积近似表示。

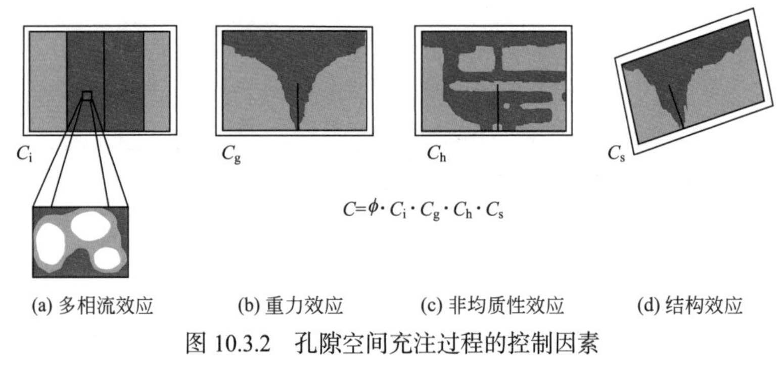

图 10.3.2　孔隙空间充注过程的控制因素

CO_2 注入过程中，控制孔隙空间充注过程的各种效应示意，其中 ϕ 为孔隙度，下角 i 表示多相、g 表示重力、h 表示非均质性、s 表示结构。改编自 Doughty 等 [10.30]

10.3.3 封存能力评估

不同的机构和组织已经制定了 CO_2 封存能力的估计方法。在这里，对美国能源部（DOE）、碳封存领导人论坛（CSLF）和美国地质调查局（USGS）使用的不同方法进行了比较。表 10.3.1 总结了这三种方法。这三种方法都要用到以下信息，包括：地层面积以及地层深度、厚度、孔隙度和地质构造（如背斜、向斜、断层圈闭）。DOE 和 CSLF 方法将所有复杂过程（图 10.3.2）组合成一个整体效率因子 E 或 C_c。E 和 C_c 效率因子之间的区别在于 E 因子包括残余饱和度的影响，而 C_c 不包括；CSLF 方法则将这些过程分开考虑。DOE 和 CSLF 方法更大的区别在于，CSLF 方法做出了一个保守的假设，即具有圈闭（构造上闭合）范围内的地层体才可用于封存。相比之下，DOE 方法将整个地层作为潜在的封存体积，以确认残余气封存潜在的重要性。这种差异可能很大，如图 10.3.3 所示，而且这里指出了一个未解决的不确定性来源，在评估各种已发布的储量估计值时必须考虑这一点。

表 10.3.1 所示为 USGS 的方法，该方法基于国家油气评估中使用的原则[10.32]。简单地说，USGS 方法考虑了储层性质的不确定性，并进行蒙特卡罗分析以得出储层容量的概率估计[10.33,10.34]。尽管在封存量评估方面开展了较多的研究工作，但必须谨慎对待这些估计；与许多涉及地下的计算一样，这些数字存在很大的不确定性。

表 10.3.1 储层封存潜力评估方法

研究机构	计算方法	备注
US DOE	$C=Ah_g\phi_{tot}\rho E$	适用于整个被评估区域，包括整个地层的总厚度；效率因子用于描述孔隙结构对 CO_2 封存影响的程度
CSLF	$C=A_{trap}h_{trap}\phi_{trap}\rho(1-S_{lr})C_c$	仅适用于储层（圈闭）的封闭构造部分，并将残余液相 (S_w) 的影响从效率因子 (C_c) 中分离出来
USGS	将封存类型划分为构造封存或是残余气封存，并进行概率评估。基于地质模型的不确定性，采用蒙特卡罗模拟确定可能的封存容量	需要专家判断圈闭类型、构造认识和其他关键因素，在国家石油和天然气评估中应用效果较好

注：A—CO_2 封存能力评估区域的面积；h_g—评估地层的总厚度；ϕ_{tot}—厚度为 h_g 的地层平均孔隙度；ρ—在 h_g 上的 CO_2 平均密度；E—反映 CO_2 充填总孔隙的体积分数的效率因子。

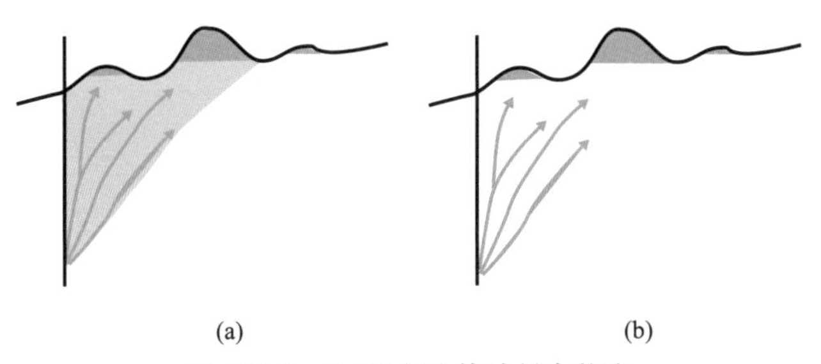

图 10.3.3 DOE 方法估计封存能力

DOE 方法（a）将整个地层视为封存空间，例如残余相封存，而 CSLF 方法（b）仅将构造圈闭视为封存空间。图改编自 Causebrook[10.32]

10.3.4 金字塔表示

尽管大规模封存能力预测存在很大的不确定性，但对于地质资料翔实的某个具体封存地点而言，可以在较小尺度上进行较为精准的评估。评估过程中，当考虑封存经济价值以及符合法规和要求的限定区域时，得出的相应封存量估计值自然会更小。可通过图 10.3.4 中的金字塔进行说明，其中金字塔底部的估计值代表大的不确定性和存储量，这是针对大规模封存能力评估而言的。金字塔顶部则是针对某个具体的封存区块，相应的地质数据较为齐全且经过评估。区域越小，评估越详细，不确定性和封存体积的估值也会随之下降。

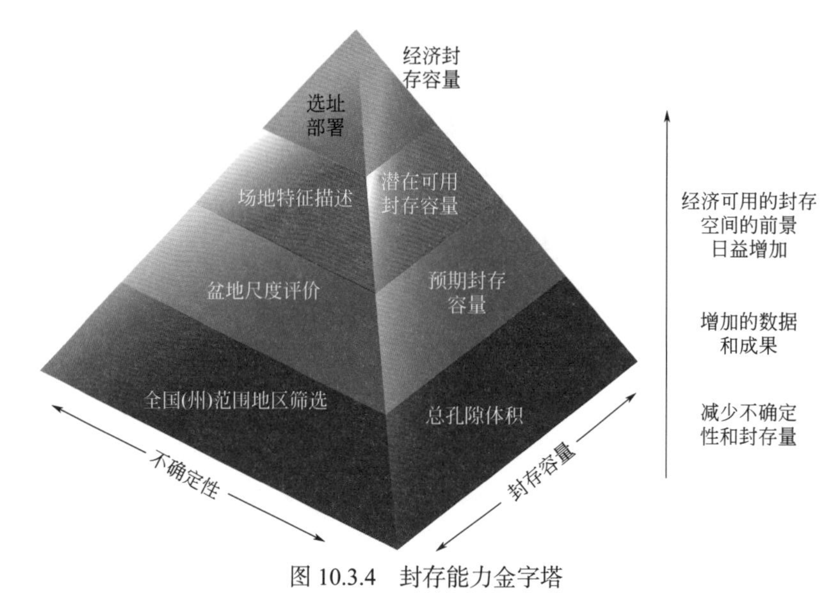

图 10.3.4 封存能力金字塔

封存能力评估的两个维度，不确定性和封存量，随着对特定地点了解程度的增加而减小。数据来自 CO2CRC

总之，CO_2 封存能力的评估具有不确定性，但 CO_2 地质封存界普遍为，全球范围内的大型沉积盆地具有巨大的 CO_2 封存能力 [10.35]。

10.4 健康、安全和环境影响

CO_2 地质封存的规模是必须进行评估的，这是因为降低 CO_2 排放的规模意味着碳封存本身涉及一系列潜在的健康、安全和环境问题，正如当前的可持续发展问题一样 [10.36]。图 10.4.1 从定性的潜在严重性和可能发生的深度方面说明封存对 HSE 的潜在影响。

如图 10.4.1 所示，发生在地层最深处的影响并未被归类为大的 HSE 影响 [10.37]。例如，由于预期目标地层 CO_2 的泄漏导致其意外侵入油气藏，可能会与石油或天然气混合，从而产生经济影响，但是并不对 HSE 造成影响。类似地，当咸水从一个深部咸水层驱替到另一个深部咸水层，这种咸水置换可能会改变咸水层的盐度，但只要深部咸水层不涉及饮用水，同样认为这种变化不会影响 HSE。还应指出的是，由于 CO_2 注入引起的咸水置换不一定是与泄漏相关的影响。至于诱发地震，绝大多数诱发的深部地震非常小，以至于它们对 HSE 的影响特别小。如果诱发了人类可感知的地震，这种情况就会变得更具争议性。

浅层 HSE 影响都与 CO_2 从封存的储层中泄漏有关，如图 10.4.1 所示。这种泄漏可能发生在油井或某些类型的断层和裂缝中（见 9.6 节）。目前正在进行大量研究，以评估断层和油井泄漏的可能性。在 HSE 风险评估中，将风险定义为产生 HSE 影响的泄漏事件发生的可能性乘以影响的严重程度。根据这一定义，降低事件发生的可能性或事件的影响可以降低 HSE 风险。例如，在已钻井较少的地区设置为碳封存点，可以降低油井泄漏的可能性。另外，如果某个区域（如废弃的油田）有很多井，但没有饮用水或人类活动，那么泄漏的潜在影响小。在这两种情况下，即使存在泄漏的可能性和（或）发生泄漏，HSE风险也可被认为是可接受的。在风险评估的背景下，从来不存在真正的零风险。在风险评估中，使用“最低限度”这个术语来表示不重要的风险，这说明风险太小，无法评估，并且可以在实际运行过程中被认为是零风险。

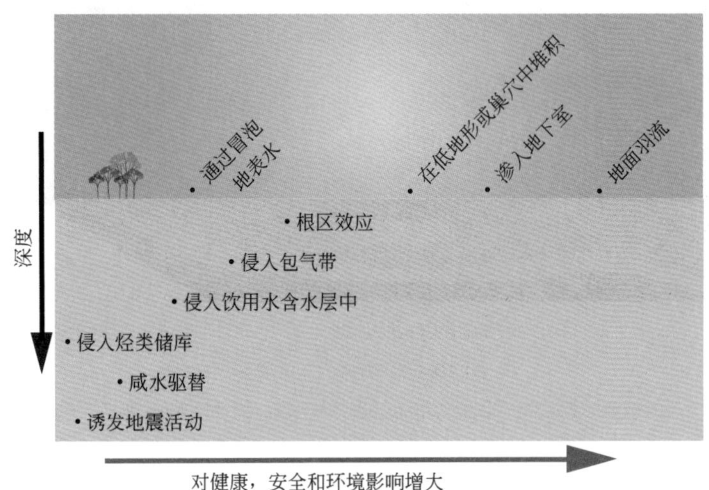

图 10.4.1　地质碳封存对环境的潜在影响

根据深度（纵轴）和HSE影响（横轴）对潜在环境影响进行定性分类，纵轴并不是按比例绘制的，但勾勒出的区域突出了浅层可能发生的影响。图片改编自 Oldenburg[10.37]

10.4.1　地下水质量

当 CO_2 泄漏到饮用地下水中时，“侵入饮用水层”说明可能发生地下水退化问题。尽管碳酸化的水在本质上没有什么不健康的地方，但它确实会形成碳酸，并且相应的pH值下降会改变含水层中数千年来建立的水化学平衡。主要问题是砷（As）和铅（Pb）等重金属可能会从岩石基质固体颗粒中的矿物质中浸出，从而显著降低地下水质量。由于重金属对人类的健康有多种负面作用，因此 CO_2 从封存场所泄漏的潜在后果需要进行大量研究和风险评估。此外，由于咸水层注入压力的增加，来自深处的咸水可能会从 CO_2 注入层向上泄漏。深层咸水会通过盐化作用和引入重金属而降低地下水质量。图 10.4.2 所示为一些与 CO_2 地质封存相关的地下水退化过程示意图 [10.38]。

10.4.2　诱发地震

图 10.4.1 横轴左侧表示诱发的地震活动，专家估计其HSE影响相对较小，这个研究主题最近才在文献中出现 [10.39]。

地震的震级范围相当大，因此使用对数刻度（里氏震级）来表示震级。此外，地震震级和频率之间存在一种逆对数关系，即满足 Gutenberg-Richter 定律。简而言之，无论何种诱发原因，发生小地震的可能性非常大，而发生大地震的可能性非常小。深度超过 2km 的小型地震，如里氏震级达到 2 级左右的地震，在地面上是感觉不到的。

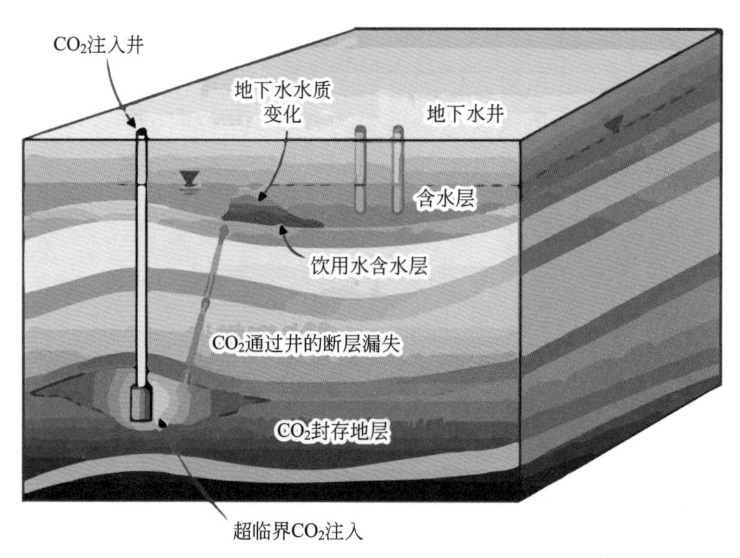

图 10.4.2 潜在 CO_2 泄漏

CO_2 或深层咸水向饮用水地层潜在渗漏过程示意。图片经 Apps 等 [10.38] 重绘

由于构造力的作用，地震会沿着断层自然发生。简单地说，由于岩石固有的强度能够抵抗变形（应变），因而在岩石中形成构造应力。岩石强度主要由其最薄弱的部分——断层和断裂带所控制。如果岩石的强度被打破，就会发生滑移以卸掉应力。岩石滑动可以产生地震波，这些地震波可以传播很远的距离，振幅的变化取决于它们所穿过的岩石类型——这就是地震。地震释放的能量导致地面加速运动，从而破坏地表建筑。大多数人听到“地震”这个词时，会把它与危险和建筑破坏联系在一起。由于 CO_2 注入引起的地震太小，大多感觉不到。因此，在 CO_2 地质封存中，倾向于使用“诱发地震”这个术语。

一般来说，诱发地震活动是岩石中载荷或孔隙压力变化的副产物。在大型地表水储层充填过程 [10.40] 和地热开采过程中，通常都有诱发地震事件的记录。这里重点讨论孔隙压力变化导致的诱发地震。

地球内部岩石的应力状态可通过三个相互正交的主分量来表征（专栏 10.4.1）。最大的应力是 σ_1，其次是 σ_2、σ_3。对于任意给定的岩体，σ_1、σ_2 和 σ_3 的方向取决于其深度和构造应力。一般来说，随着岩石埋深的增加，目标岩层越深，相对于水平应力而言，垂直应力的分量越大。负向正应力即张应力。

专栏 10.4.1 Mohr 图

Mohr 图为理解岩石的应力和脆性破坏提供了一种方便和说明的方法。地下岩体的应力状态可以分解为三个相互垂直的主要矢量：σ_1、σ_2 和 σ_3。这些矢量分别称为最大主应力方向、中间应力方向和最小主应力方向（$\sigma_1 \geqslant \sigma_2 \geqslant \sigma_3$）。如果考虑地球内部走向平行于 σ_2 的任意平面，那么作用在这个平面上的 σ_1、σ_3 就可以分解为平行于该面的正应力。

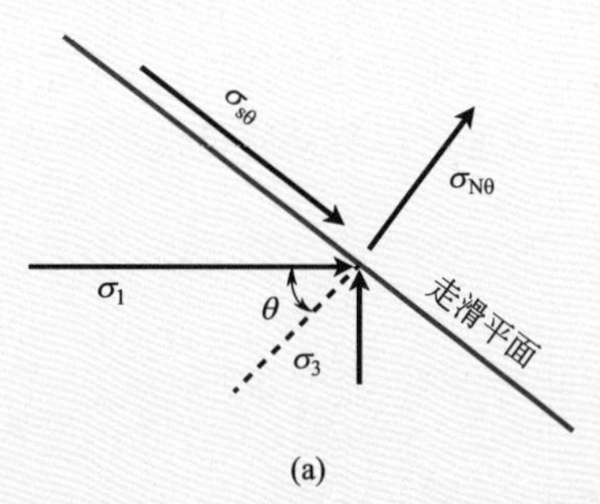

(a)

用 Mohr 图可以求出任意平行于 σ_2 平面的剪应力和正应力。图（b）为 Mohr 图，y 轴表示剪切应力（σ_s），x 轴表示法向应力（σ_n）。莫尔圆的直径为 $\sigma_1-\sigma_3=\sigma_d$（差应力），圆心为 1/2（$\sigma_1+\sigma_3$），位于法向应力轴上。

现在来确定（a）中平面的剪应力和法向应力。在数学上，这些应力由以下公式给出：

$$\sigma_s=\frac{1}{2}(\sigma_1-\sigma_3)\sin(2\theta)$$

$$\sigma_n=\frac{1}{2}(\sigma_1+\sigma_3)+\frac{1}{2}(\sigma_1-\sigma_3)\cos(2\theta)$$

由图（b）可知，这些应力可以从 Mohr 图这样一个简单的图形结构中获得。

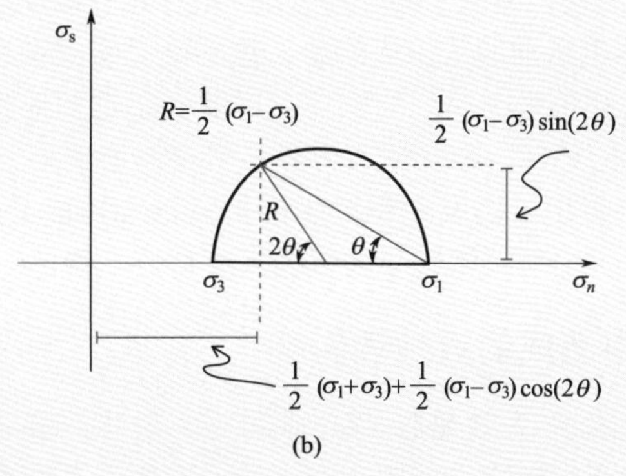

(b)

我们看到，对于角 θ=0，剪切应力为 0，法向应力 $\sigma_n=\sigma_3$。对于角 θ=90°，得到 σ_s=0，$\sigma_n=\sigma_1$。当倾角为 45° 时，得到最大剪应力。

图 10.4.3 所示为剪应力（纵轴）与法向应力（横轴）的经典 Mohr-Coulomb 图。由图 9.6.3 可知，随着压力和深度的变化呈现岩石破裂的趋势，这种断裂趋势对应于剪切应力和法向应力的值，超过这两个数值，完整（未断裂）的岩石将发生破裂，即完整岩石破坏包络线（图 10.4.3）。图 10.4.3 中的另一个包络线描述了断层有滑动倾向的区域，即断层滑动包络线上方区域。如果断面法向应力很大，则需要较大的剪应力才能重新激活断层。

图 10.4.3 中的两个半圆代表 CO_2 注入前后地层的 σ_1 和 σ_3。由于 CO_2 的注入，局部流体压力增大。因为流体压力作用于法向压应力，并使岩石产生膨胀趋势，因此，所有的法向压应力都减小了（图中用向左移动的半圆来表示）。因此，诱发地震活动的机制是注入流

体产生的孔隙压力降低了有效法向应力，如图10.4.3所示，直至剪应力能够重新激活断层。这说明，从最初的应力状态开始，断层最初因剪应力不足以克服其上的法向应力而被卡住，随着CO_2的注入，孔隙压力增加可以有效降低法向应力，使断层在剪应力不增加的情况下发生破坏。

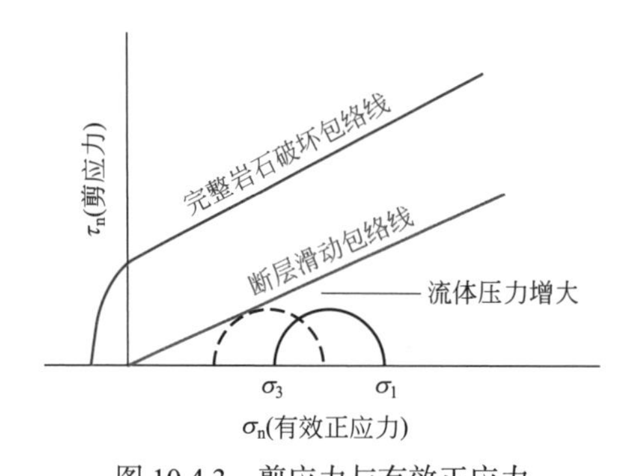

图 10.4.3 剪应力与有效正应力

由于CO_2注入而发生变化的流体压力作用下岩石的剪应力与有效正应力

许多因素使上述诱发地震活动的解释复杂化。其中之一是存在将要自然破裂的断层，也就是说，自然地震可能只需几年的时间。构造应力的自然增加被一个可有效触发地震的注入过程所增强。在这种情况下，发生地震的可能性非常大，与流体压力的增加没有直接关系。另外，也可能存在构造不活跃的情况，在古代断层中，没有特殊的累积应力存在。注入这些区域也可能导致诱发地震活动，但由于缺乏构造应力的作用，诱发地震的震级较小。

由于CO_2封存诱发地震活动的认识底线是，这的确是实实在在的危险。在精心规划的封存地点，主要影响是由此带来一系列的麻烦：可能会感觉到地震，但通常不会造成任何明显的伤害。在构造活跃的地区，CO_2注入可能会引发构造地震，造成重大伤害。

最近，一些研究人员提出，诱发地震产生的地震活动可能会伤害盖层的完整性[10.39]，但目前还没有关于页岩盖层中断层渗透率的数据来支持这一说法。

10.4.3 泄漏到大气中造成的近地表影响

CO_2地质封存场所的最终失效是指CO_2泄漏到大气中。在进入大气与之混合之前，CO_2可能会对近地表环境产生影响。如图10.4.1所示，由于存在人和其他动植物，许多近地表HSE影响中可能会出现严重后果。图10.4.4所示为可能发生影响的一些特征和环境。

本节已经讨论了对地下水的影响。水床上方是不饱和区域（渗流带），该区域存在树木根部、植被根部和穴居动物。渗流带中CO_2浓度升高会导致植物抗逆甚至植物死亡。20世纪80年代末，由于天然岩浆产生的CO_2运移至水床上方，加利福尼亚州东塞拉山脉的马蹄湖发生了规模相对较大的泄漏，产生了较大的近地表影响[10.41]。

模拟研究表明，CO_2泄漏量较小时会在渗流带中产生较高浓度的CO_2[10.42]。图10.4.5所示为一个典型地质封存场地的模拟结果，该地区封存了4×10^9kg的CO_2[10.43]。在该区域上方，假设一个圆柱形区域（半径100m）内存在CO_2泄漏。图10.4.6所示为最大泄漏量的仿真结果，以及具有不同特性的渗流带中的CO_2浓度。研究发现，在半径100m的区域内，每年数百吨（$10^5\sim10^6$kg）的CO_2泄漏量才能超过典型自然生态的CO_2光合作用量。

另一个重要特性是地表浅层的 CO_2 浓度。如果浓度超过 30%，树木就会死亡。图 10.4.6 右侧表示，对于低泄漏量下的相同泄漏率，地表浅层 CO_2 的浓度会超过 30%。在渗流带中，低泄漏量导致高浓度的原因是，CO_2 在渗流带孔隙空间中扩散的活跃度不大，这与地表上方区域中由风和自由流动的空气引起的活跃度较大的湍流不同。

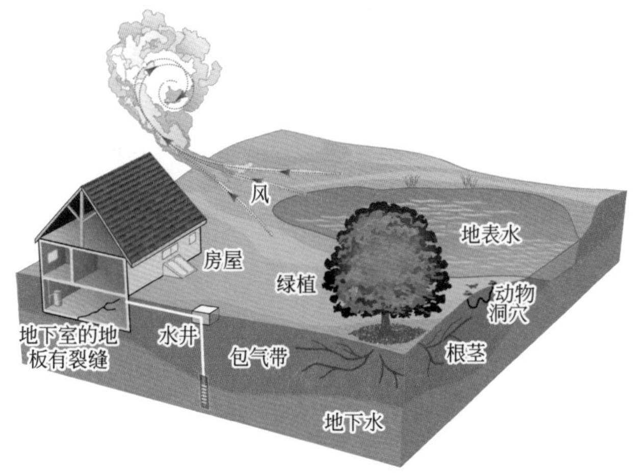

图 10.4.4 CO_2 泄漏对近地表 HSE 影响的特征示意图

图片由 Walter Denn 绘制，参见 Oldenburg 等 [10.43]

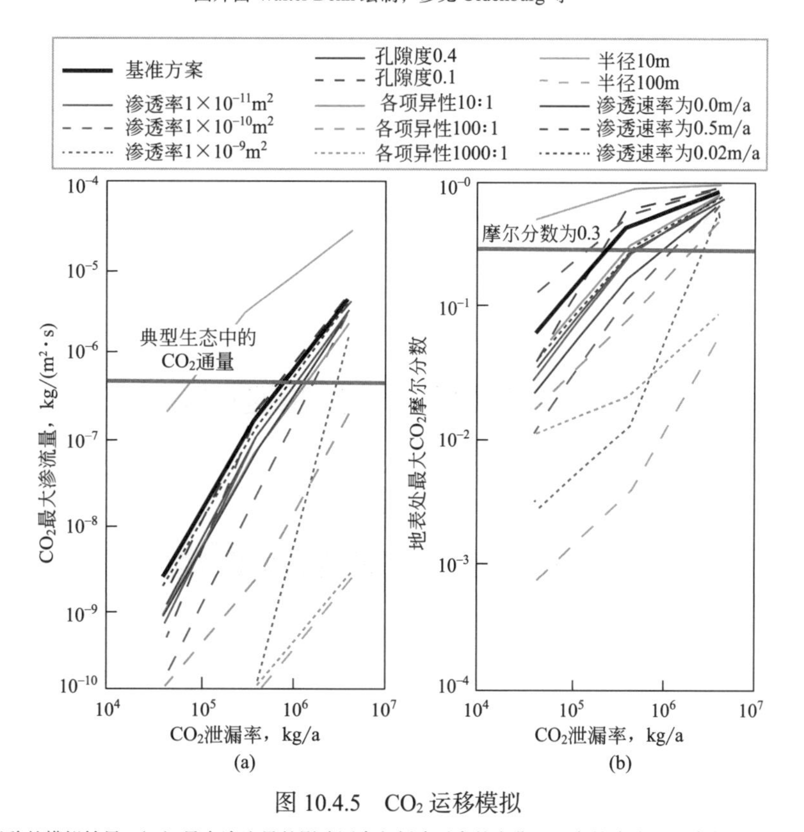

图 10.4.5 CO_2 运移模拟

渗流带中 CO_2 运移的模拟结果：（a）最大渗流量的影响因素包括渗透率的变化、雨水的渗滤、孔隙度，以及泄漏区域的半径，其中典型的生态通量如图中蓝色水平线所示；（b）近地表土壤中 CO_2 气体的最大浓度。图中特意标出了 CO_2 摩尔分数为 0.3 这一数值，因为在该浓度下，加利福尼亚州马蹄湖的树木大量死亡。图片重绘于 Oldenburg 等 [10.43]

一旦 CO_2 进入大气，密度差异和湍流将控制它与大气的混合过程。如图 10.4.6 所示，与空气相比，CO_2 在环境条件下为稠密气体；因此，它将沉降在地表附近，占据低层空间。虽然通常情况下混合程度会降低，但是相对于被动气体而言，由于稠密气体自身固有的重力驱动力效应，稠密气体也可以更有效地与之混合。图 10.4.7 所示的实验阐明了这个概念。简言之，在许多情况下，两种气体之间的密度差异可以为气流提供额外的驱动力，即增强扩散过程和湍流混合（弥散）过程。在其他情况下，稠密气体可能向下流向地面或建筑物（如地下室）的低洼处，而且那里的风力柔和，因此不能充分混合。

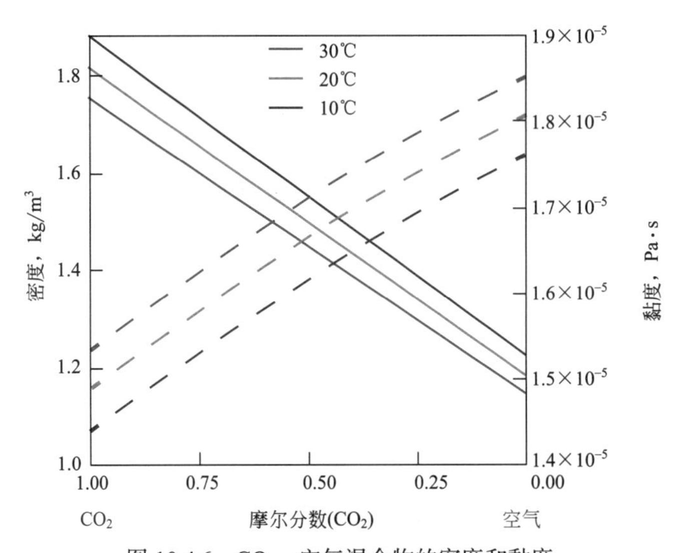

图 10.4.6 CO_2—空气混合物的密度和黏度

不同温度和压力下 CO_2—空气混合物的三条密度曲线和黏度曲线。图片改编自 Oldenburg 等[10.43]，经 ASA、CSSA、SSSA 许可转载

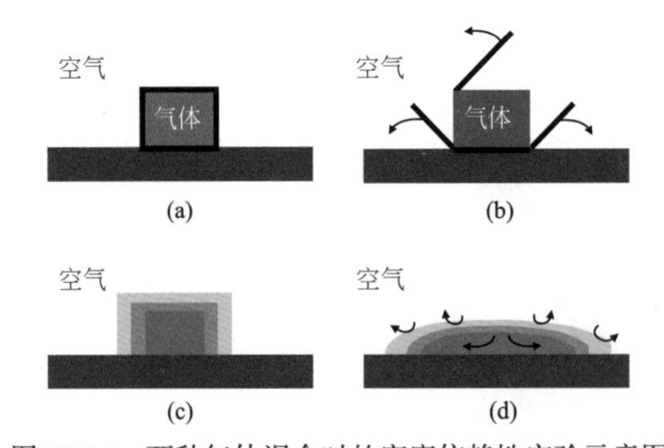

图 10.4.7 两种气体混合时的密度依赖性实验示意图

在环境条件（a）中，将气体容器置于平面上。然后，移除容器（b）的壁。在没有风的情况下，被动气体将仅通过扩散作用发生混合（c），而稠密气体将自行流动并通过弥散混合（d）

基于液化天然气 (LNG) 可以研究稠密气体的特性 (如 Britter[10.44])。相对于空气而言，LNG 的密度较大，虽然 LNG 的这一性质是由于温度很低造成的，但相关研究工作可以直接推广至 CO_2 的泄漏问题，因为 CO_2 的密度也比空气的密度大（分子量为 44g/mol ~ 29g/mol）。

将理论分析和经验相结合，Britter 等[10.45]提出了一些非常有用的表达式用于预测风场中泄漏的稠密气体的稀释过程。当风速为 2m/s 时，CO_2 运移至地表上方 100m 时的浓度降低为原来的 1/50，运移高度为 200m 时浓度降低为原来的 1/125。因此，风的分散作用十分有效。说明 CO_2 泄漏对地表上方的 HSE 影响主要是局部作用，而且由于湍流混合作用，CO_2 不会沿下游方向延伸很远。这一结论与最近管道泄漏的模拟研究结果相吻合，这些研究要求管道泄漏通量演化过程和三维 Navier-Stokes 大气扩散过程非常精确[10.46]。

从上述研究可以看出，只有在渗流面积大或风很小的情况下，才需要考虑 CO_2 地表渗漏过程中的密度效应。通过对各种系统属性应用 Britter[10.45] 密度依赖准则，得到的量化结论如图 10.4.8 所示。可以看到，比自然生态系统交换大 10^4 倍的渗流通量才依赖于密度效应，即使对于相对较大的风速也是如此，而较小的渗流通量通常没有明显的依赖关系。

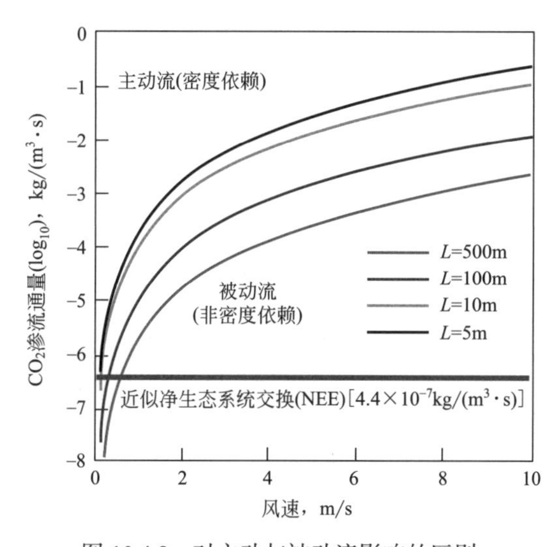

图 10.4.8 对主动与被动流影响的区别

不同尺度上渗流通量和风速。由图可以看到，渗流尺度的长度超过 100m 时，即使在风速相对较高（如 8m/s）时，大的渗流通量（天然植物吸收的 CO_2 的 10^4 倍）也会产生密度依赖的流动。图片改编自 Oldenburg 等[10.43]

总之，CO_2 注入存在公认的危险，但这种影响通常是局部的，并且被认为是可控的。相对于其他能源相关的危害（问题 10.4.1）而言，这种危害远比对温室气体排放无所作为所造成的全球环境健康影响小得多。

问题 10.4.1 其他环境风险

考虑当前能源相关技术的 HSE 风险，最近事故频发，如 Deepwater Horizon 钻井平台火灾和 Macondo 井喷、Big Branch 煤矿火灾和加利福尼亚州圣布鲁诺的天然气管道爆炸，与现有的能源相关技术相比，CO_2 封存系统中各部分（管道、地质封存区域）的潜在失效风险如何？这需要比较和对比如易燃性、爆炸风险、人口密度等影响因素。

10.5 GCS 区域的监测

减少意外 HSE 影响可能性的一种方法是密切关注 CO_2 注入和封存过程，以便发现违规行为并降低危险概率。当然，还存在其他有关监测的充分理由，包括需要量化封存和捕集，以满足总量控制和交易或碳税政策的指标需求，优化封存效率，量化和绘制各种封存过程的演变，并向公众保证封存区域并未泄漏。在本节中，将讨论地下和地表封存监测的主要方法，并提供它们的应用范例。

10.5.1 地下监测

由于上覆岩石的厚度较大，对深部地质构造孔隙空间中的流体进行地下监测非常具有挑战性。最直接的方法是钻井到所需的深度并直接对流体进行取样。这种方法很昂贵并且无法进行空间覆盖。间接地球物理方法提供了良好的空间覆盖，但也很昂贵，而且通常不具有很高的空间分辨率（拥有数据的网格点之间的距离很大）。图 10.5.1 说明了空间分辨率和监测规模之间的权衡，监测覆盖范围与分辨率负相关。

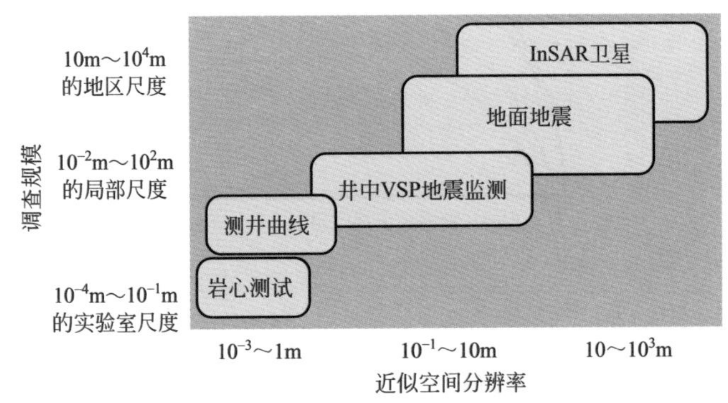

图 10.5.1 地下监测系统的监测尺度（或空间覆盖范围）与空间分辨率

图改编自 Tom Daley（LBNL）

表 10.5.1 所示为几种不同的地下监测方法 [10.47]。根据是间歇应用还是连续应用来细分这些方法。由于岩石的密度和不透明性，大多数方法依赖于间接地球物理方法，将声波或电磁能作用于岩石，并记录和解释响应。油气勘探和开采行业积累了大量经验，并具有悠久的发展历史。

表 10.5.1 地下碳封存监测方法实例

时间分类	方法	备注
延时成像监测	3D 地表地震	费用高，空间分辨率较好，不需要钻井
	垂直地震剖面（VSP）	良好的垂直分辨率，但是仅限于近井区
	井间断层扫描 / 成像;	良好的空间分辨率，但是需要多口井地震数据或电法勘探数据
	测井（RST、声波、阻抗、P/T）	RST—储层饱和度工具；声波—局部地震波速；阻抗—电阻率；P/T—压力 / 温度

续表

时间分类	方法	备注
连续监测	U 形管流体取样	虽然形式上是间歇性的，但相对于流体流动而言，只要频率足够大就可近似认为是连续的
	CASSM（连续有源地震监测）	有利于辨别 CO_2 羽流的时间演化
	ERT（电阻断层扫描）	有利于识别流体流动和相饱和度的时间演化
	DTPS（分布式温度扰动传感）	有利于估计井周围的相饱和度
	深钻孔微地震	通过检测 CO_2 注入诱发的微裂缝和微地震，监测注入流体压力迁移

尽管如此，工业界和学术界正在积极开展研究，以继续改进深层地下监测。特别地，封存监测的需求正在推动分辨率的提高，从而保证 CO_2 封存的有效性。在本节中，重点介绍两种比较重要的方法（地震监测和 InSAR），并介绍它们在地质碳封存中的应用范例。

10.5.2 地震监测

地震监测通常通过向地表施加振动能量，并记录和解释附近仪器对深部地层结构的反射来进行。图 10.5.2 所示为两种不同类型的震源（地面震源和井中震源），前者由振动震源车提供，后者可由旋转的偏心质量块提供。由此产生的地震信号可以由地表或井中的地震仪记录。可见，通过岩石—流体系统传播的各种声学信号，以及由岩石—流体系统中差异较大的地震波传播特性引起的相关反射和折射。该图还说明使用这种方法涉及收集数据和解释数据的复杂性。

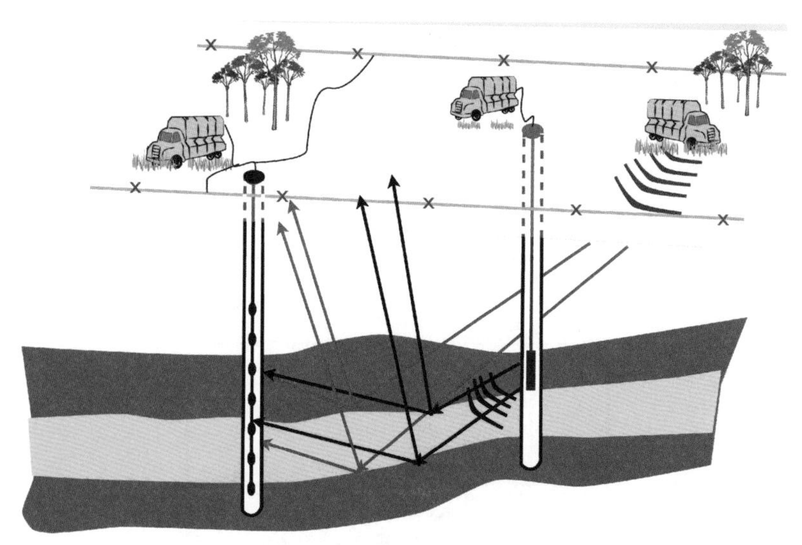

图 10.5.2 地表三维示意图

地表、两口井和层状地质构造的三维示意，说明地表地震监测和钻孔地震监测的方法。地震波可以在地表（可控震源车、带箭头的红色地震波）或在井中由一个旋转的偏心体（右侧井）诱发。可以在地表或井中（左侧井）对这些信号进行监测

尽管如此，地震监测依旧是大规模刻画地下深处 CO_2 扩散的主要方法，并已成功用于监测 1996 年开始注入 CO_2 的 Sleipner 封存项目。图 10.5.3 所示为 Sleipner 的 3D 示意图。

在这个项目中，从深层开采的天然气中含有约 9% 的 CO_2，在海上平台使用胺洗涤法去除天然气中的 CO_2，然后通过管道将天然气输送到市场，最后将分离出的 CO_2 注入较浅的 Utsira 储层进行地质封存。

图 10.5.3 Sleipner 项目：通过水平井注入 CO_2 的 3D 示意图

上部地层产出的天然气含有 9% 的 CO_2。浅蓝色的柱和红色的宽柱解释了在高渗透砂岩（柱状）中重复出现的不连续的低渗透页岩层（宽柱状）是如何填充地层的。

图片来自挪威国家石油公司

图 10.5.4 所示为 Utsira 储层 [10.48] 地震剖面。较暗的波段表示反射较强，表明由于 CO_2 饱和，地震波速度的差异很大。可知，随着 CO_2 的注入，CO_2 将向上运移并在盖层下方扩散开，由此使得 Utsira 储层中 CO_2 的饱和区域随着时间的推移而增加。这是大型封存工程中最好的地下地震记录。注意，虽然数据提供了强有力的证据表明 CO_2 占据孔隙空间，但在量化 CO_2 封存量以及封存区域方面，相应的分辨率依旧不是很高。

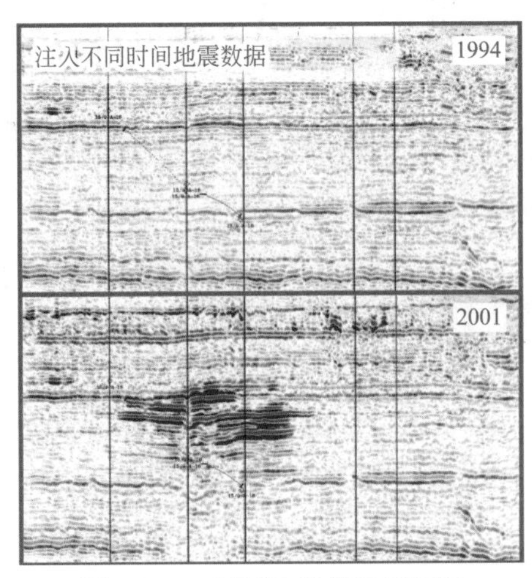

图 10.5.4 地震反射的时间延迟

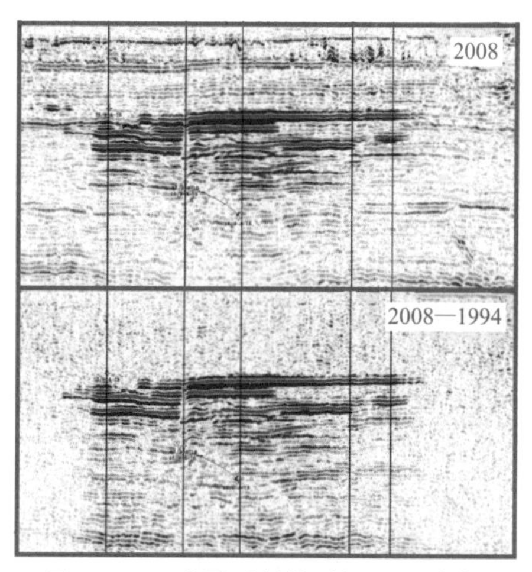

图 10.5.4 地震反射的时间延迟（续）

自 1996 年注入 CO_2 时，地震剖面显示了 Utsira 储层声学特性的差异性。最后一帧显示了 2008 年的地层响应（注入 12 年后）和初始地层（注入前）之间的差异。图片由 Statoil 提供，经 Fjæran[10.48] 许可转载

得克萨斯州海湾沿岸地区的 Frio 储层的 CO_2 注入工程就是一个典型的案例，它能够在空间和时间上进行高分辨率地震监测 [10.49]。Frio 储层 CO_2 注入的测试分别在 2004 年和 2006 年分两个阶段进行。结果表明，2004 年，在 10d 的时间里，向约 5000 英尺深的 Frio 储层中注入了 1 600t CO_2。第二阶段，2006 年向砂岩层注入了约 300t CO_2，比第一阶段 CO_2 的注入层位增加了约 400 英尺的深度。设置的地震源和接收器用于监测 CO_2 的运移过程 [10.47]。图 10.5.5 为井中地震源和接收器以及地震波路径的示意图，图中蓝色和绿色表示砂岩层。图 10.5.5 还成功检测到 C 层砂岩中的高饱和度 CO_2，这一结论被注入井和监测井中储层饱和度仪（RST）的测井结果所证实。

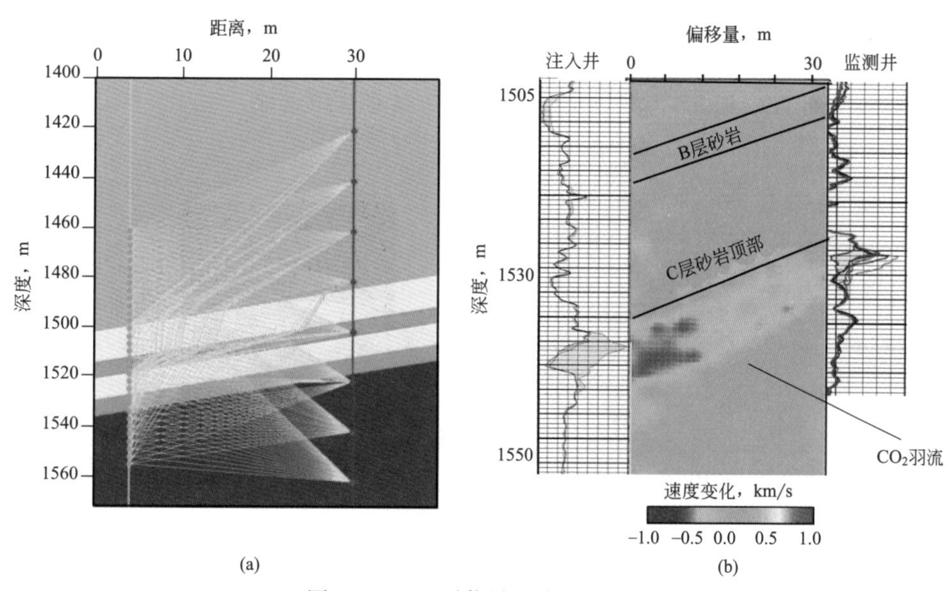

图 10.5.5 地震信号的接收与监测

（a）Frio 储层 CO_2 注入地点的地震接收器、震源和假设地震射线路径的示意图，经 Tom Daley 许可转载；（b）从地震层析成像测量的地震速度变化和确凿的时间 RST 测井数据。经 Springer Science 和 Business Media 许可转载自 Daley 等 [10.2]

Frio 储层 CO_2 注入中的地球物理监测工程还使用了连续震源方法，用以监测井间羽流的运动。图 10.5.6 展示了这个非常成功的案例，放置在注入井中的压电地震源发出黄色、绿色、红色和蓝色的地震波，并被观察井中的水中地震检波器接收。图 10.5.6（b）显示了延迟时间，它们用于度量地震波速度的变化，而地震波速度则与其传播路径中 CO_2 饱和度相关，因此，CO_2 饱和度是地震波到达 5 个不同深度接收器时间的函数。由图 10.5.6 可知，延迟时间与羽流的生成匹配很好。对应于早期的短羽流，蓝色路径和红色路径出现早期延迟，随后延迟出现在其他地震波路径中，这与注入井和观察井之间羽流的扩散相对应。

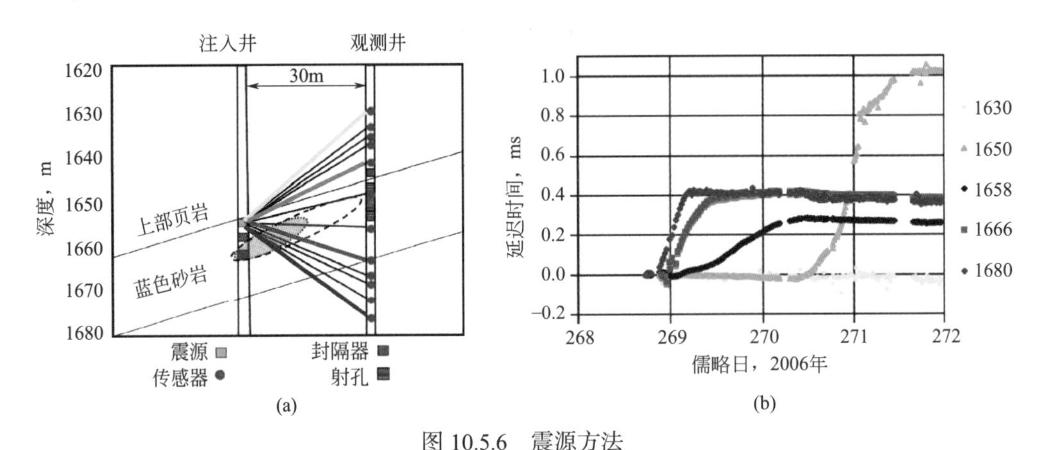

图 10.5.6 震源方法

（a）从注入井中的震源到观测井中的接收器的地震波路径示意；（b）观测井中到达不同接收器的地震能量延迟时间的时间演化。延迟时间的变化模式与 CO_2 羽流的生成过程和扩散范围非常吻合。经 Daley 等 [10.48] 许可转载

10.5.3 遥感（InSAR）

已经证明，另一种非常有用的大规模监测方法是 InSAR（干涉合成孔径雷达）。这种方法的相关概念如图 10.5.7 所示，图中展示了卫星源和接收器以及地面。简而言之，同一点的后续反射之间的发射和接收信号之间的相位差异（理想情况下，使用地面上称为点散射体的静态物体进行校正）可以转化为距离差异来表征地表的起伏。对于地表运动范围非常小的大规模滑坡和构造运动，这种方法也是可以进行监测的。

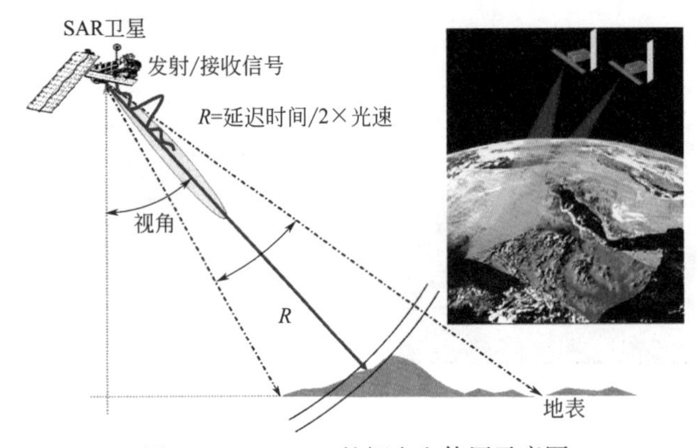

图 10.5.7 InSAR 的概念和使用示意图

InSAR 监测用于监测相对较大区域上的垂直方向的较小运动。经迈阿密大学大地测量学和地震学研究小组许可转载

图 10.5.8 所示为因萨拉赫 CO_2 封存项目 [10.50] 中使用 InSAR 监测地质封存的案例。简而言之，因萨拉赫项目是指从该地区多个储层产生的天然气中分离出 CO_2，然后用长水平井将 CO_2 注入低渗透率砂岩中。注入地层中增加的压力通过上覆地层应变向上传播，导致地表隆起。这些小的表面隆起可通过 InSAR 监测到。气藏（分别在 KB-501 和 KB-502 井的西部和南部）和受到溪流侵蚀的干谷（图的西南部分）内相应的沉降显示为正范围速度（与卫星之间的距离增加）。InSAR 监测到的隆起反映了 CO_2 注入引起的增压变形，而不是地震方法通常监测到的 CO_2 相饱和度。InSAR 监测数据可能会因植被较多、耕作较多变得复杂，或者由于人口较多地区的植被和其他地表变化而变得复杂，从而增加了对封存工程中点散射器的依赖。

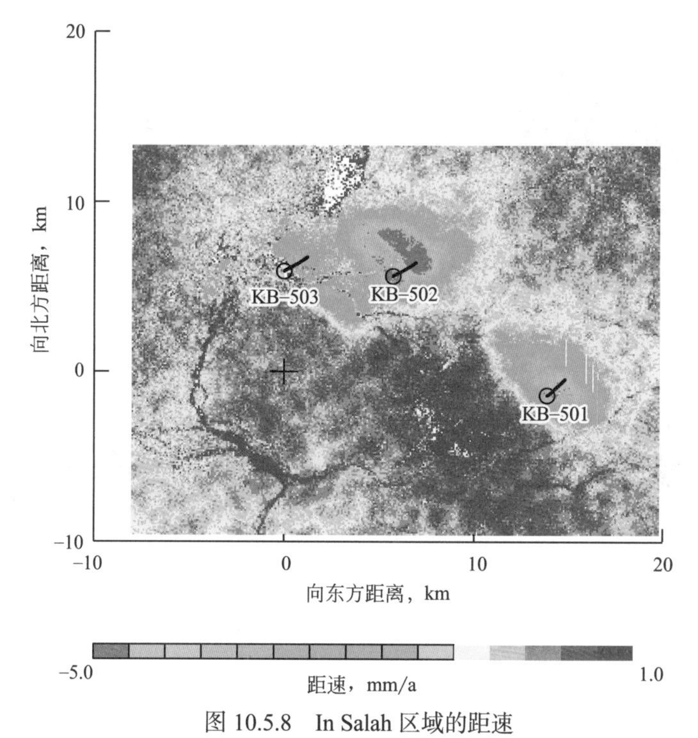

图 10.5.8 In Salah 区域的距速

在 In Salah CO_2 注入区域（3 口注入井周围区域以圆圈表示）InSAR 测量的距速。蓝色和绿色区域表示负距速，它是由于 CO_2 注入引起地层压力增加而导致地表抬升造成的。经 John Wiley 和 Sons 公司许可转载自 Vasco 等 [10.50]

10.5.4 地表气体通量（涡流协方差和腔室方法）

CO_2 地质封存区域的另一类监测方法是地表监测，以检测和定位泄漏到大气中的 CO_2。目前有多种方法可以用于监测和检测 CO_2 泄漏。CO_2 泄漏造成的异常可通过浅层土壤中可检测到的泄漏通量或 CO_2 浓度的增加来感知，或两者兼而有之。地表和近地表监测的挑战在于，大背景的碳循环（如植物光合作用和根呼吸）信号很容易掩盖微弱的 CO_2 泄漏信号。尽管有许多可行的方法检测近地表泄漏并进行定位 [10.51,10.52]，但是这里只介绍两种通量测量方法：涡流协方差监测和累积腔室监测。

涡流协方差监测是在同一地点（近似同一地点）处以较高频率同时测量 CO_2 浓度和垂

直风速来实现的。CO_2 的浓度与向上或向下的风速具有协变关系，从而可以据此确定一段时间内某区域内垂直方向上 CO_2 净通量的平均值，该通量与观测塔的高度相关。这种方法可以检测植物和树木的光合作用、生物材料的腐烂和土壤呼吸等过程中导致的 CO_2 的浓度变化。封存区域内微量 CO_2 泄漏检测在理论上是可行的，但是为辨别泄漏信号，必须进行 CO_2 自然循环过程的监测，并建立起相应的几年范围内的平均背景曲线 [10.53]。

图 10.5.9 所示为涡流协方差塔的照片，该塔同时配有红外气体分析仪（IRGA）和声波风速计。涡流协方差塔的高度从 1m 到数百米，塔越高，覆盖的测量区域越大。图 10.5.9（b）描述了声速风速计以高频信号测量的湍流涡旋和 CO_2 浓度，从而估计 CO_2 的净垂直通量。蒙大拿州进行的浅释放试验证明，涡流协方差方法能够检测出已知的泄漏信号 [10.54]。

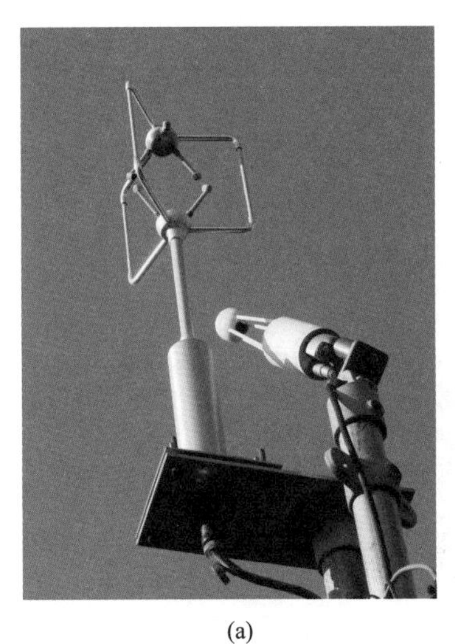

(a)

(b)

图 10.5.9　涡流协方差法

（a）远距离遥测式涡流协方差系统，包括测量 3D 气流的超声波风速计和测量 CO_2 的红外气体分析仪（IRGA）。该系统位于森林上方 20m 高的塔顶。图片由 Veedar 提供，来自 WikiCommons：http ://en.wikipedia.org/wiki/File：Eddy_Covariance_IRGA_ Sonic.jpg。（b）该卡通图描述了涡流协方差法是基于湍流涡流和 CO_2 浓度的数值估计 CO_2 净垂直通量的，GeorgeBurba 创建的图表，见 http://en.wikipedia.org/wiki/File：EddyCovariance_ diagram_1.jpg

另一种经过验证的通量测量方法是使用累积腔室法进行测量。这个简单的装置包括安装在地表上方的密封表头、进 / 出气管、气体分析仪和压力传感器，表头通过进 / 出气管连接气体分析仪和压力传感器。累积腔室中的气体通过气管输送到分析仪并返回腔室，并保持腔室中的压力恒定。腔室中 CO_2 浓度的变化率表征了进入腔室的 CO_2 通量变化。图 10.5.10 所示为安装在土壤表面上的累积腔室实例。累积腔室可以准确测量土壤的 CO_2 通量，但许多测量中需要多点布置实现空间覆盖 [10.53]。

在本章中，从连续尺度的观点来看待地质碳封存，并总结了封存过程的建模方法、封存潜力评估方法、潜在危害和监测方法。总而言之，其他领域中获取的信息和经验为碳地质封存研究提供了基础，这表明碳地质封存在技术上是可行的。试点工程和工业规模注入项目需要在严密监测的情况下进行，深入研究相关理论和技术，从而确保大规模地质碳封存安全有效。

图 10.5.10 累积腔室

累积腔室（直径约 10cm）安置在土壤表面，可以看到进气管和出气管与气体分析仪相连。图片由美国地质调查局提供

10.6 习题

10.6.1 阅读自测

1. 对于场地尺度模型中的混合过程而言，哪一种说法是不正确的？（　　）
   a. 大多数模型假设系统在每个模拟单元内都是混合良好的
   b. 毛细指进导致良好的混合出现偏差
   c. 如果模拟网格单元中含有的富 CO_2 相超过合理阈值的最小量，则假定网格单元中整个水相与富 CO_2 相处于平衡状态
   d. 矿物、水和 CO_2 的风化反应可能受到这三种组分缓慢扩散混合速率的限制
2. 关于场地尺度模拟中的网格，哪个说法是正确的？（　　）
   a. 场地规模的模拟目前正被解析模型所取代
   b. 场地尺度模拟的典型网格尺寸为 1cm × 1cm × 1cm
   c. 单个岩心样本代表某一足够大的地层区域，足以刻画天然地层的各向异性
   d. 场地规模的碳封存模型将每个模拟网格视为一个流体反应器
   e. 答案 B 和 D
   f. 以上都不对
3. 关于碳封存引起的地震活动，哪个说法是正确的？（　　）
   a. 构造应力的自然增加被 CO_2 注入过程增强，可能引发地震
   b. 在精心选择的封存场地，建议对新建房屋的结构进行加固，以防止诱发地震引起的轻微破坏
   c. 众所周知，诱发地震活动会破坏盖层的完整性
   d. 诱发地震活动发生的原因是注入气体，而不是抽取气体

4. 关于 CO_2 封存区域的泄漏通量和光合作用驱动的典型自然生态 CO_2 通量的表述，哪个是不正确的？
   a. 典型的生态 CO_2 通量为 4.4×10^{-7}kg/（s • m）
   b. CO_2 生态通量相当于封存了 4×10^{9}kg CO_2 的典型区域中每年泄漏量的 0.1%
   c. 如果泄漏点上方的 CO_2 摩尔分数超过 0.3，树木就会死亡

d. 半径为 100m 的区域，每年 CO_2 的泄漏量级为 10^5 ～ 10^6kg，这相当于典型自然生态 CO_2 通量

e. 泄漏发生的半径越大，浅层地下 CO_2 高浓度的危险就越大

10.6.2 碳封存的危害

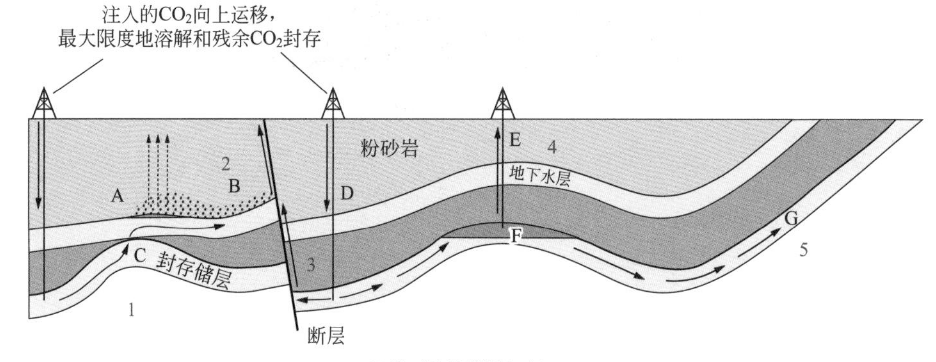

几种可能的泄漏机理

A. CO_2气体压力超过毛细压力，穿过粉砂岩	B. 自由CO_2从A处漏入断层进入上部含水层	C. CO_2通过盖层缝隙逸出进入上部含水层	D. 注入的CO_2向上运移，增加了储层压力和断层渗透率	E. CO_2通过堵塞不良的老废弃井逃逸	F. 自然流体将CO_2溶解在CO_2/水界面并将其输送出封闭区域	G. 溶解的CO_2逸散到大气或海洋中

图片引自 Oldenburg[10.36]

1. 针对图中数字 1 ～ 5 所示位置处发生的泄漏，分别指出下列哪种措施是有效的？

___ 去除 CO_2

___ 降低注入压力

___ 净化地下水

___ 用水泥重新固井

___ 截获并回注 CO_2

2. 根据相应的深度和影响尺度，指出灾害名称。

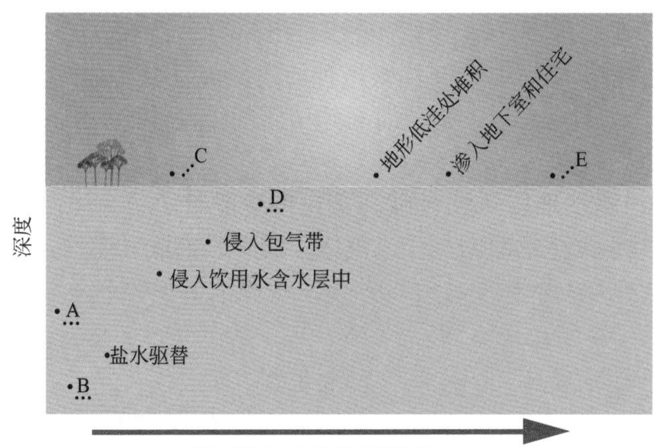

___ 地表水
___ 诱发地震活动
___ 根区效应
___ 地面羽流
___ 油气藏

参考文献

[10.1] Underschultz，J.，C. Boreham，T. Dance，et al.，2011. CO_2 storage in a depleted gas field：An overview of the CO2CRC Otway Project and initial results. Int. J. Greenh. Gas Con.，5（4），922. http://dx.doi.org/10.1016/j. ijggc.2011.02.009

[10.2] Daley，T.M.，L.R. Myer，J.E. Peterson，E.L. Majer，and G.M. Hoversten，2008.Time-lapse crosswell seismic and VSP monitoring of injected CO_2 in a brine aquifer. Environmental Geology，54（8），1657. http://dx.doi.org/10.1007/ s00254-007-0943-z

[10.3] Doughty，C.，B.M. Freifeld，and R.C. Trautz，2008. Site characterization forCO_2 geological storage and vice versa：the Frio brine pilot，Texas，USA as a case study. Environmental Geology，54（8），1635. http://dx.doi.org/10.1007/ s00254-007-0942-0

[10.4] Zhou，Q.，J.T. Birkholzer，E. Mehnert，Y.-F. Lin，and K. Zhang，2010. Modelingbasin- and plume-scale processes of CO_2 storage for full-scale deployment. Groundwater，48（4），494. http://dx.doi.org/10.1111/j.1745-6584.2009.00657.x

[10.5] Kim，Y.，J. Wan，T.J. Kneafsey，and T.K. Tokunaga，2012. Dewetting of silicasurfaces upon reactions with supercritical CO_2 and brine：Pore-scale studies in micromodels. Env. Sci. Technol.，46（7），4228. http://dx.doi.org/10.1021/es204096w

[10.6] Sato，K.，S. Mito，T. Horie，et al.，2011. Monitoring and simulation studies for assessing macro- and meso-scale migration of CO_2 sequestered in an onshore aquifer：Experiences from the Nagaoka pilot site，Japan. Int. J. Greenh. Gas Con.，5（1），125. http://dx.doi.org/10.1016/j.ijggc.2010.03.003

[10.7] Xu，T.，J.A. Apps，K. Pruess，and H. Yamamoto，2007. Numerical modeling of injection and mineral trapping of CO_2 with H_2S and SO_2 in a sandstone for-mation. Chemical Geology，242（3–4），319. http://dx.doi.org/10.1016/j. chemgeo.2007.03.022

[10.8] Armstrong，R. and J. Ajo-Franklin，2011. Investigating biomineralization usingsynchrotron based X-ray computed microtomography. Geophysical Research Letters，38（8），L08406. http://dx.doi.org/10.1029/2011GL046916

[10.9] Deng，H.，B.R. Ellis，C.A. Peters，J.P. Fitts，D. Crandall，and G.S. Bromhal，2013. Modifications of carbonate fracture hydrodynamic properties by CO_2- acidified brine flow. Energy & Fuels，27（8），4221–4231. http://dx.doi. org/10.1021/ef302041s

[10.10] Ellis，B.R.，G.S. Bromhal，D.L. McIntyre，and C.A. Peters，2011. Changes in caprock integrity due to vertical migration of CO_2-enriched brine. Energy Procedia，4,5327. http://dx.doi.org/10.1016/ j.egypro.2011.02.514

[10.11] Elkhoury, J.E., P. Ameli, and R.L. Detwiler, 2013. Dissolution and deformationin fractured carbonates caused by flow of CO_2-rich brine under reservoir conditions. Int. J. Greenh. Gas Con., 16 (S1), S203. http://dx.doi.org/10.1016/j.ijggc.2013.02.023

[10.12] Noiriel, C., B. Madé, and P. Gouze, 2007. Impact of coating development on the hydraulic and transport properties in argillaceous limestone fracture. Water Resources Research, 43 (9), W09406. http://dx.doi.org/10.1029/ 2006WR005379

[10.13] Kharaka, Y.K., J.J. Thordsen, S.D. Hovorka, et al., 2009. Potential environ- mental issues of CO_2 storage in deep saline aquifers: Geochemical results from the Frio-I Brine Pilot test, Texas, USA. Applied Geochemistry, 24 (6), 1106. http://dx.doi.org/10.1016/j.apgeochem.2009.02.010

[10.14] Espinoza, N., and J.C. Santamarina, 2010. Water-CO_2-mineral systems: Interfacial tension, contact angle, and diffusion — Implications to CO_2 geo- logical storage. Water Resources Research, 46 (7), W07537. http://dx.doi. org/10.1029/2009WR008634

[10.15] Shao, H., J.R. Ray, and Y.-S. Jun, 2011. Effects of organic ligands on super- critical CO_2-induced phlogopite dissolution and secondary mineral forma-tion. Chemical Geology, 290 (3–4), 121. http://dx.doi.org/10.1016/j. chemgeo.2011.09.006

[10.16] Janelle R. Thompson, Massachusetts Institute of Technology (private communication).

[10.17] Morozova, D., M. Wandrey, M. Alawi, et al., 2010. Monitoring of the microbialcommunity composition in saline aquifers during CO_2 storage by fluores- cence in situ hybridization. Int. J. Greenh. Gas Con., 4 (6), 981. http://dx.doi. org/10.1016/j.ijggc.2009.11.014

[10.18] Jenny A. Cappuccio, Lawrence Berkeley National Laboratory (private communication).

[10.19] Eichhubl, P., N.C. Davatzes, and S.P. Becker, 2009. Structural and diage- netic control of fluid migration and cementation along the Moab fault, Utah. AAPG Bulletin, 93 (5), 653. http://dx.doi. org/10.1306/02180908080

[10.20] Wenk, H.-R., M. Voltolini, M. Mazurek, L.R. Van Loon, and A. Vinsot, 2008. Preferred orientations and anisotropy in shales: Callovo-Oxfordian shale (France) and Opalinus Clay (Switzerland). Clays and Clay Minerals, 56 (3), 285–306. http://dx.doi.org/10.1346/ccmn.2008.0560301

[10.21] Marschall, P., S. Horseman, and T. Gimmi, 2005. Characterisation of gas transport properties of the Opalinus Clay, a potential host rock formation for radioactive waste disposal. Oil & Gas Science and Technology — Rev. IFP, 60 (1), 121. http://dx.doi.org/10.2516/ogst: 2005008

[10.22] Keller, L.M., P. Schuetz, R. Erni, et al., 2012. Characterization of multi-scale microstructural features in Opalinus Clays. Microporous and Mesoporous Materials, 170,83. http://dx.doi.org/10.1016/ j.micromeso.2012.11.029

[10.23] Keller, L.M., L. Holzer, R. Wepf, P. Gasser, B. Münch, and P. Marschall, 2011.On the application of focused ion beam nanotomography in characterizing the 3D pore space geometry of Opalinus clay. Physics and Chemistry of the Earth, 36 (17–18), 1539. http://dx.doi.org/10.1016/j.pce.2011.07.010

[10.24] Bocquet, L., and E. Charlaix, 2010. Nanofluidics, from bulk to interfaces. Chemical Society Reviews, 39 (3), 1073. http://dx.doi.org/10.1039/b909366b

[10.25] Botan, A., B. Rotenberg, V. Marry, P. Turq, and B. Noetinger, 2010. Carbon dioxide in montmorillonite clay hydrates: Thermodynamics, structure, and transport from molecular simulation. J.

Phy. Chem. C，114（35），14962. http://dx.doi.org/10.1021/jp1043305

[10.26] Fernandez-Martinez，A.，Y. Hu，B. Lee，Y.-S. Jun，and G.A. Waychunas，2013. In situ determination of interfacial energies between heterogeneously nucle- ated $CaCO_3$ and quartz substrates：Thermodynamics of CO_2 mineral trap- ping. Environ. Sci. Technol.，47（1），102. http://dx.doi.org/10.1021/es3014826

[10.27] Bildstein，O.，C. Kervévan，V. Lagneau，et al.，2010. Integrative modeling ofcaprock integrity in the context of CO_2 storage：Evolution of transport andgeochemical properties and impact on performance and safety assessment. Oil & Gas Sci. Technol.，—Rev IFP，65（3），485. http://dx.doi.org/10.2516/ogst/2010006

[10.28] Felmy，A.R.，O. Qafoku，B.W. Arey，et al.，2012. Reaction of water-saturated supercritical CO_2 with forsterite：Evidence for magnesite formation at low temperatures. Geochimica et Cosmochimica Acta，91,271. http://dx.doi.org/10.1016/j.gca.2012.05.026

[10.29] Bradshaw，J.，S. Bachu，D. Bonijoly，et al.，2007. CO_2 storage capacity esti- mation：Issues and development of standards. Int. J. Greenh. Gas Con.，1（1），62. http://dx.doi.org/10.1016/S1750-5836（07）00027-8

[10.30] Doughty，C.，K. Pruess，S.M. Benson，S.D. Hovorka，P.R. Knox，and C.T. Green，2001. "Capacity investigation of brine-bearing sands of the Frio formation for geologic sequestration of CO_2" in First National Conference on Carbon Sequestration. Morgantown：US Dept. of Energy，National Energy Technology Laboratory. pp. 14.

[10.31] US Dept. of Energy，National Energy Technology Laboratory，2008. Carbon Sequestration Atlas of the United States and Canada（4th ed.；Atlas IV）10.32 from p. 61. http://www.netl.doe.gov/technologies/carbon_seq/refshelf/ atlasIII/index.html，p. 142.

[10.32] Causebrook，R.，2010. Overview of Capacity Estimation Methodologies for Saline Reservoirs，CCS Summer School of CAGS，Wuhan，PRC. http://www.cagsinfo.net/pdfs/summerschool/Lesson5/5-3Storage-capacity-assessment. PDF

[10.33] Brennan，S.T.，R.C. Burruss，M.D. Merrill，P.A. Freeman，and L.F. Ruppert，2010. A probabilistic assessment methodology for the evaluation of geologic carbon dioxide storage. US Dept. of the Interior，US Geological Survey，Reston，Va. http://purl.fdlp.gov/GPO/gpo22655

[10.34] Burruss，R.C.，S.T. Brennan，P.A. Freeman，et al.，2009. Development of a Probabilistic Assessment Methodology for Evaluation of Carbon Dioxide Storage，USGS Open-File Report 2009-1035. http://pubs.usgs.gov/ of/2009/1035/ofr2009-1035.pdf

[10.35] Metz，B.，O. Davidson，H. deConinck，M. Loos，and L. Meyer，2005. IPCC Special Report on Carbon Dioxide Capture and Storage. http://www.ipcc.ch/ pdf/special-reports/srccs/srccs_wholereport.pdf

[10.36] Oldenburg，C.M.，2012. "Geologic carbon sequestration：sustainability and environmental risk" in Encyclopedia of Sustainability Science and Technology，edited by R.A. Meyers，pp. 4119–4133. Springer：New York.

[10.37] Oldenburg，C.M.，2007. "Migration mechanisms and potential impacts of CO_2 leakage and seepage"，in Carbon Capture and Sequestration：IntegratingTechnology，Monitoring，and Regulation，edited by

E.J. Wilson and D. Geraldpp. 127–146. Iowa：Blackwell.

[10.38] Apps，J.A.，L. Zheng，Y. Zhang，T. Xu，and J.T. Birkholzer，2010. Evaluation of potential changes in groundwater quality in response to CO_2 leakage from deep geologic storage. Transport Porous Med.，82（1），215. http://dx.doi. org/10.1007/S11242-009-9509-8

[10.39] Zoback，M.D.，and S.M. Gorelick，2012. Earthquake triggering and large- scale geologic storage of carbon dioxide. P. Natl. Acad. Sci. USA，109（26），10164. http://dx.doi.org/10.1073/Pnas.1202473109

[10.40] Talwani，P.，1997. On the nature of reservoir-induced seismicity. Pure. Appl. Geophys.，150（3–4），473. http://dx.doi.org/10.1007/S000240050089

[10.41] Gerlach，T.M.，M.P. Doukas，K.A. McGee，and R. Kessler，2001. Soil efflux and total emission rates of magmatic CO_2 at the Horseshoe Lake tree kill，Mammoth Mountain，California，1995–1999. Chem. Geol.，177（1–2），101. http://dx.doi.org/10.1016/S0009-2541（00）00385-5

[10.42] Oldenburg，C.M.，and A.J.A. Unger，2003. On leakage and seepage from geologic carbon sequestration sites. Vadose Zone J.，2（3），287. http://dx. doi.org/10.2136/vzj2003.2870

[10.43] Oldenburg，C.M.，and A.J.A. Unger，2004. Coupled vadose zone and atmos- pheric surface-layer transport of carbon dioxide from geologic carbon seques- tration sites. Vadose Zone J.，3（3），848. http://dx.doi.org/10.2136/vzj2004.0848

[10.44] Britter，R.E.，1989. Atmospheric dispersion of dense gases. Annu. Rev. Fluid.Mech.，21,317. http://dx.doi.org/10.1146/Annurev.Fluid.21.1.317

[10.45] Britter，R.E.，and J.D. McQuaid，1988. Workbook on the Dispersion of DenseGases. England：Health & Safety Executive.

[10.46] Mazzoldi，A.，D. Picard，P.G. Sriram，and C.M. Oldenburg，2013. Simulation- based estimates of safety distances for pipeline transportation of carbon dioxide. Greenhouse Gas Sci. Technol.，3（1），66. http://dx.doi.org/10.1002/ ghg.1318

[10.47] Daley，T.M.，R.D. Solbau，J.B. Ajo-Franklin，and S.M. Benson，2007. Continuous active-source seismic monitoring of CO_2 injection in a brineaquifer. Geophysics，72（5），A57. http://dx.doi.org/10.1190/1.2754716

[10.48] Fjæran，T.，2012. Monitoring a CO_2 Storage. Seminar on Evaluation of CO_2 Storage Potential，ITB Bandung，11–12 December 2012. http://www.ccop. or.th/eppm/projects/43/docs/TorFjaeran_Monitoring_CO2_Storage_ITB.pdf

[10.49] Hovorka，S.D.，C. Doughty，S.M. Benson，et al.，2006. Measuring perma- nence of CO_2 storage in saline formations：The Frio experiment. Environ. Geosci.，13（2），105–121.

[10.50] Vasco，D.W.，A. Rucci，A. Ferretti，et al.，2010. Satellite-based measurementsof surface deformation reveal fluid flow associated with the geological stor- age of carbon dioxide. Geophysical Research Letters，37（3），L03303. http:// dx.doi.org/10.1029/2009GL041544

[10.51] Spangler，L.H.，L.M. Dobeck，K.S. Repasky，et al.，2010. A shallow subsur- face controlled release facility in Bozeman，Montana，USA，for testing near surface CO_2 detection techniques and transport models. Environ. Earth Sci.，60（2），227. http://dx.doi.org/10.1007/S12665-009-0400-2

[10.52] Oldenburg，C.M.，J.L. Lewicki，and R.P. Hepple，2003. Near-Surface Monitoring Strategies for Geologic Carbon Dioxide Storage Verification. LBNL Technical Report. http://www.osti.gov/servlets/

purl/840984-dTw752/ native/

[10.53] Lewicki，J.L.，G.E. Hilley，and C.M. Oldenburg，2005. An improved strategyto detect CO_2 leakage for verification of geologic carbon sequestration. Geophys. Res. Lett.，32（19），L19403. http://dx.doi.org/10.1029/2005gl024281

[10.54] Lewicki，J.L.，G.E. Hilley，M.L. Fischer，et al.，2009. Eddy covariance observa-tions of surface leakage during shallow subsurface CO_2 releases. J. Geophys. Res. Atmos.，114，D12302. http://dx.doi.org/10.1029/2008jd011297

11 土地利用和地质工程

虽然通过碳捕集和封存技术能够减少温室气体排放，但这项技术不会降低大气中 CO_2 的绝对浓度。为了更全面地了解通过碳管理来控制气候变化，本章将介绍真正能够降低大气中 CO_2 浓度的技术。这些技术分为两类：土地利用和地质工程。

11.1 引言

第 2 章和第 3 章已经讨论了大气中 CO_2 分子的寿命周期。已经知道，虽然大气中的 CO_2 与海洋表面的 CO_2 交换非常迅速，但之后饱和了 CO_2 的海洋表层水体与海洋深层水体的混合过程的时间尺度超过200年。假设在数百年的时间尺度上，大气中CO_2浓度足够低，不会超过海洋的缓冲能力。如果超过海洋的缓冲能力，则需要 1 万～ 10 万年的碳循环过程才能将大气中 CO_2 含量恢复到平衡值。

与碳循环相关的超常时间尺度使得 CO_2 排放的后果与其他人为排放的气体非常不同。例如，烟气中的 SO_x 和 NO_x 是形成酸雨的主要成分，它们可以通过现有技术轻松去除。根据历史数据，一旦清除烟气中的这些成分，酸雨就会减少，并在几年内缓解与酸化相关的问题。一方面，由于现有的氯氟烃（CFC）在大气中缓慢分解，CFC 的禁令已经导致极地臭氧空洞有所减少。另一方面，如果现在所有 CO_2 停止排放，那么 CO_2 含量需要数百年乃至数千年才能恢复到工业化前的浓度！在前几章中，讨论了减少 CO_2 排放的技术，或者说最好是停止 CO_2 排放的技术。目前，这些技术的实施范围还不足以缓解气候变化。基于此，可能需要采用相关技术从而降低大气中现有的 CO_2 浓度。这些技术需要人类大规模地干预地球运行过程，这就是地质工程。

毫无疑问，一些读者认为人类已经对地球开展了足够多的地质工程。事实上，人类正处于两个正在进行的全球地质工程项目之间。一个是使用化石燃料作为能源，在几百年的时间内燃烧了大自然在植物中封存了几百万年的碳。另一个则改变了土地利用方式，以容纳 90 亿或更多人口。土地利用方式变化排放的温室气体占总排量的 15%，而化石燃料的燃烧（以及水泥制造）占其余的85%。这些“地质工程项目”为世界人口提供食物和能源，由此带来的后果是向大气中排放大量 CO_2。

现代地质工程旨在通过“逆向工程”降低 CO_2 浓度的增加带来的负面影响。首要是停止甚至扭转土地利用变化带来的负面影响。为了改变气候变化带来的影响，需要在非常大的范围内进行如下工作：一方面，首先要针对大部分被改变的土地，使其为不断增加的人口提供食物；另一方面，针对目前正在考虑的其他地质工程技术，包括制造大型设备用以反射到达地球的大部分阳光，并增加海洋对 CO_2 的吸收。目前没有采用这些方案。事实上，大多数想法都处于非常早期的发展阶段，而且很多方法都是有争议的。最近的一份皇家学会报告很好地概述了各种项目的状态 [11.1]。本报告的两个主要建议如下：

（1）缔约方应加大努力以减缓并适应气候变化，特别是同意到 2050 年全球 CO_2 排放量至少减少至 1990 年排放量的 50%，甚至减少更多。现在对地质工程的了解所知甚少，没有任何理由减少这些努力。

（2）如果降低 21 世纪内全球变暖速度十分必要，则应进一步研究和开发地质工程方案，从而研究是否可以提供低风险的方法。应包括适当的观测、气候模型的开发和使用，以及精心计划和执行的实验。

鉴于今天已经存在的产生 CO_2 排放的实质性基础设施（化石燃料工业和工业规模的农业），地质工程永远不会成为阻止排放的明智选择。然而，地质工程是我们唯一的“B 计划”——而且“计划 A”（停止或减少所有 CO_2 排放）的迹象显示并非全是积极作用。对 B 计划进行研究的想法很重要。但是，所有旨在减少 CO_2 排放的研究资金，包括寻找可再生能源，在当前能源生产成本中只占微不足道的一小部分。由于作者也是开展能源研究的，所以您可能已经切身感受到了语言文字中的一些挫败感。与当前主题完全无关，但要正确看待能源研究。以美国能源部的太阳能中心为例，它是最大的经认证的 DOE 可再生能源项目之一，它致力于开发将阳光转化为燃料的设备，这是能源研究领域的“圣杯”之一。需要解决的科学挑战是巨大的。五年研究的总预算约为 1.25 亿美元，与好莱坞用于制作一部普通电影（如《天使与恶魔》）的投入大致相同（不可否认，在电影《天使与恶魔》中，能量的来源更令人叹为观止）。

11.2 土地使用

需要注意的是，在全球每年 10Gt 的人为碳排放中，15% 或 1.5Gt 是土地利用变化造成的。在 19 世纪，欧洲和北美的土地利用变化对 CO_2 排放产生了重大影响，但是该影响在 20 世纪被化石燃料的使用所掩盖（图 11.2.1）。1850 年之前，木材是最常见的能源；将森林变成农田有两个目的：能源生产和增加农田耕地。农业技术的大大提高使欧洲人和北美人能够更智能地利用土地，从而提高其生产力。事实上，这些大陆上的土地利用变化导致碳吸收量大于碳排放量。但是，这些国家中土地利用变化带来的积极影响远远超过了与世界其他地区土地利用变化导致的碳排放量。

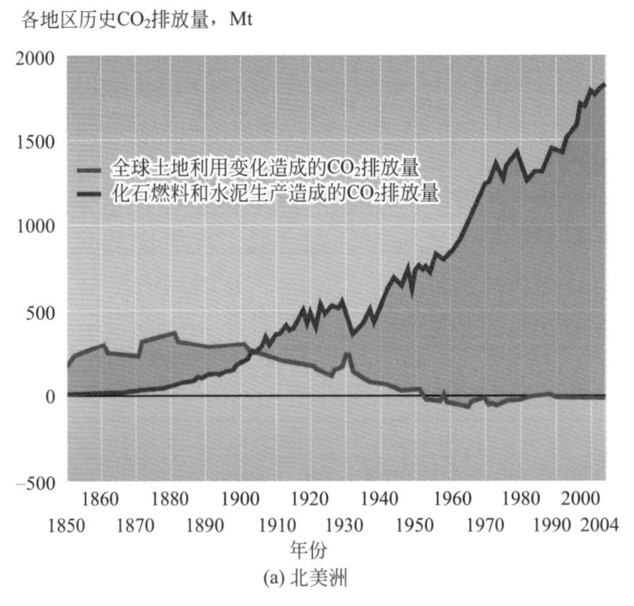

(a) 北美洲

图 11.2.1 按地区划分的历史 CO_2 排放量

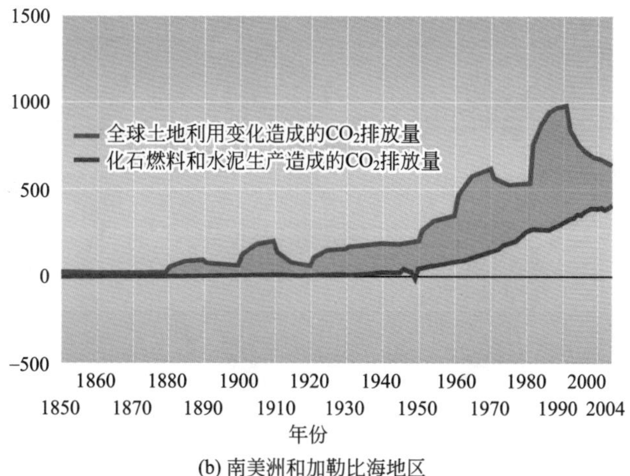

(b) 南美洲和加勒比海地区

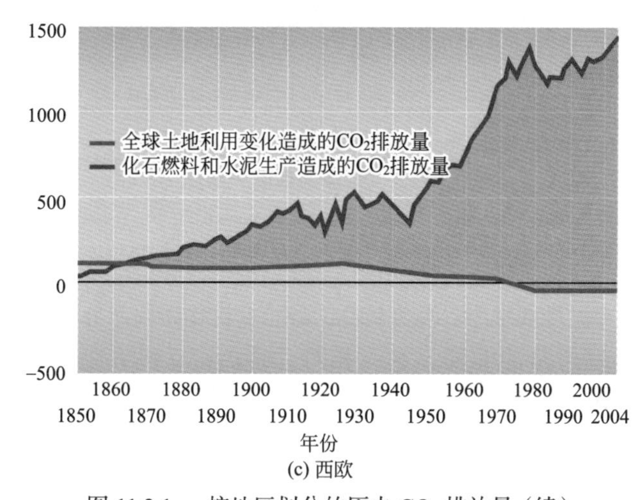

(c) 西欧

图 11.2.1 按地区划分的历史 CO_2 排放量（续）

数据来源：CO_2 信息分析中心（CDIAC），2009。图片由 Riccardo Pravettoni 重绘，经 GRID-Arendal 许可转载自 Trumper 等 [11.2]

由第 3 章碳循环可知，生物圈和土壤中（在生物体和土壤中的有机物质中）储存着 2100Gt 的碳，约是大气中已知碳量的 2 倍。这种有机物在地球上并不是均匀分布的；在世界各地，有机物质以不同的形式储存，土地利用的变化与之密切相关 [11.2]。

图 11.2.2 显示了地球上陆地碳的分布。可以看到，大部分陆地碳储存在热带和高海拔地区。在热带地区，碳主要是指生物质，而在高海拔地区则以冻土层（永久冻土层）的形式存在。

永久冻土区的土地利用管理与热带森林的土地利用管理差别巨大。陆地世界可以视为由 7 个不同的生物群落组成，每个生物群落储存碳的形式大不相同。图 11.2.3 所示为 7 个生物群落中碳的相对含量，具体如下：

（1）苔原：苔原含有 155.4Gt 碳。只有生长缓慢、健壮的植物才能在这种恶劣的气候环境中生存下来。低温可防止植物分解，土壤中含有大量冷冻的枯死植物物质（永久冻土）。

（2）北方森林：北方森林含有 384.2Gt 碳。由于低温条件下有机碳分解非常缓慢，大部分碳都保存在土壤中。

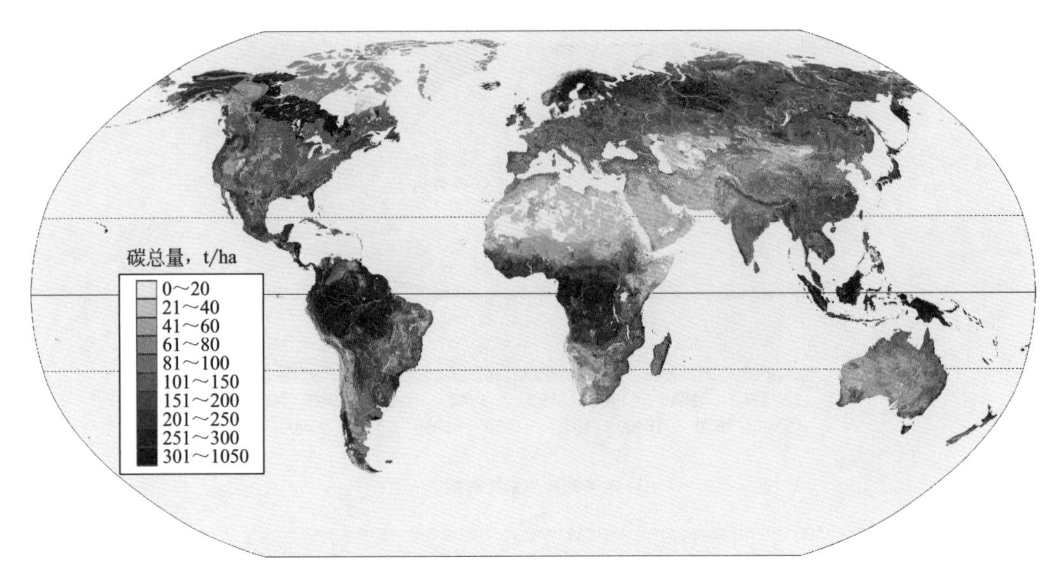

图 11.2.2　全球陆地碳分布图

地图由 UNEP-WCMC 提供，生物质碳数据来自 Ruesch 等 [11.3]，土壤碳数据来自 Harmonized World Soil Database[11.4、11.5] 和 FAO/IIASA/ISRIC/ISS-CAS/JRC[11.6]

（3）温带森林：在温带森林中，温度较高，导致有机物质快速分解。碳总量为 314.9Gt。

（4）温带草原、稀树草原和灌木丛：相对森林而言，世界上这些地区的典型植被过于干燥，但这些地区的降雨量却比森林多。食草动物是草原生态系统的重要组成部分。通常情况下，这些土地可以成功地转化为作物生产地，因而对碳平衡的影响很小。与森林相比，这些地区每单位面积的生物质较少。该生物群落中的碳总量为 183.7Gt。

（5）沙漠和干燥的灌木丛：由于降水量低或季节性很强，这些地区单位面积的生物质数量非常少。这些沙漠地区的碳总量为 178Gt。

（6）热带和亚热带草原、稀树草原和灌木丛：稀树草原是地球植被的最大组成部分。该生物群落中的碳总量为 285.3Gt。

（7）热带和亚热带森林：该生物群落含有 547.8Gt 的碳，是含碳量最多的生物群落。高温促使生长迅速，大部分碳存在于生物质中。

11.2.1　苔原

苔原主要分布在北极地区（图 11.2.3）。极低的温度导致植物在一年中的短时间内非常缓慢地生长。低温也使分解过程更加缓慢，年复一年累积了大量的碳。苔原中的总碳量是大气中含碳量的 2 倍。

苔原几乎没有受到土地利用的影响，也几乎没有封存碳的更大潜力。然而可以预计，与苔原相关的永久冻土将是气候变化的主要贡献者。全球气温升高会导致永久冻土分解，导致大量额外的 CO_2 和 CH_4 排放。这种正向的反馈循环可能导致未来温度明显高于当前气候模型预测的温度。

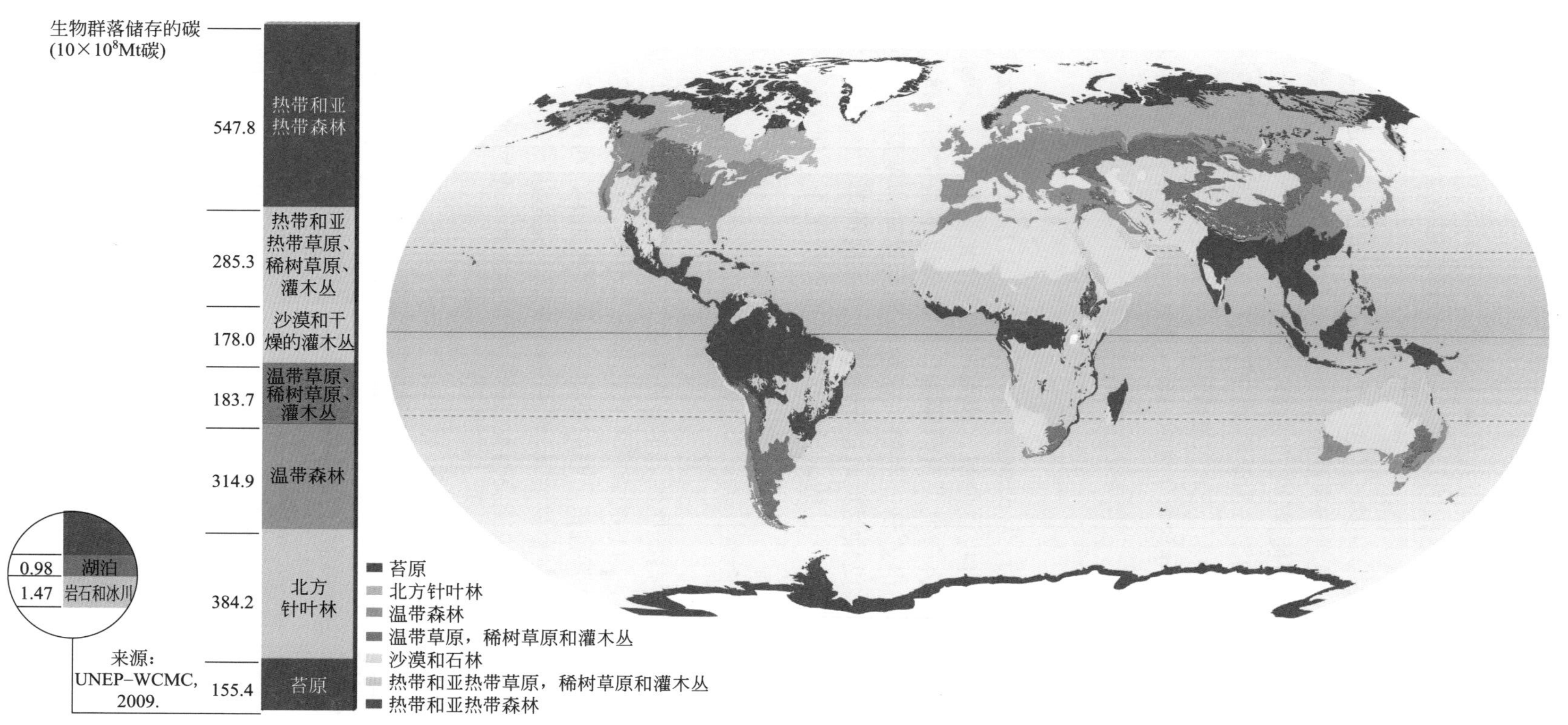

图 11.2.3 不同生物群落中的碳储存示意图

图片来自 Trumper 等[11.2]，由 Riccardo Pravettoni 重绘，经 GRID-Arendal 许可转载

11.2.2 森林

北方森林、温带森林和热带森林是重要的碳汇基地。北方森林的碳储量位居第二，主要是因为适宜的温度可以阻止分解过程的发生。这种低分解率和持续增长的低分解率使得森林成为一个净碳汇，尽管碳汇量很小。

在温带森林中，分解速度要大得多，这也产生了非常肥沃的土壤。这种肥沃的土壤很适合转化为农田。在许多地区，这种转换过程已经停止；在少数地区，它甚至被还原为原始生态。将农田恢复为温带森林将使得这些生物群落恢复为碳汇。

热带森林是最重要的碳库，由于在温暖潮湿的气候下生物质生长速度快，因此是具有活性的碳汇。这些热带森林遭受砍伐，造成大量碳排放。每年损失（650 ～ 1480）$\times 10^4$ha 的森林（当前的森林砍伐速度），将导致每年排放 0.8 ～ 2.2Gt 碳，停止甚至扭转森林砍伐局面仍将是重要的讨论话题。

11.2.3 泥炭地

泥炭地土壤含有大量碳（估计为 550Gt，散布在地球上）。泥炭地出现在水资源丰富的地区，那里的积水阻止了有机质分解。如果泥炭地转化为农田，泥炭地就会被排干，分解过程就会开始，结果会产生大量的碳排放。泥炭地不是生物群落，但由于它们的特殊性质，单独讨论它们很重要。例如，针对马来西亚和印度尼西亚使用棕榈油作为生物燃料的情况。森林砍伐和泥炭地排干使其适合棕榈种植，该过程中产生的碳排放总量远远超过使用生物燃料产生的碳排放量。在这种情况下，使用传统的化石燃料实际上是更好的选择！

11.2.4 小结

表 11.2.1 所示为各种生物群落的属性。本节要表达的信息是，如果停止砍伐森林，就会减少全球碳排放。例如，停止对热带森林的砍伐将减少至少 10% 的碳排放。能否停止或扭转森林砍伐将取决于是否能够种植足够的粮食。在欧洲和北美，通过作物效率和农业技术的研究已使粮食产量提高了一个数量级。需要指出的是，这些国家的温带森林砍伐局面已经发生逆转。如果在热带地区也能获得类似的效率增益，那么逆向地质工程可能会显著影响碳排放。

表 11.2.1 自然界生物群落中的碳

	植被生长	植被分解	碳源 / 碳汇	目前碳封存量，t/ha	碳封存场所	潜在碳排放的主要威胁
苔原	慢	慢	碳汇	约 258	永冻层	气温上升
北方森林	慢	慢	碳汇	土壤：116 ～ 343 植被：61 ～ 93	土壤	火灾、伐木、采矿
温带森林	快	快	碳汇	156 ～ 320	地上生物质和地下生物质	历史破坏严重，但已基本停止

续表

	植被生长	植被分解	碳源 / 碳汇	目前碳封存量，t/ha	碳封存场所	潜在碳排放的主要威胁
温带草原	中等	慢	主要为碳汇	土壤：113 植被：8	土壤	历史破坏严重，但已基本停止
沙漠和干燥的灌木丛	慢	慢	碳汇（有不确定性）	沙漠土壤：14 ~ 102 干地土壤：< 226 植被：2 ~ 30	土壤	土地退化
稀树草原和热带草原	快	快	碳汇	土壤：< 174 植被：< 88	土壤	火灾导致随后转变为牧场或放牧地
热带森林	快	快	碳汇	土壤：94 ~ 191 植被：170 ~ 250	地上植被	毁林和森林退化
泥炭地	慢	慢	碳汇	1450	土壤	排水、转化、火灾

注：基于 Trumper 等的数据 [11.2]。

11.3 地质工程：CO_2 的清除

为清除目前大气中 CO_2 进行的地质工程主要包括两种技术：一是通过推动自然封存过程来增加 CO_2 的吸收；二是直接从空气中捕集 CO_2 并随后封存。需要注意的是，要使这两种策略中的任何一种产生效果，其规模需要与当下每年 CO_2 的排放量相当。在目前提出的地质工程理念中，将对加强风化过程、加强海洋吸收和从空气中直接捕集进行深入研究。

11.3.1 增强生物质

上一节讨论的土地利用改变本质上是一种地质工程形式，在这种形式中，恢复了大自然吸收更多 CO_2 的能力。在本节中，将讨论一些替代天然生物方式进行 CO_2 封存的方法，这也是本书所研究的内容。

可能有人会说，使用生物能源和生物燃料对于恢复自然界吸收 CO_2 而言，并无新奇。然而，本章将重点关注能够降低 CO_2 含量的技术。生物质转化为燃料是可再生能源中的一个里程碑事件；每年的碳吸收量与碳排放量完全相同。因此，生物燃料的利用有助于实现碳中和经济发展模式，但不会降低 CO_2 含量。例如，实现 CO_2 含量净减少的一种简单方法是使用生物质制造 H_2，然后将 H_2 与 CO_2 反应制取天然气。

以生物质形式储存 CO_2 并不等同于地质封存。如果处理得当，地质封存 CO_2 的最终归宿是矿化，像 Dover 悬崖上形成石灰岩一样。然而，生物质最终会分解并变成 CO_2。例如，如果一棵树死亡，在较冷的气候环境下分解并排放 CO_2 的时间尺度可能是几十年，而在哥斯达黎加的热带雨林中则短至一年。生物质碳储存的本质是，如果一棵树死了，就会长出一棵新树，使得 CO_2 含量保持不变。如果想通过种植更多树木来降低 CO_2 含量，那么只有确保这片森林能够长年繁茂，这种效果才是永久性的（问题 11.3.1）。

问题 11.3.1　温室中的 CO_2

温室中经常使用 CO_2 来提高生物质产量。因为 CO_2 将使农民的生物质产量增加 20%，所以农民想使用当地天然气发电厂产生的 CO_2 增产。为了资助这项活动，农民有一个想法，即为他每年封存的 CO_2 提供碳信用。你会建议他如何做这个碳信用计算？提示：找到一个发行碳信用的国家，并明确信用法规如何定义碳封存的时间尺度。

此过程的工程化途径是防止生物质分解。例如，如果一棵树死了，将其置于深海中，或者将其置于可以防止树木自然分解的其他地方，就可以永久碳封存。虽然这听起来像是一个简单的计划，但是如果从影响气候的角度上实施这项计划，就不是那么简单了。在如此大的范围内开展相关工作，人们必须仔细分析由此带来的附加影响。例如，树木必须运输和掩埋；此类过程消耗能源，并且希望确保整个过程的净效果是降低 CO_2 含量。另一个重要因素是，如果树木分解，不仅会释放 CO_2，还会释放矿物质和营养物质。如果现在这些树木被埋在海里而不是在陆地上，那么这将对生态系统产生巨大的扰动。

掩埋生物质的另一种方法是将其转化为生物炭（见专栏 11.3.1）。由于生物炭中的碳原子比植物物质中的碳原子更紧密地结合在一起，因此生物炭更能抵抗微生物的分解。在考古遗址中发现的生物炭足以表明它可以稳定存在数百年至数千年。与土壤混合的生物炭可以提高农作物产量。将生物质转化为生物炭这种方式可以作为 CCS 中生物质燃烧的替代方式（图 11.3.1）[11.8]。

专栏 11.3.1　生物炭

生物炭是通过生物质的热解获得的。热解是指在低氧（或无氧）环境中进行加热发生的高温分解反应。缺氧环境阻止了生物质的燃烧。烘烤食物时可以发生热解过程，使得食物呈棕色。如果在太高的温度下烘烤，食物会变黑，这就是生物炭产生的一种表现形式。几个世纪以来，热解反应已被用于生产木炭。

为了转化生物质，可以使用不同形式的热解。根据热解过程的温度和时间，可以生产生物油、生物炭和合成气的混合物。高温热解也称为气化。400 ～ 500℃的温度会产生较多的炭，而高于 700℃的温度则有利于液体和气体燃料组分的产生。下图所示为一些生物炭的例子。

(a) (b)

（a）生物炭的碳含量为87%，已被证明可以对困扰美国农田较为严重的黄曲霉毒素进行解毒。（b）由腐烂的棕榈树、露天燃烧的杂草以及木薯茎制成的生物炭，农民将其收集起来并进行焚烧，以避免农场中上述生物质不受控制地生长，并避免土壤养分枯竭。由 Christophe Steiner 供图：http://www.biochar.org

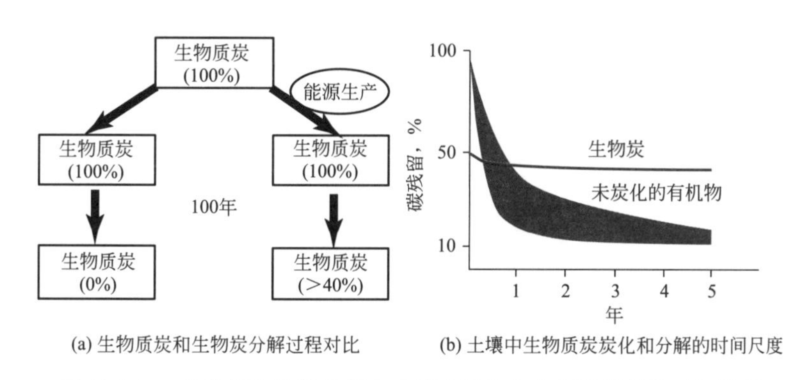

(a) 生物质炭和生物炭分解过程对比 (b) 土壤中生物质炭炭化和分解的时间尺度

图 11.3.1 生物炭和生物质炭在土壤中炭化和分解后封存的时间尺度

图片改编自 Lehmann 等 [11.8]

从技术的角度来看，没有任何根本性的困难可以阻止大规模生物炭项目的实施，在该项目中，可以永久封存原本会排放到大气中的碳。然而，目前对潜在负面影响的了解还不全面，需要进行更多的研究。

11.3.2 加强风化

在自然界的碳循环中（见第3章），地球温度受 CO_2 浓度的影响。如果温度高，岩石风化会发生得更快，导致 CO_2 浓度下降。这个过程的时间尺度比 CO_2 排放的速度要慢几个数量级。如果能够加速自然风化过程，则能够降低 CO_2 含量。

这个想法是在农业生产的土壤中添加大量的矿石（如橄榄石，见专栏 11.3.2）[11.9]。当然，项目的规模一定是非常巨大的。人们需要开采、粉碎、运输并将这些矿石散布在田野上。每年所需的橄榄石量约为 $7km^3$ 的量级，约是煤炭开采量的2倍。目前，关于这些风化反应对土壤的潜在影响知之甚少。另一种方案则是在化工厂中进行风化反应，然后将生成的碳酸氢盐溶液释放到海中。

这些方法的优点之一是所有化学物质已经大量存在于土壤和海洋中。当然，必须采取措施缓解高浓度矿物带来的影响。对于每一个被封存的 CO_2 分子，都需要一个与之对应的矿物分子。因此，需要的原材料数量巨大，在质量上很可能超过需要封存的 CO_2 数量。开采如此大量的原材料将对环境产生重大影响，成本高昂，并且会产生附加能源（包括碳）成本。

专栏 11.3.2 橄榄石风化

橄榄石是一种岩石矿物（见下图），分子式为（Mg, Fe）$_2SiO_4$。它是地表下的一种常见矿物，但在地表风化迅速。风化反应为：

$$(Mg, Fe)_2SiO_4 + 4CO_2 + 4H_2O \rightarrow 2(Mg^{2+}, Fe^{2+}) + 4HCO_3^- + H_4SiO_4$$

图片来自 Azuncha（2006），WikiCommons：http ://en.wikipedia.org/wiki/File：Peridot2.jpg

11.3.3 直接空气捕集

在第 4 章中，我们计算了从烟气中分离 CO_2 所需的最小能量。这些计算表明，对于单个 CO_2 分子而言，从 CO_2 浓度较低的气流中进行分离需要更多的能量。例如，与从燃煤电厂捕获 CO_2 分子相比，从空气中捕获相同数量的分子所需的最小能量将高出 5 倍多。

直接空气捕集的思路与从烟气中捕集 CO_2 的思路相似。让空气流过选择性吸附 CO_2 的材料。由于空气中的 CO_2 浓度低，需要一种能够在非常低的分压下进行吸附的材料。目前，提出了以下两种类型的工艺：（1）在强碱性溶液中吸附（见专栏 11.3.3）[11.10]；（2）在固体上吸附 [11.11,11.12]。

烟气捕集过程的设计要求是能够捕获入口处 90% 的 CO_2，但直接空气捕集过程不受此限制。然而，与烟气捕集相比，直接空气捕集的成本要高得多 [11.13]。

专栏 11.3.3 用 NaOH 捕集碳

在第 5 章中，可以看到向水中添加碱会显著提高 CO_2 在混合物中的溶解度，因为 CO_2 会与氢氧化物发生反应：

$$CO_2 + NaOH \rightleftharpoons Na_2CO_3 + H_2O$$

这的确是一种放热反应，可有效捕集极少量浓度的 CO_2。这个想法是利用上述过程直接从空气中捕集 CO_2。

与从烟气中捕集 CO_2 的吸收法类似，需要溶剂再生并压缩 CO_2 以进行地质封存。Na_2CO_3 再生为 NaOH 的过程称为苛化，该过程包括以下三个步骤。

（1）Na_2CO_3 与石灰 $Ca(OH)_2$ 反应生成 NaOH 和石灰泥（$CaCO_3$）：

$$Na_2CO_3 + Ca(OH)_2 \rightleftharpoons 2NaOH + CaCO_3$$

$$\Delta H_{100℃} = -5.3\ kJ/mol\ CO_2$$

（2）在该反应中 CaO 沉淀，随后被煅烧（用空气加热）以回收 CO_2：

$$CaCO_3 \rightleftharpoons CaO(s)+CO_2$$

$$\Delta H_{900℃} = 179\ kJ/mol\ CO_2$$

（3）CaO 通过生石灰水转化为 $Ca(OH)_2$：

$$CaO(s)+ H_2O \rightleftharpoons Ca(OH)_2$$

$$\Delta H_{100℃} = -65kJ/mol\ CO_2$$

在标准条件下，从空气中将 CO_2 吸收到 1mol/L NaOH 溶液中的焓为 –109.4kJ/mol CO_2。因此，回收 CO_2 的最小能量为 109.4kJ/mol CO_2。已知煅烧步骤已经消耗了 179kJ/mol CO_2，这表明常规苛化所需的能量远远超出了热力学最小值。因此，这个过程会消耗大量的能量。

11.3.4 海洋肥化

在第 3 章中，已经知道海洋吸收了大量的 CO_2。在海洋的大部分地区，CO_2 的吸收受到海洋营养物质的限制 [11.14]。如果人为提供这些营养物质，就能够提高 CO_2 的吸收。目前已对限制性营养素包括 N、P 和 Fe 进行了相关研究。为了估计这些营养物质对 CO_2 吸收的影响，需要考虑藻类在构建有机组织时使用的相对数量。这些相对数量可以由营养元素的特征 Redfield 比表示，C ：N ：P ：Fe。对于藻类，该比值通常为 106 ：16 ：1 ：0.001。这说明每增加一个 P 原子，就可以封存 106 个碳原子。Redfield 比表明 Fe 的影响最大，因此，大多数研究都集中在增加海洋中 Fe 含量的影响上。一个关键问题是：影响大气中 CO_2 含量所需的这些物质含量可能会对生态系统产生巨大的、潜在的不良影响。人们对这些可能的影响知之甚少。

11.3.5 海洋上升或下降

海洋表层和深海的混合缓慢是造成大气中 CO_2 含量下降所需时间较长（大于 200 年，见第 3 章）的原因。如果能够人为增强海洋深部水体与表层水体的混合过程，就可以缩短这个时间，从而使得 100 万 m^3/s 的混合过程可以每年封存约 0.02Gt 的碳。这个流量超过世界上所有主要河流加在一起的体积流量！

11.4 地质工程：太阳辐射管理

在上一节中已经提到过，为了缓解全球变暖，降低大气中 CO_2 含量，地质工程技术的一种替代方法是减少到达地球的阳光量。在第 2 章中已经看到，CO_2 浓度增加 1 倍对应于 $4W/m^2$ 的辐射强迫。因此，如果能够等量地减少太阳辐射，则可以补偿温度升高问题。提出的方法包括：

（1）将部分阳光反射回太空。要达到减少 $4W/m^2$ 的目的，需要减少 1.8% 的入射阳光。该想法是将巨大的反射器带入环地轨道，这将反射约 2% 的入射阳光。这些反射器的大小将达到百万平方公里的量级[11.15]。显然，建造这样一个反射器并不是短期的解决方案。然而，如果可以建造这样一个反射器，这将是可以立即降低全球温度的为数不多的选择之一。

（2）增加大气中气溶胶的浓度。在第 2 章中可以看到，火山大爆发的影响是通过增加平流层中的硫酸盐气溶胶含量来降低全球温度，从而增加平流层的自然反照率效应。考虑通过将硫化氢（H_2S）或二氧化硫（SO_2）作为气体[11.16,11.17]引入平流层模拟火山的这种冷却效应，在那里它被转化为硫酸盐颗粒，这些颗粒的特征尺寸为几十微米的量级。

（3）地球表面的反照率效应。根据第 2 章可知，地球反射了来自太阳的部分辐射。这种反射取决于表面的性质（表 11.4.1）。为了补偿 $4W/m^2$ 的辐射，需要将地球表面的平均反射率从约 $107W/m^2$ 增加到约 $111W/m^2$。这说明地球的平均表面反照率需要从 0.15 增加到约 0.17。这看起来变化不大，但由于地球表面大部分是海洋，改变其反射率是不切实际的，因此，"可用" 表面的净变化就要大得多，所需的土地面积平均增加 8%。实际上所受的限制更甚，因为只有一小部分陆地表面可以有效地改变其特征（问题 11.4.1）。

表 11.4.1 地表反照率系数

表面	反照率系数
海洋	0.1
地表	0.2 ～ 0.3
冰雪	0.6 ～ 0.8
平均	0.15

注：反照率系数定义为物体表面上的反射辐射与入射辐射的比值。数据来自 Crutzen[11.16]。

需要强调的是，改变到达地球表面的阳光量并不是解决全球变暖的根本途径；它只会减轻全球气温升高的负面影响。这说明，一旦停止使用太阳辐射管理技术，如果不控制 CO_2 排放，温度就会迅速升高。

问题 11.4.1　表面的 10%

如果总陆地表面的 10% 可以改变，估计下补偿 $4W/m^2$ 的辐射力需要的反照率系数。

11.5　CO_2 的利用

在本书中，重点关注碳捕集和地质封存。在封存部分，CO_2 被视为必须“置于某处”的废物。目前，人们普遍关注的是所有过程都应该专注于回收利用，而不是将其作为废物封存。与地质构造中的碳封存相比，激发了人们关于更加“积极”使用 CO_2 的许多建议。

在第 1 章中已经看到，将 CO_2 化学转化为普遍使用的产品 Dreamium ™需要大量资源，以至于所有市场会饱和或耗尽某种所需的原材料。

目前，石油是许多化学品的生产原料，人们可以设想用 CO_2 代替石油作为含碳化学品的原料。然而必须认识到，只有 7% 的石油衍生碳用于化学工业中；其余 93% 用作燃料。当然，减少化石燃料的使用是很重要的，而且我们也愿意尽其所能减少 CO_2 排放。但是，CO_2 作为化学工业中可回收碳源的使用范围太有限，无法提供真正的解决方案。

在关于使用 CO_2 的讨论中，并未提到将 CO_2 回收做成燃料的想法。目前正在进行将 CO_2 催化转化为 CO 的研究，而且特别强调使用可再生能源进行这种转化，这非常有意义。这种研究的意义是什么？如果具备了使用可再生能源将 CO_2 转化为 CO 的技术，为什么不首先使用可再生能源而避免使用化石燃料发电呢？在发电方面，尚未涉及燃料的运输问题。然而，如果能源经济中需要大量可再生能源，可以考虑将空气捕集的 CO_2 转化为交通燃油。

11.6　展望

本章讨论的许多想法乍一看可能更像科幻小说，而不是严肃的科学问题。本书中用 7 章内容来解释碳捕集和封存方面的挑战。本章要表达的是，与降低大气中 CO_2 绝对含量所必须采取的措施相比，CCS 面临的这些挑战并不严重。事实上，鉴于我们现在所知道的，毋庸置疑，今天排放的 CO_2 气体在以后将会以更高的成本将其捕集。

在不到 2 个世纪的时间内，地质工程向大气排放的 CO_2 量需要大自然用 100 万年才能封存，这对人类的未来而言是非常大的负担。考虑一下 2011 年世界能源展望中的话：“延迟行动是一种虚假的经济。在 2020 年之前，电力部门每减少 1 美元的投资，2020 年之后就需要额外花费 4.3 美元来补偿更高的排放量。”

虽然人们对气候变化的认知和对后果怀疑的争论从未间断，但是我们也不应冒险推迟行动，从而避免在未来付出相应的代价。

参考文献

[11.1] Shepherd，J. et al.，2009. Geo-engineering the Climate：Science，Governanceand Uncertainty. London：Royal Society.

[11.2] Trumper，K.，M. Bertzky，B. Dickson，G. van der Heijden，M. Jenkins，and P. Manning，2009. The Natural Fix？ The Role of Ecosystems in Climate Mitigation. A UNEP Rapid Response Assessment. http://www.grida.no/files/ publications/natural-fix/BioseqRRA_scr.pdf（Figures 11.2.1 and 11.2.3 in this book are by Riccardo Pravettoni.）

[11.3] Ruesch A.，and H.K. Gibbs，2008. New IPCC Tier-1 Global Biomass Carbon Map for the Year 2000. Available online from the Carbon Dioxide Information Analysis Center，http://cdiac.ornl.gov. Oak Ridge National Laboratory，Oak Ridge，Tennessee.

[11.4] Scharlemann J.P.W.，R. Hiederer，and V. Kapos，in prep. Global Map of Terrestrial Soil Organic Carbon Stocks. A 1-km dataset derived from the Harmonized World Soil Database. UNEP-WCMC & EU-JRC：Cambridge UK.

[11.5] Kapos V.，C. Ravilious，A. Campbell，et al.，2008. Carbon and Biodiversity：a Demonstration Atlas. UNEP-WCMC：Cambridge，UK.

[11.6] FAO/IIASA/ISRIC/ISS-CAS/JRC，2009. Harmonized World Soil Database（version 1.1）. FAO，Rome，Italy and IIASA，Laxenburg，Austria.

[11.7] Pravettoni，R.，United Nations Environment Programme，GRID-Arendal，2009. Carbon stored by biome. http://www.grida.no/graphicslib/detail/ carbon-stored-by-biome_9082

[11.8] Lehmann，J.，J. Gaunt，and M. Rondon，2006. Bio-char sequestration in ter- restrial ecosystems—a review. Mitigation and Adaptation Strategies for Global Change，11（2），395. http://dx.doi.org/10.1007/s11027-005-9006-5

[11.9] Schuiling，R.D. and P. Krijgsman，2006. Enhanced weathering：An effective and cheap tool to sequester CO_2. Climatic Change，74（1–3），349. http:// dx.doi.org/10.1007/S10584-005-3485-Y

[11.10] Stolaroff，J.K.，D.W. Keith，and G.V. Lowry，2008. Carbon dioxide capturefrom atmospheric air using sodium hydroxide spray. Environ. Sci. Technol.，42（8），2728. http://dx.doi.org/10.1021/Es702607w

[11.11] Lackner，KS.，2009. Capture of carbon dioxide from ambient air. Eur. Phys.J-Spec. Top.，176，93. http://dx.doi.org/10.1140/Epjst/E2009-01150-3

[11.12] Lackner，K.S.，2003. Climate change：A guide to CO_2 sequestration. Science，300（5626），1677. http://dx.doi.org/10.1126/science.1079033

[11.13] Socolow，R.，M. Desmond，R. Aines，et al.，2011. Direct Air Capture of CO_2 with Chemicals：A Technology Assessment for the APS Panel on Public Affairs. US：American Physical Society.

[11.14] Aumont，O. and L. Bopp，2006. Globalizing results from ocean in situ iron fertilization studies.

Global Biogeochem. Cycles，20（2），GB2017. http:// dx.doi.org/10.1029/2005gb002591

[11.15] Hoffert，M.I.，K. Caldeira，G. Benford，et al.，2002. Advanced technology paths to global climate stability：energy for a greenhouse planet. Science，298（5595），981. http://dx.doi.org/10.1126/science.1072357

[11.16] Crutzen，P.J.，2006. Albedo enhancement by stratospheric sulfur injections：A contribution to resolve a policy dilemma？ Climatic Change，77（3–4），211. http://dx.doi.org/10.1007/S10584-006-9101-Y

[11.17] Wigley，T.M.L.，2006. A combined mitigation/geoengineering approach to climate stabilization. Science，314（5798），452. http://dx.doi.org/10.1126/ Science.1131728

12 符号列表

12.1 英文符号

A	area 地区
A	Helmholtz free energy 亥姆霍兹自由能
C_p	heat capacity at constant pressure 定压热容
c_i	concentration component i 组分 i 的浓度（mol/m^3）
D_i	diffusion coefficient component i 组分 i 的扩散系数
E	energy 能源
g	gravitational constant 重力常数
H	enthalpy 焓
h	molar enthalpy 摩尔焓
Δh_i	the heat of adsorption of component i 组分 i 的吸附热
I	intensity of light 光强度
J	energy of a radiating body 辐射体能量
j_i	flux per unit area component i 组分 i 的单位面积通量 [mol/(s · m^2)]
k_B	Boltzmann's constant 玻尔兹曼常数
k_i	mass transfer coefficient for component i 组分 i 的传质系数
k	hopping rate 跳跃速率
K	permeability of a rock 岩石渗透率
K_i	Henry constant for component i 组分 i 的亨利常数
K_i	equilibrium constant chemical reaction 化学反应平衡常数
$1/K_i$	solubility 溶解度
L	thickness 厚度
m	mass 质量
N_A	Avogadro's number 阿伏伽德罗数
n_i	flux 通量 (m^3/s)
P	plate number 塔板数
P	permeability 渗透率
P'	permeance 磁导率
p	pressure 压力
p_i	partial pressure of component i 组分 i 的分压
Q	heat 热量
q_i	amount adsorbed per unit volume of component i 组分 i 单位体积的吸附量
r	reaction rate 反应速率
R	gas constant 气体常数（$N_A \cdot k_B$）
R	radius of curvature 曲率半径

S	entropy 熵
S_i	phase separation of component i 组分 i 的相分离
s	molar entropy/entropy per mole 摩尔熵
t	time 时间
T	temperature 温度
U	internal energy 内能
u	molar internal energy 摩尔内能
u	velocity 速率
V	volume 体积
W	work 功
w	work per mole 功每摩尔
v	molar volume 摩尔体积
x_i	mole fraction 摩尔分数
x_i	mole fraction in the liquid phase 液相中的摩尔分数
y_i	mole fraction in the gas phase 气相中的摩尔分数

12.2 希腊符号

α	ideal separation factor 理想分离系数
β	reciprocal temperature 玻尔兹曼常数与温度之积的倒数 $[1/(k_B T)]$
Γ	thermodynamic factor 热力学因子
γ	surface tension 表面张力
ε	void fraction 空隙率
η	Carnot efficiency 卡诺循环效率
θ	fractional occupancy 相对占比
θ	stage cut 分离系数
θ	contact angle 接触角
κ	solubility 溶解度
Λ	Thermal de Broglie wavelength 热德布罗意波长
λ	heat transfer coefficient 传热系数
μ_i	chemical potential component i 组分 i 的化学势
μ	viscosity 黏度
P	density（number of molecules per unit volume） 密度（单位体积内分子数）
σ	Stefan-Boltzmann constant 斯蒂芬—玻尔兹曼常数
σ	adsorption constant 吸附常数
σ	loading，number of adsorbed molecules of component i 组分 i 吸附的分子数
Φ，φ	flux 通量（mol/s）

12.3 上下标

abs	absorption 吸收
ads	adsorption 吸附
des	desorption 解吸附
ex	excess 过量
i	component 组分
IG	ideal gas 理想气体
mix	mixture 混合
par	parasitic 附加

13 致谢

THANKS!

原书封面展示了全球范围内的碳捕集和封存。罐中包含了金属有机骨架化合物 MG-MOF-74 的分子视图，该分子被许多机构用于碳捕集。封面由 Wayne Keefe（wkeefe@mac.com）参考相关研究设计而成（A. Dzubak，L.-C. Lin，J. Kim，J.A. Swisher，R. Poloni，S.N. Maximoff，B. Smit，and L. Gagliardi，2012. Ab-initio carbon capture in open-site metal organic frameworks. Nat. Chem.，4，810–816）。

标题页中的一半展示了吸附 CO_2 分子的金属有机骨架化合物 Mg-MOF-74，图片由 Li-Chiang Lin 和 Roberta Poloni 制作。

前言中展示了加利福尼亚大学伯克利分校的钟楼，图片由 Atkinson 摄影档案馆的 Alan Nyiri 提供，网址 http://gallery.berkeley.edu/viewphoto.php？ &albumId=199002 &imageId=6126278&page=2&imagepos=53。

第 1 章能源与电力。图中的燃煤发电厂位于多特蒙德—埃姆斯运河的 Datteln（德国），图片由 Arnold Paul（Wikimedia Commons，2006）提供，http://commons.wikimedia.org/wiki/ oal_power_plant_Datteln_2.jpg。

第 2 章大气和气候建模。气候建模仿真，图片由 NASA 提供，http://www.isgtw.org/sites/default/files/img_2011/climate-modelling.jpg。

第 3 章碳循环。图片是一张当前全球碳循环的简化图，显示了全球碳循环的组成部分，更多关于陆地生物圈与大气、海洋生物圈与大气之间通量的细节可参见美国能源部科学局生物与环境研究处的网页 science.energy.gov/ber/，图片由美国能源部提供（2008 年）。碳循环和生物固碳的图片来自橡树岭国家实验室生物和环境研究信息系统，作为美国能源部科学办公室 2008 年 3 月研讨会报告中的封面。

第 4 章碳捕集概述。源自 Schwarze Pumpe plant Brandenburg，Germany，经 ©Bureau de Recherches Géologiques et Minières – Vattenfall 许可转载，http://www.brgm.eu/content/geological-storage-co_2-safety-is-priority.

第 5 章吸收。底部图片“分离酸性气体”，经 Girdler Corp 许可转载，美国专利，1783901，1930 年。

第 6 章吸附。图片为 FAU 沸石的示意；红色和白色的棍棒结构显示了 Si 和 O 的结构；模型表面给出了 CO_2 分子在特定位置的能量；图片由 Richard Martin 博士绘制。

第 7 章膜分离。图片为扫描电子显微镜下功能化聚苯胺复合膜的横截面的显微图像，由 Natalia V. Blinova 和 Frantisek Svec 制作。

第 8 章地质封存简介。图片来自 Curtis M. Oldenburg。

第 9 章流体和岩石。扫描电子显微镜图像显示的砂岩样品来自密西西比州（6mm × 2.4 mm）CO_2 封存试点，通过电子显微镜和 X 射线光谱技术确定了孔隙空间和矿物特征。图片来自：Landrot，G.，J.B. Ajo-Franklin，L. Yang，S. Cabrini，and C.I. Steefel，2012. Measurement of accessible reactive surface area in a sandstone，with application to CO_2 mineralization. Chemical Geology，113，318–319. http://dx.doi.org/10.1016/j.chemgeo.2012.05.010，经 Elsevier 许可转载。

第 10 章大规模碳地质封存。图片由 LBNL 地球科学部提供。

第 11 章土地利用和地质工程。地球图片由 NASA 提供。

术语表

Absorber 吸收器：吸附过程设备中需要分离的气体混合物与溶剂接触的部分。参见 Stripper 再生塔。

Absorption 吸收：利用混合物组分在溶剂中溶解度的差异从混合物中移除 CO_2（或任何其他组分)。本书中，吸收是指使用液体溶剂从气体混合物中分离出组分。参见 scrubbing。

Adsorption 吸附：使用不同组分在固体中吸附的差异性从混合物中移除 CO_2（或任何其他组分)。在书中，吸附剂是指固体。

Albedo effect 反射效应：太阳光在地球表面的反射。

Aquifer 含水层：指水饱和的渗透性岩层，具有一定的渗透率，允许通过打井抽水。

Barrer 巴勒：一种材料磁导率单位，用于评估气体渗透性。1Barrer 的定义如下：

$$1\text{Barrer}=\frac{10^{-10}\left(\text{cm}^3\text{gas}\right)\left(\text{STP}\right)\left(\text{cm thickness}\right)}{\left(\text{cm}^2\text{ membrane area}\right)\text{sec}\left(\text{cmHg pressure}\right)}$$

在此，"cm^3 gas（STP）"表示在标准温度和压力下，根据理想气体定律（摩尔体积）计算出的气体体积为 1 立方厘米。"cm thickness"表示被测材料的厚度，"cm^2 membrane area"表示该材料的膜表面积，换算成 SI 单位为 $1\text{Barrer}=3.348\times10^{-19}$ kmol m/（m^2 • s • Pa）。

Beer's law 比尔定律：描述光通过介质（气体）时强度（I）如何减弱的定律。

$$\frac{I}{I_0}=e^{-\rho\sigma l}$$

式中，ρ 为气体的密度；σ 为物质的吸收系数；l 为光穿过材料的距离（路径长度)。

Bicarbonate 碳酸氢根：CO_2 溶于水产生碳酸氢根，$CO_2(aq)+H_2O \rightleftharpoons HCO_3^-+H^+$，参见碳酸盐 carbonate。

Biological pump 生物泵：在海洋表层，生物利用阳光将 CO_2 转化为生物质。如果这些表层生物在分解前死亡并沉到海洋深处，表示有机碳从大气流向深海，这种流量被称为"生物泵"。

Breakthrough curve 穿透曲线：这些曲线给出了固体吸附剂不能再吸收 CO_2 的点。吸附时，会形成一个 CO_2 前沿，缓慢地穿过吸附柱，直到它到达吸附柱的末端。在该点，CO_2 穿过吸附剂，吸附剂需要再生。

Buoyancy 浮力：密度差导致的向上的力或向下的力。

Calcite 方解石：$CaCO_3$ 最常见的存在形式之一。

Capillary pressure 毛细压力：孔隙中气相和液相之间由毛细管力引起的压力差。

Capillary trapping 毛细封存：在毛细封存或残余气封存中，部分 CO_2 在移动 CO_2 羽流的后缘固定为小气泡，而羽流本身则继续迁移到地层中的最高点。参见残余气封存 residual trapping。

Caprock 盖层：一种质地精细的岩石，对 CO_2 的渗透性非常有限，用于封闭层，防止 CO_2 到达地表。

Carbonate 碳酸盐：溶解在水中的 CO_2 会生成碳酸氢根，碳酸氢根会失去另一个质子生成碳酸根：

$$CO_2(aq) + H_2O \rightleftharpoons HCO_3^- + H^+,\quad HCO_3^- + H^+ \rightleftharpoons CO_3^{2-} + 2H^+$$

参见碳酸氢根 bicarbonate。

CCS（Carbon Capture and Storage/Sequestration）CO_2 捕集与存储 / 封存：在欧洲，人们主要使用术语“Storage”。

Chemical looping 化学循环：化学循环的想法是把燃烧过程分成两个独立的反应器。氧气被第一个反应堆从空气中带走，然后输送到另一个反应堆，在那里燃烧并产生 CO_2。在该方案中，没有 N_2 与烟气的混合，因此，分离只涉及 CO_2 和 H_2O。

Clastic sedimentary rocks 碎屑沉积岩：碎屑沉积岩由古老岩石的侵蚀碎片形成。这些岩石碎片被水或风搬运，然后沉积下来。这些沉积物的颗粒随后（在岩化过程中）固结成岩石。

Collective diffusion coefficient 集体扩散系数：参见 Maxwell-Stefan 扩散系数，也可参见 Darken-corrected 扩散系数。

Concurrent flow 并流流动：两股气流相互平行并沿同一方向流动的模式，参见逆流流动。

Countercurrent flow 逆流流动：两股气流互相平行但方向相反的流动模式，参见并流流动。

Darcy's law 达西定律：给出了物质通过多孔介质的流量与压力之间的关系。

$$j = -\frac{k}{\mu}\nabla p$$

式中，k 为岩石的渗透系数；μ 为流体的黏度；∇p 为压力梯度。

Darken-corrected diffusion coefficient 达肯修正扩散系数：见 Maxwell-Stefan 扩散系数，也可参见集体扩散系数。

Direct air capture 直接空气捕集：将 CO_2 直接从空气中分离的过程。

Diurnal cycle 昼夜循环：本书中昼夜循环是指植物的日常光合作用循环。

Dreamium 假想物：将 CO_2 与另一个分子 ZZ 通过化学结合而成的一个假设分子。假想物很美好但非常不切实际的一点是，人们可以使用任何分子 ZZ 来研究大规模生产由 CO_2 制成的假设产品。

Emission scenarios 排放情景：未来碳排放的预测。在本文中，经常提到 IPCC 的情景 A1、A2、B1、B2。

Enhanced oil recovery 提高原油采收率：向生产力低下的油田注入 CO_2，由于 CO_2 降低了原油黏度，因此可提高原油的采收率。

Entropy of mixing 混合熵：当各单一组分发生混合时熵的变化。

Facilitated transport 促进传质：一种扩散机制，在这种机制中，化学反应提高了某一组分的渗透性而不降低其选择性。

Faint young sun paradox 黯淡太阳悖论：观测发现，地球形成时太阳比现在弱得多，如此微弱的太阳将导致地球温度过低，使得地球上不可能存在液态水。矛盾的是，在这些时期观测到了水。

Feed 进液：一种进入特定处理装置（如膜装置或吸附器）的气流。

Fick diffusion coefficient 菲克扩散系数：由浓度差引起的与传质有关的扩散系数，这是大多数实际应用中使用的扩散系数。参见菲克定律。

Fick's law 菲克定律：证明物质的通量与浓度的梯度成正比，比例常数则是菲克扩散系数。参见菲克扩散系数。

$$j_{CO_2} = -D_{CO_2}\frac{dc_{CO_2}}{dz}$$

Fixed bed 固定床：吸附过程中，在吸附器内固体吸附材料的固定装置。

Flue gas 烟气（废气）：本书中，烟气指电厂产生的燃烧废气。烟气的成分取决于燃烧物是什么，通常主要由氮气、CO_2、水蒸气和氧气组成，还可能含有少量的一氧化碳、氮氧化物和硫氧化物，或微粒物质。

Fluidized bed 流化床：吸附过程中，在吸附器内固体吸附材料的可移动装置。如果气体在一定条件下流过固体，这种混合物就会像流体一样。

Fracking 水力压裂法：压力流体作用下岩层中裂缝的扩展。诱发的水力裂缝是一种用于开采石油、天然气（包括页岩气、致密气和煤层气）或提取其他物质的技术。参见水力压裂 hydraulic fracturing。

Fracture permeability 裂缝渗透率：裂缝可使本来渗透率很低的岩石具有很高的渗透性。事实上，即使是一个小孔径的裂缝也能给岩石带来相当大的整体渗透性。已经证明，根据立方定理，裂缝提供的渗透率为 k（以 m^2 为单位），该定律源于两平行板块之间的流体流动：

$$k = \frac{Nb^3}{12}$$

式中，N 为每米的裂缝数；b 为裂缝开度。

Geo-engineering 地质工程：人类对地质进程的大规模干预。

Greenhouse gas 温室气体：大气中的一种气体，在热红外范围内吸收和发射辐射。大气中主要的温室气体是水蒸气、CO_2、甲烷、一氧化二氮和臭氧。

Heat of adsorption 吸附热：在液体吸收剂中吸收气体所释放的热量，参见解吸热。在固体吸附剂中吸收气体所释放的热量，参见解吸热 heat of desorption。

Heat of desorption 解吸热：吸收热或吸附热的负值，吸附热是在固体中吸收气体时所放出的热，或在液体中吸收气体时所吸收的热。参见吸收热 heat of absorption。

Henry coefficient 亨利系数：参见亨利常数 henry constant。

Henry constant 亨利常数：亨利常数或亨利系数表示气体在液体或固体中的溶解度或吸附量。亨利系数的定义因应用的不同而不同，单位也是如此。

Hockey stick curve 曲棍球曲线：这条著名的曲线显示了多年来的全球平均气温，平缓部分表明温度稳定，近年来有上升趋势。

Hydraulic fracturing 水力压裂：创造高渗透性垂直裂缝的技术，它是采油新方法的基础，参见水力压裂法 fracking。

Hydrostatic pressure 静水压力：仅由重力引起的平衡压力，沉积盆地中的大多数流体都处于这种压力下。

Hysteresis 滞后现象：一个系统的状态不仅取决于它的当前状态，而且取决于它的历史状态。本书中研究的是岩石中 CO_2 的渗透率和饱和度的滞后效应。

Ideal separation factor 理想分离系数：能达到的最大的分离程度。对于二元混合物，该因子定义为：

$$\alpha_{CO_2,N_2} = \frac{x_{CO_2,P} / x_{N_2,P}}{x_{CO_2,R} / x_{N_2,R}}$$

IGCC（Integrated Gasification Combined Cycle）整体煤气化联合循环：整体煤气化联合循环过程依赖于煤转化为合成气。合成气是 CO 和 H_2 的混合物，是由煤在煤气炉中部分氧化而形成的。水气转移反应器将 H_2O 和 CO 转化为 H_2 和 CO_2，用来增加混合物中 H_2 含量。在燃料进入燃烧器之前，CO_2 与 H_2 是分开的，随后 H_2 燃烧产生热量生成了蒸汽。在 IGCC 过程中，CO_2 分离是指在高压下 H_2、CO 和 CO_2 混合物中进行的气体分离。

Imbibition 渗吸：一种液体被另一种液体取代。此处的渗吸主要指用水驱替 CO_2。

Inorganic carbon cycle 无机碳循环：碳循环的一部分，不涉及光合作用，指的是风化作用和火山作用。

Ionic liquid 离子液体：带正负电荷的离子组成的液体。由于其分子结构的独特性，它们的熔化温度比盐低得多。

IPCC（Intergovernmental Panel on Climate Change）：联合国政府间气候变化专门委员会。

Irreducible saturation 残余饱和度：同 residual saturation。

Langmuir isotherm 朗缪尔等温线：符合 Langmuir 方程的吸附等温线。

$$\theta(p) = \frac{\sigma(p)}{\sigma_{max}} = \frac{bp}{1+bp}$$

式中，p 为分压；θ 为覆盖率；σ 为负载，mol/kg，σ_{max} 为饱和负载。

Life-cycle analysis 生命周期分析：过程生命周期分析的目的是对该过程的总成本或环境影响进行全面的估计，从建厂开始，到所有化学品的处置结束。

Limestone 石灰石：是一种沉积岩，主要由方解石和文石矿物组成，它们是碳酸钙的不同晶体形式。石灰石约占所有沉积岩总量的 10%。

Maxwell-Stefan diffusion coefficient 麦克斯韦—斯蒂芬扩散系数：是将质量传输与化学势梯度相关联的扩散系数，是描述扩散系数更为基本的方法，通常来自分子模拟。如果已知浓度与化学势的关系，可以很容易地将这个扩散系数转换为菲克扩散系数。参见集体扩散系数、达肯修正扩散系数和菲克扩散系数。

McCabe-Thiele method 麦凯布—蒂勒方法：由 McCabe 和 Thiele 开发的图解法，用来估计实现分离过程所需的（假设的）板数。

MEA 单乙醇胺：同 monoethanol amine

Metal Organic Frameworks 金属有机框架：由有机金属或含金属簇的有机连接器和节点构成的金属 / 有机混合固体。

Mineral trapping 矿化封存：溶解的 CO_2 会与长石等矿物质反应释放阳离子（如 Mg^{2+}、Fe^{2+}、Ca^{2+}），然后这些阳离子与溶液中的 CO_3^{2-} 反应生成碳酸盐矿物。由于碳酸盐是碳的热力学最稳定的形式，因此矿化封存是注入 CO_2 的最终结果。

Minimum work 最小功：热力学概念，描述了在不违反热力学第一定律和第二定律的情况下执行操作过程所需的最小功。

MOF：参见金属有机框架（MOFs）。

Monoethanol amine 单乙醇胺：单乙醇胺（MEA）或 C_2H_7NO，是净化 CO_2 的参比液。

Mtoe 百万吨油当量：一个 Mtoe 代表等效石油 10^6t，即产生的能量相当于燃烧 10^6t 石油释放的能量（1000Mtoe=42EJ；E=exa=10^{18}）。

Navier-Stokes equations 纳维 - 斯托克斯方程：基于质量守恒和动量守恒描述流体流动的基本方程式。

Nuclear Magnetic Resonance（NMR）核磁共振：利用某些原子独特的磁性特性的光谱学技术。

Oxy-combustion 氧燃烧：纯氧环境下煤燃烧的过程，由此产生的烟气中只含有水和 CO_2，可以很容易地通过冷凝分离。

Packed column 填料柱：吸收器类型，在填料时确保气体和液体之间最佳接触，参见板塔。

Palaeocene-Eocene Thermal Maximum（PETM）古新世—始新世极热事件：古新世和始新世之间海洋温度有一个峰值，这个峰值被称为古新世—始新世极热事件。

Parasitic energy 附加能量：碳捕集和封存过程消耗的能源不能用于发电，这种电能的损失通常以附加能量的形式表示。

Permafrost 永久冻土：永久冻结的土壤层。

Permeability 渗透率：表示分子通过材料难易的性质，渗透率取决于溶解度和扩散系数。

Permeance 渗透性：渗透性 P' 是材料每单位厚度 L 的渗透率 P，表示气体流过材料的难易程度：

$$j = \frac{P'}{L}\left(p_{\mathrm{R}} - p_{\mathrm{p}}\right) = p\left(p_{\mathrm{R}} - p_{\mathrm{p}}\right)$$

式中，j 为通量；$p_{\mathrm{R}} - p_{\mathrm{p}}$ 为滞留物和渗透物之间的气体压差。

Permeate 渗透：气体混合物中穿过薄膜的部分。

Phase saturation 相饱和度：相 i 所占的纯体积分数称为相饱和度（如咸水饱和度或 CO_2 饱和度）。

$$S_i = \frac{V_i}{V_{\mathrm{p}}} = \frac{V_i}{\phi V_{\mathrm{T}}}$$

式中，V_i 为 i 相的总体积；V_{p} 为孔隙体积；第二个方程中 ϕ 为孔隙度；V_{T} 为岩石的总体积。

Plate tower 板式蒸馏塔：吸收器的一种类型，位于其中的板能确保气体和液体之间满足最佳接触。参见填充柱。

Porosity 孔隙度：岩石中被孔隙空间占据的体积分数（ϕ）。

Post-combustion carbon capture 燃烧后碳捕集：化石燃料燃烧后，除去 CO_2 的过程。

Pre-combustion carbon capture 燃烧前碳捕集：在燃烧前分离气体的过程，可以使燃烧后的 CO_2 分离更容易。

Pressure swing adsorption 变压吸附：利用变压进行吸附或吸收的过程，在高压下吸附，在低压下解吸，从而实现分离。参见变温吸附。

Radiative forcing 强迫辐射：当影响气候的因素发生改变时，用于测量地球－大气系统的能量平衡是如何受到影响的，以地球单位面积（W/m^2）所测的能量变化率来表示。

Relative permeability 相对渗透率：在 j 相存在的情况下，i 相的相对渗透率 K_{ij} 定义为有效渗透率除以仅存在单相时的渗透率。

Residual phase trapping 残余相封存：参见毛细封存。

Residual saturation 残余饱和度：指饱和度的最低点，由于毛细管力的作用，并不是所有的气体都能被驱替，从而产生残留饱和度或不可逆饱和度，参见束缚饱和度。

Residual trapping 残余封存：参见毛细封存。

Retentate 渗余物 / 回流液：气体混合物中不能通过薄膜的部分。

Robeson plot 罗伯逊图：在罗伯逊图中，混合物的选择性被描绘成具有最大渗透性组分的渗透性函数，目的是确定具有高选择性和渗透性的薄膜。

Scrubbing 净化：通过液体吸收分离气体混合物，参见吸收。

Self-diffusion coefficient 自扩散系数：这个系数表征了相同分子流体中单个分子的扩散。在分子尺度上，这种类型的扩散可通过标记某些分子来测量（如通过核磁共振波谱）。

Sensible heat 显热：将溶剂的温度提高到解吸条件所需的热量。

Solubility trapping 溶解封存：一旦以小气泡的形式封存，咸水 -CO_2 的表面积显著增加，从而使得 CO_2 溶解在咸水中。CO_2 在咸水中的溶解过程称为溶解封存。

Spray column 喷雾柱：一种吸收器，液滴的喷射能确保气体和液体之间满足最佳接触。

Stage cut 总回收率：定义为渗透测流量与进料测流量的比值θ，即 $\theta = \frac{j_P}{j_F}$，$\theta \leqslant 1$。

Stefan-Boltzmann's law 斯蒂芬—玻尔兹曼定律：描述物体的温度T和该物体通过黑体辐射发出的能量J之间关系的定律，$J = \sigma T^4$，其中σ为斯蒂芬—玻尔兹曼常数。

Stratigraphic trapping 圈闭封存：参见构造封存。

Stripper 再生塔：吸收过程中的设备，将吸收的气体从溶剂中除去 / 剥离，参见 Absorber。

Structural trapping 构造封存：盖层阻止 CO_2 向上移动形成的封存形式称为构造封存，参见圈闭封存 stratigraphic trapping。

Syngas 合成气：CO 和 H_2 的混合物，如煤气炉中的煤部分氧化形成的。

Temperature swing adsorption 变温吸附：利用温度变化的吸附过程或吸收过程，在低温下吸附，在高温下解吸，从而实现分离，参见变压吸附 pressure swing adsorption。

Van't Hoff equation 范特霍夫方程：描述亨利系数与温度之间关系的热力学方程。

$$\frac{\mathrm{dln}H}{\mathrm{d}T}=\frac{\Delta h_{ads}}{RT^2}$$

式中，Δh_{ads} 为吸附的热。

Weathering reactions 风化反应：由 CO_2 和水形成弱酸与岩石的反应。

$$CO_2+CaAl_2Si_2O_8+2H_2O \rightleftharpoons CaCO_3+Al_2Si_2O_5(OH)_4$$

Wetting 润湿性：是指流体润湿基底的能力。如果流体润湿基底，它将扩散成薄膜，而非润湿流体将形成液滴。流体也可以部分润湿基底，而这种润湿性质可以通过接触角来量化。

Working capacity 产能：在吸附或吸收过程的一个循环中被分离的物质的量，通常是吸附条件下吸附量与解吸条件下材料中残留量的差值。

Young-Laplace equation 杨—拉普拉斯方程：用于描述气相与液相界面处内外压力差的关系。对于圆柱形孔隙和完全润湿流体（零接触角）：

$$p_{gas}-p_{liquid}=\frac{2}{R}\gamma_{LG}$$

式中，R 为孔隙半径；γ_{LG} 为液—气表面张力。

Zeolites 沸石：纳米多孔材料。沸石的基本结构是交替排列的 TO_4，其中 T 原子通常是 Si、Al，在某些情况下可能是 P。目前，已知有 200 多种不同的沸石结构，每一种都有相似的化学成分，但孔隙结构非常不同。参见沸石咪唑酯框架 Zeolitic Imidazolate Frameworks（ZIFs）。

Zeolitic Imidazolate Frameworks（ZIFs）沸石咪唑酯骨架材料：一种特殊的金属有机骨架，其连接剂的大小和连接剂之间的角度模仿沸石中的 Si—O—Si 分子筛，因此具有与沸石相同的孔隙结构。

ZIF：参见沸石咪唑酯骨架材料，也可参见沸石 zeolites。

参考答案

第 1 章

1.6.1　阅读自测

1. d
2. e
3. d
4. b
5. b
6. b
7. b
8. b
9. c

1.6.2　CO_2 排放

1. b
2. a
3. d

1.6.3　全球能源消费

1. b

2. A—石油；B —煤；C —天然气；D —核能；E —水力发电；F —可再生能源

1.6.4　CO_2 捕集

1. b

2. A —煤发电；B —钢铁；C —炼化；D —水泥；E —石油发电；F —天然气发电

第 2 章

1. a
2. b
3. d
4. b
5. b
6. e
7. a
8. c
9. c
10. b

第 3 章

1. d
2. c
3. c
4. d
5. c
6. d
7. a
8. c
9. b
10. b

第 4 章

4.4.1　阅读自测

1. b
2. a
3. d
4. c
5. d
6. d
7. b

8. b

4.4.2 关于附加能的习题

1. A —将 CO_2 从空气中分离出来；B—燃烧天然气；C —燃烧煤；D — IGCC

2. c

第 5 章

5.9.1 自测题 1

1. b
2. a
3. e
4. c
5. a
6. b
7. d
8. d
9. c
10. f

5.9.2 自测题 2

A—氮气；B —烟气；C —吸收器；D —换热器；E—汽提器；F—冷凝器

第 6 章

1. b
2. f
3. d
4. a
5. d
6. b
7. e
8. f
9. b
10. b

第 7 章

1. e
2. c
3. A—进液；B—回流；C—渗透
4. A — 114.7MW；B — 46.0MW；C — 46.6MW
5. c
6. d
7. a
8. c
9. a
10. a

第 8 章

1. d
2. d
3. c
4. b
5. d
6. c

第 9 章

9.9.1 阅读自测

1. d
2. b
3. c
4. c
5. a

9.9.2 矿物溶解

b 和 d

9.9.3 毛细压力突破

c，d 和 e

9.9.4 残余 CO_2 饱和度

a 和 d

第 10 章

10.6.1 阅读自测

1. c
2. f
3. a
4. e

10.6.2 碳封存的危害

1. 1 去除 CO_2
   3 较低的注入压力
   2 净化地下水
   4 用水泥重新封堵井
   5 截留并重注 CO_2
2. A —油气藏；B —诱发地震活动；C—地表水；D—根区效应；E—地面羽流

索引 *

* 索引中的页码为英文原版书的页码。